L'ÉLECTRICITÉ

ET LES

CHEMINS DE FER

PARIS. — TYP. SIMON RAÇON ET COMP., RUE D'ERFURTH, 1

L'ÉLECTRICITÉ

ET

LES CHEMINS DE FER

DESCRIPTION ET EXAMEN DE TOUS LES SYSTÈMES PROPOSÉS

POUR ÉVITER

LES ACCIDENTS SUR LES CHEMINS DE FER

AU MOYEN DE L'ÉLECTRICITÉ

PRÉCÉDÉS

D'UN RÉSUMÉ HISTORIQUE ÉLÉMENTAIRE DE CETTE SCIENCE
ET DE SES PRINCIPALES APPLICATIONS

PAR

MANUEL-FERNANDEZ DE CASTRO

INGÉNIEUR EN CHEF DE PREMIÈRE CLASSE DU CORPS ROYAL DES MINES D'ESPAGNE

Publié par ordre du Gouvernement espagnol.

TOME SECOND

PARIS

LIBRAIRIE SCIENTIFIQUE, INDUSTRIELLE ET AGRICOLE

LACROIX ET BAUDRY

RÉUNION DES ANCIENNES MAISONS L. MATHIAS ET DU COMPTOIR DES IMPRIMEURS
15, QUAI MALAQUAIS, 15

1859

L'ÉLECTRICITÉ

ET LES

CHEMINS DE FER

TROISIÈME PARTIE

DES CHEMINS DE FER ET DES ACCIDENTS QUI PEUVENT Y AVOIR LIEU

CHAPITRE IX

IDÉE GÉNÉRALE DES CHEMINS DE FER

Il n'y a pas d'auteur qui, en écrivant l'histoire des chemins de fer, ne commence par démontrer les avantages de ce genre de locomotion sur les seuls systèmes employés il y a moins de trente ans en Angleterre et un peu plus de quinze dans le reste de l'Europe. Pour faire sauter aux yeux cette différence et rendre évidente l'influence des voies ferrées sur le commerce, la richesse et même les mœurs des peuples qui les ont adoptées, on cite des exemples surprenants qui sembleront exagérés aux générations futures et auxquels nous n'ajoutons foi que parce que nous en avons été témoins ; et encore l'imagination a-t-elle de la peine à se reporter en arrière et à se convaincre de la réalité.

Le voyageur qui, assis dans un waggon de première classe, entouré de tout le comfort imaginable, parcourt avec une vitesse de 70 kilomètres à l'heure les 400 milles qui séparent Édimbourg de Londres, croit entendre une histoire des vieux temps quand on lui dit qu'au lieu des onze heures qui suffisent aujourd'hui, il ne fallait pas moins de huit jours pour ce même trajet ; il écoute en souriant avec quelque incrédulité la relation des ennuis auxquels était exposé le voyageur, et affirme que jamais l'idée de se déplacer ne lui serait venue, si, au lieu de trois ou quatre livres sterling qu'on lui réclame maintenant, il avait eu à débourser trois ou quatre fois la même somme.

En Espagne, malheureusement, il nous est moins difficile de nous faire une idée du contraste, car même sur la ligne la plus longue qu'on peut parcourir en chemin de fer, il est impossible d'éviter les ennuis d'une diligence et d'une mauvaise route. Personne n'ignore ce qui avait lieu pendant l'automne de 1854 entre Albacete et Jativa, éloignées entre elles de 80 kilomètres à peine : les diligences mettaient deux jours à faire ce court trajet, quand dix heures suffisaient pour parcourir les 400 autres kilomètres qui séparent Madrid de Valence [1].

L'objet de ce livre ne nous permet pas de nous arrêter à démontrer les avantages immenses qui résultent pour les peuples de l'établissement des voies ferrées ; et nous y renonçons avec d'autant moins de regret qu'il n'est plus nécessaire de le faire ; les habitants des villages les plus arriérés sont convaincus eux-mêmes, non-seulement des avantages que les chemins de fer procurent à la généralité, mais du peu de fondement des plaintes de certains industriels qui croyaient y trouver leur ruine. Que l'on demande aux habitants des villages de la Manche qui longent le chemin de fer de la Méditerranée s'ils voudraient revenir à l'état où ils se trouvaient en 1852 ; s'ils ne seraient pas

---

[1] Le chemin de fer de Madrid à Alicante est maintenant en exploitation dans toute son étendue, et celui de Madrid à Valence sera aussi bientôt livré au public.

disposés à tous les sacrifices plutôt que de renoncer à la facilité dont ils jouissent de vendre leurs grains sur le marché le jour même où ils ont besoin de capitaux, ainsi qu'à l'avantage de se procurer immédiatement les articles de première nécessité et même ceux de luxe, qu'ils connaissaient à peine auparavant.

Les chemins de fer constituent déjà l'un des premiers besoins des peuples; sans chemins de fer, plus de civilisation, plus d'industrie possible; et, par conséquent, ni richesse ni puissance; la nation qui en serait privée occuperait toujours une place très-secondaire sur la carte politique; et, quand bien même leurs conditions physiques seraient telles que l'industrie et le commerce ne suffiraient pas à couvrir les frais qu'ils occasionnent, les gouvernements devraient encore les conserver comme ils conservent aujourd'hui les routes, sous peine de s'exposer à tous les inconvénients d'un pays désarmé et sans moyens de défense. Heureusement, quand les chemins de fer sont bien administrés, quand les compagnies ne s'aveuglent pas, et qu'une convoitise inintelligente ne leur fait pas méconnaître leurs intérêts et élever outre mesure les tarifs, l'industrie trouve en eux de puissants auxiliaires, et, en prenant un développement que, sans eux, elle n'aurait jamais atteint, elle devient à son tour un élément de vie, et ce qui, dans le principe, aurait pu n'être qu'une charge pour l'État, finit par devenir une source de richesse qui s'accroît toujours.

L'origine des chemins de fer, comme celle de la plupart des grandes inventions modernes, ne peut être positivement déterminée, bien que plusieurs aient prétendu la fixer à une des époques les plus importantes, celle de la construction du chemin de fer de Liverpool à Manchester en 1830; mais, nous l'avons déjà dit, ce fait constitue seulement une des phases les plus brillantes de l'histoire de ce genre de locomotion, où il a la même importance que les travaux de Watt pour la machine à vapeur et ceux de Wheatstone dans la télégraphie électrique.

En 1676, on parlait déjà, dans un ouvrage intitulé *Vie de lord Keepernorth*, des chemins à rails de bois employés dans les mines de charbon de Newcastle pour diminuer les effets du frottement des roues contre le sol. Ils ne consistaient qu'en deux séries de bandes en bois placées le long du chemin, de la mine à la rivière, et sur lesquels on faisait rouler de grands chariots à quatre roues, procédé qui permettait à un cheval de transporter à lui seul un poids qui, sur une route ordinaire bien entretenue, aurait exigé les efforts réunis de trois chevaux.

Malgré la dépense excessive qu'entrainait à cette époque l'établissement de ces sortes de chemins, ils ne tardèrent pas à être adoptés dans quelques districts d'Angleterre où se trouvaient des mines, particulièrement dans les comtés de Durham et de Northumberland, parce que l'économie qu'il produisaient sur les transports compensait les frais de leur établissement. Ils présentaient néanmoins de graves inconvénients, dus à leur peu de durée, à la flexibilité du bois, qui fléchissait sous les chariots pesamment chargés, et à la résistance qu'ils opposaient à la traction lorsqu'ils étaient mouillés. Cette réunion de circonstances fâcheuses fit naître l'idée de revêtir les bandes de bois avec des feuilles de tôle sur quelques points du chemin, modification qui fit adopter ce moyen de transport dans presque toutes les mines de charbon de l'Angleterre.

Pendant plus de soixante années ce système ne subit aucun changement digne de remarque, jusqu'à ce qu'en 1738, les bons effets des parties recouvertes de tôle étant reconnus, on essaya de substituer aux bandes de bois des barres de fer fondu ; et, trente années plus tard, on adopta cette importante amélioration d'une manière définitive.

En 1768, l'ingénieur William Reynolds proposa un moyen très-simple de parer à l'inconvénient que présentaient les barres en fonte, trop faibles pour supporter le poids énorme des chariots alors employés : il consistait à diviser la charge en plusieurs chariots plus petits, que l'on ajoutait les uns aux autres en formant ce que nous nommons aujourd'hui un *train*. Les barres employées par M. Reynolds avaient un rebord destiné à empêcher les roues de sortir de la voie ; mais la boue et le sable qui s'y accumulaient leur faisaient perdre une grande partie de leurs avantages ; enfin, en 1789, M. William Jessop les remplaça, sur le chemin de fer de Longhborough, par de simples barres droites, et, pour y maintenir les roues, ce fut ces dernières qu'il munit d'un rebord. C'est dans cet état que restèrent les chemins à barres ou rails de fer employés dans presque toutes les mines de charbon d'Angleterre, sans autre modification, jusqu'au commencement de ce siècle, que la substitution du fer forgé au fer fondu, substitution importante due aux améliorations introduites dans la fabrication de ce métal.

En 1804 un progrès important fut réalisé dans les chemins de fer : ce fut l'application de la vapeur comme force motrice pour traîner les chariots ou waggons. Cette idée de substituer la force de la vapeur à la force animale dans les transports est presque aussi ancienne que la première découverte de Watt, car, quatre ans après celle-ci, en 1769, on soumit à l'examen d'un ingénieur le modèle construit par M. Cugnot, officier français, d'une voiture à vapeur, qui existe encore dans les salles du Conservatoire des Arts et Métiers de Paris.

Cet essai et d'autres non moins malheureux d'Olivier Evans aux États-Unis avaient pour but de faire marcher les voitures sur les routes ordinaires ; c'est ce que se proposaient aussi les mécaniciens Richard Trevithick et André Vivian, ingénieurs de Cornwalles, lorsque, en 1801, ils prirent un brevet pour construire des diligences à vapeur. Mais il était impossible de vaincre les difficultés qu'occasionne l'énorme frottement des roues contre un sol inégal, les chocs contre ces mêmes inégalités et le danger de circuler au milieu des embarras que présente une voie publique où marchent toute sorte de voyageurs et de véhicules. A la suite de nombreuses expériences, toutes infructueuses, ils renoncèrent donc à l'idée de mettre à exécution leur projet, jusqu'à ce qu'en mars 1802, ils prirent un autre brevet pour faire circuler leurs voitures sur les chemins à rails. En 1804 on les adapta sur celui de Merthyr-Tydvil, dans le sud du pays de Galles.

Combien on était loin alors de soupçonner le prodigieux développement que devait recevoir cette idée, et le degré de perfection qu'elle devait atteindre trente ans après ! Mais n'anticipons point sur les faits, et, avant de parler de l'époque brillante où commencèrent à se réaliser tant de merveilles, arrêtons-nous quelques instants à celle qui la précéda ; époque où nous voyons l'un des exemples les plus frappants du tort que l'on a de se laisser entraîner à des inductions purement théoriques, surtout quand elles ne servent qu'à arrêter la marche d'une idée.

Sans doute les arts et l'industrie ne retirent aucun profit de la plupart des conceptions extravagantes d'hommes qui proposent aveuglément la solution de problèmes importants ; sans doute il y a inconvénient à réaliser sans examen de pareilles conceptions ; mais ces inconvénients sont bien peu de chose quand on les compare aux avantages que donnent à leur tour ces mêmes idées, adoptées plus tard par des personnes compétentes, si, comme il arrive le plus souvent, le hasard n'a pas favorisé les premiers inventeurs. La crainte de s'écarter des théories acceptées est due, sans nul doute, à ce fait peu naturel, mais vrai pourtant, que ce n'est généralement pas aux hommes scientifiques que l'humanité est redevable de ces inventions hardies qui nous étonnent ;- et cette crainte, portée à l'exagération, peut mener à une conséquence bien plus funeste que celle qu'on cherche à éviter : c'est-à-dire de fermer au génie le chemin du progrès.

Partageant le préjugé de cette époque, MM. Trevithick et Vivian recommandaient dans leur brevet que les jantes des roues de la locomotive ou voiture à vapeur fussent munies d'aspérités ou rainures transversales, pour éviter le glissement sur la surface du rail ; car on se figurait que la principale difficulté à vaincre dans le nouveau système de locomotion était le manque d'adhérence des roues, qui, ne trouvant pas un point d'appui suffisant sur les barres de fer, devaient, croyait-on, tourner sur place sous l'action de la vapeur. Cette croyance erronée, admise sans examen par tous les ingénieurs, ôta aux chemins de fer toute possibilité de progrès, car les efforts de ceux qui se consacraient à cette branche d'industrie s'épuisaient inutilement à vouloir vaincre une difficulté qui n'existait que dans leur imagination. C'est ainsi que M. Blenkensop, directeur du chemin de fer des houillères de Middleton, imagina une locomotive qui marchait sur des rails à crémaillère, dans laquelle engrenait une roue dentée, mise en mouvement par le piston de la machine à vapeur ; cette machine, malgré ses nombreuses défectuosités, servit plus de douze ans au transport de la houille.

En 1812, MM. Guillaume et Édouard Chapman employèrent sur le chemin de fer de Heaton, près de Newcastle, dont ils étaient ingénieurs, un autre procédé aussi peu heureux que le précédent. Il consistait à placer au milieu de la voie, et de distance en distance, des points fixes, vers lesquels était tiré le train au moyen d'une corde et d'un tambour placé sur la locomotive : quand celle-ci arrivait au point fixe, on détachait la corde, on la développait et on l'attachait au point fixe suivant.

Mais un système plus extravagant encore que les deux dont nous venons de parler fut celui d'un ingénieur de grand mérite, M. Brunton, qui se proposa d'appliquer la force de la vapeur, non à faire tourner les roues de la locomotive, mais à faire mouvoir des espèces de béquilles, qui, appuyant contre le sol et se levant comme les jambes d'un cheval, devaient pousser en avant la voiture.

MM. Tindall et Bottomby, de Scarborough, voulurent mettre en mouvement les roues des voitures, invariablement fixées à leurs essieux, au moyen d'une chaîne sans fin passant sur des roues dentées et des poulies cannelées fixées à ces mêmes essieux, et autour d'une autre poulie dentée aussi, mise en mouvement par l'action de la machine à vapeur de la locomotive. La communication faite par ces ingénieurs à la Société des Arts, en 1814, parlait aussi d'un frein pour descendre les plans inclinés.

Ces essais et plusieurs autres du même genre auxquels donna lieu la prétendue difficulté qu'on s'acharnait à vaincre eurent heureusement un terme cette année même : M. l'ingénieur Blackett abandonna la fausse route suivie par ses devanciers, et, entrant enfin dans la véritable, il résolut de déterminer pratiquement le degré d'adhérence des roues des locomotives contre les rails, et de déterminer ainsi la quantité de force que faisait perdre le glissement.

Inutile de dire que les résultats obtenus par M. Blackett réduisirent à néant les préoccupations qui, depuis dix ans, entravaient la locomotion par les chemins de fer, et qu'ils démontrèrent, jusqu'à l'évidence, que les inégalités qui existent toujours à la surface du fer, toute lisse qu'elle paraisse, suffisent pour faire adhérer aux rails les roues des locomotives, et, en s'opposant au glissement sur place, servent d'appui pour faire avancer les trains les plus lourds. Inutile aussi d'insister sur l'importance de cette découverte, l'une de celles qui, bien certainement, ont contribué à rendre féconde l'idée de MM. Trevithick et Vivian. Son succès et les résultats rapides qu'on en obtint sont dus en partie aux circonstances qui accompagnèrent les premières expériences de M. Blackett, faites avec une locomotive très-lourde sur le chemin de fer de Wylam, dont les rails étaient plats et d'une grande largeur. Les plus grandes conceptions tiennent à bien peu de chose ! Qui sait le temps qu'on aurait encore perdu dans de nouvelles et infructueuses expériences, si la locomotive du chemin de Wylam avait été plus légère et si les rails avaient affecté la forme elliptique, alors généralement employée en Angleterre !

Un an après les expériences de M. Blackett, en 1814, sortit des ateliers de George Stephenson la première locomotive qui ait mérité vraiment ce nom, et qui ait fonctionné avec succès sur un chemin de fer ; elle fut essayée sur celui des houillères de Killingworth, et put traîner à sa suite 8 waggons de 30 tonnes, avec une vitesse de 4 milles à l'heure.

La locomotive de Stephenson différait, entre autres choses, de celles de ses devanciers, qui avaient continué à appliquer, sauf quelques légères modifications, la première de MM. Trevithick et Vivian, en ce qu'elle avait deux cylindres verticaux au lieu d'un, placés à l'extrémité et à l'intérieur d'une chaudière cylindrique, et en ce que celle-ci était traversée par un tube pour l'introduction du combustible. Le mouvement se communiquait aux roues de la locomotive au moyen de deux coudes ou manivelles qui mettaient en jeu deux roues dentées, lesquelles, au moyen d'une chaîne sans fin, transmettaient à leur tour le mouvement à d'autres roues fixées aux essieux. Mais ce système parut défectueux, et, l'année suivante, le même George Stephenson, associé avec M. Dodd, prit un brevet pour un système où les roues dentées étaient supprimées et remplacées par des bielles d'accouplement qui agissaient sur des boutons ou excentriques fixés sur les roues.

Cette modification fut suivie d'une autre, proposée aussi par M. Stephenson, associé cette fois avec M. Losh, et de plusieurs autres encore, que nous nous abstiendrons de mentionner, vu leur importance secondaire ; on appliqua ce système, en 1824, sur le chemin de fer du district carbonifère de Hetton, et, en 1825, sur un embranchement de celui de Stockton à Darlington ; et l'on peut dire que ce furent les premières lignes où les essais eurent lieu sur une grande échelle.

Ce système cependant était encore trop imparfait, et n'aurait pu être appliqué ailleurs que dans certaines localités, pour lesquelles leurs conditions spéciales l'eussent rendu avantageux, malgré sa lenteur, sans un nouveau perfectionnement, beaucoup plus important que ceux proposés jusqu'alors, et dont la France et l'Angleterre se disputent le mérite.

Ce perfectionnement, qui a changé la face des chemins de fer, qui a permis d'y obtenir une vitesse extraordinaire, à laquelle ne peut prétendre aucun autre genre de locomotion, consiste dans l'invention des *chaudières tubulaires*, employées pour la première fois dans le célèbre concours du 6 octobre 1829. Ce concours fut ouvert dans le but de décider quel genre de moteur il serait le plus avantageux d'adopter pour le chemin de fer de Liverpool à Manchester, qui était sur le point d'être achevé, et dont les actionnaires n'avaient d'autre but que de se soustraire aux conditions tyranniques imposées par l'entreprise du canal de Bridge-Water à tous ceux qui avaient des marchandises à transporter d'un endroit à l'autre.

Les résultats du concours furent tellement au-dessus de ce qu'on attendait, que la Compagnie ne s'en tint plus à son premier projet, et résolut d'appliquer aussi au transport des voyageurs un système que d'abord elle avait à peine cru capable de lutter pour le transport des marchandises. En effet, ce chemin, sur lequel, d'après les premiers projets, on comptait employer des chevaux pour traîner les waggons, et où la vitesse n'aurait pas dépassé

3 ou 4 milles à l'heure, fut parcouru, le jour même du concours, par une locomotive, avec une vitesse de près de 30 milles. Cette locomotive était celle de Robert Stephenson, fils de George Stephenson, que nous avons déjà cité comme le premier qui ait lancé sur un chemin de fer une locomotive construite d'après les expériences de M. Blackett.

Outre la locomotive de Robert Stephenson, qu'il nomma la *Fusée*, on en présenta trois autres au concours ; mais aucune ne put lutter avec elle, et, comme nous l'avons dit, son triomphe fut dû à la nouvelle forme de la chaudière, dans l'intérieur de laquelle le feu du foyer ne traversait plus un seul tuyau ou cylindre, mais plusieurs ; de cette manière, en augmentant la surface de chauffe, on augmentait considérablement son pouvoir générateur, et on faisait disparaître le défaut principal existant dans les autres locomotives, même dans celle de MM. George Stephenson et Dodd.

Nous avons dit que la France et l'Angleterre se disputent le mérite de l'invention de la chaudière tubulaire : en effet, les auteurs anglais considèrent M. Henri Booth comme ayant eu le premier l'idée de faire passer la chaleur à travers l'eau au moyen de plusieurs tuyaux de petit diamètre ; et cela dans la locomotive seulement, car on voit déjà ce principe appliqué dans les chaudières de Woolf, de Griffith, et même dans celle de M. Gordon, décrite dans un brevet de 1825. Les Français attribuent la même idée à M. Seguin et donnent la version suivante : la compagnie propriétaire des mines de charbon de terre de Saint-Etienne et Rive-de-Gier obtint, en 1826, l'autorisation d'établir un chemin de fer qui facilitât le transport des charbons jusqu'à Lyon. Bien que ce chemin de fer eût été construit pour des chevaux et des machines fixes, l'administration crut pouvoir employer des locomotives, et, l'art de les construire n'étant pas encore connu en France, elle en acheta deux dans les ateliers de Stephenson, qui furent destinées à servir de modèles, l'une dans l'usine de M. Hallette, constructeur à Arras, et l'autre à M. Seguin, directeur du chemin de fer de Saint-Étienne.

Les premières machines ayant été essayées, on vit qu'elles ne pouvaient marcher qu'avec une vitesse moyenne de 6 kilomètres à l'heure. M. Seguin ne tarda pas à s'apercevoir que cette lenteur dans les locomotives de Stephenson provenait de la forme de la chaudière, qui produisait une quantité insuffisante de vapeur, à cause du peu de surface qu'elle présentait à l'action du feu ; et, une fois le mal connu, il eut le bonheur de réussir complétement dans l'application du remède. Le foyer de la chaudière de Stephenson, placé à une extrémité, ne pouvait agir que sur une surface fort restreinte de cette chaudière. M. Seguin établit à l'intérieur de cette dernière une série de tuyaux de petit diamètre, dans lesquels circulaient l'air chaud et la fumée, qui devaient les parcourir pour se rendre à la cheminée; la surface exposée à la chaleur était ainsi de plus de 150 mètres carrés ; l'eau, entourant les tuyaux de tous côtés, se vaporisait rapidement, et la force disponible dans un temps donné augmentait naturellement avec la quantité de vapeur produite. Les premières locomotives de M. Seguin avaient des chaudières à 40 tuyaux, mais on en porta successivement le nombre jusqu'à 100 et 125.

Comme on ne pouvait donner aux cheminées des locomotives qu'une élévation très-limitée, il était à craindre que le tirage s'établît difficilement à travers ce grand nombre de tuyaux étroits. M. Seguin surmonta cette difficulté en plaçant, d'abord sous le foyer et plus tard dans la cheminée, un ventilateur mis en mouvement par la machine elle-même, et qui produisait un tirage artificiel, capable de suppléer au manque d'élévation de la cheminée ; il parvint ainsi à obtenir 1,200 kilogrammes de vapeur par heure avec 43 tuyaux seulement, de 3 mètres de longueur et 4 centimètres de diamètre, contenus dans une chaudière de 8 décimètres.

Robert Stephenson trouva une meilleure manière d'augmenter le tirage de la cheminée dans les locomotives : au lieu du ventilateur mû par la machine, il mit à profit l'effet produit par le jet de vapeur qui s'échappe des cylindres après avoir produit son action sur le piston : au lieu de le laisser s'échapper dans l'atmosphère, il le projeta dans la cheminée, où sa condensation subite produit un vide vers lequel se précipite l'air, qui, traversant le foyer et les tuyaux, active le tirage et par conséquent la combustion d'une manière surprenante.

On peut dire qu'avec l'invention des chaudières tubulaires et l'injection de la vapeur dans la cheminée les locomotives ont atteint le degré de perfection qu'elles ont aujourd'hui ; car, s'il est vrai que depuis 1830, époque à laquelle on livra pour la première fois au public un chemin de fer pour les voyageurs avec les locomotives de Stephenson, on a perfectionné beaucoup la construction de ces machines merveilleuses, les modifications ont été purement accessoires, et avaient pour but, soit de leur donner plus de stabilité, soit d'augmenter l'adhérence, et, avec elle, la possibilité de remorquer un poids plus considérable ou de monter des pentes plus rapides; mais la machine est restée la même dans son essence. Nous allons donc procéder à une description rapide des parties qui constituent une locomotive, en prenant comme exemple celle de la figure 201, qui appartient par sa forme à l'un des systèmes le plus généralement employés. Comme les autres n'en diffèrent pas beaucoup, nous ne ferons que les mentionner très-légèrement en parlant de chacune des parties de la locomotive où existe cette différence ; quant à ceux qui voudraient les étudier en détail, ils devront recourir, entre autres, à l'ouvrage de M. Perdonnet[1], qui nous a servi de guide pour la plus grande partie de ce chapitre.

Une locomotive se compose de trois parties principales : la chaudière, munie de son foyer et de sa cheminée; le mécanisme qui sert à transmettre la force d'expansion de la vapeur ; et un train ou châssis supporté par des roues, sur lequel elle est montée et qui lui sert en même temps de point d'appui pour se mettre en mouvement et produire son effet.

La chaudière consiste principalement en un cylindre horizontal *N* (fig. 201 et 202) dont l'intérieur est traversé longitudinalement par un grand nombre de tubes, qui viennent aboutir d'un côté à la capacité *M*, désignée sous le nom de *boîte à feu*, où se trouve le foyer, et, de l'autre, à l'espace *Q*, que l'on nomme *boîte à fumée*, sur laquelle s'élève la cheminée.

---

[1] *Traité élémentaire des Chemins de fer*, par Aug. Perdonnet, Paris, 1856.

La longueur de la chaudière varie beaucoup ; les anciennes machines de Sharp Roberts ont 2^m,50 ; les modernes du même constructeur ont 5 mètres à 5^m,50, et les anciennes de Stephenson 5^m,80 à 4 mètres.

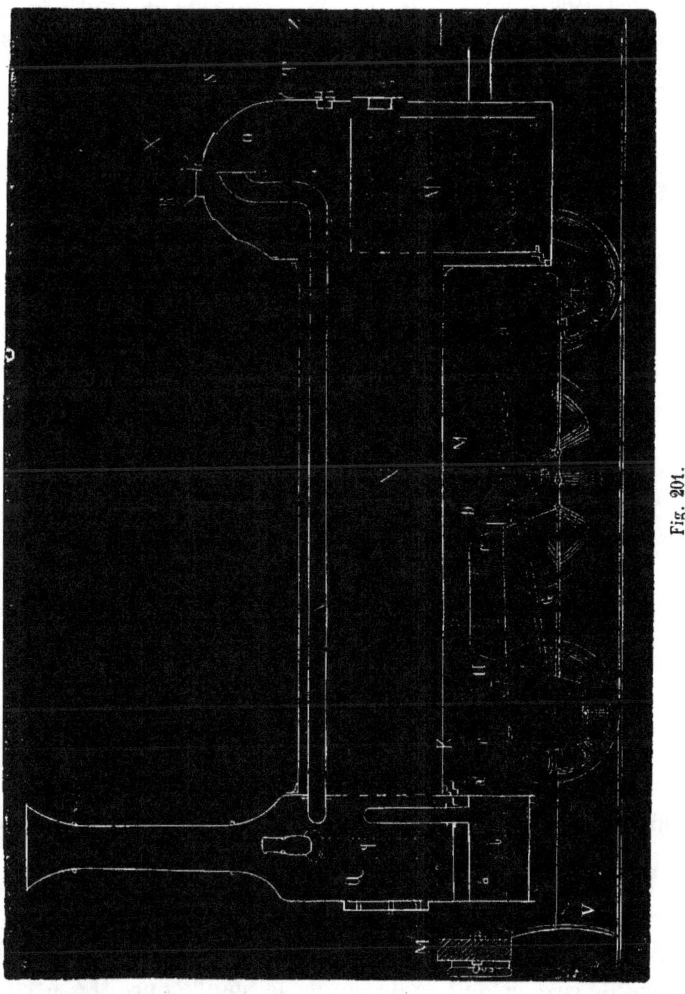

Fig. 201.

Les tubes, qui, dans la plupart des locomotives, dépassent le nombre 150, sont parfaitement fixés aux plaques qui forment les bases du cylindre N, de manière qu'en même temps qu'ils laissent passer la fumée et l'air chaud, du foyer où brûle le combustible à la cheminée, ils ferment hermétiquement la chaudière, ce qui permet de la remplir d'eau, et le liquide se trouve partout en contact avec le métal chauffé : la production de vapeur est, par conséquent, beaucoup plus rapide que dans aucune autre espèce de machine à vapeur.

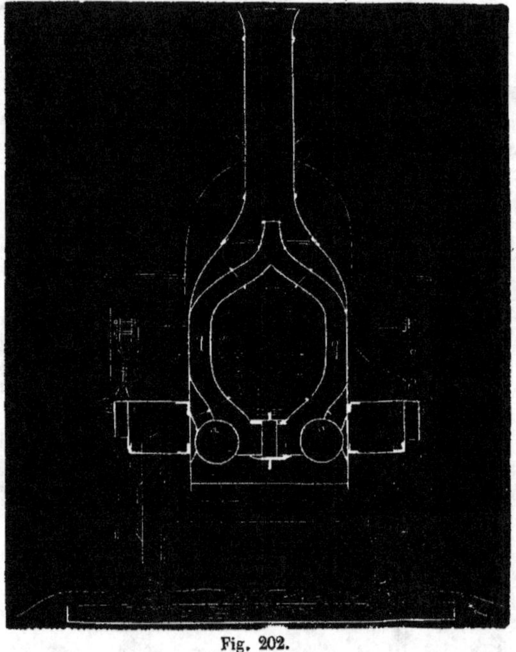

Fig. 202.

La boîte à fumée et la boîte à feu ont chacune une porte : celle de la première ne sert que pour la visite et le nettoyage des tubes ; celle de la seconde, marquée de la lettre g, sert de plus à l'introduction du combustible, qui, jusqu'à présent, a consisté en coke seulement ; mais on commence à employer avantageusement un mélange de coke et de houille, ou de la houille pure. La partie inférieure du foyer ou boîte à feu consiste en une *grille*, qui supporte le combustible et donne passage à l'air atmosphérique qui établit le tirage; les autres parois du foyer sont à deux plaques, séparées par un intervalle où pénètre l'eau de la chaudière : on met ainsi à profit toute la chaleur développée par la combustion.

La forme de la boîte à feu n'est pas la même dans tous les systèmes de locomotives : celles de Stephenson, qui furent les premières employées sur les lignes françaises de Strasbourg et du Nord, ont la boîte rectangulaire, avec dôme semi-cylindrique ou pyramidal; dans les locomotives américaines elle est cylindrique avec dôme semi-sphérique ; dans presque toutes celles qui s'emploient actuellement en Europe, la boîte est rectangulaire et a sa partie supérieure tout à fait plane.

La vapeur engendrée par l'immense surface de chauffe que présente la forme du générateur de la locomotive se réunit à la partie supérieure du cylindre N, où l'eau n'atteint pas ; elle occupe aussi l'espace O, qui se trouve au-dessus du foyer et qu'on appelle *réservoir de vapeur*, et de là elle passe aux cylindres, au moyen du grand tube A, nommé *tube éducteur* ou *tube de prise de vapeur*, qui prend naissance à la partie la plus élevée du réservoir de vapeur, descend verticalement jusqu'à une petite distance de la surface de l'eau, se recourbe à angle droit, traverse longitudinalement toute la chaudière et vient se subdiviser à la partie antérieure de la locomotive; la vapeur se distribue alors dans les deux cylindres aa', fait fonctionner les pistons et les tiges bb de la manière que nous dirons plus tard, passe aux tubes qq pour se réunir à la partie supérieure de la boîte à fumée, et sort par la cheminée, en provoquant une augmentation de tirage, dont nous avons donné l'explication en parlant de cette importante amélioration de Stephenson.

La vapeur entre dans le tube A par une ou plusieurs ouvertures qui y sont pratiquées, et la manière dont elles le sont constitue l'une des différences qui distinguent les divers systèmes de locomotives employés sur les chemins de fer.

Maintenant, avant de décrire les accessoires de la chaudière, expliquons le mécanisme au moyen duquel se transmet la force expansive de la vapeur, car on pourra se faire ainsi une idée complète de l'appareil, et l'on comprendra mieux les usages des parties secondaires, une fois que sera connue la manière dont fonctionnent les principales.

Après la chaudière ou générateur de vapeur, la partie principale de la locomotive, comme de toute machine de ce genre, est celle où la vapeur produit le mouvement régulier d'une pièce par l'effet de son expansion ; cette partie est connue sous le nom de *cylindre moteur*. Comme nous l'avons dit, les locomotives en ont deux, *aa'*, placés à la partie antérieure, un de chaque côté de la boîte à fumée, soit en dessous à l'intérieur du châssis, comme dans les anciennes machines de MM. Sharp Roberts et Polonceau, soit en dehors du châssis, comme dans celles de Stephenson et du Sœmmering. Dans les locomotives de Crampton, les cylindres sont placés des deux côtés de la chaudière elle-même, à la partie extérieure ; ils sont par conséquent derrière la boîte à fumée.

Le *cylindre moteur* consiste, comme son nom l'indique, en un cylindre métallique, à l'intérieur duquel se meut un piston qui glisse facilement d'une extrémité à l'autre, mais en s'adaptant hermétiquement aux parois, de manière que la vapeur qui se trouve d'un côté ne puisse passer de l'autre. Ce cylindre a trois ouvertures, représentées dans la figure 203. Par la première,

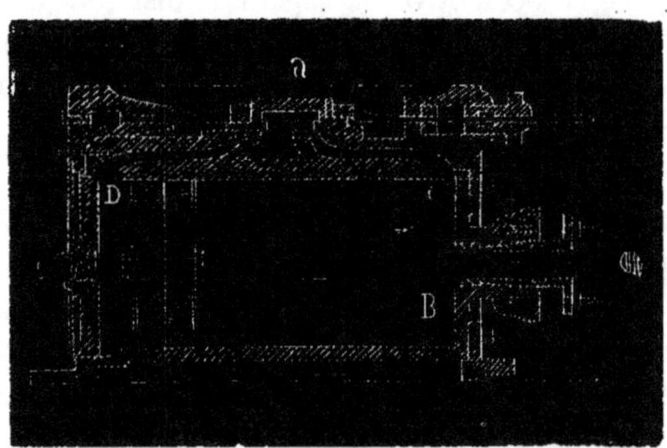

Fig. 203.

pratiquée sur l'une des bases, passe la tige *B* du piston ; et les deux autres, *C* et *D*, placées sur le côté, mais à l'extrémité du cylindre, communiquent avec la pièce *a*, qu'on nomme le *tiroir*.

On conçoit aisément que si l'on fait entrer un jet de vapeur par une seule des ouvertures, *C* par exemple, la vapeur exercera une pression sur le piston et le poussera vers l'extrémité opposée du cylindre ; si ensuite on condense cette vapeur ou qu'on lui ménage une sortie, et qu'en même temps l'on introduise un autre jet de vapeur par l'ouverture *D*, le piston subira la pression sur la surface opposée et sera poussé vers l'extrémité *C*, en entraînant avec lui la tige *B*. C'est précisément l'effet produit par le tiroir *a*, car, selon qu'il se trouve dans la position *P* de la figure 204 ou

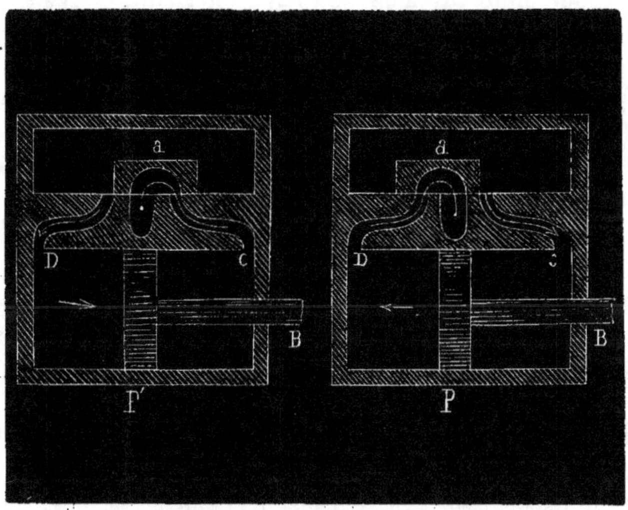

Fig. 204.

dans la position *P'*, la vapeur qui vient de la chaudière par le tube éducteur *A* (fig. 201) passera dans le cylindre par l'ouverture *C* dans le premier cas, et par l'ouverture *D* dans le second : et le piston, poussé de l'un ou de l'autre côté, va alternativement de l'une à l'autre extrémité du cylindre, et marche plus ou moins vite, selon la rapidité avec laquelle le tiroir change de position.

La manière d'adapter le tiroir au cylindre varie beaucoup dans un même système de locomotion.

Nous avons dit que la tige *B* se trouve fixée au piston et suit, par conséquent, son mouvement de va-et-vient dirigé toujours par les glissières *a'a'*, fixées à l'extrémité de la tige. Cette même extrémité se trouve articulée avec le bout d'une bielle *C* (fig. 201) attachée au bouton excentrique *D*, fixé sur la roue à une certaine distance du centre, de manière à produire l'effet d'une manivelle, et fait tourner la roue quand le piston est mis en mouvement dans le cylindre. On conçoit donc comment la vapeur formée dans la chaudière fait marcher la locomotive sur les rails : en passant par le tiroir, soit d'un côté, soit de l'autre du piston, elle produit un mouvement rectiligne alternatif, qui, au moyen de la bielle et de l'excentrique, devient un mouvement circulaire continu dans la roue motrice ; l'adhérence de celle-ci avec le rail l'empêche de glisser sur place, ce à quoi s'opposent les aspérités du fer, et la roue, obligée de tourner, ne peut le faire qu'en avançant, comme si, garnie elle-même de dents, elle roulait sur une crémaillère.

Le tiroir qui distribue la vapeur dans le cylindre doit recevoir un mouvement alternatif qui règle celui du piston. Cet effet est obtenu au moyen d'un excentrique placé sur l'essieu de la roue motrice, lequel excentrique fait mouvoir une bielle *G* (figure 201), terminée par une espèce de virole ou anneau, qui s'attache à l'extrémité du levier coudé *H*, et produit à son tour un mouvement de va-et-vient dans la tige *K* du tiroir. Il y a donc une sorte de mutualité de service : le tiroir, en distribuant la vapeur, fait glisser d'un côté et de l'autre le piston et tourner la roue ; celle-ci, au moyen de l'excentrique et du levier coudé, change son mouvement de rotation en un mouvement rectiligne, qui agit sur le tiroir. Comme il y a deux cylindres pour chaque locomotive, le mécanisme que nous venons d'expliquer est double, un pour chaque roue motrice, et le bouton *D* est fixé sur chacune d'elles de manière à être à angle droit, afin de régulariser l'effort, comme cela se fait avec toute machine qui a deux manivelles.

Les locomotives marchent tantôt en avant, tantôt en arrière, et il est indispensable que les mécaniciens possèdent le moyen de les diriger dans le sens convenable ; il suffit pour cela que la vapeur, en entrant dans les cylindres, pousse les pistons et déter-

mine la rotation de la roue dans un sens différent, quand on veut
marcher en arrière. Un autre excentrique, fixé en sens inverse à
l'essieu de la roue, produit cet effet, et, selon que le levier *H* est
attaché à l'un ou à l'autre des excentriques, la roue tournera en
avant ou en arrière, car, comme le représente la figure 205, dans

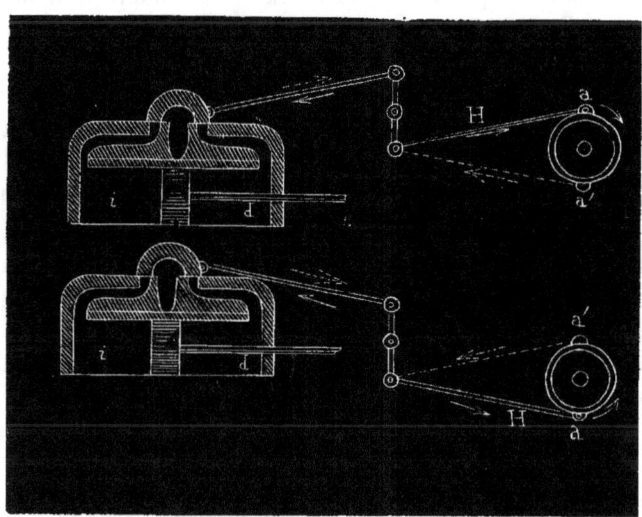

Fig. 205.

la même position de la roue, l'action s'exerce en sens différent
pour le tiroir, et, par conséquent, pour le piston, selon que la
bielle *H* occupe la position indiquée par la ligne de points ou par
la ligne pleine. Dans le cas que représente la figure, le tiroir va
vers *i*, et la vapeur, entrant dans ce compartiment, pousse le
piston vers *d*; mais, si on détachait subitement la bielle de *a* pour
l'attacher en *a'*, le mouvement de la roue ferait marcher le tiroir
vers *d*, et le piston, par conséquent, serait poussé vers *i* : le
mouvement de la roue étant subordonné à celui du piston, celui-ci la ferait tourner en sens contraire.

Nous ne nous arrêterons pas à décrire les différents mécanismes au moyen desquels on obtient l'*embrayage* et le *débrayage*
des deux excentriques, car cela nous entraînerait par trop loin :
il suffit de dire qu'aujourd'hui on emploie presque exclusivement

le mécanisme connu sous le nom de *coulisse de changement de marche de Stephenson*, du nom de son auteur, mécanisme au moyen duquel non-seulement on peut changer le sens de la marche, mais qui permet au mécanicien de donner, à son gré, plus ou moins d'expansion à la vapeur dans les cylindres. Pour cela le mécanicien n'a qu'à faire décrire un certain nombre de degrés au levier *Z* de la figure 201, qu'il a sous la main, et, selon qu'il l'incline vers la partie antérieure ou vers la partie postérieure de la locomotive, celle-ci marchera en avant ou en arrière (fig. 206).

Outre les parties essentielles de la locomotive que nous avons décrites, il y en a d'autres très-importantes sans lesquelles il serait impossible d'utiliser la force puissante de la vapeur et l'ingénieux mécanisme qui produit le mouvement.

La première que nous mentionnerons est le régulateur, marqué de la lettre *T* sur la figure 201. C'est une manivelle ou un levier que le mécanicien a sous la main et au moyen duquel il fait tourner une soupape qui ouvre, ferme ou règle l'entrée de la vapeur du récipient *O* au tube éducteur *A*, qui la conduit aux cylindres. Cet appareil et la *coulisse de changement de marche* que nous avons décrite constituent pour ainsi dire les guides au moyen desquels l'homme parvient à dompter cette terrible machine, qu'on peut très-justement comparer au plus fougueux coursier; un simple mouvement de la main suffit au mécanicien pour faire entrer plus ou moins de vapeur dans les cylindres, et accélérer ou retarder ainsi la marche du train; un quart de révolution de la manivelle du régulateur ferme complétement le passage à la vapeur, et la machine s'arrête; enfin, un autre mouvement dans le levier de changement fait rétrograder la locomotive aussi facilement que si l'on avait affaire au plus docile des chevaux.

La lettre *R* de la même figure indique la *soupape de sûreté*, que l'on adapte à toutes les chaudières à vapeur pour éviter que l'excès de tension ne produise une explosion. Elle consiste essentiellement en une ouverture fermée par un bouchon ou soupape conique, assujetti par un petit levier, dont l'extrémité se trouve fixée à un ressort *S*. Quand la pression est trop forte à l'intérieur de la chaudière, la vapeur pousse la soupape, la soulève si elle parvient à vaincre la résistance du ressort, et s'échappe par l'ouverture jusqu'à ce que la tension soit abaissée au degré convenable : on

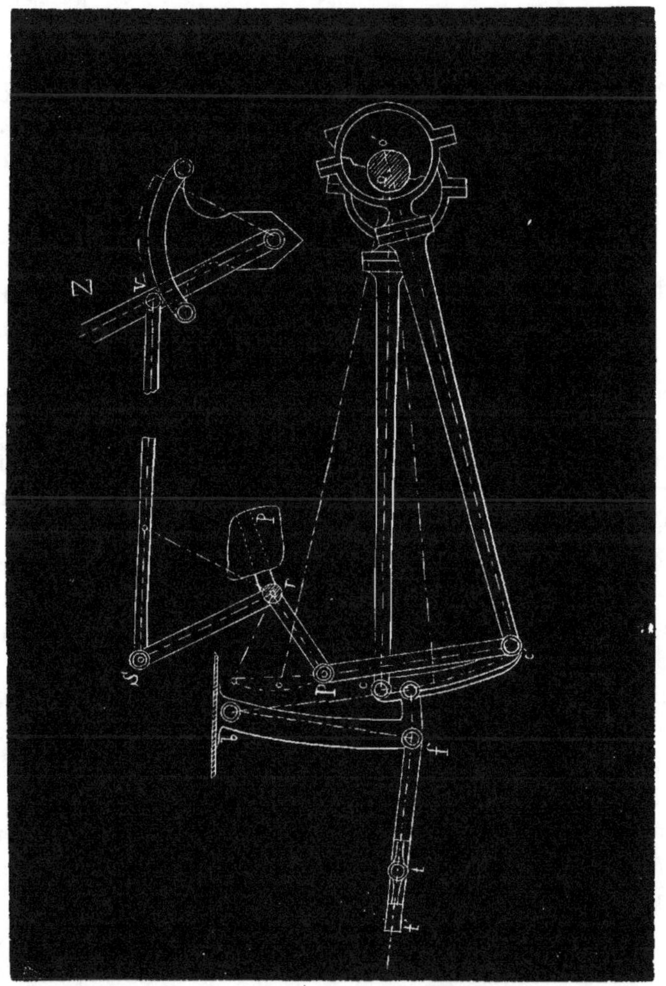

Fig. 206.

calcule en vue de cet effet la surface de la soupape et la forme du ressort. Outre cette précaution, on fait usage des *plaques ou bouchons fusibles :* ce sont des plaques faites d'un métal qui fond à une température moindre que celle qu'atteint le métal de la chaudière près du foyer quand l'eau vient à descendre et que la vapeur acquiert une tension capable de vaincre la résistance des parois de la chaudière : le métal plus tendre de ces plaques entre en fusion, et la vapeur, en se précipitant dans le foyer, éteint le feu. Il faut se méfier cependant de ce moyen et de tout autre qui refroidit subitement la chaudière, un instant avant surchauffée, car, d'après les expériences de M. Boutigny sur l'état sphéroïdal, ce refroidissement instantané pourrait donner lieu à une explosion.

Le mécanicien a, en outre, sous les yeux un autre appareil qui lui indique la tension de la vapeur : c'est le *manomètre*; jusqu'à ces derniers temps, on a employé généralement ceux à mercure, dans lesquels une colonne de ce métal marque les degrés de pression sur une échelle graduée comme celle du thermomètre; mais aujourd'hui on préfère les manomètres métalliques de MM. Bourdon ou Desbordes, dans lesquels la vapeur agit sur une spirale ou sur une lame d'acier, et tend à redresser la première ou à courber la seconde : une aiguille, qui communique avec ces pièces d'acier, indique le degré de l'effort sur un cadran.

Le sifflet, représenté par la lettre X dans la figure 201, consiste en une cloche placée à la partie supérieure d'une tige verticale, et dont les bords, taillés en biseau, sont placés à une petite distance au-dessus d'un vide annulaire très-étroit ménagé entre les bords d'une espèce de godet semi-sphérique à doubles parois et du même diamètre que la cloche. Cet espace communique avec le récipient de la vapeur quand on ouvre un robinet placé au-dessous du sifflet; il suffit d'ouvrir ce robinet pour que la vapeur, se précipitant avec une force extraordinaire par l'espace annulaire, vienne frapper contre les bords de la cloche et produise le son aigu d'un sifflet très-puissant qui s'entend de fort loin. Au moyen de ce sifflet, le mécanicien avertit de l'approche du train les stations et barrières et les ouvriers qui travaillent sur la voie; c'est aussi par son intermédiaire que les mécaniciens, les garde-freins et autres employés, ont établi entre eux une sorte de langage, soit pour serrer les freins, soit pour les desserrer, etc.

Les locomotives consomment une énorme quantité d'eau : et, comme il serait nuisible et même dangereux que le niveau de celle-ci descendît par trop bas dans la chaudière, le mécanicien peut s'en assurer au moyen de tubes de verre où l'on voit la hauteur à laquelle se trouve le liquide à l'intérieur. Quand le niveau est plus bas qu'un certain point déterminé, il faut continuer à introduire de l'eau, graduellement toujours, mais en plus grande quantité, au moyen de la pompe d'alimentation *n*, mise en mouvement par le piston ; le mécanicien tourne un robinet qui se trouve dans le tube qui conduit l'eau à la chaudière et règle le passage comme il convient.

Le réservoir d'eau et l'approvisionnement de combustible se trouvent sur une voiture spéciale, nommée *tender*, solidement attachée à la locomotive ou même formant corps avec elle, comme dans les machines de M. Engerth. Dans l'un et l'autre cas, ce sont les roues du tender qui reçoivent l'action du frein. Celui-ci peut être de formes diverses ; mais le plus généralement employé consiste en deux ou quatre sabots en bois, qui s'appliquent contre la circonférence des roues au moyen de mécanismes très-variés. Celui de la figure 207 consiste en un levier articulé avec une tige munie d'une vis ou crémaillère, que le chauffeur peut faire avancer ou rétrograder en tournant une manivelle. Ce frein sert à arrêter le train ou à ralentir sa marche, en empêchant les roues de tourner. Nous parlerons plus tard de freins d'un autre genre.

La locomotive, le tender quand il en est séparé, et les waggons, quelle que soit leur classe, sont montés sur des châssis ou trains *M'M'*, dans lesquels sont fixés les roues, les boîtes à graisse et les tampons.

Le châssis peut être en dehors des roues, comme dans les machines de Sharp Roberts et de Crampton, ou intérieurement, comme dans celles de Stephenson.

Le nombre des roues et leur position constituent l'un des caractères distinctifs de plusieurs systèmes de locomotives. Avant 1837, on les construisait à 4 roues ; mais plus tard, en augmentant les dimensions de la chaudière, on s'aperçut qu'il convenait, ou, pour mieux dire, qu'il était indispensable d'en augmenter le nombre. Dans la plupart des systèmes, il y en a 6; 8 dans les locomotives américaines; et les machines d'En-

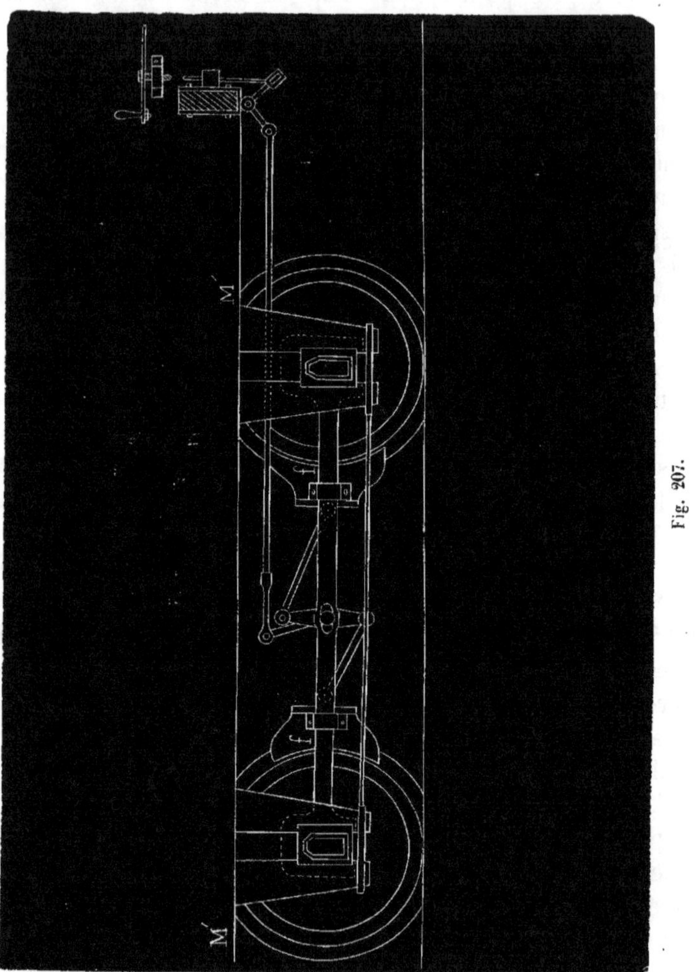

Fig. 207.

gerth en ont jusqu'à 10 : il est vrai que, dans ces dernières, le tender fait partie de la locomotive.

L'objet auquel sont destinées les roues varie aussi dans les différents systèmes : dans les uns, il y a deux roues motrices seulement, et le reste ne sert qu'à maintenir la locomotive en équilibre sur les rails ; dans d'autres, on accouple deux roues de chaque côté au moyen d'une bielle, de manière que les roues motrices sont au nombre de quatre et se meuvent toutes en même temps et sous la même action. Les roues motrices se placent, soit au milieu, entre la boîte à fumée et la boîte à feu, soit derrière celle-ci. Comme de juste, l'essieu varie dans chaque système, selon la position des cylindres et du châssis. Le train ou châssis de la locomotive porte en outre la pièce *V* (fig. 201), nommée *râteau* ou *chasse-pierres*, et qui se place à la partie antérieure pour écarter les pierres et autres petits objets qui pourraient se trouver sur les rails et occasionner un déraillement si la roue les rencontrait en passant. En temps de neige, on adapte, outre le chasse-pierres, un balai en baleine.

Les tampons ou parachocs, dont nous parlerons plus tard, sont d'une matière élastique et sont placés deux à la partie antérieure et deux à la partie postérieure de chaque locomotive et voiture ; on a le soin qu'ils soient tous de même hauteur et dans le même alignement.

Les roues des voitures affectées au service des chemins de fer diffèrent beaucoup de celles des voitures destinées aux routes ordinaires, et c'est une des parties du matériel qui exigent le plus de soin de la part des constructeurs et le plus de vigilance de la part des employés. Comme elles doivent rouler sur deux rails parallèles, il est tout d'abord indispensable qu'elles soient toujours à la même distance l'une de l'autre, sans la moindre variation ; et, dans ce but, comme aussi pour augmenter la stabilité des voitures, on fixe invariablement les roues à l'essieu, de sorte que c'est celui-ci qui tourne, et les deux roues, par conséquent, font le même nombre de tours, ce qui devient un inconvénient grave dans les courbes à petit rayon ; on y obvie pourtant en partie avec la forme légèrement conique que l'on donne aux roues et la plus grande élévation du rail extérieur : ce dernier moyen est dû à M. l'ingénieur Laignel, dont nous aurons encore occasion de parler.

Il faut en outre que les roues ne puissent pas sortir des rails, en s'écartant d'un côté ou de l'autre; et, pour cette raison, elles sont munies dans les jantes d'un rebord qui reste à la partie intérieure de la voie; disposition qui, nous l'avons vu, permit de supprimer le rebord des rails, dont les inconvénients étaient nombreux.

La forme des rails a été l'une des questions les plus débattues parmi les ingénieurs, qui sont encore loin d'être d'accord, même ceux que leur expérience semblait devoir mettre à même de résoudre la question. Nous ne nous arrêterons pas à examiner toutes les formes proposées depuis la substitution du fer forgé à la fonte; ce serait une tâche aussi pénible qu'inutile pour notre objet; il nous suffit de connaître les deux formes qui se partagent aujourd'hui la préférence des constructeurs.

Le plus ancien de ces systèmes de rails est celui de la figure 208,

Fig. 208.

qui, comme on voit en *r*, présente dans sa coupe transversale la figure d'un *double champignon*; conformation dont il a reçu son nom. Cette sorte de rails repose de mètre en mètre sur des pièces *C C*, appelées *coussinets*, fixées sur une traverse de bois *T* (fig. 209), qui doit avoir en longueur au moins 0^m,60 de plus que la largeur de la voie. On assujettit le rail dans le coussinet au moyen d'un coin en bois *c*, qu'on fait entrer à coups de marteau; et on fixe le coussinet à la traverse par des espèces de boulons, en bois aussi, qu'on nomme *chevilles* et qui entrent dans les trous *aa*. La forme des coussinets, ainsi que la manière d'y assujettir le rail, a beaucoup varié : les traverses ont subi aussi de nombreuses transformations; on les a même quelquefois remplacées par des dés en pierre ou des plateaux en fonte.

L'autre forme de rails est celle que l'on appelle *rails creux* ou de Brunel, du nom de l'ingénieur qui les a proposés. Ces rails, représentés dans les figures 210 et 211, doivent

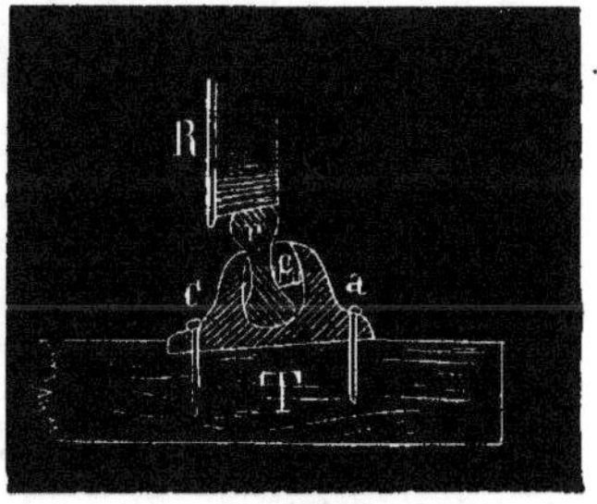

Fig. 209.

reposer, non sur des traverses, comme les autres, mais sur des longrines en bois placées dans la direction du rail et dans

Fig. 210.

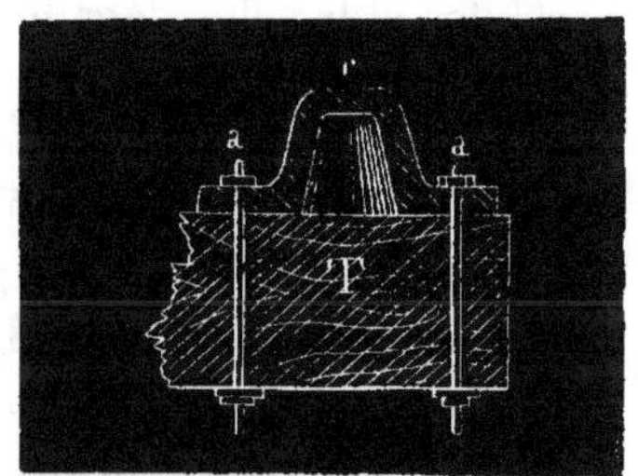

Fig. 211.

toute son étendue : ils n'ont pas besoin de coussinets; on les fixe à la longrine au moyen de clous ou de vis en fer. On a soin de faire toujours porter le point de réunion de deux rails sur une plaque en fer.

En Espagne on a adopté les rails de M. Brunel; mais, au lieu de les placer sur des longrines, on les appuie tout simplement sur des traverses en bois, comme les rails massifs à double champignon ; seulement, dans ce cas, on doit fixer les rails avec plus de solidité, et adopter un autre genre de plaques pour recevoir les deux bouts de deux rails consécutifs.

Quelles que soient la forme de rails et la manière de les poser qu'on adopte, soit sur des traverses, soit sur des longrines, il faut observer plusieurs règles sans lesquelles il n'y aurait pas de transport possible sur les chemins de fer, et qui constituent en grande partie la science de l'ingénieur chargé de la construction de ces chemins ; mais, notre but étant seulement de faire connaître les parties qui constituent un chemin de fer, et de donner une légère idée de sa disposition, nous nous contenterons de les indiquer.

En premier lieu, il est indispensable que la distance entre les deux rails où reposent les roues soit parfaitement égale dans toute l'étendue du chemin ; cette distance est ce qu'on nomme par abréviation la *voie*, et sa largeur se mesure généralement à la partie intérieure des rails ; quelquefois cependant on prend la distance existant entre les lignes moyennes ou axes des rails. La largeur à donner à la voie a été l'une des questions les plus importantes et les plus débattues lors du projet d'établissement des grandes lignes de chemins de fer. Dans toutes celles de France et de Belgique et dans la plupart de celles d'Angleterre elle est de $1^m,44$ à $1^m,46$ ($1^m,50$ à $1^m,51$, si l'on mesure d'axe en axe des rails) ; mais dans ce dernier pays il y a quelques chemins où la largeur est de $1^m,52$, $1^m,68$, et même $2^m,13$, largeur adoptée par M. Brunel pour le chemin de Bristol. En Russie, elle est de $1^m,83$, en Hollande de $1^m,95$, et en Espagne, malheureusement, on l'a fixée à $1^m,67$.

Si l'on considère la question scientifique, il est certain qu'avec les modifications qu'a subies le service des chemins de fer la largeur de la voie a dû être augmentée pour conserver la plus grande stabilité possible, tout en donnant aux waggons les dimensions qu'exigent la commodité des voyageurs et l'économie des entreprises ; mais cette augmentation est-elle si nécessaire, que l'on doive renoncer aux avantages qui résultent de l'uniformité de la largeur de la voie ? Nous ne le croyons pas : l'avantage de faire partir de Cadix un train qui puisse arriver directement à Saint-Pétersbourg serait immense, non pas tant pour le transport des voyageurs, mais pour celui des marchandises, dont le prix augmente considérablement quand il faut les charger et les décharger plusieurs fois, en même temps qu'elles courent le risque de s'avarier, si même elles ne sont pas tout à fait perdues.

La commission nommée par le gouvernement anglais pour examiner cette question, et l'un des principaux auteurs qui ont écrit sur les chemins de fer, M. Perdonnet, pensent qu'avec la nouvelle disposition adoptée pour les locomotives il n'y a aucun des inconvénients que l'on a supposés pour les voies de 1^m,44 de largeur, sur lesquelles on peut atteindre une vitesse de 100 à 110 kilomètres à l'heure, vitesse infiniment supérieure à celle qu'autorise la prudence, et qu'il est par conséquent inutile de chercher à dépasser, seul effet qu'on obtiendrait avec l'élargissement de la voie.

L'*entrevoie*, qui est l'espace compris entre deux voies parallèles sur la même ligne, est de 1^m,80 dans la plupart des chemins de fer de France et de Belgique; mais elle atteint quelquefois 2^m,50; en Espagne on l'a fixée à 1^m,81.

L'uniformité de largeur de l'entrevoie est moins importante que celle de la voie; mais elle doit toujours être assez grande pour que deux trains circulant en même temps sur les deux voies laissent entre eux, en passant l'un à côté de l'autre, un espace suffisant pour que les marchepieds de chacun des convois ne se heurtent pas, et qu'une portière laissée ouverte par négligence ne puisse atteindre les voyageurs qui passeraient là tête par les fenêtres de l'autre train.

On donne le nom d'*accotement* à la distance qui existe entre la ligne où commence le talus des déblais ou des remblais et la face extérieure du rail le plus rapproché de ce talus; pour les remblais, cette largeur doit être au moins de 1^m,50 et de 1 mètre pour les déblais, les ponts et les souterrains. Ces dimensions, cependant, sont subordonnées à la nature du terrain, et il n'y a que les raisons d'économie dans la construction qui puissent y apporter des limites; car il serait toujours convenable de les développer autant que possible, afin d'augmenter la solidité de la voie et la sécurité des employés, et même des voyageurs : en effet, on évite ainsi que les éboulements du terrain atteignent la voie, et, en cas de déraillement, que les trains se précipitent du haut d'un remblai ou viennent se briser contre les parois d'un déblai.

Les figures 212 et 213 représentent deux coupes du même chemin de fer : la première prise sur une partie en déblai, l'autre sur un remblai. Outre les voies, l'entrevoie et les accotements

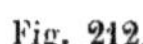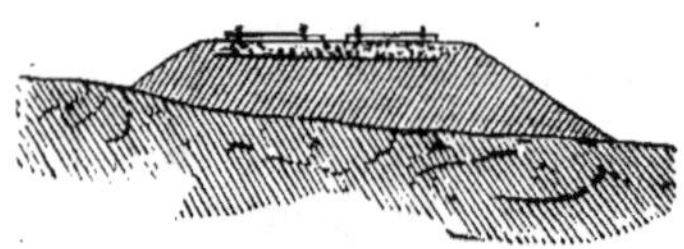

Fig. 212.   Fig. 213.

dont nous avons déjà parlé, on voit dans les figures la disposition des fossés ou rigoles d'écoulement, et le *ballast*, qui consiste en une couche de gros sable, de petits cailloux ou de toute autre matière perméable, sur laquelle on place les traverses, car, si l'eau ne trouvait pas un écoulement facile, le chemin deviendrait impraticable. Les ingénieurs recommandent beaucoup que le ballast recouvre entièrement les traverses, tant pour les maintenir fixes dans leur position que pour prévenir la pourriture du bois ; quelques-uns cependant prétendent qu'elles se conserveraient beaucoup mieux si elles restaient découvertes hors du contact de la terre humide. L'usage général est de les couvrir tout à fait quand cela se peut, et d'employer, comme nous avons dit, un matériel imperméable et de quelque consistance. Le sable, quand il est gros et contient peu d'argile, est le meilleur des ballasts, car il ne forme pas de boue en temps de pluie et ne produit pas de poussière au passage des trains : la boue, en conservant l'humidité, détruit plus vite ce qu'on appelle le *matériel fixe*, c'est-à-dire les rails, les coussinets et les traverses, tandis que la poussière, en s'introduisant dans les essieux et dans les pièces du mécanisme, détériore le *matériel mobile*, c'est-à dire les diverses parties qui constituent un train.

Une fois connue la structure essentielle d'un chemin de fer sur un point quelconque de la ligne, ayant pour ainsi dire sa coupe transversale, il faut le considérer dans son développement et se rendre compte de son *plan* ou *ligne* proprement dite, et de sa *pente* ou *profil*.

Comme le mouvement de translation sur les chemins de fer se

doit à l'adhérence des roues motrices avec les rails, et que cette
force est plus petite à mesure que le plan où tournent les roues
s'éloigne de l'horizontale, il résulte que, selon la nature des locomotives employées, il y a une limite d'inclinaison au delà de
laquelle l'adhérence serait contre-balancée par la pesanteur, et
le train ne pourrait monter par l'action seule des locomotives.
L'un des premiers soins d'un ingénieur doit donc être de tracer
un chemin avec le moins de pentes possible, de veiller à ce que
celles-ci ne dépassent pas un certain degré, et de faire en sorte
de ne pas augmenter pour cela outre mesure la longueur de la
ligne ni la difficulté des travaux de terrassements et des travaux
d'art.

Les chemins de fer sont divisés, d'après leur inclinaison, en
chemins à pentes faibles, chemins à pentes moyennes, et chemins à grandes pentes. Les premiers sont ceux dont l'inclinaison,
à quelques exceptions près, reste au-dessous de 8 à 10 millimètres par mètre; ceux à pentes moyennes sont ceux où cette inclinaison domine, et les chemins à pentes fortes ceux dont le tracé
comporte, sur une certaine étendue, des rampes inclinées de
plus de 10 millimètres; on peut citer comme les plus remarquables parmi ces derniers celui de Vienne à Trieste, qui a, au
passage du Sœmmering, une pente de $2^m,50$ pour 100; et surtout
celui de Turin à Gènes, dont l'inclinaison est de $3^m,50$, la plus
forte parmi les principales lignes de communication construites
jusqu'à présent. Sur les lignes qui dépassent cette pente et même
sur d'autres qui ne l'atteignent pas, on emploie des *machines
fixes*, comme sur le chemin de fer de Liége à Bruxelles, ou
des *plans automoteurs*, comme dans celui de Hetton, près de
Newcastle.

On établit des plans automoteurs quand le service du chemin
est tel, que ce sont toujours les waggons chargés qui descendent
la pente et les waggons vides qui la remontent. Le mécanisme
employé consiste en une corde un peu plus longue que le plan
incliné, aux extrémités de laquelle on attache les deux trains, le
vide à la partie inférieure, le chargé à la partie supérieure. Afin
de diminuer le frottement, la corde est soutenue de distance en

distance par des rouleaux fixés à terre, et vient s'enrouler une ou plusieurs fois sur une poulie munie de son frein, au moyen duquel on peut régler la vitesse, quand, par l'effet de la charge, elle devient excessive.

On emploie les machines fixes pour faire monter des waggons chargés sur un plan incliné inaccessible aux locomotives. La machine, placée à la partie supérieure du plan incliné, met en mouvement un tambour où s'enroule la corde à l'extrémité de laquelle est attaché le train. Les waggons descendent par l'action seule de la pesanteur, modérée, s'il le faut, par les freins que porte le train lui-même.

Par la même raison qu'il faut quelquefois donner aux chemins de fer une pente plus ou moins grande, mais qui augmente toujours les difficultés du transport, il est souvent indispensable aussi de ne pas suivre la ligne droite pour aller d'un point à un autre.

Les ingénieurs ont adopté, comme le système le plus avantageux, de tracer le plus grand nombre de droites possible et de les réunir entre elles par des arcs de cercle, soit d'un seul rayon entre chaque partie de lignes droites, soit à plusieurs centres placés d'un même côté de la voie, ou des deux côtés opposés. Quel que soit le cas qui se présente, il faut que la ligne perpendiculaire aux rayons sur les points de jonction soit tangente aux deux courbes, ou, ce qui revient au même, que les deux centres et le point de tangence se trouvent sur la même ligne; ou bien, quand la jonction se fait entre une courbe et une droite, il faut que celle-ci soit tangente à celle-là au point même de jonction.

Cette disposition permet aux trains de passer avec moins d'efforts d'une courbe à l'autre, ou d'une droite à une courbe.

Malgré cette précaution, un train lancé à toute vitesse et parcourant une courbe tend à s'échapper par la tangente; et cela arriverait infailliblement sans le rebord des roues; il suffit donc, dans ce cas, du plus petit obstacle interposé, de la moindre solution de continuité ou du moindre défaut dans les roues, pour que celles-ci abandonnent les rails qui les guident et pour qu'un *déraillement* ait lieu, d'autant plus imminent que le rayon est plus petit et plus grande la vitesse. C'est pour cette raison que, selon le service auquel on destine chaque chemin de fer, on fixe un minimum aux rayons des courbes, et, quand ils sont très-petits, un mécanicien prudent doit diminuer la vitesse du train.

Comme les courbes à petit rayon diminuent la vitesse sur un chemin de fer, et peuvent être cause d'accidents, les constructeurs évitent autant qu'il est possible de les tracer d'un rayon inférieur à 500 mètres ; ce n'est que dans des cas exceptionnels qu'ils en emploient de 500, et il est très-rare de descendre au-dessous de 200, comme sur le chemin de fer de Vienne à Trieste, où il se trouve une courbe de 190 mètres au passage du Sœmmering.

On a proposé et l'on emploie même quelques moyens d'éviter les inconvénients des courbes, tant pour diminuer la tendance du train à s'échapper par la tangente quand il marche avec une certaine vitesse que pour amoindrir le frottement du rebord des roues contre les rails et le glissement des roues elles-mêmes sur les rails : ce dernier effet est dû à ce que les deux roues, étant fixes sur le même axe, doivent faire le même nombre de tours, malgré qu'elles parcourent des distances différentes.

Le système généralement employé a été proposé par M. Laignel, et consiste à élever le rail extérieur au-dessus du niveau du rail intérieur en raison inverse du rayon de la courbe. M. Arnoux a employé sur le chemin de fer de Paris à Orsay, qu'il dirige depuis longtemps, un autre système de son invention, lequel consiste à articuler les essieux de chaque voiture de manière que dans les courbes ils prennent la direction du rayon. Sur le chemin de fer de Cromford à Peakforest, dans le Derbyshire, chaque roue a son essieu, ce qui évite une des causes de glissement.

Malgré les pentes et les courbes qu'on laisse subsister sur les chemins de fer dans le but de diminuer les frais de construction, il n'est pas possible d'achever l'exécution d'une ligne sans être obligé de recourir à ce que l'on appelle des *travaux d'art*, lesquels ont pour objet de conserver le niveau et la direction dans de certaines limites, en surmontant les obstacles qu'opposent la nature du terrain, ses accidents et certaines constructions déjà établies par la main des hommes, et que l'on ne pourrait faire disparaître sans des inconvénients plus graves encore que ceux d'un surcroît de dépenses dans la construction du chemin de fer. Les travaux d'art auxquels nous faisons allusion sont : les *tunnels, viaducs, ponts, ponceaux* et *passerelles.*

On donne le nom de *tunnel* ou souterrain à une galerie que l'on perce dans une montagne ou colline, quand le niveau auquel doit passer le chemin de fer exigerait un déblai plus coûteux que le tunnel. Si le terrain dans lequel on perce ces souterrains n'est pas très-ferme, on recouvre leurs parois en maçonnerie, en ménageant une voûte assez haute pour que les cheminées des locomotives ne puissent jamais heurter contre elle ; par conséquent, cette voûte est toujours élevée de plus de 4 mètres au-dessus du milieu des voies, car en général ces souterrains embrassent deux voies et leur entrevoie, ainsi que des accotements d'un mètre à peu près depuis le rail extérieur jusqu'aux murs, de manière que leur largeur varie entre 6 et 8 mètres. Les ingénieurs font toujours en sorte que les souterrains aient le moins de pente possible, et qu'ils soient percés en ligne droite ou en courbe à très-grand rayon, car, comme nous le verrons plus tard, ils sont plus exposés à des accidents que les autres parties de la ligne. Il y a des tunnels très-longs sur les chemins de fer déjà construits : parmi les plus remarquables on peut citer celui de la Nerthe, entre Avignon et Marseille, qui a 4,600 mètres, et celui qui se trouve entre Sheffield et Manchester, qui a 4,800 mètres.

Les *viaducs, ponts, ponceaux, égouts* et *passerelles,* ne diffèrent entre eux que par leurs dimensions et le lieu de leur construction. Tout le monde sait qu'un pont est un ouvrage en maçonnerie, en bois ou en fer, construit pour permettre le passage d'une rivière, d'un canal ou d'un ravin, là où les frais d'un remblai seraient plus considérables que ceux du travail d'art, soit à cause des dimensions, qui exigeraient une main-d'œuvre énorme, soit à cause de l'emplacement nécessaire pour les talus des terres. Dans le dernier cas, et toutes les fois que le pont n'est pas sur un courant d'eau, il reçoit le nom de *viaduc* proprement dit ; mais comme, de fait, il ne diffère en rien d'un pont, on applique indistinctement les deux noms aux deux cas. Si la largeur du courant d'eau n'exige qu'un pont de 4 ou 5 mètres, auquel suffit toujours une seule arche, on appelle cette construction un *ponceau*, et, si cette dernière a moins de 2 mètres, elle reçoit le nom d'*égout*. Les *passerelles* sont ces constructions légères qui servent à relier les deux bords très-rapprochés d'une profonde tranchée.

Les ponts, sur les chemins de fer, servent quelquefois à faire croiser à différents niveaux deux voies de communication, et on emploie les mêmes dénominations pour les désigner, soit que le chemin de fer passe sous la route, soit qu'au contraire il passe sur le pont.

Parmi les ponts et viaducs dignes d'être mentionnés, nous citerons le viaduc de l'Eastern-Counties railway, près de Londres, qui a 2,000 mètres de longueur et 6 d'élévation ; le chemin de fer de Greenwich, qui, dans tout son parcours, n'est qu'un véritable viaduc de 6 kilomètres de longueur et de 8 à 15 mètres d'élévation; celui de Congleton, entre Manchester et Birmingham, de 641 mètres de long et 30 de hauteur; celui de Goltzsch, en Allemagne, haut de 80 mètres et long de 578, et enfin le fameux pont tubulaire construit par Robert Stephenson sur le chemin de fer de Chester à Holyhead.

Il n'est pas toujours possible ni convenable d'établir des ponts à une hauteur aussi considérable que celle du Britania, déjà mentionné, qui s'élève à 30 mètres au-dessus des plus hautes marées, et sous lequel, par conséquent, peuvent passer les plus grands navires ; dans ce cas, il faut avoir recours, quoiqu'on l'évite autant que faire se peut, aux *ponts-levis* et aux *ponts tournants*, mobiles autour d'un axe horizontal ou vertical, qui permet de les abaisser et de les lever, ou de les placer parallèlement au bord de la rivière, canal ou chemin sur lequel ils sont établis. Quand ces ponts sont trop longs, on les divise par moitié en deux parties indépendantes l'une de l'autre, qui restent chacune de son côté quand on ouvre le pont. .

Les ponts et viaducs, comme tous les autres travaux d'art, se font toujours à deux voies, quand bien même les rails ne sont posés que pour une seule.

Le croisement de deux chemins de fer ou d'un chemin de fer et d'une route n'a pas toujours lieu l'un par-dessus ou par-dessous l'autre ; ces croisements ont souvent lieu au même niveau, et c'est ce qu'on connaît sous le nom de *passages à niveau* dans ce dernier cas, et *croisement de niveau* dans le premier.

Quand un passage à niveau n'est établi que pour les piétons, il n'y a pas lieu de changer en rien la manière de poser la voie ; il suffit de prendre des précautions plus ou moins grandes, selon les dangers auquels peuvent donner lieu la fréquence du parcours et le caractère des passants. Mais, si le passage à niveau doit aussi être traversé par des voitures, il faut nécessairement que celles-ci ne rencontrent pas l'obstacle des rails et puissent passer sans les endommager. C'est ce qu'on obtient en emboîtant les rails dans le sol, comme l'indiquent les figures 214 et 215,

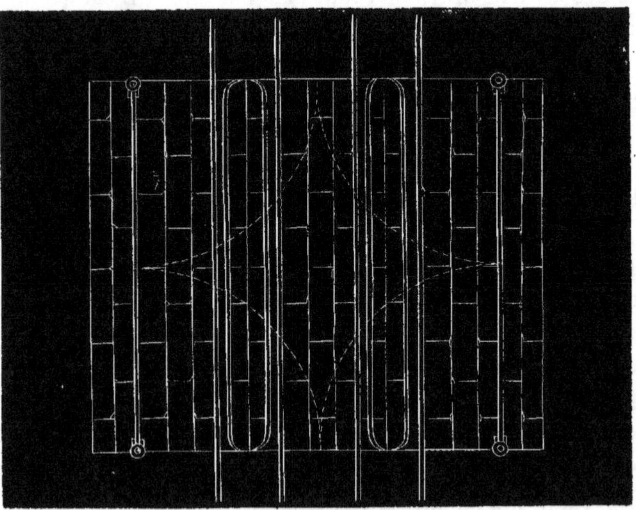

Fig. 214.

entre deux barres en fer que l'on nomme *contre-rails*, de manière que la roue d'une voiture puisse traverser la voie sans toucher le rail ; les extrémités des contre-rails doivent être recourbées comme on le voit dans la figure 214, afin que, dans le cas où la roue d'un waggon viendrait à dévier un peu de la ligne, le contre-

rail, loin d'être un obstacle, la ramenât dans la direction qu'elle
doit suivre.

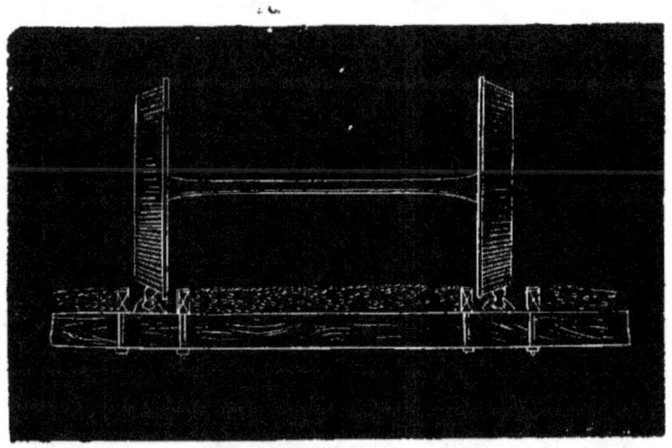

Fig. 215.

Les chemins de fer, en France, sont toujours fermés dans toute
l'étendue de leur parcours par une double clôture plus ou moins
solide qui protége la voie. Cette clôture consiste quelquefois en
fils de fer galvanisés fixés à des poteaux de 1^m,50 de hauteur et
tendus au moyen d'appareils spéciaux; sur quelques lignes on
n'établit ces clôtures que dans le voisinage des lieux peuplés; mais
elles sont de rigueur au moins dans les passages à niveau, qui
doivent toujours être protégés, soit au moyen de simples lisses,
soit au moyen de treillages mobiles, auxquels on donne alors le
nom de *barrières*.

Ces barrières, placées dans tous les points où la voie se trouve
croisée par une rue ou par une route, reçoivent, quand elles doivent livrer passage aux voitures, et en général quand la rue ou
route est très-fréquentée, la disposition de la figure 216, c'est-
à-dire que les battants ou portes de la barrière peuvent fermer
tantôt la voie ferrée, tantôt la route, selon qu'il est nécessaire;
mais l'une des deux doit toujours être close. Quand la route est
très-large et que le passage doit l'être aussi, les barrières sont à
deux battants, et on en établit quatre qui forment un carré, de
manière que chaque battant peut fermer, avec le secours de deux
autres, tantôt la route, tantôt la voie ferrée (fig. 216).

Un cas très-fréquent qui se présente sur les chemins de fer, c'est la nécessité de faire passer les waggons et les locomotives l'u

Fig. 216.

d'une voie à une autre, surtout dans les stations ; quand le chemin de fer est à une seule voie, cette nécessité existe aussi dans les gares d'*évitement*, afin que les trains puissent se croiser entre deux stations.

Les appareils affectés à ces changements sont de trois sortes : les plaques tournantes, les chariots de service, et les aiguilles ou changements de voie proprement dits.

Fig. 217.

Les plaques tournantes (fig. **217**) consistent en un fragment

de la voie placé sur une table ou plate-forme circulaire d'un diamètre suffisant pour contenir les roues de chacune des voitures
ou locomotives qui doivent passer d'une voie à l'autre. Cette plate-
forme tourne sur un pivot et glisse sur des galets, de manière
que la partie de voie mobile qui se trouve sur elle peut se placer
en face de chacune des lignes de rails qui viennent aboutir à la
circonférence ou bord de la plate-forme. Les figures 218 et 219

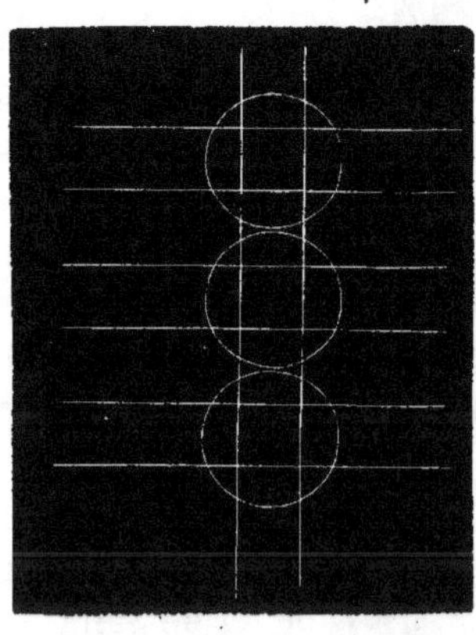 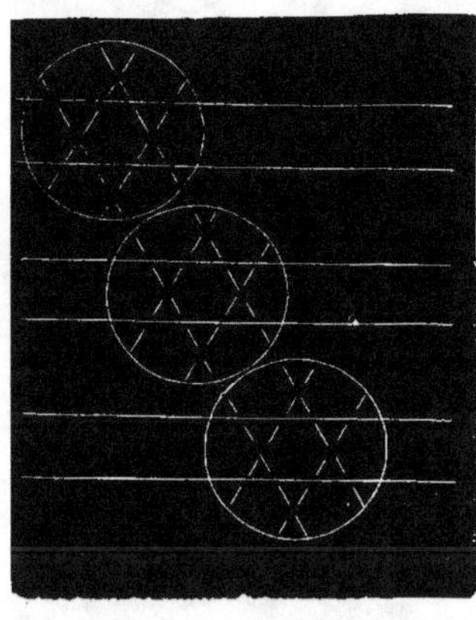

Fig. 218.   Fig. 219.

donnent une idée de la manière de combiner les plaques tournantes quand il y a plusieurs voies, et de leur position les unes
par rapport aux autres.

La voiture une fois placée sur la partie mobile de la voie, on
la cale afin qu'elle ne glisse pas, et plusieurs ouvriers, poussant
la voiture elle-même, font tourner la plate-forme jusqu'à ce qu'elle
ait pris la position qu'on veut lui donner ; ce qui s'obtient facilement au moyen de quelques *verrous* dont est muni le plateau mobile, et qui viennent se fixer dans les entailles pratiquées sur la
partie fixe quand la voie mobile arrive exactement devant la voie
fixe. Les plaques tournantes pour les locomotives pivotent au
moyen d'un système de roues dentées et de crémaillères qui forme
partie du plateau mobile et sans lequel il serait difficile d'obtenir
le déplacement, à cause du grand poids des machines.

Pour faire passer les waggons ou les locomotives d'une voie à une autre quand celles-ci sont parallèles, on peut employer les *chariots de service* au lieu des plaques tournantes (fig. 220).

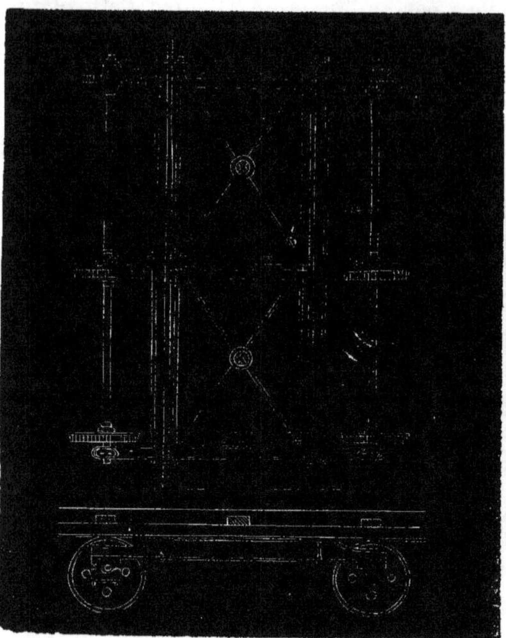

Fig. 220.

Comme les plaques tournantes, ils consistent en un fragment de voie mobile, placé sur un chariot, au lieu de l'être sur un plateau, et qui ne pivote pas, mais roule sur des rails placés perpendiculairement à ceux des deux voies. La figure 221 représente la disposition au moyen de laquelle, dans une remise du chemin de fer de Saint-Germain, on peut faire que toutes les locomotives, quel que soit leur emplacement, puissent passer des voies parallèles *aaaa* à l'une quelconque des voies convergentes *bbbb*, ou réciproquement. A l'aide de mécanismes que ce n'est pas ici le lieu de décrire, on peut éviter que les voies soient interrompues pour livrer passage au chariot de service ; on peut par conséquent employer ce système au lieu de plaques tournantes pour les voies principales, mais il ne semble pas présenter de grands avantages. Ce

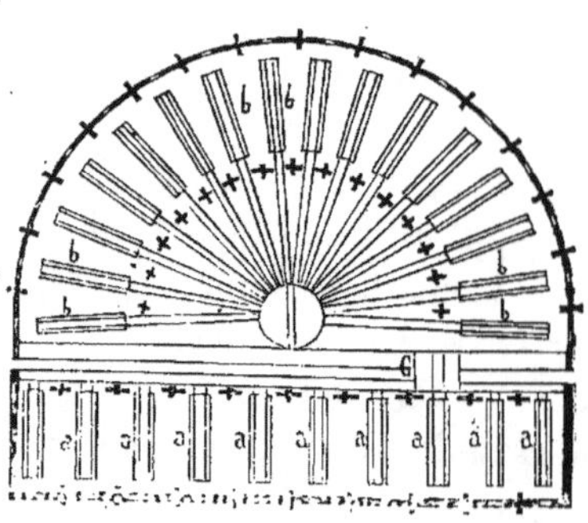

Fig. 221.

mécanisme, qui consiste essentiellement à élever les waggons au niveau des rails de la voie, fonctionne quelquefois au moyen de la pression d'une colonne d'eau, et alors il reçoit le nom de *chariot hydraulique*.

Les deux systèmes de changement de voie que nous venons d'expliquer ne permettent le passage des waggons que un par un, et exigent un moteur spécial. Au moyen des *aiguilles*, que l'on désigne aussi sous le nom de *changements de voie*, un train tout entier peut passer à la fois, et sous l'impulsion même de la locomotive, sans que l'homme ait besoin d'intervenir autrement que pour diriger le train.

Quand une voie principale *VV* (fig. 222) se bifurque sur un point *CC*, il faut qu'un train qui la parcourt dans la direction de

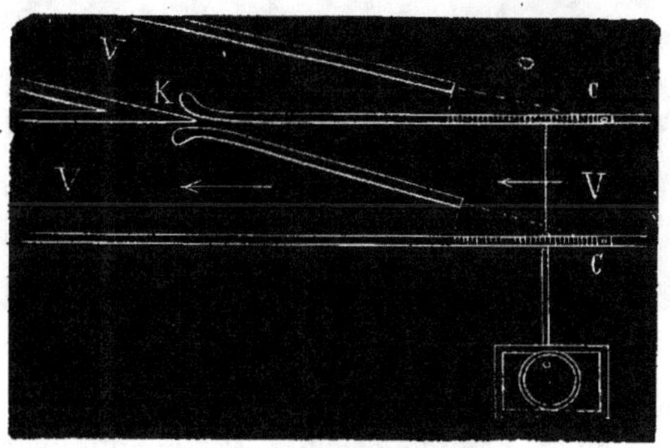

Fig. 222.

la flèche puisse passer à volonté à la voie *V'*, ou suivre la principale ; ou bien que, marchant par une des deux voies en sens contraire à la flèche, il puisse continuer sans obstacle par la voie *V* ou retourner prendre la voie contraire à celle qu'il parcourait. L'appareil que l'on place sur le point *CC* pour obtenir cet effet reçoit le nom d'*aiguilles* ou changement de voie; mais en *K*, où les deux voies se croisent, il faut donner à celles-ci une disposition particulière qui laisse passer les rebords des roues sans qu'ils montent sur les rails ou éprouvent un choc sensible : cette disposition se nomme *croisement de voie* et est représentée dans la même figure 222.

On connaît trois systèmes de changement de voie, et nous les expliquerons avec quelques détails, parce qu'il est intéressant d'étudier les dangers que chacun d'eux peut présenter.

La figure 223 donne une idée du premier des systèmes de changement de voie, connu sous le nom de *système belge*. Il se

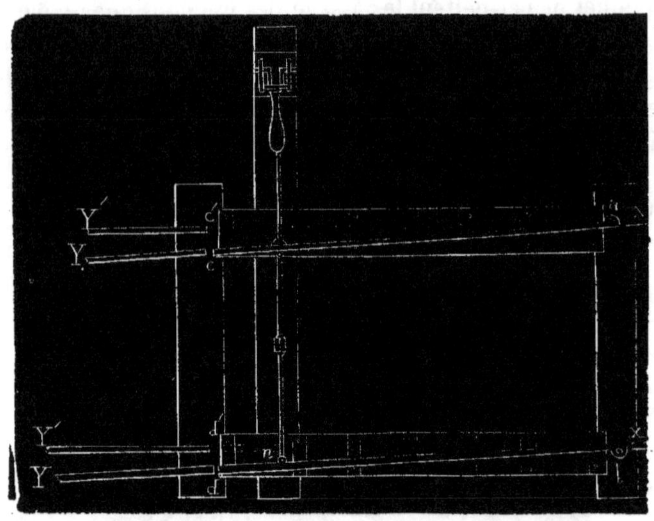

Fig. 223.

compose de deux rails *bd* et *ac*, ayant la même forme que ceux de la voie, et qu'on nomme *aiguilles*. Ces aiguilles sont réunies par une tige ou tringle articulée *no*, et peuvent tourner dans le plan du chemin autour de boulons placés en *a* et en *b*, de manière que, quand elles se trouvent dans la position *ac*, *bd*, qu'indique la figure, un train venant par X passera en Y; mais si, en poussant la tige *on*, on fait prendre aux aiguilles la position *ac'*, *bd'*, indiquée par les lignes ponctuées, le train passera de X en Y'.

Ce système d'aiguilles est très-simple et a l'avantage de pouvoir être appliqué à un nombre quelconque de voies, comme on peut le voir dans la figure 302, où trois voies viennent se réunir en une seule; mais, malgré cela, on l'a abandonné sur tous les chemins de fer que l'on construit, parce qu'il offre beaucoup de dangers. En effet, si un train venant de la voie Y' vers la voie *X* trouvait les aiguilles dans la position *ac*, *bd*, il déraillerait inévitablement.

Dans le second système de changement de voie, connu sous le nom de *système à contre-rails*, la voie est entièrement fixe, interrompue seulement sur une petite longueur en *a* et en *b* (fig. 224)

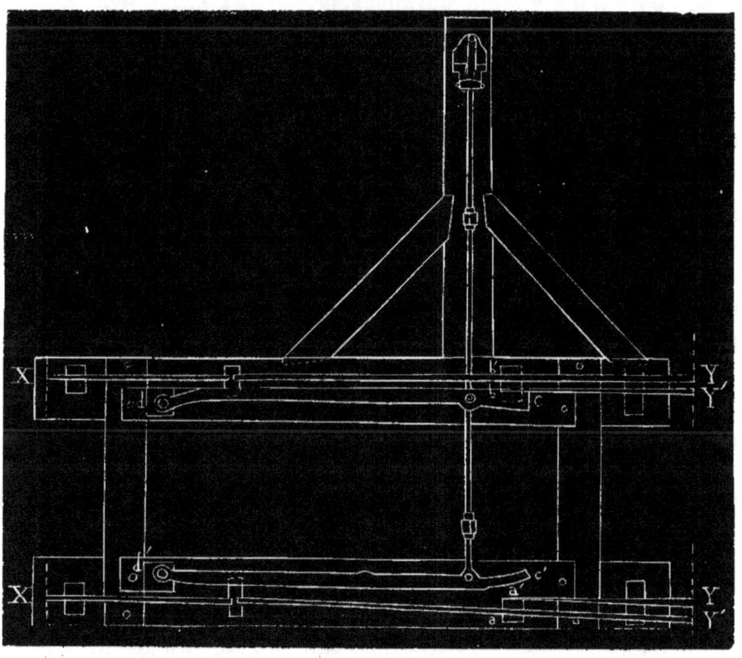

Fig. 224.

pour livrer passage aux rebords des roues. Les convois sont alors dirigés sur l'une ou l'autre voie par deux barres plates *cd* et *c'd'*, également nommées *aiguilles*, recourbées à leurs extrémités *cc'*, et tournant dans le plan du chemin autour des boulons *d* et *d'* pour aller s'appuyer contre le rail *b* ou contre le rail *a'*. Ces aiguilles, plus hautes que les rails, font l'effet de contre-rails, car, les bourrelets des roues passant entre le rail et l'aiguille, celle-ci empêche que la machine ou le waggon se jette de côté et sorte de la voie. Quand elles sont dans la position qu'indique la figure, un convoi qui vient par *X* continue sa marche sans difficulté par Y; mais, si on les fait tourner et prendre la position dans laquelle l'aiguille $c'd'$ appuie son extrémité contre le rail a', celle-ci présente un obstacle à la première roue du train venant par X, qui est contrainte de suivre le rail a, et, comme la roue jumelle est solidaire, elle s'engage sur le rail b, qui appartient à la même voie, bien qu'il n'y ait aucun obstacle en b'.

Ce système a sur le précédent l'avantage de ne pas occasionner de déraillements, quelle que soit la position des aiguilles, parce que celles-ci sont taillées en biseau en c et c'; et, si un train arrivait par la voie oblique quand l'aiguille cd est appuyée contre le rail b, la roue ne serait pas arrêtée par l'extrémité c, comme on pourrait le croire à première vue, mais elle monterait sur le plan incliné que forme cette extrémité et viendrait tomber sur le rail b' du côté X de la voie, avec une forte secousse. Cette secousse et l'inconvénient qu'a ce système de ne permettre que des changements assez brusques l'ont fait abandonner.

Les aiguilles, dans le troisième système de changement de voie, nommé système de Wyld, et dont la première idée appartient à l'homme à qui doivent le plus les chemins de fer, Robert Stephenson, sont deux barres terminées en pointe en b et en b' (fig. 225); elles tournent autour des boulons aa', et, au moyen d'une tige semblable à celle décrite pour le premier système, elles se meuvent parallèlement l'une à l'autre, soit en appliquant au rail l'aiguille ab, comme l'indique la figure, auquel cas le train suivra la voie droite Y; soit l'aiguille $a'b'$, comme l'indiquent les lignes ponctuées, et alors le train passera de la voie droite à la voie oblique Y', sur les rails mobiles, qui se trouvent à la même hauteur que les rails fixes, et auxquels ils s'adaptent parfaitement, parce qu'ils ont leurs extrémités disposées de manière à pouvoir entrer sous le champignon que forme la partie supérieure du rail. Ce système n'est pas dangereux quand les aiguilles sont mal placées, parce que, dans le cas où un train viendrait par la voie oblique quand elles sont disposées pour la voie droite, le bourrelet de la roue, en arrivant à l'angle b, pousserait la barre mobile dans la direction de la ligne ponctuée, et exécuterait de lui-même le changement voulu pour entrer sans

secousse sur la voie droite. Outre cet avantage, ce système offre.
encore celui de présenter toujours une voie non interrompue ;
c'est pourquoi on le préfère à tous les autres.

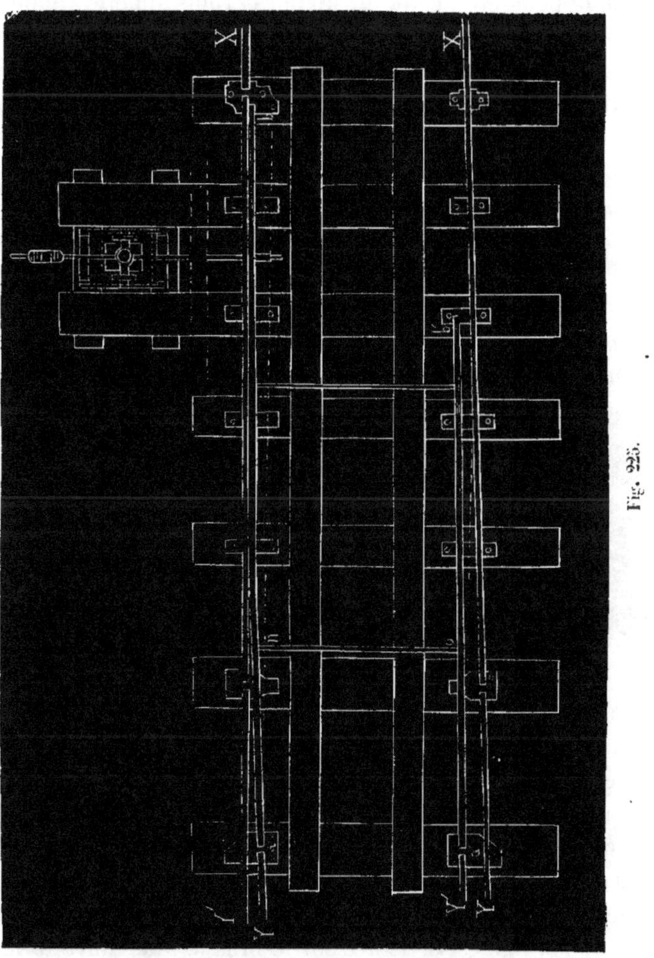

Il est très-important, dans ce système, que les deux aiguilles ne
soient pas de la même longueur, quand l'une des deux voies est
droite et l'autre oblique ou courbe ; car, s'il existe un obstacle
qui empêche l'aiguille de la voie oblique de se serrer parfaite-

ment contre le rail, et si les deux aiguilles restent dans une position intermédiaire entre les deux positions normales qu'elles doivent occuper quand le train arrive à cette aiguille, le bourrelet de la roue la pousse de côté, et, quand la roue jumelle atteint l'extrémité de l'autre aiguille, elle la trouve convenablement adaptée à son rail, parce qu'elle aura suivi le mouvement de la première ; et le train peut continuer à marcher sans obstacle par la voie droite où il était entré ; mais, si les aiguilles étaient de la même longueur, les deux roues arrivant en même temps en face des deux pointes, et toutes les deux étant séparées des rails fixes, une roue suivrait la voie droite et l'autre la voie oblique, et il en resuterait un déraillement. (*Voy.* la figure 225.)

M. Perdonnet pense que quand les deux voies dans lesquelles se bifurque une troisième sont courbes et également inclinées sur une droite, les deux aiguilles (fig. 226) doivent nécessairement être de longueurs égales ; mais nous ne voyons nullement la nécessité d'une semblable mesure, qui présenterait, dans ce cas, le même inconvénient que dans celui d'une voie courbe ou oblique avec une droite.

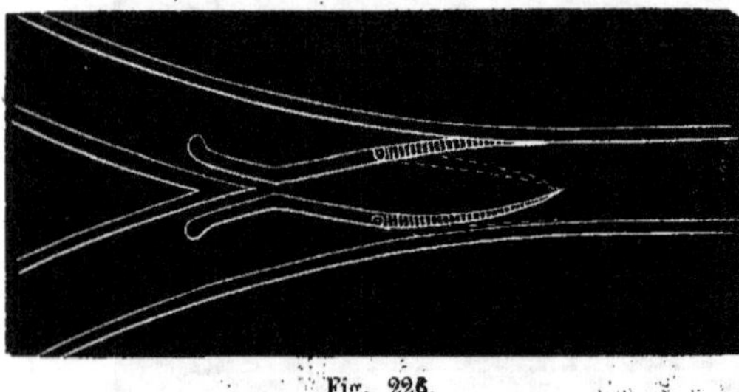

Fig. 226.

Nous avons déjà dit qu'on met en mouvement les aiguilles du premier système de changement, en poussant la tige articulée qui les relie l'une à l'autre ; et cela se fait soit en attachant la tige à un excentrique qui les maintient dans chacune des positions qu'elles doivent conserver malgré la force contraire des bourrelets des roues, soit au moyen de leviers comme celui de la figure 227 : la tige est articulée sur le bras le plus court du levier, et l'aiguilleur chargé de faire le changement agit sur le plus long.

Ce même système de levier est employé pour manœuvrer les changements d'aiguilles de Wyld ; mais on ajoute au levier un contre-poids disposé d'une des deux manières suivantes.

Le contre-poids de la figure **227** est à l'extrémité d'une barre que l'on emmanche sur le levier au moyen d'un œil qui la maintient perpendiculairement. Que le levier soit dans la position indiquée par la figure ou dans la position contraire marquée par les lignes ponctuées, les aiguilles restent appliquées aux rails dans l'une quelconque des deux positions par l'action seule du contre-poids ; car il suffit de tourner la barre pour que le contre-poids passe d'un côté à l'autre.

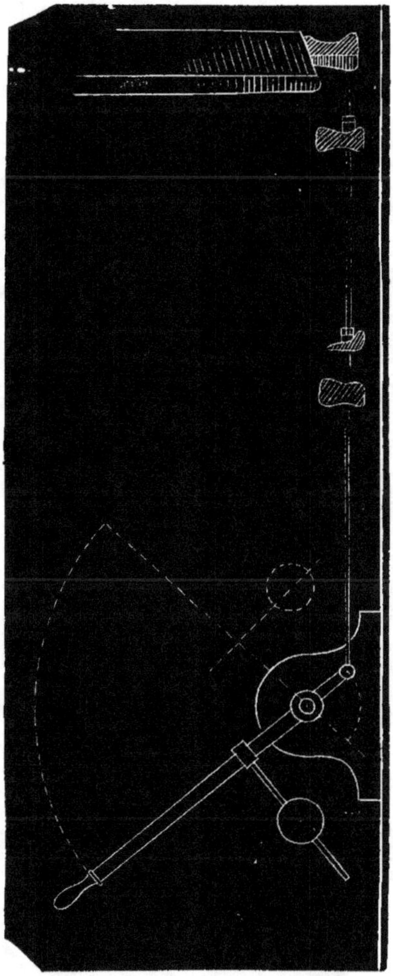

Le contre-poids de la figure **228**, placé à l'extrémité du levier, tend à prendre toujours la position indiquée par les lignes ponctuées, et ne reste dans l'autre position que quand on le lève et qu'on le maintient ainsi pendant tout le temps que le train met à passer. Cette sorte de contre-poids est plus avantageuse pour les aiguilles d'un changement qui conduit d'une voie très-fréquentée à une autre qui l'est moins, car on peut dire qu'elle se règle d'elle-même ; mais elle offre le danger d'un déraillement inévitable si l'aiguilleur abandonne le levier avant que toutes les roues du train soient passées, car, dans ce cas, une partie du train suivrait une voie, tandis que l'autre partie s'engagerait sur la voie opposée.

Fig. 227.

C'est pour cette raison qu'on préfère le contre-poids de la figure 227 à celui que nous venons de décrire ; et son usage se répand de plus en plus, malgré l'opposition que rencontrent toutes ces modifications chez ceux qui sont chargés de l'exploitation d'un chemin de fer.

Nous avons déjà dit qu'avec le premier des systèmes de changement de voie on peut, avec une seule paire d'aiguilles, passer d'une voie à deux, trois ou davantage ; et il suffit en effet de considérer la figure 223, pour se convaincre qu'en poussant plus ou moins la tige *no*, les aiguilles se présenteront successivement en face de chacune des voies.

Fig. 228.

Pour arriver au même résultat avec des aiguilles du système de Wyld, c'est-à-dire avec celles qui sont généralement adoptées sur les chemins de fer, on a besoin de deux paires d'aiguilles manœuvrées chacune par un levier différent (fig. 229).

Les deux aiguilles *aa'*, *bb'*, forment la première paire, et les aiguilles *cc'*, *dd'*, la seconde. Dans la position qu'indique la figure, le train passera de la voie *X* à la voie *Y*; pour le faire passer à la voie *G*, il suffit de mettre en mouvement la tige *L*, au moyen de son levier, de manière que les aiguilles *aa'* et *bb'* prennent la direction *ca' db'*; si c'est sur la voie *D* que l'on veut engager le train, c'est avec le levier *L'* que l'on fera prendre à l'autre paire d'aiguilles la direction *ac'* et *bd'*.

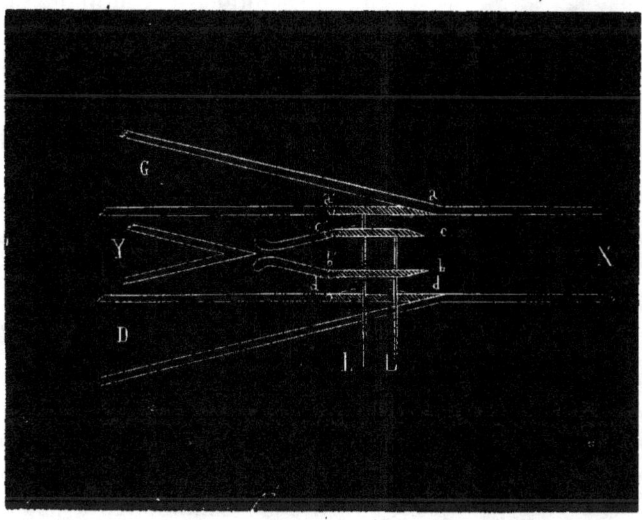

Fig. 229.

En parlant des changements de voie, nous avons déjà dit qu'on nomme *croisement de voie* la disposition particulière qu'il faut donner aux rails dans une bifurcation pour que les roues puissent passer sans aucun obstacle. Quand deux voies se croisent en formant un angle plus ou moins aigu sans venir s'embrancher l'une sur l'autre, il faut adopter la disposition représentée dans la figure 230, disposition qui reçoit le nom de *traversée de voie*, et dans laquelle sont nécessaires deux *croisements de voie* et quelque chose d'analogue, dit *coupement de voies*, au milieu, et dont on peut se rendre aisément compte en examinant la figure : les six contre-rails coudés *DD'* sont indispensables pour éviter qu'un train suivant l'une des voies puisse s'engager sur l'autre, soit dans le coupement, soit dans les croisements, où l'on voit deux rails assemblés formant une pointe, connue sous le nom de *cœur*.

Si la traversée se fait sous un angle droit ou qui s'approche de 90°, il suffit d'entailler les rails des voies transversale et principale de manière à permettre le passage des bourrelets des roues sur l'une et sur l'autre de ces deux voies (fig. 231) sans le moindre inconvénient; mais il faut faire en sorte que les solutions de continuité soient très-petites.

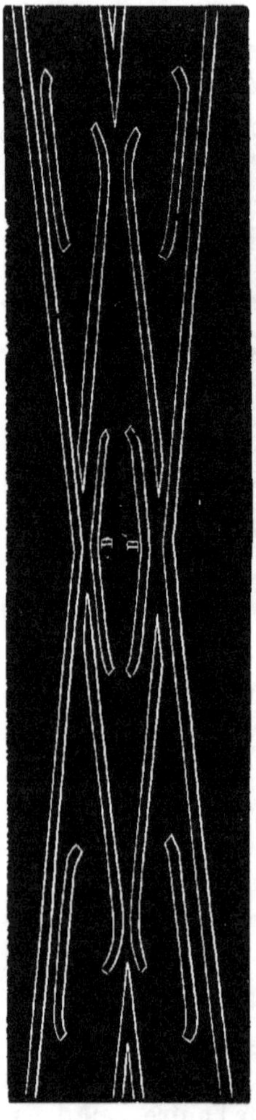

Il est une autre partie accessoire dont la disposition doit nous occuper : ce sont les *trottoirs* des stations, qui longent l'embarcadère des deux côtés de l'ensemble des voies dans les gares de premier et de deuxième ordre, et d'un seul côté dans les gares de troisième ordre. La largeur de ces trottoirs varie beaucoup; mais il est essentiel qu'ils arrivent jusqu'à la ligne des marchepieds des voitures. Quant à leur élévation, on la calculait autrefois de manière qu'ils fussent de quelques centimètres plus bas que le sol des voitures, c'est-à-dire à 90 centimètres à peu près au-dessus du niveau des rails; mais on trouve plus avantageux maintenant de les laisser au niveau des marche-pieds, c'est-à-dire, à 35 centimètres à peu près d'élévation. Cette disposition, qui paraît présenter de grands avantages pour le service des stations, n'est pas une circonstance indifférente, comme nous le verrons, pour l'application de notre système de signaux électriques.

Ce livre n'étant pas un ouvrage spécial sur les chemins de fer, il nous semble inutile de donner la description de toutes les parties qui constituent l'établissement d'une voie ferrée. La forme et la disposition des gares, remises, magasins et autres bâtiments; la description des grues simples et hydrauliques, réservoirs d'eau, dépôts de combustible, etc., etc., sont très-importantes en-

elles-mêmes; mais non pour l'objet que nous nous sommes proposé dans cet ouvrage, consacré principalement à l'exposé des
moyens à employer pour appliquer l'é-
lectricité à l'amélioration du service et
surtout à la sécurité des chemins de
fer. Ce qu'il nous importe, c'est de voir
comment se fait ce service, d'examiner
les inconvénients qu'il présente, et, à
cet effet, de connaître tout ce qui a un'
rapport intime avec lui. Nous avons
déjà passé une revue rapide, mais complète, de toutes les parties qui constituent la voie et ses accessoires; nous

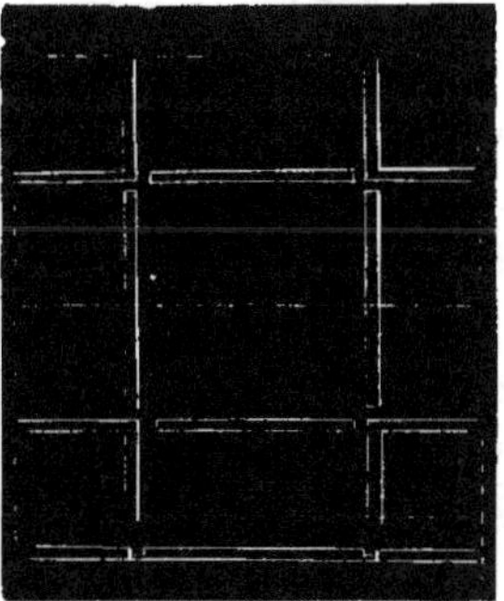
Fig. 251.

connaissons aussi dans son essence, sinon dans tous ses détails,
la machine qui produit la locomotion, et, avec elle seule, nous
pourrions, à la rigueur, donner une idée de la manière dont une
voie ferrée est parcourue, et des différents dangers qui peuvent
se présenter, car bien souvent une locomotive seule fait le parcours d'un point à un autre; mais notre travail serait incomplet; il nous faut savoir aussi ce qui constitue un train, quels
sont les éléments dont il se compose et comment on le dirige,
car il survient des accidents qui dépendent exclusivement d'une
de ces circonstances, et non de celles qui ont rapport à la voie ou
à la locomotive.

La partie principale d'un train est toujours la locomotive, sans
laquelle il n'est pas possible de faire marcher le reste, à moins
que le chemin de fer ne soit servi par une machine fixe ou un
plan automoteur, ou qu'il s'agisse d'un chemin de fer atmosphérique; mais ce sont là des cas spéciaux, auxquels nous consacrerons plus tard quelques lignes; pour le moment nous examinerons le cas général.

Outre la locomotive et son tender, quand ils ne forment pas un
seul corps, un train peut se composer de fourgons, de waggons
ou diligences de différentes classes pour les voyageurs, de waggons pour marchandises et matériel, de cages et de trucs ou maringottes.

Il ne serait pas d'un grand intérêt de nous arrêter à décrire la forme de chacune de ces sortes de voitures, qui, d'un autre côté, varie beaucoup, même sur une seule ligne de chemin de fer ; nous nous bornerons à quelques particularités. Les fourgons servent à porter les bagages des voyageurs ; les waggons destinés au transport de ces derniers sont divisés généralement en trois classes, différenciées par la largeur, le luxe et le comfort des places. Les waggons pour marchandises diffèrent beaucoup entre eux, selon les objets qu'ils doivent transporter : par exemple, le waggon destiné à contenir de la poudre à canon ou toute autre substance inflammable ne peut ressembler au waggon affecté au transport de marchandises qui ne redoutent ni la pluie ni les flammèches qui s'échappent de la cheminée de la locomotive. Les waggons pour matériaux varient aussi, selon qu'ils doivent transporter du fer, du bois, de la pierre ou du sable. Les cages, comme l'indique leur nom, sont des caisses grillées destinées au transport du bétail, des fruits et des objets qui ont besoin du grand air. Les trucs ou maringottes, enfin, sont de simples plates-formes sur lesquelles on peut placer des voitures, des diligences et autres véhicules qui parcourent les routes ordinaires et qui sont chargés sur les trains à une station pour descendre à une autre et continuer leur chemin.

Malgré la grande variété qui existe dans le matériel roulant d'un chemin de fer, il s'y trouve certaines parties dont la disposition doit être analogue ; ce sont celles que nous avons à examiner, et qui font différer essentiellement les voitures d'un chemin de fer des voitures qui parcourent les routes ordinaires ; ces parties se trouvent toutes dans la moitié inférieure de la voiture, qui reçoit le nom de *train*, et qui supporte la moitié supérieure, appelée *caisse*.

L'expérience a démontré que, pour donner de la stabilité aux waggons d'un chemin de fer, et pour diminuer les chances d'un déraillement, il faut qu'ils aient quatre roues au moins ; que les roues jumelles soient invariablement fixées à leur essieu, qui doit tourner dans les boîtes à graisse, et, enfin, que les essieux restent toujours parallèles entre eux dans les voitures à quatre roues.

M. Arnoux, sur le chemin de fer de Paris à Sceaux, a établi un système dans lequel cette dernière règle n'est pas observée, et l'obliquité que prennent les essieux permet au train de parcourir des courbes d'un très-petit rayon; mais il paraît que les essais faits sur des lignes d'une grande étendue n'ont pas été aussi satisfaisants que l'on devait s'y attendre; et la plupart des ingénieurs constructeurs condamnent ce système comme présentant peu d'avantages. Il en est de même de l'idée de rendre indépendant le mouvement des deux roues jumelles, soit en fixant chacune d'elles sur un essieu à part, comme cela se pratique sur le chemin de fer de Cromford à Peakforest, dans le Derbyshire, soit en divisant l'essieu en deux ou en introduisant l'une des moitiés dans l'autre, qui est creuse, comme on l'a proposé. Quant au système du marquis de Jouffroy, qui, entre autres modifications importantes, proposait l'emploi des waggons à deux roues, il n'a pas même eu les honneurs d'un essai sur une ligne de chemin de fer, malgré qu'il ait été proposé depuis longtemps. Y a-t-il, en cette circonstance, une préoccupation semblable à celle que fit disparaître M. Blackett en démontrant pratiquement l'adhérence des roues sur les rails? Nous le craignons; et, après ce premier exemple, l'entêtement serait impardonnable si, d'ici à quelque temps, on venait à reconnaître les avantages du système Jouffroy, car, si, dans le premier cas, l'aveuglement occasionna un retard de dix ans dans l'adoption du système de locomotion dont nous nous occupons, l'obstination qu'on met aujourd'hui à ne pas soumettre à une expérience décisive le projet en question aurait occasionné inutilement des dépenses fabuleuses en temps et en argent; on pourrait dire, sans crainte d'exagérer, qu'aujourd'hui, seulement avec les dépenses faites, l'Europe pourrait avoir une étendue de lignes ferrées double de celle qu'elle possède aujourd'hui, tant est grande l'influence qu'exerce sur le tracé le besoin d'éviter les grandes pentes et les courbes à petit rayon !

Mais nous nous sommes écarté de notre objet, et de semblables considérations pourraient étendre démesurément notre chapitre. Revenons à la description des parties qu'il est indispensable pour nous de connaître dans un train.

Nous avons dit que la *caisse* d'une voiture, dont la forme varie selon l'usage auquel elle est destinée, repose sur le *train*, ou partie inférieure, dans laquelle se trouvent les roues. Le *train* se compose d'un cadre ou châssis en bois (fig. 232) presque pareil

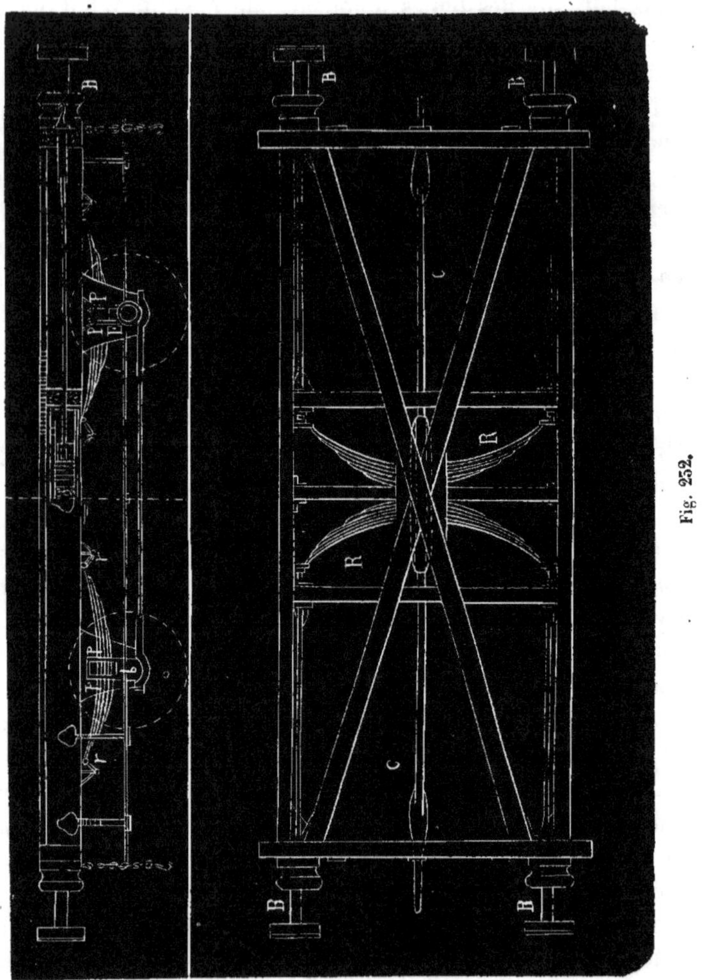

dans toutes les voitures d'un même chemin de fer; ce châssis repose sur les extrémités des *ressorts de suspension rr*. Au milieu de ceux-ci, fixées au moyen de boulons, sont les boîtes à graisse *b*, maintenues entre les deux saillies d'une plaque en fer battu ou en tôle épaisse solidement fixée au châssis, et dite *plaque de garde*, *pp;* elles peuvent ainsi glisser de haut en bas ou de bas en haut dans cette plaque, en faisant jouer le ressort ; mais elles sont entraînées dans le mouvement de translation de la voiture.

Les boîtes à graisse reposent sur les *fusées des essieux E* et forcent à leur tour ceux-ci à suivre le mouvement du véhicule : on voit par là que tout le poids de la voiture repose sur les extrémités des essieux par l'intermédiaire des ressorts et des boîtes à graisse. Il existe cependant des waggons non suspendus dans lesquels les boîtes à graisse sont directement fixées au châssis.

Il y a dans les châssis deux autres pièces très-essentielles : les *ressorts de choc et de traction RR*, semblables aux ressorts de suspension, mais placés sur un plan parallèle au sol de la voiture, comme l'indique la figure. Au milieu de ces ressorts sont assujetties les *tiges de traction CC*, qui, au moyen d'un petit appareil qu'on nomme *tendeur* et que nous décrirons plus tard, servent à attacher les voitures les unes à la suite des autres. Les deux extrémités des ressorts de traction appuient sur de petites *mannettes* en fonte qui terminent les *tiges de tampon*, dont l'autre extrémité est munie de *tampons* ou *parachocs BB*, en bois dur, qui, comme l'indique leur nom, servent à amortir l'effet du choc entre deux voitures qui se heurtent avec trop de violence.

Les tampons ou parachocs se font aussi avec des ressorts à boudin, sur lesquels appuie la tête de la tige; et on a proposé des tubes pneumatiques, dans lesquels l'élasticité de l'air faisait l'effet d'un ressort; mais, depuis quelque temps, on emploie avec succès, paraît-il, puisqu'on les adopte sur plusieurs lignes de chemins de fer, les tampons de caoutchouc vulcanisé, dont l'idée et la disposition sont dues à M. Ch. de Bergue, qui a construit le chemin de fer de Barcelone à Molins.

Ces tampons se composent d'un cylindre creux en fonte *C* (fig. 233), dans lequel pénètre à frottement un autre cylindre creux aussi, muni d'une tige cylindrique *T*, qui porte à son extrémité une vis destinée à serrer plus ou moins les unes contre les autres les *rondelles de caoutchouc vulcanisé rr*, contenues dans le cylindre creux C et séparées entre elles par d'autres rondelles en métal $r'r'$.

Le même système est applicable aux ressorts de traction, qui, comme nous l'avons indiqué, se trouvent à l'extrémité des tiges qui servent à attacher les waggons entre eux. Cette opération se faisait autrefois au moyen d'une simple chaîne dont les chaînons étaient retenus par les crochets fixés sur les

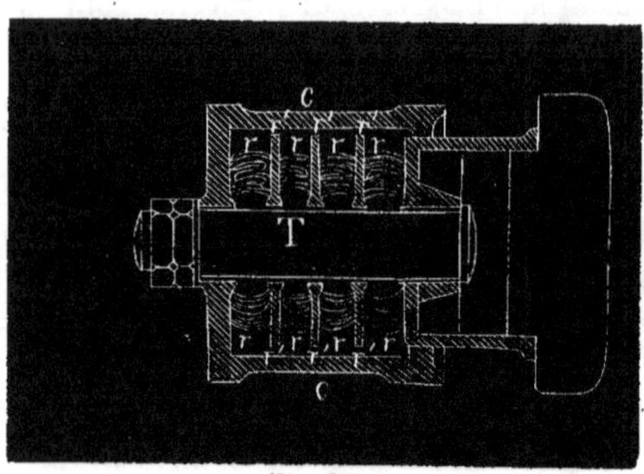

Fig. 233.

châssis de chaque waggon ; mais aujourd'hui on se sert de *tendeurs* comme celui que représente la figure 234. Ils se composent de deux mailles ou chaînons mm' portant des écrous cc', dans lesquels entre une tige avec sa vis tt'.

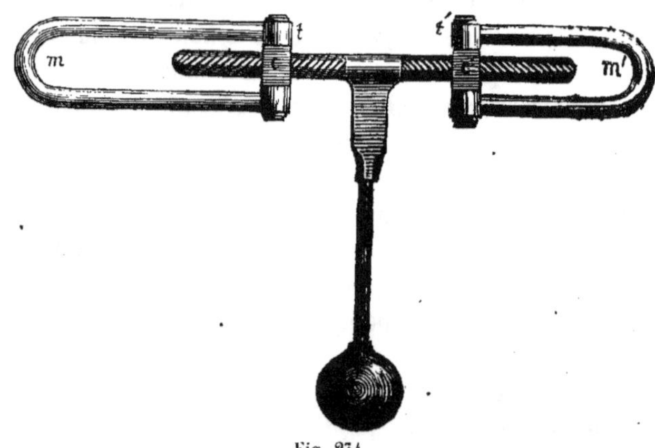

Fig. 234.

On comprend, par le seul examen des figures 232, 233 et 234, qui représentent un waggon, un tampon et un tendeur, de quelle manière on forme les trains, en accrochant les waggons les uns à la suite des autres ; nous dirons seulement qu'on doit serrer la vis des tendeurs jusqu'à ce que les tampons exercent l'un contre l'autre une pression considérable, de manière à former, pour ainsi dire, de tout le train un seul corps, presque rigide, qui ne soit exposé ni aux secousses ni aux chocs, et qui puisse neutraliser le mouvement de lacet, si dangereux quand on marche à grande vitesse dans une courbe.

La locomotive doit toujours marcher à la tête du train, la cheminée en avant, non seulement parce que l'action motrice s'exerce mieux en tirant qu'en poussant, et qu'il y a moins de chances de dérailler, mais aussi parce que la vue du mécanicien se porte naturellement en avant, et que, sans négliger le soin de sa machine, il est à même d'observer constamment l'état de la voie.

Le tender, comme nous l'avons dit, est invariablement attaché à la locomotive, quand les dépôts de combustible et d'eau ne se trouvent pas sur la locomotive elle-même ; il est par conséquent inutile de dire qu'il la suit immédiatement. Derrière le tender on accroche un waggon de bagages où se tient ordinairement un employé, dont la tâche principale est de surveiller la voie et de manœuvrer un frein semblable à celui que porte le tender et dont nous avons déjà donné une idée. Puis on attache les uns après les autres les véhicules qui doivent composer le train, et on a l'habitude de placer au centre les waggons de première classe, parce que c'est l'endroit où l'on est le moins exposé à souffrir des effets d'une rencontre. Enfin, la dernière voiture du train, soit un waggon de bagages, soit un waggon de voyageurs, ou tout simplement une maringotte, doit être muni d'un frein et d'une guérite plus élevée que le toit des autres voitures, afin que le garde-frein puisse examiner la voie et manœuvrer l'appareil confié à ses soins. Quand le train se compose d'un grand nombre de waggons, il faut placer entre eux d'autres freins dont le nombre dépend de leur plus ou moins d'énergie, des pentes du chemin, de l'état de l'atmosphère, etc.

Il n'eût point été déplacé, pour donner une idée complète d'un chemin de fer, de prendre, par exemple, un train dès le moment où il se prépare à sortir d'une station principale, et de suivre sa marche dans toute l'étendue de la ligne, soit pour expliquer ce qu'on peut y rencontrer, soit pour faire connaître ce à quoi sont obligés, dans chaque cas, les employés qui l'accompagnent et ceux qui l'attendent sur la voie, soit enfin pour indiquer les précautions que prennent pour sa sécurité les employés de chaque station par où il doit passer. Mais nous ne le ferons pas, parce que, d'un côté, les cas qui peuvent se présenter sont très-nombreux, et que nous ferons connaître dans le chapitre suivant ceux qui sont les plus importants et peuvent donner lieu à des accidents. D'un autre côté, les règlements des diverses Compagnies et la manière dont s'y fait le service sont si variés, les précautions à prendre diffèrent tellement, selon les circonstances, que nous ne saurions sans diffusion en faire une énumération complète. Il suffira donc de dire en peu de mots qu'au moment où le chef de station voit que tout est prêt, et qu'il est l'heure indiquée, il fait le signal du départ ; le mécanicien tourne le régulateur de la vapeur ; celle-ci passe de la chaudière aux cylindres, et les pistons, au moyen des bielles, mettent en mouvement les roues motrices, que leur adhérence empêche de glisser sur place ; elles avancent donc, entraînant avec elles la locomotive, le tender et tous les waggons qui sont attachés les uns à la suite des autres, et dont les roues se mettent aussi en mouvement.

Le mécanicien, aidé du chauffeur, veille à ce que la locomotive soit toujours dans les conditions exigées, c'est-à-dire, qu'il se produise une quantité suffisante de vapeur, qu'il ne passe aux cylindres que celle qui est strictement nécessaire ; qu'il y ait toujours la quantité voulue d'eau dans la chaudière et de combustible dans le foyer ; il explore aussi du regard, comme nous l'avons dit, l'état de la voie ; tant qu'il n'y aperçoit pas d'obstacle, il poursuit sa marche sans dépasser la vitesse qui lui a été désignée comme maximum, mais en évitant aussi de se mettre en retard. Il connaît que la voie est libre par les signaux que font les gardes-lignes au passage du train, par ceux qui sont fixés sur certains points de la voie, et par ses propres yeux, qui embrassent une partie de la route quand la nuit ou le brouillard ne s'y opposent pas. Dans ce cas et chaque fois qu'il suppose qu'un garde-ligne n'est pas à son poste, ou qu'il voit des ouvriers, des passants sur la voie, et à l'approche des stations, passages à niveau et autres points dangereux où la surveillance est difficile, comme les tunnels, les déblais en courbe, etc., il doit faire entendre son sifflet d'alarme qui annonce à une grande distance l'approche du train.

Quand les signaux qu'il aperçoit ne sont pas ceux de *voie libre*, mais de *précaution*, il doit ralentir la marche du train et agir suivant leur indication. Si ce sont des signaux de danger, il doit fermer le régulateur de la vapeur, et faire entendre le sifflet d'alarme de la manière convenue pour indiquer aux gardes-freins qu'ils aient à serrer leurs appareils. Enfin, si le péril est imminent, soit parce que l'obstacle ne s'est présenté à la vue qu'au dernier moment, soit parce que cet obstacle consiste en un autre train marchant à sa rencontre, le mécanicien doit fermer le régulateur, renverser la marche au moyen du levier de changement et rouvrir le régulateur le plus tôt possible, pour faire rétrograder le train. On ne doit avoir recours à l'exécution de cette manœuvre, dite *renverser la vapeur*, que dans les cas extrêmes, car elle peut entraîner des accidents dans la locomotive quand celle-ci marche à grande vitesse et si le renversement se fait subitement.

Bien que nous devions expliquer dans un autre chapitre tout ce qui se rapporte aux signaux et aux moyens employés sur les chemins de fer pour éviter les accidents, nous emprunterons à l'ouvrage de M. Perdonnet, pour les reproduire ici, quelques mots sur les *signaux fixes* placés à certains endroits de la voie où plus fréquemment que dans d'autres la circulation peut devenir dangereuse, points qui, comme nous l'avons indiqué, sont généralement les approches d'une station, barrière, bifurcation, d'un tunnel ou déblai en courbe.

Les signaux fixes se composent le plus souvent de mâts plus ou moins élevés, surmontés d'un disque peint en rouge, qui peut tourner autour d'un axe vertical, de manière à présenter aux trains qui parcourent la voie, soit la surface rouge, qui signifie *arrêt*, ou son champ, qui indique que *la voie est libre*. Outre les disques, les mâts portent un système d'ailettes qui, placées en croix, commandent au mécanicien le ralentissement, et, super-posées, permettent le parcours à toute vitesse.

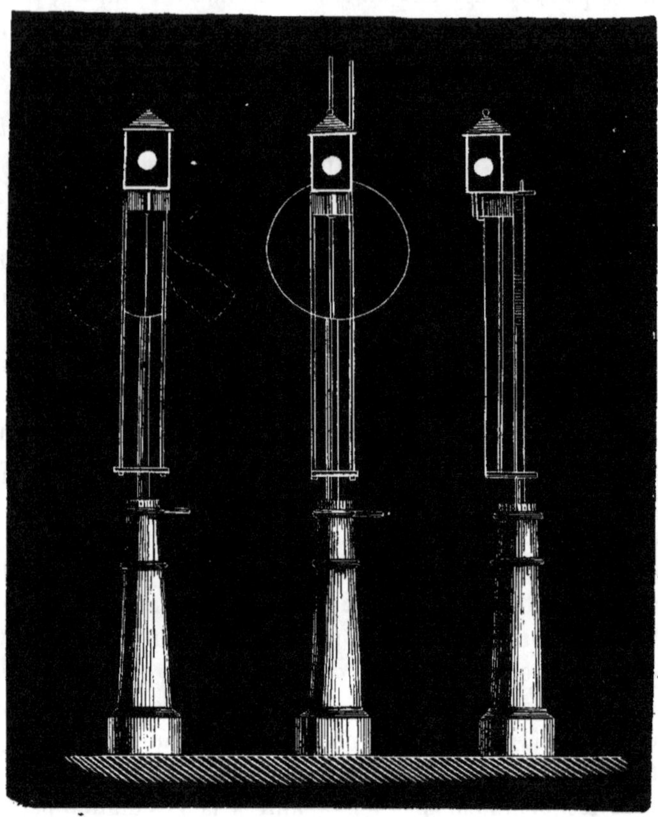

Fig. 235.

Ce système d'ailettes a remplacé les disques peints en vert et en blanc qu'on fixait ordinairement par terre dans les endroits où l'on voulait recommander la précaution.

Les disques sont remplacés, la nuit, par une lanterne à feu rouge, les ailettes en croix par un feu vert, et un feu blanc indique que le train peut passer en toute sécurité.

Autrefois la lanterne était fixée au disque, qui, placé parallèlement à la voie, présentait à la station et au mécanicien des feux blancs par les verres de côté de la lanterne ; et il fallait faire tourner cette dernière avec le disque pour qu'elle présentât son verre rouge à la machine (fig. 235) ; mais on remarqua que le mouvement de-rotation imprimé au disque faisait presque toujours monter l'huile de la lampe avec trop de force, et la lanterne s'éteignait. Pour obvier à cet inconvénient grave, la lanterne est

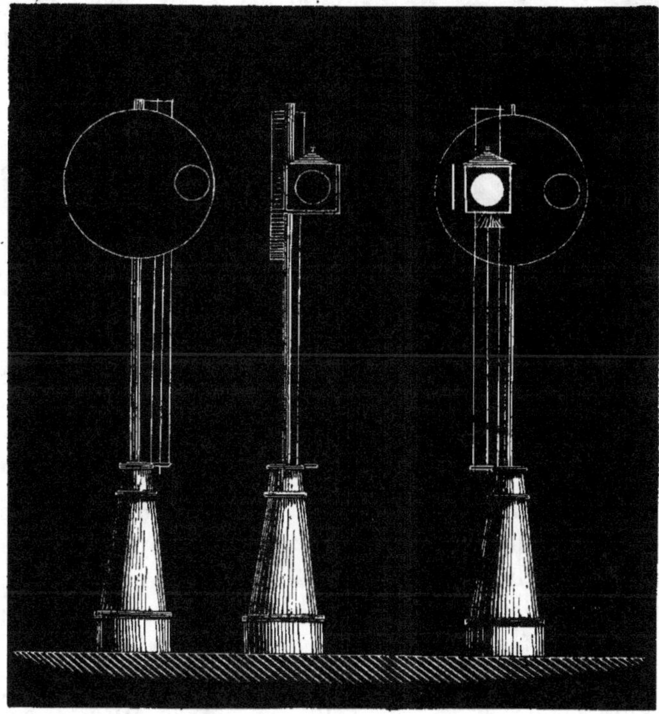

Fig. 236.

aujourd'hui montée sur un appareil indépendant du disque et reste immobile quand celui-ci tourne. Tous les verres de la lanterne sont blancs et placés de manière que quand le disque est parallèle à la voie, c'est-à-dire quand la voie est libre, le mécanicien voit les verres blancs de la lanterne (fig. 236) ; mais, quand le disque prend la position perpendiculaire, il vient s'interposer entre la lanterne et le mécanicien, et couvre le verre blanc avec un verre rouge qu'il porte à une ouverture circulaire placée au niveau de la lanterne. Il en est de même avec une des ailettes qui indiquent précaution : en se mettant en croix, elle couvre la lanterne avec un verre bleu (fig. 237).

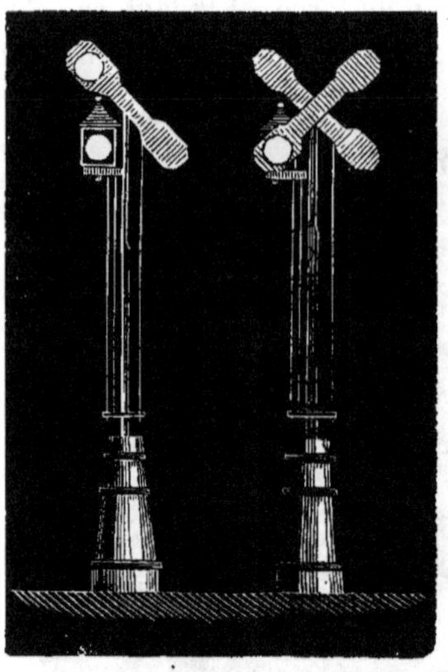

Fig. 237.

Ces signaux doivent toujours être placés à une distance de l'endroit dangereux suffisante pour permettre d'arrêter le train avant d'y arriver, et qui varie par conséquent selon qu'il est plus ou moins facile d'arrêter le train. Pour des vitesses qui ne dépassent pas 50 ou 60 kilomètres à l'heure, il suffit de 500 ou 600 mètres; mais avec les machines Crampton, où la vitesse atteint jusqu'à 75 et 80 kilomètres, les disques doivent être placés à 800 mètres de la station ou point dangereux.

La manœuvre des signaux fixes se fait généralement de la station ou de la maison d'un garde, et, par conséquent, à une distance considérable; elle n'offrirait cependant aucune difficulté sans les contractions et les dilatations qu'éprouve le fil qui met en communication le mécanisme du disque avec le levier de la manœuvre, entièrement semblable à celle que nous avons décrite pour les aiguilles. Le fil, entre le disque et le levier, est porté par de petites poulies fixées à de petits poteaux de 10 à 50 centimètres d'élévation.

Quand la voie décrit une courbe entre le signal et la station, et que le chef de celle-ci ne peut pas voir si le signal a eu lieu, on place des disques répétiteurs entre les deux points; mais, jusqu'à présent on n'a trouvé aucune disposition entièrement satisfaisante qui pût donner cette même certitude, la nuit, quand le feu du mât ne peut être aperçu directement.

Les gardiens de la voie font aussi des signaux aux employés du train ; ces signaux ont généralement quelque analogie avec les signaux fixes ; il y a ainsi moins de confusion, et d'ailleurs les cas sont tout à fait les mêmes ; seulement le danger, au lieu d'être sur un point déterminé, se trouve sur quelque autre qui d'ordinaire n'en présente pas. Un drapeau rouge déployé par le garde-ligne ordonne au mécanicien de *s'arrêter*, le drapeau blanc et vert recommande *précaution* ; le drapeau enroulé, enfermé dans son étui et présenté avec le bras tendu dans la direction de la voie, ou le bras simplement tendu, indique que la voie est libre. De nuit, les mêmes couleurs que pour les signaux fixes servent à donner les mêmes ordres ; et en outre, soit de jour, soit de nuit, tout signal agité de haut en bas, avec une lanterne ou un drapeau, quelle qu'en soit la couleur, ordonne impérieusement l'*arrêt*.

M. Vignières a combiné le mécanisme des disques et des aiguilles dans les changements de voie de manière à établir une solidarité absolue entre eux, de telle sorte que la manœuvre qui livre passage à un train soit mécaniquement impossible tant que l'on n'a pas exécuté toutes celles qui sont destinées à le garantir de tout accident. Ce système, recommandé par la Société d'encouragement, se trouve décrit avec beaucoup de détails dans le numéro du mois de mai 1856 du *Bulletin* de ladite Société ; nous nous bornerons à transcrire l'extrait publié par l'*Ami des sciences*, qui donne une idée assez nette du système.

Il consiste à relier entre eux les mécanismes des aiguilles et des disques « à l'aide d'un système de verrous enrayant les divers appareils, et commandés successivement par chacun d'eux, de manière qu'ils se déclanchent au fur et à mesure de leur fonctionnement, et qu'on ne puisse faire manœuvrer le dernier, qui est le disque-signal et qui permet le passage des trains, qu'autant que toutes les autres manœuvres destinées à le protéger ont été exécutées. Le principe général de cette invention peut être appliqué, selon les cas, de beaucoup de manières différentes ; nous allons donner un exemple de ce qui se pratique habituellement.

« Soient *AA* et *RR* les voies d'aller et de retour d'une ligne directe, et *AA'* et *RR'* celles d'un embranchement (fig. 238); en *C* et *C'* sont des aiguilles de changement de voie; en *O* est une traversée de la voie, en *D* et *D'* deux disques situés à 500 mètres environ respectivement des points *O* et *C'*, qu'ils sont destinés à protéger.

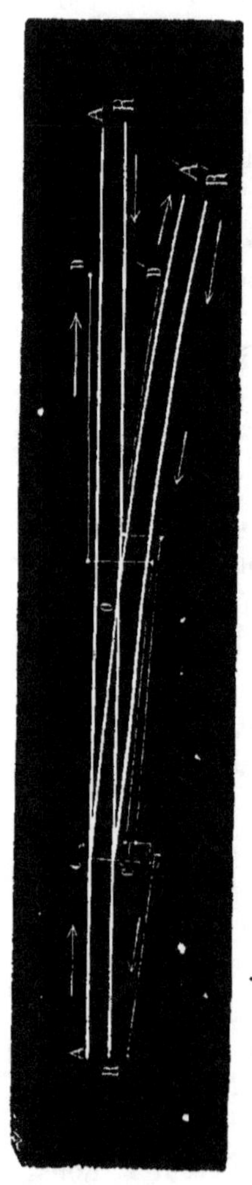

Fig. 238.

Dans l'état ordinaire des choses, la voie directe est libre, c'est-à-dire que l'aiguille *C* est ouverte pour les trains qui suivent *AA*, et que le disque *D* est aussi ouvert pour que les trains de retour parcourent librement *RR*. Dans cette position, l'aiguille *C* est enrayée par un verrou commandé par le levier de manœuvre du disque *D*, de sorte que tant que *D* reste ouvert et que par suite les trains de retour *RR* peuvent passer, aucune rencontre de leur part n'est à craindre avec tous les convois de la ligne directe : de plus, dans l'état habituel, le disque *D'* est fermé et son mécanisme est enrayé par un verrou commandé par celui du disque *D*, de sorte que les mêmes trains de retour de la ligne directe ne sont également exposés à aucune rencontre avec des trains de retour de l'embranchement; ainsi, pour le passage des convois sur la ligne directe, il suffira, pour que la sécurité soit garantie, qu'après le passage d'un train de retour on ferme le disque *D* pendant le temps déterminé pour couvrir ce train sur l'arrière.

« Voyons maintenant le service de l'embranchement : quand un train d'aller se présente, comme l'aiguille *C* est enrayée par le verrou du disque *D*, il faut commencer par manœuvrer ce disque, ce qui garantit le train à son passage au point *O*; puis, après son passage, il faut rétablir les choses dans leur état primitif, ce qui se fait en opérant dans l'ordre inverse, c'est-à-dire en rouvrant l'aiguille *C*, puis le disque *D* ; enfin, quand il se présente un train de l'embranchement, comme le disque *D'* est fermé et enrayé par un verrou commandé par le disque *D*, on ne peut ouvrir le disque *D'* pour livrer passage à ce train, qu'après avoir commencé par fermer le disque *D*, ce qui garantit ce train de toute collision avec des trains de retour de la ligne directe. »

Ceux qui sont restés quelque temps en observation dans les bifurcations des voies ferrées des grandes lignes d'Angleterre; et même dans celles d'Auteuil, Argenteuil et autres de France où l'on a établi le système de M. Vignières, comprendront son utilité, ou plutôt son indispensabilité, jusqu'à ce qu'on ait adopté un bon système de signaux qui, entre autres résultats, parvienne à celui-ci : prévenir les effets de l'étourderie ou de l'ignorance de ceux qui manœuvrent les aiguilles et les disques.

Nous ferons connaître dans un autre endroit de ce livre d'autres systèmes de signaux qui sont employés ou qui ont été proposés pour la sécurité des chemins de fer ; l'étendue avec laquelle nous devons traiter cette matière ne nous permet pas d'en parler dans ce chapitre déjà trop long. Par la même raison, nous ajournons la description du système télégraphique généralement employé dans les chemins de fer pour faciliter l'exploitation ; les uns et les autres trouveront leur place dans le chapitre onzième.

NOUVEAUX SYSTÈMES DE CHEMINS DE FER.

Nous croyons nécessaire de donner, comme complément de ce chapitre, une légère idée des systèmes de chemins de fer qui ont été proposés, car, bien qu'aucun de ceux qui ont été essayés jusqu'à présent sur une grande échelle ne paraisse l'emporter sur celui qui est généralement employé, il y a quelques lignes qui les ont adoptés, et l'on ne peut prévoir ce que les progrès de la science conseilleront à l'avenir.

Système de M. Laignel. — Ce système a pour objet de diminuer la résistance dans le passage des courbes, et consiste à rem-

placer le rail extérieur ordinaire par un rail plat muni d'un rebord, de manière que le bourrelet des roues de la locomotive et
des waggons repose sur ce rebord, tandis que dans le rail intérieur les roues reposent sur leur jante. Toutes les courbes, dans
ce système, doivent avoir un rayon constant de 50 mètres, et, par
conséquent, dans les tracés à grandes courbes, les portions circulaires sont remplacées par des portions droites reliées entre
elles au moyen d'arcs de cercle du rayon indiqué.

Avec le système de M. Laignel, la différence de longueur des
deux rails dans la courbe se trouve compensée par la différence
de diamètre dans les deux roues jumelles, car l'une des deux roule
sur son bourrelet ; l'effet est le même que lorsqu'on fait rouler
un chapeau : la voiture décrit naturellement la courbe sans frotter contre la partie verticale du rail extérieur.

Malgré cet avantage, le système de M. Laignel n'a été employé
que sur des chemins à très-petite vitesse, comme dans les ex-
ploitations des mines d'Anzin, et jamais avec des locomotives, et
cela pour des raisons qu'il ne nous est pas donné d'examiner ici,
mais qui peuvent être résumées dans ces trois, émises par M. Perdonnet : 1° « Quoiqu'il diminue incontestablement le travail nécessaire pour opérer certains changements de direction, il laisse
encore subsister une résistance qui devient excessive par chaque
unité de distance parcourue dans des courbes dont le rayon ne
dépasse pas 50 mètres. 2° Le bourrelet des roues, qui ne frotte
que dans les courbes, et le cercle, qui frotte dans toute l'étendue
du parcours des parties rectilignes et des parties courbes, s'usent
inégalement, d'où il résulte un changement dans le rapport du
diamètre des roues avec ou sans rebord quand les roues sont
usées, et, par suite, une augmentation de frottement dans des
courbes dont le rayon a été calculé dans l'hypothèse des roues
neuves. 3° A l'entrée et à la sortie des courbes, la partie antérieure ou postérieure du waggon, se trouvant dans la courbe
quand l'autre partie est en ligne droite, il arrive que trois des
roues reposent sur leur cercle et une seule sur le bourrelet. De
là un frottement de glissement, car l'une des roues doit tourner
sur elle-même pour suivre sa jumelle. »

Système Arnoux. — Ce système, appliqué depuis plus de dix ans sur le chemin de fer de Paris à Sceaux, et continué plus tard jusqu'à Orsay, emploie le même matériel fixe que le système ordinaire; mais il permet aux trains de parcourir en toute sécurité des courbes d'un très-petit rayon; en effet, depuis l'établissement de ce système on n'a constaté aucun déraillement.

Le moyen adopté par M. Arnoux pour obtenir ce résultat a été d'articuler les essieux des voitures de manière qu'ils pussent perdre leur parallélisme dans les courbes et prendre la direction du rayon. Les roues tournent librement sur leurs fusées. L'essieu est traversé par une cheville ouvrière qui lui laisse la liberté de tourner horizontalement et sert en même temps à relier entre eux les deux essieux de chaque voiture au moyen d'une flèche. Les voitures sont unies l'une à l'autre par des tringles rigides assujetties par les mêmes chevilles qui traversent l'essieu de l'arrière-train d'une voiture et celui de l'avant-train de la voiture qui suit.

Sous l'essieu d'avant-train de la première voiture et assujettie par deux brides qui la maintiennent dans un parallélisme rigoureux avec l'essieu, se trouve une traverse, terminée à chaque extrémité par une fourche dont les branches, descendant à la hauteur des rails, portent quatre galets qui touchent à peine les rails et donnent sans effort à cette traverse, et par suite à l'essieu, la direction de la ligne ferrée.

Pour obtenir que les autres essieux du train prennent successivement la direction convenable, M. Arnoux fils a adopté la disposition suivante : chaque essieu porte deux cylindres creux ou manchons, un de chaque côté de la cheville ouvrière, dans lesquels il peut glisser librement. Sur ces manchons sont assujetties par l'une de leurs extrémités quatre bielles ; on fixe la seconde extrémité de deux d'entre elles à la flèche qui réunit les deux essieux de la même voiture, et celle des deux autres à la tige rigide qui joint deux voitures l'une à l'autre, de manière que les quatre bielles forment un losange. Si la flèche et la tige rigide sont en ligne droite, les essieux seront tous parallèles entre eux et perpendiculaires à cette ligne; mais, si elles forment un angle quelconque, ce qui arrivera quand les voitures se trouveront sur une courbe, l'essieu divisera l'angle en deux parties égales, et prendra une direction subordonnée à la courbe parcourue.

Il paraît qu'on a fait des essais pour appliquer ce système aux grandes lignes de chemins de fer; mais les résultats, dit-on, n'ont pas été très-satisfaisants, quoique, à dire vrai, le seul inconvénient observé consiste en ce que les voitures ont un mouvement moins doux; quant aux autres inconvénients plus graves dont parle M. Perdonnet, il ne dit point qu'ils se soient présentés encore, mais qu'ils peuvent se présenter. Un ingénieur, qui semble bien renseigné sur l'entretien du chemin de fer de Paris à Sceaux, assure que le matériel fixe se détériore considérablement sous l'action des roues ou galets obliques; que non-seulement les rails s'usent et qu'il faut les renouveler plus souvent, mais qu'ils se tordent à leur partie extérieure, et qu'il faut rectifier plus fréquemment la largeur de la voie. Si cela est vrai, cet inconvénient et celui de ne pouvoir examiner l'état des pièces qu'en se glissant sous les voitures constitueraient réellement les vices les plus graves de ce système.

Système Verpilleux. — Ce système est beaucoup plus simple que celui de M. Arnoux; mais il n'est applicable, d'après l'avis des ingénieurs, que dans des circonstances tout à fait spéciales, comme, par exemple, il s'en rencontre sur le chemin de fer de Saint-Étienne à Lyon, où il a été établi. Il existe sur ce chemin un grand nombre de courbes de petit rayon, avec des pentes très-fortes, et les rails sont en outre si faibles, qu'ils ne pourraient supporter l'énorme pression d'une locomotive capable de les franchir.

M. Verpilleux a vaincu la difficulté en faisant du tender une vraie locomotive, c'est-à-dire en plaçant dessous un mécanisme complet de cylindres, pistons, bielles, etc., qui mettent en mouvement directement les roues d'un essieu, accouplées à leur tour avec celles de l'autre. La vapeur nécessaire passe de la chaudière de la locomotive aux cylindres du tender; mais, comme cette chaudière ne peut pas être très-grande, la production de fluide moteur est peu considérable et ne permet de marcher qu'à de très-petites vitesses. Plusieurs autres inconvénients, dont parle M. Perdonnet, ont fait rejeter l'invention de M. Verpilleux.

Système de MM. Dumoulin, Serveille et autres. — Le terrible accident arrivé entre Paris et Versailles le 8 mai 1842 enfanta une multitude de systèmes de chemins de fer, dont quelques-uns reproduisaient les anciens essais antérieurs aux expériences de M. Blackett. MM. Dumoulin père et fils, en proposant d'établir tout le long de la voie un fossé dans lequel devait courir un appareil qu'ils nommaient *dent de fer* ou *bras d'ancre*, et qui se serait en effet accroché aux parois du fossé en cas de déraillement ; M. Serveille et autres, en conseillant l'adoption de larges roues et de roues coniques sans rebord, n'ont pas été plus heureux que les imitateurs des anciens procédés : il est donc inutile de faire connaître leurs inventions.

Système Seguier. — Ce système n'est pas plus rationnel que ceux dont nous venons de parler ; mais un auteur très-respectable semble le regarder comme analogue à celui de M. de Jouffroy, en quoi nous croyons qu'il fait à ce dernier une injustice notoire. C'est pour cette raison que nous décrirons en peu de mots le système Seguier, afin qu'on puisse le comparer à celui de M. de Jouffroy, dont nous dirons aussi quelques mots.

Voici, d'après M. Seguier lui-même, le principe sur lequel est fondé son système.

« Faire que la cause du mouvement des locomotives soit la compression des roues contre les rails au moyen de ressorts, et non pas la simple adhérence par le seul poids des machines.

« La voie doit rester telle qu'elle est aujourd'hui, en ajoutant seulement un troisième rail, en fer ou en bois, entre les deux déjà existant, et les locomotives, semblables à celles dont on se sert actuellement, ne varient que dans la position des roues motrices, que nous voudrions (c'est l'inventeur qui parle) placer horizontalement, de façon qu'elles pussent agir l'une contre l'autre par la pression de puissants ressorts, et fonctionner comme les cylin-

dres d'un laminoir, en serrant entre elles le rail du centre, solidement fixé à terre. L'adhérence des roues, comprimées par les
ressorts, déterminerait la progression de la locomotive et de tout
le train. »

Système Jouffroy. — Il nous serait impossible, sans nous éloigner de notre but, d'entrer dans les considérations qui accompagnent l'exposition de ce système dans un mémoire [1] où son
auteur l'explique d'une manière très-détaillée ; nous nous contenterons d'en donner une légère idée, suffisante cependant pour
faire ressortir les avantages qu'aurait procurés son adoption, si,
comme le pensent plusieurs personnes, l'exploitation d'un chemin de fer avec ce système n'est ni moins praticable ni plus
coûteuse.

Les modifications proposées par M. le marquis de Jouffroy
pour la voie sont : d'abord de l'élargir sans augmenter pour
cela l'étendue du terrain occupé, car avec la disposition qu'il
donne aux roues la plate-forme du chemin peut ne pas dépasser $2^m,20$ à $2^m,40$, quoique la distance entre les deux rails soit de
2 mètres.

La voie doit avoir trois rails : celui du centre, cannelé transversalement, constitue ce que l'auteur appelle la *ligne de fatigue*,
et ceux de côté, pareils aux rails ordinaires, mais plus légers,
sont destinés aux roues des waggons et à celles de la locomotive,
qui servent seulement à maintenir l'équilibre.

La principale modification proposée pour la locomotive consiste à n'employer qu'une roue motrice de grand diamètre, avec
la jante composée de morceaux de bois debout. Cette roue doit
marcher sur le rail strié du centre de la voie ; et l'on comprend
qu'il est indifférent, au point de vue de l'adhérence qu'on veut
obtenir, que ce soit la roue qui soit en fer avec la jante striée, et
que le rail central soit composé de morceaux de bois maintenus
verticalement entre deux longrines.

---

[1] *Mémoire à consulter sur les chemins de fer en général, et le système Jouffroy en
particulier.* Paris, 1844.

L'axe de la roue motrice supporte un châssis, dans lequel sont les cylindres et autres pièces du mécanisme. A ce châssis vient s'en relier un autre qui contient la chaudière, et au second un troisième qui sert de tender; chacun d'eux avec une seule paire de roues, et réunis entre eux par de fortes charnières qui permettent un jeu horizontal, de sorte que l'essieu de chaque châssis peut former un angle avec celui des autres. De cette manière, la locomotive se trouve sur cinq roues, dont la plus grande reçoit l'impulsion de la vapeur et entraîne le convoi par suite de l'adhérence de sa jante contre les stries du rail central ; les autres tournent librement sur leurs axes et roulent sur les rails latéraux.

Les cylindres communiquent le mouvement des pistons, au moyen de bielles et d'excentriques, à un arbre horizontal placé à l'avant et sur lequel sont fixées plusieurs roues de transmission, de diamètres différents, et qui, par conséquent, communiquent à la roue différentes vitesses, à la volonté du conducteur, qui a sous la main tous les moyens d'exécuter cette manœuvre.

Les modifications proposées pour les waggons ne sont pas moins importantes : la caisse descend jusqu'à quelques centimètres du niveau des rails. Les essieux des roues, le centre de gravité du waggon et les points de traction sont sur le même plan horizontal, et l'on met à profit, par conséquent, le maximum de force en même temps qu'on augmente la stabilité.

Chaque waggon se compose de deux moitiés, avec une paire de roues chacune, et réunies par deux charnières qui leur permettent un mouvement horizontal, comme nous l'avons indiqué en parlant de la locomotive, et qui les rendent propres à parcourir des courbes d'un très-petit rayon, puisqu'il n'y a pas de parallélisme forcé entre les essieux. Les roues peuvent tourner librement autour des fusées.

Tel est le système proposé par M. le marquis de Jouffroy, essayé sur un modèle d'un cinquième, mais qui n'a jamais pu obtenir les honneurs d'une expérimentation sur une grande échelle.

Les objections qu'on lui oppose ne laissent pas que d'être graves ; mais elles ont toutes été faites par induction, et peut-être la pratique, même en confirmant la plupart de ces objections, pourrait-elle donner à ceux qui refusent de démontrer par des faits l'infériorité du système une leçon aussi dure que le fut autrefois celle de M. l'ingénieur Blackett.

M. Perdonnet, en condamnant l'idée, nous semble un peu injuste, ou plutôt ses arguments ne sont pas tous très-solides. Les rails plats, qui, il a soin de le rappeler, durent être abandonnés ; la disposition de l'appareil moteur, qui, dit-il, ne peut-être très-puissant, puisqu'il faut réduire les dimensions de la chaudière, pour éviter qu'elle pèse trop sur la voie, n'étant, comme il le suppose, appuyée que sur un seul essieu ; l'insuffisance du troisième rail strié, qui ne peut produire, à son avis, l'adhérence désirée ; enfin, la manière de transmettre le mouvement, sont autant de points qu'il critique dans ce système. Pour n'accorder aucune espèce d'éloge, il ajoute que bien que l'articulation des voitures et la disposition des roues fassent disparaître une partie de la résistance qu'éprouvent les trains sur les courbes, il subsiste encore celle qui provient de la force centrifuge. Le coup de grâce, celui qui, à notre avis, révèle de la part de l'auteur du *Traité élémentaire des chemins de fer* une légèreté dont nous ne l'aurions pas cru capable, c'est l'identité qu'il suppose entre le système Jouffroy et le système Seguier, en qualifiant ce dernier de plus simple.

Ce n'est point notre intention de défendre à tout prix le système de M. de Jouffroy; nous avons déjà dit que, quand bien même nous le voudrions, nous ne pourrions pas entrer ici dans de trop longues considérations; mais nous protesterons, chaque fois qu'une occasion se présentera, contre cette manie d'étouffer une idée tout à fait neuve, par cela seul qu'elle présente quelques défauts. Combien mieux ferait-on de mettre à profit ce qu'on y trouve de bon, en avouant la source où l'on a puisé, que de la condamner ouvertement, d'une manière absolue, pour l'adopter plus tard, en détail, et presque subrepticement, comme on l'a fait pour celle du très-peu fortuné M. Laignel !

Système atmosphérique. — Tous les systèmes que nous venons d'examiner ont conservé le même moteur et presque la même disposition de la voie que les chemins de fer ordinaires; nous allons maintenant donner une légère idée d'autres systèmes, où la force motrice s'exerce d'une manière différente, et où il entre, pour ainsi dire, un nouvel agent, la pression atmosphérique.

Le principe de la locomotion par les chemins de fer atmosphériques est plus ancien qu'on ne le croit, car déjà en 1810 l'ingénieur danois M. Medhurst en proposa l'application au transport des marchandises et surtout de la correspondance. M. Valence, le même M. Medhurst, M. Pinkus et d'autres ont tenté de l'appliquer plus tard au transport des voyageurs; mais tous leurs efforts furent inutiles, jusqu'à ce que MM. les ingénieurs Clegg et Samuda lui donnèrent la forme que l'on peut observer aujourd'hui sur une partie de la ligne de Paris à Saint-Germain. L'application de leur idée fut essayée pour la première fois, avec peu de succès, en 1838, à Chaillot, près de Paris, et avec plus de bonheur ensuite en Angleterre, où l'on établit une ligne de cette espèce entre Kingston et Dalkey, dont la première section fut livrée au public le 19 août 1843.

M. Mallet, ingénieur français, chargé d'examiner le système atmosphérique de MM. Clegg et Samuda, en expose le principe fondamental et en décrit les parties essentielles dans les deux paragraphes suivants, extraits de son rapport, que nous avions sous les yeux en écrivant l'édition espagnole de ce livre ; mais, n'ayant plus ce document en notre possession, nous avons été obligé de traduire notre première version ; nous ne pouvons donc reproduire mot à mot le texte de l'auteur.

« On sait que la pression de l'atmosphère sur une surface donnée est celle qu'exercerait une colonne d'eau de $10^m,40$ ou une colonne de mercure de $0^m,75$. C'est cette propriété qu'ont utilisée les auteurs du système atmosphérique. Que l'on suppose un tube d'une certaine longueur, de 100 mètres par exemple, placé sur le sol et fermé par l'une de ses extrémités ; on introduit par l'autre un piston qui le remplit hermétiquement, mais qui peut se mouvoir tout le long du tube, en frottant doucement contre sa surface intérieure. Près de l'extrémité opposée à celle par laquelle on a introduit le piston se trouve un autre tube qui communique d'un côté avec le premier, et, de l'autre, avec une machine pneumatique. Si l'on absorbe, au moyen de cette dernière, l'air contenu dans les tubes, le piston se mettra en mouvement et marchera avec une vitesse d'autant plus grande que l'aspiration sera plus rapide ; et la vitesse peut devenir considérable si l'on retient le piston quelques instants tandis que la machine continue à agir. Dans l'hypothèse d'un vide parfait obtenu dans le tube, la surface intérieure du piston n'éprouverait pas la moindre pression, tandis que l'extérieure, au contraire, se trouverait chargée de tout le poids de l'atmosphère, c'est-à-dire de 1,033 kilogrammes par centimètre carré, ou 15 livres par pouce carré (mesure anglaise); par conséquent, si le piston avait 100 pouces carrés, il serait poussé dans le tube par une force de 1,500 livres, c'est-à-dire qu'il pourrait entraîner un poids considérable, car cette force équivaut à 15 chevaux à peu près.

« Pour appliquer ce principe aux chemins de fer, il faut pouvoir agir dans toute leur longueur, et c'est là le problème qu'ont résolu MM. Clegg et Samuda. Ils pratiquent une fente dans toute la longueur du tube (placé entre les deux rails formant la voie), et y font passer une tige reliant le piston au train, qui, par conséquent, devra suivre le mouvement du piston. Si le tube restait fendu, la machine pneumatique ne pourrait produire le vide ; pour l'obtenir, les inventeurs ferment la fente par une soupape longitudinale en cuir doublée en fer pour résister à la pression atmosphérique; et le piston, qui a 6 mètres à peu près de longueur, la soulève lui-même pour livrer passage à la tige, mais de manière que là où se trouve la tête du piston cette soupape reste encore adhérente au tube, afin que le vide continue à exister en avant. La partie de soupape soulevée laisse pénétrer l'air derrière le piston pour qu'il exerce sur lui sa pression. Quand la tige est passée, la soupape se referme, et une roue un peu lourde qui fait partie du train, venant rouler sur cette soupape, la presse contre le tube et bouche hermétiquement les interstices avec un mélange de suif et de cire fondue. »

Tel est en effet le système atmosphérique, surnommé anglais, qui fut établi et abandonné en Irlande, et qui continue à fonctionner sur une partie du chemin de fer de Paris à Saint-Germain, en raison des circonstances spéciales à cette ligne. Dans l'ouvrage de M. Perdonnet, tant de fois mis à contribution dans ce chapitre, on peut voir les opinions favorables et contraires aux chemins de fer atmosphériques émises par MM. Flachat, Robert Stephenson, Mauss et Belpaire; leur étendue nous empêche de les faire connaître, même par des extraits; nous ne pouvons que les résumer dans les conclusions suivantes : les chemins de fer atmosphériques sont inapplicables aux grandes lignes, et ne conviennent pas pour les faibles pentes; mais on peut les adopter avec avantage pour celles qui dépassent 3 centimètres par mètre, dans les cas où le service par des locomotives serait trop dispendieux.

Quelques auteurs français ont donné le nom de *système atmosphérique anglais* à celui de MM. Clegg et Samuda, que nous venons de décrire, et appliquent le nom de *système français* aux simples modifications proposées par quelques ingénieurs et à l'ensemble de systèmes présenté par d'autres. Mais nous trouvons aussi peu fondé de considérer comme systèmes nouveaux les travaux de MM. Hallette et Hediard, qui modifient seulement la disposition de la soupape du système Clegg, que de réunir sous le nom générique de système atmosphérique français les inventions tout à fait différentes de MM. Andraud, Pecqueur et Chameroy. Nous ne dirons rien des travaux de MM. Hallette et Hediard, qui, nous le répétons, se bornent à une modification de la soupape de MM. Clegg et Samuda; mais nous consacrerons quelques lignes à la description des trois autres systèmes.

Système atmosphérique de M. Andraud. — L'idée d'appliquer l'air comprimé comme moteur a été mise en pratique depuis quelque temps, mais sur une petite échelle et sans succès. M. Andraud est le premier qui, s'appuyant sur cette pensée un peu exagérée que l'air est un agent qui peut *se transformer gratuite-*

ment en un moteur applicable à l'industrie, ait fait, en 1859, des essais en grand. A en croire ceux qui ont écrit sous l'impression des expériences, ces essais auraient eu beaucoup de succès, fort peu, si l'on écoute ceux qui ont écrit plus tard.

La machine de M. Andraud, qui peut parcourir une voie ferrée ordinaire, est très-simple : elle consiste en un réservoir rempli d'air comprimé et en un mécanisme composé de cylindres, pistons, bielles et manivelles, comme le mécanisme des machines à vapeur. L'air comprimé qui agit sur les pistons des cylindres se renouvelle de temps en temps dans des dépôts placés sur le côté de la voie et que l'on alimente économiquement, mais non *gratuitement*, par des moteurs souvent improductifs.

Le premier essai du système de M. Andraud se fit avec de l'air froid, c'est-à-dire comprimé seulement; et le second avec de l'air comprimé et dilaté par la chaleur. Mais, d'après les calculs de M. Perdonnet, pour produire le même effet qu'une locomotive fonctionnant par la vapeur d'eau, il faudrait donner au réservoir mobile des dimensions extraordinaires ou réduire l'air à une pression de 50 atmosphères, ce qui exigerait un réservoir très-résistant et par conséquent très-lourd encore.

Système Pecqueur. — Voyant que dans le système de M. Andraud il serait impossible de faire porter au train un réservoir d'air comprimé, M. Pecqueur a imaginé de puiser l'air dans un tube fermé, établi sur toute la longueur de la voie, au moyen de tubes additionnels munis de soupapes, et en communication avec des tiroirs ou glissières creuses de grande dimension portés par les locomotives et mises en mouvement par le mécanisme même de celles-ci.

M. Pecqueur a proposé aussi un système dans lequel le train est relié à un piston qui parcourt l'intérieur d'un tube où l'air comprimé est chassé par des machines fixes, au lieu d'y être soutiré et raréfié, comme dans le système de M. Clegg ; la soupape, par conséquent, doit s'ouvrir d'une manière inverse, car l'air doit la pousser vers l'extérieur. Ce système, dont on peut voir la description complète dans la collection de M. Armengaud, a été condamné à cause de sa complication ; mais nous ignorons si c'est avant ou après des essais en grand.

Système Chameroy. — Dans ce système, il y a aussi, sur toute la longueur du chemin, un tube qui contient l'air comprimé ; mais on le place dans l'entre-voie d'une ligne double, et il peut servir pour les deux voies. Il est entièrement fermé, sans soupape longitudinale ; mais de distance en distance il a des embranchements ou tubes accessoires, nommés *pistons fixes*, coniques à leurs extrémités, et qui viennent aboutir au centre de la voie... ; ils reçoivent l'air comprimé du tube général, quand on ouvre une soupape située au point de jonction, et peuvent le transmettre par l'une de leurs extrémités, percées en forme d'arrosoir.

Les trains portent avec eux des tubes, dits *remorqueurs*, qui communiquent avec les cylindres moteurs ; ils ont à chacune de leurs extrémités une soupape qui les ferme hermétiquement, et, en outre, une fente longitudinale fermée par une lanière, comme dans le système Clegg. Quand les remorqueurs passent par les pistons fixes ou embranchements du tube général, le piston entre dans le tube remorqueur, ouvre en même temps la soupape située au point de jonction du tube général avec l'embranchement, l'air comprimé se précipite dans ce dernier, passe par le bout percé au tube remorqueur, exerce son action sur les pistons des cylindres moteurs et pousse le train, qui, par la force d'impulsion acquise, marche jusqu'à ce que le tube remorqueur rencontre un autre piston fixe, et ouvre sa soupape de communication avec le tube général ; mais auparavant il avait fermé la soupape du précédent, quand le piston fixe n'était pas encore sorti du remorqueur.

Nous croyons, avec M. Perdonnet, que cet ingénieux système est encore moins pratique que les précédents.

Système éolique de M. Andraud. — Ce système n'est pas moins bizarre que les autres où l'on emploie l'air comprimé comme moteur. Il consiste principalement en un madrier placé de champ au milieu de la voie ; de chaque côté de ce madrier est appliqué un tube en étoffe gommée flexible et imperméable à l'air, dit *propulseur*, communiquant de distance en distance, au moyen de soupapes, avec un tube général rempli d'air comprimé : cet air est injecté par des pompes placées à une distance qui varie, selon la force motrice qui les met en mouvement, et selon la consommation d'air comprimé.

Les trains sont munis, à l'avant, d'un mécanisme composé de deux cylindres, qu'on peut serrer à volonté, de manière à les faire presser fortement les tubes propulseurs contre le madrier quand ils ne renferment pas d'air comprimé, et qui, en tournant sur deux essieux, se mettent en mouvement comme les cylindres d'un laminoir.

Ce système fonctionne de la manière suivante : on place le train sur la voie, de manière que les cylindres compriment les tubes propulseurs vides. On ouvre à la main la première soupape, qui met en communication le tube général, rempli d'air comprimé, avec la première section des tubes propulseurs; l'air se précipite dans ces derniers ; mais il ne peut les remplir, à cause des cylindres qui sont reliés au train ; mais, comme ceux-ci peuvent tourner, il les pousse jusqu'à ce qu'ils sortent de la première section. La vitesse acquise les fait entrer dans la seconde, et, à ce moment, un buttoir convenablement placé ouvre la soupape de communication du tube général avec cette seconde section de tubes propulseurs ; l'air comprimé y fait le même effet que dans la première, et le train passe ainsi d'une section à l'autre.

Quoique plus simple en théorie, ce système présente toutes les difficultés inhérentes aux autres systèmes atmosphériques et l'inconvénient résultant de l'emploi de tubes faits d'une matière qui ne doit pas résister longtemps à l'action des cylindres compresseurs.

Système de M. Bagg. — L'air atmosphérique n'est pas le seul agent qu'on ait tenté de substituer à la vapeur d'eau. Guidé par les expériences de M. Brunel et par les travaux de Faraday, M. Bagg construisit une machine locomotive où il utilisait la force

expansive du gaz acide carbonique, en décomposant le carbonate
d'ammoniaque par un acide fixe, et en condensant ensuite l'acide
carbonique au moyen du gaz ammoniac dégagé du sel par l'action
de la chaleur. Nous ne connaissons pas le résultat des essais de
M. Bagg, et il serait téméraire de condamner son système par la
seule raison qu'il est tombé dans l'oubli.

On n'a pas, que nous sachions, tenté d'appliquer à des locomotives les systèmes proposés et essayés dans les machines fixes
par M. Ericson avec l'air chaud, par M. du Tremblay avec l'éther
et par d'autres inventeurs qui, récemment, ont cherché à substituer à ces corps le chloroforme.

Système hydraulique de M. Schuttleworth. — L'ingénieur anglais de ce nom s'est proposé d'utiliser le pouvoir extraordinaire
de pression qu'exerce l'eau, et, pour cela, il a établi à des distances égales sur la ligne, de grands réservoirs qu'il nomme *stations de première puissance*, et dont le niveau s'élève à 60 mètres
environ au-dessus des rails. Entre ces réservoirs et à des distances
qui dépendent de la quantité d'eau et de la nature du pays, il
place d'autres réservoirs dits *stations de seconde puissance*, ali-
mentés par les premiers au moyen de tubes qui partent de leur
point le plus élevé, mais qui sont situés au niveau de la voie.
D'autres tubes conduisent l'eau des stations de première et de seconde puissance aux tubes de propulsion, nom par lequel l'inventeur désigne ceux qui doivent faire avancer les trains. Ces tubes
sont placés au centre de chaque voie, à intervalles égaux; c'est-à-
dire qu'après 60 mètres de tubes de propulsion, par exemple, il
y a 140 mètres de *tubes squelettes*, nom appliqué par l'auteur à
des tubes où l'eau ne circule pas, et qui servent seulement à
guider un piston relié au train, quand ce piston sort d'un tube
de propulsion et pendant l'intervalle de temps qui s'écoule avant
qu'il atteigne le suivant. L'action de l'eau sur le piston dans ces
tubes est la même que celle de l'air dans le système atmosphérique; il faut par conséquent aussi une soupape longitudinale qui,
comme dans ce dernier, ferme hermétiquement et permette en
même temps le passage de la tige qui relie le piston au train. La vi-

tesse acquise par celui-ci dans chaque section de tubes propulseurs
suffit pour qu'il parcoure, sans autre secours, l'intervalle de tubes
squelettes qui sépare les tubes propulseurs. Ce système devait
être expérimenté sur une ligne de chemin de fer entre Dublin et
Cork; mais nous ne savons pas si l'expérience a eu lieu.

Système hydraulique de M. Panet. — Ce système est à celui de
M. Schuttleworth, que nous venons de décrire, ce que celui de
M. Pecqueur est au système atmosphérique de M. Clegg. En effet,
l'auteur, qui dit avoir eu, en 1848, la première idée d'employer
l'eau comme moteur sur les chemins de fer, expose ainsi le principe de son système :

« Supposons un tube *ABC* (fig. 259), fermé à son extrémité
C, coudé en *B*, dont l'orifice *A* est mis en communication avec

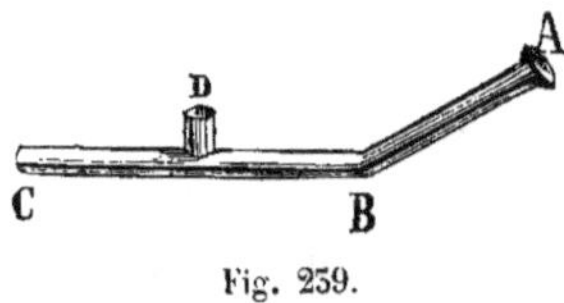
Fig. 259.

une source d'eau, nous aurons ce que
nous sommes convenu d'appeler le
tube-réservoir ou *alimentateur*. *AB* re-
présentera la pression exercée par le
liquide sur *BC*, force qui restera inerte
jusqu'au moment où on l'emploiera.
Insistons bien sur ce point, la force est là immobile, comprimée,
si nous pouvions nous exprimer ainsi, c'est un réservoir enfin.

« Maintenant, si nous pratiquons une ouverture sur un point
quelconque du tube, soit en *D*, l'eau jaillira à une hauteur pro-
portionnée à la pression et à la résistance qui lui sera opposée
par l'air; mais, au lieu de laisser monter l'eau, plaçons un cylindre coudé et fixé à l'ouverture, et elle obéira à la direction qui
lui sera imprimée : introduisons dans la partie horizontale du
cylindre un piston armé d'une tige portant à chacune de ses extrémités une pièce de fer. Un *tiroir* ou une *soupape* placé à l'orifice qui fait communiquer le tube-réservoir avec le cylindre permettra de donner ou d'ôter l'eau à volonté, c'est-à-dire d'ouvrir
ou de fermer, selon le besoin, la communication établie primitivement. Le *waggon-conducteur* ouvrira ces tiroirs en pressant sur
un levier adapté au cylindre et qui se trouve engagé dans les tiroirs mêmes. Ces tiroirs ouverts, l'eau s'introduira dans le cy-

lindre et exercera sa pression sur le piston, qui s'élancera dans le sens de la marche pour frapper une pièce ménagée dans le waggon-conducteur pour recevoir l'impulsion. »

Déjà en 1832 M. Perdonnet avait proposé d'employer l'eau comme moteur sur les chemins de fer destinés au transport des marchandises; et plus tard Robert Stephenson faisait la même proposition pour les plans automoteurs des régions montagneuses de la Suisse.

Système électro-magnétique de MM. Amberger, Nicklès et Cassal. — Le but de ce système n'est pas d'employer l'électro-magnétisme comme moteur, car, malgré tous les travaux entrepris jusqu'à ce jour, on n'a pu arriver à obtenir économiquement des électro-moteurs d'une force assez considérable pour qu'ils fussent appliqués à la locomotion sur les chemins de fer. D'après une note lue à l'Académie des sciences par M. A. Dumont, en 1851, la production de la force électro-magnétique revenait à 20 francs par cheval et par heure, tandis que la même force avec une machine à vapeur ordinaire, dans les mêmes circonstances, ne dépasserait pas 10 centimes. Quoique depuis cette époque la production de l'électricité ait fait quelques progrès, elle est bien loin encore d'offrir des avantages sur les autres moteurs connus, à moins que ce ne soit pour certaines machines qui exigent peu de force et une grande rapidité de mouvement, comme l'ont donné à connaître M. Jacobi en 1854 et M. Becquerel dans son *Traité d'électricité*, publié en 1856.

Nous avons expliqué dans notre chapitre septième le principe sur lequel est fondée la construction des électro-moteurs, et il est inutile, par conséquent, de nous y arrêter de nouveau; nous répéterons seulement que toute la question consiste dans l'aimantation et la désaimantation alternative, et en temps opportun, de certaines pièces en fer doux convenablement placées dans la machine.

M. Stöhrer est un de ceux qui se sont le plus occupés du problème d'obtenir une force électro-motrice : en 1838, il construisit l'un des premiers électro-moteurs; et nous le mentionnons ici, parce que les journaux allemands du mois de juillet 1842 annoncèrent qu'un essai avait été fait le 22 du même mois avec la machine de M. Stöhrer sur le chemin de fer de Dresde à Leipzig, qu'elle était de la force de douze chevaux, et que les résultats obtenus étaient on ne peut plus satisfaisants. Quant aux aperçus donnés par ces mêmes journaux relativement au prix de l'appareil et aux frais d'entretien, ils nous semblent de nature à faire révoquer en doute l'exactitude du fait, car ils fixaient le prix de l'appareil à 5,000 francs et les frais d'entretien à 3 francs 60 centimes par jour.

Les travaux entrepris dans le même but par d'autres physiciens, entre autres MM. Wagner, Davemport, Sores et Jacobi, n'ont produit d'autre résultat que celui annoncé à l'Académie des sciences et que nous avons indiqué plus haut; aussi M. Nicklès, connu par ses travaux sur les aimants, et M. le constructeur Amberger ont-ils pris une autre route pour appliquer l'électricité à la locomotion sur les chemins de fer.

Stimulé par le concours que décréta le gouvernement autrichien lorsqu'il s'agit d'exploiter le chemin de fer du Sœmmering, dont nous avons déjà parlé, concours qui avait pour principal but

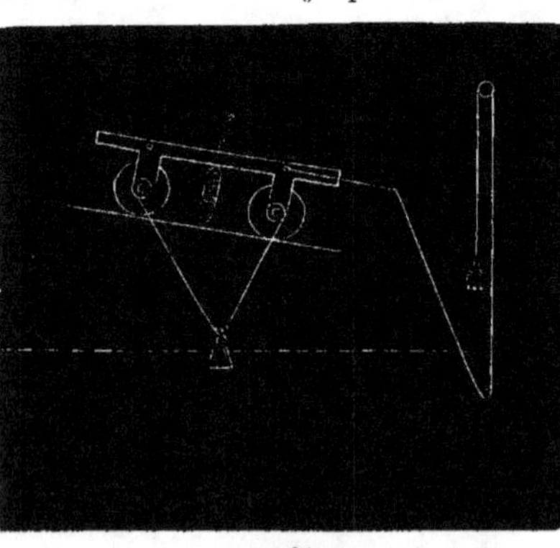

Fig. 240.

la construction de locomotives qui eussent plus d'adhérence que celles généralement employées, M. Amberger proposa le problème à M. Nicklès, et celui-ci en tenta la solution, d'abord au moyen d'un électro-aimant fixé à un chariot qui roulait sur les rails et agissait sur eux à distance (fig. 240). Les expériences en petit eurent un résultat assez bon; mais l'application en grand ne résistait pas, comme dit l'auteur de l'idée lui-même, aux considérations les plus élémentaires. L'attraction magnétique décroît comme le carré de la distance, et, en outre, l'adhérence produite dans ces conditions n'était qu'un dixième de la puissance déployée par les aimants à la distance de quatre millimètres; il aurait donc fallu des électro-aimants réellement irréalisables, même avec des batteries très-puissantes.

M. Nicklès tenta alors d'obtenir l'aimantation du point de contact. Le procédé consistait à aimanter la partie inférieure des roues motrices au moyen d'une bobine fixe *H* (fig. 241 et 242) dont la face intérieure embrassait la jante de la roue sans la toucher; celle-ci peut par conséquent tourner dans la bobine sans éprouver le moindre frottement. Sous l'influence de l'action magnétique de la bobine, la roue prenait les deux fluides, l'un boréal, par exemple, qui comprenait toute la partie qui se trouvait sur la bobine, l'autre austral, qui occupait la portion inférieure; et, comme la bobine se trouvait le plus près possible du point de contact, cette portion de jante devait s'aimanter avec plus de force que la partie supérieure, parce que le fluide austral s'y trouvait concentré sur un petit espace.

Les figures 241 et 242 représentent le chariot; *H* et *H'* sont les

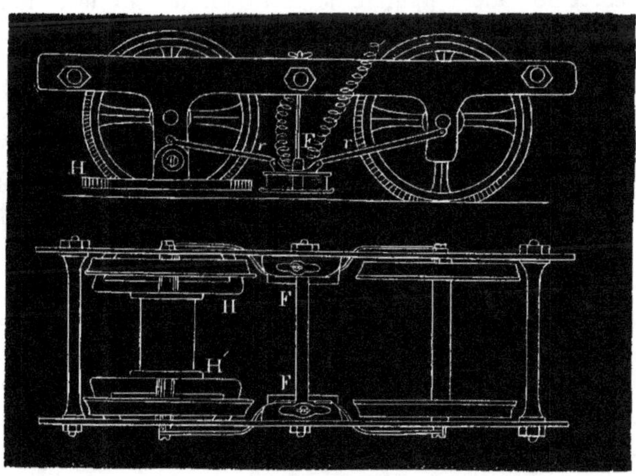

Fig. 241 et 242.

bobines qui servent à aimanter les roues motrices ; elles se composent chacune d'une boîte en laiton qui contient 8 mètres de fil de cuivre de $0^m,0011$ de section, distribués en 77 tours ou spires, soit 16 mètres et 154 spires pour les deux. F est un électro-aimant que l'on maintient suspendu au moyen du ressort rr, et qui, descendant jusqu'au rail quand on l'introduit dans le circuit, retarde la marche du véhicule, et même l'arrête complétement, selon la puissance de l'aimant, qui, dans ce cas, agit comme un véritable frein.

Par ce moyen, M. Nicklès a obtenu les résultats suivants : « Chacune des roues de $1^m,10$ de diamètre était entourée d'une bobine formée par un fil de cuivre d'un faible diamètre et de 250 mètres de longueur. On a fait passer par ces bobines un courant produit par une pile de 16 éléments de Bunsen, renfermés dans une boîte de 16 mètres de longueur sur $0^m,50$ de largeur et $0^m,45$ de hauteur. L'adhérence due au poids des roues était sur des rails secs de 550 kilogrammes, l'adhérence supplémentaire, obtenue au moyen de l'électro-magnétisme, de 450 kilogrammes. Par un temps de brouillard, 100 kilogrammes suffiraient pour vaincre l'adhérence des roues et les frottements de l'appareil, l'adhérence magnétique ne produit que 50 kilogrammes. Une couche épaisse de suif étendue sur la roue ferait tomber l'adhérence magnétique de 450 à 280 kilogrammes.

« Le système Amberger, Nicklès et Cassal a été expérimenté sur le chemin de Lyon, mais il n'a pas donné de bons résultats. Les bandages des roues de locomotives, étant en fer dur, s'aimantaient bien, mais ils ne se désaimantaient pas assez vite, de sorte qu'en marche les pôles se trouvaient plutôt sur le diamètre horizontal que sur le diamètre vertical. » (Perdonnet, t. II.)

Doit-on pour cela désespérer que l'électricité puisse être appliquée aux chemins de fer soit comme force motrice, soit comme auxiliaire pour augmenter l'adhérence des roues sur les rails? Nous sommes bien loin de le penser, car, s'il est vrai que les expériences faites n'ont pas été complétement satisfaisantes, elles prouvent du moins la possibilité du fait. Il est permis d'espérer de voir cette innovation se réaliser à une époque peut-être très-rapprochée, quand on considère la nature des difficultés et la rapidité avec laquelle se succèdent les perfectionnements et les inventions dans la physique et dans la métallurgie.

Si le sentier qu'ont frayé MM. Daniell et Grove dans le but d'utiliser le merveilleux appareil de Volta continue à être aussi fréquenté qu'il l'a été jusqu'à présent, et si l'on y fait des pas comme celui qui, récemment, a rendu célèbre le nom de Doat; si M. Bonnelli et ceux qui ont déjà tenté de construire des bobines électro-magnétiques à bas prix persistent dans leurs efforts; si enfin les métallurgistes n'abandonnent pas, comme il est à supposer, la grande mais difficile tâche, dans laquelle s'est distingué M. Chenot, de produire le fer et autres métaux à un grand état de pureté sans en augmenter sensiblement le prix de revient, nous ne perdons pas l'espoir d'assister à ce nouveau triomphe de l'électricité.

CHAPITRE X

DES ACCIDENTS QUI PEUVENT ARRIVER SUR LES CHEMINS DE FER.

Peu de questions ont excité l'attention publique à un aussi haut degré que celle de la sécurité sur les chemins de fer; il est vrai qu'il en est peu qui soient d'un intérêt plus général et qui réclament une solution plus immédiate. Depuis les personnes les plus haut placées et les plus compétentes sur cette matière jusqu'au dernier paysan du village le plus arriéré de l'Europe, tous se sont récriés contre les causes de ces funestes accidents, qui, de temps en temps dans un endroit, avec une fréquence alarmante dans d'autres, viennent remplir d'effroi celui qui en parcourt les détails dans les pages d'un journal. Tout le monde se croit en droit de faire des récriminations, sans approfondir si elles sont vraiment méritées par ceux auxquels on les adresse. Le public condamne sans appel les compagnies et leurs employés, et attribue toujours les accidents à l'avarice insatiable des premières ou à l'ignorance et à la négligence des seconds; les employés et les compagnies, à leur tour, veulent faire retomber sur les exigences du public et les imprudences du voyageur la plus grande part de responsabilité; les hommes étrangers à la science et beaucoup de ceux qui lui ont consacré leur vie accusent de stérilité ou d'impuissance l'imagination des inventeurs; tandis que ceux-ci, se multipliant de jour en jour, signalent comme la vraie cause du mal l'indolence et l'amour-propre de ceux qui pourraient utiliser leurs idées; enfin quelques-uns vont jusqu'à croire que la source du mal est dans l'essence même de ce genre de locomotion, et on

en trouve même qui, inspirés par un fatalisme aveugle, y voient
la destinée de l'humanité qui marche à sa dissolution [1].

Nous nous proposons d'examiner dans ce chapitre les différents
cas qui peuvent se présenter en matière d'accidents, de mettre en
évidence la véritable cause des catastrophes, de signaler ceux qui
en sont responsables, et de fixer ensuite par des chiffres emprun-
tés aux statistiques officielles la part qui revient à chacun. On
verra ainsi que, tout absurdes et tout exagérées que semblent
être les opinions émises à ce sujet, il n'en est cependant pas une
seule parmi elles qui n'ait au fond quelque chose de vrai ; à l'exception toutefois des deux dernières ci-dessus mentionnées, et
dont nous commencerons par démontrer la fausseté, bien que
cela ait déjà été fait dans de nombreux écrits et avec le meilleur
des arguments que l'on puisse présenter : les chiffres. Ne pouvant
envisager la question sous un autre point de vue, c'est avec les
chiffres aussi que nous prouverons que si l'homme, dérobant
sans cesse à la nature de nouveaux secrets, a dépassé les bornes
que lui a fixées le Créateur et renouvelle aujourd'hui le péché
d'orgueil qu'il commit en mordant au fruit de l'arbre de la
science, ce n'est assurément pas à propos des chemins de fer
qu'on peut le marquer du signe de réprobation ni l'accuser de fo-
lie, comme l'a prétendu un philosophe moderne.

Il n'existe aucun système de locomotion qui soit à l'abri des
dangers plus ou moins graves, plus ou moins nombreux qui leur
sont propres. Le berger qui, par monts et par vaux, sans autre
sentier que celui que la nature et son instinct lui ont ouvert, erre
çà et là dans les montagnes (comme ont dû le faire tous les
hommes dans les premiers temps), perd quelquefois l'équilibre
et trouve la mort dans sa chute. Celui qui, à cheval, parcourt un
chemin étroit au bord d'un précipice ou traverse les plaines arides
d'un désert, est exposé aux caprices de l'animal, qui, dans un
écart furieux, peut le mettre en pièces ou l'entraîner dans un
abîme sans fond quand le terrain vient à manquer sous son pied.
Le voyageur qui affronte dans une diligence les hasards d'une

[1] Voyez la *Fin du monde par la science;* Paris, 1856.

route arrive bien souvent harassé, rompu, contusionné, heureux encore quand le renversement du véhicule n'a pas de conséquences plus funestes. Nous ne parlerons pas de ceux qui se confient à la merci des flots, soit sur le bâtiment à voiles, soit sur le navire à vapeur : les périls qui l'entourent sont trop connus pour qu'il soit nécessaire de les rappeler. Enfin la locomotion sur les chemins de fer a aussi ses dangers qui lui sont particuliers et que nous examinerons longuement.

Mais, si personne n'ignore qu'il est impossible de voyager sans s'exposer à un risque quelconque, si même cette conviction est assez générale pour que l'Église, comme l'a rappelé avec à propos le Dr Lardner, consacre une de ses prières du jour aux personnes qui voyagent par mer et par terre, personne non plus ne paraît s'être donné la peine de comparer ces risques entre eux, en tenant compte des distances parcourues; et, par conséquent, le plus grand nombre ignore qu'avec l'amélioration du système de transport, non-seulement on a obtenu une rapidité et une commodité plus grandes, mais aussi on a augmenté la sécurité des voyageurs dans une proportion considérable.

Malheureusement nous n'avons pas les données statistiques nécessaires pour démontrer, chiffres en main, ce que la simple réflexion admettra comme incontestable, à savoir que le nombre d'accidents qui avaient lieu quand on voyageait à pied et sans chemins doit être proportionnellement supérieur, en les embrassant tous avec toutes leurs conséquences, au nombre d'accidents qui correspond aux temps où l'homme, ouvrant déjà quelques voies de communication, put se servir d'une monture; et infiniment plus grand qu'à l'époque toute récente où l'on opérait les transports par des voitures de toute espèce. Il n'y a pas non plus de données très-exactes (il est vrai qu'elles sont peu nécessaires) pour établir laquelle des deux navigations, celle à vapeur ou celle à voiles, présente le plus de risques; mais elles sont suffisantes pour ne pas laisser le moindre doute sur la supériorité de la locomotion par les chemins de fer sur tous les autres systèmes connus, quant à la sécurité personnelle.

Le Dr Lardner, dans son *Railway economy* et dans d'autres

travaux postérieurs qu'il a publiés sur les chemins de fer, consacre un grand nombre de pages à combattre la crainte exagérée
que quelques accidents ont répandue dans le public. Invoquant à
cet effet les données officielles publiées dans le Rapport annuel
du Conseil de commerce d'Angleterre, il en déduit, avec une minutie qu'il nous serait impossible d'imiter sans donner trop d'étendue à ce travail, le rapport entre les malheurs arrivés et le
nombre de voyageurs qui ont parcouru chaque année une distance donnée. Pour ce faire, il additionne toutes les distances
parcourues par tous les voyageurs inscrits sur les livres, et il
compare ce chiffre avec celui des morts et blessés dans le même
espace de temps. Supposons, et c'est l'exemple même dont il se
sert, que, d'après les livres d'une ligne ferrée, le parcours total ait
été de 100,000,000 de milles, nombre qui représente toutes
les distances parcourues par tous les voyageurs, ce qui équivaut
à dire que 1,000,000 de voyageurs ont parcouru 100 milles
chacun. En admettant aussi que dans le même intervalle il y a
eu 10 voyageurs morts et 100 blessés, on en déduit que sur
chaque million de voyageurs parcourant 100 milles, il y a 10
morts et 100 blessés : le danger de perdre la vie serait donc
dans une proportion de 1 à 100,000 et celui d'être blessé de 1 à
10,000; par conséquent, on a 100,000 chances contre 1 d'arriver
vivant au terme d'un voyage de 100 milles et 10,000 contre 1
d'arriver sain et sauf.

En appliquant ce calcul aux données des rapports susmentionnés du Conseil de commerce, il résulte que pendant les deux
années 1847 et 1848, où il y eut :

Morts. 413
Blessés. 393

et où le parcours total fut de 1,830,184,617 milles, les probabilités d'arriver vivant au terme d'un voyage de 100 milles furent de 44,514 contre 1, et celles d'arriver sain et sauf, de
22,706 contre 1.

Dans les années 1850 et 1851, il y eut :

Morts. 434
Blessés.. 693

et le parcours des voyageurs fut de 2,282,752,756 milles; par conséquent, dans ces deux années, les chances d'arriver vivant augmentèrent, car elles furent de 52,598 contre 1; mais celles de parvenir sans blessure diminuèrent un peu, car elles ne furent que de 20,255 contre 1.

Dans le nombre de morts et de blessés comptés dans ces deux périodes, sont compris indistinctement les voyageurs, les employés du chemin et ceux qui, sans être sur les trains, ont été atteints en croisant la voie ou dans toute autre circonstance. M. Lardner, voulant sans doute amoindrir les préventions défavorables que ces chiffres pouvaient inspirer, quoiqu'ils ne présentent rien d'effrayant, si on les compare à ceux que donnerait une statistique exacte de tout autre système de locomotion, ou peut-être seulement dans le but de rendre plus minutieux son travail, établit une distinction entre les malheurs arrivés aux voyageurs et ceux qui frappent les employés des lignes; entre ceux arrivés par la faute de la victime et ceux qui ont été indépendants de sa volonté; et, de cette manière, les probabilités d'accidents pour les voyageurs sont réduites à un chiffre très-minime. En effet, d'après les données déjà mentionnées, les accidents pendant les années 1847 et 1848 sont pour chaque million de personnes parcourant 100 milles exposés dans la table suivante:

		Morts.		Blessés.	
Voyageurs.	Par leur faute.	1,53		11,75	
	Par des causes indépendantes de leur volonté..	1,26	2,79	0,71	12,46
Employés. .	Par leur faute.	1,64		5,11	
	Par des causes indépendantes de leur volonté.	12,68	14,52	4,64	7,75
Personnes atteintes hors des trains. . . .		5,25		1,20	
Total.		22,36		21,44	

De manière que pour chaque million de personnes ayant parcouru 100 milles il y eut de 22 à 23 morts et de 21 à 22 blessés;

mais, si l'on ne tient compte que des voyageurs, le nombre des victimes, sur chaque million n'est que de 3, et celui des blessés que de 12.

La période de 1850 et 1851 présente :

		Morts.	Blessés.
VOYAGEURS.	Par leur faute.	1,36 ⎱ 2,98	23,04 ⎱ 24,44
	Par des causes indépendantes de leur volonté.	1,62 ⎰	1,40 ⎰
EMPLOYÉS.	Par leur faute.	5,65 ⎱ 10,73	3,02 ⎱ 4,86
	Par des causes indépendantes de leur volonté.	5,08 ⎰	1,84 ⎰
Personnes atteintes hors des trains.		4,95	1,05
TOTAL.		18,66	30,35

C'est-à-dire que dans cette seconde période le chiffre total des morts a été de 18 à 19, et de 30 à peu près celui des blessés : le nombre de ceux-ci a augmenté, tandis que celui des premiers a diminué; mais, en ne tenant compte que des voyageurs, le total des morts est à peu près le même : 3 pour chaque million.

Nous ne ferons plus désormais de distinction entre les victimes de leur propre imprudence et celles du hasard ou de l'imprudence des autres; parce que tous les cas sont relatifs à cette espèce de locomotion, et, si nous avons mis sous les yeux du lecteur les tableaux où sont établies ces catégories, et où figurent à part les accidents dont sont victimes les employés, c'est parce qu'on peut en tirer deux conséquences importantes : 1° que le nombre d'accidents diminuerait sensiblement si les voyageurs et les employés observaient scrupuleusement les règlements établis; 2° que les employés, infiniment plus exposés que les voyageurs, doivent avoir le plus grand intérêt à voir adopter des moyens propres à les préserver du péril qui les menace continuellement; mais nous examinerons plus tard et plus à la longue ces deux questions.

Nous aurions voulu faire pour la période de deux ans qui correspond à 1855 et 1856 le même travail que celui que nous avons présenté pour 1847 et 1848 et pour 1850 et 1851 ; mais les statistiques officielles de ces deux années, présentées au parlement et publiées par ordre du gouvernement, n'embrassent pas au delà du premier semestre, et il est à remarquer que depuis 1853, année où fut publié le grand rapport du Conseil de commerce avec la classification des causes des principaux accidents arrivés dans ladite année, on n'a jamais présenté au parlement les statistiques des seconds semestres. On n'a pas manqué d'attribuer cette omission au désir de cacher le véritable nombre des accidents, toujours plus grand dans la seconde moitié de l'année, à cause des brouillards épais qui règnent pendant les mois d'automne. Une circonstance que nous remarquons dans ce rapport de 1853 semblerait confirmer cette supposition, c'est que, sur les 39 collisions signalées dans les deux semestres de l'année, 15 seulement appartiennent au premier et 24 au second; cependant les déraillements sont plus fréquents dans les premiers mois et les accidents se balancent à peu près dans les deux semestres, car, sur un total de 76, il y en a 37 dans le premier et 39 dans le second. Il faut donc chercher ailleurs la cause de cette omission, et, raisonnablement, nous ne pouvons nous l'expliquer qu'en la rapportant à l'époque où les Chambres anglaises tiennent leurs séances ou restent fermées [1].

Un autre renseignement nous manquait dans les documents officiels que nous avons eus à la main pour établir la proportion où se trouvent les accidents, comme l'a fait le docteur Lardner : c'est le nombre de milles parcourus par tous les voyageurs en Angleterre; il ne suffit point, en effet, de savoir exactement le nombre des accidents et aussi la longueur des lignes en exploitation; car le mouvement des voyageurs peut avoir varié, et par conséquent le rapport entre leur nombre et les distances parcourues; cependant, comme plus tard nous parviendrons à réunir ces données, ou comme quelques-uns de nos lecteurs peuvent se les procurer, nous consignerons celles que nous trouvons dans

---

[1] Peu après l'impression de cet ouvrage en Espagne, on a publié en Angleterre le relevé des accidents depuis 1851 jusqu'à la fin de 1857, en y comprenant les seconds semestres. L'auteur, chargé d'une nouvelle mission par le gouvernement espagnol, n'a pas eu le loisir de refaire entièrement ce chapitre, ainsi qu'il en avait l'intention ; mais il y a ajouté les chiffres qui lui manquaient avant la publication du susdit document.

les documents officiels de 1854, 1855, 1856 et 1857 sur les accidents des chemins de fer en Angleterre[1].

RÉCAPITULATION DU NOMBRE DE PERSONNES MORTES ET BLESSÉES SUR TOUS LES CHEMINS DE FER D'ANGLETERRE, ÉCOSSE ET IRLANDE PENDANT LES DEUX SEMESTRES DE 1854.

		Morts.		Blessés.	
Voyageurs.	Par leur faute.	19	} 31	15	} 346
	Par des causes indépendantes de leur volonté.	12		331	
Employés. .	Par leur faute.	73	} 112	31	} 87
	Par des causes indépendantes de leur volonté.	39		56	
Personnes atteintes hors des trains.		68		20	
Suicides.		2			
Total.		213		455	

Le nombre de milles en exploitation pendant l'année 1854 était de 7,813 au mois de juin, et de 8,054 au 31 décembre; on compta plus de 50 millions de voyageurs dans le premier semestre et près de 64 millions pendant le second.

Si l'on fait attention que ce tableau embrasse une période de temps égale à la moitié de chacun des deux tableaux pour 1847 et 1848, 1850 et 1851, et si l'on compare le nombre des morts, on verra qu'il est presque le même; et, comme la circulation a dû être beaucoup plus considérable en 1854, il résulte que la proportion des accidents a plutôt diminué qu'augmenté.

Il en est de même pour les périodes de 1855, 1856 et 1857, dont nous donnons les relevés.

---

[1] Nous avons devant nous, mais nous ne pouvons admettre comme exacts les chiffres présentés par sir R. Stephenson dans son discours d'inauguration à la Société des Ingénieurs civils de Londres en 1856, car ils ne sont pas d'accord avec les documents officiels que nous avons consultés.

RÉCAPITULATION DU NOMBRE DE PERSONNES MORTES ET BLESSÉES SUR TOUS LES CHEMINS DE FER D'ANGLETERRE, ÉCOSSE ET IRLANDE PENDANT LES ANNÉES 1855, 1856 ET 1857.

1855.

		Morts.		Blessés.	
VOYAGEURS.	Par leur faute.	18	} 28	20	} 331
	Par des causes indépendantes de leur volonté.	10		311	
EMPLOYÉS. .	Par leur faute.	97	} 125	51	} 92
	Par des causes indépendantes de leur volonté.	28		41	
Personnes atteintes hors des trains		90		21	
Suicides.		3			
	TOTAL.	246		444	

La longueur des lignes ouvertes à l'exploitation était de 8,118 milles en juin 1855 et de 8,293 au 31 décembre de la même année. Près de 52 millions de voyageurs les parcoururent pendant le premier semestre, et plus de 66 millions pendant le second.

1856.

		Morts.		Blessés.	
VOYAGEURS.	Par leur faute.	19	} 27	16	} 298
	Par des causes indépendantes de leur volonté.	8		282	
EMPLOYÉS. .	Par leur faute.	112	} 142	34	} 80
	Par des causes indépendantes de leur volonté.	30		46	
Personnes atteintes hors des trains.		108		16	
Suicides.		4			
	TOTAL.	281		394	

La longueur des lignes en exploitation était de 8,516 milles le 30 juin 1856 et de 8,705 le 31 décembre de la même année.

Le nombre des voyageurs transportés a été de plus de 58 millions pendant le premier semestre, et de plus de 71 millions pendant le second.

1857.

		Morts.	Blessés.
VOYAGEURS.	Par leur faute..	23 ⎫	15 ⎫
	Par des causes indépendantes de	⎬ 48	⎬ 646
	leur volonté.	25 ⎭	651 ⎭
EMPLOYÉS. .	Par leur faute.	75 ⎫	34 ⎫
	Par des causes indépendantes de	⎬ 93	⎬ 73
	leur volonté.	18 ⎭	59 ⎭
Personnes atteintes hors des trains.		89	19
Suicides.		6	
	TOTAL.	236	738

La longueur des chemins de fer en exploitation était de 8,942
milles le 30 juin 1857, et de 9,091 le 31 décembre de la même
année. Enfin, le nombre des voyageurs transportés pendant le
premier semestre de 1857 a été de plus de 65 millions, et bien
supérieur probablement pendant le second ; mais il n'était pas
encore connu au moment de l'impression du Rapport officiel où
nous avons puisé ces chiffres. •

Il ressort donc de ces tableaux que, avec une circulation considérablement augmentée, le nombre des accidents est resté à
peu près le même, car la quantité plus grande de blessés en 1857
est due à une seule catastrophe arrivée sur le chemin de fer
du Lancashire, où il y eut 207 blessés. On peut donc dire
qu'aujourd'hui, en Angleterre, pour chaque million de voyageurs
sur un parcours de 100 milles, il y a de 18 à 24 morts, et de
20 à 30 blessés, sur lesquels 2 ou 3 morts et 12 à 20 blessés
parmi les voyageurs, et 10 à 15 morts et 5 à 8 blessés parmi les
employés.

C'est dans le nombre des personnes atteintes en traversant
la voie ou en toute autre circonstance, mais hors des trains
quand la mort les surprit, que l'on remarque une différence
considérable entre les quatre premières années et les quatre
dernières mentionnées ; cela ne peut être attribué qu'à la multi-
plication des passages à niveau rendue nécessaire par l'augmentation du trafic au voisinage des chemins de fer, et à ce que les
gens se sont trop familiarisés avec le passage des trains, car la

vitesse de ceux-ci a diminué beaucoup en Angleterre depuis quelque temps, comme mesure de sûreté.

L'Angleterre est sans contredit la contrée de l'Europe où les accidents sur les chemins de fer sont le plus fréquents, soit que son climat humide et brumeux contribue à rendre les signaux moins perceptibles, soit que le système de ces signaux et l'obéissance aux règlements ne soient pas des mieux organisés, soit parce que le trafic y est plus considérable ; soit enfin par suite de la réunion de toutes ces circonstances. Mais c'est là une question que nous ne voulons pas aborder dans ce chapitre, qui n'est pour ainsi dire que l'introduction d'un travail plus étendu que nous préparons ; ce qu'il nous importait surtout, c'était de poser ce fait, que l'Angleterre est le pays d'Europe où les accidents sont le plus nombreux, et que, par conséquent, c'est sur ses chemins qu'il faut étudier les moyens d'y remédier.

Heureusement le gouvernement anglais est celui qui publie les documents les plus complets pour un travail de ce genre ; documents que les autres gouvernements devraient s'empresser de communiquer au public et qui serait de la plus grande utilité; car, en comparant les accidents arrivés dans tous les pays avec la longueur des lignes établies et le mouvement des voyageurs ; en examinant les différents systèmes d'exploitation adoptés, ainsi que les causes des accidents les plus fréquents dans chaque localité, on serait peut-être arrivé à faire cesser tous ceux qui proviennent d'une organisation défectueuse, on aurait, par une publicité continuelle, prévenu de nouvelles imprudences, et il ne resterait plus à éviter que les accidents dus à des causes tout à fait imprévues, et ceux qu'on doit attribuer au manque de signaux, soit que le danger n'ait pas été aperçu, soit qu'il n'ait pas été signalé à temps, soit enfin que le signal n'ait pas été vu ou compris. Cette catégorie d'accidents, la plus nombreuse, et qui semble la plus difficile à éviter, pourra cependant sinon entièrement disparaître, être au moins restreinte à des cas très-rares, au moyen du système de signaux électriques que nous proposons. Mais n'anticipons pas sur ce sujet, qui a sa place marquée dans notre livre.

Nous disions que l'Angleterre est le pays où les chemins de
fer éprouvent le plus d'accidents ; et, en effet, il suffit, pour en
être convaincu, d'avoir suivi attentivement pendant quelque
temps ce que rapportent les journaux ; mais cela ressort bien
plus évidemment encore des documents statistiques publiés dernièrement, par ordre du gouvernement français, dans l'*Enquête
sur les moyens d'assurer la régularité et la sûreté des chemins
de fer*. Ces documents établissent que, depuis le 7 septembre
1835 jusqu'au 31 décembre 1856, il y a eu en France :

2,978 victimes,
dont   999 morts
et   1,979 blessés.

Le nombre des voyageurs étant de 224,345,769, on a donc :

1 victime sur 75,568 personnes ;

mais le nombre des victimes parmi les voyageurs n'ayant été que
de 513, c'est :

1 victime sur 437,321 voyageurs.

En Angleterre, du 7 août 1840 au 31 décembre 1856, il y
a eu :

7,781 victimes,
dont 3,016 morts
et   4,765 blessés.

Le nombre de voyageurs ayant été de 1,070,223,978, on
compte :

1 victime sur 137,543 personnes.

Ce résultat semble en contradiction avec ce que nous disions
au commencement du paragraphe, puisque, en France, nous
trouvons 1 victime pour 75,368 personnes, tandis qu'en Angleterre il n'y en a que 1 pour 137,543. Mais cela tient à un
fait mentionné dans l'enquête officielle française : c'est que les

blessures légères reçues dans les gares par les employés, par suite de leur imprudence, entrent dans le total des victimes françaises pour un chiffre important, tandis qu'elles ne sont pas signalées sur les chemins anglais. En effet, sur ces derniers chemins, en n'ayant égard qu'aux voyageurs atteints, la proportion est de :

1 victime pour 279,650 voyageurs :

tandis qu'en France c'était de :

1 victime sur 437,321 voyageurs.

Il faut avouer cependant que, bien que la différence soit considérable, elle n'est pas si grande qu'on se le figurait avant la publication des documents français.

En Prusse, depuis 1851 jusqu'à 1855, inclusivement, il y a eu :

608 victimes,
dont 327 tuées
et 281 blessées.

Le nombre de voyageurs ayant été de 55,552,815, il y a donc eu :

1 victime sur 91,369 personnes ;

mais, le nombre des victimes parmi les voyageurs ne s'élevant qu'à 20, la proportion se réduit par conséquent à

1 voyageur atteint sur 2,777,640,

chiffre réellement extraordinaire, et qui le paraît encore davantage quand on fait, comme la commission d'enquête, le dépouillement des catégories d'accidents, au moyen duquel on arrive à constater qu'il n'y a eu dans les 5 ans que :

2 voyageurs tués
et 12 blessés par le fait de l'exploitation.

ce qui fait :

> 1 tué sur 27,776,406 voyageurs transportés.
> 1 blessé sur 4,629,401,
> soit 1 victime sur 4,273,929 voyageurs.

Ces chiffres vraiment remarquables qui constatent la sécurité des voyageurs sur les chemins de fer prussiens doivent fixer aussi l'attention par le nombre extraordinaire des victimes parmi les agents du service, car enfin le rapport entre les victimes de toute espèce et les voyageurs transportés ne diffère pas essentiellement dans les chemins français, anglais et prussiens ; il est, en chiffres ronds, de :

> 1 victime sur 137,000 voyageurs, en Angleterre ;
> 1   —   sur 75,000   —   en France ;
> 1   —   sur 91,369   —   en Prusse.

Nous avons dit à quoi tient la différence en moins que l'on trouve en Angleterre par rapport à la France ; mais on ne s'explique pas qu'il y ait si peu de différence entre la France et la Prusse dans la proportion générale des victimes avec les voyageurs transportés, quand, proportionnellement, le nombre de voyageurs victimes d'accidents est cinq fois plus grand en France qu'en Prusse. Sans qu'il soit nécessaire d'approfondir davantage la question, on peut en tirer immédiatement cette conséquence : que les chemins français ont encore beaucoup à apprendre des chemins allemands pour garantir la vie des voyageurs, et que les ingénieurs allemands doivent étudier les dispositions et règlements en vigueur sur les chemins français pour ne pas exposer la vie des employés, car elle est tout aussi précieuse que celle des voyageurs, et nous ne pouvons approuver ni la commission d'enquête ni ceux qui s'occupent de cette question, quand ils mettent de côté cette considération pour faire ressortir uniquement le nombre minime des voyageurs morts et blessés. A notre avis, peu importerait que l'on arrivât à épargner la vie et la santé de tous les voyageurs, si on augmentait le nombre des autres victimes au point de le rendre supérieur ou même égal au chiffre qui existait déjà.

Les résultats de ces calculs statistiques sont le meilleur argument qu'on puisse opposer à la crainte de ceux qui voient dans les chemins de fer un élément de destruction, la meilleure preuve que l'on puisse présenter à l'appui de notre assertion, que le transport par les chemins de fer est de tous les genres de locomotion celui qui présente le moins de danger.

Que l'on compare aux chiffres des accidents sur les chemins de fer ceux qui, d'après les comptes généraux de l'administration de la justice criminelle en France, correspondent au nombre d'individus tués par des voitures, charrettes et chevaux, de 1843 à 1853 inclusivement : ils s'élèvent à 10,324, le nombre de morts n'ayant jamais été de moins de 600, ni de plus de 1,000 par an.

Les Messageries impériales et les Messageries générales de France ont parcouru pendant une période de 10 ans (de 1846 à 1856) 142,396,063 kilomètres, et ont transporté 7,109,276 voyageurs ; dans ce même laps de temps, il y a eu 258 personnes victimes d'accidents, dont 20 mortes et 238 blessées ; ce qui fait :

1 victime sur 27,555 voyageurs,

proportion bien plus élevée que celle observée sur les chemins de fer où l'on trouve le moins de sécurité.

Les chiffres tirés d'un autre document, relatif aux sinistres éprouvés dans la navigation le long des côtes et sur les mers de la Grande-Bretagne, ne sont pas moins éloquents. Les naufrages de navires anglais pendant une période de 5 ans s'élèvent à 5,128, dont 787 collisions ayant occasionné la mort de 4,348 personnes.

Pour ce qui est de la navigation française, l'ensemble des navires qui se sont perdus, de 1852 à 1856, se résume par 472 bâtiments de long cours (dont 125 condamnés sans avoir fait naufrage) et 1,723 caboteurs, soit en tout 2,195 navires, dont 101 restés sans donner de leurs nouvelles. D'où il résulte 1 navire perdu par 20 heures ; en supposant 10 personnes, terme moyen, sur chacun des navires égarés, tant voyageurs que gens de l'équipage, cela fait plus de 1,000 morts, auxquels on aurait à ajouter ceux qui ont dû périr dans quelques-uns des 2,094 autres naufrages.

Enfin, la statistique générale des naufrages, dressée par le *Précurseur* d'Anvers, donne les résultats suivants :

Sur 30,000 à 35,000 navires il a péri :

En 1852, 1,850 navires, soit plus de 6 pour 100.
En 1853, 1,610   —   —   5   —
En 1854, 2,130   —   —   7   —
En 1855, 1,982   —   —   6   —
En 1856, 2,214   —   —   7   —

Nous avons consacré quelques pages à combattre la prévention qui existe encore relativement aux dangers courus sur les chemins de fer, parce que c'était notre devoir d'honnête homme, d'ami de la vérité et du progrès industriel; mais nous sommes convaincu que le lecteur sensé ne verra point dans ces lignes une justification de la réponse inqualifiable qu'on a faite quelquefois pour s'excuser d'adopter dans les chemins de fer des mesures de précaution plus efficaces que celles employées aujourd'hui.

Plusieurs journaux ont rapporté les paroles d'un haut employé des chemins de fer français, qui, poussé dans ses derniers retranchements par les attaques d'un inventeur, finit par lui dire : « Mais puisqu'il n'y a pas d'accidents, à quoi bon s'évertuer à les prévenir? » Peut-être ce fait paraîtra-t-il exagéré, et nous-même le regardions comme tel, sinon pour le fond, — car malheureusement nous avions entendu déjà professer de pareilles doctrines, — du moins dans la forme; mais notre incrédulité à cet égard ne dura pas longtemps, car nous eûmes l'occasion de nous voir adresser une autre réponse non moins originale, dans le pays même où les accidents sont le plus fréquents et par une des personnes les plus compétentes sur cette matière. « Tout cela est très-bon, nous dit-elle après avoir entendu nos explications; mais ce système a un grand inconvénient, c'est celui d'être inutile, parce qu'il n'y a pas d'accidents. — Comment ! objectâmes-nous; et celui qui est arrivé hier sur le chemin de fer de Chester? — C'en est un. — Et celui qui a eu lieu il y a quatre jours en

Écosse? — Eh bien, ça fait deux[1]. » En présence d'un pareil sang-froid, nous crûmes inutile de poursuivre plus loin notre argumentation, et nous perdîmes presque l'espoir de voir jamais les compagnies de chemins de fer se prêter à l'établissement de notre système de sûreté ni d'aucun autre qui ne tiendrait pas dans un article de leurs règlements, et dont l'idée n'émanerait point d'un de leurs employés. Et qu'on n'aille pas croire que c'est par excès de précaution, par défiance du nouveau, ou crainte de dépenser inutilement quelques centaines de francs, quoique l'humanité et l'intérêt même des compagnies conseillassent un pareil sacrifice; non, la cause est autre, comme on peut s'en convaincre en voyant, par exemple, certaine compagnie adopter un système de freins supérieur à ceux employés d'ordinaire, système que toutes devraient connaître et s'empresser d'adopter, et qui cependant est rejeté par elles toutes. A son tour, une autre compagnie établit un système d'aiguilles et de disques combinés : cela suffit pour le voir repoussé des autres. Celle-ci emploie des grilles Duméril dans ses locomotives, celle-là des glaces qui permettent au mécanicien de voir constamment le train; mais aucune ne cherche à réunir toutes ces améliorations partielles, qui cependant finiraient par constituer un ensemble tendant toujours à se rapprocher de la perfection.

Dans un ouvrage récemment publié, le *Travail universel*, un des ingénieurs les plus distingués de France, M. Gaudry, se propose de défendre les ingénieurs des chemins de fer de l'accusation portée contre eux de repousser par routine, mauvaise foi ou indifférence, tout ce qui leur est présenté : nous voyons en lui, non pas un juge impartial de la question, mais un avocat qui dé-

---

[1] Le premier de ces accidents fut un choc qui eut lieu, le 10 mai de l'année 1856, près de Penlaw, entre le train-poste et un train express, et qui causa la mort d'un homme.

Le 6 du même mois, le train-poste se précipita sur des waggons de ballast, non loin de la station de Gateshead, dans le North Eastern railway; il y eut quelques voyageurs blessés.

Un jour après la conversation rapportée ci-dessus, le 12 mai, eut lieu, sur cette même ligne de Chester, une autre rencontre entre deux trains, l'un de charbon et l'autre de voyageurs, dont plusieurs furent fort maltraités.

fend une cause et met en œuvre tous les arguments qui peuvent la faire triompher, sans s'apercevoir peut-être qu'il exagère l'innocence de son client et les torts de ses adversaires.

Il est vrai que le nombre des inventeurs déraisonnables est considérable, que les occupations des ingénieurs sont fort nombreuses, et que, par conséquent, ils ne peuvent pas s'astreindre à examiner et à juger tous les travaux qu'on leur soumet; mais était-ce le cas d'agir ainsi à l'égard de systèmes et d'améliorations déjà expérimentés? Non, sans doute; et l'on pourrait citer beaucoup d'exemples qui prouvent que si la prévention et le dédain avec lesquels on accueille les innovations ne sont l'effet ni de l'indifférence ni de la mauvaise foi, ils proviennent au moins de la routine, de la paresse morale et d'un excès d'amour-propre, défauts qui, du reste, sont inséparables de la nature humaine. On devient naturellement routinier quand on se livre toujours au même travail, quand on est accoutumé à voir une chose toujours faite de la même manière, et on ne peut pas se la représenter autrement sans entrevoir immédiatement mille obstacles dont la solution exige une certaine bonne volonté qui se rencontre rarement. C'est pour cela que M. Gaudry prétend que plusieurs projets présentés, bien qu'ingénieux, ne sont pas complets; qu'ils se réduisent le plus souvent à un commencement d'idée qui, quoique bonne, est séparée de la perfection par un abîme que ne saurait parvenir à combler l'homme déjà trop affairé auquel on la soumet, quand l'inventeur lui-même est demeuré impuissant à le faire. Cela ne prouve qu'une chose : c'est qu'on ne doit pas soumettre de pareils projets ni aucune idée nouvelle à des hommes qui ont déjà assez à faire avec leurs occupations habituelles; et sur cela nous sommes d'accord; mais, du moment qu'un ingénieur entend émettre une idée quelconque sur des matières qu'il connaît un peu, il doit pouvoir juger si elle contient quelque germe susceptible d'être fécondé, et, au lieu de l'étouffer sous un mépris absolu, comme il arrive le plus souvent, on devrait le signaler à son auteur, ainsi que les défauts qui la rendent inapplicable; mais se renfermer dans une négation absolue, répondre par des objections du genre de celle-ci : *Il n'y a pas d'accidents sur les chemins de fer ;* ou : *Notre système de signaux est parfait,* comme il nous a été répondu le lendemain même d'une catastrophe, c'est mille fois pis que d'avouer franchement qu'on ne veut rien entendre, c'est réellement pécher par routine.

Un homme chargé d'un travail pénible redoute naturellement de le voir s'augmenter, surtout s'il n'est pas convaincu de l'utilité de ce qu'il va faire; et il ne peut acquérir cette conviction sans examiner à fond les projets qu'on lui présente comme essai; nous en tirons la même conséquence qu'auparavant : c'est qu'on ne doit pas s'adresser à un homme déjà surchargé de travail pour qu'il se donne d'abord la peine d'examiner une idée et contribue plus tard à la mettre à exécution. Mais, si les choses devaient toujours se passer ainsi; si, comme le dit M. Gaudry, les ingénieurs praticiens ne pouvaient jamais se distraire de leurs travaux pour examiner et améliorer les idées des inventeurs, et si ceux-ci, à leur tour, étrangers aux chemins de fer, ne pouvaient appliquer immédiatement leurs idées faute des connaissances que les employés seulement peuvent avoir, il résulterait de là un cercle vicieux sans issue, et qu'un perfectionnement utile ne pourrait jamais franchir.

Heureusement on rencontre quelquefois des praticiens qui ne connaissent pas cette paresse morale ou savent la vaincre; et, soit en inventant eux-mêmes, soit en consentant à aider les profanes, parviennent à modifier un peu cette industrie, la plus anomale que l'on puisse trouver. Créée à peine il y a trente ans, elle demeure d'abord souffreteuse, à cause des préjugés qui existaient alors à son égard; mais, une fois ces préjugés vaincus, elle prend un élan extraordinaire et s'empare du monde sous une forme qui, d'après M. Gaudry, *si elle n'est pas tout à fait bonne, est au moins passable, et positivement supérieure à tout ce qui a été proposé depuis.* Nous avouons franchement que nous concevons difficilement cette supériorité dans un ensemble composé d'éléments si divers, qui, sans être parfait, est arrivé à un point qu'il ne peut pas dépasser, ou du moins qu'il ne dépasse pas depuis quelques années; quand nous voyons progresser de jour en jour la télégraphie, la photographie et mille autres applications des sciences; sans qu'il soit possible de prévoir ce qu'elles doivent devenir un jour. Doit-on attribuer cela à la nature même des chemins de fer, ou la différence ne tient-elle qu'à ce qu'il est donné à tout le monde d'accumuler pierre à pierre le matériel qui doit constituer l'édifice de ces dernières industries, tandis que, dans les chemins de fer, il y a un nombre déterminé d'ouvriers qui ne peuvent qu'obéir en aveugles aux règles posées par les maîtres? Quoi qu'il en soit, les résultats semblent prouver qu'il y a à lutter contre un peu de routine, de paresse et d'amour-propre.

Mais l'esprit de justice, et peut-être aussi le fait d'avoir proposé nous-même un travail ayant trait à la sécurité des chemins de fer, quoique bien accueilli par plusieurs ingénieurs, nous a conduit un peu plus loin que nous ne l'aurions voulu lorsque nous avons fait remarquer la manière dont on a présenté, dans un ouvrage important sous tous les rapports, la question de la sécurité sur les chemins de fer.

Nous n'avons pas trouvé que le tableau fût fidèle; le mal peut continuer, si on ne lui applique pas un remède efficace, et le premier remède consiste à signaler les vraies causes du mal. Nous croyons qu'une de ces causes est l'opinion ou plutôt le préjugé, malheureusement trop commun, de M. Gaudry; et nous l'avons signalé sans détour comme aussi nous avons combattu les préjugés du public par rapport aux dangers que présentent les voies ferrées.

Comment se fait-il, dira-t-on, si la locomotion par les chemins de fer est plus sûre que tous les autres systèmes, si le nombre de victimes est de beaucoup moindre, que l'opinion publique la condamne à ce point qu'elle soit réputée une invention nuisible, et qu'on écrive dans un journal : *Celui qui dans cinquante ans inventera les diligences fera sa fortune?* Nous croyons que cela provient de différentes causes. La première, et peut-être la principale, est l'impression profonde que produisent sur les imaginations les circonstances parfois dramatiques qui accompagnent quelques-uns des accidents sur les chemins de fer, impression indéfinissable pour ceux qui ont été témoins de l'événement, et non moins saisissante quand, exagérée par les rapports, la nouvelle du sinistre arrive aux oreilles du public comme l'annonce d'un fléau : en effet, l'imagination, ayant un penchant au merveilleux, exagère alors la réalité, et les faits, grandis par les proportions qu'elle lui donne, apparaissent alors dans un cadre terrible et déchirant.

Qui n'a point frémi au récit d'accidents comme celui de Bellevue en 1842? Plusieurs centaines de personnes, au lieu des jouissances qu'elles étaient allées chercher dans un lieu de plaisir, y trouvèrent la mort, accompagnée des circonstances les plus horribles. Les unes furent écrasées, les autres brûlées, et celles qui survivaient, mêlées avec les cadavres et les bois enflammés, voyaient, dans une angoisse indescriptible, s'approcher le moment où à leur tour elles allaient devenir la proie du feu, captives qu'elles étaient dans des compartiments où une fausse prévoyance les avait enfermées. Qu'on se figure une immense fournaise, alimentée par les voitures elles-mêmes du train, remplies de voyageurs entassés les uns sur les autres, pendant que la locomotive, avec un sifflement aigu et lugubre, vomissait des torrents de feu et de vapeur, qui entretenaient incessamment ce furieux incendie qui devait dévorer tant d'existences!

Le versement d'une diligence sur une route est un fait qui a beau se répéter, il demeure toujours isolé, car il n'a jamais plus de vingt témoins; la nouvelle tarde à se répandre, et, quand un journaliste vient à en parler, elle a perdu pour presque tout le monde l'intérêt d'actualité; chacun se dit que sur vingt personnes il est plus que probable qu'il ne se trouvait aucune de ses connaissances; enfin, comme presque tout le monde a versé au moins une fois en sa vie, et n'ignore pas que la plupart du temps cet accident n'entraîne pas de suites bien graves, l'imagination n'a plus de conjectures à faire sur quelque chose qu'elle connaît déjà, et le mot *verser* ne réveille en elle que le souvenir de ce qu'elle a vu.

Mais sur un chemin de fer, où circulent des trains qui contiennent plus de mille personnes, où le télégraphe électrique fait connaître l'événement quelques heures après dans tous les coins du monde, où le plus petit retard éveille au sein de mille familles l'idée d'une catastrophe comme celle de Bellevue, il n'est pas surprenant que l'annonce du déraillement le plus insignifiant alarme les moins timides, et l'imagination, dans un cas pareil, ne se représente plus une diligence que trainent quelques chevaux pacifiques et qui se penche peu à peu contre le talus de la route ou reste immobile aussitôt après sa chute; mais deux trains lancés avec la vitesse de deux boulets, que tous les efforts humains semblent impuissants à contenir, et que le moindre obstacle, une pierre grosse comme une noix, suffit à précipiter dans l'abîme.

Cette inquiétude que ressentent pour ainsi dire la plupart de ceux qui ne sont pas en état de réfléchir comme l'homme qui prend la plume et calcule froidement la proportion des événements funestes dans chaque système de locomotion, doit se traduire par un mécontentement et une exigence qui, tout bien considéré, ne manquent pas de fondement et sont au contraire très-naturels. L'homme qui se contente d'un morceau de pain et le mange à belles dents sans se plaindre de sa dureté quand il l'accepte dans la cabane d'un pauvre, se montre fort délicat et repousse les mets les plus exquis si, en les goûtant sur sa table splendidement servie, il croit remarquer qu'il leur manque même un atome de sel; de même dans une invention comme celle des chemins de fer, où tout révèle le génie de l'homme et le pouvoir qu'il a de dominer la nature, il ne suffit pas, comme nous l'avons déjà dit, que la proportion entre les victimes et les voyageurs soit infiniment plus faible qu'elle ne l'a jamais été; il faut qu'elle en vienne à ce point que la *sécurité* sur les chemins de fer soit en harmonie avec la perfection à laquelle on est parvenu quant à la *rapidité* et à la *commodité* des voyages.

Il y a encore une autre circonstance qui contribue à donner plus de publicité aux accidents arrivés sur les chemins de fer, c'est que les gouvernements ont cru nécessaire d'établir une intervention qui ne permet pas de cacher ce qui se passe dans l'exploitation des lignes ferrées, comme cela a lieu dans les autres systèmes de transport. Cette intervention, qui, jusqu'à un certain point, est nécessaire, comme dans tout ce qui touche au salut public, produirait d'excellents résultats si on l'exerçait comme nous croyons qu'elle devrait l'être, c'est-à-dire en n'opposant aucun empêchement au système de service que voudrait adopter chaque compagnie, tant qu'elle ne porterait pas atteinte au droit commun; en respectant les décisions de chacune d'elles sur le nombre, sur l'heure, sur la vitesse des trains, ainsi que sur les prix de transport; car, outre que personne n'a plus d'intérêt à complaire aux voyageurs que la compagnie elle-même, et que personne ne peut mieux qu'elle savoir ce qui convient à la masse, puisque ses livres et sa caisse le lui disent, il faut se rappeler qu'une entreprise de chemin de fer est, comme toute autre, une entreprise commerciale, mais entourée de plus de difficultés et de plus de responsabilité pour ceux qui la dirigent; on ne doit donc pas multiplier leurs entraves en leur imposant une tutelle presque toujours incommode, souvent nuisible et exercée quelquefois par des personnes très-distinguées, du reste, mais auxquelles est complètement étranger l'art d'administrer les chemins de fer, lequel n'a aucun rapport avec la science qui les construit et les entretient.

Mais, si nous désirons une liberté d'action absolue pour les directeurs des chemins de fer en ce qui concerne la manière de les administrer et d'en régler le service, nous voudrions aussi qu'on leur demandât un compte sévère de la moindre négligence dans le renouvellement du matériel hors d'état de servir, ou dans l'adoption de tout système qui pourrait contribuer à la sécurité des voyageurs, et dont l'efficacité serait démontrée sur d'autres lignes. Qu'importe, en effet, que l'heure fixée pour les trains soit celle-ci ou celle-là? Quel grand inconvénient peut-il y avoir à ce qu'une compagnie fixe un laps de six heures pour parcourir une distance qui n'en exigerait que cinq? Qui subirait, si ce n'est elle toute la première, les conséquences de cette faute, ainsi que de celle d'exiger un prix trop élevé pour les transports? Le public ne tarderait pas à lui faire comprendre son erreur, si elle en commettait; et nous croyons inutile de rappeler que chacun sait mieux gérer ses affaires que ne pourrait le faire un étranger. Mais il n'en est pas ainsi pour tout ce que la négligence, l'ignorance ou la cupidité peuvent faire faire à une compagnie ou à un homme; fautes qui, n'étant pas à la portée du public, restent à l'abri de la juste punition que pourrait leur infliger ce dernier par son éloignement. Quelques-unes, parmi ces coupables négligences, ont rapport malheureusement à la sécurité individuelle, et c'est sur ce point surtout par conséquent que devrait s'exercer le zèle des inspecteurs officiels.

Les mesures généralement adoptées par les gouvernements pour réprimer les fautes dans l'administration des chemins de fer, particulièrement celles qu'a dictées le parlement anglais dans le but d'augmenter la sécurité publique, sont, à notre avis, inefficaces, et, déjà avant nous, cette opinion a été soutenue par un des hommes les plus compétents, sir R. Stephenson, dans un discours prononcé à la Société des ingénieurs civils de Londres.

« Le parlement, dit-il, a cru pouvoir faire des lois en matière d'accidents sur les chemins de fer, quand on n'a pas osé le faire pour les autres genres de locomotion; et on croit ainsi donner une garantie au public; mais cette protection est, à tous les points de vue, injuste et mal entendue, car elle ne couvre pas qui de droit, et ne produit pas les effets que l'on s'en propose. D'après lord Campbell, la famille d'un personnage haut placé a droit à une indemnité considérable, tandis qu'elle est insignifiante pour le pauvre ouvrier. Cette manière d'estimer la vie de l'homme dans une loi a un résultat fatal immédiat : celui d'empêcher l'abaissement des tarifs; car les compagnies, obligées de se constituer en assureurs de la vie des personnes qui voyagent sur leurs lignes, pourraient essuyer des pertes considérables si l'accident portait sur une certaine classe de personnes. »

Il est absurde, en effet, de croire qu'on amènera les compagnies de chemins de fer à améliorer le service en leur infligeant force amendes, et qu'elles ne feront pas toujours en sorte, d'une manière ou d'une autre, de les acquitter avec la bourse du voyageur ou du négociant qui est obligé de se servir de leurs lignes; mais, s'il n'en était pas ainsi, l'entreprise se ruinerait, ses bénéfices et ses fonds de réserve seraient absorbés par les indemnités, et on n'obtiendrait pas une plus grande sécurité. Les accidents sur les chemins de fer n'arrivent pas parce que cela convient aux actionnaires, ou parce que cela leur est indifférent; non : ils payent bien cher même les moins funestes au public. Les accidents ont lieu le plus souvent par suite de circonstances non prévues d'avance; il n'est donc pas juste d'infliger à ces actionnaires une peine pour punir la négligence, l'ignorance ou la mauvaise foi d'un ou de plusieurs employés; c'est sur les vrais coupables que la rigueur de la loi doit tomber.

MM. Ritchie, Lardner, With, Couche, et tous ceux qui ont écrit sur les accidents des chemins de fer s'accordent à reconnaître comme l'une des causes principales de ces accidents la négligence de certains employés peu aptes ou peu zélés dans l'accomplissement de leur devoir, et déplorent la nécessité où se trouvent les directeurs de les maintenir à leur poste, à cause de l'influence de leurs protecteurs. Si on coupait court à cet abus ; si le châtiment atteignait non-seulement l'employé qui a été la cause immédiate d'un malheur par sa faute, mais aussi le chef qui l'aurait conservé à son poste, bien qu'il l'en reconnût indigne ; si la loi poursuivait l'abus jusque dans sa source, peut-être qu'on aurait moins de victimes à déplorer, et la mission d'un directeur de chemin de fer, plus pénible d'abord, deviendrait moins difficile à remplir avec bonheur ; en cela, d'ailleurs, il pourrait être puissamment aidé par l'inspecteur officiel, qui, moins exposé aux conséquences d'une sévérité indispensable, pourrait s'opposer à l'influence des protecteurs d'un mauvais employé, quand bien même ces protecteurs seraient membres de la compagnie; et cela sans intervenir en rien dans l'administration, qui, comme nous l'avons dit, doit être sacrée; mais en se bornant seulement à faire part de ses observations sur les fautes à réprimer.

Il est temps maintenant de procéder à la classification des accidents qui peuvent avoir lieu sur les chemins de fer, classification qui servira d'introduction à l'examen de chacune des catégories dans lesquelles nous les divisons.

MM. Flachat et Petiet, dans l'ouvrage qui a pour titre *Guide du mécanicien conducteur des locomotives*, divisent en cinq catégories les accidents auxquels sont exposés les trains d'un chemin de fer.

La première comprend les accidents qui occasionnent seulement un ralentissement momentané dans la vitesse du train ; ils n'offrent aucun danger d'après l'avis de ces ingénieurs, qui signalent comme les plus fréquentes les causes suivantes : l'élévation de température dans les boîtes à graisse, les tiges des pistons, les coussinets de bielle, et en général dans toutes les parties du mécanisme qui sont enduites de graisse et où celle-ci vient à manquer ; les pertes d'eau par les tuyaux de la chaudière ou par le régulateur ; le dérangement ou la rupture du frein dans le tender, du levier pour distribuer la vapeur, et le desserrage des coins des roues.

Dans la seconde catégorie sont compris les accidents qui obligent à suspendre momentanément la marche du train ; ils sont occasionnés, d'après les mêmes ingénieurs, par la rupture des chaînes dont on faisait usage, au moment où ils écrivaient leur livre, pour attacher les waggons du train les uns aux autres et avec la locomotive.

La troisième catégorie comprend les accidents qui, bien qu'il n'y ait rupture d'aucune pièce, obligent le mécanicien à suspendre la marche du train jusqu'à ce qu'une autre machine vienne le pousser. Ces sortes d'accidents, qui sont les plus fréquents, proviennent d'une paralysation dans le jeu des pompes, de défectuosités dans les soupapes, de la rupture des conduits d'eau ou de la présence de corps étrangers dans leur intérieur. Quelquefois il arrive que l'un des boulons du collier ou couronne au moyen duquel sont fixés les tiroirs aux excentriques vient à tomber ; et alors on ne peut continuer la marche que lentement et avec certaines précautions.

Les accidents de la quatrième catégorie sont ceux qui obligent à suspendre entièrement la marche du train, par suite de la rupture d'une pièce. Les pièces les plus sujettes à la rupture sont les boîtes à étoupes, les pistons, et les fonds ou couvercles des cylindres ; les ressorts de suspension de la machine se brisent aussi, mais c'est plus rare. Un tuyau de la chaudière peut, en éclatant, remplir d'eau le foyer et éteindre le feu ; les boulons avec lesquels est assujetti le tender à la locomotive se rompent quelquefois par l'effet d'une forte secousse dans les grandes vitesses ; enfin il peut y avoir rupture des essieux des waggons ou de la locomotive elle-même, comme dans la terrible catastrophe du 8 mai 1842, à Bellevue, sur le chemin de Paris à Versailles, rive gauche.

MM. Flachat et Petiet placent dans la cinquième catégorie tous les accidents occasionnés par un concours de circonstances bizarres et imprévues, disent-ils, telles que le déraillement dans les aiguilles ou dans les croisements, quand le mécanicien ne les franchit pas avec assez de précaution ; le déraillement par suite du mauvais état de la voie ; la rupture des chaines quand la machine pousse par derrière au lieu de tirer, et que le conducteur arrête le train en faisant agir le frein avec trop de brusquerie ; la chute d'une machine en passant sur une plaque tournante mal placée ; la rencontre de deux trains dans les croisements à niveau ou sur la même voie ; la rencontre d'un train avec des hommes ou des animaux ; la chute d'un train dans un canal traversé par le chemin de fer sur un pont-levis non fermé à temps ; enfin l'incendie des waggons par les matières incandescentes sorties du foyer même de la locomotive lors d'une rencontre ou d'un déraillement.

Cette classification, faite dans le but d'instruire les mécaniciens sur leur devoir, laisse apercevoir clairement combien étaient peu étudiées les causes qui produisent les accidents de la cinquième catégorie. Aujourd'hui la plupart des auteurs réunissent en une seule catégorie les quatre premières, et subdivisent la dernière en plusieurs autres.

M. Robert Ritchie, ingénieur anglais, qui, l'un des premiers, a traité avec quelque extension dans ses ouvrages le chapitre des accidents sur les chemins de fer, les divise en deux grandes catégories : 1° accidents qui proviennent de la mauvaise direction et de la négligence des employés ; 2° accidents dus aux erreurs dans la construction du chemin ou à des vices du matériel.

Il comprend dans la première catégorie les rencontres de deux trains marchant en sens opposé; celles de deux trains marchant dans le même sens, dues à la différence de vitesse des deux convois ; les accidents occasionnés par excès de vitesse ; ceux qui proviennent de la négligence dans l'exécution des signaux, et enfin ceux qui résultent du manque de communication entre les voyageurs, le mécanicien et les divers autres employés d'un même train.

La deuxième catégorie comprend une multitude de cas : le peu de soin dans la construction des pièces qui constituent le mécanisme de la locomotive; les défectuosités de la chaudière ou la manière de l'alimenter ; l'imperfection des rails ou du tracé des courbes, principales causes des déraillements, surtout quand plusieurs circonstances.viennent se réunir, comme un excès de vitesse dans une courbe établie au pied d'une pente ; la présence d'animaux sur la ligne par suite de mauvaises clôtures ; le mauvais état des travaux de terrassements ; l'excès d'élasticité des rails, c'est-à-dire, leur manque de résistance ; le peu de hauteur et de largeur donnée aux ponts ou passerelles qui traversent la voie; l'imperfection des voitures et les accidents par le feu, aggravés par la forme et la disposition qu'on leur donne en Europe; enfin le peu de sécurité que présentent les portières, et l'habitude qu'ont les employés de se servir des marchepieds pour passer d'une voiture à l'autre.

Cette classification, quoique préférable à celle de MM. Flachat et Petiet, est bien loin d'être parfaite : on trouve, en effet, dans la même catégorie des cas qui n'ont aucune raison d'être réunis, puisqu'il n'y a aucune similitude entre les accidents auxquels ils donnent lieu, et qu'il ne peut y en avoir davantage dans les moyens employés pour les prévenir.

Nous n'examinerons pas maintenant les moyens proposés par M. Ritchie pour rendre plus sûre la circulation sur les chemins de fer, car, comme nous devons le faire autre part d'une manière plus complète, c'est là que nous nous réservons d'examiner les idées qui, d'après nous, méritent la préférence sur celles des autres auteurs.

Le docteur Lardner n'a pas précisément fait dans son livre une classification des accidents; nous déduisons cependant de sa lecture qu'il admet la suivante : Première catégorie, accidents provenant de causes indépendantes de la volonté des victimes, entre lesquels il fait figurer en première ligne les collisions, que, vu le système de construction et la manière d'exploiter les chemins de fer en Angleterre, il suppose ne devoir avoir lieu qu'entre des trains marchant dans le même sens et avec une vitesse différente ; il cite en second lieu les déraillements, et présente comme causes susceptibles de les occasionner les obstacles entravant la voie, la rupture des essieux et les défauts des rails ; il range aussi dans cette catégorie les accidents par suite d'erreurs dans le passage des aiguilles et l'explosion des chaudières, et termine par ce curieux tableau, qui indique la proportion entre les accidents dont nous venons de parler et les causes qui les produisent.

Pour chaque centaine d'accidents survenus sur un chemin de fer anglais, il y en a :

56 dus à des collisions;
18 à la rupture des essieux ou des roues ;
14 à des défauts dans les rails ;
5 à des erreurs dans le passage des aiguilles;
3 à des obstacles obstruant la voie;
3 à l'entrée du bétail sur la voie ;
1 à l'explosion de la chaudière.
——
100

Comme nous le verrons bientôt, cette proportion n'est pas admissible pour les chemins de fer français, surtout quant au second chiffre, car les cas de rupture d'essieux ou de roues sont excessivement rares.

La deuxième catégorie que **M.** Lardner semble établir pour les accidents comprend ceux qui résultent de l'imprudence des voyageurs ou du manque de précautions, pourtant si nécessaires pour ce genre de locomotion.

Dans une troisième catégorie enfin il range les causes qui aggravent les effets d'un accident, ou qui sont susceptibles de les produire quand on veut s'en servir comme de moyens préventifs, sans prendre les précautions nécessaires; telles sont, pour ce dernier cas : l'emploi des freins et le renversement de la vapeur ; et, pour le premier, le manque de bonnes attaches, de tampons, et la non possibilité de mettre en communication les gardes-freins et le mécanicien.

M. Couche, ingénieur et professeur à l'École des Mines de Paris, a publié un travail remarquable sur les moyens d'éviter les collisions entre les convois, et pose d'abord en fait que les efforts tentés pour augmenter la sécurité sur les chemins de fer ont eu tout autant de succès que ceux qui avaient pour but l'augmentation de la vitesse ; il cherche ensuite à dissiper les préventions défavorables qui peuvent exister contre la locomotion par les chemins de fer; il expose les gages de sécurité qu'offrent les compagnies, et signale quelques mesures qui pourraient les augmenter encore.

Son ouvrage tend principalement à démontrer que les chemins à une seule voie sont aussi sûrs que ceux à deux voies, quand on mène prudemment l'exploitation; et, traitant séparément du service de chacune de ces deux espèces de chemins, il expose longuement la manière de le régler et les chances de collision que présentent l'un et l'autre système ; il regarde comme cause de la plupart des accidents le manque de personnel, et démontre les avantages qui peuvent résulter de l'emploi fréquent des com-, munications télégraphiques.

M. Couche divise en trois classes les accidents des chemins de fer : 1° ceux qui proviennent de défauts dans le matériel, et heureusement en France, dit-il, cette source d'accidents n'existe plus, à cause de la perfection avec laquelle on travaille dans les usines, surtout quand il s'agit du matériel mobile ; 2° les déraillements, et 3° les collisions.

Cette dernière classe d'accidents, la seule qui, d'après le titre de l'ouvrage, semble devoir être traitée, ne l'est pas par l'auteur d'une manière complète ; car, dans la subdivision qu'il en fait, il ne s'arrête qu'à la première des causes auxquelles il attribue les collisions, c'est-à-dire l'irrégularité dans le service, due aux retards et arrêts des trains, et aux trains extraordinaires, matière qu'il discute d'une manière remarquable; mais, comme nous aurons l'occasion de le démontrer, on peut opposer de nombreuses objections au jugement qu'il émet sur certains points, et aux moyens qu'il propose pour remédier aux inconvénients que présente encore la locomotion par les chemins de fer.

Quant aux autres causes qui donnent lieu à des collisions, il ne fait que les mentionner; ce sont : 1° l'erreur d'un aiguilleur, qui peut faire prendre à un train une voie autre que celle qu'il aurait dû suivre; 2° l'insuffisance, le mauvais état ou la manœuvre trop lente des moyens de diminuer la vitesse ou d'arrêter un train, c'est-à-dire des freins; 3° la rupture d'une attache dans une pente et l'impossibilité d'éviter le mouvement rétrograde de la partie détachée; 4° l'action du vent, qui pousse sur une pente de la voie des waggons stationnant à l'abri dans un endroit quelconque.

Un autre ouvrage beaucoup plus complet, le meilleur peut-être qui ait été écrit sur les accidents des chemins de fer, est celui de M. Émile With, ingénieur français, qui a mérité les honneurs de la traduction anglaise, deux ans après sa publication en France, car il n'était rien paru depuis où la question fût traitée d'une manière plus générale, ni avec plus de tact; la nature de notre travail, cependant, ou plutôt le moyen que nous comptons proposer nous-même pour éviter la plupart des accidents nous empêche d'admettre la classification faite par M. With des causes qui les produisent, bien qu'elle soit la plus rationnelle de toutes celles que nous avons exposées.

Les quatre catégories établies par M. Émile With comprennent :

1° Les accidents dus exclusivement à la locomotive ;

2° Ceux qui proviennent du mauvais état de la voie et du matériel ;

3° Ceux qui résultent de l'inobservance des règlements dans la marche des trains ;

4° Ceux qui sont occasionnés par l'imprudence des voyageurs et des employés.

Dans la première, il détaille longuement les causes capables de produire l'explosion de la chaudière ; mais il s'étend moins sur les autres accidents qui peuvent y survenir ; ce serait, en effet, un travail interminable, et qui est plutôt le fait d'un ouvrage spécial, tel que celui de MM. Flachat et Petiet. M. With comprend dans cette catégorie les accidents résultant de la négligence des mécaniciens, qui seraient peut-être mieux à leur place dans une autre des catégories de sa classification.

Dans la seconde, qu'il a étudiée avec le plus de soin, il consacre un chapitre ou paragraphe à chacune des causes qui peuvent entraîner un déraillement, et les subdivise toutes en trois classes : 1° l'état irrégulier des constructions, qui comprend les erreurs commises dans le projet ou l'exécution des terrassements et des travaux d'art, tels que ponts, viaducs, tunnels, etc.; 2° les fautes dans l'établissement de la voie, soit des rails, soit des traverses ou des longrines ; la fausse position des changements de voie, sujet qui, à notre avis, aurait dû être traité à part dans une autre catégorie, et dont l'auteur ne fait plus mention ; et enfin le nombre trop restreint des gardes-lignes, qui ne peuvent pas inspecter et maintenir dans un état parfait de conservation les sections qui leur sont confiées. C'est sur ce dernier vice qu'insistent principalement M. With et la plupart des ingénieurs; et c'est seulement en y remédiant qu'ils croient possible de diminuer les causes d'accidents sur les chemins de fer. La troisième classe de la deuxième catégorie comprend les causes d'instabilité d'un train ; les imperfections du matériel mobile, c'est-à-dire des voitures ; les défectuosités des rails, et surtout la rupture des essieux.

La troisième catégorie est, à notre avis, celle qui est le moins bien traitée par M. With ; il est vrai qu'il envisage la question d'une manière très-différente de la nôtre. L'inobservance des règlements et des signaux, l'irrégularité dans la marche des trains, soit qu'elle provienne d'une division inexacte du temps, du manque de freins ou des influences atmosphériques, soit qu'elle provienne de l'obstruction de la voie ou de causes accidentelles, enfin tout ce qui peut amener des collisions, sont, d'après lui, des causes qui ne peuvent pas subsister, dont il ne faut pas tenir compte dans les recherches tentées pour éviter les accidents sur les chemins de fer, parce que, théoriquement, elles ne doivent pas exister dans l'exploitation, parce que, dit-il, elles sont occasionnées par des fautes que l'on pourrait prévenir d'avance, et que les inventions nouvelles n'éviteront jamais, le choix d'un excellent personnel étant la seule chose qui puisse y remédier.

Quant à nous, nous sommes convaincu, ainsi que M. Mark Huish et plusieurs autres ingénieurs, que la régularité absolue est un degré de perfection qu'on ne peut atteindre sur les chemins de fer de quelque importance. Nous ne croyons pas qu'il soit possible de réaliser un véritable progrès ni d'arriver à une parfaite sécurité dans ce système de locomotion si l'on ne poursuit l'œuvre commencée par la télégraphie, c'est-à-dire tant qu'on ne posera pas en principe l'irrégularité de la marche des trains, et qu'on ne cessera pas de regarder comme exception à la règle ce qui est déjà un fait constant dans l'exploitation. Paradoxe pour paradoxe, qu'il nous soit permis de considérer comme moins admissible celui d'après lequel il est inutile de chercher les moyens d'éviter certains accidents, parce que les causes qui les produisent ne doivent pas exister théoriquement, ce qui équivaut à dire : N'avançons plus, nous avons atteint les bornes de la perfection ; s'il arrive des accidents, que le public s'en console en pensant qu'il ne devrait pas y en avoir si l'on suivait strictement les règlements ; et, bien que cette considération n'augmente pas la sécurité, elle doit le satisfaire entièrement.

Quant à l'opinion qui admet en principe l'irrégularité du service, qui la considère comme un moyen de sécurité si on la combine avec un bon système de signaux et des règlements spéciaux, elle est bien loin d'être un paradoxe, car elle ne fait qu'adopter ce qui est déjà fait, ce qu'on ne peut s'empêcher de faire sur les voies ferrées ; mais, au lieu de considérer cette irrégularité comme un cas exceptionnel, non prévu par les employés, elle l'organise, la convertit en règle, et prend les mesures nécessaires pour la signaler opportunément.

Nous aurons l'occasion d'en reparler plus longuement.

La quatrième catégorie de la classification de M. With comprend les accidents arrivés par suite d'imprudences des employés et des voyageurs et par suite du manque de communication entre les conducteurs et le mécanicien.

En outre, en dehors de toute catégorie et comme en constituant une nouvelle, il parle des incendies et passe ensuite à l'analyse du service des signaux.

Le capitaine Mark Huish, ingénieur du North-Western railway, a publié une brochure très-courte, mais parfaitement bien écrite, sur les accidents des chemins de fer; et, comme nous l'avons dit, nous admettons ses idées sur la manière de considérer l'irrégularité de l'exploitation de préférence à celles de MM. With et Couche.

Les causes principales d'accidents reconnues par M. Mark Huish dans sa classification sont au nombre de quatre : l'état de la voie, la locomotive, le matériel mobile et le manque d'attention aux signaux.

Il reconnaît, quant à la première, que peu d'accidents ont lieu par suite du mauvais état de la voie, dont il recommande cependant l'entretien et l'amélioration, car, comme il dit fort bien, ses bonnes conditions sont la base de la sécurité de ce genre de locomotion. Comme causes secondaires, après avoir insisté sur la qualité des rails et la manière de les assujettir, il signale la malice de l'homme, malheureusement plus fréquente qu'on ne le croit généralement; les variations atmosphériques, si grandes en Angleterre, et les obstacles que le train peut rencontrer dans sa marche, soit à cause de la fréquence des passages à niveau que la circulation a nécessités, soit par suite d'une fausse manœuvre des aiguilles.

La seconde parmi les causes d'accidents qu'il prend en considération est la locomotive, et il a dressé le tableau suivant, qui démontre les diverses chances qu'ont de se déranger chacune des parties qui la constituent; ce tableau est composé d'un millier de cas arrivés sur le North-Western railway et ses embranchements.

Voici ce tableau :

ANALYSE DE 1,000 CAS DE RUPTURES, DÉRANGEMENTS, ETC., SURVENUS DANS LES LOCO-
MOTIVES DU LONDON AND NORTH-WESTERN RAILWAY ET SES EMBRANCHEMENTS, AVEC UN
MATÉRIEL DE 587 LOCOMOTIVES.

157 Ruptures ou fuites de tubes.
 92 Ressorts cassés.
 89 Coulisses de détente brisées (*valve spindles*).
 77 Pompes brisées ou défectueuses.
 48 Tubes d'alimentation brisés.
 40 Ruptures de pistons ou de leurs tiges.
 34 Ruptures et dérangements de soupapes ou appareils de soupape.
 34 Boulons de différentes classes cassés ou perdus.
 34 Barres de grille fondues.
 31 Clavettes de différentes sortes cassées ou perdues (*cotters*).
 29 Tampons et attaches arrachés (*plugs and joints*).
 25 Brides d'excentrique cassées ou perdues (*eccentric straps*).
 21 Roues et bandes cassées.
 21 Tringles d'accouplement ou de jonction cassées ou courbées (*coupling
     and connecting rods*).
 17 Boîtes à éponge cassées (*sponge boxes*).
 17 Tiges d'excentrique cassées ou courbées (*eccentric rods*).
 17 Clavettes de bielles cassées (*crank-pins*).
 15 Disques d'excentrique cassés ou détachés (*eccentric-sheafs*).
 15 Barres d'accouplement et de traction cassées (*coupling and draw bars*).
 13 Axes de bielles cassés (*crank axles*).
 13 Brides et boulons d'excentrique cassés (*eccentric straps and bolts*).
 13 Tuyaux à vapeur et d'aspiration cassés ou mis hors de service.
 13 Leviers pour renverser la vapeur cassés ou défectueux.
 11 Brides de bielles cassées (*connecting-rod straps*).
 11 Coussinets moyens cassés (*middle bearings*).
  9 Supports, vis ou viroles de ressorts cassés.
  8 Anneaux de suspension cassés (*lifting links*).
  7 Robinets cassés (*blow off cocks*).
  6 Montants circulaires cassés (*quadrant studs*).
  6 Tiges de régulateur cassées ou perdues (*regulator spindles*).
  6 Clefs cassées (*gibs*).
  5 Ruptures de supports dans la boîte à feu (*stay*).
  5 Cendriers détachés (*ash pans*).
  3 Incendies de la boîte à fumée ou de la cheminée.
  3 Ruptures de crochets de barre d'attache (*brackets of weigh-bar shafts*).
  3 Tuyaux d'alimentation obstrués, ayant obligé de laisser tomber le feu
     (*feed pipes stopped up, dropped fire*).
  3 Ressorts d'attache cassés (*spring balances*).
  3 Chasse-pierres cassés (*slide blocks*).
  3 Tiges de bielles cassées (*crank rods*).

5 Tuyaux détachés intérieurement à côté de la boîte à fumée.
3 Boîtes d'essieux cassées (*axle boxes*),
5 Tiroirs cassés (*slide valves*).
3 Coussinets du côté droit cassés (*right hand bearings*).
5 Collets cassés (*glands*).
3 Tuyaux élastiques défectueux (*hose pipes*).
5 Cercles de piston cassés (*piston rings*).
2 Freins cassés.
2 Pertes de rondelles (*quadrant washers*).
2 Ruptures de tourillons à collet ou bout de tiges (*goss head spindles*).
2 Portes de trou d'homme avariées (*mud-hole doors*).
2 Axes de contre-poids cassés (*weigh-bar shafts*).
2 Coussinets de roues motrices cassés (*brasses of driving journals*).
2 Pitons d'accouplement (*studs of link motion*).
2 Crampons de barre de foyer cassés (*catches of fire bars*).
2 Tubes en verre brisés.
1 Écrou de la tige de traction du tender tombé (*nut off tender draw-bar*).
1 Boulon du tender cassé (*tender eye-bolt*).
1 Sifflet à vapeur dérangé.
1 Explosion de la chaudière.
____
1000

L'importance de toute donnée statistique qui fait connaître les parties les plus exposées à un accident dans la locomotion par les chemins de fer nous a engagé à insérer cette minutieuse analyse, qui serait beaucoup plus utile si on pouvait la comparer avec celle du matériel de plusieurs autres chemins de fer.

Comme on le voit, la rupture ou le dérangement des tubes de la chaudière est le cas le plus fréquent, et, avec la rupture des ressorts et des soupapes, il entre pour le tiers dans les désordres qui peuvent survenir dans une locomotive. Presque tous sont sans danger immédiat pour la vie du voyageur, mais tous ils contribuent à retarder ou suspendre la marche du train, et peuvent par conséquent être la cause plus ou moins directe d'un accident fatal.

La troisième catégorie de la classification de M. Mark Huish comprend tout ce qui a rapport aux voitures ou matériel roulant, depuis sa construction, dont la solidité, dit-il, ne laisse presque pas de chances d'accidents [1], jusqu'au cas d'incendie dans le

____
[1] Pour prouver son assertion, M. Mark Huish dit qu'il n'y a eu que six roues brisées

train, d'autant plus alarmant et terrible que tous les moyens proposés pour mettre en communication les voyageurs et les employés, dans ces circonstances, ont été inutiles. L'élévation de température des essieux dans la boîte à graisse, l'imperfection des attaches, le manque d'alignement dans les tampons et la charge inégalement répartie, sont aussi des causes d'accidents qu'il signale, surtout dans les waggons de marchandises, qui, contrairement aux waggons de voyageurs, ne sont pas construits avec tout le soin désirable et sont par conséquent la source de beaucoup d'accidents. L'incendie, dans les trains de marchandises, est assez fréquent, dit-il, à cause de la facilité avec laquelle les couvercles des waggons peuvent être enflammés par les étincelles qui s'échappent de la cheminée.

M. Mark Huish parle ensuite du manque d'attention aux signaux et de l'inobservance des règlements, et les considère comme la source la plus abondante des dangers courus sur un chemin de fer; car c'est de là, dit-il, que proviennent les neuf dixièmes de tous les accidents.

Envisageant la question comme nous croyons qu'elle doit l'être, M. Mark Huish dit qu'il est impossible que les employés des chemins de fer cessent d'être sujets aux faiblesses humaines; que, malgré le choix le plus scrupuleux, on n'en aura jamais de parfaits, et que les conséquences d'un oubli momentané et involontaire peuvent être terribles; il n'y a donc, dans l'exploitation des chemins de fer, rien de plus délicat, rien qui donne plus de soucis à un directeur que la question d'obtenir des signaux efficaces sur la ligne.

Les signaux fixes que l'on emploie généralement et dont nous avons parlé dans le chapitre précédent sont, d'après l'ingénieur anglais, assez satisfaisants; quand on les place à une distance et avec les précautions convenables, ils laissent peu à désirer, et non-seulement ils offrent l'avantage de protéger positivement la marche du train, mais aussi, grâce à eux, l'énergie et la sûreté d'action si nécessaires au mécanicien se trouvent augmentées

dans l'immense matériel du London and North-Western railway, pendant les quatre années qui avaient précédé celle où il écrivait (1852).

par la conscience qu'il a de ne point être abandonné à l'aventure.
Dans ce même paragraphe, il traite la question tant débattue en
Angleterre de faire positifs ou négatifs les signaux permanents
placés à certains endroits où un train peut ne pas trouver libre
la voie, et il recommande comme plus accepté, malgré l'incertitude qui règne encore, le système consistant à fixer un signal
qui ne permette le passage du train qu'après que ce dernier a
fait disparaître ce signal pour indiquer que la voie est libre.

Quant aux signaux que doivent faire les gardiens de la voie
entre deux stations, véritable écueil des systèmes employés jusqu'à présent, M. Mark Huish reconnaît la difficulté d'observer
exactement les règlements relativement à la distance à laquelle
ces signaux doivent et peuvent être faits, surtout en temps de
brouillard. Dans ce dernier cas, l'exploitation serait quelquefois
impossible en Angleterre, sans le secours des signaux détonants,
qu'il considère comme l'un des moyens de protection les plus
efficaces de la locomotion par les chemins de fer.

Mais la partie la plus remarquable de la brochure de M. Mark
Huish, et qui est parfaitement conforme à notre manière de voir,
est celle qu'il consacre à établir et prouver le principe contraire
à la prétendue nécessité de conserver une stricte régularité dans
l'exploitation. Les étroites limites de sa brochure ne lui ont pas
permis de s'étendre autant que cela eût été désirable; mais il formule nettement sa pensée en ces termes : « Avec un système de
signaux bien ordonné et un bon personnel, l'irrégularité dans la
marche des trains, si grande qu'elle puisse être, n'augmente pas
le danger; au contraire, l'incertitude produit, jusqu'à un certain
point, une plus grande sécurité à cause de la vigilance continuelle
qu'elle exige; et, de même qu'il arrive peu de malheurs dans les
endroits les plus populeux de Londres, de même aussi, sur les
chemins de fer, les endroits où les accidents sont le plus rares
sont ceux où la circulation est le plus active. » Cela peut être
prouvé par de nombreux exemples, et entre autres le service
extraordinaire établi à l'occasion de l'Exposition universelle,
en 1851. (*Voy.*, p. 118, ce que nous avons dit sur l'irrégularité
dans l'exploitation.)

On voudra peut-être s'emparer de ce même argument pour appuyer la bizarre idée émise par quelques personnes, qui s'opposent à tout système de signaux automatiques, sous prétexte qu'en augmentant la confiance des employés en proportion de l'efficacité du système on diminuera d'autant leur vigilance ; et, comme il n'y a pas de système qui ne puisse être une fois en défaut, les chances d'accidents, prétendent-ils, augmenteront au lieu de diminuer. Il semble impossible qu'un pareil raisonnement soit tenu sérieusement par des personnes que leur position et leur science sembleraient devoir mettre à l'abri d'un pareil préjugé ; et cependant nous l'avons entendu plusieurs fois, et souvent nous avons douté de la bonne foi de ceux qui parlaient ainsi.

Pourrait-on introduire un perfectionnement quelconque dans l'industrie, si de pareilles objections avaient quelque valeur ? Les fabricants n'auraient-ils pas reculé devant l'idée d'armer leurs chaudières à vapeur de soupapes de sûreté, de manomètres et autres appareils indicateurs, dont l'objet est de signaler automatiquement le danger qu'occasionnerait la négligence d'un mécanicien, soit en mettant trop de feu dans le foyer, soit en oubliant de renouveler l'eau de la chaudière ? N'aurait-on pas regardé comme une réforme nuisible dans les télégraphes l'addition d'un timbre avertisseur qui permet à l'employé de perdre un instant de vue l'appareil et même de s'absenter à quelque distance ? L'application elle-même du télégraphe électrique aux chemins de fer, qui a rendu de si immenses services, n'aurait-elle pas été considérée comme une source d'accidents par ceux qui croient que l'homme doit tout faire ? Le chef de station qui, se reposant sur l'avis préalable qu'on doit lui donner de la sortie d'un train, s'abstiendrait de prendre les dispositions nécessaires pour être prêt à le recevoir à tout moment pourrait-il rejeter toute la faute sur le télégraphe, si on lui prouvait qu'il n'a pas observé les règlements ?

Nous ne pouvons admettre en aucune façon que les employés négligeraient leur devoir au point de rendre plus dangereuse la locomotion par les chemins de fer, par cela seul qu'on y ajouterait un élément de sécurité : cela reviendrait à prétendre que l'homme auquel on donne un bâton pour s'appuyer et marcher avec plus d'assurance sur le bord d'un précipice est exposé à un danger plus grand parce que, trop confiant dans son bâton, il fermera les yeux et se précipitera dans l'abîme. Il peut arriver, il est vrai, que le bâton se casse une fois et cause un malheur ; mais cette funeste exception ne sera-t-elle pas bien compensée par le grand nombre de cas où il aura sauvé la vie des voyageurs qui s'en seront servis? De même un système de signaux automatiques peut être une fois en défaut, et précisément quand les employés ne font pas leur devoir; mais cela ne constitue qu'un cas exceptionnel, mille fois moins probable que celui d'un employé commettant une négligence ; et même, si ce cas se présentait, il offrirait un exemple dont on pourrait profiter à l'avenir, et qui, quoique douloureux, serait moins terrible qu'on ne suppose et ne suffirait pas à discréditer un système si l'on considérait qu'avant l'accident ce système en avait prévenu cent autres qui eussent été inévitables sans son secours.

Il est donc bien établi que, conjointement avec M. Mark Huish, nous regardons l'irrégularité, — admise comme règle, prise en considération, et, par conséquent, toujours prévue, — comme un gage de sécurité pour la locomotion sur les chemins de fer, car elle maintient en éveil la vigilance des employés; et que nous sommes loin de trouver en cela un argument contre tout système qui aide à l'exercice de cette vigilance.

Comme causes moins graves d'accidents, M. Mark Huish cite la mauvaise formation des trains ; la rupture des attaches dans les plans inclinés ou dans les rampes ; les arbres et le bétail qui peuvent se trouver en travers de la voie; et les passages à niveau, une des sources les plus fécondes d'accidents quand ils ne sont pas bien gardés.

Nous terminerons le bref examen que nous avons fait du travail de l'ingénieur anglais en citant les lignes suivantes, dans lesquelles il résume, pour ainsi dire, son opinion sur la matière : « Les accidents arrivent rarement dans des circonstances prévues d'avance. Généralement ces circonstances sont d'un caractère mixte, résultant de la réunion de plusieurs causes. Il est facile d'être clairvoyant après les événements; mais, tant que les machines ne seront que de la pure matière et que la nature humaine ne jouira pas du privilége de l'infaillibilité, il est à craindre, malgré que l'expérience et l'habileté diminueront les effets des accidents, qu'on ne parvienne jamais à empêcher qu'ils continuent d'émouvoir la société et d'exposer à la critique tous ceux qui sont chargés de la direction d'un chemin de fer. »

Malgré un certain fond de vérité, ces paroles décourageantes ne sont cependant pas exactes, à cause de l'exagération dont les a empreintes leur auteur. Comme la plupart des hommes de pratique, il manque de foi dans les idées de ceux qu'ils nomment des *profanes*; et, comme ils n'ont pas assez de temps pour s'en occuper eux-mêmes, ils condamnent l'humanité tout entière à une stérilité absolue, qui n'a d'exemple dans aucune autre branche d'application des sciences et des arts industriels. Et tout cela parce qu'ils confondent l'idée avec la manière de la mettre à exécution ; parce qu'on ne leur présente pas du premier coup le problème parfaitement résolu, et que, dédaignant d'y travailler, ils préfèrent le condamner absolument. Heureux encore le public si cette idée n'est pas tout à fait ensevelie, et si elle revient, quelques années après, sous une autre forme, occuper incognito ou sous un nom emprunté la place qu'on lui avait refusée dans la série de perfectionnements qui doivent se produire inévitablement dans la locomotion par les chemins de fer.

Avant d'entrer dans l'analyse du tableau que nous avons dressé pour classifier d'une manière, à notre avis, plus complète et plus convenable les causes qui peuvent enfanter des accidents sur les chemins de fer, il ne sera pas inutile de mentionner la classification faite par le capitaine Douglas Galton dans le rapport officiel que le gouvernement communiqua au parlement anglais au mois de mars 1854, classification que le capitaine Douglas adopta aussi en 1858 pour le relevé des accidents de 1857.

Le tableau ci-contre, que nous reproduisons intégralement, a l'avantage de faire voir en peu d'espace le nombre d'accidents dus à chacune des causes qui sont exprimées en tête des colonnes et des lignes ; mais, comme plus d'une cause a dû concourir à la

TABLEAU DES ACCIDENTS

ARRIVÉS SUR LES CHEMINS DE FER ANGLAIS PENDANT L'ANNÉE 1857,

D'APRÈS LA CLASSIFICATION OFFICIELLE DU RAPPORT PRÉSENTÉ AU PARLEMENT.

NATURE DES ACCIDENTS.	NOMBRE DES ACCIDENTS.	TOUT À FAIT ACCIDENTELS.	CAUSES QUI PROVIENNENT DU MATÉRIEL ET DE LA VOIE.				CAUSES QUI PEUVENT ÊTRE ATTRIBUÉES À L'EXPLOITATION.										
			MAUVAIS ÉTAT.		CONSTRUCTION DÉFECTUEUSE.		INSUFFISANCE DES MOYENS EMPLOYÉS POUR OBTENIR LA SÉCURITÉ.						MAUVAISE ADMINISTRATION.				
			DU MATÉRIEL DE SERVICE.	DE LA VOIE.	DU MATÉRIEL DE SERVICE.	DE LA VOIE.	MANQUE D'ESPACE POUR LES BESOINS DE SERVICE.	MANQUE D'EXTENSION SUR CERTAINES PARTIES DE LA LIGNE.	INSUFFISANCE DE FORCE DANS LA MACHINE.	INSUFFISANCE DES FREINS.	ABSENCE DE COMMUNICATION ENTRE LES GARDIENS ET LE MÉCANICIEN.	INSUFFISANCE DES SIGNAUX.	MANQUE D'EXACTITUDE PAR SUITE DE L'INSUFFISANCE OU DE L'INOPPORTUNITÉ DES MESURES.	INSUFFISANCE OU INOPPORTUNITÉ DES RÈGLEMENTS.	SYSTÈMES DÉFECTUEUX POUR CONSERVER LES DISTANCES ENTRE LES TRAINS.	NÉGLIGENCE DES EMPLOYÉS.	CAS OÙ L'ON AIT ÉVITÉ LES ACCIDENTS, EN FAISANT FONCTIONNER LE TÉLÉGRAPHE ÉLECTRIQUE.
1ʳᵉ classe. — Accidents provenant du matériel de service ou de l'état de la voie.																	
A. Déraillements	21	7	»	5	2	7	»	1	»	1	2	»	»	1	»	4	»
B. Rupture d'essieux, roues et autres pièces.	4	4	1	»	»	»	»	»	»	»	1	»	»	»	»	»	»
C. Explosion des chaudières	6	1	4	»	»	»	»	»	»	»	»	»	»	»	»	1	»
Total	31	12	5	5	2	7	»	1	»	1	3	»	»	1	»	5	»
2ᵉ classe. — Accidents du fait de l'exploitation.																	
D. Collisions entre deux trains qui se suivent sur la même ligne de rails	17	2	1	»	»	»	2	»	2	6	1	5	3	8	13	12	14
E. Accidents aux stations et gares d'évitement.	18	1	»	»	»	4	2	1	»	2	1	3	»	11	»	15	3
F. Collisions dans les embranchements.	5	1	»	»	»	»	»	1	»	»	»	1	1	2	»	2	»
G. Collisions entre des trains et waggons marchant en sens opposé sur la même ligne de rails.	5	»	1	»	1	»	»	»	»	1	»	»	»	3	»	1	»
H. Accidents sur les passages à niveau.	2	»	»	»	»	1	»	1	»	»	»	»	»	»	»	»	»
I. Personnes qui se sont heurtées contre les œuvres d'art adjacentes à la voie.	5	»	»	»	2	2	»	»	»	»	»	»	»	»	»	»	»
K. Incendies.	2	»	»	»	2	»	»	»	»	»	2	»	»	»	»	»	»
Total	48	4	2	»	5	7	4	3	2	9	4	9	4	24	13	30	17
Accidents divers	2	»	»	»	»	1	2	»	»	»	»	»	»	»	»	»	»
Total de toutes les classes	81	16	7	5	7	15	6	4	2	10	7	9	4	25	13	35	17

plupart des accidents, le nombre de ceux-ci ne se déduit pas clairement de l'examen pur et simple du tableau : nous remédierons à cela par quelques observations.

Dans le rapport de 1857, M. Douglas Galton divise d'abord les accidents en trois grandes sections.

1° Accidents arrivés à des personnes autres que des passagers ou des employés de chemin de fer.

2° Accidents dont sont victimes les employés des chemins de fer.

3° Accidents qui frappent les voyageurs.

Il fait ensuite une nouvelle classification entre les victimes par leur propre imprudence et celles qui ont été blessées ou tuées par des causes indépendantes de leur volonté. Cette dernière catégorie d'accidents est la seule dont il fasse mention dans le tableau précédent, qui, comme nous le voyons, est divisé en deux classes principales.

La première comprend les accidents dus au matériel d'exploitation ou à l'état de la voie, parmi lesquels il place 1° les déraillements ; 2° les ruptures d'essieux, roues et autres pièces, 3° l'explosion des chaudières.

La deuxième classe comprend les accidents dus à l'exploitation ; et, parmi eux : 1° les collisions entre deux trains marchant dans la même direction ; 2° dans les stations et gares d'évitement ; 3° dans les embranchements ; 4° entre deux trains qui vont en sens opposés ; 5° les accidents sur les passages à niveau ; 6° les chocs de personnes du train contre les travaux d'art ; 7° les incendies.

Enfin il signale sans les spécifier différents autres accidents, qui constituent pour ainsi dire une troisième classe.

Chacune de ces classes se rapporte à plusieurs causes, qu'il divise en trois sections : 1° causes tout à fait accidentelles ; 2° causes provenant du matériel et de la voie ; 3° causes pouvant être attribuées à l'exploitation.

Le mauvais état du matériel et de la voie ou les vices inhérents à leur construction peuvent sans contredit occasionner de graves accidents.

Les vices dans l'exploitation proviennent : 1º des procédés insuffisants pour obtenir la sécurité, tels que le manque d'espace dans les stations relativement aux exigences du service ; le trop peu d'extension de certaines parties de la ligne ; l'impuissance dans la machine, dans les freins ; l'absence de communication entre le gardien et le mécanicien, et l'insuffisance des signaux ; 2º de la mauvaise administration, qui engendre l'incurie et l'inexactitude, d'où proviennent à leur tour l'insuffisance ou l'inopportunité des mesures ; la mauvaise rédaction ou application des règlements ; les systèmes défectueux pour conserver les distances entre les trains ; la négligence des employés ; et enfin des accidents qu'on eût évités en faisant fonctionner le télégraphe électrique.

Le but que le capitaine Douglas Galton s'est sans doute proposé en faisant cette double classification à coordonnées, pour ainsi parler, n'est pas atteint ; car, d'après son propre aveu, certains accidents, ou plutôt la plupart des accidents proviennent d'un concours de circonstances (jusqu'à six quelquefois) qui rend non pas seulement difficile, mais impossible le classement spécial de chaque accident. L'utilité du tableau se réduit donc à rien du moment où il n'exprime pas nettement ce qu'on voulait lui faire exprimer : c'est pour cela que, dans ce même rapport, les classifications se multiplient et que, outre celles que nous venons d'énumérer, son auteur divise encore en deux autres classes les causes d'accidents : 1º les économies mal entendues ; 2º les systèmes inefficaces et le manque de discipline.

Nous avons cru devoir rejeter toutes les classifications faites jusqu'à ce jour, et adopter celle que nous présentons dans le tableau synoptique ci-contre, où nous avons établi six divisions d'après lesquelles sont classés les accidents. Ces divisions ou causes principales d'accidents sur les chemins de fer sont : défectuosités du matériel, collisions, déraillements, imprudence des victimes, causes vraiment impossibles à prévoir, et mauvaise administration du chemin.

Les *défectuosités du matériel* peuvent exister dans la voie, dans la locomotive ou dans les voitures dont se compose le train.

TABLEAU SYNOPTIQUE

DES CAUSES QUI PEUVENT PRODUIRE DES ACCIDENTS SUR LES CHEMINS DE FER

D'APRÈS LA CLASSIFICATION DE M. FERNANDEZ DE CASTRO

(PAGE 128.)

- **DÉFAUTS DANS LE MATÉRIEL.**
  - **DÉFAUTS DE LA VOIE DANS.**
    - le tracé ou le placement des : courbes. pentes. tunnels. ponts. aiguilles. plaques tournantes. croisements à niveau. passages à niveau. plans automoteurs. plans inclinés servis par des machines fixes.
    - l'exécution ou pose des : terrassements. travaux d'art. traverses. longrines. rails. coussinets. coins, chevillettes et vis.
    - la qualité des : terrains. ballast. bois. fer. chevillettes.
  - **LOCOMOTIVE.**
    - La chaudière : Explosions (Incrustations. Soupapes de sûreté. Plaques fusibles). Rupture de tubes. Manque d'alimentation.
    - Le foyer : Qualité du combustible. Fusion des grilles. Chute du cendrier. Incendie de la cheminée.
    - Le mécanisme : Rupture. Perte (d'une ou plusieurs pièces). Dérangement.
    - Le châssis ou train : Roues. Essieux. Ressorts. (Leur forme, disposition et qualité comme dans les voitures et waggons.)
    - Instabilité : Contre-poids. Excès de vitesse.
    - Excès de poids par rapport au matériel fixe.
  - **VOITURES COMPOSANT LE TRAIN; DÉFAUTS DANS LA.**
    - forme et disposition des : essieux (Leur rupture, surchauffés). roues. ressorts. placement des roues. centre de gravité. portières. marchepieds.
    - qualité : du bois. du fer. des toits ou couvertures susceptibles de s'enflammer. Fragilité des ressorts.
    - formation du train : Différente hauteur des châssis. Manque d'alignement dans les tampons. Imperfection des attaches (Manque de communication entre le conducteur et le mécanicien). Manière de placer la charge (Inégalement distribuée. Surpassant le poids). Ordre suivant lequel sont rangées les voitures. Freins (Leur nature. Leur nombre. Leur distribution).

- **CHOCS ET COLLISIONS.**
  - **ENTRE DEUX TRAINS**
    - **MARCHANT DANS LA MÊME DIRECTION.**
      - En marche tous les deux : Par retard du premier. Par excès de vitesse dans le second. Par erreur dans les heures. Par obstination d'un employé.
      - Quand l'un d'eux est arrêté : Par dérangement dans le train. Par impuissance de la locomotive. Machine pilote ou de secours. Dans les stations. Dans les gares d'évitement.
      - *(Toujours parce qu'on n'a pas fait de signal, parce qu'on ne l'a pas vu à temps, ou par suite d'insuffisance des freins.)*
    - **MARCHANT EN SENS CONTRAIRE.**
      - Dans les chemins à une voie : Faute d'avertissement aux stations. Par erreur dans les ordres donnés ou reçus. Par obstination du mécanicien.
      - Dans les chemins à deux voies : Par le renversement de la vapeur dans les cylindres, avec ou sans mécanicien.
      - Dans les croisements : Par erreur dans les heures de sortie. Par des retards dans la marche.
      - *(toujours parce qu'on n'a pas vu les trains, ou parce qu'on n'a pas aperçus à temps les signaux, ou par suite d'insuffisance des freins.)*
    - Dans les bifurcations ou embranchements : Par erreur dans les heures de départ. Par des retards dans la marche. Par erreur de l'aiguilleur.
    - Quand la locomotive fait de la vapeur.
    - Contre le mur d'un bâtiment : Par abandon du mécanicien. Par dérangement du mécanisme.
  - **D'UN TRAIN CONTRE DIFFÉRENTS OBJETS.**
    - Contre des voitures stationnées.
    - Contre des waggons détachés d'un autre train dans une pente.
    - Contre de lourdes voitures aux passages à niveau.

- **DÉRAILLEMENTS.**
  - Par rupture ou dérangement du matériel roulant : Quelques accidents qui arrivent aux voitures et à la locomotive.
  - Par rupture ou dérangement de la voie ou du matériel fixe : Rails enlevés ou brisés. Coussinets ou coins détachés. Éboulements de la voie.
  - Par des obstacles interposés dans la voie : Mauvaise position des plaques tournantes. — des aiguilles. — des barrières. Neige. Arbres. Animaux (dans les passages à niveau. Manque de fermeture). Terre et pierres des déblais. Employés et passagers tombés. Obstacles posés par la malveillance (par des employés. par des personnes étrangères au service).
  - Par l'ouverture indue des ponts-levis ou ponts tournants.
  - Par excès de vitesse dans les courbes.
  - Par l'instabilité de la locomotive et des voitures du train. — Mouvement de lacet.

- **IMPRUDENCE DES VICTIMES.**
  - Employés : En passant d'une voiture à l'autre par les marchepieds. En rentrant les waggons dans les gares d'évitement. En montant ou en descendant des voitures en mouvement. Pris entre les tampons. Pris contre les murs ou la partie inférieure des travaux d'art. Lancés de leur place (parce qu'ils dormaient. parce qu'ils n'étaient pas bien placés). Endormis sur la voie. En travaillant sur la voie. En travaillant dans les stations.
  - Voyageurs : Étant dans un endroit ou dans une position peu convenable. En sortant ou en entrant dans une voiture en mouvement. En sautant pour ramasser un chapeau ou tout autre objet tombé. Voulant ramasser un objet, la voiture étant en marche. En sortant du côté opposé à la plate-forme de la station.
  - Passagers ou transgresseurs : En voulant croiser la voie. En restant trop près des rails. Endormis sur la voie ou étant ivres. Suicides.

- **CAUSES VRAIMENT IMPRÉVUES.**
  - Inondations subites. Incendies (Manque de communication dans les trains). Trains renversés par le vent. Effets de la foudre.

- **DÉFAUTS DANS L'ADMINISTRATION DU CHEMIN.**
  - Économies mal entendues : Insuffisance de personnel. Insuffisance dans le renouvellement du matériel. Peu de zèle dans l'adoption des perfectionnements.
  - Fautes des chefs : Excès de complaisance à conserver de mauvais employés. Manque de discipline dans le personnel. Manque d'un système d'émulation (Punitions. Récompenses).

Dans la voie, elles peuvent provenir du tracé lui-même, du mode d'exécution des travaux, du placement des parties qui constituent la voie, et aussi de la qualité des matériaux.

Il faut avoir égard, dans le tracé, aux courbes, aux pentes, aux tunnels et aux ponts, qui, soit par suite d'une mauvaise combinaison des uns par rapport aux autres, soit par suite d'un emplacement défavorable, peuvent donner lieu à de graves catastrophes, entre autres à des déraillements, à des éboulements et aux funestes effets résultant de la production forcée de la vapeur dans les machines. Les aiguilles, les plaques tournantes, les croisements et les passages à niveau occasionnent aussi beaucoup d'accidents, selon leur situation plus ou moins convenable.

L'exécution des terrassements et murs de soutènement, la pose des traverses, longrines, rails, coussinets, coins, chevillettes, boulons et vis, peuvent encore être une source de dérangements sur la voie. Il en est de même de la plus ou moins bonne qualité de toutes ces pièces, ainsi que de celle du ballast et des terrains sur lesquels on établit la ligne ferrée.

La locomotive, plus que toute autre partie du train, est sujette à de nombreux désordres : l'explosion de la chaudière et la rupture des tubes, la négligence dans l'alimentation ou la purification de l'eau, la mauvaise qualité du combustible, la fusibilité des grilles, la chute du cendrier et l'incendie de la cheminée : dans son mécanisme si compliqué, des pièces peuvent se rompre, se déranger ou se perdre ; pour le train ou châssis de la locomotive, il faut prendre les mêmes soins que pour celui des voitures et waggons, quant à la forme, à la disposition et à la qualité des roues, des essieux et des ressorts ; en outre, il faut tenir compte de l'instabilité résultant d'un excès de vitesse, du manque de contre-poids ou de sa mauvaise répartition ; enfin, l'excès de poids de la locomotive par rapport au matériel fixe produit souvent des accidents très-graves.

Dans les voitures et waggons les causes d'accidents sont la forme et la disposition des essieux, qui peuvent se briser ou se surchauffer ; celles des ressorts et des roues ; la manière de poser celles-ci ; le centre de gravité de la voiture, et enfin la dimension et la disposition des portières et des marchepieds. La qualité du bois, du fer, des toits ou couvertures, selon qu'ils sont ou ne sont pas inflammables, et la fragilité plus ou moins grande des ressorts ont naturellement une grande influence sur la solidité des waggons. Enfin, la manière de former le train peut donner lieu à des désordres fâcheux, car, si les bâtis ne sont pas à la même hauteur, si les tampons ne sont pas alignés, et si la charge n'est pas également distribuée ou excède le gabarit, on conçoit bien de quel genre ces désordres peuvent être : l'im-perfection des attaches produit la séparation d'une partie du train, ce qui peut avoir des conséquences très-graves, tant que le manque de communication entre le mécanicien et le conducteur et l'inefficacité des freins ne permettront pas de prendre des mesures énergiques pour la prévenir ; enfin, l'ordre même dans lequel sont placés les véhicules du train peut contribuer à diminuer plus ou moins la sécurité de sa marche et celle des voyageurs.

Toutes les causes que nous venons d'énumérer, et qu'on peut réunir sous la dénomination générique de défectuosités du matériel, ne sont et ne seront jamais évitées qu'à force de soin dans les études, la construction et l'entretien, tant des parties qui composent la voie que de celles qui constituent les trains ; mais on doit avouer, à l'honneur des fabricants, des ingénieurs et des mécaniciens, que les accidents causés par l'imperfection du matériel roulant sont très-rares et beaucoup moins fréquents encore que ceux qui proviennent exclusivement de l'imperfection du matériel fixe.

Il faut cependant tenir compte d'une chose : c'est que la plus grande partie des cas mentionnés dans notre tableau synoptique pour la première des causes principales, quoique peu importants en eux-mêmes, et ne donnant lieu à des malheurs que par les arrêts, les retards et l'irrégularité qu'ils occasionnent dans le service, n'en ont pas moins comme résultat final des collisions, des déraillements et des explosions ; par conséquent, un bon système, capable de prévenir les effets desdites défectuosités, est et doit être considéré comme un moyen de prévenir celles qui semblent n'être point du tout de son ressort.

Les *collisions* constituent la deuxième des causes principales que nous avons signalées comme source des accidents sur les chemins de fer, et, tant par leur fréquence qu'à cause des terribles effets qui en résultent, cette classe doit être considérée comme la plus importante et la plus digne de fixer l'attention des ingénieurs et des hommes de l'art.

Les collisions peuvent avoir lieu entre deux trains ou bien entre un train et d'autres objets. Les deux trains peuvent se diriger dans le même sens ou en sens contraire ; et, dans le premier de ces deux cas, il peut se faire que tous deux soient en marche, ou qu'un des deux soit arrêté. Quand tous deux marchent dans la même direction, la rencontre peut avoir lieu par suite du retard du premier ou de l'excès de vitesse du second, par suite d'une erreur dans les heures de départ ou par suite de l'entêtement du mécanicien, comme cela est arrivé plus d'une fois, tout extraordinaire que cela puisse paraître. Si l'un des trains se trouve arrêté, cela provient tantôt des dérangements dans le train, tantôt du manque de puissance dans la locomotive, tantôt de l'arrivée inopportune de la machine-pilote ou de secours ; mais ces rencontres ont lieu le plus souvent quand l'un des trains est arrêté à la station ou dans les gares d'évitement, où il se croyait en parfaite sûreté.

Quand les rencontres ont lieu entre deux trains marchant en sens contraire, cela peut provenir, sur les chemins à une seule voie, du manque d'avertissement dans les stations, d'une erreur dans les ordres donnés ou reçus, ou de l'obstination du mécanicien ; et, sur les chemins à double voie, du renversement de la vapeur dans les cylindres quand on a voulu se préserver d'un autre danger, soit que le mécanicien reste à son poste, soit qu'il l'ait abandonné, comme il arriva en janvier 1854 dans la partie prussienne du chemin de Saarbruck à Metz.

Dans les croisements de deux voies, les rencontres proviennent d'erreur dans les heures de départ, ou de retards dans la marche ; et, dans les bifurcations ou embranchements, d'une distraction de l'aiguilleur. Enfin les collisions peuvent avoir lieu aussi entre un convoi en marche et la locomotive d'un autre train qui, dépourvue de vapeur, a abandonné momentanément son train afin d'activer la combustion dans son foyer au moyen de quelques instants de marche rapide.

En examinant bien tous les cas donnant lieu à la rencontre de deux trains marchant soit dans le même sens, soit en sens contraire, on pourra se convaincre qu'il n'y en a pas un seul, pour ainsi dire, que l'on ne puisse éviter avec un bon système de signaux donnant l'alarme à une certaine distance des trains : mais on n'obtiendra jamais ce résultat avec le seul concours des drapeaux, disques et lanternes.

Les collisions entre un convoi et autres objets, tels que le mur d'un édifice, par suite du dérangement du régulateur de la locomotive ou lorsque le mécanicien a abandonné son poste, les chocs contre des waggons stationnés, des waggons détachés d'un train sur une rampe ou contre des charrettes très-lourdes dans les passages à niveau, sont moins faciles à prévenir en les signalant d'avance.

Les *déraillements* peuvent être occasionnés par la rupture ou le dérangement de quelques pièces dans le matériel roulant, et comprennent tous les accidents dont nous avons parlé à propos des voitures et de la locomotive.

Ils ont lieu aussi par suite de rupture ou de dérangement d'une des parties qui composent le matériel fixe, telles que rails enlevés ou brisés, coussinets ou coins dérangés de place, éboulements dans la voie, etc.

Les déraillements proviennent aussi d'obstacles interposés sur la voie, et nous considérons comme tels la mauvaise position des plaques tournantes, des aiguilles et des barrières ; la neige, les arbres et les terres de déblais ; les animaux dans les passages à niveau ou ceux qui s'introduisent sur la voie, faute de clôtures ; les employés et autres personnes tombées, et enfin les objets trop fréquemment placés sur la voie au passage des trains, quelquefois par des personnes étrangères à la ligne, mais d'autres fois aussi par des employés eux-mêmes pour se donner le mérite de dénoncer le fait. Tout incroyable que paraisse ce dernier acte, il n'en est pas moins réel, et on a dû déjà plus d'une fois le réprimer.

Les ponts-levis ou tournants indûment ouverts, l'excès de vitesse dans les courbes à rayon peu étendu et l'instabilité de la locomotive et des voitures du train, d'où résulte un mouvement d'oscillation et de trépidation, sont aussi des causes d'accidents qui doivent être classés et étudiés avec les déraillements. Les remèdes sont aussi variés que les causes, car, quoique les aiguilles, les plaques tournantes et les barrières puissent, avec un bon système, produire opportunément des signaux automatiques quand elles ne sont pas dans leur position normale, il y a d'autres obstacles que les gardiens sont seuls aptes à signaler, plus ou moins bien, selon le système employé, et quelques-unes des causes ne pourraient être prévenues, comme nous l'avons déjà indiqué, qu'à force de soins dans l'examen du matériel et par une rigoureuse obéissance au règlement ; les conséquences cependant seraient moins fatales si les moyens d'avertissement étaient plus perfectionnés que ne le sont ceux qu'on emploie aujourd'hui.

L'imprudence des victimes est la quatrième des causes principales que nous avons signalées dans notre classification. Les accidents arrivent généralement aux employés dans une des circonstances suivantes : en passant d'une voiture à l'autre par les marche-pieds; en montant ou en descendant des voitures en mouvement; broyés contre les parois ou les voûtes des travaux d'art; précipités de leurs postes pour s'être endormis ou pour s'être mal placés; en rentrant les voitures dans les gares d'évitement; pris entre les tampons; travaillant dans les stations ou sur la voie, et même s'étant endormis, la tête appuyée sur les rails. Pour les voyageurs, les risques sont moindres, mais semblables à ceux qui menacent les employés, et presque toujours la suite d'imprudences que les changements exigés par le matériel roulant ne suffiraient pas à rendre moins fatales. Les accidents les plus graves sont toujours arrivés à des voyageurs indociles qui voulaient soit conserver une place ou attitude peu convenable, sortir des voitures encore en mouvement ou y rentrer; soit sauter pour rattraper un chapeau ou tout autre objet tombé; se pencher pour saisir un objet sans quitter la voiture en marche; sortir du côté opposé aux plates-formes des stations.

Les passants et ceux qui contreviennent aux règlements trouvent le plus souvent la mort en traversant la voie, en restant trop près des rails, en s'endormant sur la voie, quelquefois sous l'empire de l'ivresse, quelquefois volontairement, avec la ferme intention de se suicider.

Nous l'avons déjà dit, quelques améliorations dans le matériel roulant, la stricte observance des règlements et des dispositions, même de celles qui semblent les plus puériles, et l'habitude, que le temps et la raison seulement pourront faire contracter, de ne pas contrevenir aux recommandations pour le seul plaisir de les enfreindre, empêcheront ou au moins réduiront les accidents qui sont classés sous le titre : *Imprudence des victimes*.

Il arrive sur les chemins de fer *des accidents dont les causes ne peuvent réellement pas être prévues* : tels sont les effets de la foudre et les inondations subites et extraordinaires, qui rendent insuffisants les écoulements d'eau ménagés pour les circonstances habituelles, et même pour les circonstances extraordinaires qu'on a eu déjà l'occasion d'observer. L'automne de 1855 en Espagne, et le printemps de 1856, en France, ont été signalés par des exemples terribles de cette sorte d'accidents.

Les incendies, jusqu'à un certain point, peuvent être rangés dans cette catégorie, et leurs effets sont rendus plus graves par la difficulté d'établir une communication entre le mécanicien, le conducteur et les voyageurs; et cependant il est avéré que la communication directe entre les voyageurs et le mécanicien serait la cause de dangers plus grands encore.

Le plus rare de tous les accidents qui peuvent arriver sur un chemin de fer, tellement rare même, que nous ne croyons pas qu'il ait été observé plus d'une fois, est celui que nous plaçons le dernier parmi les accidents véritablement imprévus : le renversement d'un convoi par le vent, comme cela est arrivé l'année dernière aux États-Unis. Il est inutile de chercher des expédients pour prévenir des faits de cette nature; on doit se borner, dans certains cas, à chercher à en rendre moins funestes les conséquences.

Les *vices dans l'administration du chemin* comprennent les économies mal entendues et la négligence des chefs. Les premières sont fatales quand elles vont jusqu'à supprimer un personnel nécessaire; jusqu'à faire omettre de renouveler aussi fréquemment qu'il le faut le matériel du chemin, et quand, pour éviter des dépenses, bien minimes le plus souvent, on néglige d'adopter des améliorations. La négligence des chefs se reconnaît quelquefois à la complaisance exagérée qu'ils mettent à conserver des employés n'ayant pas l'aptitude nécessaire, mais bien recommandés; à leur peu d'énergie et de tact pour maintenir la discipline parmi le personnel, et à la non-existence, dans leur administration, d'un système d'émulation qui, distribuant avec discernement des punitions et des récompenses, produit toujours de très-heureux résultats quand il procède avec la justice la plus rigoureuse.

Nous avons déjà longuement parlé des points principaux compris dans cette dernière partie de notre classification, lorsque nous avons réfuté l'idée émise par quelques-uns que les accidents sur les chemins de fer ne peuvent être évités qu'avec de bons règlements et un personnel nombreux, et aussi quand nous avons examiné les excuses qu'on cherche à donner à l'apathie avec laquelle les directeurs et les ingénieurs des chemins de fer reçoivent les propositions de tous ceux qui prétendent trouver un remède aux inconvénients les plus graves que présente la locomotion par les chemins de fer. Il serait inutile de répéter ce que nous avons dit à cette occasion, et nous ne pouvons entrer dans de nouvelles considérations. car l'espace nous manque, et, comme nous l'avons promis, cela doit faire l'objet d'un travail spécial dans lequel trouveront place l'énumération et l'examen de quelques-uns des divers accidents arrivés sur les chemins de fer, et venant confirmer la classification par nous adoptée dans notre tableau synoptique. Nous nous étions proposé de faire une partie de ce travail dans le présent chapitre; mais nous avons dû y renoncer, et, malgré cela, il est encore plus étendu que nous ne l'aurions désiré.

Pour nous résumer en peu de mots, on voit que notre but a été avant tout de détruire le préjugé généralement répandu en ce qui touche le danger couru sur les chemins de fer, et de démontrer qu'il est proportionnellement moindre que dans tout autre système de locomotion, sans cesser pour cela de reconnaitre et de proclamer la nécessité d'augmenter les mesures de précautions actuellement en vigueur; nous avons voulu aussi combattre la prévention défavorable qui s'attache à ceux qui, pleins de bonne volonté, travaillent à perfectionner les systèmes de sécurité sur les chemins de fer. Nous avons énuméré les raisons que peuvent avoir les ingénieurs et les directeurs pour repousser toute amélioration de ce genre, et signalé la seule espèce d'intervention qu'à notre avis les gouvernements devraient exercer dans l'exploitation des voies ferrées, pour s'occuper de la sécurité des voyageurs. Ensuite, et c'est l'objet principal du chapitre, nous avons classifié les accidents qui peuvent arriver sur les chemins de fer, après avoir examiné d'abord les classifications faites par les différents auteurs qui ont écrit sur cette matière. Cette classification une fois faite, ne pouvant la présenter dans ce livre avec tout le développement qu'elle comporte et que nous nous proposons de lui donner dans un autre travail spécial, il est temps de nous occuper des moyens employés pour faire de l'électricité l'auxiliaire le plus puissant des chemins de fer.

QUATRIÈME PARTIE

SYSTÈMES ÉLECTRIQUES POUR AUGMENTER LA SÉCURITÉ SUR LES CHEMINS DE FER.

CHAPITRE XI

MOYENS ÉLECTRIQUES DÉJA EMPLOYÉS SUR LES CHEMINS DE FER POUR RENDRE L'EXPLOITATION PLUS FACILE ET PLUS SURE.

Les causes susceptibles de produire des accidents sur les chemins de fer une fois indiquées, il semble naturel de se rendre compte aussi des moyens qui ont été et peuvent être tentés pour les éviter ; mais nous ne parlerons dans ce chapitre que de quelques-uns de ceux déjà employés, car il nous serait impossible de faire davantage. Que l'on examine, en effet, le tableau synoptique de la page 128, et l'on verra que, parmi les causes principales pouvant, d'après notre classification, donner lieu à des accidents, il y en a plusieurs qu'on ne saurait étudier que dans un ouvrage spécial sur les accidents des chemins de fer et dans les traités de construction et d'administration de ce genre de voies.

Les collisions et les déraillements sont des causes d'accidents qui permettent l'emploi de moyens susceptibles d'entrer dans le cadre que nous nous sommes proposé de tracer ; mais les systèmes présentés et non encore adoptés sont en si grand nombre,

ils exigent un examen si minutieux, qu'à eux seuls ceux qui sont
fondés sur l'électricité formeront l'objet des chapitres suivants.
Quant aux moyens dejà mis en pratique, nous en avons mentionné quelques-uns dans le neuvième chapitre, en décrivant les
signaux optiques et acoustiques, fixes et mobiles, en usage sur
tous les chemins de fer, à quelques légères modifications près.
Il nous reste à faire connaitre le système télégraphique généralement employé, qui exigeait une mention spéciale, et ceux qui,
pour mettre en communication les trains et les gardiens avec les
stations, ont été établis sur quelques lignes isolées de chemins
de fer.

Nous commencerons par donner la description du télégraphe
électrique dont on se sert pour faciliter l'exploitation, et nous
terminerons en faisant connaitre les procédés, électriques aussi,
que MM. Steinheil, Breguet et Regnault sont parvenus à faire
adopter sur quelques lignes de France et d'Allemagne.

SYSTÈME TÉLÉGRAPHIQUE EMPLOYÉ SUR LES CHEMINS DE FER.

En commençant le chapitre sixième, nous avons dit que dans
les télégraphes électriques, ou plutôt dans tous les systèmes
électriques applicables aux chemins de fer, il faut considérer
trois choses principales : les générateurs de l'électricité, les organes électriques, et les conducteurs au moyen desquels se pro-
page le fluide. L'objet que nous nous sommes proposé en écrivant les deux premières parties de ce livre a été de faire connaître
les principales lois qui doivent présider à toutes les applications
de l'électricité, et de simplifier ainsi les descriptions que nous
aurions à faire des divers systèmes et appareils ; par conséquent,
en parlant maintenant du système télégraphique employé sur
les chemins de fer, notre intention n'est pas d'entrer dans des
considérations scientifiques, qui ne seraient jusqu'à un certain
point que la répétition de ce que nous avons dit dans les pages
qui précèdent. Quant aux considérations économiques, elles ne

seraient pas ici non plus à leur place, car, bien que très-importantes, il faut toujours, pour qu'elles aient quelque valeur, les circonscrire à des localités déterminées. Il ne s'agit donc maintenant, nous le répétons, que de décrire les parties qui constituent le système de télégraphie d'un chemin de fer; et, pour le faire d'une manière plus claire, nous parlerons séparément de chacune des trois parties principales dont ce système se compose, en prenant pour type le chemin de fer du Midi, en France, qui va de Bordeaux à Bayonne; car, outre qu'il est à une seule voie et exige par conséquent de plus grandes précautions, c'est un de ceux qui ont adopté un des meilleurs systèmes, dont la description a pu être donnée dans tous ses détails par le *Bulletin de la Société d'encouragement* (IIe série, n°s 28, 29 et 50), auquel nous emprunterons quelques paragraphes dans le cours de ce chapitre.

GÉNÉRATEURS ÉLECTRIQUES.

La pile employée dans la plupart des lignes télégraphiques, et on peut presque dire sur toutes les voies ferrées de France et d'Espagne, est celle de Daniell, que nous avons décrite dans le deuxième chapitre, modifiée par M. Breguet, c'est-à-dire que chaque élément se compose d'un vase cylindrique en verre, et d'un autre en terre poreuse qu'on introduit dans le premier. Celui-ci est rempli d'eau jusqu'à 1 ou 2 centimètres du bord, et on y plonge une plaque de zinc enroulée en forme de cylindre; le vase poreux contient une dissolution de sulfate de cuivre, qui monte jusqu'à 2 centimètres du bord, et dans laquelle on introduit un gros fil de cuivre portant un diaphragme percé de trous sur lequel on place 15 ou 20 grammes de sulfate de cuivre en cristaux pour maintenir saturée la dissolution.

Nous croyons inutile de répéter ici toutes les précautions qu'exigent les piles pour fonctionner avec la plus grande énergie possible, ou, pour mieux dire, avec une intensité constante, car on sait que celles de Daniell ne sont pas très-fortes; cependant il suffit de 10 à 15 éléments pour transmettre des signaux à 160, 200 et même 300 kilomètres ; aussi emploie-t-on très-rarement la pile de Bunsen, et seulement lorsque, dans les grandes stations centrales, comme celle de Paris, on veut servir plusieurs lignes télégraphiques à la fois. Toutefois il est bon de rappeler qu'il faut avoir soin de maintenir les liquides à un niveau constant dans l'un et l'autre vase, et la dissolution de sulfate de cuivre toujours saturée.

Comme l'acide sulfurique qui résulte de la décomposition du sulfate de cuivre doit passer à travers le vase poreux pour atta-quer le zinc, et comme la pile n'agit que quand cela a lieu, il en résulte qu'on ne peut s'en servir que quelque temps après l'avoir préparée, à moins qu'on n'acidifie un peu l'eau dans laquelle est plongé le zinc, comme dans la véritable pile de Daniell, ou qu'on ne mette un peu de sulfate de zinc dans le vase extérieur, comme l'on fait à la station centrale de Lothbury, à Londres, d'après les conseils de M. l'ingénieur Varley.

Il faut éviter que des cristaux de sulfate de cuivre ne tombent au fond du vase, car il s'établirait un courant contraire au pre-mier, et s'opposer au dépôt de cristaux de zinc sur les bords du vase, parce que la capillarité ferait répandre au dehors une partie du liquide, qui, mouillant la planche sur laquelle reposent les vases, mettrait ceux-ci en communication les uns avec les autres et avec la terre, et que ces dérivations entraîneraient la perte d'une partie de la force électro-motrice.

Un des cas qui se présentent le plus fréquemment, et dont on doit éviter les conséquences, est que le fil de cuivre plongé dans le sulfate se ronge peu à peu et finit par se couper : il faut alors le renouveler ou le plonger plus avant. On doit aussi faire en sorte que le cuivre métallique qui résulte de la réduction du sul-fate ne s'attache pas aux parois du vase poreux : on empêche cet effet en tournant les vases de temps en temps.

Les piles généralement employées sur les chemins de fer ont 28 éléments ; mais on ne se sert ordinairement que de 14 d'entre eux, en laissant les autres en réserve, car, comme on a souvent besoin de varier l'intensité du courant, il faut pouvoir augmenter ou diminuer facilement, quand on le veut, le nombre des éléments qui doivent entrer dans le circuit.

Le *régulateur de pile*, représenté dans la fig. 243, est destiné, comme l'indique son nom, à régler les piles. Il consiste en un petit disque de bois où se trouvent quatre boutons *ABCD*. « Les trois premiers portent sur les contacts *abc*. Au centre du disque est un pivot autour duquel on peut faire tourner la lame de cuivre *l* à l'aide de la poignée *P*. Le quatrième bouton *D* est relié au centre de l'appa-

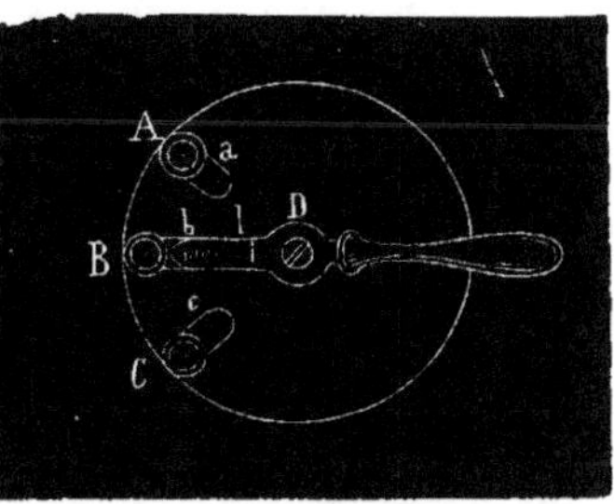

Fig. 243.

reil et c'est à lui que s'attache le fil qui doit emmener le courant. Les boutons *ABC* communiquant avec un nombre plus ou moins grand d'éléments de pile, on comprend facilement qu'on n'aura qu'à porter la lame *l* sur l'un des trois contacts pour avoir un courant d'une intensité plus ou moins grande. »

CONDUCTEURS TÉLÉGRAPHIQUES.

Après avoir expliqué le générateur électrique, en suivant l'ordre que nous nous sommes proposé, c'est-à-dire en commençant par le plus essentiel, nous croyons maintenant devoir donner une idée des moyens employés pour transmettre le courant d'une station à l'autre, avant de passer à la description des autres appareils, que nous pouvons appeler organes télégraphiques.

Nous avons déjà indiqué dans le sixième chapitre que les expériences dont Watson a eu l'initiative, sur le pouvoir de transmission de la terre, déterminèrent M. Steinheil, en 1838, à supprimer le fil de retour dans le circuit télégraphique, c'est-à-dire la moitié de la longueur, et à faire entrer la terre comme conducteur du courant. Il faut pour cela avoir dans chaque station une grande plaque métallique que l'on enterre ou que l'on plonge dans un puits rempli d'eau, et mettre en communication avec cette plaque le pôle négatif de la pile de la station qui transmet.

Les conducteurs qui constituent l'autre moitié du circuit sur les chemins de fer sont des fils de fer ronds, de 3 à 4 millimètres de diamètre, recouverts d'une légère couche de zinc, c'est-à-dire *galvanisés*, dénomination due sans doute au procédé primitivement employé pour appliquer un métal sur un autre; mais on peut obtenir le même résultat en plongeant le fil de fer dans un bain de zinc fondu. Ce fer galvanisé, au lieu de s'oxyder rapidement, comme il arriverait s'il était en fer seulement, se conserve inaltérable, parce que la légère couche d'oxyde de zinc qui se forme à la surface, contrairement à ce qui se passe avec l'oxyde de fer, empêche l'action oxydante de l'air atmosphérique sur le reste du métal.

Les fils qui servent de conducteurs dans les télégraphes des chemins de fer sont toujours suspendus en l'air, jamais enterrés, et on les fixe à un côté de la voie, à 2 mètres à peu près des rails, sur des poteaux placés presque toujours à 50 mètres les uns des autres. Ces poteaux sont de trois sortes :

« 1° *Poteaux ordinaires de suspension* en bois de pin, imprégnés de 500 grammes de sulfate de cuivre par le procédé Boucherie, ayant 6 mètres de hauteur dont 1^m,50 de scellement, 120 millimètres de diamètre à 1 mètre de la base et 80 millimètres à la partie supérieure; ils sont employés sur toute la ligne tant qu'il ne se présente aucun obstacle à franchir.

« 2° *Poteaux de suspension pour tendeurs*, imprégnés de 750 grammes de sulfate de cuivre par le procédé Boucherie, ayant 6 mètres de hauteur, dont 1^m,50 de scellement; 180 millimètres de diamètre à 1 mètre de la base et 150 millimètres à la partie supérieure; ils sont employés tous les kilomètres pour supporter les appareils de traction.

« 3° *Poteaux d'exhaussement*, imprégnés de 1 kilogramme de sulfate de cuivre par le procédé Boucherie, ayant 9^m,50 de hauteur, dont 2 mètres de scellement, 200 millimètres de diamètre à 2 mètres de la base et 80 millimètres à la partie supérieure;

ils sont employés à surélever les fils aux passages à niveau et près des obstacles à franchir. »

Quelquefois la profondeur de 2 mètres, à laquelle on enterre les poteaux, ne suffit pas pour les faire résister à la tension des fils, surtout dans les lignes courbes; il faut, dans ce cas, les assujettir au moyen d'étais ou par des fils de fer solidement fixés à des pieux qui reçoivent le nom d'*haubans*.

Quoique le bois soit un conducteur très-imparfait et que l'électricité choisisse toujours pour se propager le corps qui présente le moins de résistance à la transmission, il faut prendre des précautions pour fixer les fils sur les poteaux, car les pertes du fluide sont très-sensibles quand ces derniers sont mouillés par la pluie, et, multipliées par le grand nombre de poteaux qu'il y a entre deux stations éloignées, elles parviennent à affaiblir le courant, au point d'empêcher les appareils télégraphiques de fonctionner. Il y a un moyen d'éviter cet inconvénient : c'est de fixer les fils aux poteaux au moyen d'*isoloirs* en porcelaine, en verre ou en toute autre substance peu conductrice de l'électricité.

La figure 244 représente les poteaux le plus généralement em-

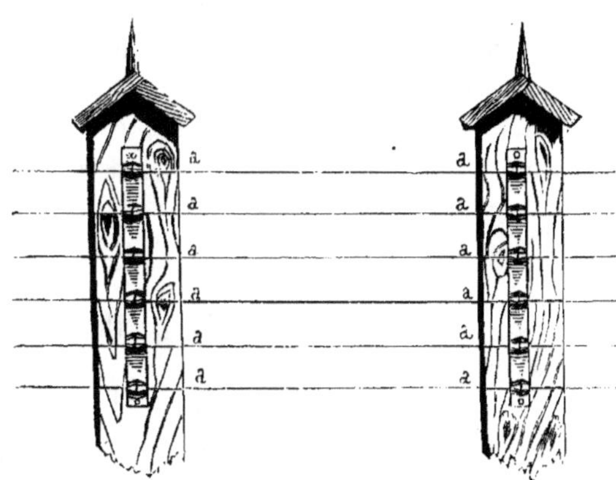

Fig. 244.

ployés en Angleterre. Sur une planche séparée du poteau par des disques de porcelaine ordinaire, et assujettie par des boulons qui

la traversent, ainsi que les disques et le poteau, on fixe les isoloirs *aaa*, consistant en deux cônes tronqués, unis par leur plus

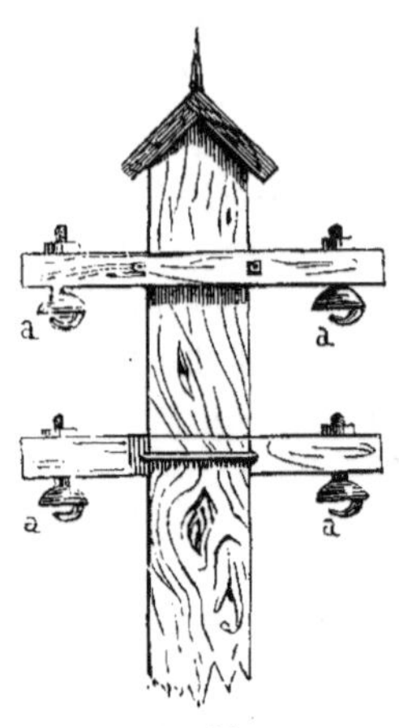

grande base; il y a au point de réunion
une rainure qui permet de les fixer à la
planche au moyen d'un anneau métallique. Ce double cône est percé d'un trou à
travers lequel passe le fil sans toucher aucun corps conducteur; et on peut poser les
uns sous les autres autant de fils que l'on
voudra, et même au côté opposé du poteau. On emploie aussi les isoloirs de la
figure 245; nous ne les décrirons pas, car
le dessin suffit pour en faire aisément saisir la forme.

Fig. 245.

La figure 246 représente l'isoloir employé dans les télégraphes des chemins de
fer du grand-duché de Brunswick; il a
presque la même forme que ceux que le gouvernement espagnol

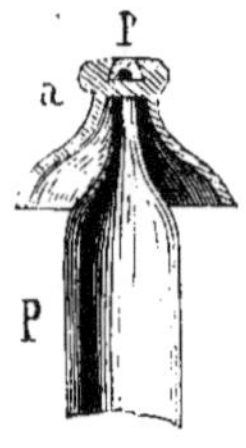

a adoptés pour ses lignes télégraphiques : c'est une
sorte de cloche aplatie, renversée, avec la partie
supérieure un peu arrondie et portant une entaille
prismatique plus large d'en bas que d'en haut, dans
laquelle peut entrer une pièce *p* qui maintient solidement le fil et permet en même temps de le déta-
cher d'un poteau quelconque sans qu'il soit besoin

Fig. 246.   de toucher aux autres; ce qu'on ne peut pas faire
avec les isoloirs anglais.

Aux États-Unis, la forme des isoloirs est très-variée; outre
ceux que l'on emploie dans le télégraphe de House[1], et qui ressemblent beaucoup aux isoloirs allemands de la figure 246, on se
sert aussi de ceux des figures 247 et 248. Celui que représente
cette dernière figure se compose de deux prismes en porcelaine
avec une cavité semi-cylindrique, qui, réunis comme l'indique la

---

[1] Le télégraphe connu sous ce nom aux États-Unis est le télégraphe typographique
de M. Brett

figure et enchâssés dans un morceau de bois, entourent de tous côtés le fil d'une matière peu conductrice de l'électricité.

Fig. 247.

Fig. 248.

Les isoloirs ordinairement employés en France, et qu'on a adoptés aussi sur les chemins de fer d'Espagne, sont représentés dans la figure 249. Ils consistent en une espèce de cloche en por-celaine avec deux oreilles percées qui permettent de les fixer au poteau au moyen de deux vis. A la partie inté-rieure de la cloche, au centre, est scellé, au soufre, un crochet de fer

Fig. 249.

contourné en spirale dans lequel est assujetti le fil de la ligne.

Sur une ligne telégraphique de Madrid à l'Escurial, montée d'urgence en deux ou trois jours par M. Meliton Martin, qui n'a-vait pas à sa disposition les isoloirs ordinaires, cet ingénieur imagina de se servir de simples bouts de fil de fer contournés en hélice, recouverts d'une couche de gutta-percha et fixés directe-ment sur les poteaux. Deux ans après nous les avons vu présen-ter à Paris comme une nouveauté par quelqu'un de ces infatiga-bles exploiteurs de brevets que l'on rencontre partout.

Nous avons dit que de kilomètre en kilomètre on place des po-teaux plus forts, avec des *appareils de traction* ou *tendeurs* dont l'objet, comme leur nom l'indique, est de maintenir tendus et avec la plus petite flèche possible les fils conducteurs.

En Angleterre, les poteaux sont traversés par autant de vis qu'il y a de fils conducteurs sur la ligne ; chaque vis porte un appareil de traction (fig. 250), composé d'un petit tambour avec sa roue à rochet et son doigt pour la retenir ; les extrémités des fils conducteurs sont isolées du poteau au moyen de disques en porce-laine, et les fils viennent s'attacher à chacun d'eux séparément, de manière que pour continuer le circuit on soude un fil secondaire au principal, des deux côtés du poteau. Les appendices que la figure représente de chaque côté du poteau, les vrais tendeurs, sont des espèces de poulies en porcelaine avec deux crochets, l'un attaché autour de la couronne et l'autre fixé au centre, de manière qu'ils sont isolés entre eux, et que le poteau tendeur est hors du circuit, qui, comme nous l'avons dit, est complété par le fil secondaire.

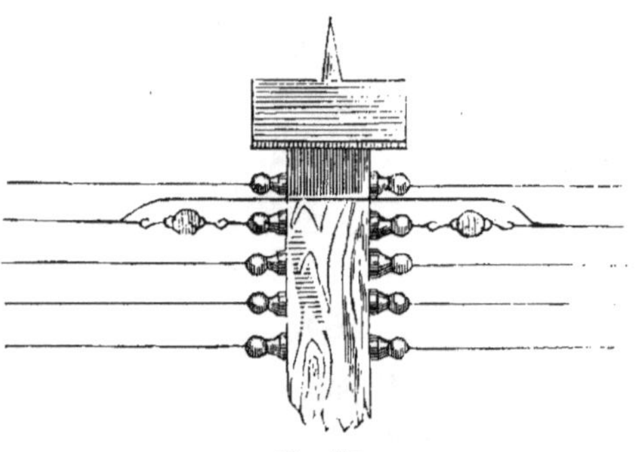

Fig. 250.

La fig. 251 représente l'appareil de traction généralement employé en France. Il consiste, comme l'appareil anglais, en un petit tambour ou treuil avec sa roue à rochet, pris entre deux fourches métalliques, et sur lequel s'enroule l'extrémité du fil que l'on veut tendre.

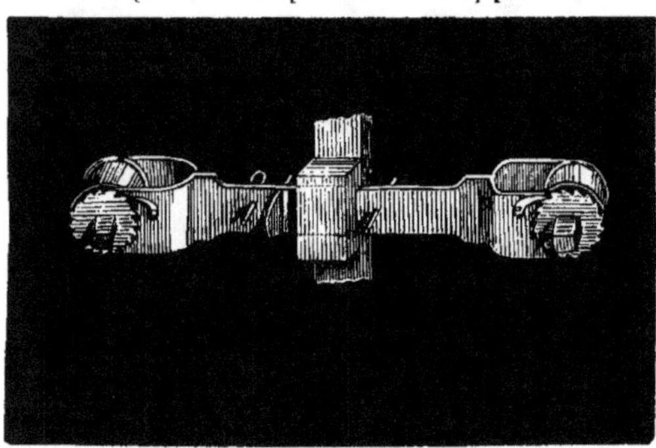

Fig. 251.

La manière de fixer l'appareil aux poteaux varie selon que c'est à une extrémité de ligne ou que celle-ci continue.

Dans le second cas, le tendeur, qui est double, entre dans une pièce en porcelaine (fig. 252) fixée au poteau au moyen de deux vis. Dans les têtes de ligne l'appareil tendeur n'est que la moitié du précédent, et se termine par un anneau que l'on fixe autour d'une poulie ou disque en porcelaine ; au centre de celui-ci est percé un trou où passe la vis qui doit le fixer au poteau ou au mur (fig. 253). D'autres fois on emploie cette poulie ou disque pour fixer le fil conducteur à l'extrémité d'une ligne, en l'enrou-

lant directement dans la rainure ménagée autour de la couronne. Cette poulie
sert aussi à porter le
fil quand il doit pas-
ser à travers un mur,
ou quand il court le
long d'un édifice.
Quand le fil a un tun-
nel ou tout autre em-
placement humide à

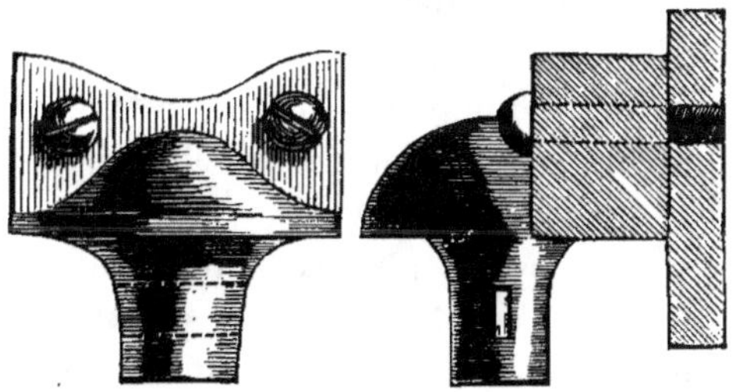

Fig. 252.

traverser, il vaut mieux l'envelopper de gutta-percha, bien que
quelques-uns, condamnant cette dis-
position, prétendent qu'il est infiniment préférable de continuer à se servir de la méthode employée avant qu'on
connût l'application de la gutta-percha,
et qui consistait à envelopper le fil avec

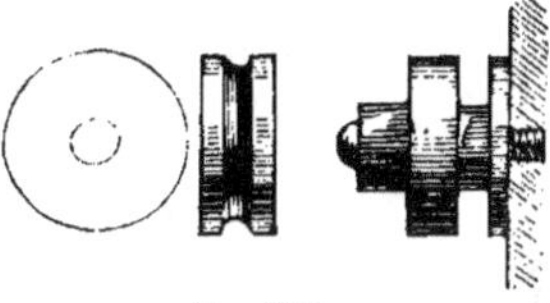

Fig. 253.

du coton imprégné de goudron et à recouvrir le tout d'un tuyau
de plomb.

Dans les passages à niveau, les croisements de deux lignes
et autres endroits analogues, la suspension des fils conducteurs
se fait de la même manière que sur les poteaux ordinaires ; il
faut avoir soin seulement qu'ils soient assez élevés pour qu'aucun des objets qui doivent passer dessous ne puisse les
heurter.

APPAREILS TÉLÉGRAPHIQUES.

Outre la *pile* et son *régulateur*, les postes ou stations télégraphiques ont pour correspondre les unes avec les autres les
appareils suivants : « un *manipulateur* pour transmettre les
dépêches ; un *récepteur*, pour les recevoir ; une *sonnerie*, pour
recevoir les avertissements du chef de la station précédente ; une
sonnerie semblable, pour recevoir les avertissements du chef de
la station suivante ; un *communicateur*, pour avertir le chef de

station que la communication directe qui lui avait été demandée peut être supprimée et qu'il doit se remettre en état de correspondre avec les stations voisines ; un *inverseur*, pour renverser le courant employé sur la ligne et faire fonctionner les communicateurs des stations auxquelles on a demandé la communication directe ; une *boussole*, pour vérifier l'intensité du courant dirigé sur la station précédente ou du courant reçu de cette station ; une *boussole* semblable, pour vérifier l'intensité du courant dirigé sur la station suivante ou du courant reçu de cette station ; deux *paratonnerres*, pour préserver les appareils des orages imprévus. »

Nous connaissons déjà presque tous ces appareils ; nous en avons décrit quelques-uns en détail et il n'y en a pas un seul dont la disposition ne puisse être modifiée plus ou moins avantageusement ; aussi ne ferons-nous qu'en donner une légère idée, en rappelant la partie de notre ouvrage où nous les avons décrits d'une manière plus étendue.

Le *manipulateur* employé dans· les télégraphes des chemins de fer français et espagnols est celui que nous avons décrit dans le premier volume, au chapitre huitième, en parlant du télégraphe de M. Breguet, c'est-à-dire du télégraphe à cadran de M. Wheatstone, modifié par le constructeur français et représenté dans la figure 176. Nous ne pourrions rien ajouter à ce que nous avons dit alors ; nous y renvoyons donc le lecteur, en rappelant seulement qu'en tournant la manivelle à la main, il faut le faire toujours dans le même sens et s'arrêter un moment sur la lettre ou sur le signe que l'on veut transmettre.

Dans les chemins de fer d'Allemagne, on se sert du télégraphe à clavier de M. Siemens (fig. 179 et 180), décrit dans le chapitre huitième ; et en Angleterre du télégraphe à une aiguille de M. Wheatstone (fig. 170 et 171). Comme on le sait, dans chacun de ces deux télégraphes le manipulateur est invariablement uni au récepteur.

Le *récepteur* de M. Breguet, employé sur les chemins de fer ᶠrançais, a été décrit aussi dans le huitième chapitre et représenté dans les figures 177 et 178. Nous avons même, en expliquant le mécanisme, indiqué la manière de signaler les lettres transmises; mais quelques nouveaux détails sont ici nécessaires.

Les deux vis (fig. 178) qui se trouvent dans le socle servent à fixer ou à pincer les fils qui transmettent le courant et le font passer par l'appareil.

Le récepteur se règle au moyen d'un petit cadran (fig. 177) divisé en 50 parties et au centre duquel se trouve la clef qui sert à le manœuvrer. Cette opération est indispensable, à cause des variations qu'éprouve l'intensité du courant; variations qui dépendent d'une multitude de causes que nous avons indiquées plus d'une fois et sur lesquelles, par conséquent, il est inutile de revenir. Il arrive alors « que l'action du ressort qui ramène la palette du récepteur est ou trop faible ou trop énergique, et que l'aiguille marche irrégulièrement. Si, pendant le cours de la dépêche, on s'aperçoit d'hésitations dans le mouvement de l'aiguille, on transmettra à son correspondant les lettres *TZ* pour lui dire de tourner, ce qu'il devra exécuter en faisant plusieurs tours de manivelle sans s'arrêter et d'un mouvement uniforme. On remarquera pendant le mouvement de l'aiguille quelles sont les lettres sur lesquelles elle tend à s'arrêter; les lettres d'un rang impair indiqueront que le ressort qui tend à ramener la palette est trop faible et les lettres du rang pair que ce ressort est trop fort et ne peut être vaincu par l'action magnétique. Dans le premier cas, on donnera de la tension au ressort en plaçant la clef de cuivre attachée à la boîte sur le carré du petit cadran et en tournant de gauche à droite jusqu'à ce que l'aiguille marche régulièrement. Dans le second cas, on diminuera la tension du ressort en tournant de droite à gauche.

« Si, après avoir dit au correspondant de tourner, l'aiguille du récepteur ne bouge pas et reste sur la croix, quoique la boussole indique le passage du courant et que, par conséquent, le correspondant exécute l'ordre qui lui a été donné, on en conclura que l'action du ressort est trop énergique, et on la diminuera. »

Dans la partie supérieure de la boîte du récepteur, et vers le milieu, il y a une petite pièce qui sert à remettre l'aiguille ou indicateur sur la croix du cadran; pour cela on n'a qu'à la pousser de haut en bas en y appuyant le doigt, chaque fois que cela est nécessaire; c'est-à-dire chaque fois que l'aiguille avance ou retarde et marque d'autres lettres que celles qu'elle devrait indiquer.

Sonnerie. — Cet appareil, que nous avons décrit dans le septième chapitre (fig. 167) et qu'il suffit, par conséquent, de mentionner ici, est un des plus importants parmi ceux d'une station télégraphique, quoiqu'il ne soit pas absolument indispensable : en effet, il n'est pour rien dans la transmission d'une dépêche, mais il sert à attirer l'attention de l'employé, qui, par ce moyen, est prévenu qu'on veut lui parler de l'autre station, même dans le cas où il se serait éloigné de son poste ou aurait succombé au sommeil. On pose généralement dans chaque station autant de sonneries qu'il y a de fils conducteurs venant aboutir aux appareils récepteurs, c'est-à-dire, deux pour chacun de ces derniers.

Nous mentionnerons ici, mais sans le décrire, un appareil avertisseur imaginé par M. Regnault, qui a pour objet de correspondre avec plusieurs lignes et de recevoir les avertissements de chacune d'elles avec une seule sonnerie. Cet appareil, que son auteur a nommé *relais multiple*, communique avec les différentes lignes qui aboutissent à la station où il se trouve, et, en outre, il est en rapport avec une pile locale et une sonnerie ordinaire. Si d'un point quelconque on fait un signal à la station, le relais multiple ferme le circuit où se trouvent la pile locale et la sonnerie, et celle-ci fonctionne immédiatement.

Le même courant qui met en mouvement l'aiguille ou le style du récepteur d'un télégraphe sert à faire partir la sonnerie : il faut prendre la précaution, chaque fois qu'on cesse de correspondre avec une station, de faire passer le courant par la sonnerie, après l'avoir écarté du récepteur, et de faire l'opération contraire quand, une fois disposé à recevoir les signaux, on veut que le télégraphe commence à fonctionner. De cette manière, un seul employé peut s'occuper de plusieurs lignes et les desservir toutes avec le même récepteur.

Communicateur.— « Lorsqu'un chef de poste veut correspondre avec une station qui ne suit pas immédiatement la sienne, il est obligé de prévenir chacun des postes intermédiaires qu'il demande la communication directe. Dans le principe, il lui fallait indiquer le temps pendant lequel cette communication directe lui était nécessaire; or il arrivait que, s'il dépassait ce temps, sa dépêche risquait d'être interrompue, à moins qu'il ne prît soin de demander à chaque poste une prolongation. On comprend les chances d'erreurs et les retards causés par un pareil système d'action.

« Aujourd'hui le communicateur vient parer à tout inconvénient de ce genre. Quand la communication directe est établie, le chef de poste qui l'a demandée a soin, lorsqu'elle ne lui est plus nécessaire, d'en avertir les stations intermédiaires. A l'aide de son inverseur (appareil dont nous allons parler plus loin), il fait passer le courant dans le communicateur de chaque station, et le communicateur en mouvement déclenche la sonnerie, qui donne ainsi l'avertissement nécessaire.

« Le communicateur se compose de quatre électro-aimants portés sur une planchette, dans lesquels on fait passer à volonté le courant. Entre les quatre bobines se trouve placée une pièce en fer doux portée sur deux tourillons, et maintenue entre deux montants en cuivre, lesquels sont réunis par un chapeau ou traverse en cuivre aussi. Lorsque le courant passe dans les bobines, la pièce en fer est attirée alternativement de gauche à droite, et immédiatement la sonnerie est déclenchée. Lorsqu'on change le courant, la sonnerie s'arrête, et la pièce en fer reprend la position verticale, entraînée par un contre-poids, avec lequel elle est en relation par une tige taraudée. »

Inverseur. — C'est l'appareil dont nous venons de parler à propos du communicateur, en indiquant l'objet auquel il sert. Quant à sa description, nous l'avons déjà faite dans le chapitre cinquième, en parlant des rhéotropes; il suffira donc de rappeler qu'en poussant la poignée *P* (fig. 254) à droite ou à gauche, on change la direction du courant marquée avec les signes positif et négatif, qui seraient le contraire de ce que représente la figure si les ressorts *A* et *B* touchaient les contacts *bg*, au lieu de toucher les contacts *bc*.

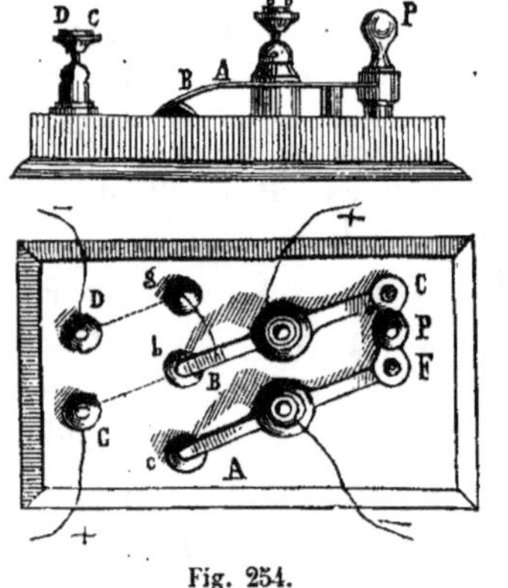

Fig. 254.

Boussole. — On donne improprement le nom de boussole à l'appareil représenté dans la figure 255, et qui n'est en réalité qu'un multiplicateur de Schweiger, destiné à vérifier l'intensité des courants qui parcourent les fils conducteurs; mais on l'emploie plutôt dans les postes télégraphiques pour indiquer seulement si le courant passe ou non par le fil dans le circuit duquel la boussole est établie; c'est pour cela que nous avons dit que dans chaque station intermédiaire de la ligne, on en emploie deux, qui correspondent à chacune des stations immédiates.

Dans la figure 255, *CC* est un cadre ou châssis « autour duquel est enroulé un fil de cuivre entouré de soie, faisant 50 à 60 tours; c'est un multiplicateur.

« *AA*, aiguille aimantée placée dans l'intérieur du cadre et portée sur une pointe fixe en acier.

« *BB*, aiguille en cuivre fixée rectangulairement sur celle en acier et dont l'extrémité indique les degrés de déviation sur un arc métallique gradué de 0° à 40°; une pointe *t* est destinée à l'empêcher de sortir de l'arc métallique.

« Les extrémités du fil enroulé sur le cadre viennent aboutir aux boutons *PP*.

« C'est au moyen de ces deux boutons que l'on intercale la boussole dans le conducteur qui amène le courant aux appareils.

« La boussole étant en plan et bien orientée, l'aiguille aimantée, lorsqu'il ne passe pas de courant, doit être dans l'intérieur du cadre et dans une position parallèle aux tours du fil, ce dont on s'assure par l'aiguille en cuivre, qui, dans ce cas, doit être sur le zéro de l'arc gradué. Mais, si les appareils fonctionnent, l'aiguille de la boussole se meut, et l'intensité du courant est indiquée par l'arc de déviation décrit sur le limbe gradué. »

Fig. 255.

Dans la plupart des lignes télégraphiques, la boussole est intercalée sur un point quelconque du circuit, mais tout près des appareils et à la vue de l'employé. Depuis quelque temps on commence à adopter le système de M. Mouilleron, qui la place avec le paratonnerre : tous deux formant, pour ainsi dire, une seule pièce.

Paratonnerre. — Nous avons déjà décrit dans le huitième chapitre les différents appareils de ce nom employés dans la télégraphie électrique et destinés à s'opposer à ce que l'électricité atmosphérique détruise les autres appareils de la station, et blesse les employés. Celui de M. Breguet (fig. 196), généralement adopté sur les chemins de fer d'Espagne et de France, a été d'une grande utilité, quoi qu'en ait dit certain journal de télégraphie presque officiel; cependant, dans les grands orages, il ne doit pas être assez efficace.

Outre l'usage du paratonnerre, on a la précaution de ne jamais faire entrer de gros fils dans l'intérieur des stations, car, lorsque les fils arrivent à une grosseur de 3 ou 4 millimètres de diamètre, les étincelles peuvent partir à une grande distance et causer des malheurs; on doit donc interrompre les fils conducteurs en dehors à 1 ou 2 mètres des murs et les faire communiquer avec les appareils télégraphiques au moyen de fils plus minces.

Maintenant que nous avons décrit ou rappelé les différents appareils qui entrent dans la composition d'une station télégraphique, et dont le nombre varie selon l'importance de cette station, c'est-à-dire selon le nombre des stations qui peuvent correspondre avec elle, nous allons donner une idée de la manière dont le courant électrique se distribue, quand, tout étant convenablement disposé, on ferme le circuit au moyen du manipulateur. A cet effet, nous aurons recours à la figure 256, que nous empruntons, ainsi que la description qui l'accompagne, au *Bulletin de la Société d'encouragement*, et qui représente la disposition donnée ordinairement aux appareils dans une station intermédiaire : les têtes de ligne, on le comprend, n'ont besoin que d'une sonnerie, d'une boussole et d'un paratonnerre.

« Sur les 28 éléments de la pile, 14 seulement sont employés dans les temps ordinaires; les 14 autres servent de réserve, dans le cas où le courant viendrait à s'affaiblir par suite d'un dérangement quelconque ou de l'état humide de l'atmosphère.

« Les pôles cuivre des derniers éléments de chaque partie de la pile sont mis en contact avec les boutons isolés du régulateur, et la communication est établie avec l'un d'eux, suivant le nombre d'éléments dont on a besoin.

« Le courant se distribue ensuite aux appareils par l'intermédiaire du manipulateur.

« Le pôle cuivre est fixé au bouton C du manipulateur, et le pôle zinc au bouton Z; le fil de la ligne aux boutons LL'.

« Le récepteur est relié au manipulateur par deux fils qui s'attachent aux boutons *RD* et *RY*. Comme il n'y a qu'un seul récepteur pour correspondre avec les deux côtés, on peut le relier indiffé-

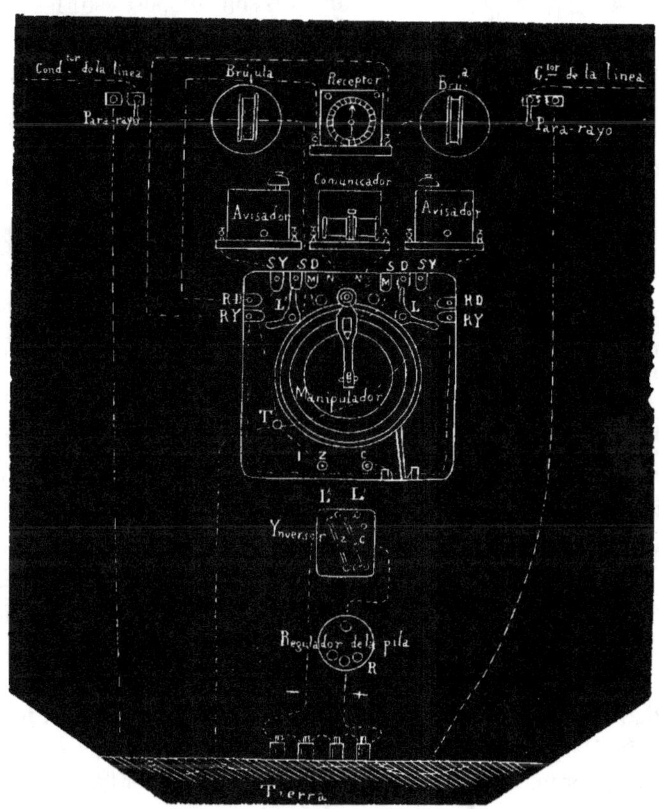

Fig. 256.

remment aux deux boutons de droite ou de gauche, ces boutons étant reliés entre eux deux à deux.

« Une des sonneries est reliée au côté gauche du manipulateur par les boutons *SDSY* et l'autre au côté droit par les boutons correspondants *S'D'S'Y'*.

« Le communicateur est relié aux boutons *NN* du milieu.

« L'inverseur est placé entre le manipulateur et le régulateur de pile. Les fils qui y amènent le courant sont attachés aux boutons CZ et les fils qui le conduisent au manipulateur aux boutons LL'.

« Les boussoles et les paratonnerres sont disposés sur les fils de ligne de chaque côté du manipulateur. Les paratonnerres, devant préserver tous les appareils, sont placés après les boussoles en prenant pour point de départ la pile de la station.

« L'ensemble de tous ces appareils et de tous ceux qui peuvent être affectés à d'autres services télégraphiques dans la même station constitue ce qu'on appelle un poste.

« Les appareils étant ainsi disposés dans chaque poste, les commutateurs des manipulateurs placés sur les boutons $SDS'D'$, l'aiguille du récepteur étant sur la croix du cadran ainsi que la manivelle du manipulateur, les postes mis en relation sont prêts à correspondre entre eux.

« *Transmission d'une dépêche entre deux postes contigus.* — Le chef de station qui doit transmettre·cette dépêche placera sur le contact M le commutateur situé du côté avec lequel il veut correspondre et fera un tour de manivelle pour diriger le courant de sa pile sur la sonnerie de son correspondant. Celui-ci, étant averti, placera à son tour son commutateur sur le contact M et répondra qu'il est prêt à correspondre par un tour de manivelle, en ayant soin de se replacer exactement à la croix du cadran. Le chef de poste transmettra alors chaque mot de sa dépêche, lettre par lettre, en s'arrêtant sur la croix après chaque mot transmis pour éviter toute confusion. Il indiquera qu'il a terminé en faisant, après la transmission du dernier mot, deux tours de manivelle en s'arrêtant à la lettre Z avant de se replacer à la croix. Cela s'appelle le final. Le correspondant répondra par les lettres CO et les deux Z pour indiquer qu'il a compris. Après cette réponse, les deux correspondants replaceront leur commutateur sur le contact de la sonnerie pour disposer leurs appareils dans l'état de l'attente d'une nouvelle dépêche.

« Si la dépêche à transmettre contient des nombres en chiffres, celui qui transmet aura le soin d'en prévenir son correspondant, en arrêtant deux fois sa manivelle sur la croix avant et après la transmission des chiffres.

« Si, dans le cours de la transmission d'une dépêche, les signaux devenaient inintelligibles, on fera un tour de manivelle pour indiquer au correspondant qu'il n'est plus compris, et on replacera immédiatement l'aiguille du récepteur sur la croix au moyen du petit bouton placé au-dessus de la boîte et dont nous avons expliqué l'emploi. Après avoir attendu quelques instants pour donner au correspondant le temps de faire la même opération, on portera la manivelle sur les lettres *RZ* (abréviation du mot *Répétez*); puis on transmettra le mot qui précède celui que l'on n'a pas compris et l'on donnera le final. Le correspondant répétera le mot et continuera sa dépêche.

« Il faut donc que le chef de poste qui transmet fixe de temps en temps les yeux sur son récepteur pour s'assurer que sa dépêche n'est pas coupée.

« On doit avoir le soin de visiter de temps en temps tous les petits fils qui partent du manipulateur, pour voir s'ils sont en contact parfait; on s'en assure en touchant les boutons, afin de resserrer ceux qui, par une cause quelconque, pourraient être desserrés.

« Quand on transmet une dépêche, il faut conduire la manivelle très-régulièrement et s'arrêter quelques instants sur la lettre que l'on veut envoyer. Pendant ce temps on se prépare à transmettre la lettre suivante.

« Si l'on a dépassé la lettre que l'on devait transmettre, on continuera à tourner la manivelle sans s'arrêter, jusqu'à ce qu'on soit revenu à cette lettre. Si, au lieu de faire cette manœuvre, on revenait sur ses pas, l'aiguille du récepteur du correspondant continuerait à marcher dans le même sens et le signal transmis ne serait plus d'accord avec le signal envoyé. Le correspondant, après s'en être aperçu d'après la confusion des signaux, serait obligé de couper la dépêche et de faire répéter après s'être mis d'accord.

« Après la transmission d'une dépêche, on doit placer avec soin le commutateur qui a servi sur le contact de la sonnerie et la manivelle sur la croix. Si, par mégarde, on laissait le commutateur sur le bois de la planchette ou sur l'un des deux autres contacts, le courant serait coupé ou passerait ailleurs que dans la sonnerie, et l'on ne pourrait plus être averti.

« Si, en faisant le tour de manivelle pour répondre à un avertissement, on se plaçait par erreur sur les lettres A ou Z, on établirait ainsi le contact de la béquille avec la pile, et le courant, passant par le fil de la ligne, viendrait agir sur le récepteur de la station avec laquelle on correspond, chaque fois que dans cette dernière on ferait passer la manivelle sur un chiffre pair, et neutraliserait le courant envoyé, chaque fois que la manivelle passerait sur les chiffres d'un rang impair. La correspondance serait donc impossible, et il faudrait attendre que le chef de poste se fût aperçu de sa faute par l'absence de signaux et par les oscillations successives de la boussole.

« Si, après avoir averti le correspondant, on ne reçoit aucune réponse, on attendra quelques instants, et, comme le silence peut provenir d'un dérangement du commutateur dont le chef de poste peut s'apercevoir d'un moment à l'autre, on devra répéter la même opération. On examinera en même temps l'état de la pile et des appareils de la station et on s'assurera que rien n'est dérangé, en reliant le fil de la ligne à la terre par un conducteur additionnel. Si la boussole oscille, c'est une preuve que les appareils sont en bon état, et le dérangement doit être alors sur quelque point de la ligne ou dans le poste avec lequel on veut correspondre. Dans le cas contraire, le dérangement doit avoir lieu dans le poste même, et on s'applique immédiatement à y remédier.

« Il pourrait encore arriver qu'un fil s'étant rompu sur la ligne, l'extrémité vînt à toucher le sol. Dans ce cas la boussole devrait osciller et l'on pourrait croire que tout est en bon état. On pourra facilement s'assurer du contraire par les déviations de la boussole qui seront plus grandes que dans l'état normal, puisque le circuit sera plus court et par suite le courant plus énergique.

« Dans les temps d'orage, les nuages chargés d'électricité peuvent produire dans les fils de la ligne des courants capables de faire fonctionner les sonneries. Lors donc que dans de semblables circonstances atmosphériques la sonnerie viendra à se déclencher, après s'être assuré que l'avertissement ne vient pas d'un correspondant, on devra, pour préserver les appareils et éviter l'action du courant sur les sonneries, placer pendant l'orage les commutateurs sur les boutons des sonneries $SYS'Y'$ qui sont en communication avec le bouton T relié à la terre; de cette manière l'électricité atmosphérique passera dans le sol directement sans traverser les appareils, ce qui évitera qu'ils ne soient détériorés.

« *Demande de communication directe entre deux postes quelconques*. —Le chef de poste ayant à demander une communication directe avertira le premier poste suivant par un tour de manivelle suivi du nom de la station avec laquelle il veut correspondre. Le chef de poste averti répondra par les lettres CO, les deux Z et la croix pour indiquer qu'il a compris et placera ses commutateurs sur les contacts NN, qui sont ceux de la communication directe. Cela fait, on préviendra successivement les autres postes de la même manière, jusqu'à ce que l'on soit arrivé à celui avec lequel on veut correspondre. »

Après la transmission de la dépêche, le chef de poste changera la direction du courant, au moyen de son inverseur, pour faire sonner les timbres de toutes les stations intermédiaires et avertir celles-ci qu'elles peuvent se remettre en état de correspondre entre elles.

SERVICES RENDUS AUX CHEMINS DE FER PAR LE TÉLÉGRAPHE ÉLECTRIQUE.

Vouloir énumérer les avantages qui résultent de l'application du télégraphe électrique aux chemins de fer serait une tâche aussi pénible qu'inutile : il suffit, en effet, de se rendre compte de la manière dont fonctionne le télégraphe et du nombre infini de précautions qu'ont à prendre sur les chemins de fer une multitude d'employés à des distances considérables, pour se convaincre que, sans la télégraphie électrique, les chemins de fer seraient encore dans l'enfance, ou tout au moins que leur développement serait loin d'atteindre le point où il est parvenu aujourd'hui. Ainsi, s'il est vrai que la télégraphie électrique doit en partie son existence aux voies ferrées, qui permettent d'établir en toute sûreté les conducteurs entre deux stations, d'un autre côté, sans le télégraphe électrique, les chemins de fer ne seraient que l'ombre de ce qu'ils sont aujourd'hui ; et avec ce puissant auxiliaire nous espérons les voir arriver à un degré de perfection dont on peut à peine se faire une idée.

D'après M. Walker, dans les trois mois d'août à octobre 1848, plus de 4,000 dépêches télégraphiques sont passées par la station de Tonbridge en Angleterre ; il les classifie de la manière suivante dans son *Manuel de télégraphie :*

```
1,468 concernant les trains ordinaires.
  428    —      les trains spéciaux.
  795    —      les voitures et différents ustensiles.
  607    —      les employés de la compagnie.
  150    —      les machines.
  162    —      divers sujets.
  499 messages adressés à d'autres stations.
```

Or, sans qu'il soit besoin d'entrer dans l'examen de chacun de ces articles, on conçoit aisément quelle sécurité et quelle économie dut trouver la compagnie dans la transmission de ces dépêches, et M. Walker, dans son ouvrage, le fait voir d'une manière évidente ; nous citerons quelques-unes de ses réflexions, déjà communes aujourd'hui à beaucoup de monde.

L'économie apportée par le télégraphe électrique dans l'exploitation d'un chemin de fer ne peut être révoquée en doute, car tout le monde sait qu'on peut faire le même service avec un matériel roulant beaucoup moins nombreux. Dans une administration bien organisée qui a le télégraphe à sa disposition, on peut dire que tous les employés sont toujours aux ordres immédiats du directeur, que les ateliers et autres dépendances sont comme dans un même bâtiment, et que tout le matériel enfin est à portée de la main : on n'aura donc point, par conséquent, à parcourir inutilement la ligne, comme cela arriverait si tout ne marchait que d'après un règlement ou des ordres donnés d'avance ; ceux-ci ne pouvant prévoir que les cas ordinaires, on comprend les embarras qui surgiraient s'il fallait exécuter l'imprévu, surtout quand on ne peut attendre l'occasion favorable, et qu'on doit agir sur-le-champ. A tout moment les stations ont besoin de voitures ou autres objets que peuvent leur procurer des stations voisines, averties par le télégraphe ; mais l'économie la plus importante consiste surtout dans la réduction du nombre des locomotives, et, par conséquent, des conducteurs, qui occasionnent des frais beaucoup plus élevés que ceux que nécessite toute une section télégraphique.

Les trains spéciaux ne mériteraient pas ce nom sans le télégraphe, ou plutôt ils ne pourraient pas exister sans lui, car, comme il est indispensable qu'un train trouve la voie libre devant lui, il serait impossible d'en expédier un qui ne figurerait pas sur l'ordre du jour sans l'exposer à trouver le passage obstrué, soit dans les stations, soit sur la ligne, et sa marche non-seulement serait périlleuse, mais infiniment moins rapide.

Et cela n'arriverait pas seulement avec les trains spéciaux, mais aussi avec les trains ordinaires, car ils ne pourraient marcher à grande vitesse sans courir le risque de trouver arrêté le train précédent, que, d'après les heures fixées sur l'ordre du jour, on devait supposer être arrivé à la station. Ce danger n'est plus à craindre aujourd'hui : en effet, l'arrivée et la sortie des trains est ponctuellement signalée aux stations immédiates et aux têtes de ligne.

Si les inconvénients que nous venons d'énumérer se présentent sur un chemin de fer à double voie, on conçoit que, sans le télégraphe électrique, les chemins à une seule voie deviennent tout à fait impossibles, car les voyageurs y seraient continuellement exposés aux plus graves dangers.

Nous ne savons pas quel est le chemin de fer qui le premier établit un système de télégraphie électrique pour améliorer le service, car, bien que M. Wheatstone ait fait son premier essai sur celui de Londres à Liverpool, nous ignorons si ce fut sur celui de Londres à Birmingham que la première application eut réllement lieu, comme l'assure M. Quetelet.

SYSTÈME TÉLÉGRAPHIQUE DE M. COOKE.

M. Cooke, l'associé de M. Wheatstone, publia, peu après les premiers essais du télégraphe en Angleterre, un ouvrage intitulé les *Voies de fer télégraphiques, ou les Lignes de chemin de fer à voie unique recommandées au triple point de vue de la sûreté, de l'économie et du trafic étendu auquel elles peuvent prétendre avec le secours et le contrôle du télégraphe électrique.*

Le système de M. Cooke consiste à diviser toute la ligne en sections et à placer dans chacune des stations qui composent une section un appareil télégraphique de Wheatstone, avec autant d'aiguilles qu'il y a de stations dans la section à laquelle il appartient. Les stations qui forment la tête de chaque section ont deux appareils, l'un en rapport avec celles de droite, l'autre avec celles de gauche. Toutes les aiguilles qui portent le même nom sur la ligne sont reliées entre elles par un fil conducteur et doivent s'écarter dans le même sens ; elles ont, en outre, chacune un commutateur, au moyen duquel on peut agir sur le circuit de la section qui correspond à la station avec laquelle on veut parler.

Pour expliquer plus clairement son système, M. Cooke a pris pour exemple le chemin de fer de Midland Counties. MM. Moigno et du Moncel, en parlant de ce système dans leurs ouvrages, ont copié ce qu'en dit l'auteur ; nous ferons de même : c'est le moyen le plus sûr de ne pas dénaturer son idée.

« Ce chemin se divise en trois sections : 1° la section du nord, comprenant 5 stations, Derby, Borrowash, Sawley, Kegworth, Longborough ; 2° la section du milieu, comprenant les stations de Sileby, Syston, Leicester ; 3° enfin la section du sud, renfermant 5 autres stations, Wigston, Broughton, Ullestrope, Siding et Rugby. Si l'un des gardiens de la station de Longborough, par exemple, a besoin de correspondre avec un autre gardien, celui de Leicester, je suppose, il n'emploie que sa propre aiguille et celle de son correspondant. Pour cela, il fait d'abord sonner le timbre d'alarme ; puis, en même temps qu'il donne un signal, il annonce d'où celui-ci vient. Après ces préliminaires, les deux employés correspondent l'un avec l'autre, au moyen de leurs deux aiguilles, comme ils le feraient avec un simple télégraphe, c'est-à-dire qu'ils peuvent transmettre toutes sortes de dépêches. Les doubles appareils placés aux stations extrêmes des sections intermédiaires fournissent, comme on le comprend facilement, le moyen de transmettre à toute l'étendue de la ligne une nouvelle qui, sans cela, ne circulerait que dans la section.

« Voyons maintenant, dit M. Cooke, comment, après cette installation des appareils télégraphiques, on pourra diriger la marche des convois. Suivons dans sa marche un extra-train, un train inattendu, en dehors du service habituel, et qui doit aller de Derby à Rugby. Quelques minutes avant que le train s'éloigne de Derby, le surveillant fait sonner le timbre d'alarme de Borrowash ; puis, tournant vers la gauche la manivelle de Derby, il fait dévier toutes les aiguilles qui portent sur la section le nom de Derby. Il fait connaître ainsi aux surveillants de toutes les autres stations qu'un train, sur le point de partir, attend seulement que la voie soit libre. Si la voie est libre, en effet, le gardien de Borrowash, en tournant à son tour la manivelle, fait dévier toutes les aiguilles qui portent le nom de sa station ; cette correspondance est l'affaire d'un clin d'œil. Quand tout est prêt, le surveillant donne l'ordre du départ, et, aussitôt que le train se met en mouvement, il ramène sa manivelle, et par suite son aiguille à la position verticale ; et toutes les aiguilles Derby de la section, en revenant à cette même position, indiquent qu'un train parti de Derby se trouve entre Derby et Borrowash.

« Par cette annonce anticipée, le gardien de Sawley est en mesure de transmettre au gardien de Borrowash le signal *Hinzug* (marchez), pour que celui-ci puisse indiquer au train qui s'approche que la voie est libre et qu'il peut poursuivre sa route. Comme la distance entre Derby et Borrowash est de quatre milles, le train met à peu près huit minutes à la franchir, et ces huit minutes sont un espace de temps suffisant pour que, en cas de négligence des gardiens de Sawley, le gardien de Borrowash puisse exciter son attention en sonnant la cloche d'alarme, lui demander si la voie est libre, et recevoir la réponse avant l'arrivée du convoi. Bientôt on voit le train arriver à Borrowash ; s'il ne doit pas s'arrêter à cette station, on donne au conducteur le signal ordinaire de continuer sa route. En même temps, le gardien du télégraphe ramène sa manivelle à la position verticale, toutes les aiguilles Borrowash redeviennent verticales et annoncent qu'un train en marche sort de Borrowash et se trouve sur la route de Sawley ; on continue de la même manière, tant que la route est libre.

« Avant que le train atteigne la dernière station de la section du nord, un signal, parti de Longborough vers Leicester, annonce à toute la section du milieu qu'un convoi va partir tout à l'heure ; comme Leicester reçoit, en même temps que Longborough, la nouvelle de l'arrivée du convoi, et que les deux arrivées sont séparées par l'intervalle d'une demi-heure au-moins, on a, comme on le comprend facilement, tout le temps nécessaire pour ranger les waggons de bagages qui pourraient se trouver sur la voie. Les surveillants de la section ont aussi le temps de déterminer le lieu où les convois, qui vont au-devant l'un de l'autre, doivent s'éviter mutuellement. Pour procéder dans ce cas avec régularité, on doit, à l'arrivée d'un convoi dans la station intermédiaire, fixer sur la feuille de route la station à laquelle il doit d'abord s'arrêter, pour attendre que l'autre soit passé ; quand le choix est fixé, on lui expédie par le télégraphe à la station dont il s'agit l'ordre de s'arrêter. Si, par un accident quelconque, l'un ou l'autre des convois était en retard, on modifierait par le moyen du télégraphe l'ordre primitivement donné, en désignant à l'aide de la feuille de route la nouvelle station d'arrêt.

« Supposons qu'entre Sileby et Syston il y ait quelques waggons de marchandises ; que la permission de les laisser sur la voie ait été demandée aux stations de la section à peu près en ces termes : Des waggons de marchandises devraient rester sur la ligne entre Sileby et Syston de deux à cinq heures, et que les gardiens aient indiqué cette circonstance par le mouvement de leurs manivelles. L'extra-train que nous suivons dans sa course, venant à demander tout à coup que la voie soit libre plus tôt, on répond à cette exigence en envoyant par le télégraphe, à Leicester, la dépêche suivante : On fera suivre aux waggons de marchandises la voie latérale pour les faire entrer dans la gare directement, et, cela fait, on signalera que la voie est libre. Dans le cas où quelque autre empêchement se présenterait, où une catastrophe, par exemple, aurait jeté sur la voie un convoi dont la présence n'aurait pas pu être signalée à temps, les autres trains continueront leur route, comme à l'ordinaire, jusqu'aux stations voisines, et aussitôt que le télégraphe aura annoncé leur arrivée ; avertis ils s'avanceront jusqu'au point où les embarras existent, pour continuer définitivement leur route, après avoir échangé leurs passagers.

« Revenons à l'extra-train, que nous pouvons supposer arriver à Leicester ; avant qu'il s'engage dans la section sud, on écrit sur la feuille de route qu'il rencontrera un autre train à Broughton, et qu'il le passera. Les deux trains ont donc reçu le même ordre et s'avancent l'un vers l'autre. Lorsque le train qui va en amont s'approche de Wigston, le surveillant de cette station, qui a été prévenu d'avance que la voie vers Broughton est libre, donne la permission de s'avancer, et, dès que le convoi a passé, il ramène de nouveau sa manivelle à la position verticale, ce qui entraîne, ainsi que nous l'avons indiqué, la cessation de son signal ; on donne de la même manière, au convoi qui vient, l'autorisation de s'avancer vers Ullestrope, et les deux trains s'approchent en sens contraire vers Broughton, lieu de leur croisement.

« Il suffira de quelques mots pour expliquer les signaux qui font obtenir ce résultat. Pour ce qui regarde notre extra-train, dès que, comme à l'ordinaire, le gardien de Broughton a connu, par la cessation du signal de Leicester, que le convoi se trouvait sur la voie entre Leicester et Wigston, il donne le signal d'avancer, et ce signal, dans les cas ordinaires, persiste, sur l'appareil Broughton, jusqu'à ce que ce convoi approche de Broughton. Dans le cas actuel, le gardien de Broughton aurait à donner à la fois les deux signaux : *Hinzug* (marchez); *Herzug* (venez); et pour cela il se sert momentanément de sa manivelle pour annoncer dans ces deux directions que la voie est libre, et que les rails d'évitement seront prêts à recevoir les deux trains qui vont se rencontrer. Aussitôt que le gardien de Wigston a donné le signal Wigston, le gardien de Broughton répète immédiatement le même signal Wigston, comme indication que le train qui vient de Derby n'est pas encore arrivé à Broughton. Le signal *Herzug* (venez) sera reproduit de la même manière sur la section d'Ullestrope. Aussitôt que les deux trains se trouvent aux stations voisines de Broughton, les sections de Wigston et d'Ullestrope font connaître qu'ils ne se sont pas encore atteints ; on envoie à Broughton le signal *Halt* (arrêtez), et les trains, en arrivant, circulent sur les rails de croisement qui leur étaient respectivement destinés. Maintenant, quand le gardien de Broughton cesse les signaux aux stations des sections de Wigston et d'Ullestrope, il fait entendre par là que les trains sont prêts à continuer leur route, et il fait aussitôt sonner les timbres d'alarme de Wigston et d'Ullestrope. Il ramène ensuite les manivelles à la position verticale. Les deux trains se trouvent alors dans le même cas que s'ils étaient prêts à partir d'une station extrême, et l'on transmet aux stations voisines les signaux déjà décrits de la même manière qu'on l'a fait au commencement du voyage.

« Il serait inutile de suivre plus loin l'extra-train, car toutes les difficultés ont été examinées, et il ne peut survenir aucun obstacle qui ne soit levé sur-le-champ par les moyens énumérés.

« Si, par une cause quelconque, on ne pouvait pas obtenir de réponse d'une certaine station, on enverrait un signal à travers cette station aux stations voisines ; après qu'on aura par là acquis la certitude qu'aucun autre train ne se trouve sur la voie dans l'intervalle à parcourir, on permettra au convoi de s'avancer avec précaution vers la station qui est restée muette ; et le conducteur, après s'être assuré de la cause du silence, signalera par le télégraphe son arrivée et son départ.

« Suivant la règle universellement adoptée sur les chemins à double voie, on donne au convoi qui arrive le signal de continuer sa route sans l'obliger à s'arrêter. Il est très-nécessaire, sur les chemins à simple voie : 1° qu'aucun train ne quitte la station sans avoir reçu un ordre spécial et positif ; 2° que l'état de repos de l'indicateur de la station soit regardé comme constatant un danger et nullement comme un signal de sécurité ; 5° que par conséquent aucun convoi ne s'avance vers une station sans qu'un signal particulier ait expressément indiqué que tout est prêt pour le recevoir : il n'y aura ainsi aucun danger à redouter, alors même que le gardien, effrayé du péril, aurait perdu la présence d'esprit nécessaire pour donner le signal d'arrêt. Le télégraphe à cadran, muni de chiffres, éclairé pendant la nuit, suffira pleinement à ces indications.

« Avec ces précautions chaque train pourra, si l'on veut, devenir un extra-train ; avec cette seule différence que les trains ordinaires se croisent et s'évitent dans des stations fixes et déterminées une fois pour toutes ; tandis que pour les trains extraordinaires, comme pour les trains ordinaires en retard, le croisement et l'évitement ont lieu sur des points fixés dans chaque cas particulier sur la feuille de route. »

M. Cooke continue en indiquant la manière dont les ingénieurs doivent disposer les croisements, les freins, les tampons, les ressorts, enfin tout ce qui peut contribuer à la sécurité des chemins à une seule voie, qui, d'après lui, peuvent être aussi utiles que ceux à double voie, et exigent une dépense beaucoup moins considérable. Il énumère ensuite les pertes qu'un accident fait supporter aux Compagnies, pertes dont la valeur suffirait à payer les frais d'établissement et d'entretien d'un télégraphe électrique. Ces raisons, et plusieurs autres, exposées par l'infatigable associé de M. Wheatstone, ont heureusement été prises en considération, et, quoique un peu modifiée, son idée a été adoptée pour l'exploitation de presque toutes les voies ferrées.

SYSTÈME TÉLÉGRAPHIQUE DE M. STEINHEIL.

Ce système, beaucoup plus complet que le précédent, fut appliqué, d'après M. l'abbé Moigno, sur le chemin de fer de Munich à Nannhoffen ; c'est pourquoi nous le plaçons dans ce chapitre, bien que M. du Moncel prétende, en le jugeant, qu'il ne fut pas définitivement établi. Voici l'idée du système telle que la donne l'inventeur lui-même :

« L'administration avait en vue d'exercer un contrôle absolu et de connaître incessamment :

« 1° Le moment du départ de chaque train ;

« 2° La vitesse des trains en chaque point ;

« 3° La durée des stations ;

« 4° La présence à leur poste de chacun des gardes-lignes ;

« 5° Enfin, la durée du trajet total.

« On désirait en outre que le conducteur en chef du train pût, des cabanes des gardiens, correspondre avec la station la plus voisine pour demander du secours, le cas échéant.

« Le télégraphe devait enfin pouvoir, dans le moment où il n'y aurait pas de train sur la voie, être employé à la correspondance du service.

« Pour atteindre ces divers buts, j'ai disposé l'appareil de la manière suivante :

« Le conducteur commence par une plaque de cuivre de **240** pieds carrés de surface, roulée sur elle-même, et entre les spires de laquelle j'ai placé du charbon ; ce rouleau est soudé au conducteur, puis plongé au fond d'un puits dans la gare de Munich. Le conducteur, formé d'un triple fil de cuivre tordu, passe sur des poteaux armés tout simplement de chevilles sur lesquelles le fil fait un tour après avoir été enveloppé de feutre.

Il y a de Munich à Passing	. . . .	22,710 pieds.
— de Passing à Lochhausen	. . . . .	17,290
— — à Olching	. . . .	22,940
— — à la Maisach	. . . . . .	19,674
— — à Nannhoffen	. . . . .	20,966
Total	. . . .	103,580 pieds.

« De la Maisach à Nannhoffen le fil est simple et se termine par une feuille de zinc de 240 pieds carrés de surface ; celle-ci est développée et fixée bien à plat au fond du lit de la Maisach.

« Le conducteur est traversé par un courant galvanique très-fort, produit par les plaques terminales, qui décompose très-abondamment l'eau acidulée et possède une force suffisante pour produire les signaux ; l'intensité de ce courant n'a pas diminué après une année. Cette batterie, d'une extrême simplicité, paraît donc convenir particulièrement aux lignes télégraphiques qui opèrent au moyen de relais.

« Dans le conducteur on a interposé : 1° à chaque station finale, des appareils électro-magnétiques ; 2° six bascules pour interrompre le courant aux 6 stations de Munich, Passing, Olching, Lochhausen, la Maisach et Nannhoffen ; 3° quarante-deux bascules pour interrompre le courant dans les quarante-deux guérites des gardiens de la voie ; 4° deux batteries de Daniel aux stations finales pour augmenter le courant, dans le cas où l'on aurait besoin d'une plus grande intensité de courant pour produire des signaux directement d'une de ces stations à l'autre.

« Les appareils des stations finales sont destinés à l'enregistrement des contrôles.

« Un cadran horizontal, mû par une horloge, fait un tour *en deux heures*. Sur le disque de ce cadran est placée une feuille de papier, dont le limbe est divisé de minute en minute et de manière à correspondre au mouvement de l'horloge ; cette division est imprimée en lithographie, et le papier qui la porte est maintenu sur le disque au moyen d'un anneau qui n'en pince que le bord extrême.

« Maintenant, au dos de l'horloge est fixé un électro-aimant dont les deux pôles, dirigés en dessus et un peu plus haut que le cadran, se terminent par des surfaces unies. Au-dessus de celles-ci est placée l'armature ou contact dont le prolongement passe sur le cadran, dans le sens de son diamètre, et fait des marques sur le papier au moyen d'une plume à réservoir, remplie d'une encre noire préparée à l'huile. Cette même pièce se termine par un marteau ; sous ce marteau un timbre de pendule est fixé par devant à la boîte de l'horloge. Comme le courant passe perpétuellement par le conducteur, l'armature est constamment attirée ; mais, dès qu'on presse sur une des bascules qui se trouvent sur le conducteur, le contact se sépare, entraîné par un poids conve-

-nable. Aussitôt la plume s'appuie sur la surface du papier et le marteau tombe sur le timbre, qui rend alors un son grave. Mais, comme la bascule referme bientôt le circuit, le courant reprend son cours par l'électro-aimant ; celui-ci attire son armature, et, par conséquent, la plume et le marteau se relèvent.

« Dès lors il y a sur le papier soit un point, si la plume n'est restée qu'un instant en contact avec lui, soit un trait, si elle y est restée un certain temps pendant que l'horloge entraînait le papier dans sa révolution. La longueur du trait embrasse donc autant de divisions du papier que la plume est restée de minutes appuyée sur lui.

« Ainsi sont déjà remplies une partie des conditions : supposons, en effet, que le premier gardien donne, au départ du train, un signal en abaissant sa bascule d'interruption, la plume formera au même instant sur le papier un point correspondant au moment du départ.

« Dès que le train passe devant les 2e, 3e, 4e gardes-lignes, ceux-ci donnent le signal du passage au moyen de leur bascule. La distance sur le papier du premier point au second, du second au troisième et ainsi de suite, indique le nombre de minutes que le train a mis à venir d'un garde à l'autre, et, comme on connaît la distance qui existe entre les deux guérites, on connaît par là même la vitesse du train. Soit, en effet, la distance du 3e au 4e point égale à 1 minute ou à 60 secondes, on aura pour vitesse de train par seconde $\frac{1800}{60} = 30$ pieds.

« Si le signal de l'un des gardes-lignes vient à manquer, ce sera la preuve qu'il n'était pas à son poste. Maintenant, quand le train arrive à une station, le chef de gare rompt le circuit au moyen de la bascule, et ne le rétablit qu'au moment du départ du train ; il se forme alors sur le papier un trait qui embrasse autant de minutes que la durée de la station elle-même. On a donc aux deux stations extrêmes un tableau exact et concordant de la marche du train. La feuille reçoit alors un numéro correspondant à celui du train, et l'on possède ainsi un document imprimé de la manière dont il s'est comporté.

« S'il arrivait un accident au train, ce qui s'annoncerait déjà

-aux deux stations extrêmes par l'absence des signaux des gardiens, le chef de gare se transporterait à la guérite du plus prochain garde et donnerait les signaux convenus aux stations finales, au moyen de la bascule. Il peut même, au moyen de cet appareil, établir une correspondance par lettres et mots. En effet, si l'on abaisse la bascule et qu'on la relève vivement, le marteau en frappant sur le timbre lui fait rendre un son aigu aux deux stations extrêmes ; si on la tient, au contraire, un instant abaissée, le coup de marteau produit un son grave : ces deux signaux différents, que l'oreille distingue parfaitement, peuvent être groupés et former un alphabet, comme je l'ai déjà indiqué précédemment. Si l'on veut que de son côté le conducteur puisse recevoir une réponse des stations extrêmes, il suffit de lui donner un électro-aimant portatif, muni d'un marteau et d'un timbre, et dont il intercale le fil conducteur à la station du gardien. Entre les stations extrêmes la correspondance peut s'établir d'une manière identique. »

On conçoit que ce système devait rencontrer quelques difficultés dans son application, et, en effet, comme nous le verrons dans le dernier chapitre, il présente des inconvénients qui ne permettent pas de l'employer avantageusement tel que l'a exposé son auteur ; cependant les objections faites par M. Moigno et répétées par M. du Moncel ne sont pas, à notre avis, les plus graves, et quelques-unes d'entre elles nous semblent peu fondées.

SYSTÈME DE M. BREGUET.

Ce célèbre constructeur pensa avec quelque raison que si l'on pouvait éviter l'intervention de la main de l'homme pour faire fonctionner l'appareil de M. Steinheil, on obtiendrait un système télégraphique réellement utile pour se rendre compte de la marche des trains ; dans ce but, il imagina, en 1847, le moyen de faire agir sur les interrupteurs les convois eux-mêmes. Les expériences eurent lieu sur la partie du chemin de fer de Saint-Germain où fonctionne le système atmosphérique, dont la disposition, dit M. du Moncel, rendait plus facile la réalisation de ce qu'il se proposait. Il n'avait, en effet, qu'à se servir du piston propulseur des convois sur cette partie du chemin pour obtenir, de 20 en 20 mètres, le contact de deux lames, en rapport l'une avec le sol, l'autre avec une dérivation faite sur la ligne correspondante à son chronographe à pointage, de manière que le passage du train sur chaque interrupteur était accusé sur le chronographe sans l'intervention d'aucun employé.

Dans le compte rendu de l'Académie des sciences du 15 mars 1847 on lit à ce sujet les lignes suivantes :

« M. Arago a présenté de la part de M. Breguet et fait fonctionner sous les yeux de l'Académie un instrument à l'aide duquel les chefs de gare d'arrivée et de départ dans les chemins de fer pourront être avertis instantanément du moment du passage des trains devant chacun des poteaux kilométriques de la ligne, et connaître très-exactement la vitesse avec laquelle les divers intervalles auront été parcourus. »

Nous donnerons, dans le dernier chapitre, notre avis sur l'opinion qui considère cette invention comme le point de départ de la plupart des systèmes qui ont été proposés dans la suite.

Voici maintenant les termes dans lesquels M. Breguet lui-même décrit son *contrôleur automatique* des différentes vitesses des chemins de fer dans une note présentée à l'Académie des sciences le 17 décembre 1849 :

« Depuis longtemps, dit-il, on recherche les moyens de constater d'une manière rigoureuse la vitesse des trains sur tous les points d'une ligne de chemin de fer, ainsi que le temps écoulé à chaque station où s'arrête le convoi ; mais, jusqu'ici, rien n'a parfaitement répondu au but proposé, parce que, dans ce qui a été tenté, on a toujours dû se servir de l'entremise d'un employé, et que, soit négligence, soit intérêt de sa part, les résultats obtenus n'ont été ni assez exacts ni à l'abri de toute discussion. J'ai donc pensé qu'un instrument qui, de lui-même, laisserait sur une bande de papier une indication permanente des différentes vitesses, ainsi que de la durée du temps passé aux diverses stations, pourrait être utile au service des chemins de fer.

« La machine que j'ai l'honneur de mettre sous les yeux de

l'Académie consiste en trois parties : 1° un rouage d'horlogerie dont l'un des axes porte une courbe en hélice faisant son tour en une heure ou une fraction quelconque d'heure ; cette hélice fait mouvoir perpendiculairement et de bas en haut un crayon; 2° une bande de papier d'une longueur variable suivant le besoin et qui peut aller à 40 et 50 mètres; dans le modèle ici présent elle a 2 mètres; 3° une vis sans fin dont l'axe porte à son extrémité extérieure une poulie ; cette vis fait mouvoir une roue dont le pignon engrène dans une seconde roue montée sur un axe qui porte un cylindre destiné à faire mouvoir une bande de papier.

« La machine étant posée, soit sur le tender, soit sur un waggon, on placera une poulie sur l'un des axes des roues; et, une corde étant passée sur cette poulie, ainsi que sur celle de la machine, la vis tournera si le waggon marche, les roues et le cylindre seront mis en mouvement, et, par suite, la bande de papier. Ainsi on a deux mouvements distincts, indépendants l'un de l'autre; l'un horizontal et variable, celui de la bande de papier; et l'autre vertical et uniforme, celui du crayon. Par suite de ces deux actions, on aura une courbe sinueuse, dont les abscisses représenteront les espaces parcourus; et les ordonnées le temps écoulé.

« Dans cette machine le rapport entre le cylindre et la poulie est $\frac{1}{300}$, le diamètre du cylindre a 6 centimètres; par conséquent 300 tours de la poulie représenteront un développement de papier de 20 centimètres, et, si les 300 tours sont produits par une marche du train sur une longueur de 1 kilomètre, on voit que chaque centimètre de papier présentera un espace parcouru égal à 50 mètres. La largeur du papier est de 6 centimètres; si le crayon les parcourt en 20 minutes, chaque minute sera mesurée par une distance de 3 millimètres. Il est aisé de voir que des courbes tracées d'après ces conditions pourront donner avec facilité toutes les variations de vitesse dans la marche d'un train. On observera aussi que, les minutes pouvant être indiquées par des espaces égaux à 2, 3 et même 4 millimètres, les temps d'arrêt aux stations seront d'une exactitude rigoureuse. »

M. Breguet a proposé un autre indicateur de la vitesse des trains; mais nous ne nous y arrêterons pas, puisqu'on n'y emploie pas l'électricité : il est basé sur les effets de la force centrifuge, et ressemble beaucoup à l'appareil dont on se sert dans les cabinets de physique pour démontrer l'aplatissement de la terre aux pôles. La vitesse de l'essieu d'une paire de roues du tender se communique à un cerceau mobile, qui, par l'effet de la force centrifuge, descend plus ou moins, et fait marcher un indicateur que le mécanicien a sous les yeux.

SYSTÈME DE M. REGNAULT.

M. Regnault, chef de traction au chemin de fer de Saint-Germain et chargé aussi des appareils télégraphiques, eut, en 1847, l'idée de les combiner de manière que la sécurité sur les chemins de fer à une seule voie fût aussi grande que sur les chemins à deux voies. Ces appareils furent d'abord établis sur la ligne de Saint-Germain ; plus tard ils furent adoptés sur celle du Midi, et nous ne serions pas surpris que, sans même examiner ceux qui ont été présentés postérieurement, les autres compagnies françaises continuassent à établir ces appareils sur leurs lignes. Pour les faire connaître, nous suivrons presque littéralement M. Combes dans le rapport qu'il a présenté à la *Société d'encouragement* après les avoir examinés, en compagnie des autres membres de la commission nommée à cet effet.

« Les appareils combinés de M. Regnault ont pour but :

« 1° D'indiquer la marche des trains entre deux stations où sont établies des voies de garage, afin d'éviter, d'une manière certaine, que deux trains marchant en sens inverse puissent jamais s'engager simultanément sur la portion de voie comprise entre ces deux stations ;

« 2° D'établir des communications, par signaux télégraphiques, qui exigent des manœuvres tellement simples, qu'un cantonnier quelconque puisse les transmettre, sans erreur possible, entre les stations où sont établis les dépôts des machines de secours, et des points échelonnés sur la ligne à des intervalles égaux de 4 kilomètres, afin que, si un train vient à être arrêté par un accident quelconque, le chef de ce train se trouve tout au plus à la distance de 2 kilomètres d'un point où il peut faire une demande de secours à la station de dépôt la plus voisine.

« *Appareils indicateurs de la marche des trains.* — Pour que deux trains ne puissent jamais s'engager en sens inverse sur la portion de voie comprise entre deux stations voisines à voies de garage *A* et *B*, il faut et il suffit que le chef de la station *B* et toute personne qui se trouve à cette station soient avertis, par un signe certain, du moment où un train part de la station *A* pour s'avancer vers la station *B*, et que ce signe persiste jusqu'à ce que le train soit arrivé à la station *B* ; et, réciproquement, que tout train partant de la station *B* pour s'avancer vers *A* soit signalé à cette dernière station, dès le moment de son départ, par un signe certain, apparent à tous ceux qui sont à la station *A*, et qui ne disparaisse qu'à l'arrivée du train. Les appareils combinés par M. Regnault satisfont à ces conditions avec toute la précision que l'on peut désirer ; ils sont doubles et permettent de signaler deux trains marchant à la suite l'un de l'autre dans le même sens sur la partie de la voie comprise entre deux stations. Le départ d'un premier train de voyageurs, qui s'avance de la station *A* vers la station *B*, est signalé à cette dernière station par une aiguille indicatrice placée contre les vitres du bâtiment, en vue de tous ceux qui sont à la station ou passent devant. Cette aiguille verticale, dans la position naturelle, s'incline dans le sens de la marche du train qui s'avance, au moment où il quitte la station *A*, et reste dans cette position inclinée, jusqu'à ce que le train signalé soit arrivé à la station *B*. Le départ d'un train de marchandises qui suit le premier, en s'avançant aussi de *A* vers *B*, est de même signalé, au moment de son départ de *A*, par une seconde aiguille placée à côté de la première, qui s'incline dans le même sens au moment du départ et demeure inclinée jusqu'au moment de l'arrivée du train de marchandises à la station *B*. La transmission de ces signaux indicateurs nécessite l'établissement de fils continus sur la ligne, au nombre de deux, c'est-à-dire en nombre égal à celui des trains marchant dans le même sens entre deux stations, que l'on peut avoir à signaler, et à chaque poste de station les appareils suivants :

« 1° Deux récepteurs à double cadran, portant chacun quatre aiguilles aimantées accouplées deux à deux, dont les déviations indiquent le sens de marche des trains, chacun de ces récepteurs étant destiné à recevoir les signaux du poste voisin du côté duquel il est placé ;

« 2° Deux manipulateurs, destinés à transmettre les signaux aux deux stations situées à droite et à gauche ;

« 3° Quatre interrupteurs, pour interrompre le courant et ramener les aiguilles à la position verticale, après que les trains signalés sont arrivés ;

« 4° Quatre paratonnerres pour préserver les appareils susmentionnés.

« Ces appareils fonctionnent par le courant des piles qui servent à la transmission des dépêches ; ils forment, dans chaque poste, deux groupes complétement indépendants, dont chacun est en relation, pour les signaux à recevoir et à transmettre, avec le poste du côté duquel il est placé. »

Les aiguilles du récepteur fonctionnent de la même manière que le multiplicateur de Schweiger, ou plutôt elles constituent elles-mêmes un véritable multiplicateur ; par conséquent, « on conçoit qu'il est facile de faire correspondre le sens de leur déviation avec la direction de la marche des trains, de telle sorte qu'en considérant l'appareil on peut immédiatement voir dans quel sens marche un convoi signalé. La figure 257 représente cet appareil.

« Pour simplifier vraisemblablement la combinaison des circuits, M. Regnault fait fonctionner ses appareils avec des courants continuellement fermés ce qui, par parenthèse, est une grande faute, non-seulement au point de vue de la dépense d'entretien de la pile, mais encore du bon fonctionnement des appareils). Ainsi, dans l'état de repos, les pôles positifs des deux postes voisins communiquent entre eux par les fils de la ligne, tandis que les pôles négatifs sont en communication avec la terre ; il en

résulte que les courants qui tendent à s'établir s'annulent et
n'agissent pas sur les aiguilles aimantées des appareils indica-

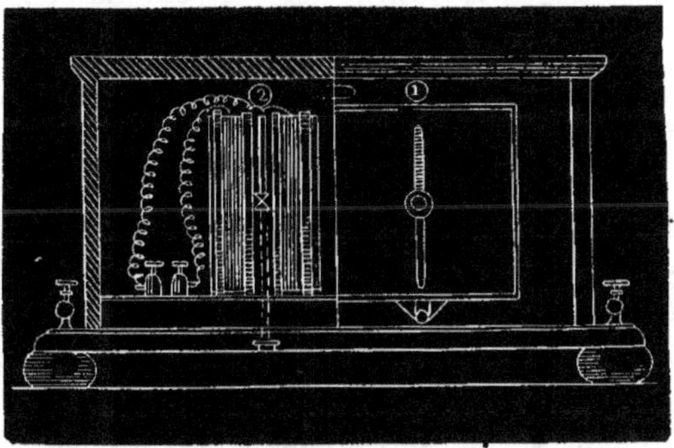

Fig. 257.

teurs, qui restent alors verticales ; mais sitôt qu'une interruption
de courant est produite à l'une des deux stations, le courant de
l'autre devient actif, et sous son influence les aiguilles se trouvent
déviées.

« Les manipulateurs au moyen desquels on obtient ces déviations persistantes consistent dans deux leviers réagissant sur un
commutateur rhéotomique. Ce commutateur se compose de deux
électro-aimants $MMM'M'$ (fig. 258), dont les armatures $ABA'B'$

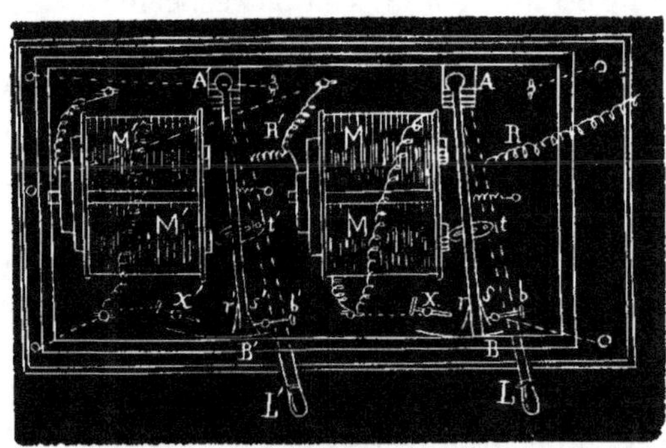

Fig. 258.

forment à la fois relais disjoncteur et conjoncteur au moyen des
ressorts $ss'rr'$, qui buttent contre les boutons $bb'xx'$ quand ces

armatures sont attirées ou repoussées. Ces armatures sont reliées aux leviers manipulateurs *LL'* par une petite tige *tt'*, qui permet à ces derniers d'appuyer contre elles quand ils sont poussés de leur côté, mais qui ne les empêche pas de revenir à leur position primitive sous l'influence de forts ressorts à boudin *RR'*. Il résulte de cette disposition que si les électro-aimants *MMM'M'* sont en rapport avec le sol et qu'une communication métallique soit établie entre leurs armatures et les circuits dans lesquels sont interposés les appareils indicateurs, il se produira pour chaque mouvement imprimé aux leviers *LL'*, 1° une rupture des circuits de la ligne qui isolera la pile de la station qui parle, 2° la formation d'un nouveau circuit dans lequel les électro-aimants du manipulateur seront introduits. Sous l'influence du courant qui traversera ces électro-aimants, les armatures *ABA'B'* resteront attirées de telle sorte que le nouveau circuit demeurera fermé jusqu'à ce qu'une interruption ait été faite sur ce nouveau circuit. Or cette interruption ne peut être opérée qu'à la station à laquelle on parle. Quand cette interruption a eu lieu, les armatures du manipulateur reviennent à leur position initiale, les électro-aimants *MMM'M'* ne font plus partie du circuit par suite de la disjonction des ressorts *rr'*, et les courants des deux piles circulant de nouveau à travers les appareils indicateurs les ramènent à 0, c'est-à-dire à la position verticale. »

Prenons comme exemple de la manière de fonctionner de ces appareils, non pas un cas tout simple, comme le fait M. Combes dans son rapport, mais le cas suivant, cité par M. du Moncel, dans la seconde édition de ses *Applications de l'électricité*.

« Supposons qu'un train de marchandises parte de la station de Rueil pour aller à Paris. Au moment précis du départ, l'employé de la station appuiera sur le manipulateur *L*, et aussitôt la station de Nanterre, par son appareil récepteur, en sera avertie, car l'une des aiguilles de cet appareil sera déviée vers Paris. Un instant après, un convoi express passe à Rueil en circulant sur la même voie que le train de marchandises ; l'employé de Rueil fait jouer le 2° manipulateur : et la 2° aiguille de l'appareil de Nanterre est déviée. Le chef de gare de Nanterre sait donc que deux trains viennent à Nanterre l'un derrière l'autre, et, aussitôt que le premier est arrivé, il fait jouer le signal d'arrêt pour que le second ne vienne pas rencontrer le premier au moment de son arrêt à la station. Aussitôt que ce dernier sera reparti vers Paris, l'employé de la station appuiera sur l'interrupteur disjoncteur, et l'aiguille de l'appareil indicateur correspondant à ce train reviendra à sa position normale. En même temps l'électro-aimant du levier *L* de la station de Rueil sera devenu inactif et l'aiguille correspondante de l'appareil de cette même station, revenant à sa position normale, indiquera au chef de gare que le premier train a dépassé Nanterre. Après une interruption du 2e circuit répétée à Nanterre au moment du départ du 2e train, tous les appareils seront revenus à leur position normale aux deux stations, du moins ceux d'entre eux qui sont en rapport avec la partie du chemin de Rueil à Nanterre.

« *Appareils de secours.* — Les combinaisons pour les demandes de secours, poursuit M. Combes dans son rapport, ne sont pas moins ingénieuses et simples que les précédentes ; elles exigent l'établissement, sur la ligne, d'un fil particulier et de petits appareils manipulateurs et avertisseurs, appliqués contre les poteaux, à des intervalles égaux de 4 kilomètres à partir de chaque station de dépôt, et à chaque poste de dépôt les appareils suivants :

« 1° Un récepteur à double cadran, dont chacun est spécialement destiné à recevoir les signaux faits sur la ligne, du côté où il est placé. Les cadrans sont divisés en parties égales représentant chacune une distance de 4 kilomètres à partir du dépôt. La division devant laquelle s'arrête l'aiguille, à la réception du signal, indique la distance à laquelle le secours doit être envoyé.

« 2° Une sonnerie qui se déclenche au premier mouvement de l'aiguille.

« 3° Un commutateur à deux branches, qui met en relation chaque côté du récepteur avec la sonnerie et permet d'isoler un des côtés, quand cela est nécessaire.

« 4° Deux inverseurs qui permettent de changer la direction du courant, pour accuser réception du signal ; chaque inverseur est affecté à la partie de la ligne du côté de laquelle il est placé.

« 5° Une pile qui distribue le courant aux appareils.

« Le pôle zinc de la pile du poste est en communication avec la terre. Le pôle cuivre communique avec le récepteur. Le courant passe dans les électro-aimants de cet appareil et suit de chaque côté les fils de la ligne, qui sont mis en communication avec la terre aux points qui divisent en deux parties égales les distances de ce dépôt à ses deux voisins de droite ou de gauche.

« Une pile particulière ou plutôt un petit nombre d'éléments de la pile principale envoie son courant dans les palettes des électro-aimants. Lorsque le courant qui passe dans les électro-aimants est interrompu, ces palettes se rapprochent d'un bouton métallique qui transmet le courant à la sonnerie ; celle-ci est déclenchée et continue à sonner, jusqu'à ce que le ressort du barillet soit entièrement développé. Le fil de la ligne est interrompu, tous les 4 kilomètres, sur les poteaux qui portent un manipulateur et un avertisseur. Les deux parties sont prolongées verticalement par deux fils enveloppés de gutta-percha, qui sont reliés respectivement à un bouton métallique du manipulateur et à un bouton semblable de l'avertisseur, lesquels communiquent ensemble de telle sorte que le courant continu venant de la pile de la station traverse ces deux appareils. L'avertisseur consiste simplement en une aiguille aimantée placée devant un multiplicateur qui est traversé par le courant. Ainsi, à l'état normal, ce courant agit constamment sur l'aiguille et la maintient inclinée dans un certain sens. Si le courant est interverti, elle s'incline en sens contraire ; s'il est interrompu, elle se place verticalement. Le manipulateur consiste simplement en un petit disque métallique pourvu d'une manivelle et sur le contour duquel appuie, pressée par un ressort, une lame métallique qui, dans l'état de repos, transmet le courant à l'appareil avertisseur et de là à la suite du fil. Sur le contour entier du disque, sont incrustées des touches équidistantes en bois ou en ivoire, en nombre égal à celui des intervalles de 4 kilomètres compris entre le poteau auquel est fixé l'appareil et le dépôt le plus voisin, avec lequel la relation existe, par l'intermédiaire du fil de la ligne. Cela posé, si un train est en détresse, le chef du train se rend au poteau le plus rapproché du lieu de l'accident ; il a pour cela 2 kilomètres au plus à parcourir. Sur sa demande, le cantonnier fait décrire une circonférence entière à la manivelle du manipulateur, d'un mouvement assez lent et régulier. Cette manœuvre a pour effet d'interrompre le courant électrique autant de fois qu'il y a de touches en ivoire sur le disque du manipulateur, ou qu'il y a d'intervalles de 4 kilomètres entre le manipulateur et le dépôt le plus voisin. A chaque interruption, l'aiguille indicatrice avance d'une division sur le cadran du récepteur correspondant du dépôt ; elle vient donc s'arrêter devant la division de ce cadran qui indique la distance à laquelle le secours est demandé. L'effet de la première interruption du courant a été de rendre libre la palette des électro-aimants, qui vient butter sur un bouton métallique relié à la sonnerie, d'où résulte le déclenchement de celle-ci, qui continue de sonner jusqu'à ce que le chef du dépôt vienne arrêter son jeu, en interrompant le courant de la sonnerie à l'aide du commutateur et ramenant la palette dans sa position normale, au moyen d'un levier dont le manche est saillant à la partie inférieure de la boîte. Immédiatement après le signal reçu, le chef du dépôt renverse le sens du courant qui passe dans le fil de la ligne, au moyen de l'inverseur adapté à son appareil. L'aiguille de l'avertisseur, que le cantonnier a sous les yeux, s'incline en sens inverse, et le cantonnier est ainsi averti que son signal est entendu. Le chef du dépôt ramène en même temps l'aiguille de son récepteur à la croix, en appuyant sur les leviers placés à la partie inférieure de la boîte, et il attend que le cantonnier répète son signal, ce que celui-ci doit toujours faire. »

Résumant en peu de mots le système de M. Regnault, nous dirons que la marche des trains est indiquée par la déviation de l'aiguille d'un galvanomètre, qui reste inclinée à la vue de tous pendant que le train parcourt l'intervalle d'une station à une autre, et jusqu'à ce que le chef de la station où il arrive interrompe le courant de la pile placée dans sa propre station, ce qui ramène l'aiguille à la position verticale. D'une part, le chef de la station d'où le train est parti ne peut faire disparaître le signal ;

et, de l'autre, dès que le signal apparaît sur le récepteur de la station qui a envoyé ce signal, on peut être assuré qu'il a été transmis, puisque le courant qui a incliné l'aiguille de sa propre station provient de la pile de l'autre station, dont il a nécessairement traversé les appareils.

Quant à la seconde partie de l'invention, qui consiste à faire demander des secours aux dépôts de machines, il suffit au cantonnier de tourner la manivelle de son manipulateur, en lui faisant décrire une circonférence entière et toujours du même côté : une aiguille, qui, d'abord à droite, s'incline à gauche, lui fait connaître que son signal a été reçu ; il doit alors le répéter toujours une fois, et en le répétant deux, trois ou quatre fois, il peut déterminer la nature du secours dont on a besoin.

Tel est le système de M. Regnault, considéré par M. Combes, dans le rapport présenté à la Société d'encouragement, le 7 février 1855, comme le meilleur et le plus praticable de tous ceux qui ont été imaginés pour garantir la sûreté de l'exploitation sur les chemins de fer à une seule voie. Nous donnerons notre opinion dans le dernier chapitre.

Pour terminer ce que nous avons à dire sur ce système, nous donnerons une légère idée des appareils que nous avons seulement mentionnés dans le cours de notre ouvrage et qui se trouvent minutieusement décrits dans les n°ˢ 28, 29 et 30 de la deuxième série du *Bulletin de la Société d'encouragement*, correspondant aux mois d'avril, mai et juin 1855.

Le récepteur destiné à indiquer dans les stations l'endroit où l'on demande du secours est un double télégraphe à cadran, comme celui de Breguet, et qui porte, au lieu de lettres et de chiffres, des divisions représentant chacune 4 kilomètres; il y a autant de ces divisions qu'il y a de fois 4 kilomètres entre la station et la moitié de la distance qui la sépare de l'autre dépôt.

Les manipulateurs, placés dans les différents endroits d'où l'on peut demander du secours, sont semblables aussi à ceux de Breguet, ou plutôt ce sont les mêmes que les premiers employés par Wheatstone; seulement ils sont disposés de manière qu'à chaque tour complet de manivelle le nombre d'interruptions soit en rapport avec celui des intervalles de 4 kilomètres qui existent entre le lieu où se trouve le manipulateur et la station la plus rapprochée.

L'avertisseur placé aux poteaux extrêmes de chaque intervalle porte deux timbres contre lesquels vient frapper alternativement l'aiguille chaque fois qu'elle change de direction. Les autres appareils sont tout à fait semblables à ceux que nous avons décrits pour les lignes télégraphiques ordinaires au commencement de ce chapitre.

M. Regnault vient d'introduire dans ses appareils de nouveaux perfectionnements qui ne changent pas leur mode d'action, mais qui assurent, à ce qu'il paraît, leur bon fonctionnement en les rendant complétement indépendants des causes fortuites de dérangement; les nouveaux appareils n'ont plus qu'une seule aiguille et se composent de trois parties : 1° de l'indicateur proprement dit, constitué comme dans le premier système, par un appareil galvanométrique; 2° d'un relais rhéotomique, et 5° d'un inverseur de courants. Dans sa nouvelle *Revue des applications de l'électricité*, M. du Moncel en donne la description détaillée.

AVERTISSEUR ÉLECTRIQUE POUR LA MANŒUVRE DES DISQUES-SIGNAUX.

Nous lisons dans le troisième volume des *Applications de l'électricité* de M. du Moncel :

« On a établi dernièrement, à la station de Tonnerre (chemin de fer de Lyon), un petit appareil destiné à prévenir quand la manœuvre des disques-signaux est faite. Ce petit appareil n'est autre chose qu'une sonnerie électrique qui est mise en mouvement quand le levier qui commande le jeu des disques le fait apparaître, de manière à indiquer que la voie est fermée, ce qui a lieu toutes les fois qu'un convoi stationne devant la station; un contact électrique est alors opéré, et la sonnerie entre en mouvement jusqu'à ce que la voie soit devenue libre, c'est-à-dire jusqu'au départ du train. De cette manière, le chef de la station est assuré que le service des signaux a été exécuté ponctuellement. »

TÉLÉGRAPHE PORTATIF DE M. BREGUET.

Dès qu'un accident arrive à un train qui parcourt une ligne de

Fig. 259.

chemin de fer, il serait bon, ou, pour mieux dire, il est indispensable de pouvoir communiquer avec les stations, pour leur demander

du secours, pour prévenir les autres trains, etc., etc. Nous venons
de voir comment M. Regnault a cru arriver à ce résultat. M. Breguet l'a obtenu d'une manière bien plus simple et beaucoup plus
avantageuse, puisqu'il peut communiquer avec les stations, d'un
endroit quelconque de la ligne, sans être obligé de parcourir
2 kilomètres, comme cela a lieu avec le système de M. Regnault.
C'est en 1848 que M. Breguet parvint à résoudre la question au
moyen de son télégraphe portatif, qui peut se transporter sur
un des waggons du train.

« L'appareil représenté dans la figure 259 se compose d'une
boîte en chêne contenant :

« 1° Une pile de 18 éléments renfermés dans le fond BB; 2° un
récepteur R; 3° un manipulateur M; 4° une petite boussole G;
5° deux bobines de fil de cuivre L et T.

« Il est pourvu d'une longue canne à tirage, à l'extrémité de
laquelle est un crochet en cuivre destiné à mettre la bobine L en
communication avec le fil de la ligne (fig. 260).

« La bobine T se met en communication avec la terre au moyen
d'un coin en fer, que l'on enfonce entre
deux rails.

« Tout ce que nous avons dit des autres
télégraphes s'applique également à celui-ci.
Seulement la pile, qui est toujours à sulfate
de cuivre, est cependant un peu différente,
en ce que, au lieu de faire usage d'eau à l'é-
tat liquide, nous employons du sable humide, avec de l'eau pour le zinc, et avec du
sulfate de cuivre dans le vase poreux. Ce
changement était nécessaire, car de l'eau
seule aurait bientôt été projetée hors des
vases par les secousses qu'éprouvent les
waggons en marchant. On emploie aussi
une autre disposition qui rend plus facile le

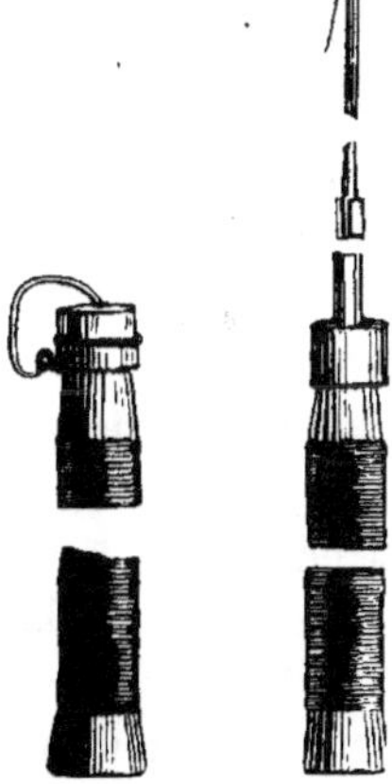

Fig. 260.

nettoyage de la pile; elle consiste à mettre le sulfate et l'eau à
l'état liquide, et à fermer les ouvertures du vase de verre et du
vase poreux avec du liége : cela paraît réussir complétement

sur le chemin de fer d'Orléans, où l'employé chargé de leur entretien a eu l'idée de faire cet arrangement.

« Voici maintenant la manière de faire usage de l'appareil. Supposons-le placé sur un train en mouvement, et que ce dernier vienne à s'arrêter entre Paris et Juvisy, deux stations du chemin de fer d'Orléans. Dans cet état, le train a besoin de secours; alors un employé lèvera le couvercle CC de l'appareil, prendra le fil de la bobine L, l'attachera à la canne, puis accrochera celle-ci au fil de la ligne; prenant ensuite la bobine T, il y attachera le coin en fer et le fixera entre deux rails. Cela fait, il tournera la manivelle de son manipulateur, en l'arrêtant sur un contact; il verra si sa boussole dévie, et, s'il en est ainsi, il est assuré que son courant passe, et il se portera à la croix. Dans cette position, son courant s'est divisé en deux parties, l'une vers Paris et l'autre vers Juvisy; il aura donc fait partir au même instant les sonneries de ces deux stations. L'une des stations répondra plus vite que l'autre, et tout ce qu'elle dira passera dans l'appareil mobile; et, si on avait le temps de les laisser parler entre elles, on aurait leur conversation entière. Mais, aussitôt que l'on voit que l'une d'elles répond, on la coupe et l'on fait savoir que c'est le télégraphe du train qui demande la correspondance.

« Quand on veut toucher ou visiter la pile, il faut défaire les crochets D, puis enlever le dessus en soulevant d'abord l'extrémité où est placé le manipulateur.

« Pour remettre le dessus en place, on commencera par mettre le côté du récepteur, puis on abaissera le côté du manipulateur, ce qui mettra en contact par la pression deux boulons en cuivre avec les deux pôles de la pile. Ces deux boulons sont en relation avec les diverses parties de l'appareil, au moyen de conducteurs placés sous la planche du manipulateur.

« Le chemin du Midi, qui cherche et accepte avec tant d'empressement tous les perfectionnements qui peuvent servir à la sécurité du chemin de fer, a aussi adopté, de même que ceux d'Orléans et du Nord, les appareils mobiles; mais il a, sur l'avis de M. Regnault, sous-chef du mouvement du chemin de l'Ouest, supprimé la pile. Alors un fil spécial est placé sur la ligne, dans lequel passe un courant continu, une pile étant toujours en action aux diverses stations. »

Le télégraphe portatif de M. Breguet est, comme on le voit, on ne peut plus simple, et les avantages qui peuvent en résulter pour la locomotion par les voies ferrées sont immenses; cependant il ne suffit point encore pour la rendre tout à fait sûre, car il n'est pas destiné à prévenir les accidents, mais seulement à en rendre moins funestes les conséquences, soit en donnant avis aux stations d'interrompre la circulation des autres trains, soit en abrégeant, grâce à un moyen de communication prompte et efficace, la situation toujours pénible où se trouve un train arrêté par un accident quelconque.

Quant à un système qui embrasse et qui puisse prévenir la plupart des dangers possibles sur un chemin de fer, aucun n'a encore été adopté, quoiqu'on en ait proposé plusieurs d'une efficacité plus ou moins grande, parmi lesquels quelques-uns ont paru dignes d'être mis à l'épreuve, et ont obtenu un succès complet dans les expériences en grand, comme nous le verrons dans les chapitres suivants.

CHAPITRE XII

SYSTÈME DE SIGNAUX ÉLECTRIQUES DE M. FERNANDEZ DE CASTRO.

(6 octobre 1853.)

Par les chapitres précédents on a pu voir combien jusqu'à présent ont été inefficaces, pour éviter les accidents sur les chemins de fer, soit les mesures réglementaires dictées par l'expérience et exigées avec toute la sévérité que commande la prudence, soit les différents systèmes de signaux qu'avec plus ou moins d'avantages on a mis en pratique. Les mesures réglementaires, confiées à un nombreux personnel, sont sujettes à être frappées d'impuissance et de nullité par suite de la plus petite négligence ; et les signaux, limités dans leur application à certains cas déterminés, sont insuffisants pour répondre aux besoins d'un service dont le caractère essentiel devrait être, s'il était possible, celui de l'*infaillibilité*.

A notre avis, on ne peut attendre cette qualité si rare d'aucun système dans l'emploi duquel la réussite dépend de la main de l'homme seul ou des ressources isolées de la physique et de la mécanique ; mais on pourrait peut-être l'obtenir de l'heureuse combinaison des deux moyens, c'est-à-dire en utilisant l'intelligence de l'homme et la précision des appareils physiques ou mécaniques, et parvenir ainsi à faire disparaître tout danger.

Il faut, en outre, s'appuyer sur des leviers moins limités, avoir recours à un agent dont les applications soient moins restreintes que celles de l'optique et de l'acoustique, qui ont servi de base aux différents systèmes de signaux employés jusqu'à ce jour. Il va sans dire que cet agent est l'électricité, dont nous avons fait connaître les admirables applications, surtout au chapitre précédent, en parlant des moyens employés sur les chemins de fer pour augmenter la circulation et la sécurité.

La première idée qui vient à l'esprit, en effet, en voyant les avantages qu'on a retirés de l'emploi de la télégraphie, c'est de se demander s'il ne serait pas possible d'étendre la sphère de ces avantages, en forçant l'électricité à accompagner, pour ainsi dire, les trains dans leur marche, à les protéger tant qu'ils sont en mouvement, comme déjà elle les protége aux stations, en ne leur permettant pas de parcourir l'espace compris entre deux points télégraphiques, qu'elle ne l'ait parcouru elle-même auparavant, afin de faire savoir si toutes les précautions possibles ont bien été prises.

Quiconque a lu les règlements d'un chemin de fer et connaît le système de télégraphie dont on fait usage tout le long de son parcours se refuse à croire que des accidents, même rares, soient possibles. En effet, les ordres précis donnés par les premiers et la régularité avec laquelle fonctionnent les appareils électriques semblent devoir imprimer au service une exactitude mécanique qui, comme nous l'avons dit au dixième chapitre, éblouit quelques personnes au point de leur faire nier la possibilité de certaines catastrophes. Malheureusement une pareille conviction n'est qu'illusoire, comme nous l'avons démontré en présentant un tableau complet des nombreuses causes donnant lieu aux accidents, bien souvent graves, qui rendent encore la locomotion par les chemins de fer moins sûre qu'elle ne devrait l'être.

Nous avons présenté aussi dans le chapitre dixième quelques données statistiques qui signalent les causes les plus fréquentes d'accidents. Parmi elles, les collisions, les déraillements, la mauvaise position des aiguilles et des barrières sont les plus terribles et celles qui semblent les plus difficiles à éviter ; mais nous verrons qu'au contraire l'électricité peut presque toujours fournir les moyens de les prévenir. En effet, si l'on fait attention que la plupart des collisions, presque toutes même, ont lieu parce que les mécaniciens n'ont pas vu l'obstacle contre lequel ils vont se heurter, ou n'ont pas reçu un signal assez à temps pour faire agir les freins et le régulateur ; si l'on considère qu'une grande partie des déraillements proviennent des imperfections de la voie ou des obstacles qui y surviennent, obstacles et imperfections que les gardes-lignes pourraient faire connaître aux mécaniciens si les systèmes de signaux étaient plus efficaces et leur permettaient de consacrer plus de temps à surveiller et à inspecter la voie ; si l'on consent à avouer, et on ne peut guère s'empêcher d'en convenir, qu'il n'arriverait plus d'accidents aux aiguilles, barrières et autres parties mobiles de la voie, si elles étaient disposées de manière à produire, par le fait seul de leur mauvaise position, un signal sur les trains quand ils sont encore à une distance où il est possible de modérer la vitesse acquise ; si l'on tient compte enfin que dans le plus grand nombre des cas c'est le manque d'un signal donné à temps qui occasionne une catastrophe, on ne sera pas surpris que l'électricité puisse produire dans chacune de ces circonstances le même effet que d'une station à une autre.

Comme nous l'avons vu, on n'a pu faire jusqu'à présent de signaux au moyen de l'électricité que de station à station et de train à station, mais non de train à train, et moins encore du lieu même où est l'obstacle au train qui court se heurter contre lui, au moment où nul pouvoir humain ne paraît capable de prévenir le danger. Cependant cela peut s'obtenir avec le système que nous avons proposé au mois d'octobre 1853, comme cela a été démontré par les essais sur une grande échelle qui ont été faits sur le chemin de fer de Madrid à Albacète. Voici en quoi consiste ce système.

Ayant établi parallèlement à la voie et sur tout son développement une série de conducteurs doubles, dont l'un complétement isolé, il est évident que si l'on met en communication ces conducteurs avec le train en marche, et si, en outre, au centre de cette communication on dispose un appareil générateur d'électricité dont les pôles soient mis en contact avec chacun des conducteurs parallèles, il suffira de fermer le circuit en un point quelconque de la voie pour que, les deux pôles étant en relation, les phénomènes électriques se manifestent avec telle intensité que l'on voudra.

Voilà le principe de tout le système : comme dans les télégraphes ordinaires, il ne s'agit que de fermer un circuit à un moment donné, et le caractère essentiel de son application est d'établir instantanément la communication qui doit fermer le circuit par l'intermédiaire de chacun des obstacles eux-mêmes qui pourraient amener une catastrophe ; et, dans le cas où l'obstacle serait impuissant à signaler de lui-même le danger, son caractère essentiel, répétons-nous, est de fournir à l'homme le moyen de produire le signal à l'instant même, sans manquer pour cela aux autres exigences péremptoires du service.

Mais il ne suffit pas de fermer un circuit sans l'intervention de la main de l'homme et de produire un signal sur les trains où sont montés les générateurs électriques avec leurs appareils d'alarme : pour que ce signal soit efficace et procure toute la sécurité et tous les avantages qui sont à désirer pour les voyageurs et la compagnie, il faut le concours de deux autres circonstances : d'abord qu'il puisse se faire sur quelque point de la voie que se trouve le train ; ensuite que ce soit à une distance qui, tout en permettant de prendre les précautions nécessaires pour l'arrêt du train, ne dépasse pourtant pas une certaine limite en dehors de laquelle on troublerait la marche d'un convoi et l'ordre de service, bien qu'il n'y eût point danger réel.

Pour remplir ces conditions, que M. Couche, dans une publication récente[1], considère comme le *desideratum* des chemins de fer, il faut que le conducteur isolé, qui doit être en communication avec l'un des pôles du générateur électrique monté sur les trains, ait une forme particulière, et se compose de deux séries parallèles de morceaux de fils métalliques, isolés les uns des autres, et disposés de manière que la courte solution de continuité existant entre les morceaux d'une série corresponde à la

---

[1] Couche, *Sur le télégraphe des trains de M. Bonelli*. Paris, 1856.

partie moyenne des morceaux de l'autre série, comme le représente la fig. 261.

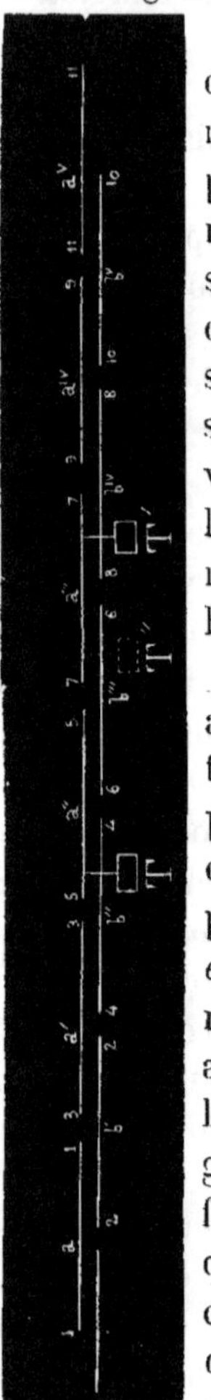

Fig. 261.

Il est impossible, avec cette disposition, que deux trains se mettent en communication avec le même morceau de fil, et par conséquent se rapprochent l'un de l'autre à une distance dangereuse, sans se fermer mutuellement le circuit et se donner un signal d'alarme qui les avertit du danger, tandis qu'au contraire aucun signal ne sera effectué, quel que soit le nombre de trains qui se trouvent entre deux stations, tant qu'ils conserveront tous entre eux un intervalle plus grand que la moitié d'un des morceaux de fil, soit la distance réputée dangereuse pour les cas les plus défavorables.

La base de notre système une fois exposée, et ayant expliqué en quoi il diffère essentiellement de tous ceux qui avaient été proposés quand nous le présentâmes, il conviendra, pour le faire connaître dans tous ses détails, de parler séparément des trois parties qui le constituent, c'est-à-dire du *générateur électrique*, du conducteur isolé, que nous appellerons *conducteur général*, et des *communicateurs* ou appareils pour faire communiquer électriquement le générateur établi sur le train avec le conducteur général et avec la terre. Mais, auparavant, nous ferons observer que, devant les différents moyens que nous proposons pour fermer le circuit dans chaque cas particulier, on ne doit pas oublier que le système est constitué par l'ensemble de ces moyens et par le principe sur lequel ils sont basés, ainsi que par les dispositions du conducteur isolé et du générateur électrique; quant aux détails, ils peuvent varier à l'infini, selon les localités et les ingénieurs chargés de son application. Nous ne nous sommes proposé ici que de démontrer la possibilité de signaler chacun des risques qui peuvent se présenter, et nous avons tenté de le faire en indiquant seulement les moyens les plus simples, et, par conséquent, les plus faciles à exécuter dans un essai.

DU GÉNÉRATEUR ÉLECTRIQUE.

La première condition qui a dû fixer notre attention dans le choix d'un générateur électrique a été la production d'un signal précis, exempt de toute équivoque. Cette circonstance, jointe aux avantages que l'on pouvait obtenir en tirant parti de la force de l'électricité statique, nous fit songer à son emploi, sauf à la remplacer par l'électricité dynamique si l'expérience faisait reconnaître dans cette dernière des avantages bien marqués.

D'une part, l'électricité statique obligeait à vaincre les difficultés résultant de sa grande tension, parmi lesquelles le parfait isolement du conducteur général; d'autre part, l'électricité dynamique présentait les inconvénients dus à son peu de tension, qui exige un contact parfait entre le générateur électrique et le conducteur. Au premier abord, nous crûmes plus facile d'obtenir un bon isolement qu'un contact parfait, et cette circonstance, jointe à celle de pouvoir éviter les renversements des courants dans les cas où l'on préférait ne pas employer les appareils électro-magnétiques, nous décida à nous servir de l'électricité statique de préférence à l'électricité dynamique. Mais, dans le doute, nous fîmes usage d'un appareil d'induction de Ruhmkorff, qui, possédant deux circuits électriques, l'un dynamique et l'autre avec tous les caractères de l'électricité statique, présentait le double avantage de fournir une grande quantité d'électricité de tension, en occupant très-peu de place, et de permettre l'emploi du circuit dynamique au cas où les inconvénients de l'emploi de l'électricité statique pour un grand circuit fussent insurmontables.

Tout paraissait répondre à nos prévisions, car l'isolement était excellent, même par un temps pluvieux; mais un phénomène qui n'était pas étudié dans l'appareil de Ruhmkorff, et dont nous avons fait mention au cinquième chapitre, nous fit voir que l'électricité statique n'offrait pas pour le moment, et sans certaines modifications préalables, le degré d'exactitude qu'exige un système de signaux pour les chemins de fer, car l'étincelle partait, sans que le circuit du conducteur métallique fût fermé, dès que la tension était assez forte pour vaincre la résistance présentée par l'air entre les pointes de l'appareil d'alarme : il suffisait donc d'un peu plus d'humidité dans l'atmosphère, d'un peu plus d'énergie dans les piles, pour produire cet effet. Nous eûmes recours alors à l'électricité dynamique, qui n'offrait pas les inconvénients dont nous venons de parler, ni même ceux que nous redoutions d'abord, car le contact avait lieu sans difficulté, et la communication s'établissait parfaitement entre les deux pôles, les parties conductrices de la voiture et le conducteur général.

Mais, pour obtenir les signaux que nous nous étions proposé de produire avec l'appareil de Ruhmkorff, il ne suffisait plus de la pile avec laquelle cet appareil fonctionne ordinairement, le circuit dynamique n'étant que de quelques mètres et constitué par un fil parfaitement isolé. L'essai, cependant, n'éprouva aucun retard ; grâce au concours de l'inspecteur des télégraphes du chemin de fer de la Méditerranée, M. F. Trochon, qui prépara deux *relais*. Ces relais ayant été introduits dans le circuit formé par la pile de chaque train, la terre et le conducteur isolé placé parallèlement à la voie, l'intensité du courant devenait suffisante pour faire marcher le rhéotome du relais et fermer le circuit d'une pile locale où se trouvait le fil inducteur de l'appareil de Ruhmkorff : aussitôt que celui-ci fonctionnait, le signal interposé dans le circuit induit partait et donnait l'alarme.

Ces premières expériences réussirent parfaitement, mais il était aisé de comprendre que l'appareil de Ruhmkorff pouvait être supprimé du moment où on ne l'employait pas pour le grand circuit, car l'effet d'enflammer une substance explosible s'obtient facilement par la simple introduction, dans le circuit local du relais, d'une pile avec des éléments à grande surface et des rhéophores très-gros, réunis par un fil mince de platine, qui rougit au moment où le rhéotome, agissant par l'effet du courant principal, ferme le circuit local : le fil de platine rougi enflamme facilement la poudre ou un gaz détonant.

Le générateur électrique qu'il convient donc d'adopter pour établir un courant électrique à travers le circuit que forment les trains avec le conducteur isolé et la terre doit être une des différentes piles que l'on emploie généralement pour les télégraphes, telles que celles de Daniell, Breguet et Cooke, ou bien un appareil magnéto-électrique, comme celui de Clarke.

S'il s'agissait d'un télégraphe fixe ou d'un système dans lequel la pile n'eût pas besoin d'être montée sur les trains, il n'y aurait à se préoccuper, comme dans tous les cas où l'on emploie un courant électrique, que de sa constance, de son intensité et du plus ou moins de frais qu'il nécessite; mais, dans notre système, les piles, étant exposées à souffrir continuellement un mouvement de trépidation, doivent être préparées de manière que les liquides ne puissent ni se répandre ni se mélanger. Si les piles employées étaient celles de Cooke ou de Bagration, dans lesquelles les plaques métalliques sont plongées dans du sable humecté par le liquide excitateur, il ne serait nécessaire de prendre aucune précaution, parce que toutes les piles à sable peuvent supporter des mouvements très-brusques sans qu'il y ait à redouter de changement dans leurs conditions. Il en est de même avec la nouvelle pile imaginée par MM. Breton frères, décrite au deuxième chapitre, que nous croyons, comme nous l'avons dit alors, avantageusement applicable à notre système de signaux électriques. En effet, la manière dont elle fonctionne permet de la comparer à celle de Daniell; et elle peut même sans inconvénient remplacer cette dernière quant à l'intensité et à la constance, tout en ayant sur elle l'avantage d'être inversable, comme celles à sable.

Dans les essais que nous avons faits sur le chemin de fer de la Méditerranée, nous nous sommes servi, pour le circuit principal, de piles de Daniell à dix-huit éléments (grandeur moyenne); mais, au lieu d'employer les liquides seuls, nous mîmes du gros sable dans les vases, en mélangeant celui que nous mîmes dans le vase poreux avec des cristaux de sulfate de cuivre. Ce procédé, employé par M. Breguet dans son télégraphe portatif, maintient l'action de la pile, sinon constante, au moins assez énergique pour faire fonctionner les relais quinze et vingt jours après leur préparation, sans qu'il soit même besoin de les humecter pendant ce temps : nous avons observé cependant que l'intensité s'amoindrissait, et qu'il serait bon de renouveler les liquides un peu plus souvent.

Pour le circuit local qui contenait le fil inducteur de l'appareil de Ruhmkorff, nous avons employé des piles de Bunsen de deux sortes. Aux piles ordinaires il suffit de mettre des couvercles annulaires en liége qui s'adaptent hermétiquement aux bords dès vases, en laissant passer le charbon et la feuille de cuivre attachée à la plaque ou cylindre de zinc. Nous fîmes construire en outre, par M. Ruhmkorff lui-même, des piles en gutta-percha avec couvercles, représentées dans la figure 262, et avec lesquelles il n'y

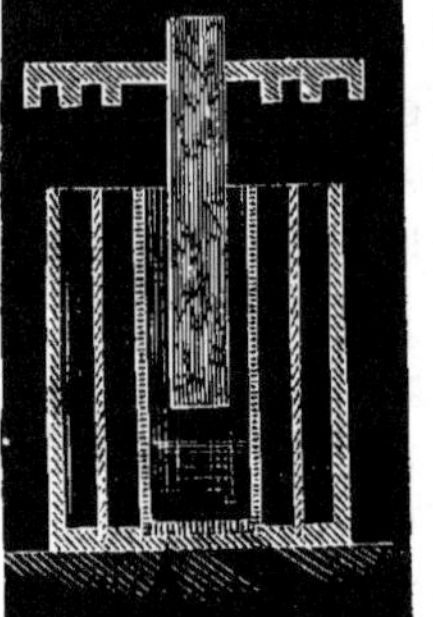

Fig. 262.

avait pas le moindre danger que les liquides se mélangeassent.

Un autre moyen d'éviter cet inconvénient, c'est d'employer des vases étroits et profonds dans lesquels le liquide n'atteint qu'à la moitié du vase.

Nous avons dit que le générateur électrique est monté sur le train, et tient l'un des pôles en communication avec la terre et l'autre avec le conducteur isolé. Nous avons indiqué aussi comment se produit le signal qui prévient de l'approche d'un danger, par la simple fermeture du circuit électrique où se trouvent la terre, le conducteur isolé et le générateur électrique. Enfin nous avons fait connaître les difficultés que nous avons rencontrées dans l'emploi de l'appareil de Ruhmkorff comme générateur, ainsi que l'avantage qu'il y aurait à se servir d'une des différentes piles que l'on emploie généralement pour les télégraphes, telles que celles de Daniell, celle de Cooke, celle nouvellement construite par M. Breton, ou bien un appareil électro-magnétique. Mais cela ne suffit pas pour considérer comme résolue la question du générateur, car il n'est pas indifférent que l'un ou l'autre pôle de la pile communique avec le conducteur général quand il y a dans le circuit deux générateurs d'électricité qui donnent des courants de même intensité; il faut prendre certaines mesures pour éviter que deux trains puissent s'approcher sans faire un signal d'alarme faute d'un courant capable de le produire.

Pour éviter le choc de deux convois marchant l'un vers l'autre, il suffirait d'établir une règle fixe invariable, en vertu de laquelle tous les trains allant dans un même sens, du nord au sud, par exemple, porteraient le pôle positif en communication avec le conducteur général, et le pôle négatif avec la terre; et, réciproquement, ceux qui se dirigeraient du sud au nord auraient le pôle positif en communication avec la terre, et le pôle négatif avec le conducteur général. Mais cette disposition, suffisante pour prévenir toute collision entre deux trains marchant en sens contraire, serait non avenue pour le cas où deux trains se suivraient sur la même voie, le second ayant plus de vitesse que celui qui le précède, car les deux courants produits par leurs générateurs respectifs, étant de la même intensité et marchant en sens contraire dans le même circuit, se détruiraient mutuellement, sans produire aucun effet sur les appareils d'alarme.

Il y a plusieurs moyens de résoudre la question [1]. Le premier, et peut-être le plus avantageux par sa simplicité, serait d'employer comme générateur du fluide un des appareils électro-magnétiques ordinaires, dans lequel on aurait supprimé le commutateur ou inverseur qui sert à faire marcher le courant toujours dans le même sens; sans cette pièce et en mettant directement les deux bouts du fil de l'électro-aimant en communication, l'un avec la terre, l'autre avec le conducteur général, on aurait dans le circuit deux courants alternatifs inverses, dont les intervalles dépendent de la vitesse donnée à l'aimant. Or, l'axe de celui-ci étant prolongé de manière qu'on puisse y emmancher une bobine ou poulie de transmission, et cette poulie recevant le mouvement de l'essieu d'une voiture (ou de tout autre moteur) au moyen d'une courroie sans fin, il arrivera que la vitesse de l'aimant (ou de l'é-

---

[1] M. du Moncel, dans son *Traité des applications de l'électricité*, taxe de compliqués les moyens que nous proposons ici, et donne une autre solution du problème qu'il croit plus simple; nous répondrons à cette critique dans le quinzième chapitre.

lectro-aimant, si c'est celui-ci qui se meut) sera proportionnelle à la vitesse du train; les intervalles, soit la durée de chaque courant, seront aussi proportionnels à cette vitesse, et jamais deux convois qui se suivent ne peuvent manquer de recevoir un signal, à moins qu'ils ne marchent exactement avec la même vitesse, et, dans ce cas, ils n'ont pas besoin de signal. Mais dans deux trains marchant en sens contraire, ce cas de vitesses absolument égales peut se présenter, et, bien qu'improbable, puisqu'il faudrait que le mouvement, outre l'uniformité, eût commencé en même temps dans chacun des trains et dans la même situation de l'aimant par rapport à son armature, il serait bon d'être à même d'y remédier. Rien n'est plus facile, car il suffit, pour prévenir toute chance de danger, de varier légèrement dans tous les trains le diamètre de la poulie qui reçoit le mouvement.

Si les courants, dans les appareils électro-magnétiques, sont alternatifs, et si, pour les obtenir toujours dans le même sens dans les appareils ordinaires, il faut avoir recours à un inverseur que nous devons supprimer, puisque ce sont des courants alternatifs qu'il nous faut, il s'ensuit naturellement que, pour appliquer à notre système les piles voltaïques, qui produisent toujours les courants dans le même sens, il n'y a qu'à ajouter à ces piles, pour rendre les courants alternatifs, les mêmes commutateurs que nous supprimons dans les appareils électro-magnétiques. Mais un inverseur propre à cet effet exige une mention particulière, car il doit réunir plusieurs conditions, dont voici les plus essentielles : être excessivement simple, économique, peu sujet à se détériorer, et facile à réparer dans les cas très-rares où il le serait; de plus, il doit maintenir le contact continuellement et d'une manière sûre, et être enfin construit de telle façon, qu'en même temps que le changement du courant s'effectue avec une rapidité proportionnelle à celle du train sur lequel il est placé, les intervalles entre ces changements soient différents dans chaque train, pour la raison que nous avons exposée dans le précédent paragraphe.

L'inverseur qui nous semble plus que tout autre réunir les conditions ci-dessus mentionnées est analogue à celui de Ruhmkorff, décrit au chapitre cinquième; il consiste en un cylindre de

bois, ivoire, caoutchouc vulcanisé, ou toute autre matière non
conductrice de l'électricité (fig. 265), recouvert de deux plaques
métalliques *aa* qui l'enveloppent presque entièrement sans se
toucher, c'est-à-dire qu'elles sont isolées l'une de l'autre par les

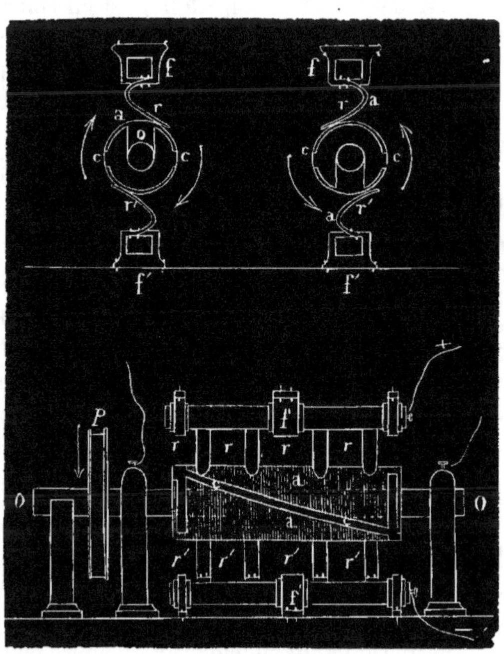

Fig. 265.

bandes *cc*, qui ne sont point recouvertes par ces plaques. Celles-ci
ne vont pas jusqu'aux bords du cylindre dans toute leur largeur;
mais chacune d'elles se termine par une petite lame qui, non-
seulement atteint ces bords, mais se replie du côté de la base
et va se réunir à l'axe métallique *O*, qui, comme on le voit dans
la figure, est divisé en deux morceaux ne se touchant pas; on
établit ensuite le contact entre les plaques et les morceaux de
l'axe; seulement la lame d'une des plaques ne doit se prolonger
que dans l'une des bases du cylindre, tandis que la lame de l'autre se prolonge seulement dans la base opposée. De cette manière,
chacune des plaques n'est en relation qu'avec un des morceaux

de l'axe. Si l'on place des deux côtés du cylindre des frottoirs isolés *ff'* composés de quelques ressorts d'acier, s'appuyant sur lui
de manière que quand les ressorts *rr* d'un frottoir sont en contact avec une des plaques, les ressorts *r'r'* du second frottoir appuient sur l'autre plaque, et si le frottoir *f* est en contact avec le
pôle positif de la pile, et le frottoir *f'* avec le pôle négatif, il s'en-
suivra que les deux plaques recevront alternativement les deux
électricités, et les transmettront aux supports de l'axe qu'elles
touchent ; et, comme ces supports sont isolés, on peut mettre l'un
en communication avec le conducteur général et l'autre avec la
terre, et obtenir ainsi un renversement du courant chaque fois
que le cylindre fera un demi-tour. Or, l'axe du cylindre étant
prolongé de manière qu'on puisse lui adapter la même poulie *P*
dont nous avons parlé à propos des appareils électro-magnétiques, poulie qui reçoit le mouvement d'un essieu, ou de toute
autre pièce à mouvement de rotation de la locomotive, on aura
les mêmes effets, si on prend les mêmes précautions, et il sera
impossible que deux trains puissent s'approcher sans se communiquer un signal : car les pôles de nom contraire se mettront en
présence presque immédiatement, s'ils ne l'étaient déjà dès le
moment où les deux trains sont entrés en communication au
moyen d'un des fils du conducteur général.

Il nous paraît très-important d'adopter pour l'inverseur, pré-
férablement à un mécanisme d'horlogerie, proposé par plusieurs,
le mouvement que lui communiquerait un essieu, ou une pièce
quelconque de la locomotive ou du tender mise en rotation par la
marche du train, parce qu'alors non-seulement le mouvement de
l'inverseur est proportionnel à la vitesse du train, mais aussi
parce que l'appareil ne fonctionne pas quand le train est arrêté
(ce qui serait inutile) et que l'usure est infiniment moindre.

On comprend facilement la raison pour laquelle il est inutile
que l'inverseur d'un train arrêté continue de tourner, tandis que
le train qui est en marche a le sien en mouvement. Ce qui est
tout à fait indispensable, c'est que la communication entre le
conducteur général et la terre ne soit pas interrompue par le
commutateur ; c'est pourquoi les ressorts *rrr* et *r'r'r* ne doivent

pas former une ligne droite parallèle à l'axe du cylindre, ou alors la bande *cc*, non conductrice, doit être obliquement placée par rapport à l'axe et aux ressorts, car, sans cela, le commutateur pourrait s'arrêter quand tous les ressorts se trouveraient sur la bande non métallique *cc*, le courant serait interrompu à cet endroit, et le train en marche pourrait venir heurter le train arrêté sans produire un signal d'alarme; il faut donc que les ressorts des frottoirs ou la bande soient placés de manière que quand le premier des ressorts vient se mettre en contact avec l'une des deux plaques métalliques, le dernier n'ait pas cessé d'être en contact avec l'autre plaque. Non-seulement cette précaution est parfaitement efficace et propre à éloigner tout danger, mais elle a l'avantage de diminuer l'effet de l'extra-courant, dont les étincelles finissent par altérer les surfaces métalliques où l'interruption a lieu, comme nous avons pu le voir aux chapitres précédents.

Le troisième moyen que nous croyons propre à éviter que deux trains puissent fermer un circuit où il y a deux générateurs électriques sans faire un signal d'alarme par suite de la destruction des deux courants, consiste dans l'emploi des piles différentielles, c'est-à-dire des piles dont les courants ne sont pas de la même intensité.

On sait que deux courants opposés dans le même circuit ne se détruisent que lorsqu'ils sont sensiblement égaux; mais, dans le cas contraire, il restera un courant dans la direction du plus fort, et d'une intensité égale à la différence qui existait entre les deux; on pourrait donc faire en sorte que la pile de chacun des trains fût d'une intensité telle, que le courant qui en résulte, dans le cas où deux pôles du même nom se trouveraient en présence, fût assez fort pour agir sur les électro-aimants des relais interposés dans le circuit, et pour fermer par conséquent un autre circuit local muni de sa pile et d'un appareil d'alarme.

Cette idée, à première vue, semble inapplicable, à cause de la dépense énorme en piles et de l'espace considérable qu'elle exigerait dans les trains, pour peu que ce fût sur une ligne de quelque importance. Mais la moindre réflexion suffit pour dissiper cette supposition erronée. En effet, on se rappelle que deux

trains ne peuvent marcher l'un vers l'autre sans fermer un circuit, où les deux courants se réunissent au lieu de se détruire,
pourvu que tous les trains se dirigeant dans un même sens aient
toujours le pôle positif en contact avec le conducteur général; et
que tous les trains marchant en sens contraire aient le pôle négatif en communication avec ledit conducteur. Nous avons démontré qu'il n'y aurait danger à avoir des piles de même intensité que pour les trains partant du même endroit dans la même
direction; et on conçoit combien le problème se trouve simplifié
avec cette circonstance.

Même dans le cas où l'on ne tiendrait pas compte, aux stations
intermédiaires, du nombre d'éléments dont se compose la pile
de chaque train qui passe (ce qu'il est pourtant bien facile de vérifier sans s'arrêter) et où l'on n'aurait pas, aux stations principales, une connaissance exacte de l'arrivée des trains aux différents
endroits, c'est-à-dire dans le cas où l'on négligerait toutes les
précautions qu'on a soin de prendre aujourd'hui, et desquelles on
ne devrait jamais se départir; même avec toutes ces circonstances
défavorables, il n'y aurait aucun danger, pourvu qu'il y eût des
piles de trois ou quatre intensités différentes se succédant régulièrement dans un certain ordre, soit par convois, soit par heures,
de manière que les trains munis de piles d'intensité semblable eussent toujours entre eux deux ou trois trains d'intensité différente,
ce qui préviendrait une rencontre, même avec la coïncidence
des cas les plus fortuits, comme, par exemple, celui où un train
obligé de s'arrêter ou de retourner en arrière, ou de ralentir sa
marche, serait atteint par le troisième ou le quatrième, parti
après lui, les autres ayant été contraints de s'arrêter dans des
stations intermédiaires. Pour qu'un malheur fût possible, même
avec cette réunion de circonstances difficiles, il faudrait plus
qu'une négligence, toujours punissable; il faudrait, nous ne
craignons pas de le dire, la ferme intention d'occasionner ce
malheur.

Une fois démontré qu'il suffit de trois ou quatre piles différentes, si l'on songe à la longueur du circuit dans lequel ces piles
doivent agir (deux kilomètres à peu près) et au faible courant

suffisant pour mouvoir l'armature de l'électro-aimant d'un relais, on n'aura pas de peine à comprendre que ni la dépense ni la place nécessaire dans les convois ne peuvent être un obstacle sérieux à l'emploi des piles différentielles ; car, même dans le cas où une différence de dix éléments (petit format) serait indispensable, les piles les plus fortes seraient de quarante éléments, lesquels peuvent être enfermés dans une caisse très-peu volumineuse.

Pour ce qui est des soins réglementaires à prendre dans ce service, comme ils se bornent à mettre toujours les pôles de la pile du même côté et à observer un certain ordre dans l'intensité des générateurs, il est presque inutile d'y insister, car ils sont d'une simplicité extrême; mais, si cependant on craignait une erreur de la part de l'employé chargé de ce service, on pourrait avoir recours à des appareils automatiques de vérification.

Quant au certain ordre à observer dans l'intensité des piles placées sur les trains, l'appareil vérificateur peut consister en une espèce de *tour* comme ceux des couvents (fig. 264), lequel ne peut tourner que d'un côté, au moyen d'une roue à rochet avec son arrêt, et dont les différents compartiments sont exactement de la grandeur de chacune des différentes batteries et disposés dans l'ordre où l'on doit employer celles-ci.

Il n'y aurait plus ainsi d'équivoque possible, les employés du télégraphe remplissant toujours les compartiments vides avec les piles correspondantes, et les employés du train partant ne pouvant prendre une pile que dans le compartiment qui se trouve devant eux, lequel ne changerait de position, quand bien même on le voudrait, qu'après avoir été débarrassé de la pile qu'il contenait, comme le fait voir la figure 264 : *a* y représente la pile qui doit être placée sur le premier train prêt à partir, de 20 éléments, par exemple; l'employé n'en peut prendre une autre, parce que celle de 10 est censée être employée; la plate-forme du tour ne tourne que vers la gauche et la pile de 20 éléments ne peut marcher en arrière; elle ne pourrait pas non plus marcher en avant, et, par conséquent, il n'y aurait pas à craindre qu'on prît celle de 50, parce que la planche ou mur *p* ne laisse avancer la plate-forme qu'après qu'on a ôté la pile qui y trouvait un obstacle. Ces piles ne peuvent non plus être retirées qu'horizontalement et vers le devant, comme le tiroir d'une commode. Cette

Fig. 264.

disposition ne laisse donc pas subsister la plus petite chance d'erreur.

Pour s'assurer que les pôles du générateur sont bien placés,

que le communicateur est à une hauteur convenable et est bien
isolé, enfin que tout est en règle sur la locomotive, on pourrait
placer à la sortie de la remise ou de la gare une sorte d'appareil
d'épreuve, composé d'autant de piles qu'il y a d'intensités différentes, quatre par exemple, et faire communiquer chacune de
ces piles par le pôle positif (si le train doit porter son pôle positif
en communication avec la terre) avec un conducteur ou fil spécial, disposé à la même hauteur et de la même manière que le
conducteur général. Si chaque pile est munie de son appareil
indicateur, la locomotive, à son passage, fermera autant de circuits qu'il y a de piles, et ne sera parfaitement en règle qu'a-
près avoir produit le même nombre de signaux. Si les pôles du
générateur monté sur le train sont intervertis, on saura qu'il
faut les changer, parce que le signal correspondant à la pile de
même intensité n'aura pas lieu. Si tous les signaux manquent,
le fait serait plus grave encore, et proviendrait de ce que la
pile montée sur la locomotive ne fonctionne pas, de ce que la
communication se trouve interrompue; enfin ce serait là une
preuve certaine du danger qu'il y aurait à se fier aux appareils
sans les vérifier et les régler préalablement.

DU CONDUCTEUR GÉNÉRAL.

La disposition du *conducteur général* est très-importante, car
elle est une des parties essentielles du système : sans cette disposition, il serait impossible de recevoir des signaux sur les trains
à un point quelconque du trajet ; avec cette circonstance nécessaire (si l'on ne veut pas dépasser le but et rendre nuisibles ces
communications), de produire l'alarme seulement quand elle est
indispensable, c'est-à-dire quand la distance d'un train à un
autre train, à la station ou à un danger, exige que le mécanicien
prenne des précautions pour éviter un accident.

En effet, le *conducteur général* ne peut pas être formé par un
fil continu allant d'une station à une autre, car alors les signaux
seraient transmis à une distance plus grande qu'il ne faudrait ;
et, d'un autre côté, s'il était interrompu, c'est-à-dire composé de

morceaux à la suite les uns des autres, mais sans communication métallique entre eux, deux trains marchant en sens contraire pourraient se rencontrer par le fait même de ces solutions de continuité. *Il faut donc que le conducteur général soit formé de deux séries de morceaux de fil de fer parallèles, dont les interruptions soient alternées, c'est-à-dire que l'intervalle entre deux morceaux d'une série corresponde au centre de chaque morceau de l'autre série* (fig. 261). La longueur de chacun de ces morceaux 1 — 1, 2 — 2, 5 — 5, etc., doit être déterminée d'après la formule

$$L = 2v + a;$$

L étant la longueur de chaque morceau de fil métallique; v le double de la distance qu'un train peut encore parcourir après avoir reçu le signal d'arrêt et serré les freins quand il marche à grande vitesse, et a la distance minimum que les ingénieurs jugeront prudent de laisser entre les convois après l'amortissement complet de leur vitesse.

Nous avons préféré donner une formule générale pour la longueur des fils, au lieu de fixer immédiatement la distance à laquelle les trains doivent recevoir le signal; car, bien que, avec l'assistance de l'ingénieur en chef du chemin de fer de la Méditerranée, M. Méliton Martin, nous ayons fait plusieurs expériences qui déterminent cette distance pour cette ligne, nous croyons indispensable de les répéter sur chaque chemin avant d'y établir notre système.

Différentes causes, en effet, peuvent obliger à varier la longueur des morceaux du conducteur général, telles que la nature du chemin et du service auquel il est destiné, les circonstances de son tracé et de sa construction, et l'espèce et qualité du matériel, particulièrement des freins. Dans les expériences dont nous parlions ci-dessus, faites entre Madrid et Albacete, nous trouvâmes, pour la plus grande pente du chemin, qui est de 9 millimètres, avec un train composé de dix-huit waggons de marchandises, de six tonnes chacun, et descendant avec une vitesse de

60 kilomètres à l'heure, nous trouvâmes, disons-nous, que le train, après la réception du signal d'arrêt, la fermeture du régulateur et le serrement des freins, qui étaient au nombre de deux pour les dix-huit waggons, parcourait encore une distance de 500 à 600 mètres avant de s'arrêter complétement.

En appliquant ces données à la formule, il résulterait que la longueur des fils devrait être de 2,500 mètres, si l'on regardait 100 mètres comme suffisants pour la valeur de a. Mais cette longueur serait, comme il est facile de s'en rendre compte, pour le cas où il y aurait deux pentes égales et inverses, et où les deux trains les descendraient en même temps, pour aller se rencontrer à la partie inférieure. Il ne suffit donc pas de tenir compte du maximum de vitesse des trains express sur chaque ligne, et de la nature et du nombre des freins ; il faut aussi augmenter ou diminuer la longueur des morceaux du conducteur général, suivant les pentes et la manière dont elles sont distribuées.

En effet, le train qui, en descendant une pente de 9 millimètres, parcourt encore l'espace de 600 mètres après avoir reçu le signal d'arrêt, en parcourra à peine 200, avec les mêmes circonstances, dans une partie de la voie à niveau : et si, pour éviter une rencontre entre deux trains qui descendent en sens contraire deux pentes de 9 millimètres, il faut au moins 1,200 mètres d'intervalle pour la réception des signaux, 700 suffisent peut-être quand l'un monte et que l'autre descend la même pente, car l'action de la pesanteur retardera la marche de l'un autant qu'elle aura accéléré celle de l'autre.

Il peut encore se présenter deux pentes en face l'une de l'autre, unies par leur partie la plus basse, et des combinaisons d'une pente rapide avec une autre moins roide ou avec une portion de voie à niveau : on doit donc avoir égard à quatre cas pour la détermination de la longueur des fils qui doivent former le conducteur général : 1° portions de voie à niveau ; 2° à pente constante et régulière ; 3° portions à pentes inverses réunies à leur point le plus bas ; 4° points où une pente se réunit à une pente plus douce ou à une portion de voie à niveau.

Si, dans les conditions susmentionnées pour les trains, ceux-ci parcourent une distance de 200 mètres dans les parties à niveau, et de 600 dans les pentes de 9 à 10 millimètres, il faudra que les fils soient, pour le premier cas, de 900 à 1,000 mètres ; pour le second, de 2,500 à 2,600 ; pour le troisième, de 1,400 à 1,500, et pour le quatrième, de 1,700 à 1,800, c'est-à-dire le double de la distance que parcourt encore après le signal d'arrêt chacun des deux trains, celui qui descend et celui qui est sur la partie à niveau, plus l'intervalle a qui doit rester entre eux.

On se demandera peut-être pourquoi les trains ne parcourant qu'une distance de 500 mètres, par exemple, après avoir reçu le signal d'arrêt et pris les précautions nécessaires, nous inscrivons dans la formule une longueur quadruple, car v est le double de cette distance. Pour comprendre cela facilement, qu'on examine la figure 261, et qu'on se rappelle ce qui a été dit sur la nécessité de composer le conducteur de deux séries de morceaux ou lignes brisées de fil métallique.

Nous avons démontré que si le conducteur général était d'un seul morceau allant d'une station à une autre, les trains recevraient le signal trop tôt, et alors il n'y aurait aucun avantage à substituer, ou plutôt à ajouter notre système au système télégraphique déjà existant sur tous les chemins de fer bien organisés. Si le conducteur se composait de morceaux isolés les uns des autres, comme cela doit être, aucune communication électrique n'existant entre eux, deux trains pourraient se rencontrer à l'interruption ; il est donc indispensable d'établir les deux séries de morceaux alternés comme l'indique la figure 261, isolés entre eux, mais assez rapprochés pour que le communicateur de chaque train puisse toucher les deux séries à la fois.

Les deux trains étant dans la position TT' qu'indique la figure, et marchant avec la même vitesse, arriveraient tous deux en même temps sur le morceau 6 — 6 ; ils recevraient le signal et s'arrêteraient à temps au point b''', même quand la longueur du fil ne dépasserait pas v, c'est-à-dire le double de la distance que parcourt l'un des trains par suite de la vitesse acquise ; mais, comme il peut se faire, et ce sera même le cas le plus fréquent, que l'un des trains soit dans la position T''', ou toute autre analogue, ou, ce qui revient au même, que les deux trains n'arrivent pas en même temps sur le fragment de fil qui doit les protéger, il s'ensuit que la longueur v ne suffirait pas, et qu'il y aurait une collision avant l'extinction de la vitesse acquise par chacun d'eux; il faut donc rechercher le cas le plus défavorable, et se baser sur lui pour faire le calcul. Ce cas est incontestablement celui où la position respective des deux trains serait T et T'', car, au moment où le premier arrive sur le fil 6—6, déjà le second en aurait parcouru la moitié, et il ne resterait pour les protéger que l'autre moitié, qui doit être par conséquent équivalente au double de la distance parcourue par un train, après qu'il a reçu le signal d'alarme et pris les dispositions pour l'arrêt, et comporter, de plus, l'intervalle de prudence a, qui doit toujours subsister entre eux, et qui est destiné à prévenir les conséquences possibles d'un retard dans la manœuvre.

Que l'on se rende bien compte de toutes les positions où peuvent se trouver deux trains, et l'on verra qu'il n'y en a pas de plus désavantageuse, car, si le train T'' n'était pas parvenu à b''', quand T arrive sur le fil 6—6, l'intervalle qui existe entre eux serait plus grand qu'il n'est besoin; si, au contraire, T'' augmente sa vitesse et dépasse le point b''' avant que T arrive à 6—6, T n'aura pas encore abandonné le fil 4—4 quand T'' arrivera à 5—5, et ce sera cette dernière portion du conducteur qui deviendra protectrice, et les trains se trouveront sur cette portion dans l'un des cas que nous avons expliqués pour le 6—6.

La longueur des morceaux de fil n'est pas la seule chose dont on ait à se préoccuper dans le *conducteur général* : la manière de l'isoler parfaitement, ainsi que la substance dont il doit être fait, sont des points essentiels qui méritent d'occuper un moment notre attention. S'il ne s'agissait que d'obtenir un conducteur le plus parfait possible, il suffirait de se rappeler les lois émises dans les chapitres précédents, et principalement dans le sixième : on y verrait qu'une barre de cuivre de grande section, montée sur des isoloirs de gomme laque, remplirait mieux que tout autre conducteur la condition de transmettre le fluide électrique rapidement et sans perte sensible. Mais, outre que le cuivre et la gomme laque sont des substances trop chères pour être employées de cette manière, ce serait une dépense parfaitement inutile, parce qu'un circuit aussi petit que celui dont nous avons besoin n'exige pas d'aussi grandes précautions ; la résistance qu'opposent au courant deux métaux distincts ne diffère pas au point d'influer sur sa vitesse ou sur sa force, de manière à nous empêcher d'obtenir l'effet que nous nous proposons ; il suffit donc, à notre avis, quoique le *Génie industriel* prétende le contraire [1], d'un fil de fer galvanisé de 3 à 4 millimètres de diamètre, semblable à celui qu'on emploie pour les télégraphes ordinaires : dans ces derniers, une pile de quatorze éléments fait partir un appareil d'alarme dans un circuit de 500 à 600 kilomètres ; pourquoi un électro-aimant n'agirait-il pas sous l'impulsion d'un pareil courant, dans un circuit de 2 kilomètres tout au plus ? L'expérience, d'ailleurs, a pleinement confirmé notre supposition, et c'est maintenant un fait parfaitement démontré que, pour notre système, nous n'avons pas besoin d'employer des barres ou tringles de grande section, mais qu'il suffit de fils de peu de diamètre. Le fer est préférable au cuivre, non-seulement parce qu'il est moins cher, mais parce qu'il supporte mieux, grâce à son élasticité, les effets de la contraction et de la dilatation : les fils de cuivre, une fois distendus par la chaleur, reprennent difficilement l'état de tension qu'ils ont perdu, inconvénient beaucoup moins sensible avec le fer.

Que le conducteur soit constitué par une barre, une tringle, un ruban ou un fil, l'essentiel, c'est que cette barre, cette tringle, ce ruban ou ce fil soit métallique et monté sur des isoloirs d'une construction particulière qui permette la communication continuelle entre le conducteur général et le générateur électrique monté sur le train, communication qui s'établit de la manière que nous expliquerons plus tard ; il suffit de dire, pour le moment, qu'on l'obtient en faisant frotter le *communicateur* contre le *conducteur général* ; celui-ci doit donc être placé de façon à n'opposer aucun obstacle à ce frottement.

[1] Tome XI. p. 175.

Dans les essais que nous avons déjà faits, nous avons employé plusieurs espèces d'isoloirs : en porcelaine, en verre, en caoutchouc vulcanisé et en bois recouvert de gutta-percha ; ces derniers ont l'avantage d'être peu coûteux ; mais, pour un service permanent, il serait possible que ceux en porcelaine fussent les plus avantageux, en ce sens qu'ils sont moins sujets à se détériorer. Quant à la forme, ils doivent être semblables à ceux qu'on emploie sur les lignes télégraphiques du duché de Brunswick, et que représente la figure 265. Ces isoloirs sont sur une fourche en fer, ce qui permet de les placer sur un seul poteau, car il en faut deux l'un à côté de l'autre et à une distance voulue. Cette distance (15 à 20) centimètres), ainsi que la dimension que nous avons donnée aux isoloirs (30 centimètres) dans nos premiers essais, était nécessaire, parce que nous faisions usage de l'électricité statique et du communicateur en forme de frange que représente la figure 266; il fallait éviter, en effet,

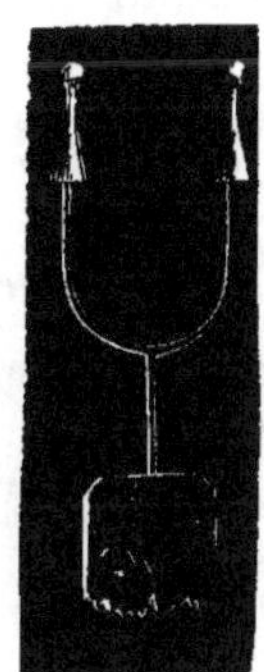

Fig. 265.

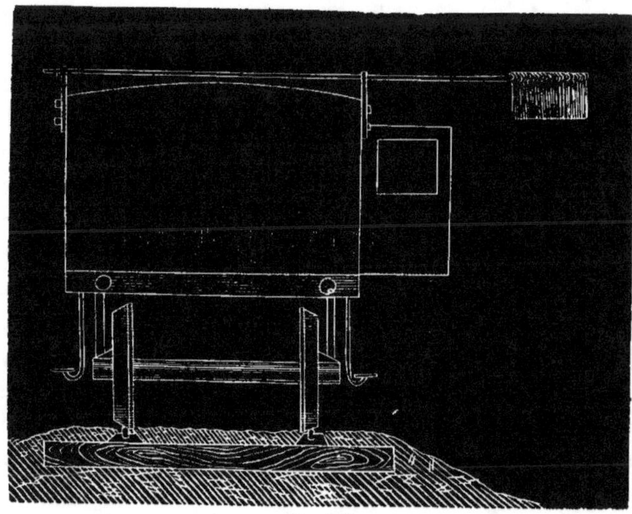

Fig. 266.

que l'électricité se communiquât d'un fil à l'autre des deux isoloirs, sauf au moment voulu, et que la frange, en atteignant le point le plus bas de l'inflexion du conducteur général, touchât aux poteaux ou aux barres de fer soutenant les isoloirs de 50 en 50 mètres. Mais, avec une nouvelle forme de communicateur dont nous parlerons plus tard, on pourra réduire leur dimension à 5 ou 6 centimètres, et, de plus, les placer directement sur les poteaux (fig. 267), sans la longue fourche de fer qui augmente considéra-

blement la dépense. Leur prix de revient sera ainsi réduit au quart, et peut-être à moins.

Comme les fils d'un télégraphe ordinaire, ceux du conducteur général doivent être tendus, et même il conviendrait qu'ils le fussent toujours le plus parfaitement possible ; par conséquent, non-seulement on a besoin des mêmes appareils tendeurs dont nous avons déjà parlé (chap. xi), ou d'autres semblables ; mais, pour diminuer la flèche des fils, on doit rapprocher les poteaux autant qu'il est pos-

Fig. 267.   sible de le faire sans trop augmenter les frais d'installation. Ces frais sont moins importants qu'on ne le penserait au premier abord, si l'on fait attention au genre de poteaux qui nous semblent préférables, et dont la valeur ne dépasse pas 1 fr. 50 cent. Nous sommes persuadé qu'en plaçant les poteaux à une distance de 20 à 30 mètres les uns des autres, la flèche ne dépasserait pas 15 centimètres, même sans employer d'autres tendeurs que ceux des télégraphes ordinaires, ni en plus grand nombre, c'est-à-dire 1 par kilomètre. Il convient aussi de prévenir la rupture des fils du conducteur, qui peut être occasionnée par l'abaissement de la température, lorsqu'ils sont excessivement tendus ; si cette rupture se renouvelait trop fréquemment, ce que nous ne croyons pas, on pourrait terminer les fils, près des appareils tendeurs, par des ressorts à boudin trempés, de manière à pouvoir céder au grand effort de contraction du fil, mais non à la simple action des appareils qui le maintiennent tendu.

Nous avions cru d'abord, et nous avons même émis cette idée dans un premier mémoire, qu'il serait peut-être plus avantageux

de placer le conducteur général entre les deux rails ; mais l'expérience a prouvé que ce moyen ne pourrait s'appliquer utilement que dans un nombre de cas très-restreint : d'abord, parce que les locomotives ont en général leur cendrier très-bas, et que quelques tenders ont leur dépôt d'eau presque au niveau des rails : on s'exposerait donc, en posant le conducteur général très-près du sol, à le voir endommagé, non-seulement par un objet quelconque détaché du train même, mais aussi par les employés qui parcourraient la voie ; il courrait, de plus, le risque, surtout en temps de neige, de perdre l'isolement qui lui est si nécessaire, car, bien que les curieuses expériences de Palagi, que nous avons mentionnées au sixième chapitre, nous fassent espérer que notre système pourra un jour être appliqué sans conducteur isolé, en se bornant à établir convenablement l'interruption dans les rails, il n'est pas facile maintenant d'en faire l'application immédiate, puisque, même avec toutes les précautions qu'il est possible de prendre, le plus grand nombre voit avec défiance l'emploi de l'électricité dans les chemins de fer. Mais, revenant aux inconvénients que présente l'établissement du conducteur général au milieu de la voie, nous ajouterons que les réparations continuelles qu'exige un chemin de fer, et qui nécessitent le changement des traverses ou leur exhaussement de temps en temps, seraient un nouvel obstacle pour une semblable disposition.

Celle qui nous paraît préférable consiste à placer le conducteur sur un côté de la voie ou dans l'entrevoie, comme l'indiquent les figures 268 et 269, tracées d'après les renseignements pris au chemin de fer d'Orléans, section de Juvisy à Corbeil, pour la voie et les voitures, et d'après les dimensions d'une des plus larges locomotives qui aient été construites. Dans les chemins à une seule voie, comme celui que représente la figure 268, il n'y a aucune difficulté à craindre pour cette disposition latérale ; dans ceux à deux voies, on pourrait placer le conducteur de trois manières : soit en ayant soin de le mettre toujours du même côté, à droite ou à gauche, dans les deux voies, auquel cas l'un des conducteurs serait dans l'entrevoie ; soit en mettant les deux conducteurs à côté du rail extérieur de chaque voie, et, par con-

séquent, l'un à droite, l'autre à gauche de la ligne qu'ils protégent ; soit enfin en les plaçant tous les deux dans l'entrevoie,

Fig. 268.

comme le représente la figure 269. Dans les deux derniers cas,
il serait nécessaire de modifier le communicateur de la manière
que nous expliquerons en parlant de cette partie du système.

Qu'on le place sur les côtés ou dans l'entrevoie, le conducteur
général doit réunir les conditions que nous avons indiquées,
savoir : se maintenir parfaitement isolé, même en temps de neige
ou de grandes crues ; conserver ses fils bien tendus avec la flèche
la plus petite possible, et être disposé de façon que ni les passants
ni les objets détachés des trains ne puissent le déranger. Toutes
ces conditions se trouvent remplies dans les dispositions des
figures 268 pour une voie, et 269 pour deux voies. Les fils sont
placés sur des isoloirs de la manière indiquée, et les isoloirs sont
fixés à des poteaux de 1 mètre de hauteur, d'une section assez

forte pour qu'ils ne plient pas sous le poids des fils tendus, et distants de 20 mètres les uns des autres.

Si les conducteurs des deux voies étaient placés dans l'entre-

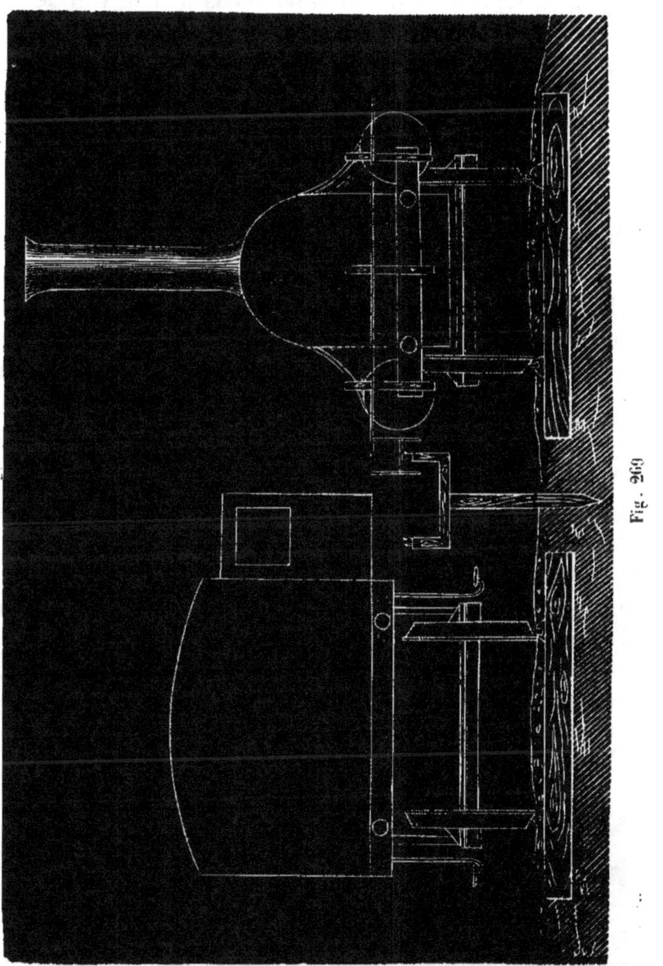

voie, on pourrait se servir du même poteau, en ajoutant seulement une traverse et des étais, comme on le voit dans la figure 269 ; de cette manière ils sont assez éloignés l'un de l'autre pour qu'il n'y ait point lieu de craindre un choc entre les communicateurs de deux trains marchant chacun dans sa voie, et assez séparés aussi de leur propre voie, pour que les marche-pieds, même les plus saillants, ne puissent leur causer aucun dommage.

La hauteur de 1 mètre au-dessus du niveau des rails, à laquelle le matériel de la ligne d'Orléans permet de placer les conducteurs, serait à peu près la même pour les autres lignes, et, en même temps que cette hauteur serait suffisante pour conserver leur isolement en toute circonstance, elle les mettrait aussi hors de l'atteinte d'une portière restée ouverte par négligence.

Le conducteur général pourrait être établi tout le long d'une voie ferrée sans autres précautions que celles que nous venons d'indiquer, s'il n'y avait ni croisements, ni passages à niveau, ni aiguilles, ni autres inconvénients qui s'opposassent à la continuité de la disposition adoptée pour le conducteur. Dans chacun de ces cas, le conducteur, sans cesser d'être continu dans la longueur voulue, et sans perdre son isolement, doit permettre le libre passage des trains, des voitures et des piétons qui ont à traverser certains endroits de la voie. Il faut, pour cela, qu'aux croisements, passages à niveau ou tout autres points où il pourrait devenir un obstacle à la circulation, on le recouvre d'une couche de gutta-percha ou autre substance isolante, qu'il traverse sous terre les quelques mètres (4 ou 6) qu'il doit laisser libres, et qu'il ressorte de l'autre côté pour continuer dans la

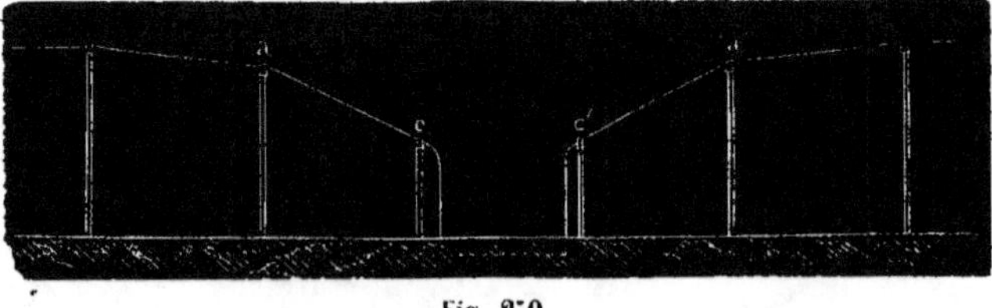

Fig. 270.

forme ordinaire (fig. 270). Dans ce cas, le communicateur porté par le train cesse d'être en contact avec le conducteur général pendant une fraction de seconde ; mais cet intervalle de temps est trop court pour avoir la moindre influence défavorable sur la sécurité du train. On pourrait cependant éviter cette interruption dans le contact, en établissant sur le train deux communicateurs séparés l'un de l'autre par un intervalle un peu plus grand que la longueur du fil souterrain, et liés entre eux par un fil isolé : de cette façon, quand le premier toucherait de nouveau le conducteur, après avoir dépassé l'interruption, le second ne l'aurait pas encore abandonné.

On voit dans la figure 270 que le conducteur, avant de disparaître sous le sol de chaque côté du passage à niveau ou du croisement, descend d'un poteau ordinaire a vers un autre plus petit c; cela est indispensable, afin que le communicateur, qui frotte contre le conducteur, et qui, en arrivant au dernier poteau a, doit naturellement s'abaisser, ne vienne point heurter brusquement le poteau a' après avoir franchi l'interruption, mais que, s'appuyant sur lui, il monte graduellement par le plan incliné $c'a'$ formé par les fils du conducteur.

Fig. 271.

Dans les expériences que nous avons faites sur le chemin de

fer de la Méditerranée, où, par économie et pour gagner du temps, nous nous sommes servi des poteaux du télégraphe ordinaire, et avons établi le conducteur général à 5^m,50 au-dessus du niveau des rails [1], nous avons employé un autre moyen pour que le conducteur, sans qu'il fût besoin de l'enterrer, ne gênât cependant en rien dans les croisements et passages à niveau. Ce moyen, qu'on devrait adopter peut-être toutes les fois que le conducteur se trouverait élevé, soit sur un côté de la voie, soit dans l'entrevoie, mais sur les trains, comme nous le dirons plus tard, a l'avantage de maintenir les fils du conducteur toujours à la vue des employés.

Les figures 272 et 273 représentent la disposition que nous avions adoptée. Elle consiste à séparer le conducteur général *aa* avant d'arriver au croisement, et à le faire monter au moyen d'isoloirs fixes sur des poteaux à une hauteur *pp*, suffisante pour permettre la circulation au-dessous de *cc*, d'où il va reprendre la ligne *aa* par le même procédé. Ceci, comme on le voit, équivaut à enterrer les fils ; et il reste toujours une interruption insignifiante, pour laquelle il est inutile de répéter nos observations : elles seraient identiques, puisqu'il n'y a rien de changé dans la disposition des appareils sur le train ni dans celle du communicateur.

Il n'en serait point ainsi si le conducteur général se trouvait établi sur la voie elle-même, entre les rails, mais à une hauteur plus grande que la partie supérieure des voitures. Cette disposition, que nous ne croyons convenable que pour des cas tout à fait spéciaux, exigerait un communicateur différent de celui qu'on pourrait employer pour le conducteur placé à côté de la voie ou dans l'entrevoie, à une hauteur de 1 mètre à peu près au-dessus des rails, disposition qui, nous le répétons, est celle que nous croyons préférable.

---

[1] Malgré cela et la circonstance défavorable d'avoir des poteaux éloignés de 50 mètres les uns des autres, les essais eurent un résultat aussi satisfaisant que nous pouvions le désirer. Le conducteur général était à 1^m,70 de la ligne extérieure des rails, appuyé sur des fourches, comme le représente la figure 271, pour que cette distance fût toujours la même, malgré l'irrégularité de celle des poteaux et leur hauteur variable.

Nous ne pouvons cependant nous dispenser de parler d'un autre moyen d'établir le conducteur général, avec lequel on éviterait les inconvénients que quelques personnes croient trouver

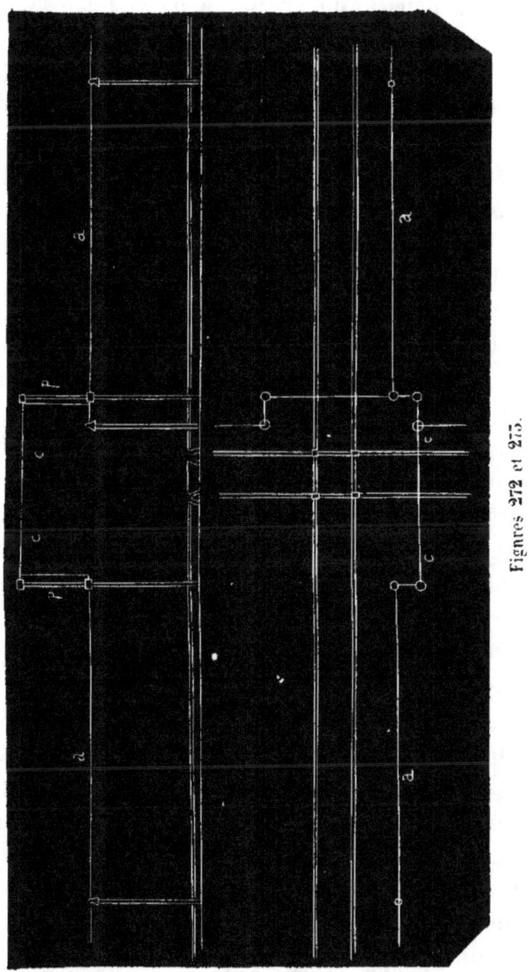

Figures 272 et 273.

dans les dispositions que nous venons d'expliquer. Dans celles-ci, comme on a pu le voir, le conducteur général se trouve toujours à la même distance des rails et à la même hauteur au-dessus d'eux ; en un mot, les rails et le conducteur sont parallèles dans toute leur longueur, pour que le communicateur attaché au train puisse être toujours en contact avec le conducteur et le frotter, pour ainsi dire, dans toute l'étendue de la ligne. Laissant de côté les objections relatives à la flèche des fils, à la malveillance qui peut les déranger et toutes les autres qui ne méritent pas d'être réfutées, ou auxquelles nous avons déjà répondu victorieusement, nous en prendrons une en considération, quoiqu'elle soit aussi peu fondée que les autres, comme nous l'avons démontré dans différents endroits de ce chapitre, et nous croyons pouvoir aussi la réduire à néant, s'il était nécessaire, en variant seulement la position du conducteur général. Dans quelques chemins, a-t-on dit, les ouvrages d'art, et surtout les tunnels, sont si étroits, qu'ils ne permettraient pas la disposition latérale du conducteur. D'abord nous ne croyons pas qu'il existe un tunnel, pont ou tout autre ouvrage d'art où il n'y ait pas, depuis les rails extérieurs jusqu'au mur, une distance au moins égale à la moitié de l'entrevoie, et cela suffit pour établir le conducteur. Mais, même en supposant que cela fût réellement impossible, faudrait-il, pour cela, renoncer au système de signaux que nous proposons ? Certainement non, si l'on regarde comme quelque chose la vie des voyageurs, et si l'on ne veut pas la sacrifier au désir mesquin de faire des économies mal entendues, car elles coûtent toujours plus cher que l'adoption d'un système quelconque.

Dans ce cas extrême, on pourrait établir le conducteur, comme tout autre fil quelconque, parmi ceux de la ligne télégraphique, et à la distance que l'on voudrait ; mais il faudrait de temps en temps des dérivations, soit sous terre, soit au niveau du sol, et, par conséquent, bien isolées, qui viendraient se terminer au-dessous ou à côté du train par une petite roulette ou ressort de métal exactement sous les marchepieds, pour se mettre là en contact avec une plaque métallique bien isolée, placée tout le long du train ou du moins dans toute la longueur de la locomotive et du tender [1]. On conçoit très-bien que si les intervalles

<hr>

[1] L'apparition du nouvel ouvrage de M. du Moncel, *Revue des applications de l'électricité*, vient de nous faire savoir que M. Crestin avait modifié son système en adoptant

entre deux dérivations étaient de même longueur ou plus courts
que la plaque métallique isolée qui constituerait le communicateur, celui-ci ne cesserait jamais d'être en contact avec le conducteur général, parce qu'il produirait le même effet dont nous
avons parlé à propos des interruptions de contact dans les passages à niveau, interruptions que nous disions pouvoir être évitées par l'emploi de deux communicateurs : là, l'un des communicateurs n'abandonnait le conducteur général qu'autant que
l'autre, après l'avoir quitté, recommençait à le toucher; ici, le
communicateur, étant d'une grande longueur, ne cesserait
d'être en contact avec l'une des dérivations du conducteur qu'a-
près avoir atteint la suivante. L'effet, comme on le voit, est le
même qu'avec tout autre système de *conducteur général;* mais
naturellement il reviendrait beaucoup plus cher, car, s'il a l'avantage de ne pas exiger des poteaux spéciaux établis avec un certain
soin, la quantité de fil employé est beaucoup plus grande, et une
bonne partie de ce fil doit être recouverte de gutta-percha ou de
toute autre substance isolante : la main-d'œuvre nécessaire pour
que les dérivations vinssent toujours se rencontrer avec le communicateur serait aussi assez coûteuse. En un mot, nous
croyons que, bien qu'utile dans certains cas, cette disposition est
moins avantageuse que celle qui consiste à établir le conducteur
général dans l'entrevoie ou à côté de la voie, sur des poteaux de
1 mètre de hauteur, placés à 20 ou 30 mètres les uns des
autres.

DU COMMUNICATEUR.

En développant le système dont nous avons établi le principe
en quelques lignes, sans qu'il soit pour cela moins complet, car
il y a une différence entre la description détaillée de chacune des

---

une disposition semblable pour les fils conducteurs; nous ne connaissons pas l'époque
à laquelle il a eu cette idée; quant à la nôtre, elle nous est venue depuis le commencement, en même temps que plusieurs autres; mais nous l'avions rejetée pour le cas
général, comme trop dispendieuse, et nous ne l'avons consignée par écrit qu'en 1856,
dans le manuscrit que nous avons déposé au ministère des travaux publics d'Espagne,
et qui a été publié en 1857.

parties qui le composent (où il convient de discuter les différentes formes qu'on peut leur donner), et la base, ou plutôt le système proprement dit, très-simple par lui-même ; en le développant, disons-nous, nous avons exposé déjà deux de ses parties principales : le générateur électrique et le conducteur général isolé, qui, avec les rails ou le sol, doivent constituer le circuit où se produit le signal d'alarme quand un train, par le fait qu'il s'approche d'un autre, ou qu'il se trouve à une certaine distance d'un danger, ferme lui-même ce circuit ; mais il est nécessaire que le générateur ait l'un de ses pôles en communication avec la terre et l'autre avec le conducteur général, pour que le circuit puisse s'établir.

La communication entre les trains et la terre ou les rails s'effectue par le simple contact des roues avec ces derniers ; mais, pour mettre en communication le train avec le conducteur général disposé sur un des côtés de la voie, il faut dresser une tringle parfaitement isolée (fig. 274), à l'extrémité de laquelle on sus-

Fig. 274.

pend une frange métallique *f*, composée de fils de fer dont la partie supérieure reste assujettie, par l'effet même de la torsion ou d'une soudure, sur un anneau d'un diamètre intérieur plus grand que celui de la tige ou tringle, afin que chaque fil puisse jouer librement autour d'elle.

A ce communicateur on peut substituer, et quelquefois avec avantage, un de ceux dont nous allons donner la description. Celui de la figure 275 consiste en une barre ou tringle métallique à l'extrémité de laquelle sont fixés deux ressorts à boudin *aa* enfermés dans deux tuyaux aussi en métal, munis d'une rainure qui permet à la petite tringle *b* de monter et de descendre suivant les inflexions du conducteur général : pour éviter le frottement, on rend mobile cette petite tringle de manière qu'elle puisse tourner, ou, si on la maintient fixe, on l'enveloppe d'un rouleau creux métallique qui tourne à mesure qu'avance le communicateur. Pour prévenir le cas de rupture de la tringle ou celui d'un contact imparfait causé par un déplacement quelconque, on dispose trois couples de ressorts à une certaine distance les uns des autres, comme l'indique la figure vue de côté.

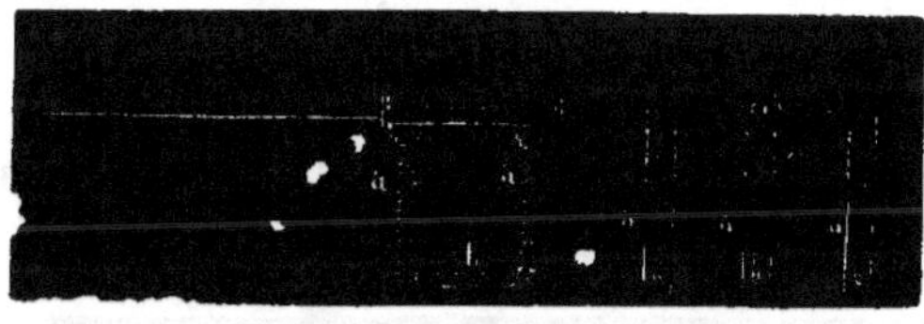

Fig. 275.

Le communicateur de la figure 276 est aussi une petite tringle, mais invariablement fixée aux deux autres *aa*, qui peuvent se

Fig. 276.

mouvoir autour de la grande tringle *t*, de manière qu'en appuyant sur le conducteur général leur inclinaison variera selon la flèche de ce derneir ; le poids de cette tringle, sans être trop grand, doit être suffisant pour la maintenir en contact avec les fils du conducteur. Ces fils doivent seulement appuyer sur la rainure de 4 millimètres creusée dans chaque isoloir, et ils y seront maintenus par leur propre poids et les appareils de tension.

Dans les passages à niveau, lorsqu'il s'agira d'enterrer les fils ou de les élever, afin de les écarter de la ligne, comme nous l'avons déjà dit plus haut, on placera des appareils de traction sur des poteaux plus bas que l'extrémité inférieure du communicateur, de manière que le rouleau ou baguette de celui-ci abandonne les fils par un plan incliné, et les reprenne de même sans le moindre choc, comme dans la figure 270.

Dans le cas où la frange serait trouvée plus avantageuse que les deux communicateurs que nous venons de décrire, elle devrait être formée, non pas de morceaux de fil de fer tordus, comme nous l'avions proposé d'abord, mais par des bouts de fil d'acier droits de 2 millimètres d'épaisseur et d'une trempe semblable à celle des aiguilles à tricoter, qui, sans être fragiles, ne restent pas recourbées quand un choc leur fait perdre momentanément leur forme.

Qu'on emploie le communicateur à frange ou l'un des deux autres, la tringle au bout de laquelle il se trouve peut recevoir la disposition indiquée dans la figure 277, disposition qui lui

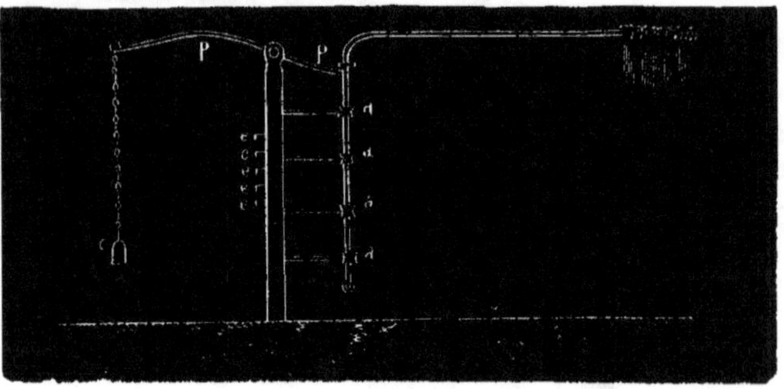

Fig. 277.

laisse un mouvement circulaire autour des supports isolants *aaaa*, et qui, en même temps, au moyen du levier *pp* et du cordon en soie *c*, lui permet de s'élever ou de s'abaisser, selon la plus ou moins grande inclinaison que la vitesse donne à la frange : la hauteur une fois déterminée, on fixerait l'anneau qui termine le cordon aux crochets *eee*; mais il serait plus simple de faire appuyer la tringle, avec isolement, sur des supports assujettis aux châssis de la voiture ou sur le devant de la locomotive (fig. 268 et 269) ; mais de manière qu'on pût la faire descendre, monter et glisser de côté, ce qui serait facile en donnant aux supports la forme des figures 278 et 279 ; c'est-à-dire en leur pratiquant une rainure qui permît de les boulonner à différentes hauteurs, et en suspendant la tige à des anneaux isolés, semblables aux isoloirs, en forme de cloche ; des parties saillantes dans la barre l'empêcheraient de glisser de côté, à moins qu'on ne le voulût expressément et qu'on ouvrît les fermoirs.

Il pourrait arriver qu'il existât des lignes où les tunnels fussent à une seule voie, et que cette voie fût si étroite, qu'il serait impossible de conserver au conducteur général la disposition latérale. Dans ce cas, tout en plaçant le conducteur d'une autre manière le long du tunnel, il faudrait faire en sorte que le communicateur pût se retirer et se replacer facilement, car, sans cette précaution, il serait brisé contre les parois du tunnel. La disposition représentée dans la figure 274, qui consiste tout simplement à donner à la tringle une articulation qui lui permette de se relever en tournant autour de son support, ne pourrait être employée que dans le cas où la tringle, étant suffisamment courte et légère, se trouverait placée non loin du mécanicien; mais, dans le cas contraire, il faudrait recourir à une autre disposition, comme, par exemple, celle que représentent les figures 280, 281 et 282.

Figures 278 et 279.

La tringle T est appuyée sur un cadre $abcd$, dont deux côtés, ab, bc, sont deux crémaillères pouvant être mises en mouvement en s'engrenant avec la roue r, appuyée à son tour sur les coussinets oo, fixés aux barres horizontales centrales hh d'une espèce de châssis $ABCD$. Ces barres centrales sont liées aux barres inférieures du châssis par quatre barres verticales $mmmm$, disposées comme l'indiquent les figures, et elles ont, ainsi que les autres verticales $ADBC$, chacune une rainure servant de coulisse.

Les rainures de AD et BC emboîtent la tringle T, qui peut ainsi monter et descendre, avancer et reculer sans aucun mouvement latéral; et celles des barres mm emboîtent quatre tronçons ou buttoirs munis de roulettes et fixés au cadre $abcd$, qui, de cette manière, sera maintenu sans faire d'autre mouvement que de monter et descendre, jusqu'à ce que, arrivant au niveau supérieur des barres *hh*, les roulettes puissent glisser sur ces barres et suivre le mouvement de la tringle *T*. Ce mouvement

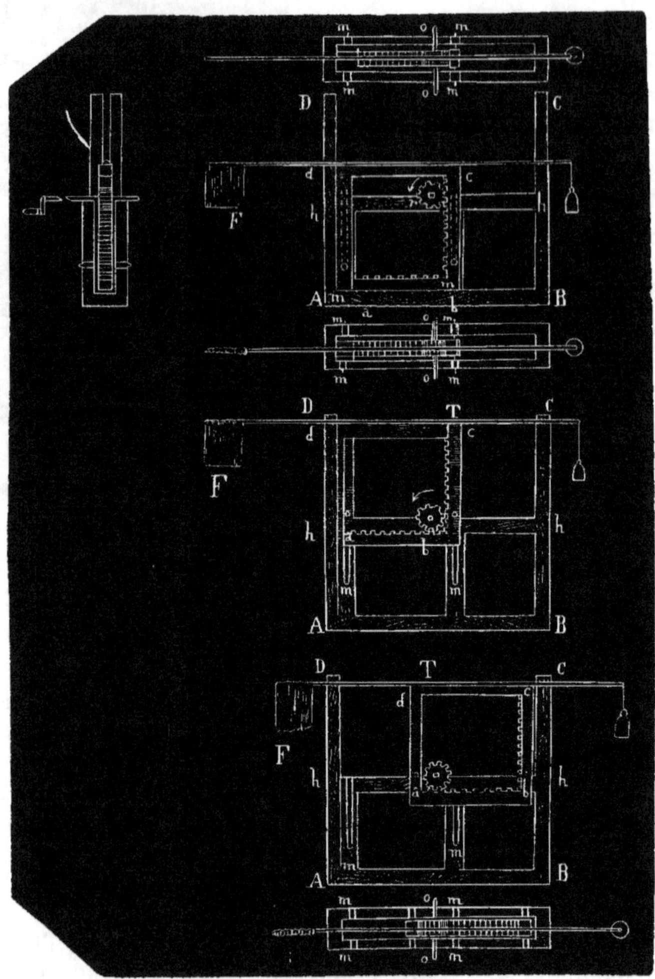

Figures 280, 281 et 282.

est facile à comprendre : le communicateur *F* étant en contact avec le conducteur général, la tringle qui le supporte et le cadre où cette tringle est fixée occuperont la position indiquée dans la figure 280, c'est-à-dire la crémaillère verticale engrenant avec la roue, et la tringle et les roulettes tout à fait en bas de leurs rainures. Si on veut séparer le communicateur et le conducteur général, on n'aura qu'à tourner dans le sens de la flèche une manivelle attachée à la roue, et la crémaillère verticale montera avec le cadre, la tringle et les roulettes, et ira prendre la position indiquée par la figure 281. Dans cette position, la crémaillère horizontale est venue s'engrener à son tour avec la roue, et les roulettes du cadre, n'étant plus retenues par les rainures, glisseront sur les barres *hh*, entraînant le cadre et la tringle dans la position que représente la figure 282, où le communicateur se trouve séparé du conducteur sans danger de se briser contre les parois du tunnel, et sans avoir couru le risque de déranger dans le changement de position aucune des parties qui constituent le système. Ce mécanisme, nécessaire seulement dans le cas où l'on emploie le communicateur que représente la figure 275, peut être placé très-avantageusement sur le devant de la locomotive, la manivelle se trouvant à côté du mécanicien.

Si l'on s'apercevait que dans une des dispositions que nous venons d'indiquer l'isolement de la tringle ne pût s'obtenir qu'aux dépens de la solidité ou avec de grands frais, il suffirait d'isoler le communicateur à l'extrémité de la tringle, et d'attacher à celle-ci un fil recouvert de gutta-percha, qui irait se mettre en relation directe avec le communicateur et l'appareil générateur.

La seule chose qui, au premier abord, pourrait paraître un obstacle à l'établissement du conducteur général sur le côté de la voie, c'est le mouvement d'oscillation imprimé au communicateur, qui est ainsi beaucoup plus sensible que dans le cas où le conducteur serait placé au centre de la voie ; mais cette circonstance, loin d'être un inconvénient, offre au contraire un grand avantage, quelle que soit l'espèce de communicateur qu'on emploie, car les points de contact de celui-ci avec le conducteur général varient incessamment, ce qui diminue l'usure et la chaleur causées par le frottement.

Quant à l'objection qu'on fait ordinairement, relative à la courbe formée par les fils imparfaitement tendus, nous avions déjà dit, avant de faire des expériences en grand, que l'on pour-rait diminuer à volonté la flèche de cette courbe en rapprochant davantage les poteaux, en augmentant le nombre des appareils tendeurs et en diminuant le diamètre, et, par conséquent, le poids du fil, qui n'exige pas une grande section pour les effets qu'il est destiné à produire ; de plus, on pourrait allonger suffi-samment le communicateur, afin que, dans tous les cas, il pût se trouver en contact avec le conducteur général. Avec la disposi-tion que nous avons proposée plus haut pour ce dernier, et que nous adopterons dans nos travaux successifs, ainsi qu'avec les communicateurs des figures 275 et 276, la solution du pro-blème devient plus facile et moins dispendieuse, bien que cepen-dant elle n'ait présenté aucune difficulté dans nos premières ex-périences, malgré les conditions défavorables dans lesquelles nous nous trouvions pour faire fonctionner notre système. En effet, les poteaux dont nous nous servions étaient ceux du télé-graphe de la ligne, placés à 50 mètres les uns des autres ; le fil se trouvait à une hauteur de $3^m,50$, et à une distance de $1^m,70$ du rail ; par conséquent, la flèche de la courbe et le mouvement d'oscillation étaient beaucoup plus sensibles qu'ils ne le seront quand nous en viendrons à appliquer définitivement notre sys-tème.

Une fois résolu le problème de faire communiquer l'un des pôles du générateur électrique avec le conducteur général, celui d'établir cette même communication entre l'autre pôle et la terre, pour que celle-ci fasse partie du circuit, est si simple, qu'il est pour ainsi dire superflu de s'y arrêter.

S'il s'agissait de la transmission de l'électricité statique, il n'y aurait aucune précaution à prendre, car sa grande tension facilite son entrée dans le réservoir commun ; mais, pour les courants dynamiques, il serait bon de préparer les rails de manière que le fluide électrique se transmît par eux sans difficulté d'un point à un autre quelconque de la ligne, quand bien même la séche-resse ou la nature du ballast s'opposerait à ce que le courant s'établît par la terre elle-même : il suffirait pour cela de mettre en contact immédiat l'un des pôles du générateur avec les roues

de la voiture, et les rails entre eux au moyen des coussinets de
fer qui les supportent. La communication entre le pôle du générateur et les roues de la voiture n'offre pas la moindre difficulté,
comme nous avons eu l'occasion de l'observer dans des expériences répétées, où nous n'avons fait autre chose qu'attacher le
fil même qui constituait le rhéophore à l'un des ressorts qui
communiquent avec la boîte à graisse, soit au moyen d'une vis,
soit en enroulant trois ou quatre fois le fil. Pour rendre plus sûr
le contact, on pourrait adapter au châssis de la voiture des ressorts métalliques qui appuieraient contre l'essieu même ; mais ce
n'est pas une précaution indispensable.

DES APPAREILS D'ALARME.

Nous avons déjà longuement parlé de tout ce qui se rattache
aux trois parties principales qui doivent former le circuit électrique quand un train se trouve menacé par quelque danger ; il
nous reste maintenant à nous occuper des appareils d'alarme
qu'il faut introduire dans le circuit pour produire le signal au
moment opportun.

Comme les générateurs électriques, les appareils d'alarme
peuvent varier à l'infini, selon le genre de signal que l'on désire
obtenir et le degré d'intensité qu'on veut lui donner. La forme
de quelques-uns de ces appareils, que nous avons décrits dans
les chapitres précédents, étant connue, ainsi que les effets électriques qu'ils sont susceptibles de produire, nous ne nous appe-
santirons que fort peu sur ce sujet.

Les signaux qui conviendraient peut-être le mieux, à cause de
leur énergie, sont les explosions produites par les gaz détonants
et les matières solides ou liquides explosibles, au moyen du pistolet de Volta, du mortier électrique ou de pétards convenablement préparés. Ces signaux s'obtiennent facilement avec l'électricité statique, et peuvent aussi être produits avec l'emploi du
circuit dynamique, car il suffit, pour cela, de rendre ce circuit
local, au moyen d'un relais, où se trouvent l'appareil d'alarme
et un élément de Bunsen. L'armature de l'électro-aimant du re-

lais ne fermerait ce circuit que par suite du passage du courant qui parcourt le conducteur général au moment de la fermeture du grand circuit produite par la présence d'un danger, et c'est seulement alors que le signal d'alarme aurait lieu.

Ayant été démontrée (p. 194) l'utilité de n'employer le courant qui traverse le conducteur général que pour faire agir l'armature d'un relais et d'interposer l'appareil d'alarme dans le circuit local que ferme cette armature à l'approche de l'électro-aimant, le générateur électrique de ce circuit local doit varier selon la nature de l'appareil d'alarme.

Si l'on préfère les signaux détonants, on peut se servir d'une pile capable de rougir un fil de platine ou de mettre en mouvement un petit appareil d'induction qui produise un effet analogue.

Comme, pour nos premières expériences, nous avions à notre disposition les appareils de Ruhmkorff, nous nous en sommes servi pour produire des explosions avec les gaz détonants dans le pistolet de Volta, et aussi avec la poudre au moyen des pétards de Stathan.

Le pistolet dont nous avons fait usage est représenté dans la figure 283. Il diffère du pistolet ordinaire en ce qu'il peut s'ou-

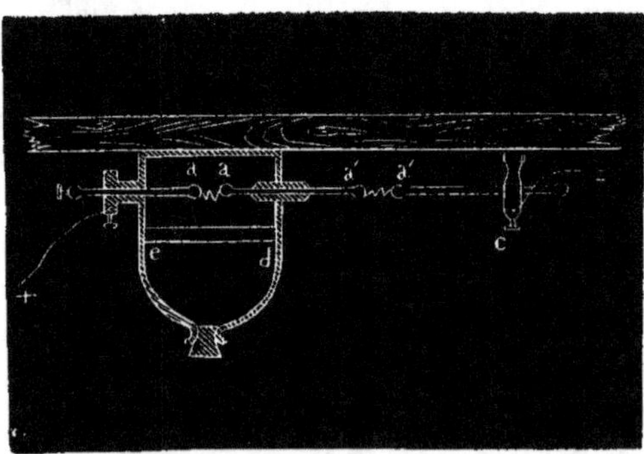

Fig. 283.

vrir, grâce à un pas de vis pratiqué dans les parois *de ;* en ce que les petites boules *aa* peuvent se dévisser et se transformer en pointes, dans l'intervalle desquelles passe l'étincelle, et surtout en ce que l'on peut varier la distance entre ces pointes, selon l'intensité du courant. Afin de pouvoir régler cette distance sans qu'il soit besoin d'ouvrir le pistolet et sans qu'on cesse de voir la séparation des pointes ou des petites boules, nous avons ajouté extérieurement le compas électrique c, dont la tige peut se rapprocher plus ou moins de la boule extérieure du pistolet ; les petites boules intérieures peuvent ainsi rester invariablement à la même distance, qui doit être toujours moindre que celle existant entre la tige du compas électrique et la boule extérieure. Nous n'avons adopté cette disposition du pistolet que pour faire des expériences, et nous avons pu constater par elles l'exactitude du fait, déjà connu, que la grandeur de l'étincelle électrique, quand elle provient d'un courant d'induction, diminue dans une proportion extraordinaire avec le nombre des interruptions ; mais elle ne serait applicable que dans le cas où l'on voudrait employer directement le courant induit de l'appareil de Ruhmkorff, qui, comme nous l'avons dit, présente pour le moment de grands inconvénients.

Pour réussir à mettre une charge toujours égale dans le pistolet, nous le fixions au plafond de la voiture, l'orifice tourné vers le bas, et nous introduisions la charge d'hydrogène en nous servant de l'appareil que représente la figure 284. C'est une grande vessie V, remplie d'hydrogène, avec deux clefs ae, séparées par un tube métallique percé de trous et enveloppé d'une seconde vessie plus petite, v, qui contient exactement la quantité d'hydrogène qui doit être introduite dans le pistolet. Il suffit d'ouvrir la clef a pour que le gaz de la grande vessie V aille emplir la plus petite v, en passant par les trous du tube ; puis, fermant la clef a, on applique l'orifice de l'appareil à

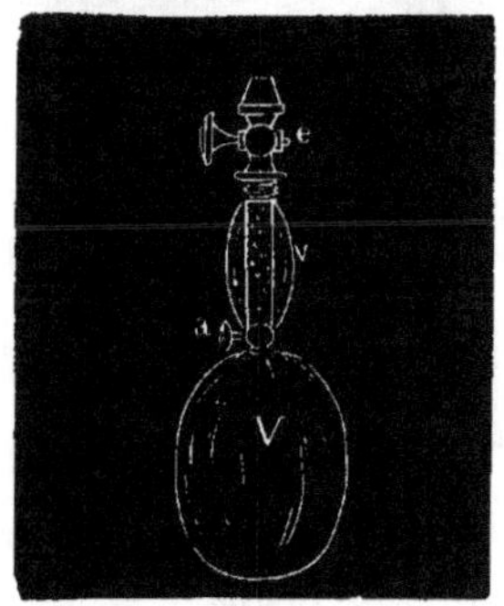

Fig. 284.

celui du pistolet, on ouvre la clef e, et, en pressant avec la main la vessie v, on fait passer sans difficulté son contenu dans le pistolet. L'opération dure à peine quelques instants.

Les pétards de Stathan, dont nous avons déjà parlé dans le septième chapitre, et dont nous nous sommes servi pour produire des signaux explosibles avec la poudre, sont représentés dans la figure 285; mais on pourrait leur donner une forme plus

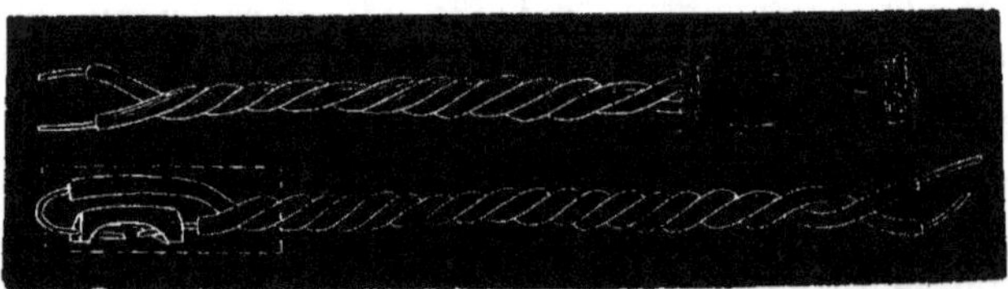

Fig. 285.

commode qui permît de charger avec eux une espèce de mortier électrique capable de produire les effets automatiques dont nous ne tarderons pas à parler.

Pour que les pétards de Stathan pussent être introduits rapidement dans un mortier électrique et produisissent en sortant un effet mécanique utilisable, on devrait leur donner la forme que représente la figure 286, c'est-à-dire celle d'une cartouche;

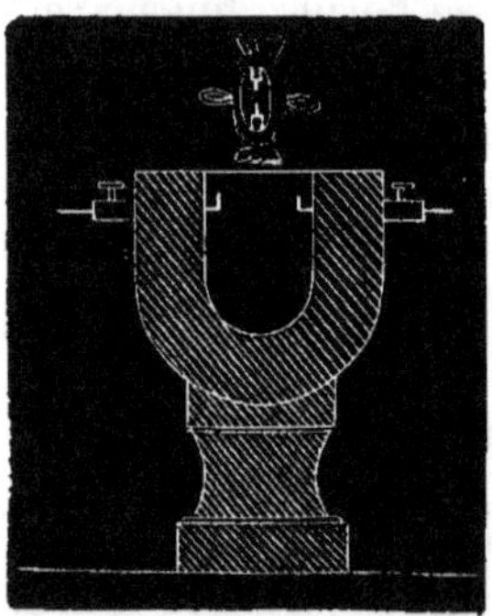

Fig. 286.

et, au lieu de tortiller les fils, comme dans les pétards ordinaires, on pourrait les faire terminer en deux anneaux non recouverts de gutta-percha. Le mortier serait comme le mortier électrique de Kinnersley; mais, au lieu de deux pointes, il aurait à l'intérieur deux crochets où viendraient s'engager les anneaux de la cartouche de Stathan, qui formerait ainsi une vraie continuation du mortier électrique. La cartouche étant introduite facilement, on fermerait l'appareil avec un bouchon bien juste.

Nous avons déjà dit notre opinion relativement au générateur que nous croyons devoir employer maintenant, et il est presque inutile d'ajouter qu'avec l'électricité dynamique il serait préférable, en même temps que plus simple, de remplacer les signaux détonants par un avertisseur ou timbre électrique, à moins qu'on ne crût indispensable un signal plus alarmant et plus perceptible. Dans le cas où l'on emploierait un timbre, aucun ne nous semble remplir mieux le but que l'appareil de M. Dumoulin, décrit dans le septième chapitre, non-seulement parce que ce n'est pas un mouvement d'horlogerie qui le fait fonctionner, mais par les raisons que nous dirons en parlant de la communication entre le chef du train et le mécanicien, d'après notre système.

Du reste, on conçoit parfaitement qu'avec un peu plus ou moins de complication, une fois le circuit fermé, on peut obtenir, soit une explosion, soit un sifflement de la locomotive, soit le mouvement d'une aiguille, soit le tintement d'un timbre ou d'une cloche, et même, si l'on faisait fermer mécaniquement le régulateur qui laisse passer la vapeur de la chaudière dans les cylindres, on pourrait profiter de la force développée pour produire l'explosion d'une matière détonante ou celle d'un autre moteur mis en liberté par l'armature d'un électro-aimant.

Avant de passer en revue chacun des cas de danger qui peuvent se présenter dans la locomotion par les chemins de fer, et où nôtre système pourrait recevoir une utile application, nous croyons devoir donner une idée générale de la marche du courant électrique produit dans les générateurs, bien que peut-être ce que nous avons dit jusqu'ici soit suffisant pour cela. Mais rien de ce qui peut éclairer cette importante question ne doit être omis, et assurément l'idée qu'on pourra se former sera plus exacte si l'on voit représenté dans une seule figure, et si l'on embrasse d'un seul coup d'œil l'objet et la situation des différentes parties qui constituent le circuit, et dont chacune joue un rôle plus ou moins important, mais toujours nécessaire.

Supposons, pour nous borner à un seul exemple, le cas le plus compliqué : celui d'un circuit fermé par deux trains, et dans lequel, vu la nature du générateur électrique, il soit nécessaire de se servir d'un inverseur (fig. 287).

Le courant électrique qui naît dans la pile G se transmet par les rhéophores aux frotteurs $+F-F$ de l'inverseur I, d'où, selon la position de celui-ci, il se dirige tantôt vers la terre, tantôt vers le conducteur général. En supposant ce dernier cas au moment où nous regardons la figure, il s'ensuit que du frotteur $+F$ le courant passe par l'inverseur I, parcourt les fils de l'électro-aimant du relais R et le paratonnerre P, arrive à l'extrémité du communicateur C, qui est en contact avec le conducteur général, et, celui-ci étant isolé, s'arrête jusqu'à ce qu'un objet quelconque vienne le mettre en communication avec la terre. Mais, au moment où cela a lieu, par exemple quand se présente un autre train sur le même fragment du conducteur général, le courant poursuit sa marche, et, pénétrant par le communicateur C', traversant le paratonnerre P' et les fils du relais R', il arrive à l'inverseur I', d'où il passe, par le frotteur $- F'$, à la pile G', qu'il traverse, sort par l'autre pôle, et, au moyen du frotteur $+ F'$ du commutateur, il entre dans la terre et vient fermer le circuit dans l'inverseur I du premier train, par le passage que lui ouvre le frotteur $- F$.

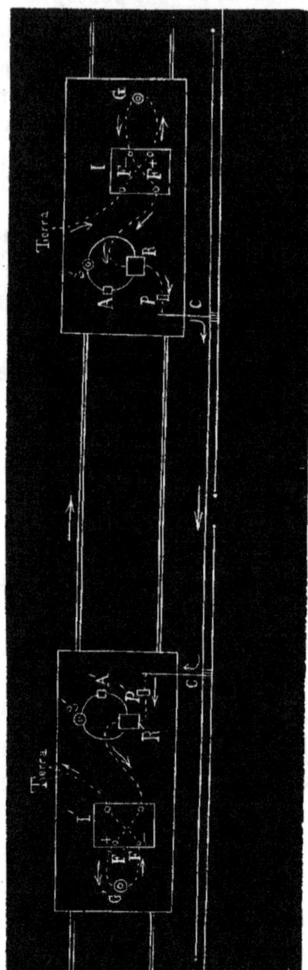

Fig. 287.

On conçoit bien qu'au moment où le courant traverse les fils des relais R et R', les armatures de leurs électro-aimants, se mettant en mouvement, fermeront le circuit local, dont font partie respectivement les piles gg' et les appareils d'alarme A et A'; ceux-ci fonctionneront, quelle que soit leur nature, et le mécanicien recevra le signal d'alarme.

Que le circuit soit fermé par un autre train, comme nous l'avons supposé ; qu'il le soit, comme nous le verrons plus tard, par un simple fil ou tige métallique au moyen duquel le garde-ligne fait communiquer le conducteur général avec la terre, ou qu'il le soit automatiquement par l'une des parties mobiles de la voie qui se trouve dans une fausse position, le résultat sera le même : le courant qui part du générateur G, et traverse les appareils dans l'ordre indiqué, y retourne par la terre quand on lui ménage un passage.

Voyons maintenant comment on peut établir cette communication, automatiquement ou d'une manière facile, chaque fois qu'il y a du danger.

Rencontre de deux trains. — Le plus terrible des accidents et l'un de ceux qui sont le plus fréquents sur les chemins de fer est la rencontre de deux trains parcourant la même voie. M. Lardner a calculé qu'il constitue un 56e pour 100 des malheurs qui arrivent sur les chemins de fer en Angleterre.

Les rencontres de deux trains sur la même voie, soit qu'ils marchent dans le même sens, soit qu'ils marchent en sens contraire, soit que l'un d'eux se trouve arrêté, proviennent toujours, comme nous l'avons démontré dans notre chapitre dixième, d'une cause qui les résume toutes : la non-réception, en temps opportun, d'un signal d'alarme qui obligerait à prendre toutes les mesures nécessaires en pareil cas. C'est ainsi que les rencontres n'ont lieu que rarement en plein jour entre deux trains qui parcourent une partie de voie en ligne droite, pourvu toutefois que le mécanicien se trouve à son poste. Ces accidents arrivent ordinairement pendant la nuit ou les journées d'épais brouillards, aux détours d'une courbe en déblai ou à l'intérieur des tunnels, dans tous les cas enfin où le mécanicien ne peut apercevoir le signal d'alarme, ou l'aperçoit trop tard, soit qu'on n'ait pas mis en œuvre les drapeaux, les lanternes ou les disques, soit que la négligence des employés ou les causes naturelles les aient empêchés de faire leur effet.

Avec le système que nous examinons, une rencontre est impossible si les trains sont pourvus des appareils nécessaires et en communication avec le conducteur général, car, comme on a pu le voir dans la figure 261, du moment que les deux communicateurs viendront toucher le même fragment du conducteur, le circuit sera fermé, et un signal d'alarme aura lieu dans les deux trains. Nous avons déjà dit que, même dans le cas le plus défavorable, c'est-à-dire celui où deux trains T et T'' descendraient à toute vitesse deux pentes qui viendraient aboutir en b''', il n'y aurait aucun danger, parce que les trains s'arrêteraient avant d'arriver à ce point, la longueur du fil étant calculée pour ce cas particulier.

Si les trains marchaient dans la même direction, le résultat serait exactement le même quant à l'efficacité du signal, car, aussitôt que celui de derrière arriverait sur le premier des fragments du conducteur général où se trouverait celui qui est en retard, les deux trains se fermeraient mutuellement le circuit, de manière que l'un et l'autre recevraient le signal et s'arrêteraient, laissant entre eux un intervalle beaucoup plus grand que celui que pourraient laisser entre eux deux trains marchant en sens contraire, car les fils sont calculés pour ce dernier cas, mais jamais assez grand cependant pour qu'on puisse le considérer comme capable de nuire à l'exploitation. De plus, les appareils d'alarme construits d'après le système de M. Mirand et d'après celui de M. Dumoulin permettraient, à l'aide d'un simple interrupteur disjonctif, d'établir une correspondance très-facile, au moyen de laquelle les trains se feraient savoir réciproquement s'ils étaient tous deux en marche, ou si l'un d'eux était arrêté ; quelle est leur direction et s'ils peuvent se remettre en marche, etc., tout en laissant la faculté de se servir, dans les cas extraordinaires, du télégraphe portatif de Breguet, ce qui, croyons-nous, serait rarement nécessaire, car, une fois le signal d'alarme reçu, il serait beaucoup plus prompt et plus efficace de faire avancer doucement le train, jusqu'à ce qu'il se trouvât à côté de l'autre.

Il en serait de même que dans les deux cas précédents si l'un des trains était arrêté sur la voie et si l'autre s'approchait dans le même sens ou en sens contraire. Comme on le voit, ce n'est là

qu'un cas intermédiaire entre les deux dont nous venons de parler, et, par conséquent, la distance à laquelle s'arrêterait le train
serait, avec les mêmes intervalles de réception du signal, un
terme moyen de la distance que laisseraient entre eux, après
s'être arrêtés, deux trains marchant dans le même sens ou en
sens contraire.

Nous avons dit, quelques paragraphes plus haut, *que les rencontres devront être rares en plein jour entre deux trains parcourant une partie de voie en ligne droite, pourvu toutefois que le mécanicien se trouve à son poste.* Ces lignes autorisent à supposer
que le cas peut se présenter d'un train parcourant la voie ou s'y
trouvant arrêté sans qu'il y ait là un mécanicien ou quelque personne compétente capable de prendre les précautions nécessaires
en cas de réception du signal d'alarme. Cette hypothèse, que
quelques personnes ont considérée comme extravagante et même
comme impossible lorsque nous parlions de la nécessité d'y remédier, s'est réalisée cependant plus d'une fois. Outre l'exemple
cité par M. With dans sa brochure sur les accidents des chemins
de fer, nous mentionnerons un autre fait qui s'est passé à la fin
de juin 1856.

« Neuf ouvriers chargeaient des matériaux sur des waggons
pour la construction du chemin de Paris à Mulhouse, à la station
de Nogent-sur-Marne. Impatientés de ne pas voir venir celui qui
devait diriger ce train, ils montèrent dans le waggon et firent
partir le convoi. Bientôt ils s'aperçurent qu'ils étaient tout à fait
inhabiles à cette manœuvre ; ils perdirent la tête et se mirent à
jeter de grands cris. Le train se dirigeait avec une vitesse extrême
vers un amas de pierres de taille, et, avant qu'on eût pu porter
aucun secours, un choc terrible avait lieu. Les waggons étaient
brisés, et les neuf hommes lancés çà et là avec les matériaux. »

« Au mois de janvier 1854, rapporte M. With, sur la partie
prussienne du chemin de Saarbruck à Metz, deux convois se
supposant mutuellement en retard, à cause de la neige tombée
en abondance, ont marché l'un contre l'autre. Dès que les mécaniciens se sont trouvés en vue, ils ont donné le coup de sifflet,
ont fait serrer les freins, ont renversé la vapeur, et ensuite sont

sautés en bas avec leurs chauffeurs, sans se faire le moindre mal. Le choc eut lieu, mais sans accident : amorti par les précautions prises, ce n'était plus qu'un simple *coup de tampon;* mais la vapeur, continuant à agir sur les pistons en sens inverse, a fait rétrograder avec une vitesse redoublée les trains désormais abandonnés à eux-mêmes. Le convoi de voyageurs s'est arrêté enfin au bas d'une rampe, et le convoi de marchandises, après avoir traversé la gare de Saarbruck, a fini par rester dans la neige près de la frontière française. L'*express* venant de Paris, dûment averti que le train de marchandises était parti, se lança sur ce dernier, dont plusieurs waggons furent endommagés. Aucun autre accident n'eut lieu. »

Outre ces exemples, nous avons été témoin nous-même de quelques cas où le mécanicien et le chauffeur descendaient de la locomotive pour arranger une pièce ou pour tout autre motif, et la machine restait pendant quelques moments abandonnée à elle-même, de sorte que si, par suite d'un hasard ou accident quelconque, le régulateur eût éprouvé quelque dérangement et laissé libre le passage de la vapeur dans les cylindres, le train serait parti sans personne qui pût le diriger. Nous ne croyons donc pas tout à fait inutile de faire voir qu'avec un système électrique tel que celui que nous proposons pour signaler un danger, on pourrait obtenir automatiquement, par la simple fermeture du circuit, l'arrêt d'un train, sans que pour cela on doive supposer que nous présentons cette faculté d'arrêt comme une chose aussi nécessaire que l'avertissement opportun d'un danger ; non, nous reconnaissons volontiers que l'extrême rareté de ces cas vraiment extraordinaires ne justifierait pas, pour le moment du moins, une modification ou augmentation de pièces dans la construction du matériel déjà si coûteux et si compliqué. Cependant, comme c'est là une conséquence du système de signaux électriques, et comme ce système, plus ou moins modifié, trouvera tôt ou tard son application, car, sans grands frais et d'une manière on ne peut plus simple, il procurera de véritables avantages ; nous décrirons la manière d'arrêter un train automatiquement par le fait seul qu'il approche d'un danger, même dans le cas extrême où il ne se trouverait sur la locomotive personne qui pût apercevoir le signal.

Si l'avertisseur ou appareil d'alarme était mis en action par les effets calorifiques de l'électricité, c'est-à-dire que si, au moyen d'un petit appareil d'induction ou d'un fil de platine rougi, on produisait l'inflammation des substances explosibles, on pourrait profiter de la force expansive de ces substances, en adoptant la disposition de la figure 288.

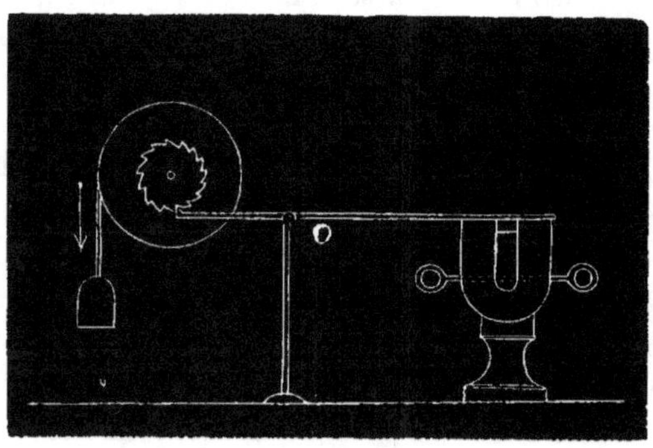

Fig. 288.

Le bouchon du mortier chargé avec les cartouches de Stathan ou du pistolet rempli de gaz inflammables, lancé par l'explosion, agirait sur le bras le plus long d'un levier, dont le plus court servirait d'échappement à une roue à rochet, de la gorge de laquelle pendrait un poids proportionné à l'action que l'on veut obtenir; ou bien on pourrait lier le bras de ce levier à une soupape de la chaudière donnant passage à un courant de vapeur sous un piston, dont on utiliserait le mouvement de la même manière que la pesanteur dans le poids précité. La force développée par un de ces deux moyens pourrait agir à son tour sur le régulateur de la vapeur et sur une pièce spéciale qui transmettrait son action au mécanisme destiné à serrer les freins.

Le même effet que produirait l'explosion d'une matière détonante peut s'obtenir aussi par l'attraction et la répulsion d'un électro-aimant, dont la force serait suffisante pour rendre libre le poids susmentionné, ou pour ouvrir la soupape qui permettrait l'entrée de la vapeur dans le cylindre chargé d'effectuer l'arrêt automatique.

Communication entre les gardes-lignes et le mécanicien. — L'application la plus importante de notre système, après celle qui permet d'éviter la rencontre de deux trains, consiste en ce qu'on peut établir une communication rapide, sûre et constamment la même dans tous les cas et par tous les temps entre les gardes-lignes et le mécanicien. On sait, en effet, qu'une grande partie des accidents sur les chemins de fer, les déraillements surtout, proviennent de ce que le gardien, après avoir remarqué un obstacle sur la voie, n'a pas eu le temps de courir se placer dans un endroit d'où le mécanicien pût apercevoir le signal d'alarme et prendre les précautions nécessaires pour arrêter le train avant d'arriver à l'endroit intercepté, ou bien de ce que le brouillard, la nuit ou toute autre cause empêchent de voir le signal.

Comme il n'est pas possible de prévoir tous les cas compris dans cette classe de dangers, et que, dans la plupart, on ne pourrait faire fermer le circuit par l'obstacle lui-même, lorsque, par exemple, un rail se déplace, qu'un coussinet se rompt ou qu'un obstacle quelconque s'interpose sur la voie, il faut nécessairement donner aux gardes-lignes le moyen de faire le signal instantanément, sans avoir besoin de changer de place, et de manière qu'il arrive des deux côtés à la distance nécessaire pour protéger réellement le train, à n'importe quelle heure, et quel que soit l'état de l'atmosphère, un moyen enfin vraiment efficace et qui ne présente pas les inconvénients des drapeaux et lanternes employés aujourd'hui.

Ce moyen est on ne peut plus simple : une petite tige métallique, dont les extrémités sont terminées, l'une par un double crochet (fig. 289) qui permet de la suspendre aux deux fils du conducteur général, et l'autre, par une chaîne ou corde de matières conductrices, dont le bout est attaché métalliquement à une lame de couteau ou à un clou assez gros. Avec cet instrument, qui est moins volumineux que le drapeau employé actuellement, il suffit que le garde-ligne s'aperçoive du danger quelques instants seulement avant l'arrivée du train : il suspend son double crochet aux fils du conducteur général, et, enfonçant le couteau latéralement dans la jointure de deux rails ou dans le sol, il établit la communication entre le conducteur général et la terre, de manière qu'aussitôt que le train s'approche et se met en contact avec le premier des fils du conducteur où est attaché le crochet, le circuit se ferme, et un signal se produit dans son appareil d'alarme; le train s'arrêtera donc à une distance suffisamment grande du point périlleux : l'effet produit est le même que lorsqu'un train se trouve arrêté sur la voie, et qu'un autre marche vers lui.

Les avantages que l'exploitation retirerait d'un pareil système de signaler les dangers sont incalculables ; mais le principal, c'est l'instantanéité de l'avertissement, qui peut être transmis de l'endroit même où l'on aperçoit l'obstacle, sans déplacement, et qui cependant arrive à la distance jugée nécessaire pour arrêter le train. Avec le système en

Fig. 289.

usage aujourd'hui, le garde-ligne, après avoir été obligé de courir du côté par où il suppose que le train doit venir, n'est pas encore bien sûr que l'on aperçoit son signal, car l'obscurité, le brouillard ou un détour du chemin peuvent s'y opposer. Avec le système électrique, non-seulement tous ces empêchements sont nuls, mais le *communicateur* à double crochet suspendu aux fils du conducteur général à l'endroit même où l'on a observé le danger, protége la circulation à la distance nécessaire des deux côtés, de manière qu'on n'a point à redouter qu'un train attendu en amont de la ligne se présente en aval. L'emploi de ce système diminuerait aussi les chances de danger : en effet, le garde-ligne qui rencontre aujourd'hui un obstacle qu'il ne peut faire disparaître lui-même doit, s'il attend un train, rester pour ainsi dire cloué à cette place, jusqu'à ce que ce train arrive ; il ne peut donc plus continuer son inspection de la voie; lorsque, au contraire, suspendant son double crochet au point même où se trouve l'obstacle, il aura ainsi parfaitement protégé cet endroit, rien ne l'empêchera de continuer son importante besogne, de rechercher et de signaler de nouveaux obstacles : en un mot, l'homme remplit constamment un travail intelligent, et laisse aux appareils le soin de faire les signaux avec l'exactitude matérielle dont il ne serait pas capable.

Communication entre le chef du train et le mécanicien. — Puisque nous en sommes à parler des moyens de faire correspondre les gardes-lignes avec le mécanicien, c'est le moment de nous occuper des moyens d'établir aussi une communication entre la locomotive et le dernier waggon, où se tient le conducteur du train. Dans une réunion tenue à Londres au mois de mars 1853, on résolut d'établir cette communication, — qui a beaucoup préoccupé et préoccupe encore les directeurs de chemins de fer, — en posant une cloche sur la locomotive ou sur le tender, cloche qu'aurait mise en mouvement l'employé du dernier waggon, au moyen d'une corde de gutta-percha.

Qu'il soit indispensable de trouver un procédé qui rende possible cette communication, c'est là une chose sur laquelle nous croyons inutile d'insister, bien que nous ne serions point embarrassé pour citer des exemples à l'appui, comme celui de l'incendie qui se déclara dans une diligence sur le chemin de fer espagnol de la Méditerranée, au mois de mars 1856, et plusieurs autres de trains qui, par suite de la rupture d'une attache ou d'une roue, remarquée par le garde-train, mais non par le mécanicien, ont donné lieu à des accidents déplorables.

Avec les ressources que possède aujourd'hui la locomotion par les chemins de fer, le mécanicien peut aisément demander qu'on serre ou qu'on desserre les freins, et il lui serait même possible de transmettre aux employés du train un ordre quelconque, parce qu'il a sous la main le sifflet de la locomotive ; mais la communication inverse, c'est-à-dire du garde-train au mécanicien, est loin d'être aussi facile ; car la longueur des trains, la nécessité où l'on se trouve de pouvoir les diviser pour augmenter ou diminuer le nombre de waggons qui les composent, et l'intensité du son qu'il faudrait émettre pour qu'il fût perceptible du dernier waggon à la locomotive, sont autant d'obstacles contre lesquels sont venus se briser le système électrique de M. Hermann, ou plutôt de M. Breguet, le procédé imaginé par les directeurs de Londres et plusieurs autres projets présentés dans le même but.

Avec notre système il suffit que le conducteur du train tienne à la main une tringle munie d'un communicateur métallique semblable à ceux qui mettent en relation le générateur électrique et le conducteur général. Au moment où ce dernier serait mis en contact avec le communicateur et où l'on toucherait avec l'autre extrémité de la tringle les parties conductrices du train, le signal aurait lieu dans l'appareil d'alarme de la locomotive, puisque le circuit se fermerait instantanément même dans le cas où une partie du train se trouverait détachée de l'autre, car alors ce serait comme si deux trains étaient sur le même fragment du conducteur général, ou plutôt comme si un garde-ligne établissait le contact entre le conducteur isolé et la terre. Le conducteur général s'élevant à peu de distance au-dessus du sol dans l'entrevoie ou sur le côté de la voie, il serait tout à fait à la portée du chef du train, et on n'aurait besoin d'aucun des communicateurs décrits : il suffirait tout simplement d'une baguette métallique en communication, par un de ses bouts, avec les parties conductrices de la voiture et qui, au moyen d'un bouton, s'abaisserait et se mettrait en contact avec le conducteur général.

Si l'on adoptait, ce que nous croyons parfaitement convenable, les sonneries électriques de M. Mirand, de M. Dumoulin ou toute autre qui puisse faire sonner le timbre, non pas au moyen d'un mécanisme d'horlogerie, mais par le mouvement direct de l'armature des électro-aimants, et qui, par conséquent, ne produirait de sons que pendant le temps que le circuit resterait fermé, on aurait l'avantage de pouvoir établir une correspondance, bornée, il est vrai, à la transmission de certains ordres, mais suffisante pour le service, entre le dernier waggon et la locomotive, car on n'aurait qu'à varier le nombre et la durée des contacts de la tringle avec le conducteur général pour établir un langage de convention. On ne saurait confondre ce signal avec le long tintement du signal d'alarme que produirait un autre train, ou un obstacle fixe, de sorte que le mécanicien n'arrêterait qu'en en recevant l'ordre exprès.

Croisements à niveau. — Le danger d'une rencontre se complique quelquefois dans les croisements à niveau, car, outre que les trains qui marchent sur la même voie sont exposés aux risques que nous avons examinés, il peut arriver aussi que les trains de deux voies différentes se rencontrent dans le point de croisement. Pour ce cas, non-seulement il est nécessaire de disposer les fils du conducteur général dans une des formes que nous avons indiquées (page 216) pour que les trains puissent croiser l'autre voie sans difficulté; mais encore les fils des conducteurs des deux lignes devront être combinés de manière que, quels que soient la position de deux trains et le sens dans lequel ils marchent, ils reçoivent un signal d'alarme quand la somme des distances qu'il reste à chacun d'eux à parcourir avant de se rencontrer est équivalente à la longueur des fragments du conducteur général qui protégent les voies dans cette partie du chemin. Il suffit pour cela que le croisement soit au centre de deux fils des conducteurs des deux voies, ou, ce qui revient au même, que, depuis le croisement jusqu'à la première interruption de chacun des quatre fils, la distance soit

$$\frac{2v + a}{2}$$

et que les deux conducteurs soient en parfaite communication l'un avec l'autre. Avec cette disposition quatre trains pourraient avancer en même temps vers le point de rencontre des deux voies sans aucun danger, car, en arrivant à la distance où les précautions deviennent urgentes, tous les quatre recevraient le signal d'alarme en se fermant mutuellement le circuit.

Sans le concours de la main de l'homme, on peut éviter une autre série de dangers dont l'existence est due aux pièces mobiles

qui entrent dans l'établissement de la voie, lesquelles, par suite
d'oubli, ou par toute autre cause, peuvent prendre une position
différente de celle qu'elles doivent occuper normalement, et
occasionner ainsi un déraillement, une collision, ou d'autres
accidents non moins graves.

Ponts-levis et ponts tournants. — Parmi les causes d'accidents
de ce genre, nous mettrons en première ligne les ponts-levis et
les ponts tournants, qu'on peut oublier de refermer, et qui
laissent ainsi une ouverture où se précipiterait le train qui y arriverait, ou bien ceux qui ont été refermés avec négligence, de
sorte que les rails de la partie mobile, s'emboîtant mal ou ne
s'ajustant plus exactement avec ceux de la partie fixe, peuvent
donner lieu à un déraillement non moins funeste que l'accident
qui arriverait dans le premier cas.

Rien de plus simple, pour prévenir ces périlleuses éventuali-
tés, que le système représenté dans la figure 290, avec lequel il

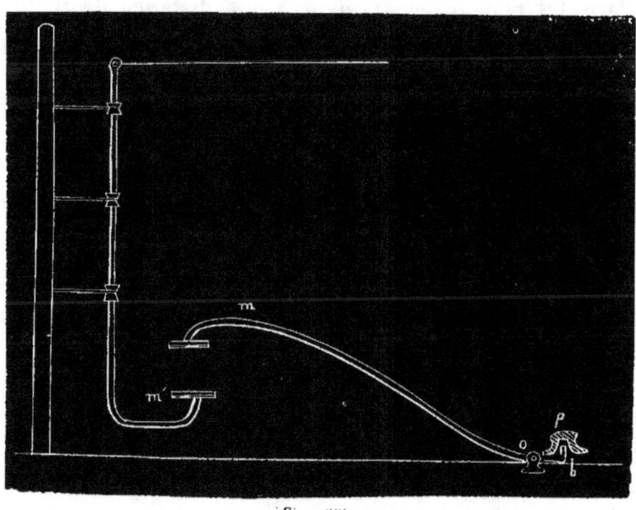

Fig. 290.

est impossible qu'un train s'approche à la distance réputée dangereuse sans recevoir un signal d'alarme, à moins toutefois que
le pont ne soit régulièrement refermé et ajusté.

Quand le levier *bm*, qui tourne autour du point *o*, se trouve à l'état de repos, c'est-à-dire quand il est libre et que rien ne le comprime, il pose sur le plateau métallique *m'*, qui communique avec le conducteur général, lequel, par conséquent, se trouve en contact avec la terre et établit le circuit à l'approche d'un train. Mais, quand les rails de la partie mobile *p* appuient sur l'extrémité du bras le plus court *b*, et pour cela il faut qu'ils soient dans leur position normale, le bras le plus long se lève, et les deux plateaux se séparent, en laissant une interruption entre *m* et *m'*; par conséquent, les trains ne recevront aucun signal et traverseront le pont en toute sécurité.

Pour rendre applicable ce levier, il suffit que la longueur de ses bras *bo* et *om* soit proportionnelle aux distances qu'on veut conserver dans la situation respective de leurs deux extrémités ; ainsi, par exemple, si l'on veut qu'il se produise un signal d'alarme lorsque le rail mobile présente, au point *b*, une différence de hauteur de $0^m,01$ avec le rail fixe, et que, lorsqu'il est à sa place, les plateaux *mm'* soient à une distance de $0^m,20$, suffisante pour empêcher le passage de l'électricité, même quand on emploie les courants d'induction, les longueurs des bras du levier devront être dans la proportion

$$ob : om : : 1 : 20.$$

Au moyen de cette disposition, si par mégarde le rail du pont se trouvait trop haut d'un seul centimètre, la communication serait établie, et le train recevrait à temps un signal au moment où il entrerait sur le morceau du conducteur qui serait en contact avec le plateau, morceau dont la longueur, comme on sait, est calculée pour protéger un point quelconque de la voie. Ce cas serait donc à peu près le même que celui où un garde-ligne signalerait un obstacle, en établissant la communication entre le conducteur et la terre; il y a cette seule différence que le pont établit automatiquement cette communication par le fait même qu'il n'est pas normalement placé.

On comprend aisément qu'on pourrait remplacer le contact et la séparation des plateaux métalliques qui ferment ou rompent

le circuit, par un autre mécanisme semblable, où le levier mettrait en mouvement une espèce de *commutateur de ligne*, dans le
genre de ceux que l'on emploie généralement dans la télégraphie
ordinaire.

Plaques tournantes. — Ces pièces offrent une telle analogie avec
les ponts tournants, qu'on peut appliquer à ceux-ci le peu qu'il
nous reste à dire sur celles-là, maintenant que nous avons décrit le mécanisme à employer pour les ponts-levis. En effet, pour
rendre le même levier applicable aux plaques tournantes et même
aux plates-formes glissantes ou chariots de service, comme ceux
qu'on emploie dans les remises des locomotives, il suffirait
d'adapter au-dessous de la plate-forme autant de petits galets
métalliques qu'il y aurait de voies en dessus, et de les placer de
manière que l'un de ces galets, appuyant sur le petit bras du levier seulement dans le cas où la plaque serait convenablement
placée pour donner libre passage à un train (fig. 291 et 292), fît

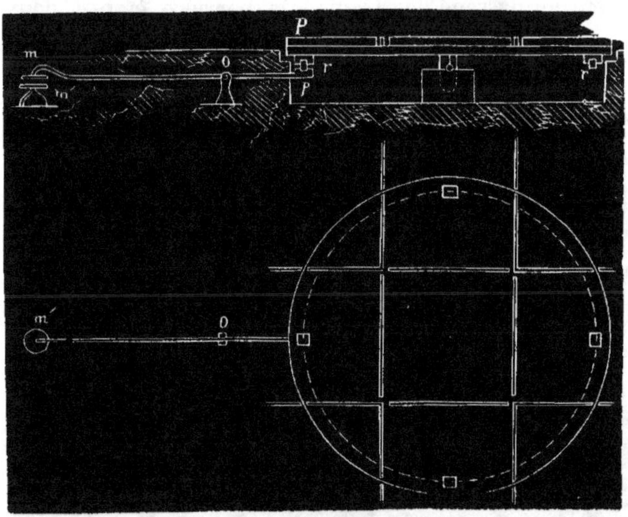

Fig. 291 et 292.

lever le plus long, séparât les deux plateaux *mm'*, et interrompît
le circuit ; par conséquent, le train pourrait passer sans obstacle,

mais, dans toute autre position, le levier tomberait naturellement sur le plateau isolé *m'*, communiquant avec le conducteur
général, et, comme le levier est à son tour en communication
avec la terre par le point *o*, le circuit se fermerait aussitôt que le
train atteindrait la distance fixée pour la longueur des fils du
conducteur général.

On peut aussi établir la communication entre le conducteur
général et la terre au moyen d'un interrupteur ordinaire, en le
subordonnant toujours au mouvement d'un levier mis automatiquement en action par les galets, dont le dérangement produirait aussi un signal d'alarme.

Barrières aux passages à niveau. — On conçoit que pour les
barrières on pourrait adopter le même système, car il suffirait
de donner au bras le plus court du levier, ou aux buttoirs *rr'* fixés
à la barrière, une forme telle, qu'ils appuyassent contre elle le
temps nécessaire pour que l'angle d'ouverture ne pût occasionner
d'accident au passage des trains ; la barrière étant à deux bat-

Fig. 293 et 294.

tants, deux leviers seraient nécessaires. Dans les figures 293 et

294, *pom*, *p'o'm'*, sont les deux leviers ; *ca*, *c'a'*, les arcs qui mesurent l'angle d'ouverture que la barrière pourrait prendre sans danger ; *rr'* sont les deux buttoirs d'une longueur correspondante à ce même angle, et qui, par conséquent, appuieront sur les bras *pp'* des leviers jusqu'à ce que la barrière dépasse l'angle d'ouverture indiqué. Dans ce cas, les leviers restant libres, l'extrémité *m*, qui se trouvait dans la position que représente la figure dans le battant de droite, prendra la position représentée dans le battant de gauche, c'est-à-dire qu'elle se mettra en contact avec le plateau *m'*, communiquera avec la terre, et le circuit sera fermé dès qu'un train s'approchera à la distance marquée.

On pourrait aussi adopter un autre moyen plus simple encore et peut-être aussi sûr. Il consisterait à fixer, au moyen d'un isoloir quelconque, aux bornes de chaque battant de la barrière, un ressort d'acier de la forme indiquée figure 295, et dont le bout *b* serait placé dans la verticale de la ligne *am a'm'* (fig. 296), limite de l'angle d'ouverture que pourrait avoir la barrière, sans danger pour les trains ; quand les battants arriveraient à cette position, c'est-à-dire quand il commencerait à y avoir du danger, un signal aurait lieu sur la locomotive, parce que la

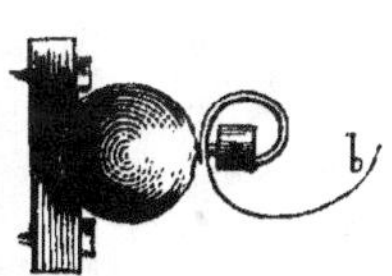

Fig. 295.

plaque métallique *z*, fixée sur la barrière et en communication

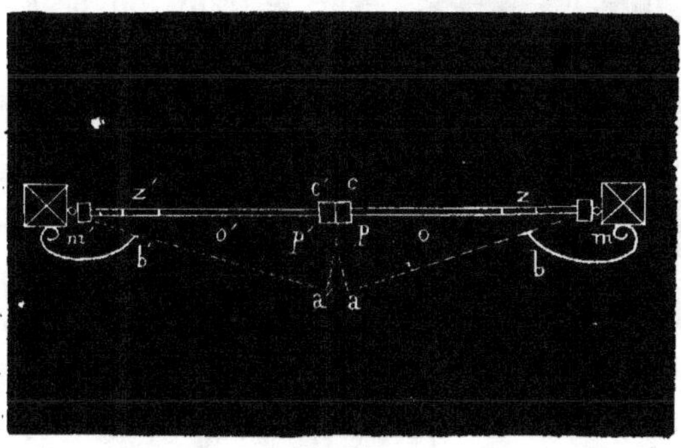

Fig. 296.

avec le sol, se mettrait en contact avec le ressort *b*, lequel, à son tour, communique avec le conducteur général ; il y aurait donc un circuit fermé dans toute position dangereuse de la barrière dès que le train toucherait le même fragment du conducteur général. Le ressort, étant en acier, et, par conséquent, élastique, céderait facilement sous la pression de la barrière, et cette dernière pourrait s'ouvrir même jusqu'à être à angle droit avec la voie, sans que pour cela le ressort fût endommagé ou cessât d'être en contact avec la plaque z, et par conséquent avec la terre.

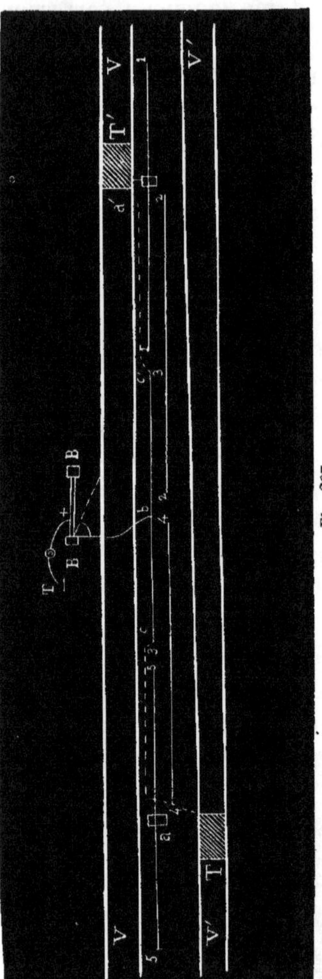

Fig. 297.

Il serait bon de poser, aux barrières des passages à niveau, un appareil d'alarme muni d'une pile : on aurait ainsi l'immense avantage d'éviter des retards inutiles dans la marche des trains : en effet, le gardien seul recevrait un signal qui l'avertirait de fermer la barrière si elle ne l'était pas, signal qu'on ne recevrait pas sur le train, où il ne causerait qu'une alarme inutile ; mais, si le gardien négligeait de faire son devoir, un second signal viendrait l'avertir, et le train, à la distance où les précautions et même l'arrêt deviennent nécessaires, le recevrait aussi.

Il est facile de se rendre compte de la manière dont cet effet peut se produire. On se rappelle que le conducteur général est composé de deux séries de fragments de fil de fer de 2 kilomètres de longueur à peu près, et disposés comme l'indique la figure 297.

Si l'on fait en sorte que la barrière ne soit jamais placée à une distance des bouts de chaque morceau de fil moindre que le quart de sa longueur, et si l'on établit au point c', par exemple, une dérivation qui se prolongerait jusqu'à a', cette dérivation sera mise en communication avec la terre, soit par une pièce métallique unie aux parties conductrices des voitures, soit par les roues elles-mêmes au moyen d'un interrupteur conjonctif, et cela bien avant que le communicateur du train se trouve en contact avec le fil cc'. La barrière étant ouverte ou placée de manière à causer quelque danger, il s'établira un circuit indépendant de celui où sont les appareils du train, parce que le courant qui naît dans la pile locale de la barrière passe par le levier ou ressort au fil cc' du conducteur général, suit par la dérivation jusqu'en a, où il entre dans la terre, par les moyens que nous venons d'indiquer, et ferme le circuit, car l'autre pôle de la pile communique aussi avec le réservoir commun ; pendant ce temps, le communicateur du train ne se trouve en contact qu'avec des fils qui ne sont pas en rapport avec la pile de la barrière ; par conséquent, ce n'est qu'à la barrière qu'aura lieu le signal destiné à avertir le gardien. Mais, si celui-ci n'entendait pas le signal, ou s'il apportait trop de lenteur dans son service, le train, en arrivant au point c, fermerait le circuit avec le communicateur, et il y aurait deux signaux, l'un dans l'appareil d'alarme du train lui-même, et l'autre, pour la seconde fois, dans l'appareil de la barrière ; la distance $c'b$ étant suffisante pour permettre d'arrêter le train, même à la plus grande vitesse, avant d'arriver au point b, il n'y aurait à craindre aucun danger, et les choses se passeraient comme dans les cas ordinaires dont nous avons parlé d'abord, et qui ne diffèrent guère du cas où on rencontre sur la voie un obstacle du nombre de ceux qu'on évite par un signal automatique.

Comme on peut le voir, la distance cb n'a pas besoin d'être plus grande que

$$\frac{2v+a}{4}$$

pour que le train s'arrête à temps ; quant à la distance $c'a'$, elle doit être assez considérable pour que le gardien de la barrière, après avoir reçu l'avertissement, ait le temps de la fermer avant l'arrivée du train au point c'.

Bifurcations et changements de voie. — Le mécanisme exigé par les bifurcations et changements de voie est un peu plus compliqué que celui des barrières ; cela tient à ce qu'il faut parer avec un seul appareil aux accidents divers auxquels donnent lieu ces bifurcations et changements de voie, surtout lorsque trois voies aboutissent à un même point, et que l'on emploie les aiguilles du système belge.

Un train qui parcourt la voie G (fig. 299) peut trouver les aiguilles disposées de telle façon qu'elles lui fassent prendre une direction autre que celle qu'il devait suivre ; par suite, il peut rencontrer un obstacle, éprouver un choc ou dérailler. Il peut arriver aussi que deux trains s'avançant dans le même sens par deux voies différentes AA' se rencontrent à leur point de jonction E ; enfin, la mauvaise position des aiguilles, due à l'interposition d'une pierre ou au dérangement de l'une des pièces, peut occasionner un déraillement.

Dans un premier mémoire publié par nous, nous avons supposé le cas de la réunion de trois voies avec les aiguilles du système belge, parce que, bien que généralement abandonné aujourd'hui, et avec raison, ce système subsiste encore sur quelques anciennes lignes, à Liége, par exemple ; et parce que, une fois démontrés les moyens d'éviter les périls qu'il présente, il n'en devra être que plus facile ensuite de les appliquer à d'autres systèmes moins défectueux, surtout à celui à contre-poids ou de Wyld, qui tend généralement à se substituer aux autres. Cependant nous commencerons ici par le cas le plus simple, celui d'une bifurcation avec aiguilles à contre-poids ; l'autre n'en sera que mieux compris.

Les conducteurs généraux dd' (fig. 298 et 299) de chaque voie, qui se composent, comme nous l'avons déjà dit, de deux séries de fils, font aboutir le plus long de chacun d'eux en a, où l'entrevoie se rétrécit au point de ne plus permettre au conducteur général sa disposition ordinaire, et, les mettant en contact l'un avec l'autre, maintiennent ainsi les deux voies en communication électrique. Les fils les plus courts de chaque conducteur, bien isolés, passeront au-dessus ou au-dessous du

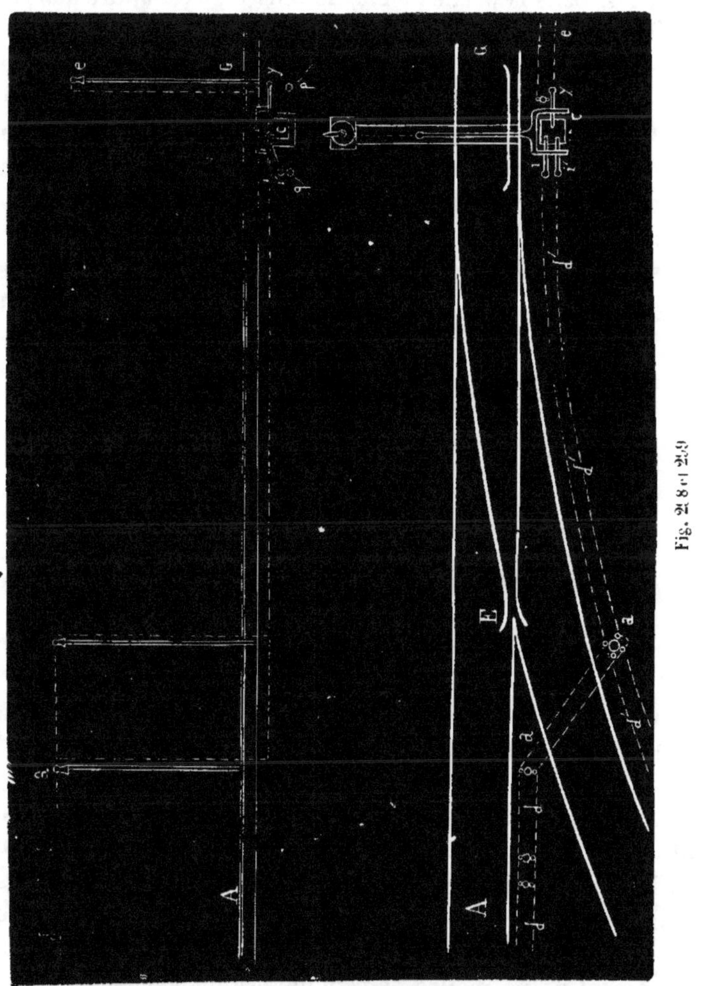

chemin jusqu'au point C, où se trouvent les aiguilles. Là, cha-cun d'eux se termine par un petit levier ii, dont les extrémités peuvent tremper dans la capsule ou bain de mercure c, qui doit être isolée ou composée d'une matière isolante, et dans laquelle peut être introduite aussi l'extrémité d'un autre petit levier *y*, par lequel se termine le fil du conducteur général *eee* de la voie opposée *G*. Dans la partie mobile de celle-ci, c'est-à-dire dans les aiguilles et comme prolongation de la barre qui les rattache, on établira une espèce de fourche ou forte tige bifurquée, dont les bras, s'étendant au-dessus des petits leviers des deux côtés, seront munis de petites roues de porcelaine ou de caoutchouc vulcanisé, disposées de façon à pouvoir exercer une certaine pression sur des cylindres de la même substance, qui auront pour axe le bras intérieur et le plus court des leviers susdits.

Les roulettes de la fourche (qu'on voit plus distinctement dans les figures 300 et 301, qui représentent le cas d'une voie trifur-

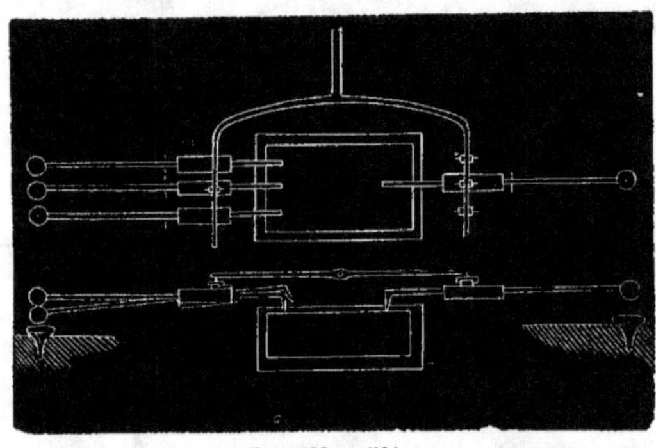

Fig. 300 et 301.

quée) sont en opposition numérique avec les cylindres ou leviers, c'est-à-dire qu'on en placera deux du côté où il n'y a qu'un cylindre, et *vice versa;* de cette façon, il ne pourra y avoir qu'un seul levier *i* ou *i'* plongé dans le mercure, tandis qu'au contraire le levier *y* de la voie opposée dont nous avons parlé plus haut se trouvera en contact avec le mercure toutes les fois que l'un des deux autres leviers plongera dans la capsule. L'effet produit sera évidemment de ne mettre en communication le conducteur *eee* de la voie unique qu'avec celui des deux fils qui protègent en ce moment la voie tenue ouverte par les aiguilles. Si l'on fait en sorte que les leviers et les roulettes conservent les distances proportionnelles à la séparation qui doit exister entre la pointe des aiguilles et les rails, il n'y aura communication établie entre le conducteur *eee* et l'un des fils opposés qu'autant que les rails mobiles se trouveront dans leur position normale. Dans tout autre cas, les leviers, exempts de toute pression, toucheront par leurs extrémités extérieures les têtes *pq* des fils enfouis dans le sol (fig. 298), et, par conséquent, établiront la communication entre la terre et leur conducteur respectif, de sorte que, lorsque le train arrivera sur le dernier fragment de fil, il fermera un circuit et recevra un signal d'alarme.

Le service rendu par ce mécanisme n'est pas difficile à comprendre. Le risque que court un train en s'engageant par erreur sur une voie ne se convertit en danger que lorsque sur cette voie il existe quelque obstacle, et il suffit que cet obstacle soit signalé par un des moyens décrits pour que le train menacé en reçoive avis en temps opportun. Si, par exemple, un train qui viendrait par *G*, devant suivre la voie *A* (fig. 299), trouvait ouverte par les aiguilles la voie *A'*, ce serait le fil *d'd'* qui entrerait en communication avec le conducteur *ee*, et, quand bien même il y aurait un autre train sur cette voie, il n'existerait de danger ni pour l'un ni pour l'autre, parce qu'ils se fermeraient mutuellement le circuit, au moyen de l'appareil *C*, avant d'arriver aux aiguilles, au moment même où tous deux ils toucheraient le dernier fragment de leur conducteur. Il n'y a donc pas possibilité de collision dans le cas où les aiguilles ouvrent par erreur une voie pour une autre; de même qu'un train parcourant la voie *G*, se dirigeant en *A*, ne peut se rencontrer au point *E* avec un autre train allant de *A'* en *G*, danger auquel est très-exposé, entre autres, le croisement des voies de Southampton et Windsor, près de Londres, sur le South-Western railway : en effet, ou les aiguilles, retenues par le contre-poids dans leur position normale, n'ouvriraient que la voie *A*, ou bien l'aiguilleur, par suite d'erreur, ouvrirait la voie *A'*. Dans le premier cas, le train venant de *G* passerait sans obstacle, et, par conséquent, sans faire de signal d'alarme sur la voie *A* ; mais le train marchant sur la voie *A'* recevrait un signal, parce que le levier qui termine son conducteur, n'étant pas comprimé par la roulette, se trouverait en communication avec la terre.

Si, au contraire, les aiguilles ouvraient par erreur la voie A', le conducteur de cette voie communiquerait avec celui de la voie G; mais, par cette raison même, deux trains se fermeraient mutuellement le circuit aussitôt qu'ils se trouveraient sur le dernier fragment de leur conducteur respectif. Ces fragments de conducteur devraient avoir, du reste, une longueur calculée pour qu'il n'y eût pas le moindre danger dans le cas où le train de A', par exemple, traverserait l'espace $a'G$ au moment même où celui de G viendrait toucher le commencement du dernier fragment de son conducteur ee.

La réunion des fils les plus longs des conducteurs généraux de A et A', en un même point a, comme nous l'avons établi, permet d'éviter la rencontre en E de deux trains marchant sur les voies A et A', se dirigeant vers G; car ces deux trains fermeront un circuit électrique, et recevront un signal d'alarme aussitôt qu'ils arriveront sur la partie de la voie protégée par ces fils.

Il y a, dans ce cas, une circonstance dans laquelle on pourrait recevoir un faux avertissement : c'est lorsque deux trains marchant dans le même sens ou en sens contraire pour prendre une voie différente n'arrivent pas exactement au même instant. Il y aurait, en réalité, assez de temps pour que tous deux pussent passer par le point E sans avoir besoin d'un signal, et cependant ils le recevraient tous deux si l'intervalle de temps n'était pas suffisant, et s'ils touchaient tous deux le dernier morceau de leur conducteur général respectif. Mais, outre que le danger aurait été très-près, et il conviendrait de signaler cette imminence, l'erreur et le retard ne seraient que d'un instant, parce que, bien que les freins fussent serrés, les trains n'en continueraient pas moins de s'avancer lentement par suite de la vitesse acquise, et que, arrivant en vue l'un de l'autre, ils reconnaîtraient la cause du signal qu'ils auraient reçu.

Le troisième et dernier risque qui peut se présenter dans les aiguilles d'une bifurcation ou d'un changement de voie, et qu'on peut éviter par la disposition ci-dessus indiquée, consiste dans le

déraillement dû à la mauvaise position des aiguilles, qui, soit
par suite de l'interposition d'une pierre ou par toute autre cause,
ne peuvent plus se séparer ou s'approcher suffisamment des rails.
On comprend que, les extrémités des leviers i et y ne plongeant
dans le mercure que dans le cas où s'exerce sur eux la pression
des petites roues qui leur correspondent, il suffit que ces dernières se trouvent disposées, comme nous l'avons dit, de manière
à ne produire leur effet que quand les aiguilles sont exactement
dans la position voulue ; dans le cas contraire, au moment où un
train se présenterait, le circuit resterait fermé par le contact des
leviers des deux côtés avec les têtes des plaques ou fils enterrés pp' et q dont il a été question.

Au bain de mercure on pourrait substituer une plaque métallique sur laquelle viendraient s'appuyer les extrémités des leviers ;
il va sans dire qu'elle devrait être convenablement isolée.

Les figures 302 et 300 donnent une idée de la disposition qu'il

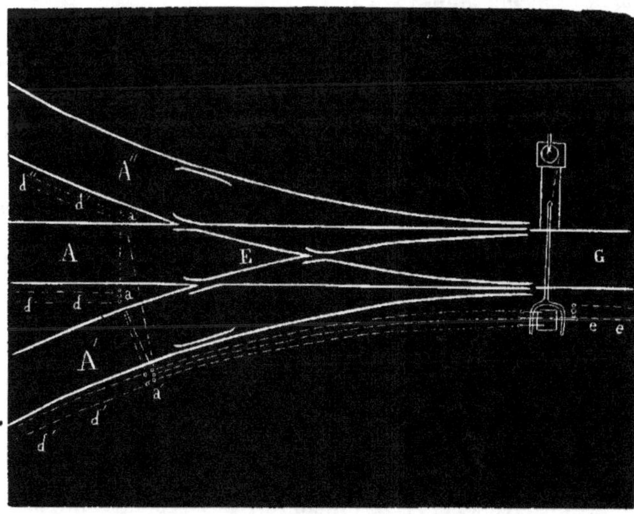

Fig. 302.

faudrait adopter dans le cas de la réunion de trois voies en une
seule ; elle est entièrement semblable à celle que nous avons ex-
pliquée ; seulement, au lieu de deux leviers et de deux roulettes

pour un des côtés de l'appareil, il serait indispensable d'en établir trois, et en général autant de leviers et de roulettes qu'il y a de voies convergeant au même point.

Dans la figure 502 nous avons supposé que les aiguilles sont du système belge, ce qui revient au même pour l'appareil ; mais, comme ce système peut amener plus facilement le troisième des risques que nous avons énumérés, notre système est beaucoup plus nécessaire avec lui qu'avec tout autre.

Nous croyons aussi pouvoir nous dispenser d'entrer dans une explication spéciale des changements de deux voies parallèles ; la seule différence consiste en ce qu'il y a deux systèmes d'aiguilles et que, par conséquent, deux appareils seraient indispensables, comme dans le système Wyld, quand il y a trois voies réunies par deux systèmes d'aiguilles distincts. *On peut établir en thèse générale que pour chaque contre-poids ou mécanisme à aiguilles il faut un appareil avec autant de leviers qu'il y a de voies convergeant vers le même point.*

Le système de petits leviers que nous venons de décrire pour deux ou trois voies pourrait être avantageusement remplacé dans la pratique par la disposition représentée dans la figure 503. Au

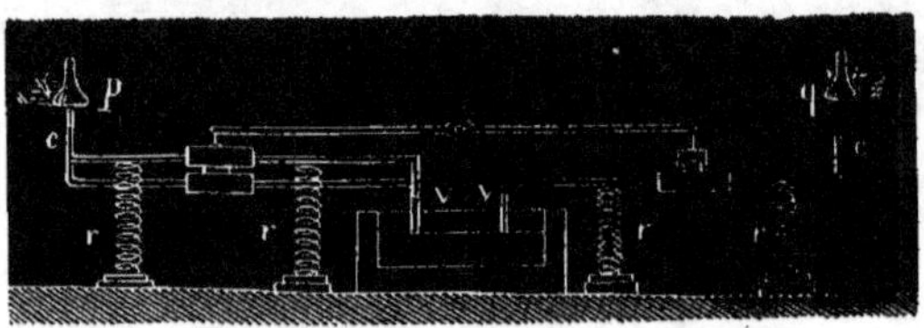

Fig. 303.

lieu de petits leviers, on ferait usage de simples baguettes, avec une double courbure en sens inverse à chacune de leurs extrémités, et entourées d'un cylindre d'une matière isolante qui, par l'effet des ressorts $rrrr$, toucherait par ses extrémités cc' les parties métalliques pq, communiquant avec la terre ; quand les buttoirs ou roulettes de matière isolante attachées à la fourche presseraient le cylindre des baguettes, les ressorts s'affaisseraient, les courbures vv' entreraient dans le mercure, et les extrémités *cc'* cesseraient d'être en contact avec la terre. Du reste, la disposition de l'appareil et ses effets sont les mêmes que ceux décrits précédemment pour les figures 300 et 301.

Si le plan incliné formé par le cylindre des baguettes et celui des roulettes (fig. 304) apportait quelque obstacle au jeu de la barre, on pourrait, au lieu de roulettes, adapter à la fourche une pièce de matière isolante ayant la forme indiquée dans la figure 305, et, de cette manière, sans augmenter beaucoup le frottement entre les deux surfaces, le cylindre ne subirait qu'une compression presque insensible, mais suffisante pourtant pour que l'extrémité de la baguette dont il fait partie plonge complétement dans le mercure.

Fig. 304.

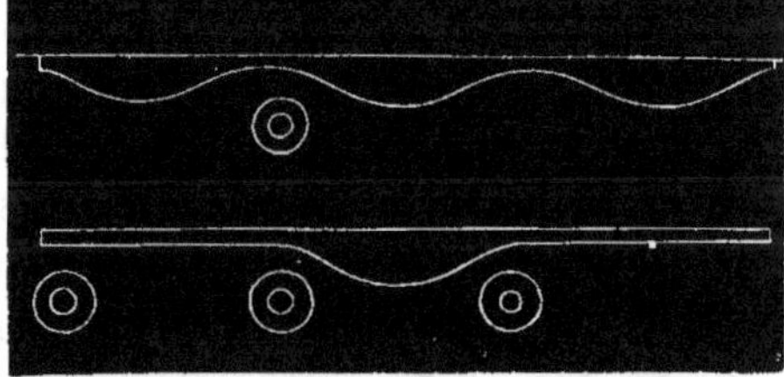

Fig. 305.

Un appareil qui se rapproche davantage de ceux qu'on emploie aujourd'hui dans le télégraphe ordinaire, et, peut-être, par cette raison, plus facile à exécuter, est celui que nous représentons dans les figures 306 et 307. Il ressemble aux inverseurs ordinaires par la manière dont il établit le contact ; mais, en même temps, il permet d'obtenir les différentes combinaisons nécessaires pour éviter tous les accidents que peuvent occasionner les aiguilles, et que nous avons examinés.

Cet appareil, qui peut être enfermé dans une boîte et même sous une cloche, est ici disposé, comme dans les exemples précédemment cités, pour le cas où trois voies viennent se réunir en une seule : *BCDE* est une planche en bois recouverte d'une couche de gomme laque, de gutta-percha ou de caoutchouc vulcanisé,

et où sont incrustées huit plaques *aa'bb'cc'dd'* en cuivre, disposées deux à deux comme dans les figures 306 et 307, mais

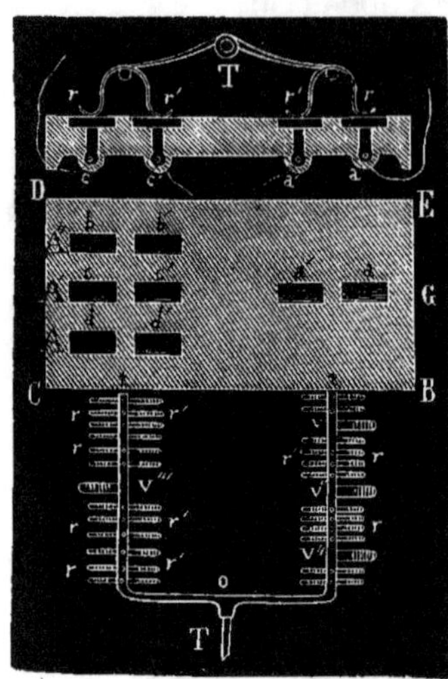

sans communication métallique
ou électrique; les plaques intérieures *a'b'c'd'* communiquent
avec la terre, et les plaques extérieures *abcd* communiquent chacune avec leur conducteur respectif.

La barre bifurquée *T*, qui reçoit son mouvement des aiguilles
plus ou moins directement, est
destinée à établir en temps opportun le contact entre le conducteur *G* et chacun des autres
AA'A'' (fig. 302), et à maintenir
les deux conducteurs restants en
communication avec la terre. A
cet effet, la fourche *tot*, isolée

Fig. 306 et 307.

du reste de la barre au point *o*, glisse sur la planche *BCDE*, appuyée sur de petits ressorts *rrr'r'*, qui ont la forme indiquée
dans la figure 306. Ces ressorts sont emboités avec isolement, et
peuvent, par conséquent, établir une communication électrique
entre les plaques intérieures et extérieures qui portent la lettre
du même nom, sans transmettre le fluide ni à la barre ni aux
autres plaques métalliques. Presque en contact les uns avec les
autres, ils occupent toute la longueur de la fourche, excepté aux
points *vv'v''v'''*, correspondant aux points occupés par les roulettes
dans l'appareil à levier, car on sait qu'il faut que, dans certaines
positions de la barre, la communication entre le conducteur et
la terre soit interrompue, et qu'en même temps elle s'établisse
entre le conducteur *G* et celui des autres qui protége la voie ouverte par les aiguilles. Il suffit pour cela de placer dans les espaces *vv'v''v'''* d'autres ressorts ayant la moitié de ceux *rrr'r'*, de
manière qu'ils ne puissent appuyer que sur les plaques extérieures *abcd*; ces ressorts étant en contact métallique avec la

fourche *tot*, et ceux *rr'* étant isolés, ils n'établiront la communication qu'entre le conducteur G et l'un des autres $AA'A''$, parce que les conducteurs qui ne correspondent pas aux plaques touchées par les ressorts $vv'v''$ ou v''' seront en communication avec la terre par les ressorts *rr'*, tandis que ceux qui correspondent aux deux plaques qui sont sous les demi-ressorts ont interrompu le contact avec la terre pour l'établir l'un avec l'autre : en un mot, tous les cas sont exactement les mêmes que dans l'appareil à leviers et à roulettes des figures 300 et 301.

Pour que l'appareil ait toute la précision requise, il est nécessaire que la largeur des plaques soit proportionnelle au déplacement des aiguilles, de manière qu'il n'y ait contact entre les deux conducteurs opposés que quand les aiguilles sont parfaitement bien placées; les espaces $vv'v''v'''$, non occupés par les doubles ressorts de la barre, doivent être exactement de la même longueur que la largeur des plaques métalliques; les ressorts placés au milieu de ces espaces, et qui ne communiquent qu'avec les plaques extérieures, doivent avoir un tiers de cette largeur, et, enfin, il serait convenable que la distance entre les ressorts *rrr* ne dépassât jamais la moitié de cette même largeur.

Il est inutile de répéter que, pour cet appareil, il faudrait autant de paires de plaques métalliques sur la planche qu'il y a de voies protégées par le même jeu d'aiguilles

Tunnels. — Il peut arriver que dans les tunnels l'espace qui sépare les trains des parois latérales soit excessivement restreint. Cette circonstance n'entraînerait aucune difficulté, si les fils conducteurs étaient placés dans l'entrevoie ou sur la voie elle-même, soit par-dessus, soit par-dessous les trains; toutefois, en raison de circonstances locales ou de considérations économiques, on pourrait se voir réduit à établir le conducteur général de la même manière que dans nos premiers essais, c'est-à-dire à se servir pour cela des poteaux du télégraphe; eh bien, même dans ce cas, le système que nous proposons peut résoudre la difficulté d'une façon satisfaisante, puisqu'il signale le danger en temps opportun.

De deux choses l'une : ou le tunnel à traverser est à une seule voie, ce qui est le cas le moins fréquent, ou bien il est à double voie.

Dans le premier cas, il est tout à fait indispensable d'éviter, comme cela se pratique aujourd'hui, qu'un convoi s'y engage quand un autre convoi s'y trouve déjà ; dans le second cas, il suffit de la certitude que chacun des deux trains parcourt une voie libre.

Supposons d'abord que le tunnel n'ait qu'une seule voie, et voyons la disposition à prendre pour avertir à temps un train qu'un autre s'avance à sa rencontre, et que, par conséquent, il ait à suspendre sa marche.

On placera dans toute la longueur du souterrain TT' deux fils conducteurs $ccc'c'$ (fig. 308), isolés au moyen d'une couche de gutta-percha, et entièrement indépendants du *conducteur général*, qui s'arrêtera à l'entrée et à la sortie du souterrain ; la longueur de ces fils sera celle du tunnel, augmentée, à l'entrée et à la sortie, de la quantité $\dfrac{2v+a}{2}$. On mettra une des extrémités de ces fils en contact avec un des pôles d'un générateur électrique P, muni de son appareil d'alarme, en ayant soin de laisser l'autre pôle en communication avec le sol. L'autre extrémité de chaque fil restera isolée, mais devra être mise en contact avec la terre, au moyen d'un ressort ou d'un levier ou tout autre interrupteur conjonctif, au moment où un train passera devant cette extrémité du fil ; de cette façon, le circuit électrique étant fermé, un signal se produira dans l'appareil d'alarme disposé de l'autre côté du tunnel.

Il est facile de comprendre que si les deux fils $ccc'c'$ sont disposés de manière à avoir, de chaque côté du tunnel, une de leurs extrémités P munie d'un appareil d'alarme, et l'autre, Y, isolée, mais qui sera mise en communication avec le sol chaque fois qu'un train passera dessus, les deux gardes chargés de surveiller les issues seront avertis qu'un convoi va pénétrer par l'entrée opposée du tunnel ; ils fermeront alors le circuit du conducteur général aT par le procédé ordinaire, c'est-à-dire au moyen du communicateur métallique à double crochet, et préviendront ainsi les trains qui se dirigeraient de ce côté. Quand le train sortira du tunnel, les gardes sauront par un signal que la voie est demeurée libre ; mais, pour qu'on ne puisse pas confondre le signal d'entrée avec celui de sortie, il suffit que le garde de l'ouverture par laquelle est sorti le train ferme et ouvre deux ou trois fois de suite le circuit du fil cc ou du fil $c'c'$, suivant le côté de la sortie ; il produira ainsi deux ou trois signaux, et, comme l'entrée est annoncée par un seul signal, toute équivoque disparaît.

A l'aide de deux électro-aimants et d'un système très-simple de communicateurs, ou, ce qui revient au même, en substituant deux appareils rhéotomiques aux appareils d'alarme, on pourrait obtenir facilement qu'un train, en arrivant à l'interrupteur Y, fît agir l'appareil P de l'autre côté, et mît automatiquement en communication le conducteur général aT avec la terre, de manière qu'un train, en arrivant au point a, fermerait un circuit, recevrait un signal d'alarme et viendrait s'arrêter à une distance de l'entrée du tunnel suffisante pour que le train sortant pût aussi s'arrêter à temps ; ou, ce qui serait peut-être mieux, le premier entrerait dans une gare d'évitement indispensable en pareil cas, et permettrait au train sortant de continuer sa marche sans obstacle : lequel train,

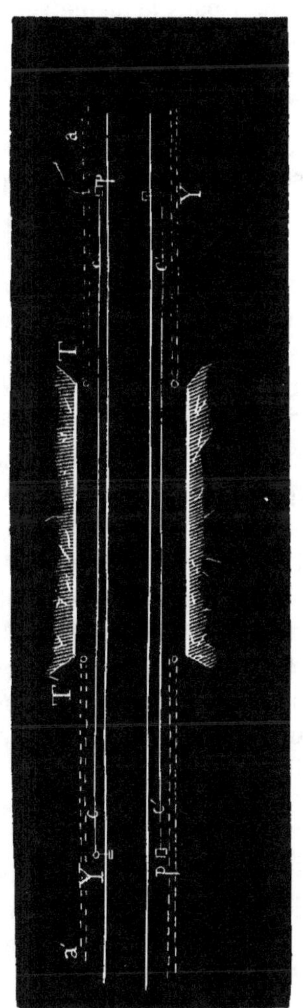

Fig. 508.

en passant devant P, interromprait la communication qu'il avait établie depuis Y entre le fil cc et la terre.

Les moyens que nous venons d'indiquer peuvent s'appliquer, en doublant les fils et les appareils, aux tunnels à deux voies, s'ils ne sont pas disposés de manière que les trains marchent toujours dans le même sens, parce que, dans ce cas, il suffirait d'un seul fil à chaque voie pour avertir qu'un convoi est sorti du tunnel, et qu'un autre peut s'y engager.

Ce ne sont pas là les seuls cas où l'on pourrait appliquer le système de signaux électriques que nous proposons pour éviter les accidents sur les chemins de fer, mais ce sont les principaux, ceux qui se présentent le plus fréquemment, et qui semblent le plus difficiles à prévenir, malgré la stricte rigidité qu'on apporte dans l'observation des règlements et toute l'exactitude avec laquelle on emploie les moyens qui sont aujourd'hui à la disposition des ingénieurs des chemins de fer.

Nous croyons donc inutile de prolonger davantage notre travail pour expliquer comment, par exemple, se fermerait un circuit électrique si le train marchait avec une vitesse supérieure à celle à laquelle il serait prudent de se borner dans les courbes de petit rayon ; on comprend, en effet, qu'un régulateur à force centrifuge semblable à celui des machines à vapeur pourrait produire le signal électrique quand la vitesse dépasserait une certaine limite. Postérieurement à notre idée, nous avons vu proposer le même moyen pour un régulateur de la vitesse des trains, mais purement mécanique, et sans intervention de l'électricité.

Nous ne nous arrêterons pas non plus à une description détaillée des moyens de faire agir les freins sans le secours de la main de l'homme, par le fait seul de la fermeture du circuit, produite par un danger, comme nous l'avons expliqué en parlant du régulateur dans le cas où un train se trouverait sans mécanicien.

Nous avions pensé à donner aux waggons-freins une forme spéciale représentée dans les figures 309, 310 et 311, forme qui

rendrait peut-être moins dangereux les déraillements par suite
de rupture d'un essieu, et qui diminuerait la détérioration des

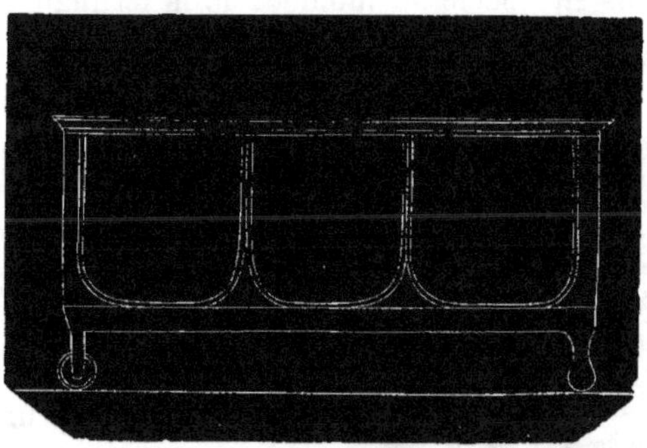

Fig. 309.

roues, en empêchant l'usure inégale de leur contour; mais, ce

Fig. 310.

problème étant jusqu'à un certain point indépendant du système

Fig. 311.

de signaux électriques, il nous semble inutile de l'expliquer en
ce moment, d'autant plus que l'on peut obtenir un serrage auto-

matique des freins ordinaires (fig. 312) en faisant agir directement sur le levier *pp'*, formant une seule pièce avec *pp*, un poids qui serait mis en liberté au moment de la fermeture du circuit, et qui forcerait les deux pièces *ff* à s'appuyer contre les roues pour produire le frottement nécessaire.

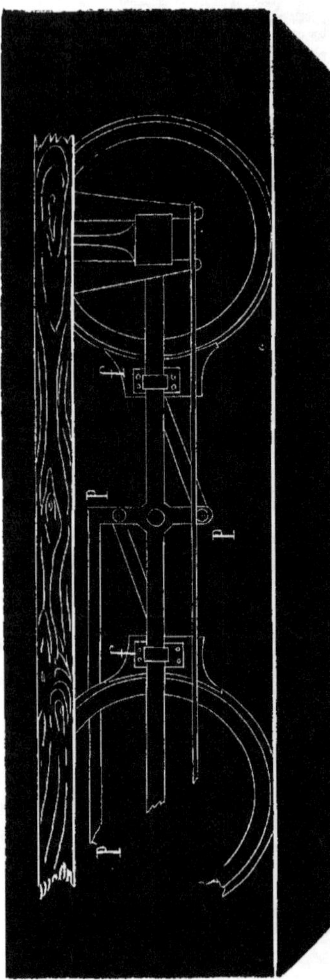

Fig. 312.

Pour ce qui est des freins, nous avouerons franchement que la question a été résolue, postérieurement à nous, il est vrai, mais d'une manière plus satisfaisante, par M. Achard, dont l'embrayeur électrique serait, à notre avis, le complément naturel de notre système de signaux.

Pour ne rien laisser à désirer sous le rapport de la sécurité et des moyens de communication d'un train en marche, il serait bon de monter sur tous les trains un télégraphe portatif très-simple, celui de M. Breguet, par exemple, qui, aussitôt qu'un signal d'alarme aurait eu lieu sur deux trains, leur donnerait la faculté de communiquer entre eux, si la distance à laquelle ils sont arrêtés ou l'obscurité les empêchait de se voir, de se parler, ou rendait impossible tout autre moyen de communication plus expéditif. En un mot, avec notre système, deux trains ne se parleraient que quand cela serait indispensable et après avoir été avertis de leur proximité par un signal indépendant de la volonté des employés du train. Nous discuterons, dans le dernier chapitre, si cela n'est pas plus avantageux que ce qu'a proposé, longtemps après, M. Bonelli.

Nous avons déjà dit, mais ce n'est point un mal de le répéter encore, qu'en décrivant les différents moyens de fermer le circuit électrique dans tous les cas donnés, nous n'avons pas eu la pensée de les présenter comme les seuls existants, et encore moins celle de prétendre qu'ils sont parfaits. Nous avons voulu seulement citer des exemples qui pourront varier à l'infini, sans pour cela altérer en rien le principe sur lequel sont fondés nos travaux.

En résumé, la base principale de notre système, ce qui le constitue essentiellement, c'est l'introduction dans les trains d'un générateur d'électricité, pourvu de son appareil d'alarme, et en communication avec deux conducteurs parallèles à la voie ; l'un de ces conducteurs peut être le sol ou les rails, et l'autre, parfaitement isolé, doit se composer d'une double série de conducteurs partiels alternés.

Cette disposition permet à un train en marche de recevoir un signal électrique à une distance suffisamment éloignée du péril, quel que soit le point de la voie où surgisse ce dernier ; de plus, elle est peut-être la seule qui rende possible une communication électrique entre deux trains en marche, entre un obstacle et un train, entre un train et les gardiens de la ligne, si on fait concourir les deux circonstances précitées d'obtenir le signal sur tous les points de la voie et à une distance donnée, suffisante pour qu'on puisse arrêter un train à temps.

Nous laissons aux personnes compétentes le soin de juger si un système capable de remplir ces conditions, combiné avec un règlement dicté par l'expérience et ponctuellement observé, comme le sont d'ordinaire ceux des chemins de fer, ne doit pas changer complétement l'aspect de ce genre de locomotion, en même temps que faire disparaître les causes de ces accidents terribles, si funestes aux voyageurs et si nuisibles aux administrations.

Nous n'avons fait ici qu'exposer notre système; dans le dernier chapitre, en émettant notre opinion sur tous ceux qui sont parvenus à notre connaissance, nous discuterons les objections qui lui ont été faites, soit dans les livres publiés après son apparition, soit par les ingénieurs et directeurs de chemins de fer à qui nous l'avons présenté.

CHAPITRE XIII

SYSTÈMES PROPOSÉS POUR ÉVITER LES ACCIDENTS SUR LES CHEMINS DE FER AU MOYEN DE L'ÉLECTRICITÉ.

Ayant exposé les systèmes déjà adoptés plus ou moins généralement sur les chemins de fer, et celui qui porte notre nom, nous consacrerons ce chapitre et le suivant à la description des autres systèmes imaginés dans le même but. Nous mentionnerons en tête de chacun d'eux l'époque à laquelle il a été publié, mais sans conserver pour leur description l'ordre chronologique, parce qu'il est préférable de les grouper d'après une classification basée sur le résultat que se sont proposé les inventeurs ; classification que nous justifierons dans le chapitre quinzième en comparant les systèmes entre eux. Nous ferons connaître en dernier lieu ceux qui ne peuvent figurer dans aucun des groupes, soit à cause de l'incertitude où nous sommes relativement à leur nature, soit parce que leurs auteurs n'ont employé qu'indirectement l'électricité, et dans des limites fort restreintes.

PREMIER GROUPE

SYSTÈMES ÉLECTRIQUES DESTINÉS A SIGNALER D'UNE STATION A UNE AUTRE LA SORTIE ET L'ARRIVÉE DES TRAINS ET OU LA TRANSMISSION A LIEU PAR LA MAIN DE L'HOMME [1].

SYSTÈME DE M. TABOURIN.
(24 janvier 1854.)

Le système de M. Tabourin, chef de gare à la Ferté-Bernard, peut être décrit en peu de mots.

---

[1] A ce groupe appartient aussi le système de M. Cooke, décrit dans le onzième chapit e.

« Ce système, c'est M. Tabourin lui-même qui parle, a pour base la séparation des trains par la distance ; au lieu d'essayer de l'obtenir, comme aujourd'hui, par le temps qui doit s'écouler entre leurs départs ou passages successifs, ce qui sera toujours un moyen équivoque de sécurité, attendu que le mouvement de locomotion ne varie pas seulement suivant la volonté de ceux qui le dirigent, mais très-souvent par suite de circonstances indépendantes de cette volonté ; ce qui, malgré toutes les précautions prises jusqu'à ce jour, peut occasionner des surprises qui sont presque les seules causes des accidents de chocs pendant la marche des trains.

« Pour démontrer le plus simplement possible comment cette séparation peut s'obtenir sur la ligne du chemin de fer de Paris à Lyon, je divise cette ligne en autant de points qu'il y a de stations sur toute sa longueur, à condition que si quelques-unes d'entre elles se trouvaient trop éloignées l'une de l'autre, j'établirai des points intermédiaires. Ceci fait, je numérote mes points

Paris.	1	2	3	4	5	6	7	8	9	etc.	Lyon.

« A chaque point ou numéro j'établis un poste télégraphique. Le service des disques ou signaux servant à fermer les voies est fait par la locomotive à son passage. Supposez donc un train partant du nº 1 fermant la voie derrière lui ; arrivé au nº 2, il la ferme de nouveau. Alors nº 2 donne avis à nº 1 que train nº (ils portent tous un numéro) est arrivé, qu'il faut rouvrir la voie et qu'il peut faire partir un autre train, la distance nº 1 au nº 2 étant libre, et ainsi de suite pour toute la ligne, aller ou retour.

« Dans la pratique de ce système de sécurité, la combinaison électro-mécanique est telle, que les erreurs et les oublis sont impossibles, attendu que, quoique le mécanisme étant indépendant de la télégraphie, il force celle-ci à agir chaque fois qu'il y a lieu, sans qu'elle puisse, dans aucun cas, s'en dispenser, et cela, par le seul fait de la fermeture des voies par les locomotives à leur passage devant les disques-signaux. Cette combinaison a également l'avantage de forcer les employés à une surveillance continuelle qui ne peut être éludée, ce qui fait qu'il ne leur serait pas possible de ne pas s'apercevoir immédiatement d'un dérangement survenu dans le mécanisme ou l'électricité.

« Il paraîtrait peut-être plus brillant à des personnes qui réfléchissent peu de faire entièrement exécuter mon système au moyen de l'électricité ; c'est ce que je ne conseillerai jamais. Si l'électricité faisait tout par elle-même, il n'y aurait plus un contrôle actif, forcé et continuel. Alors plus de sécurité : parce que lorsqu'il y aurait dérangement on ne s'en apercevrait pas ou trop tard. »

DEUXIÈME GROUPE

SYSTÈMES ÉLECTRIQUES DESTINÉS A PRÉVENIR LES EFFETS DE LA SÉPARATION D'UNE PARTIE DU TRAIN OU A ÉTABLIR DES COMMUNICATIONS ENTRE LE MÉCANICIEN ET LES EMPLOYÉS QUI SE TIENNENT DANS LE DERNIER WAGGON.

SYSTÈME DE M. BREGUET POUR SIGNALER LA DISJONCTION D'UN TRAIN.
(Antérieur à 1855.)

Quand ce genre d'accident arrive sur une pente rapide, le bruit de la locomotive et des voitures empêche le mécanicien de s'en apercevoir ; et, comme il en peut résulter d'autres accidents plus graves, on a tenté de réunir au moyen de l'électricité les voitures qui composent un train, et de faire fonctionner un appareil d'alarme dans le cas où ils viennent à se séparer. Voici ce qu'en dit M. du Moncel :

« C'est encore M. Breguet qui, le premier, a songé à cette application de l'électricité, et qui l'a expérimentée sur le chemin d'Orléans. Le problème à résoudre était de faire réagir électriquement une forte sonnerie au moment où, le train venant à se séparer en deux, un courant électrique établi d'un bout à l'autre du convoi ne pourrait plus circuler. Pour tous ceux qui ont la moindre notion de la science électrique, la solution de ce problème se devine aisément ; elle dépend du jeu d'un électro-aimant *relais* interposé dans le courant principal (celui qui parcourt le convoi dans sa longueur), lequel par sa non-activité ferme un courant particulier passant à travers la sonnerie.

« La difficulté de l'application de ce système de moniteur était tout entière dans la manière d'établir le circuit à travers tous les waggons du convoi, et c'est là où M. Breguet a échoué. Il employait pour cela des chaînes à pincettes qu'il plaçait à côté des chaînes d'attache des différents waggons; mais, outre que ces chaînes étaient pour les employés d'une manipulation longue et minutieuse, elles pouvaient, au moment d'un choc, d'une secousse quelconque du train, interrompre le courant, et, par là, motiver un signal d'alarme inutile. »

SYSTÈME DE M. HERMANN.

(1853.)

Le système de M. Hermann, ingénieur sous-directeur du chemin de fer d'Orléans, qui voulut appliquer d'abord celui de M. Breguet, consiste à faire en sorte qu'au moyen d'un courant électrique tous les conducteurs d'un train puissent communiquer avec le chef et le mécanicien; ce courant peut être interrompu quand on le veut, et l'interruption, qu'elle soit volontaire ou accidentelle, fait fonctionner un appareil d'alarme aussitôt qu'elle a lieu.

Pour réaliser son idée, en 1853, il fixa à la partie inférieure de la caisse des voitures deux fils métalliques recouverts de gutta-percha et parfaitement isolés; tous deux avaient à leurs extrémités des crochets destinés à réunir les fils d'une voiture à ceux de l'autre, tout en conservant pour les voitures le système d'accrochage ordinaire; les deux fils de chaque voiture se trouvaient donc en communication électrique avec ceux des voitures de devant et de derrière. En réunissant les deux fils du dernier waggon et en mettant les extrémités des fils du premier en communication avec les deux pôles d'une pile, un circuit électrique s'établissait. Outre l'appareil avertisseur, il fallait introduire dans ce circuit autant de rhéotomes manipulateurs qu'il se trouvait de gardes-freins et de conducteurs ayant mission de transmettre un signal.

On voit que ce système ne diffère de celui de M. Breguet que par quelques détails d'application qui ne furent pas plus heureux, car le système ne put être adopté, bien qu'il fût proposé par l'un des principaux ingénieurs de la ligne.

SYSTÈME DE M. BOUTEILLER.

Ce système, d'après la sous-commission chargée d'examiner les inventions proposées pour la sécurité des chemins de fer qui figurent dans l'enquête officielle, a pour objet d'établir dans un train une communication permanente entre le mécanicien et les gardes-freins par un procédé électrique qui ne diffère en rien de celui de M. Hermann et qui ne présente aucune disposition nouvelle.

SYSTÈME DE M. LÉON GLUCKMAN.
(Novembre 1854.)

Le but de cette invention, brevetée en Angleterre en novembre 1854, est d'établir une communication électrique sur un train entre le dernier waggon et la locomotive. A cet effet, l'inventeur met sous le châssis de chaque voiture, entre les roues et dans une position convenable, des longrines en bois de sapin, avec autant de rainures dans le sens longitudinal qu'il doit y avoir de fils métalliques pour transmettre le fluide électrique. L'inventeur décrit avec beaucoup de détails la manière de joindre les tronçons de fil conducteur d'un waggon à l'autre ; mais nous ne le suivrons pas dans sa description ; car, à ce qu'il paraît, l'essai de ce système sur le chemin de fer de Birmingham n'a pas réussi. L'inventeur emploie l'électricité voltaïque pour faire sonner une cloche ou tout autre signal d'alarme.

SYSTÈME DE M. MIRAND.
(Mars 1854.)

L'inventeur des timbres ou sonneries électriques, dont nous avons tant de fois parlé, M. Mirand, paraît avoir résolu plus heureusement le problème abordé en vain par MM. Breguet et Hermann sur le chemin d'Orléans. Au lieu des chaînes avec pinces ou crochets pour relier entre eux les waggons, il établit tout le long du train un ruban goudronné muni de trois fils métalliques et enveloppé d'une gaîne imperméable. L'une des extrémités de ce ruban est maintenue par une griffe sur la locomotive ; l'autre s'enroule sur un treuil que porte le dernier waggon. Cette disposition permet d'allonger ou de raccourcir le train à volonté, sans qu'il y ait pour cela danger d'interrompre la communication électrique, et le ruban continue d'être à peu près tendu sur toute la longueur du convoi. C'est par ces trois fils métalliques que se font les communications électriques qui doivent réagir sur les relais de la sonnerie d'alarme, et en même temps sur une autre sonnerie télégraphique destinée à mettre en rapport le conducteur chef avec le mécanicien, car les sonneries de **M. Mirand** constituent, comme nous l'avons vu, un télégraphe auditif de la manipulation la plus facile.

« La griffe, au moyen de laquelle le ruban est retenu à la locomotive, mérite une mention particulière, car il faut qu'elle puisse établir les rapports électriques avec les appareils et en même temps qu'elle permette au ruban de s'échapper sans qu'il se brise, dans le cas où les trains viennent à se désunir.

« Elle se compose de deux parties distinctes : la griffe proprement dite, et la boucle de la griffe. La première consiste dans six lames de ressort superposées angulairement deux à deux et fixées dans une pièce de bois. Trois boutons d'attache, communiquant à chaque système binaire de ces lames, servent à établir les relations électriques, et les lames elles-mêmes, formant pincettes, sont percées à leur extrémité d'un trou à peu près carré.

« La boucle de la griffe se compose d'une pièce mince de bois dans laquelle sont incrustées trois lames métalliques, terminées d'un côté par un crochet et de l'autre par une double saillie angulaire qui doit entrer dans les trous des lames de la griffe. On accroche le ruban par les bandes métalliques aux trois crochets et on fait entrer de force la boucle ainsi disposée entre les lames de la griffe, qui viennent bientôt saisir les saillies angulaires et les tiennent suffisamment comprimées pour résister à la traction exercée sur le ruban quand on le tend. Comme ces saillies sont

légèrement arrondies des deux côtés, on comprend qu'un effort
un peu considérable peut facilement les retirer de la griffe. »

SYSTÈME DE M. FUCHS.
(2 octobre 1852.)

Le numéro 162 du catalogue des brevets d'invention anglais se
rapporte à un appareil d'alarme ou timbre électro-magnétique
que M. Fuchs propose pour indiquer automatiquement qu'une
porte a été ouverte, et, en général, pour signaler la séparation
de deux surfaces auparavant en contact. Le principe de cet appareil est donc la rupture d'un circuit électrique qui produit une
oscillation répétée dans le marteau de la sonnerie d'alarme. Les
systèmes de MM. Breguet et Mirand étant connus, il est inutile
de s'arrêter à celui-ci, dont le brevet remonte au 2 octobre 1852,
c'est-à-dire qu'il est presque contemporain de celui de M. Breguet. L'inventeur se borne à dire que son système pourrait être
appliqué aux trains de chemins de fer, mais il n'en spécifie aucunement la manière ; et, comme la priorité de l'idée ne lui appartient pas, car elle revient positivement à M. Breguet, et qu'il
n'y a apporté aucune modification avantageuse, comme l'a fait
M. Mirand, nous ne mentionnons ici son système que pour le
faire figurer à sa place dans le catalogue de ceux qui ont été
consacrés à la solution du même problème.

TROISIÈME GROUPE

SYSTÈMES DE SIGNAUX ÉLECTRIQUES NON AUTOMATIQUES TRANSMIS AUX STATIONS PAR UN
GARDE-LIGNE OU TOUT AUTRE EMPLOYÉ, ET VICE VERSA [1].

SYSTÈME DE M. WALKER.
(21 février 1854.)

Ce système consiste à établir tout le long de la voie ferrée deux
lignes de fils conducteurs s'étendant d'une station à une autre,
et communiquant avec des indicateurs galvaniques ; de cette ma-

---

[1] C'est à ce groupe qu'appartiennent les systèmes de MM. Steinheil et Regnault et
le télégraphe portatif de M. Breguet, décrit dans le onzième chapitre.

nière, dit l'inventeur, le gardien ou chef du train peut, en cas d'accident, faire connaître aux stations immédiates l'arrêt du train et par conséquent l'obstruction de la voie, ainsi que l'endroit où l'accident a eu lieu.

Les fils conducteurs à l'état normal, c'est-à-dire, quand l'appareil ne marche pas, sont disposés, bien qu'ils soient en communication avec les indicateurs galvaniques des stations respectives, de manière à n'être parcourus par aucun courant électrique ; à cet effet, l'un des fils a ses deux extrémités en communication avec les pôles positifs de deux piles, une dans chaque station ; et l'autre fil avec les deux pôles négatifs. S'il arrivait un accident et qu'on dût avertir les stations, il n'y aurait qu'à réunir métalliquement les deux fils avec un outil ayant un manche, et dans lequel se trouve un multiplicateur de Schweiger, dont les extrémités sont terminées par deux crochets qui peuvent s'agrafer aux fils conducteurs. Au moyen de ce multiplicateur, non-seulement le garde du train est informé si son signal est parvenu aux stations, mais celles-ci peuvent aussi lui répondre avec des signaux convenus d'avance. A l'union des crochets avec le multiplicateur se trouve un interrupteur disjoncteur qui sert de manipulateur pour transmettre les signaux. En un mot, c'est le même système que celui des appareils pour la demande de secours de M. Regnault, expliqué dans le onzième chapitre, avec cette différence toutefois que le garde-ligne ou chef du train peut avertir d'un endroit quelconque de la ligne sans être obligé d'aller chercher les poteaux kilométriques où se trouvent les appareils, comme il arrive dans le système de M. Regnault.

Au lieu de mettre un fil en contact avec les pôles positifs de deux piles et l'autre avec les pôles négatifs des mêmes piles, l'inventeur propose d'autres moyens : mais ils sont tous fondés sur ce que le courant ne passe que quand on réunit les deux fils, soit parce que les courants se détruisent mutuellement, soit parce que le circuit ne se complète qu'au moment où l'on accroche l'outil qui porte le multiplicateur.

L'inventeur dit aussi que, le courant ne passant qu'au moment où a lieu la jonction des deux fils, on pourrait se servir de deux

des fils destinés aux communications télégraphiques ordinaires;
mais il est inutile de nous arrêter à examiner cette modification,
car elle ne fait que donner à ce système un point de ressemblance
avec le télégraphe portatif de M. Breguet, sans présenter aucun
de ses avantages.

SYSTÈME DE M. DUJARDIN.

M. le docteur Dujardin propose d'établir sur les chemins de
fer, entre les divers gardes et cantonniers, une communication à
l'aide d'un télégraphe électrique particulier auquel il donne le
nom de *téléphone électrique*.

Les cantonniers, qu'il suppose placés de trois en trois kilomètres et munis chacun d'un téléphone, auraient ordre de ne jamais laisser s'engager à la fois deux trains marchant dans le
même sens sur la section aux extrémités de laquelle ils seraient
placés. Quant à l'appareil désigné sous le nom de téléphone, il
emploierait un fil à courant intermittent, et se composerait,
comme tous les télégraphes électriques, de deux instruments : un
manipulateur, qui diffère à peine de ceux connus, et un récepteur
d'un genre particulier auquel l'auteur a cru donner une grande
simplicité, mais auquel il a enlevé, d'après la sous-commission
de l'enquête officielle nommée pour examiner les inventions proposées pour la sécurité des chemins de fer, toute cette précision
d'indication qui fait la sûreté d'une dépêche.

Ce récepteur consiste en un simple timbre à marteau, qui
produit un son chaque fois qu'à l'autre extrémité du fil on
fait accomplir un tour à la manivelle du manipulateur. L'homme
qui reçoit la dépêche doit compter les sons, et, en tenant compte
de la durée de leurs intervalles, les groupes de sons. Ces groupes
et leurs combinaisons, dont l'auteur donne l'alphabet, servent à
représenter des phrases, des lettres et des chiffres.

La sous-commission officielle juge que si le téléphone est susceptible de quelque application, celle que propose l'auteur aux
chemins de fer ne saurait être admise; car il ne paraît pas possible d'abandonner à des cantonniers ou à des gardes-lignes la
traduction de semblables dépêches.

QUATRIÈME GROUPE

SYSTÈMES DE SIGNAUX ÉLECTRO-AUTOMATIQUES TRANSMIS AUX STATIONS AU MOYEN D'APPAREILS FIXES SUR LA VOIE, MIS EN ACTION PAR LES TRAINS EUX-MÊMES A LEUR PASSAGE[1].

SYSTÈME ÉLECTRIQUE DE M. MAUSS.
(1845.)

Le système de cet ingénieur, qui date de 1845, et est par conséquent antérieur à celui de M. Breguet, fut mentionné dans les comptes rendus de l'Académie des sciences du 11 août 1845, mais sans détails. L'objet que se proposait l'auteur était qu'au moment où le convoi passerait devant une station, on sût le temps qu'il aurait mis à franchir un espace connu, afin qu'on pût éviter ainsi de donner aux trains une vitesse capable de compromettre la sécurité des voyageurs.

SYSTÈME DE M. DAVID LLOYD PRICE.
(4 février 1855.)

Le système de M. Price a pour objet d'établir tout le long d'un train un ou plusieurs circuits électriques au moyen desquels les passagers puissent communiquer avec le chef du train, et celui-ci avec le mécanicien. Dans ce but, et pour faire passer d'une voiture à l'autre les fils conducteurs de l'électricité, M. Price a imaginé divers mécanismes plus ou moins parfaits, qu'il est inutile de décrire. Il emploie deux circuits différents, l'un pour établir la communication entre les voyageurs et le conducteur du train, l'autre pour l'établir entre ce dernier et le mécanicien : dans les deux cas, le courant produit un signal au moyen d'une sonnerie ou de tout autre appareil d'alarme.

M. Lloyd Price se propose aussi, et c'est la partie de son invention qui nous a décidé à la placer dans ce groupe, de faire un signal aux stations dont le train s'approche quand celui-ci se trouve à une distance fixée d'avance; à cet effet, en passant par certains endroits, le train agit sur un levier qui ferme un circuit

---

[1] Le système de M. Breguet, décrit au chapitre onzième, appartient à ce groupe.

électrique et fait sonner un appareil d'alarme placé à la station,
qui, par conséquent, est avertie de l'approche du convoi.

SYSTÈME DE M. BORDON.
(Novembre 1855.)

M. Bordon, dans un brevet pris au mois de novembre 1855,
s'est également proposé de donner aux trains en marche, à l'aide
d'un système de signaux électriques placés à chaque station, le
moyen de se couvrir en avant ou en arrière pendant la durée de
leur parcours, et d'annuler plus tard eux-mêmes ces signaux au
moment où ils laissent libre la voie. « Son système est fondé sur
la production instantanée d'un courant mis en jeu dans des
appareils spéciaux auxquels l'inventeur a conservé les noms de
manipulateur et de *récepteur* consacrés dans la télégraphie électrique.

« Son manipulateur est un appareil fixé latéralement à la voie
et que doit rencontrer tout convoi à son départ et à son passage
à chaque station. Une touche, adaptée soit à la locomotive, soit
à tout autre véhicule en mouvement sur la ligne, agit en passant
sur la poignée de ce manipulateur, et, par le déplacement d'une
série de leviers qui amènent momentanément en contact deux
pièces métalliques faisant partie d'un circuit électrique passant
par le récepteur de la station suivante, le courant est établi et le
signal convenu est transmis à cette station. Dès que la touche
cesse d'agir sur la poignée du manipulateur, l'appareil reprend
sa première position et le circuit électrique s'interrompt.

« Le récepteur consiste en un large cadran supporté par une colonne en fonte et placé de la manière la plus apparente, en vue
de tout le personnel de la station, dans la situation des disques-
signaux ordinaires, sur le bord de la voie, faisant face à la ligne
des rails.

« Suivant que ce cadran appartient aux signaux d'aller et de retour, il est porté sur une colonne de 3 ou de 5 mètres pour éviter
toute confusion dans ses indications. Il est à double face, ou, pour
mieux dire, ses indications se répètent sur les deux faces d'un

tambour qui sont transparentes, et entre lesquelles sont placés :
1° le mécanisme qui doit donner le mouvement à son aiguille ;
2° les lampes destinées à l'éclairer de nuit.

« L'aiguille unique du cadran marque zéro quand la portion de voie qui doit couvrir le signal est libre ; mais, dès que la tête d'un train s'engage sur cette voie à la station précédente, et que la touche de la locomotive agit sur le manipulateur de cette station, l'aiguille avance d'une division dans le sens déterminé par la direction du trajet du train, que rappellent incessamment les noms des deux stations extrêmes de la ligne inscrits sur le limbe du cadran.

« Le mécanisme qui fait mouvoir l'aiguille est très-délicat. Il consiste en une roue dentée fixée sur le même axe que l'aiguille, liée à un ressort en spirale qui tend perpétuellement à la ramener à la position de zéro et portant un nombre de dents égal au nombre des divisions du cadran. Le mouvement est communiqué à cette roue par un levier dont une extrémité engrène avec elle par pression, l'autre extrémité étant sans cesse sollicitée en sens inverse par un petit ressort à boudin. Ce levier est lié à l'armature d'un électro-aimant qui lui communique finalement une impulsion et fait par conséquent passer une dent de la roue chaque fois qu'un contact est produit par un courant instantané et suivi d'une séparation brusque.

« M. Bordon, qui, d'après la commission d'enquête, a donné aux indications de son cadran une trop grande complication, a supposé que non-seulement la machine placée en tête du train agirait sur le manipulateur et transmettrait par conséquent un signal au récepteur, mais encore que chacun des waggons du train serait muni également d'une touche dont le passage au manipulateur se manifesterait par un pas de l'aiguille sur le cadran du récepteur. Il a donc fait de son récepteur une espèce de compteur des waggons engagés sur la voie. Il est vrai qu'il a examiné aussi le cas où les indications que donnerait l'aiguille désigneraient simplement le nombre et la nature des trains engagés. Il a combiné enfin avec les indications de l'aiguille, pour faciliter le service de nuit, des signaux de couleur qui paraissent et s'éclipsent alternativement sur certaines parties claires ou obscures du cadran.

« Quant au moyen qu'il a employé pour faire disparaître du cadran les signaux devenus inutiles lorsqu'un train a effectué son parcours, l'auteur a proposé deux procédés : le premier reposerait sur le jeu d'un second manipulateur en tout semblable au premier, mais en communication avec un autre fil et avec un second électro-aimant placé comme le premier derrière le cadran et destiné par son action sur son armature à déclencher la roue dentée de l'aiguille indicatrice, qui, sollicitée, comme il a été dit, par le ressort en spirale, démarquerait autant de véhicules qu'en renfermerait le train. Le second procédé consisterait en un simple appareil de déclenchement mécanique en communication, au moyen d'une tringle, avec un système de levier disposé au pied de la colonne du récepteur, sur lequel agiraient en passant de nouvelles touches adaptées à la locomotive, au tender et aux waggons.

« L'auteur examine, d'ailleurs, les divers cas où son système serait appliqué à l'exploitation des chemins de fer à une seule voie, à deux voies, ou simplement à préserver les abords des stations, tunnels et points dangereux. Ses fils conducteurs, enfin, seraient souterrains.

« Comme complément du système d'exploitation basé sur l'emploi de ses signaux électriques, M. Bordón a proposé un *aiguilleur mécanique* au moyen duquel un train se dirigerait de lui-même à volonté sur une autre voie. »

La commission d'enquête trouve les appareils de M. Bordon aussi compliqués que délicats et incapables de fonctionner avec la moindre régularité. M. du Moncel, de son côté, dit que, pour obtenir l'effet désiré, pour ne pas manquer le signal, il faudrait diminuer la vitesse du train, afin de passer plus lentement par les pédales ; et qu'avec ces inconvénients, le système ne servirait qu'à prévenir une station de l'arrivée d'un convoi, après lui avoir signalé sa sortie de la station précédente.

SYSTÈME DE M. BIANCHI.
(Décembre 1853.)

Les brevets pris par M. Barthélemy-Urbain Bianchi le 13 décembre 1853 en France, et le 7 février 1854 en Angleterre, se rapportent à un système électrique pour éviter les accidents sur les chemins de fer. Le plus ancien, c'est-à-dire le brevet français, ne concernait que les lignes à une seule voie ; mais son auteur y fit une addition quelque temps avant de prendre son brevet anglais ; nous nous en rapporterons à ce dernier pour faire connaître le système, car il doit comprendre et la première invention et les modifications introduites depuis.

Ce système consiste à faire en sorte que les appareils de la télégraphie indiquent aux stations la position des trains sur la ligne, et que ces mêmes stations puissent se mettre en communication avec les employés chargés de faire les signaux sur les points intermédiaires.

M. Bianchi établit un fil télégraphique isolé tout le long de la ligne du chemin de fer, entre deux stations, et le met en rapport avec une série d'appareils interrupteurs placés à un demi-mille les uns des autres, de manière que, lorsque passe un train, la continuité du fil est interrompue, et le circuit ouvert, par conséquent. Le fil isolé est aussi en rapport avec un électro-aimant dans chacune des deux stations, avec une batterie galvanique ou tout autre générateur électrique dans les deux stations ou dans une seule ; et enfin, soit par l'une des extrémités du même fil, soit par l'un des pôles de la pile, on fait entrer la terre dans le circuit. On conçoit qu'un courant électrique qui parcourt constamment le fil en partant de la pile et traversant les électro-aimants, le fil conducteur et la terre, maintient les armatures des électro-aimants en contact et immobiles jusqu'à ce que le train passe par l'un des interrupteurs et produise une interruption momentanée ; alors un ressort sépare l'armature, dont le mouvement laisse passer une dent d'une roue. Cette roue a autant de dents qu'il y a d'interrupteurs sur le fil conducteur, de manière qu'elle fera une révolution complète pendant le temps que met le train à se rendre d'une station à une autre, et indiquera à chacune d'elles le passage par ces points, car l'axe de la roue porte avec lui un indicateur qui parcourt l'un après l'autre les signes marqués sur un cadran.

Nous ne comprenons pas la difficulté dont parle M. Bianchi au sujet de l'intermittence du mouvement de l'indicateur, ni l'avantage qu'il peut retirer de l'emploi d'un mécanisme d'horlogerie, — dont la vitesse, dit-il, égale ou surpasse la plus grande que peuvent avoir les trains, — pour que l'aiguille indicatrice atteigne le terme de la division du cadran un peu avant que le train arrive à l'interrupteur correspondant; l'indicateur, ajoute-t-il, s'arrêtera alors jusqu'à ce que le train passe sur l'interrupteur, moment auquel il reprendra sa marche. Si, par une raison quelconque, le train cesse de marcher, l'indicateur s'arrêtera, et cette circonstance même indiquera à la station que le train se trouve entre les deux interrupteurs correspondants aux signes du cadran, de manière que, si la distance qui les sépare est d'un mille ou d'un demi-mille, on ne peut avoir de doute sur sa véritable position que dans ces limites.

Le mouvement des trains dans deux directions opposées sur la même voie peut être indiqué sur deux cadrans, ou par deux aiguilles dans le même cadran, et aussi en faisant que les indicateurs marchent en ligne droite au lieu de marcher circulairement : d'une manière ou de l'autre, il est indispensable qu'il y ait deux séries d'interrupteurs indépendants, et que les trains qui marchent dans une direction ne puissent pas heurter les interrupteurs correspondants à la direction contraire.

Chaque appareil a une sonnerie électrique qui fonctionne et fait, en outre, paraître un signal visible quand un train quitte la station qui suit celle où se trouve la sonnerie.

Pour communiquer avec les gardes-lignes, on emploie un autre fil conducteur, où circule un courant constant d'électricité, qui passe aussi par les appareils placés à la station de chacun de ces employés. Ces appareils ont une sonnerie et un signal qui avertissent du danger par suite de la solution de continuité du fil dans un point quelconque, et cet effet, comme on le comprend, ne peut être produit que dans les stations ou à l'appareil de chacun des gardes.

Le système de M. Bianchi est une combinaison de ceux de MM. Tyer et Regnault, qui l'ont précédé de beaucoup ; nous ne nous arrêterons donc pas à en faire connaître les appareils, décrits avec beaucoup de détails par l'auteur dans le mémoire qui accompagne son brevet ; nous ne dirons rien non plus des dispositions adoptées par l'inventeur pour les chemins à double voie, car il n'y a dans tout cela aucune innovation importante.

SYSTÈME DE M. ALLOUIS.

Plus incomplet que celui de M. Bianchi, ce système, spécial pour les chemins de fer à simple voie, est disposé de manière que chaque train en sortant d'une station fasse mouvoir à la station suivante, soit un disque qui opère un quart de révolution sur lui-même et ferme la voie, soit une aiguille sur un cadran en vue de toute la station. Ce mouvement s'obtient à l'aide d'un courant électrique qui s'établit à l'instant où l'une des roues de la machine, munie d'un rebord spécial, agit sur la tête d'un piston placé près des rails, intérieurement à la voie, et fait basculer un système de leviers disposé de manière à fermer un circuit électrique.

INTERRUPTEUR KILOMÉTRIQUE DE M. BELLEMARE.
(22 décembre 1855.)

M. Alexandre Bellemare, employé au ministère de la guerre, prit, le 22 décembre 1855, un brevet d'invention pour un appareil destiné à signaler en avant et en arrière, aux stations, la position exacte d'un train ; cet appareil ne constitue donc pas précisément un système pour éviter les rencontres sur les chemins de fer ; il n'est qu'une amélioration ou modification des systèmes de MM. Tyer, du Moncel et autres, qui se sont basés sur l'interruption ou la fermeture d'un circuit en se bornant à certains endroits fixes de la voie. Quoique l'inventeur entre dans des considérations sur la sécurité des chemins de fer et les

moyens de l'obtenir avec son système, comme la seule chose qu'il
revendique comme sienne, d'après M. l'abbé Moigno, est la manière d'interrompre le courant qui doit produire les signaux,
nous ne donnerons que la description de l'appareil qu'il a proposé, en transcrivant ici l'extrait donné par le *Cosmos* de la
séance de l'Académie des sciences du 14 janvier 1856.

« Le fil qui doit transmettre le courant s'appuie sur les poteaux télégraphiques qui bordent la voie ; seulement, à chaque
kilomètre, ce fil se détache du poteau, passe sous terre sur un
espace de 2 ou 5 mètres environ, et vient aboutir à l'interrupteur (fig. 313). Celui-ci se compose d'un écrou *EEE* en fer,
solidement fixé au milieu de la
voie sur l'une des traverses des
rails ; ou mieux, afin d'éviter les
tressaillements trop violents qui
peuvent se produire au passage
d'un train, sur deux petites pou-
trelles enfoncées jusqu'à fleur de
terre entre deux traverses ; cet
écrou reçoit dans son sein un vase
de porcelaine formé de deux parties, *pp* et *qq*; au fond de la partie
qq sont scellées deux vis de pression
ef, qui pincent, l'une l'extrémité

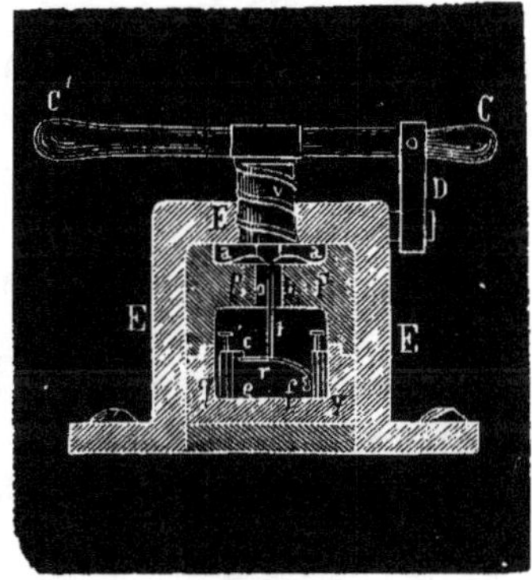

Fig. 313.

du fil venant de la station d'avant ; l'autre, l'extrémité du fil qui
se prolonge vers la station suivante ; dans la position du repos
ou normale, les deux vis *e* et *f* communiquent métalliquement ensemble à l'aide d'un ressort *r* fixé sur *f* et butant contre un crochet *c*; le courant, dans cette position, est donc établi entre les
deux stations. La seconde moitié *pp* du vase de porcelaine forme
couvercle sur la première et se lute avec elle. Une tige verticale *t*
la traverse par son milieu et descend à 1 millimètre du ressort *r*,
au-dessus duquel un petit ressort en arc-boutant *aa* l'arrête et la
tient suspendue. Cette tige *t* glisse à frottement dans l'ouverture *o*,
garnie de cuir. Sur cette tige s'appuie l'extrémité de la vis *V*,
qui s'engage dans l'écrou *E* ; cette vis fait corps avec un levier

horizontal CC' : voilà l'interrupteur ; voici comment il fonctionne : à l'instant de son passage, la locomotive accroche, au moyen d'une tige disposée à cet effet, l'extrémité C ou l'extrémité C' du levier, suivant qu'elle se dirige de A vers B ou de B vers A[1] : le levier alors tourne, la vis s'abaisse et abaisse avec elle la tige t, qui sépare instantanément le ressort r du crochet c, et le courant est momentanément interrompu. Après le passage de la locomotive, le levier CC' est ramené à sa position première par le ressort D, la tige t se relève en même temps sous l'action des ressorts aa, le ressort r remonte et vient rétablir la communication entre les deux bouts du fil interrompu. On remarquera que si un train est forcé, par une circonstance quelconque, d'aller à reculons pendant quelques instants, il ne peut produire aucune interruption du courant, car, poussant le levier CC' en sens inverse, il fait seulement monter la tige t, qui accompagne dans son mouvement la vis V. »

Comme nous le verrons dans le dernier chapitre, cette circonstance ne suffit pas pour parer à l'inconvénient de ce système et de tous ceux qui sont fondés sur le même principe : c'est-à-dire de faire marquer quelquefois sur les compteurs des stations une position autre que celle qu'occupent réellement les trains sur la voie.

Les véritables avantages de cet interrupteur sont : d'abord d'avoir un isolement plus parfait que d'autres de la même espèce, et ensuite de fournir un contact parfaitement sûr et assez prolongé pour que l'action électro-mécanique ait le temps de se produire. Quant au troisième avantage que lui attribue M. du Moncel, de pouvoir être manœuvré facilement par les cantonniers, si on les emploie à transmettre des signaux de détresse, et à celui qu'indique M. Moigno de pouvoir signaler l'arrivée des trains aux bifurcations, nous verrons dans quels cas ils pourraient être réels, et les conditions nécessaires pour cela.

Dans la séance de l'Académie des sciences du 7 juillet 1856, on rendit compte des heureux résultats obtenus dans les expériences faites avec l'interrupteur de M. Bellemare, par l'inventeur

---

[1] Quoique ces lettres ne soient pas marquées sur la figure, M. Moigno désigne ainsi les stations pour simplifier l'explication.

et M. Breguet, sur le chemin de fer de l'Ouest. D'après le rapport, le choc de la locomotive contre l'interrupteur était inoffensif, et l'appareil produisait très-bien son effet, même quand les trains marchaient à une vitesse de 78 kilomètres à l'heure.

CINQUIÈME GROUPE

SYSTÈMES DE SIGNAUX ÉLECTRO-AUTOMATIQUES QUE LES TRAINS FONT PRODUIRE AUX DISQUES ET AUTRES APPAREILS FIXES QUI SE TROUVENT SUR LA VOIE, ET QUE LE MÉCANICIEN OU LE CONDUCTEUR DU TRAIN PEUT APERCEVOIR AU PASSAGE.

SYSTÈME DE M. JAMES GODFREY WILSON.

(29 octobre 1852.)

L'invention de M. Wilson consiste en un appareil de signaux mis en mouvement par le passage de chaque train, et qui fonctionne pendant un certain temps pour lequel il a été réglé. Une aiguille marque les minutes sur un cadran et indique, par conséquent, le temps écoulé depuis le passage d'un train à l'endroit où l'appareil est fixé. Comme l'inventeur se sert de l'électricité pour que le passage du train fasse fonctionner ledit appareil, on comprend que ce dernier peut agir à la distance que l'on voudra de l'endroit où le train doit signaler sa présence.

L'appareil est on ne peut plus simple : c'est un cadran sur lequel sont inscrites douze minutes, mais qui peut varier selon le mouvement d'horlogerie appliqué en f (fig. 314). Ce cadran porte une longue aiguille g et une roue h, dont le contour est labouré de quatre entailles également distantes les unes des autres et à un intervalle proportionnel au nombre de divisions du cadran, c'est-à-dire que, si l'aiguille doit parcourir en douze minutes toutes les divisions de la partie visible du cadran, la roue h doit employer le même temps à faire le quart de sa révolution ; la pièce i est un doigt qui peut tourner autour d'un point fixe et s'emboîter dans les entailles de la roue h, ou adhérer à l'armature l d'un électro-aimant quand celui-ci est parcouru par le courant d'une pile ordinaire au moyen des fils bb', guidés par les isoloirs $pppp$, et dont les extrémités vont réunir les pôles de la pile (fermer le circuit) quand la tige *n*, en se levant, les touche l'un et l'autre. Cette tige est fixée par une pièce de matière isolante au levier *c*, qui tourne autour du point *d*, et dont le bras opposé va aboutir au rail *e*, qu'il dépasse un peu, afin que le passage des voitures d'un train, en l'abaissant, relève la tige *n* et établisse la communication électrique.

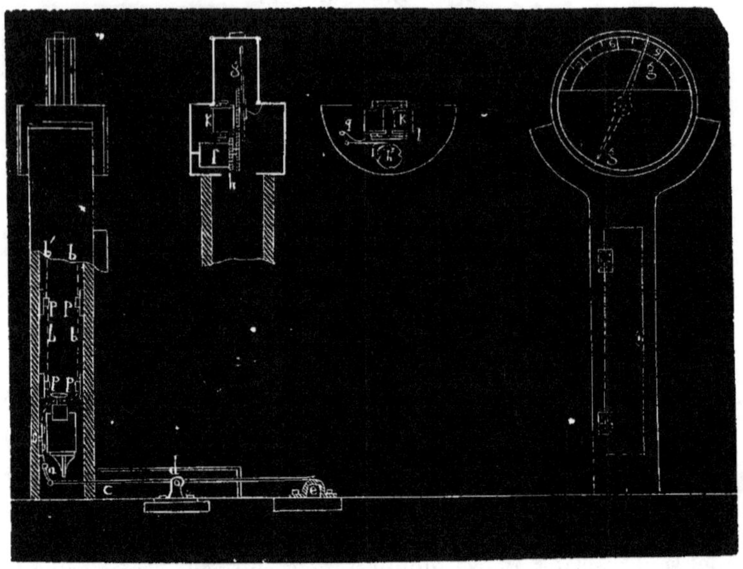

Fig. 314.

L'effet de l'appareil à signaux, au passage du train, est facile à comprendre : le circuit étant établi, l'électro-aimant attire pour un moment le doigt *i*, laisse en liberté la roue *h*, qui commence à faire sa révolution en même temps que l'aiguille *g*, jusqu'à ce que, les douze minutes étant écoulées, la seconde entaille de la roue *h* arrive au point où le doigt, en s'y introduisant, fait cesser le mouvement. Un ressort antagoniste *q* empêche que le magnétisme rémanent maintienne l'adhérence du doigt avec l'armature de l'électro-aimant quand le train a cessé de passer et que le courant se trouve interrompu.

Le mécanicien d'un autre train qui suivrait le premier sait, par l'inspection du cadran, le temps qui s'est écoulé depuis le passage du train précédent, et, quoique l'auteur du système ne le dise pas, il doit s'arrêter s'il voit que l'aiguille n'a pas encore parcouru les douze minutes, car, sans cela, le moment de son passage ne serait pas signalé exactement par l'appareil, et il y aurait danger d'induire en erreur un troisième train qui viendrait à la suite.

Pour les signaux de nuit et en temps de brouillard, M. Wilson propose l'emploi de la lumière électrique ou toute autre convenablement disposée.

SYSTÈME DE M. CROWLEY.

(8 novembre 1852.)

L'invention de M. Jonathan Sparrow Crowley consiste à appliquer aux disques à signaux dont on se sert actuellement un électro-aimant qui maintienne constamment le signal de *voie libre* tant que le circuit d'une pile voltaïque reste fermé ; mais, au moment où la jante de la roue agit sur un levier qui vient aboutir près du rail, le circuit s'interrompt, et l'électro-aimant, perdant son pouvoir, laisse en liberté un contre-poids qui fait apparaître dans le disque le signal de danger, lequel y restera tant que le circuit ne sera pas complété de nouveau. C'est tout ce que dit M. Crowley dans la description qu'il a faite de son système, en ajoutant toutefois qu'au lieu de faire que l'interruption du courant produise un signal visible, on peut combiner l'appareil de manière qu'il agisse sur une sonnerie ou tout autre signal perceptible à l'ouïe, soit dans la station, soit dans toute autre partie de la ligne.

On peut, dit l'inventeur dans la deuxième partie de sa description, manœuvrer les aiguilles de la même manière, c'est-à-dire en les maintenant dans une certaine position au moyen d'un électro-aimant très-puissant, et le circuit électrique se ferme ou s'interrompt par l'action des jantes des roues sur un levier convenablement disposé pour favoriser le mouvement au moyen de contre-poids.

SYSTÈME DE M. FRAGNEAU.

(28 octobre 1855.)

Le 28 octobre 1853, M. Fragneau, employé supérieur du chemin de fer du Midi, prit un brevet d'invention pour un appareil électrique destiné à prévenir la rencontre des trains en avertissant à temps le mécanicien ; c'est ce qu'il disait dans le titre de la description qui accompagnait son brevet ; postérieurement il paraît l'avoir amplifiée pour la présenter à la commission d'enquête ; voici les termes dans lesquels celle-ci le fait connaître :

« La partie principale de son appareil est un disque-signal placé latéralement à la voie, et porté sur une colonne en fonte dont le socle renferme le mécanisme et la pile électrique qui doivent servir à le mettre en jeu. Ce disque est mobile autour d'un axe vertical, et, selon qu'il est tourné parallèlement à la voie ou perpendiculairement à cette direction, il indique que la voie est ouverte ou fermée. L'axe du disque reçoit son mouvement d'un barillet à ressort qui tend incessamment à se dérouler et à lui imprimer une série de tours sur lui-même dans le même sens ; mais ce barillet engrène avec une roue d'échappement qui ne permet à l'axe, et par conséquent au disque, d'effectuer qu'un quart de révolution chaque fois qu'elle devient libre.

« Le mouvement de cette roue d'échappement est d'ailleurs lui-même subordonné au déplacement d'un levier relié à l'armature d'un électro-aimant traversé par un courant constant. Tant que l'électro-aimant conserve sa propriété magnétique l'armature est maintenue en contact avec lui et le mécanisme qui tend à faire tourner le disque reste au repos ; dès qu'au contraire l'électro-aimant perd son aimantation par l'interruption du courant, l'armature l'abandonne, son levier se déplace, la roue d'échappement devient libre, laisse accomplir au disque un quart de révolution et lui fait indiquer à tout train qui peut se présenter, soit l'arrêt, soit le libre passage.

« Tout le jeu de l'appareil et par conséquent toute la sécurité d'un convoi vont donc dépendre, dit la commission, de la plus légère interruption qui pourra se produire dans ce courant qui va partir du pied même du disque et se poursuivre jusqu'à l'autre extrémité de la portion de voie à défendre. L'auteur paraît poser en principe que cette interruption ne sera jamais produite que par le train en marche aux points convenus, et dans les conditions strictement voulues : on comprend de quel intérêt il est effectivement qu'aucune interruption étrangère ne vienne à se produire, puisque son effet immédiat sera de faire accomplir au disque un nouveau quart de révolution, de changer diamétralement la nature du signal, et cela sans contrôle possible, de faire succéder, en un mot, à la sécurité un danger certain, et d'entraîner enfin une succession de signaux à contre-sens.

« L'appareil interrupteur sur lequel doit agir la roue de la machine remorquant le train est placé près du rail ; il se compose d'une sorte de pédale qui s'abaisse sous la pression du boudin de la roue et déplace une lame de cuivre qui, dans l'état de repos, fait partie du circuit électrique. Quand la pédale revient à sa position première, la lame de cuivre reprend également sa place dans le circuit et le courant électrique se rétablit. Pour empêcher que la pédale ne puisse revenir au repos avant le passage du convoi tout entier, et pour qu'une roue d'un waggon quelconque ne puisse par conséquent venir changer par une seconde interruption la position du disque et donner un signal contraire, le ressort qui relève cette pédale est disposé de manière à comprimer un petit soufflet cylindrique rempli d'air, et l'ouverture de ce soufflet est réglée de façon à donner au travail du ressort, et par conséquent à l'interruption du courant, la durée voulue.

« Pour parer à un autre danger, celui de voir deux trains marchant en sens contraire s'engager au même instant aux deux extrémités d'une même voie défendue par son appareil, l'auteur a imaginé de placer au pied de son disque un mécanisme, adapté au même axe, qui amène sur le rail, à chaque mouvement destiné à fermer la voie, trois pétards dont la détonation préviendrait au besoin le mécanicien que la voie sur laquelle il s'engage cesse d'être libre. Ces pétards se retirent également d'eux-mêmes lorsque le disque reprend sa position normale. »

SYSTÈME DE M. RÉVILLE.

Cet inventeur propose aussi d'installer un système de disques-signaux, le long des voies de fer, aux stations, près des barrières principales, dans tous les points enfin où l'on pourrait en donner la surveillance à un garde.

« Chaque disque, disposé perpendiculairement à la voie, serait mobile autour d'un axe horizontal et n'aurait que sa moitié inférieure visible, l'autre étant toujours masquée par un écran fixe. Les deux moitiés du disque seraient d'ailleurs de couleur différente, blanche et rouge, et, la nuit, elles seraient éclairées par une lanterne et formeraient transparent.

« L'axe du disque serait commandé par un mouvement d'horlogerie, sans cesse sollicité par un poids dont l'échappement serait mis en jeu par l'armature d'un électro-aimant et combiné de telle sorte, qu'on pourrait à volonté lui faire accomplir un nombre déterminé de demi-révolutions, et lui faire produire par conséquent autant d'éclipses de couleur ou de lumière rouge et blanche.

« Les gardes-lignes seraient chargés de remonter les horloges des disques. On aurait ainsi la base et l'appareil d'un système de télégraphie dont il s'agirait de tirer parti dans l'intérêt du service. A cet effet, tous les disques d'une même section de ligne seraient rendus solidaires entre eux par un fil conducteur, de manière à exécuter simultanément le même signal sur toute l'étendue de la section. Chaque conducteur de train enfin aurait dans son waggon une pile en action et un appareil qui lui permettrait de se mettre en communication avec le fil conducteur des disques et de transmettre lui-même un signal convenu indiquant sa position sur la ligne et tel accident qui lui serait survenu. »

SYSTÈME DE M. DUMOULIN.
(Novembre 1856.)

Ce système, que son auteur a imaginé pour que les trains mettent en mouvement, au moyen de l'électricité, des appareils à signaux fixes, placés de distance en distance sur le côté de la voie, repose tout entier dans la disposition de deux appareils qu'il a nommés *manipulateur* et *récepteur*, pour se conformer sans doute à la nomenclature des télégraphes, dont les deux pièces principales portent ce nom, et qui, plus ou moins semblables, se trouvent dans tous les systèmes de signaux; cependant, dans les systèmes automatiques, comme celui dont nous nous occupons, l'une de ces pièces ne devrait pas conserver la dénomination de *manipulateur*.

« L'un et l'autre appareil (dit M. Dumoulin, que nous suivrons dans la description qu'il a eu la bonté de nous communiquer) se répètent de deux en deux mille mètres sur la voie et sont tous reliés deux à deux par un fil qui permet à chaque manipulateur d'agir sur deux récepteurs simultanément.

« Tous reçoivent le courant d'une ou plusieurs piles placées aux têtes de ligne et dans une ou plusieurs stations intermédiaires, suivant la plus ou moins grande longueur de la ligne. Toutes ces piles s'embranchent par le même pôle sur un fil distributeur commun, régnant sur tout le parcours de la voie.

« Le manipulateur (fig. 315 et 316), manœuvré par le convoi lui-même à son passage devant chaque signal, se compose d'un levier commutateur formé de trois lames de ressorts dont une X, plus longue que les deux autres, est munie de platine à son extrémité. Cette même extrémité est engagée entre deux équerres en métal AB, munies également de platine sur les faces susceptibles d'être rencontrées par la lame de ressorts X, dans son mouvement de flexion ascendant ou descendant.

« Ces lames d'acier sont fortement fixées sur un patin en fonte C communiquant avec le sol ou avec le rail lui-même par un fil métallique qui établit ainsi, à l'état de repos, la communication terrestre avec l'équerre B, liée elle-même par un fil spécial avec le signal précédent. L'autre équerre A communique avec le signal correspondant au manipulateur. Cet ensemble est solidement assujetti sur une forte planchette de chêne.

« Les trois lames de ressorts composant le levier commutateur sont engagées par leur milieu entre deux goujons DE (fig. 316), réunis par un manchon en fonte, et solidement fixés par un écrou de pression *F* à une tige verticale en acier *G* ou au moins aciérée et trempée à son extrémité supérieure.

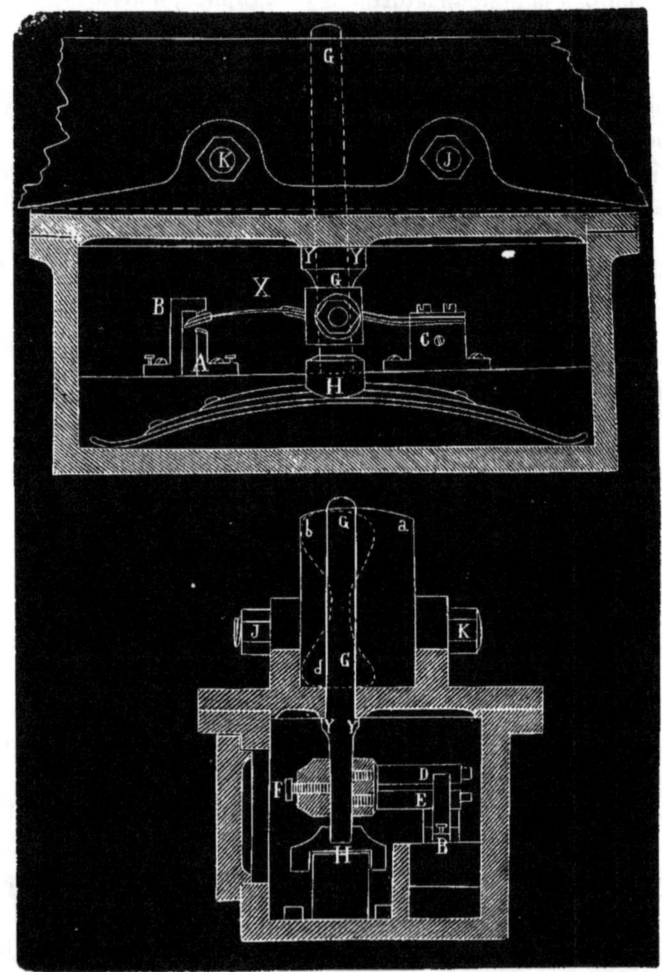

Fig. 315 et 316.

« La partie inférieure de cette tige, engagée dans un sabot en fonte *H*, repose sur un ressort qui la sollicite de bas en haut, avec

un effort de 250 à 300 kilogrammes. Elle porte en outre une embasse de retenue Y, pour limiter sa marche.

« Le rail, renforcé par une soudure à l'intrados et à l'extrados,
sur une longueur de $0^m,40$ à $0^m,50$, de manière à présenter la
section *abcd* (fig. 316) reçoit, à partir de son embasse, le haut de
la tige G, dont l'extrémité supérieure désaffleure le rail de $0^m,004$
à $0^m,005$ environ.

« Le tout est renfermé dans une boîte de fonte fermée par le
haut au moyen de boulons avec joints mastiqués. La boîte elle-
même est fortement fixée à la face inférieure du rail, au moyen
de quatre oreilles qui l'embrassent, et de deux boulons JK.

« Toutes les roues d'un même convoi, en passant successivement sur l'extrémité de la tige G qui désaffleure le rail, compriment le ressort sur lequel elle repose, et abaissent en même
temps le levier commutateur x, qui établit par ses oscillations
multipliées la communication terrestre successivement avec les
équerres A et B. Il suffit cependant, pour chaque convoi, d'une
seule rupture du circuit B et d'une seule fermeture du circuit A,
pour faire fonctionner les récepteurs.

« Placés derrière de grands cadrans peints en blanc, de 1 mètre
de diamètre et perpendiculaires à la voie, les mécanismes récepteurs ont pour fonction de faire décrire des arcs de cercle de $90°$
à de grandes aiguilles noires XY, également de 1 mètre de longueur placées devant ces cadrans. Ces aiguilles, sous l'impression
des commutateurs ou manipulateurs, se placent successivement
horizontales (voie barrée) quand le circuit est fermé, et verticales (voie libre) quand le circuit a été rompu.

« Le mécanisme se compose de deux électro-aimants ou bobines, dont l'une AB fait fonction de relais ou rhéotome par dérivation du circuit, pour en maintenir la fermeture, après que le
convoi qui signale sa présence a cessé d'agir sur le manipulateur.

« L'autre bobine plus forte $A'B'$ sert d'électro-moteur à l'appareil. Un petit rouage, composé de trois mobiles CDE, constitue
le mécanisme proprement dit.

« Le premier mobile C porte un barillet avec son ressort comme
ceux en usage en horlogerie. Le barillet et sa roue sont libres

sur leur axe, tandis que ce dernier porte une roue de remonte à rochet F de soixante dents. Le ressort, préalablement remonté, est maintenu par un cliquet de retient G engagé dans la roue à rochet.

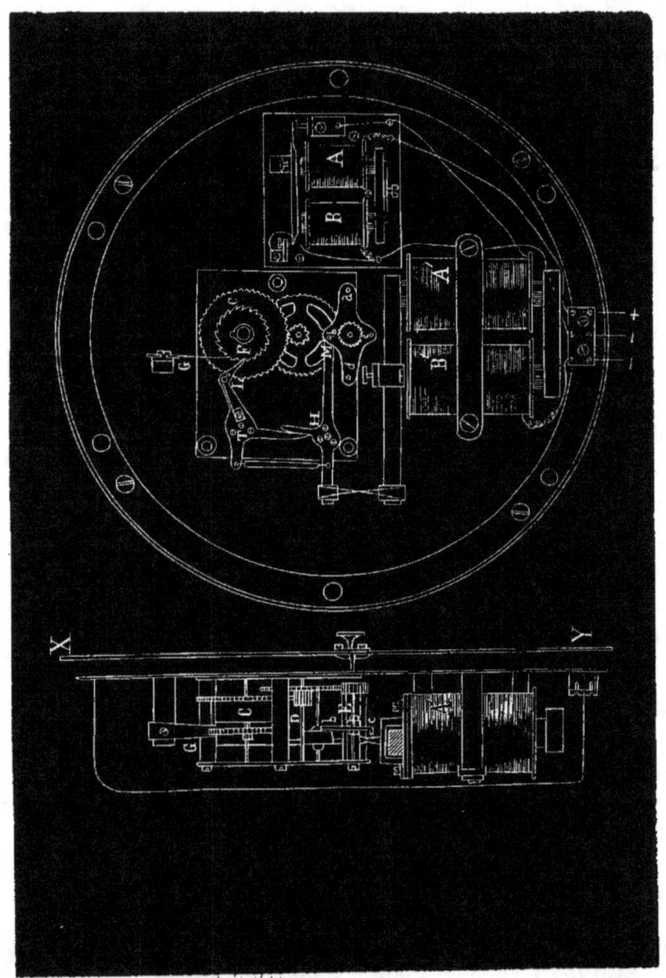

Fig. 317 et 318.

« Le troisième mobile E, qui est l'axe de l'aiguille-signal elle-même, porte quatre leviers d'inégale longueur deux par deux, *abcd*, et disposés à angle droit. Munis de fortes chevilles à leurs extrémités, ces quatre leviers constituent la roue d'échappement.

« Un système de levier à lames *H*, mis en mouvement par l'abaissement de la palette de l'électro-aimant *A'B'* a pour mission, d'une part, de remonter au moyen du cliquet *L* le ressort du barillet à mesure qu'il se détend; d'autre part, de dégager au moyen du levier à palette *M* les chevilles de la roue d'échappement. Le rapport de la roue de barillet avec l'axe de l'aiguille *E* est de 1:30. Comme pour chaque pulsation double de la palette de l'électro-aimant, c'est-à-dire, pour une descente et une ascension, il y a une dent du rochet de remontée et deux chevilles échappées sur l'axe de l'aiguille équivalant à un demi-tour, il en résulte que lorsque les 60 dents du rochet ont été remontées, celui-ci a fait un tour entier et le dernier mobile *E* 60 demi-tours, soit 30 tours ; donc, comme le barillet et l'axe *E* sont dans le rapport de 1:30, on voit que la tension du ressort se maintient indéfiniment. »

Suivons maintenant la marche du courant voltaïque, et examinons la disposition des fils conducteurs (fig. 319).

Dans cette figure, les électro-aimants, moteurs de chaque signal, ainsi que les rhéotomes, sont séparés des disques et placés arbitrairement, afin qu'on puisse mieux voir la disposition des différentes communications du circuit.

La position des grandes aiguilles ou ailettes *XY* dans leurs cadrans respectifs annonce la présence d'un train dont la direction est indiquée par la flèche.

La première roue du convoi, en passant devant le signal *A*, met le manipulateur *B* dans la position qu'il occupe dans la figure, c'est-à-dire qu'il interrompt la communication avec la terre en *n*, soit le circuit du signal précédent, et l'établit en *e ;* alors le circuit du courant voltaïque, qui vient de la pile *P*, se trouve fermé par la terre, en parcourant la ligne *abcdefgh* et traversant le rhéotome *cDd*, dont l'armature se rapproche d'*i* et ferme à son tour le circuit dérivé en *d*, qui était déjà en communication avec la terre en *n'* par le manipulateur *B'* du signal suivant, après avoir passé par *ijklm'n'*, de manière que, quand l'action du train cesse en B et que le manipulateur revient à sa position première, le courant interrompu en e parcourt la ligne $abcdijklm'n'f'g'h$; et, comme le rhéotome D se trouve interposé

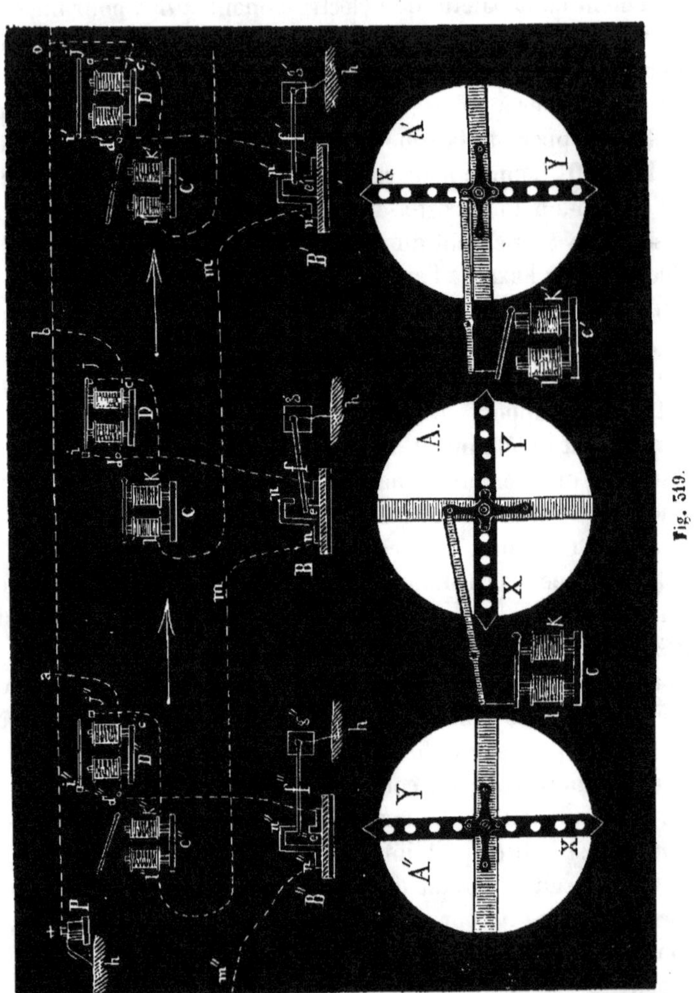

Fig. 519.

dans ce nouveau circuit, son armature se maintient adhérente par l'effet du même courant, dont l'action continue jusqu'à ce que le train arrive au manipulateur immédiat B'; alors le circuit est interrompu en n', et ne peut plus être rétabli que par le manipulateur B quand un autre train vient à passer sur lui.

On a dû observer qu'au passage d'un train le circuit fermé par le rhéotome passe aussi par l'électro-aimant moteur kCl, dont l'armature, comme nous l'avons indiqué, fait échapper, en s'abaissant, une dent de la roue F du récepteur (fig. 318), et laisse passer en même temps une des quatre chevilles qui composent l'échappement auquel est attachée l'aiguille-signal; celle-ci prend alors la position horizontale, position qui persiste jusqu'à ce que le train agisse sur le manipulateur B'; alors le courant rhéotomique s'interrompt, l'armature du rhéotome se sépare, et avec elle celle de l'électro-aimant moteur, qui laisse passer une autre cheville de l'échappement, en faisant prendre à l'aiguille la position verticale.

. Comme tous les appareils de signaux sont reliés deux à deux, ainsi que l'indique la figure 319, on comprend facilement que chaque fois qu'un train agit sur un manipulateur l'aiguille correspondante se place horizontalement, tandis que celle qui la précède revient à la position verticale qui indique *voie libre*.

Pour les signaux de nuit, il y a dans les disques quatre fenêtres longues et étroites, indiquées dans la figure par des bandes rayées; ces fenêtres sont disposées en croix et fermées par des verres opaques. Les aiguilles ou ailettes ont aussi quatre ou cinq trous circulaires chacune, pour mieux définir la forme de la lumière et empêcher qu'elle puisse être confondue avec quelque autre.

Les électro-aimants moteurs des appareils de signaux qui sont près des stations, en attirant l'armature pour fermer la voie avec le signal de danger, établissent un circuit particulier au moyen de deux ressorts de contact. Dans ce circuit, à la station même, il y a une sonnerie d'alarme qui annonce l'arrivée du train et continue de sonner jusqu'à ce que ce dernier, en entrant à la station, agisse sur le manipulateur du signal placé à côté.

La disposition des fils conducteurs que nous venons d'expliquer est pour les chemins de fer à double voie. Quand le système doit être établi sur des chemins à une seule voie, on réunit les mani-

500 L'ÉLECTRICITÉ ET LES CHEMINS DE FER.

pulateurs aux récepteurs, de manière que le train, en passant sur l'un d'eux, au lieu d'agir sur le signal correspondant à ce point, place horizontalement l'aiguille suivante, et verticalement celle qui précède.

SYSTÈME DE M. MARQFOY.

(Novembre 1857.)

Dans la séance de l'Académie des sciences du 7 décembre 1857 a été présentée la description d'un système proposé par M. Marqfoy, ingénieur de la compagnie des chemins de fer du Midi. L'impression de notre édition espagnole étant déjà commencée à cette époque, nous n'avions pu nous procurer la description complète du système, et nous nous étions borné à donner l'extrait suivant, publié par le *Cosmos*, d'après lequel on peut s'en faire une idée [1].

« Ces appareils sont de quatre sortes et ont pour but : 1° d'empêcher les accidents dus aux erreurs d'aiguilles ; 2° d'empêcher deux trains d'aller à l'encontre l'un de l'autre ou de se rejoindre sur la voie unique ; 3° d'empêcher deux trains, allant dans le même sens, de se rejoindre sur la voie double ; 4° de couvrir les stations, ainsi que le font les disques mécaniques actuellement en usage.

« On a proposé, dit M. Marqfoy, bien des systèmes pour produire des signaux à distance à l'aide de l'électricité ; mais tous, sans exception, ont un défaut essentiel : *aucun d'eux ne donne la preuve de l'exécution du signal;* dès lors on ne peut leur attribuer la moindre confiance, et, à l'heure qu'il est, les trains courent des dangers permanents. Mes appareils procurent une sécurité absolue, parce qu'ils remplissent les conditions suivantes :

« 1° Lorsqu'on manœuvre un signal à distance, un répétiteur, mû par le signal lui-même, indique d'une manière certaine si le signal a été réellement fait ;

2° L'exécution des signaux est confiée à la main de l'homme,

[1] Nous avons lu quelque temps après la brochure publiée par M. Marqfoy; mais nous croyons inutile d'en faire l'analyse, son système étant loin de présenter les avantages que lui suppose son auteur: l'aperçu donné par le *Cosmos* suffit pour se rendre compte de tout ce qu'on peut obtenir de l'emploi de ce système.

et, quand le signal ne fonctionne pas, il y a toujours un agent présent qui le constate ;

« 3° Sur la voie unique, les appareils sont placés contre le mur extérieur des stations : les signaux sont ainsi en vue des agents de la station, des agents des trains et même des voyageurs ; sur la voie double et aux aiguilles, de même qu'à l'entrée des stations, les appareils sont encore en vue de tous les agents qu'ils intéressent ;

« 4° En aucune circonstance, les appareils n'indiquent de faire partir un train s'il doit être retenu;

« 5° Lorsque, par une cause quelconque, rupture de fil, mauvais état des piles, etc., l'appareil ne fonctionne pas à distance, il accuse toujours son dérangement;

« 6° Lorsque l'électricité atmosphérique pénètre dans l'appareil, et est assez forte pour le faire mouvoir, elle ne peut jamais détruire le signal qui annonce que la voie est engagée;

« 7° Les signaux s'exécutent au passage de tous les trains et non dans les cas spéciaux d'irrégularités de marche ; le mauvais entretien des appareils, les oublis de manœuvre, ne sont plus possibles. » Ces conditions, ajoute le *Cosmos*, sont réellement très-bien formulées, et leur ensemble, en les supposant toutes remplies, doit procurer une sécurité aussi grande qu'il est possible de l'atteindre.

« La solution nouvelle d'un difficile et important problème, donnée par M. Marqfoy, semble donc plus complète que toutes celles qui ont précédé. Huit de ses appareils de voie unique et quatre appareils de voie double, parfaitement construits par M. Breguet, fonctionnent déjà très-régulièrement sur les sections de voie ferrée de Dax à Saint-Vincent et de Bordeaux. La série entière s'expérimente en ce moment comme démonstration dans une des salles de la direction des télégraphes, et comme application sur le chemin de fer du Midi. Contentons-nous de faire une énumération rapide des agents électriques et des manœuvres qui protégent chaque service.

« 1° *Service de la voie unique* : un disque à deux faces blanche et rouge de 25 centimètres, une aiguille, trois commutateurs.

Lorsque le courant passe, un instant, un déclenchement a lieu, le disque tourne de 180°. Lorsque le courant ne passe pas, l'aiguille est verticale ; lorsque le courant passe, l'aiguille s'incline à 45°. Le signal donné par un chef de station a été fait si son aiguille s'incline immédiatement. Le départ d'un train ne peut avoir lieu qu'à la double condition que le disque soit blanc et l'aiguille inclinée.

« 2° *Service de la voie double :* un disque rouge et blanc de 25 centimètres, un levier pouvant prendre deux positions. Chaque levier agissant seul donne à son disque et à celui du garde précédent des couleurs contraires. Quand le courant passe, le disque est blanc ; quand le courant cesse, le disque est rouge. Aussitôt le passage du train, le garde met son levier dans la seconde position, et son disque se met aussitôt au rouge. Dès que ce premier garde est averti, par la remise de son disque au blanc, que le train a dépassé la maison de garde suivante, il remet son levier dans la position de repos, et cesse son signal d'arrêt. Quand le train passe, le levier est déplacé ; quand le disque se remet au blanc, le levier est remis à sa position de repos.

« 3° *Service des aiguilles :* un contact électrique placé sur le support de l'aiguille, un disque rouge et blanc, de 50 centimètres de diamètre, placé à 500 mètres de l'aiguille, du côté d'où vient le train, et relié par un fil conducteur. A l'état de repos, le courant ne passe pas, le disque est rouge ; quand le courant passe, le disque est blanc. Quand l'aiguille est bien faite, le courant passe, le disque est au blanc ; quand l'aiguille est mal faite, le courant ne passe pas, le disque est forcément rouge. Il est absolument impossible que le disque soit blanc si l'aiguille est mal faite.

« 4° *Service des stations :* un disque de 50 centimètres, rouge des deux côtés, un disque répétiteur de 25 centimètres de diamètre, un levier. Chaque fois que le courant passe instantanément, le disque tourne de 90°. Le disque répétiteur est parallèle à la voie quand le courant ne passe pas ; perpendiculaire, quand le courant passe. Quand la station est ouverte aux trains, les deux disques sont parallèles à la voie ; quand la station est fermée, les deux disques sont perpendiculaires à la voie. »

SYSTÈME DE M. LENOIR.
(1858.)

Le *Cosmos* du 19 février 1858 a publié la description suivante d'un système qui ne renferme rien de plus que ceux qui l'ont précédé.

« Les signaux se donnent toujours par le moyen de disques installés sur des poteaux; mais les disques n'ont plus deux surfaces peintes, l'une en blanc, l'autre en rouge. Le disque en tôle, immobile, toujours placé transversalement, ou dont la surface regarde la voie, est percé en son centre d'une ouverture de dix centimètres environ de diamètre; le ciel, vu par le mécanicien à travers cette ouverture, remplace la surface blanche des disques actuels. Un verre rouge, engagé dans une monture de lunette en métal léger, portée par un bras de levier qui tourne autour d'un point fixe, et maintenue en équilibre au moyen d'un contrepoids placé à l'autre extrémité du levier, vient au moment voulu recouvrir l'ouverture circulaire du disque; et ce verre, éclairé pendant le jour par la lumière de la région opposée du ciel, pendant la nuit par une lampe, fait l'effet de la face rouge des disques ordinaires. Les poteaux-disques, tels que nous venons de les décrire, sont installés le long de la voie de deux en deux kilomètres, ou de cinq en cinq kilomètres, suivant la distance minimum à laquelle on veut maintenir les convois. Il s'agit d'obtenir : 1° que tout train qui passera devant un premier poteau *A*, dont le disque ouvert au centre ou sans verre rouge indique que la voie est libre, fasse que la monture de lunette et le verre rouge qu'elle porte viennent recouvrir le trou central, et indiquer aux trains suivants que le premier train circule entre le poteau *A* et le poteau suivant *B*; 2° que ce même premier train, en passant devant le poteau *B*, et en même temps qu'il couvre l'ouverture du disque de ce poteau *B* du verre rouge, découvre l'ouverture du disque du poteau *A*, en faisant tourner le bras de levier qui porte le verre rouge. Or, dans le système de M. Lenoir, ces deux séries de mouvement s'exécutent avec une simplicité, une efficacité, une régularité vraiment remarquables.

« L'agent de transmission de mouvement choisi par lui est l'électricité, et nous ne comprenons pas qu'on puisse en choisir un autre, le mercure, par exemple, comme le fait M. Baranowski. Mais comment l'électricité agit-elle ? Le levier qui entraîne la lumière et le verre rouge est porté vers son milieu par un autre levier soudé à angle droit, dont le bras inférieur, armé sur ses deux faces d'un morceau de fer doux, oscille entre deux électro-aimants placés à droite et à gauche, vers le sommet du poteau indicateur. Si c'est l'électro-aimant de droite qui est actif, et si le bras du levier est attiré à droite, la lunette et le verre rouge viennent couvrir l'ouverture du disque. Si c'est l'électro-aimant de gauche qui agit, et si le bras de levier est attiré à gauche, la lunette et le verre rouge cessent de couvrir l'ouverture. Reste donc à obtenir que 1° le train, en passant devant le poteau A, ferme un circuit et fasse naître un courant qui rende actif l'électro-aimant de gauche ; 2° que ce même train, en passant devant le poteau B, ferme de nouveau le circuit et excite un courant tel, qu'il rende actif à la fois l'électro-aimant de droite du poteau B et l'électro-aimant de gauche du poteau A. Sous le marchepied de la locomotive et du tender, on a fixé deux lames métalliques en acier formant ressorts convexes en dessous, et qui doivent, dans le passage du train, toucher et presser une tige de fer horizontale portée par un support en bois installé en dehors de la voie et à gauche, c'est-à-dire du côté des poteaux indicateurs. Une seule lame de contact suffirait à la rigueur ; mais il est plus prudent d'en mettre deux, afin que, si la première fait défaut, la seconde établisse le contact avec la tige horizontale. Sur la locomotive ou le tender on a disposé une pile de Bunsen de quatre éléments de petites dimensions, communiquant par un de ses pôles avec la jante de l'une de ses roues, par l'autre pôle avec la lame du ressort de contact. Deux fils tendus le long de la voie, et qui n'ont pas besoin d'un isolement parfait, parce que l'action du courant s'exerce à de faibles distances, communiquent par leurs deux extrémités, l'un avec une des bobines de l'électro-aimant et la tige horizontale, l'autre avec l'autre bobine de l'électro-aimant et le rail. Nous ne nous arrêterons pas à décrire en détail la marche du courant ; nous dirons simplement que, dès que la lame-ressort arrive vers le poteau *B* au contact de la tige horizontale, les effets que nous avons décrits sont produits, c'est-à-dire que le verre rouge cesse de couvrir l'ouverture sur le poteau *A* et commence à couvrir l'ouverture du disque sur le poteau *B*.

« En résumé, en chaque station *B*, le passage de la locomotive ou du train ferme deux circuits, établit deux courants : l'un rend actif l'électro-aimant de gauche du poteau indicateur de cette station *B*, et par là même couvre du verre rouge l'ouverture centrale du disque ; l'autre rend actif l'électro-aimant de droite de la station précédente *A*, et par là même écarte le verre rouge ou découvre l'ouverture centrale du disque de cette station. »

SIXIÈME GROUPE

SYSTÈMES DE SIGNAUX ÉLECTRO-AUTOMATIQUES POUR FAIRE COMMUNIQUER LES TRAINS AVEC LES STATIONS ET RÉCIPROQUEMENT, ET QUI SONT PRODUITS PAR LE PASSAGE DES TRAINS SUR CERTAINES PARTIES DE LA VOIE.

SYSTÈME DE M. TYER.

(Janvier 1852.)

Ce système est un des plus anciens, et peut-être le premier où l'on ait tenté d'établir une communication électrique entre les stations et les trains en mouvement. Le premier brevet pris par l'auteur en Angleterre est du 22 janvier 1852, et l'extrait publié par le *Mechanics Magazine*, qu'on peut considérer comme la seule notice officielle qui existe imprimée à ce sujet, le décrit en ces termes :

« Cette invention a pour objet d'établir des communications entre les trains en marche et les stations d'un chemin de fer, et, *vice versâ*, des stations aux trains. Dans le système de M. Tyer, quand la machine ou le train arrive à une certaine distance de la station, il en donne avis à cette dernière, qui lui renvoie à son tour un signal pour lui faire savoir si la voie est libre ou encombrée. En outre, quand le train part d'une station, il signale automatiquement son arrivée à un endroit déterminé, ce qui, par conséquent, indique que cette portion de la ligne étant libre, on peut laisser partir un autre train ; dans le cas contraire, on le retiendrait jusqu'à ce que l'obstacle ait disparu. »

Dans ce brevet M. Tyer ne se borne pas à un système particulier d'appareils pour faire les communications susmentionnées ; et, dans le second, pris le 10 janvier 1854, il propose un grand nombre d'interrupteurs et autres appareils qu'il nous serait impossible d'examiner en détail, mais dont cependant nous donnerons une légère idée, en même temps que nous ferons connaître son système tel qu'il a été décrit dans une brochure que l'on distribuait dans les bureaux de la Société formée à Paris pour l'exploiter, et qu'on peut, par conséquent, considérer comme l'expression la plus exacte de l'idée de l'auteur.

« Le problème de la sécurité sur les chemins de fer, dit ce document, a été résolu par M. Tyer :

« 1° En inventant un système de signaux *automatiques intra-stationnaires* ;

« 2° En *solidarisant* les stations entre elles.

« Examinons d'abord le premier système.

« M. Tyer avait, avec raison, pensé que la *permanence* d'une communication entre le convoi en marche et la station dépassait de beaucoup les limites de l'utilité, et qu'il suffit, pour la sécurité pratique, d'avoir des points moniteurs sur le parcours.

« Ces points pourraient être placés à des distances égales, de kilomètre en kilomètre, quand la ligne est en palier, à des distances plus rapprochées dans les courbes, dans les rampes, dans les souterrains, dans les approches des gares et des stations.

« Pour les signaux intra-stationnaires, M. Tyer a utilisé la flexion des rails au moment du passage de la locomotive.

« On sait, en effet, que le rail fléchit entre les traverses au moment où le convoi attaque le champignon et en fait sa surface de roulement.

« Sous le rail adhère une broche de fer mobile que la moindre flexion abaisse. Cette broche ou tige se meut dans un cylindre de cuivre et repose sur un ressort à hélice. Aussitôt que la tige, suivant la flexion du rail, s'abaisse, elle rencontre une lame de fer. Immédiatement le circuit est établi et l'aiguille du cadran de la station indique le passage d'un train sur la voie.

« Ainsi l'appareil placé sous le rail a deux situations.

« Quand la voie est libre, et que le rail n'est pas chargé, le circuit est interrompu ; mais aussitôt que la flexion du rail met en contact la tige à hélice avec la lame, le courant circule et la monition électrique se manifeste.

« Quand un convoi passe à vitesse ordinaire, la station reçoit une monition à chaque roue qui fait fléchir le rail, et le chef de station peut apprécier d'avance la rapidité de la marche et l'importance du convoi.

« Les rails ne sont pas mis à profit comme conducteurs électriques ; mais on utilise leur élasticité comme ressort mécanique.

« Examinons comment le circuit est construit.

« Du fil de la ligne part une dérivation qui vient aboutir à la broche métallique mobile.

« Du ressort métallique part un fil qui se relie au fil de la ligne.

« Ces deux fils, conduits souterrainement sous la voie, sont séparés à l'endroit où agit la broche métallique.

« Cette broche en s'abaissant les réunit, les met en contact, et immédiatement le courant, dérivé de la ligne principale, circule dans la dérivation qui se trouve fermée, et va agir sur le cadran de la station d'arrivée.

« Ce cadran ne contient que deux indications : TRAIN-LIBRE.

« L'aiguille, au moment où par la flexion du rail le courant circule, se place sur le mot TRAIN, et le carillon agit.

« L'employé recevant cet avertissement de la voie, qui est pour lui la *ligne d'arrivée*, sait que cette voie n'est pas libre, qu'un train approche et qu'il est à telle distance.

« Pour répondre à une objection qu'on aurait pu faire, soit sur la difficulté de disposer sous le rail, soit sur l'inapplication de l'appareil aux voies posées sur longrines, M. Tyer a imaginé une nouvelle combinaison que voici :

« De distance en distance, à chaque kilomètre par exemple,

extérieurement aux rails et parallèlement à leur axe, on place de chaque côté de la voie une lame métallique qui est en communication avec la station.

« Si maintenant on fixe de chaque côté de la machine un arc métallique, disposé de manière à rencontrer la lame de fer extérieure au rail, au moment de cette rencontre il s'établira un courant électrique.

« Dans cet appareil, tout est extérieur, les lames et les arcs métalliques.

« Le convoi est muni de deux électro-aimants dont nous allons voir les fonctions.

« Le premier, au moment où l'électricité circule par le contact des lames métalliques avec les barres extérieures au rail, attire à lui une armature qui fait tourner un disque.

« Ce disque a deux faces blanche et rouge.

« La face *blanche* indique que la voie est libre.

« La face *rouge* indique le danger.

« Quand de la station on fait circuler le courant dans le fil destiné à révéler le danger, le mécanicien voit la face *rouge* prendre la place de la face *blanche*.

« Le second électro-aimant attire à lui une détente qui introduit un filet de vapeur dans un tube à sifflet.

« Le danger est donc encore révélé au mécanicien par un coup de sifflet.

« Ainsi, à l'aide des deux électro-aimants, le mécanicien reçoit simultanément un avis qui doit frapper ses yeux et ses oreilles.

« A la station, un électro-aimant fait tourner un disque, agir un carillon et donne ainsi l'accusé de réception du signal. »

Pour faire que ces signaux soient permanents, M. Tyer s'est servi du rhéotome de la figure 520.

Ce système, que M. du Moncel dit, à tort, être appliqué depuis trois ans sur le chemin de fer du South-Eastern, n'y a été qu'expérimenté ; et, en avril 1856, lorsque nous allâmes visiter cette ligne dans l'intention de voir fonctionner les appareils de M. Tyer et de prendre des renseignements exacts sur leur plus ou moins

de mérite, nous en fûmes empêché par la raison péremptoire
que ces appareils n'étaient point adoptés sur la ligne et que les
employés conservaient à peine un vague souvenir d'une expérience faite par M. Tyer ; nous
trouvâmes seulement dans les bureaux du télégraphe électrique l'un
des appareils à aiguilles que décrit
cet inventeur dans son brevet, et
qui, sans doute, avait été employé
pour ses essais.

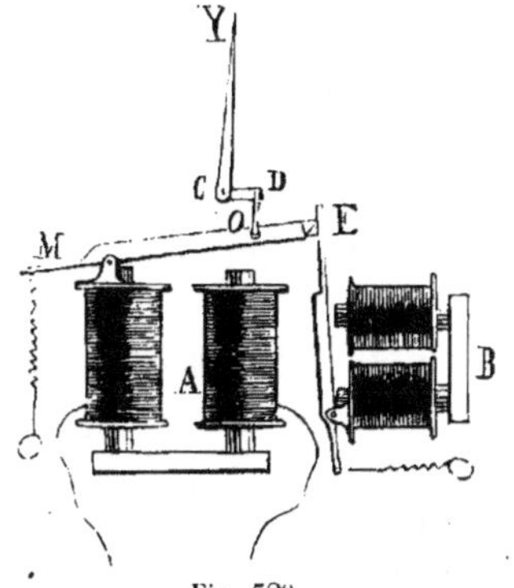

Nous ne voulons pas dire par là
que nous supposons que les expériences faites en Angleterre, sous
la direction de M. Barlow, aient eu
un mauvais résultat ; au contraire,

Fig. 520.

nous concevrions difficilement que le système de M. Tyer n'ait
pu obtenir l'effet qu'il se proposait ; mais peut-être cet effet fut-
il jugé insuffisant ou ne remplissait-il pas le désideratum de la
compagnie du South-Eastern ; ce qui est certain, c'est que celle-ci
ne l'adopta pas, et que le fait avancé par M. du Moncel, dans son
ouvrage, n'est pas exact. Cet auteur, du reste, a pu être trompé,
et croire le fait certain, l'ayant trouvé imprimé dans les pom-
peuses annonces que fit insérer à Paris la *Compagnie de signaux
électriques.*

Après avoir pris un brevet en 1852 et un autre en 1854,
M. Tyer a donné plus d'étendue à son système, afin d'obtenir
des signaux de station à station, signaux qu'il distingue et sépare
complétement de ceux que nous avons déjà exposés, et qu'il
nomme signaux *intra-stationnaires.* Cette seconde partie est à
peu près semblable au système de M. Regnault. Voici comment
en rend compte le mémoire ou brochure distribuée par la *Compagnie des signaux électriques.*

« Supposons que la station *B* se trouve placée entre la station *A*
et la station *C.*

« L'employé a devant lui un cadran séparé par une barre verticale.

« La portion de gauche appartient à la station *A*.

« La portion de droite appartient à la station *C*.

« Ces dispositions établies, M. Tyer admet que la voie est pour *B ligne d'arrivée* quand *A* ou *C* lui annoncent un train, et que la même voie est pour *B ligne de départ* quand *B* annonce un train à *A* ou *C*.

« C'est sur cette convention si simple que reposent les dispositions du cadran.

« Chaque compartiment porte les indications suivantes :

Arrêtez sur la ligne de départ.	La ligne de départ est libre.
Arrêtez sur la ligne d'arrivée.	La ligne d'arrivée est libre.

« Ce compartiment a deux aiguilles.

« Lorsqu'un convoi part d'une station *B*, l'employé tourne une clef qui admet le courant électrique dans son appareil, agit sur l'aiguille de son cadran et la fait s'arrêter sur les mots : « *Arrêtez sur la ligne de départ.* » Ce même courant, après avoir agi sur l'appareil près duquel il est placé, traverse le fil électrique qui relie cette station à celle vers laquelle le train se dirige, fait en même temps tinter le timbre de cette station et marcher l'aiguille du cadran. Cette aiguille s'arrête sur les mots : « *Arrêtez sur la ligne de départ.* » Le préposé de cette station, dont l'attention est éveillée par le bruit du timbre, fixe les yeux sur le cadran de son appareil, voit qu'un train lui est annoncé ; il tourne de son côté la clef de son appareil, qui annonce sur le cadran de la station d'où le signal lui est parvenu : « *La ligne d'arrivée est libre.* »

« On conçoit que dans cette circonstance il arrêterait au passage tout train qui, venant de la station précédente, voudrait s'engager en sens inverse sur la même voie qu'occupe le train qui vient de lui être annoncé.

« Ainsi deux trains engagés en sens inverse sur la même voie seront arrêtés assez à temps pour qu'une collision ne puisse avoir lieu entre eux.

« Si donc on pouvait admettre que le service de station à station se fasse avec une régularité et une vigilance *absolues*, les signaux intra-stationnaires seraient inutiles; mais qui peut compter sur une surveillance perpétuellement absolue? qui peut répondre que jamais un convoi ne s'engagera dans une ligne avant les interrogations électriques? »

Le système de M. Tyer, pareil en ceci comme en plusieurs autres choses à celui de M. Regnault, présente cette circonstance, que l'aiguille, arrêtée sur une des indications susmentionnées par le préposé d'une station, au moyen du courant qu'il a fait agir, *ne peut être déplacée que par le préposé qui a envoyé le signal et non par celui qui l'a reçu*. En d'autres termes, chaque préposé ne peut faire mouvoir sur son cadran que les aiguilles destinées à transmettre un signal à ses collègues des stations les plus prochaines, mais non celles qui lui apportent les signaux venant à son adresse de ces stations.

Les appareils employés par M. Tyer pour les signaux de station à station consistent en deux piles composées de douze éléments d'argent et de zinc, excités par l'acide sulfurique étendu de vingt parties d'eau; en deux électro-aimants qui déterminent le mouvement d'une sonnerie ou carillon électrique, et en deux autres qui agissent sur un aimant permanent pour faire fonctionner les aiguilles. Il faut, en outre, deux fils de station à station.

Nous avons déjà dit que les expériences faites sur plusieurs chemins de fer ont réussi quant à la manière dont marchent les appareils, ce qui n'a rien d'extraordinaire, puisqu'on sait que le système de M. Regnault est établi depuis quelque temps. Les questions à examiner, et nous le ferons plus tard, sont celles-ci : 1° lequel des deux a la priorité de l'invention, M. Regnault, qui dit avoir imaginé son système en 1847, ou M. Tyer, qui prétend avoir pris son brevet avant que son adversaire eût établi son système? 2° Ce système satisfait-il réellement aux conditions qu'exige la sécurité sur les chemins de fer? Y trouve-t-on des choses vraiment utiles? Nous ne le croyons pas, et nous espérons le démontrer par des raisons d'un certain poids.

Nous voyons dans la brochure susmentionnée[1] que M. Tyer se

[1] *Les Collisions et l'Électricité. Système Tyer.* Paris, imprimerie de Martinet, 1853.

sert aussi des *appareils de secours* pour informer les stations de quelque accident survenu : c'est un point qui rend encore plus complète la ressemblance entre son système et celui de M. Regnault. Ces appareils, placés dans une caisse solide et munis d'une pile en communication avec le fil de la ligne, sont disposés sur les poteaux de distance en distance et ne peuvent marcher qu'à l'aide d'une clef dont le chef du train est porteur, ce qui ne nous paraît pas plus avantageux que ce que propose M. Regnault. Il y a cependant dans le système de celui-ci, d'après M. du Moncel, quelques inconvénients que M. Tyer a évités : ainsi, par exemple, il n'emploie pas, comme aiguilles indicatrices, des aiguilles aimantées, dont le magnétisme peut être altéré par diverses causes ; et il ne fait agir les courants qu'au moment où il en est besoin, de sorte qu'il n'y a ni perte de force ni consommation inutile de zinc et de sulfate de cuivre.

En résumé, le système de M. Tyer a pour objet d'augmenter la sécurité sur les chemins de fer par les moyens suivants :

1° En établissant un rapport tel entre les stations, qu'aucun train ne puisse entrer dans l'intervalle qui en sépare deux sans qu'un employé avertisse d'avance que le train va sortir et qu'on lui ait répondu que la voie est libre.

2° Dans les lignes ou sections de la voie qui ne sont pas encombrées, il suffit de placer en avant de chaque station deux barres conjonctrices, l'une à 2 kilomètres, l'autre à 1 kilomètre de la station vers laquelle se dirige le train, pour que la locomotive signale son passage et reçoive deux signaux : on l'attend ainsi à la station, et elle peut savoir si la voie est libre.

3° Là où le nombre de convois est plus considérable, la locomotive signale, en outre, son passage sur les barres à la station en arrière, avertissant ainsi qu'on peut laisser partir une seconde locomotive.

4° Si, après le passage d'un train par les interrupteurs, il lui arrivait quelque accident dont le chef du poste télégraphique le plus prochain ne s'aperçût pas, on peut, à l'aide d'un appareil à deux aiguilles, signaler le danger aux deux stations en avant et en arrière.

5° En faisant que dans les lignes où l'encombrement est considérable la station devienne une station sentinelle du train et puisse envoyer un signal d'alarme, soit au moyen d'une sonnerie électrique, soit en introduisant un jet de vapeur dans le sifflet d'alarme.

Quant aux détails dans lesquels entre M. Tyer dans son second brevet au sujet des différentes formes et dispositions que l'on peut donner aux appareils qu'il emploie dans son système, il nous semble inutile de les faire connaître ; nous nous contenterons de dire qu'ils sont en grand nombre, et qu'on les trouvera tous décrits dans le *Newton's London Journal* du mois de décembre 1855.

SYSTÈME DE MM. MAIGROT ET FAITOT.

(Novembre 1852.)

M. Maigrot, mécanicien, et M. Faitot, forgeron à Bar-sur-Seine, conçurent, probablement en 1852, car leur brevet date du mois de novembre de cette année, l'idée de compléter le système de M. Breguet, en faisant en sorte que le nombre de kilomètres parcourus par les trains fût indiqué sur un cadran visible à la partie extérieure de chaque station ; et, pour que l'on sût dans quelle direction marchaient les trains, ils adaptèrent au cadran deux aiguilles de différente couleur qui marchaient en sens contraire l'une de l'autre. « De plus, chaque mouvement de l'une ou de l'autre des deux aiguilles était accompagné d'une fermeture de courant qui, en réagissant sur un timbre, pouvait indiquer à l'oreille, sans l'examen du cadran, les différents kilomètres parcourus par les convois. Un avantage que présentait ce système était de permettre aux conducteurs des trains express à grande vitesse d'apprécier exactement, à leur passage devant chaque station, le point de la ligne où se trouvait le convoi qui les précédait, quand la distance séparant les deux convois était moindre que l'intervalle de deux stations consécutives. Dès lors le mécanicien pouvait calculer en conséquence la vitesse à donner au convoi. En revanche, ce système présentait un grand inconvénient, auquel j'ai obvié dans celui que j'imaginai quelques mois plus tard, en mai 1855 (c'est M. du Moncel, à qui nous empruntons ces lignes, qui parle). On comprendra immédiatement cet inconvénient dès lors qu'on examinera que deux convois circulant simultanément entre deux stations dans un même sens, l'aiguille du cadran compteur pouvait être affectée par les deux convois à la fois, et se trouvait dès lors dans l'impossibilité de constater leur marche.

« Un an après, M. Maigrot imagina d'ajouter à ses appareils un système télégraphique analogue à celui que M. Tyer avait inventé longtemps avant pour envoyer des signaux aux convois en mouvement. Ce système ne différant guère de celui que j'ai employé dans mon moniteur électrique (poursuit M. du Moncel), je ne ferai que le mentionner ici pour l'historique de la question, aussi bien que le chronographe à pointage que M. Maigrot a également cru devoir ajouter à son système primitif, et qui n'est que la copie exacte de ceux de MM. Steinheil et Breguet. Enfin, comme accessoire de son système, le même inventeur a imaginé un système de freins qu'il appelle vaporo-électriques, dans lesquels la vapeur est la puissance motrice et l'électricité la cause déterminante.

« Dans le système de M. Maigrot, les touches métalliques placées sur la voie pour la transmission des courants sont de simples cylindres de fer ou de cuivre isolés convenablement, et les frotteurs consistent dans une longue tige métallique à trois articulations, disposée horizontalement au-dessous du waggon transmetteur et pressée dans son milieu par un ressort afin que son contact avec les tiges rigides soit plus parfait. »

Voici, du reste, de quelle manière la commission d'enquête a fait connaître le système de MM. Maigrot et Faitot dans son rapport officiel :

« Pour signaler aux stations la position d'un train, les auteurs du projet emploient un fil conducteur auquel ils donnent le nom de *fil des convois*, qui règne tout le long de la voie, aboutit à la station à un cadran vertical indicateur muni, comme les appareils des systèmes précédents, d'un *carillon d'éveil*, et se ramifie sous la voie de kilomètre en kilomètre, ou même de 500 mètres en 500 mètres, pour communiquer avec des taquets verticaux en fer disposés à demeure, entre les rails, à des hauteurs telles, qu'ils soient toujours rencontrés au passage d'un train par des touches métalliques en forme de plans inclinés adaptées à un waggon spécial portant une pile en action.

« L'ensemble est disposé de telle sorte que le courant électrique puisse s'établir dans le fil conducteur chaque fois qu'une touche du waggon rencontre un des taquets de la voie. Ce courant traverse l'électro-aimant de l'appareil à cadran placé à la station et lui fait imprimer un mouvement à l'aiguille, qui franchit une division du limbe en même temps que le marteau du carillon d'éveil se trouve déclenché. Ce mouvement de l'aiguille se répète à chaque contact qui rétablit le courant, et finalement la marche de l'aiguille représente sur le cadran la marche du train.

« Le cadran porte, d'ailleurs, deux aiguilles en relation avec deux électro-aimants différents, soit pour le cas où deux trains doivent marcher en sens contraire sur la même portion de voie, soit pour celui où deux trains marchant dans le même sens se suivent dans l'espace compris entre deux stations. — Les auteurs ne donnent pas à ce sujet d'explication complète. »

La commission donne ici la description du *chronographe* dont parle M. du Moncel comme ayant été ajouté à son système par M. Maigrot, un an après la prise de son brevet, chronographe qui, par le fait, ne diffère guère de ceux que nous avons fait déjà connaître.

« Pour organiser un moyen de transmission de signaux du chef de station au conducteur placé sur un train en marche, MM. Maigrot et Faitot établissent un second fil conducteur le long de la voie, communiquant avec de nouveaux taquets en fer plantés sur la voie et mis en relation avec de nouvelles touches adaptées au waggon sur lequel sont installés la sonnerie qui préviendra le conducteur qu'une dépêche va lui être transmise et l'appareil récepteur qui lui servira à lire cette dépêche. La pile qui produit le courant dans ce cas est située à la station.

« Dès que le conducteur d'un train est informé par le bruit de sa sonnerie qu'une dépêche va lui être transmise, il doit faire en sorte de s'arrêter sur le taquet placé au kilomètre suivant, et il est alors en mesure de recevoir la dépêche.

« Il y a toujours à chaque arrêt deux taquets contigus placés sur la même traverse et en contact avec deux touches. L'un sert à mettre l'appareil du waggon en communication avec le fil conducteur ; l'autre établit le circuit électrique par la terre.

« Dans l'application complète de leur système, les auteurs placent à chaque kilomètre quatre taquets contigus pour correspondre à quatre touches de waggon portant les appareils électriques. »

SYSTÈME DE M. C. F. FARRINGTON.

(21 décembre 1855.)

Ce système, dont il n'existe dans la collection de brevets anglais que la description provisoire, soit que l'auteur ait négligé, soit qu'il ait été dans l'impossibilité d'en donner la description complète exigée dans un délai de six mois, se réduit à établir tout le long de la voie un fil conducteur placé comme ceux du télégraphe ordinaire. On met en communication avec ce fil conducteur des pièces métalliques qui se projettent ou entrent sur la voie de manière à établir un contact entre elles-mêmes et celles que portent les trains, déjà en communication avec des appareils d'alarme.

Bien que les trains, au moyen de ces pièces, se mettent en communication avec le fil conducteur, dit M. Farrington, il ne se produit aucun signal dans les appareils, parce que le circuit n'est pas complet ; mais, quand un accident arrête un train sur la voie ou quand tout autre obstacle aperçu par un gardien rend dangereuse l'approche du train qui s'avancerait vers ce point, un employé va mettre le fil conducteur en communication avec le courant, et, dans ce cas, au passage du train par les pièces métalliques, les appareils d'alarme qu'il porte entrent dans le circuit, et le signal d'avertissement est donné.

L'inventeur ne dit pas où il avait intention de placer les générateurs électriques, ni si le fil conducteur est continu ou doit être divisé en sections.

SYSTÈME DE M. VÉRITÉ.
(Janvier 1854.)

Nous ne ferons que mentionner ce système, proposé en janvier 1854, car il est entièrement semblable au premier système de M. Maigrot, avec cette seule différence que son compteur ou indicateur à cadran ne porte qu'une aiguille ; par conséquent, ou il ne signale que la marche des trains qui vont dans une même direction, ou il obéit indistinctement au passage des trains dans les deux sens ; il est donc aussi inefficace, sinon plus, que le système de M. Maigrot

SYSTÈME DE M. ERCKMANN.
(Novembre 1855.)

M. Jules Erckmann, qui est aussi l'inventeur d'un système de fils électriques souterrains, prit un brevet, au mois de novembre 1855, pour un moyen d'établir des communications continues ou intermittentes entre les stations et les locomotives.

« Le long de la voie, tous les quatre à cinq cents mètres, on aurait établi deux poteaux éloignés l'un de l'autre de 25 mètres ; vis-à-vis de chacun, de l'autre côté de la voie, se trouverait un poteau pareil.

« Les deux poteaux placés vis-à-vis l'un de l'autre porteraient une chaîne, destinée à soutenir un fil conducteur allant d'une paire de poteaux à l'autre, et tendu parallèlement à la voie, dans son axe.

« Un buttoir adapté à la locomotive (buttoir dont la tige, à crémaillère, pourrait être haussée ou baissée) établirait la clôture du courant, chaque fois qu'il se trouverait en contact avec le fil de 25 mètres, lequel aboutirait à un des fils de la ligne télégraphique ordinaire longeant la voie. Le buttoir ferait la bascule à son contact avec les chaînes transversales et reprendrait immédiatement sa position primitive.

« De la sorte il y aurait communication électrique entre l'appareil quelconque placé sur la locomotive et ceux des stations. »

L'inventeur ne dit pas quelle sorte d'appareils il aurait établis sur les locomotives et dans les stations pour transmettre des signaux d'un point à l'autre ; mais il est à supposer que c'eût été des aiguilles, comme dans le système de M. Regnault, si l'on devait recevoir l'avis sur le train au moment où il aurait effectué son passage par le fil, tout en produisant un signal d'alarme avec une sonnerie.

SEPTIÈME GROUPE

SYSTÈMES DE SIGNAUX ÉLECTRO-AUTOMATIQUES ENTRE DEUX TRAINS PARCOURANT LA MÊME VOIE AU PASSAGE DE CERTAINS ENDROITS PRÉPARÉS AU MOYEN D'INTERRUPTEURS.

SYSTÈME DE M. MAGNAT.
(14 février 1854.)

Le système de M. l'abbé Magnat consiste à placer une série de taquets tout le long de la voie, à des distances alternées de 2 et de 10 kilomètres, lesquels peuvent ou non heurter, selon leur position, contre une touche ou pièce attachée à la locomotive qui ferme le régulateur de l'entrée de la vapeur dans les cylindres. Ces taquets, disposés en forme de leviers, doivent être maintenus verticalement, afin qu'ils puissent agir sur l'appareil de la locomotive ; et cela s'obtient au moyen d'un électro-aimant mis en communication avec un fil conducteur s'étendant tout le long de la voie et dans lequel circule un courant constant. Il y a aussi sur la voie un appareil disposé de manière à pouvoir interrompre et changer momentanément la direction du courant, et à exercer son action à une distance de 10 kilomètres sur tous les taquets destinés à préserver un train en marche, soit par devant soit par derrière. Un autre appareil, semblable au premier, et sur lequel vient heurter l'appendice même porté par la locomotive, sert à reclencher en arrière, c'est-à-dire à remettre dans leur position normale les leviers des taquets qui restent en arrière, et qu'il n'est plus nécessaire de maintenir verticaux pour protéger la voie, qui, de cette manière, devient *libre*.

L'auteur a réuni dans un même bloc prismatique en bois, de
quelques décimètres de côté, l'appareil du taquet avec son électro-aimant et les deux interrupteurs à pédales. Ces pièces, mises
en communication avec les fils électriques, sont souterrées et
alignées sur la voie à des distances telles, qu'un train se trouve
toujours protégé des deux côtés à une distance de **2** kilomètres
au moins et de **10** kilomètres au plus.

SYSTÈME DE M. TH. DU MONCEL.
(29 avril 1854.)

D'après la relation que fait l'auteur de ce système dans son excellent *Exposé des applications de l'électricité*, ses premiers travaux datent du mois de mai 1853, époque à laquelle il publia
dans le *Journal de Valognes*, un article sur les moniteurs électriques des chemins de fer. Voici ce que nous disions à ce
sujet quand, malgré tous nos efforts, n'ayant pu nous procurer
ce journal, nous ne connaissions pas le système de M. du Moncel
dans la forme qu'il eut à son origine :

« Cette forme, disions-nous, devait différer beaucoup de celle
qu'il lui donna lorsqu'il prit son brevet du 29 avril 1854, car il
dit lui-même, dans le second volume de la première édition de
ses *Applications de l'électricité*, qu'en parlant des moniteurs électriques dans son premier volume (publié en 1853), il avait confondu son système avec celui de M. Breguet (c'est-à-dire qu'il ne
l'avait pas même mentionné), parce qu'il ne trouvait pas une
différence assez marquée entre les deux. Nous avons déjà vu en
quoi consiste le système de M. Breguet, et, par conséquent, nous
ne pouvons pas être d'accord avec M. du Moncel, qui réclame la
priorité de l'idée de faire que deux trains en marche s'avertissent mutuellement par le seul fait de s'approcher l'un de l'autre;
même en ayant recours à la classification qu'il établit à la
page **221** du second volume de son *Exposé des applications de l'é-
lectricité* (deuxième édition). » Que l'on consulte maintenant dans
les appendices l'article de M. du Moncel inséré dans le *Journal
de Valognes*, article sur lequel il a basé ses prétentions, et qu'il a
eu l'obligeance de nous envoyer; on verra qu'il justifie pleine-

ment tout ce que nous en avions dit avant de le connaître, guidé par la seule logique des faits.

Mais laissons maintenant de côté ces questions, que le lecteur, du reste, peut juger par lui-même, cet ouvrage lui fournissant toutes les données nécessaires, et passons à la description du système de M. le vicomte du Moncel, tel qu'il se trouve exposé dans la dernière édition de son ouvrage ; c'est-à-dire avec toutes les améliorations et les modifications qu'il a cru devoir y introduire pour lui donner la supériorité que, d'après son auteur, il a sur tous les autres. (*Exposé des applications de l'électricité*, t. II, page 223.)

« Ce système a pour but :

« 1° D'établir, entre les stations et les trains en mouvement, une liaison télégraphique qui permette de prévenir ces derniers des encombrements qui peuvent exister sur la voie, ou aux stations, de leur donner des ordres en cas de besoin, et de leur fournir la facilité de demander des secours aux stations en cas d'accident ;

« 2° De faire en sorte que l'envoi d'un signal soit suivi d'une réponse faite automatiquement par le convoi, afin que celui qui envoie le signal soit prévenu de sa réception et soit assuré, par là, du bon état de la ligne ;

« 3° De faire enregistrer à chaque station, sur un compteur électro-chronométrique à double aiguille et visible à distance, les différents kilomètres parcourus par deux convois consécutifs ;

« 4° De faire en sorte que deux convois venant à la rencontre l'un de l'autre ou s'entre-suivant de trop près se préviennent mutuellement des dangers qui pourraient résulter de leur trop grand rapprochement ;

« 5° De faire en sorte que le chef de la station soit en même temps prévenu de ce trop grand rapprochement.

« Tous ces résultats peuvent être obtenus à l'aide d'un seul fil pour chaque voie, ajouté à celui de la ligne déjà existant, et de deux interrupteurs placés de kilomètre en kilomètre entre les deux voies. Les piles des télégraphes des stations et des télégraphes portatifs des convois, pouvant être employées pour le jeu des appareils du moniteur électrique, ne sont pas une dépense qu'il faille imputer au système.

« *Organisation des conducteurs le long de la voie.* — De kilomètre en kilomètre, comme je le disais, je place entre les deux rails deux interrupteurs de courant. Ce sont deux barres de fer ou de fonte revêtues d'une semelle de zinc de 2 mètres de longueur, et qui sont contournées en leur point d'attache, comme on le voit figure 521, de manière qu'un capuchon de cuir ou de gutta-

Fig. 521.

percha qui recouvre ces points d'attache les maintienne toujours isolés du sol. On comprend en effet qu'avec cette disposition la pluie tombant sur la traverse *AB* et sur les capuchons se réunit dans les inflexions *C* qui forment gouttières et ne mouille pas les pieds *E* de la bande métallique, qui sont d'ailleurs scellés au soufre dans leur support. Ces supports sont des cubes de bois de chêne imprégnés d'huile, et se trouvent fixés soit sur les traverses qui supportent les rails, soit en terre entre ces traverses. Deux fils recouverts de gutta-percha, partant de ces interrupteurs, vont s'attacher en passant sous terre et en remontant le long du poteau le plus voisin, l'un au fil de la ligne télégraphique, l'autre au fil additionnel. Par cette combinaison on obtient trois circuits, deux avec l'intermédiaire du sol et un avec les deux fils pris ensemble. Celui-ci est réservé au service du télégraphe des stations.

« La disposition de ces interrupteurs sur la voie est indiquée figure 522.

« *Conjoncteurs des convois*. — Pour mettre les convois en rapport avec les circuits dont je viens d'indiquer la disposition,
j'ai employé des frotteurs à piston XYZ, représentés dans la

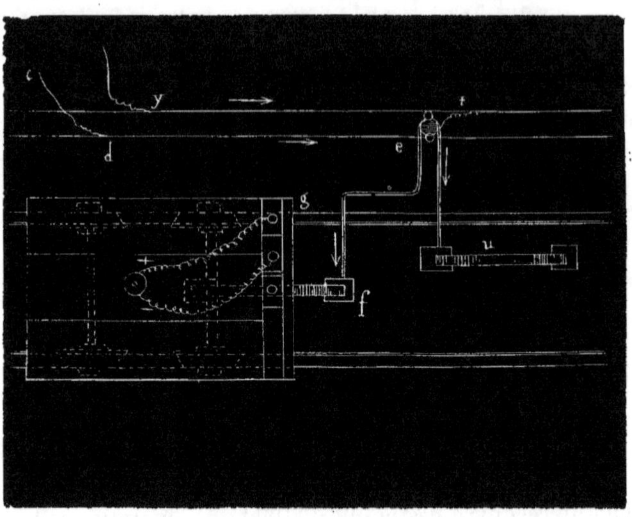

Fig. 522.

figure 323, et qui sont au nombre de trois : un pour une des séries
d'interrupteurs que nous désignerons par *A*, un autre pour la
seconde série d'interrupteurs que nous désignerons par *B*, enfin
le troisième pour compléter le circuit à travers le sol. A cet effet,
ce dernier frotteur appuie constamment sur l'un des rails. Ces
frotteurs à piston sont vissés chacun dans une boîte à écrou fixée
sur le plancher du tender de la locomotive, un peu en avant des
caisses à eau ; ils peuvent, par conséquent, au moyen des tourniquets dont ils sont surmontés, être abaissés plus ou moins et
même être élevés au-dessus des interrupteurs. De cette manière
on peut régler leur force de frottement et empêcher leur usure
quand ils ne doivent pas servir.

« *Appareil à signaux*. — L'appareil à signaux et la sonnerie
d'alarme, qui sont destinés à indiquer au machiniste s'il doit
s'arrêter ou continuer sa route, sont placés au fond du tender,

qui est surmonté à cet effet d'une espèce d'abri, comme le montre la figure 323. L'appareil à signaux est en *A*, la sonnerie en *B*, et l'on voit en *C* le télégraphe portatif de M. Breguet, que nous avons précédemment décrit. Il se trouve de plus un bouton interrupteur *I* dont nous verrons à l'instant l'objet. Pour peu qu'on

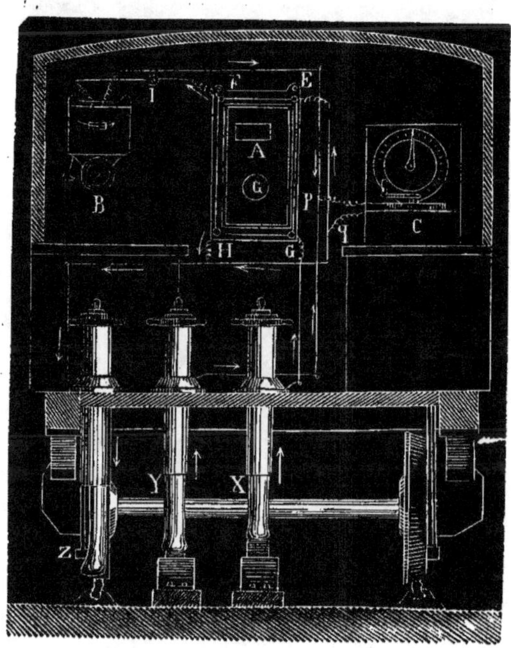

Fig. 323.

étudie attentivement la manière dont les liaisons électriques sont établies sur la figure, on reconnaîtra que l'appareil à signaux se trouve mis en rapport d'un côté avec le circuit partant de la station, et qui est complété par les frotteurs *X* et *Z*; d'un autre côté, avec un circuit passant par la sonnerie *B* et l'interrupteur *I*, lequel est parcouru par un courant provenant de la pile du télégraphe portatif *C* dont les pôles sont en *P* et *Q*. Nous verrons à l'instant l'utilité de ce deuxième circuit.

« Le mécanisme de l'appareil aux signaux est représenté figure 324. Il ne possède, comme on le voit, aucuns rouages, au-

cuns systèmes de déclenchement que les trépidations causées par
le mouvement de la voiture pourraient aisément faire fonctionner
inopinément. Une simple bascule aimantée *AB* portant d'un côté
deux disques de verre rouge et blanc *E* et *D* et oscillant entre les
pôles d'un électro-aimant *MM* : tel est, avec un système rhéoto-

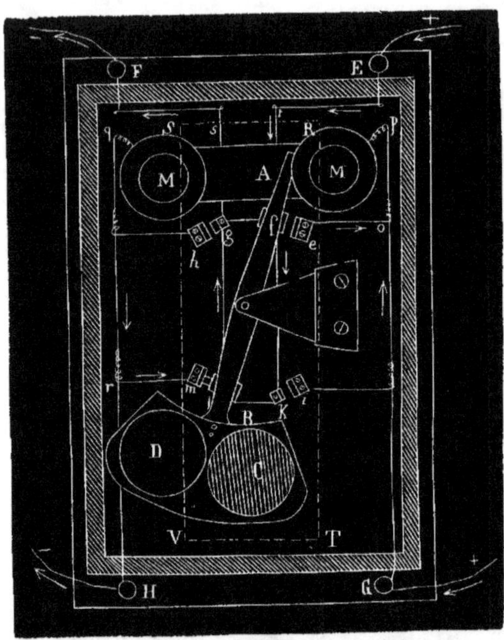

Fig. 324.

mique, représenté par les huit ressorts *efghiklm*, tout ce qui
constitue ce mécanisme. Pour en comprendre le jeu, il suffit
de se rappeler qu'une bascule aimantée placée entre les pôles
d'un électro-aimant peut être inclinée à gauche ou à droite suivant le sens du courant, et peut même être maintenue dans la
dernière position qu'elle a prise après que le courant a cessé
d'agir. Quand la bascule incline à gauche, le disque rouge *C*
apparaît dans un guichet *G* (fig. 325) ménagé en place convenable sur la boîte renfermant l'instrument. Quand au contraire
la bascule incline à droite, c'est le disque blanc *D* qui apparaît.
Si donc on donne au signal rouge l'interprétation : *Arrêtez, il y a*

danger, et au signal blanc celle de : *Continuez votre route, la voie est libre*, il suffira, à la station qui veut envoyer l'un ou l'autre de ces signaux, de tourner dans un sens ou dans l'autre un commutateur à renversement de pôles, mis en rapport avec le circuit du frotteur X. Les disques qui fournissent ces signaux rouges et blancs sont en verre, afin qu'étant éclairés par derrière ils puissent être visibles dans l'obscurité.

« Le système rhéotomique représenté par les huit ressorts *efghiklm* est destiné à prolonger l'action du courant qui a fait dévier la bascule, en introduisant l'appareil dans le circuit de la pile locale du convoi et de la sonnerie électrique. Cette condition est essentielle, car un signal fugitif pourrait échapper aux regards du mécanicien occupé à d'autres soins, et resterait sans valeur ; il en est de même du jeu de la sonnerie, qui doit persister jusqu'à ce qu'on soit venu l'arrêter. Voici comment ce système rhéotomique fonctionnera : quand la bascule AB est inclinée, comme on le voit figure 524, les quatre ressorts *eflm* sont mis en contact ; le courant de la pile du convoi, entrant par le bouton E, entre dans l'électro-aimant MM par le fil *Etf*, les deux ressorts *ef* et le fil *eop* ; il en ressort par le fil *qrm*, les deux ressorts *ml*, le fil *lsF*. De là, il regagne la sonnerie électrique B en traversant l'interrupteur disjoncteur I (fig. 523), et revient à la pile en P. L'action du courant entrant par les boutons GH (fig. 524) est donc bien maintenue, et en même temps la sonnerie est mise en mouvement ; tant que l'interrupteur disjoncteur I n'est pas touché, le signal persiste dans le guichet et la sonnerie fonctionne ; mais, aussitôt que le mécanicien appuie le doigt sur cet interrupteur, le circuit de la pile locale est coupé, la bascule aimantée est ramenée suivant la verticale par le contre-poids fourni par les deux disques de verre, et la sonnerie se tait. Alors l'appareil peut être de nouveau influencé par le courant envoyé des stations.

« Dans l'exécution de ce système d'appareils à signaux, plusieurs précautions doivent être prises : il faut d'abord que l'arc parcouru par la bascule soit assez considérable pour que les petites oscillations dues au mouvement de la voiture ne réagissent pas sur l'appareil rhéotomique; en second lieu, il faut que l'action de la bascule sur les lamès très-flexibles du rhéotome ait lieu au maximun de l'attraction, c'est-à-dire très-près des pôles de l'électro-aimant *MM*. Enfin, il faut, pour éviter les trépidations de la voiture, que l'appareil, aussi bien que la sonnerie, soient suspendus par l'intermédiaire d'une suspension *Cardan* à double articulation.

« En raison de ces nécessités de construction, j'ai pensé qu'il était nécessaire d'envelopper le système du barreau aimanté et de l'électro-aimant dans un cadre galvanométrique. De cette manière le galvanomètre exerce au maximum son action sur le barreau aimanté, alors que l'électro-aimant est à son minimum de puissance; ce qui permet un bien plus grand écart dans les oscillations du barreau aimanté. Avec cette disposition, les disques *C* et *D* doivent être supportés par une deuxième aiguille de cuivre montée parallèlement et sur le même axe que le barreau lui-même. Dans la figure 324, ce cadre galvanométrique est indiqué en *RSTU*.

« *Commutateur de l'appareil aux signaux.* — Ce commutateur, qui doit réaliser en même temps la seconde partie du problème que je me suis proposé dans mon moniteur électrique, est représenté figure 325. C'est le commutateur de Ruhmkorff, auquel j'ai dû ajouter un interrupteur et un galvanomètre *A*. Nous verrons plus tard l'usage de cet interrupteur; quant au galvanomètre, c'est lui qui indique que le signal envoyé à un train est parvenu à destination. Bien entendu, cet appareil est placé à chaque station. Pour en comprendre le jeu, supposons que les boutons d'attache *a* et *b* soient mis en rapport avec les pôles de la pile de la station, *a* avec le pôle positif, et *b* avec le pôle négatif. Quand on tournera le commutateur à gauche, le courant ira de *a* en *c* par le commutateur, de *c* en *d* sur la ligne télégraphique par un fil de jonction *cd*, de là, il regagnera les différents interrupteurs par les poteaux *e* et les fils de gutta-percha *ef* (fig. 322). Si le convoi, au moment où l'on a tourné le commutateur, se trouve entre deux interrupteurs, le courant ne circulera pas, et le galva-

nomètre *A* du commutateur ne bougera pas; mais, quand le convoi aura passé sur le prochain interrupteur, le circuit sera complété et le galvanomètre *A* in-
diquera que le signal envoyé a été reçu. En effet, de l'interrupteur *f* (fig. 322), le courant remontera à l'appareil d'alarme par le frotteur *X* (fig. 323), et passera de là, en terre, par le frotteur *Z*. Le bouton *h* (fig. 325) du commutateur étant en rapport avec le sol, par la plaque *g*, le courant arrivera en *h* après avoir quitté le convoi, traversera le galvanomètre *A*, arrivera en *i*, puis en *j*, par la liaison *ij*, et enfin en *b* par le commutateur. On voit donc qu'ainsi la transmission du signal et l'avis de sa réception se trouvent effectués en même temps.

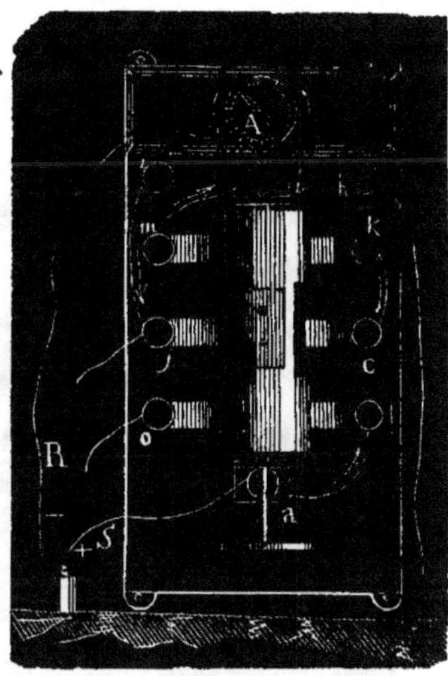

Fig. 325.

Mais il faut pour cela que celui qui transmet les signaux reste à son poste, jusqu'à ce que l'aiguille soit déviée, ce qui ne doit jamais dépasser deux minutes. Si ce temps se trouvait dépassé sans signal, on serait prévenu par là que le fil de la ligne serait brisé ou que les communications électriques avec les appareils des convois seraient endommagées. Au moyen du contrôleur annexé à mon système, on pourrait même savoir en quel point de la ligne aurait eu lieu la rupture du fil.

« L'interrupteur annexé au commutateur que nous venons de décrire se compose de quatre lames métalliques légèrement convexes, appliquées des deux côtés du cylindre d'ivoire du commutateur lui-même. Ces lames, que l'on voit de profil sur la figure, sont disposées perpendiculairement à celles du commutateur, c'est-à-dire qu'elles touchent leurs frotteurs *klmo* (fig. 325), quand les lames *c* et *j* ne touchent rien. De plus elles sont jointes deux à deux (celles d'un même côté) par une liaison métallique. Quand on n'a pas d'ordre à transmettre, il faut que le commutateur soit disposé comme sur la figure 325, de manière que l'interrupteur soit en conjonction.

« *Appareil contrôleur.* — Cet appareil, qui est en rapport avec le circuit fermé par le frotteur Y des convois et les interrupteurs de la série B de la voie, est représenté figure 326. Il est destiné,

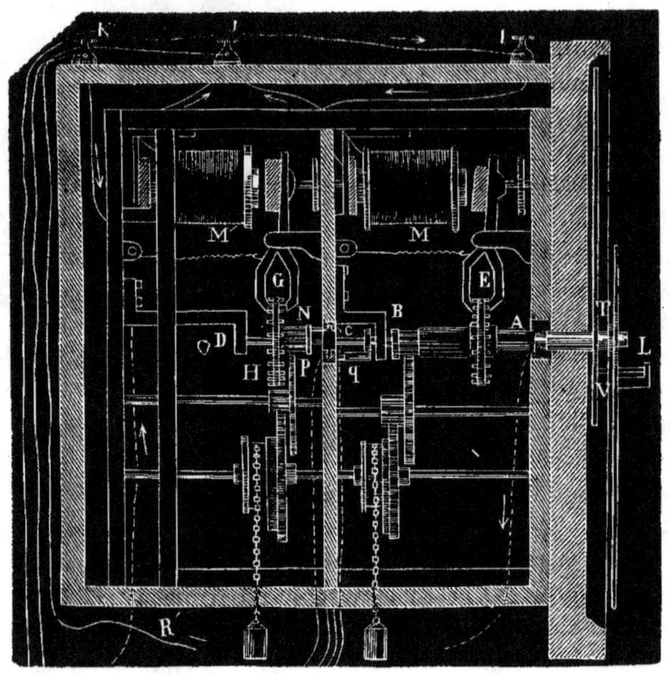

Fig. 326.

comme les appareils que nous avons désignés précédemment sous ce nom, à enregistrer aux différentes stations les différents points de la voie successivement parcourus par les convois.

« Nous avons démontré que des contrôleurs à une seule aiguille ne pouvaient suffire, puisque, par leur intermédiaire seul, quand deux trains circulent ensemble entre deux stations, les indications se trouvent forcément mêlées. Le problème à résoudre pour faire de cet appareil un instrument véritablement pratique était donc : 1° de faire en sorte que les indications fussent différentes, au moins pour deux trains consécutifs ; 2° que le conducteur et les interrupteurs appelés à réagir sur les aiguilles, fournissant ces deux indications différentes, ne fussent pas en plus grand nombre.

« C'est ce double problème que j'ai réalisé dans l'appareil représenté figures 326 et 327.

« Extérieurement cet appareil ne présente qu'un grand cadran de 60 centimètres, sur lequel se meuvent deux aiguilles convenablement équilibrées. Ce cadran est divisé en autant de divisions qu'il y a de kilomètres entre les deux stations auxquelles il correspond ; par conséquent, il doit y en avoir deux pour chaque station, un en rapport avec la station de droite, l'autre en rapport avec la station de gauche. Chaque aiguille est mise en mouvement par un mécanisme d'horlogerie, commandé lui-même au moyen d'un échappement à chevilles par un électro-aimant, et, pour que ces aiguilles puissent tourner ensemble sur le même cadran, l'axe de l'une passe dans l'axe de l'autre, comme les aiguilles d'une horloge ordinaire ; seulement l'axe creux doit être disposé de telle façon, qu'il soit isolé métalliquement de l'axe plein. Ces deux axes se distinguent aisément sur la figure en *ABCD*. Les roues d'échappement *EFGH*, montées sur ces deux axes, portent autant de chevilles que le cadran a de divisions. Il en résulte que chaque double mouvement de l'armature de l'électro-aimant a pour effet de faire avancer d'une division du cadran l'une ou l'autre des deux aiguilles, à chaque fermeture de courant. Enfin les deux électro-aimants sont reliés à un relais à armatures aimantées représenté figure 327, et dont nous avons expliqué le fonctionnement. Cet intermédiaire est dans ce cas indispensable, d'abord parce que, les aiguilles du cadran devant être d'une grande longueur pour être vues à distance par les conducteurs des trains, la force électrique à distance n'aurait pas été suffisante pour les faire marcher ; en second lieu, parce que, les distances variant continuellement, le jeu de l'appareil n'aurait jamais pu être réglé convenablement. Les communications électriques étant établies, comme on le voit sur les figures 326 et 327, entre le contrôleur, son relais et le fil supplémentaire de la ligne, voici ce qui arrive :

« Au moment où le convoi passera sur chaque interrupteur de la série A, les frotteurs Y et Z (fig. 325) transmettront un courant provenant de la pile du télégraphe portatif C (fig. 325). Ce courant ira du frotteur Z en terre par les rails, reviendra par la plaque g dans les bobines du relais, et ira de là dans le fil supplémentaire de la ligne par le fil xy ; il descendra ensuite par le poteau correspondant à l'interrupteur touché, et reviendra à la pile par le fil tu (fig. 322), l'interrupteur u et le frotteur Y, mis en rapport avec P (fig. 325). Si les bobines du relais sont enroulées de manière que ce soit l'armature OV (fig. 327) qui soit attirée,

Fig. 327.

le courant de la pile de la station sera fermé à travers l'électro-aimant M du contrôleur, car le pôle positif de cette pile étant en rapport avec l'armature OV, le courant, se trouve complété dans le circuit $SOVZIMJR$; alors c'est l'aiguille du dessous qui avance d'une division. Si, au contraire, c'est l'armature $O'V'$ (fig. 327) qui est attirée, c'est l'électro-aimant M' qui fonctionne et l'aiguille de dessus qui avance.

« On comprend, d'après cela, que pour faire avancer l'une ou l'autre de ces deux aiguilles, il suffit de relier convenablement les frotteurs Y et Z (fig. 325) aux pôles P et Q de la pile portative des convois. Par conséquent, si les convois pairs envoient leur courant, de manière que ce soit l'armature OV du relais qui soit en action, chaque kilomètre qu'ils parcourront sera accusé par l'avancement successif de l'aiguille correspondant à l'électro-aimant M ; et, pour que les convois impairs fassent avancer l'autre aiguille, il suffira de renverser le mode de liaison des frotteurs Y et Z avec leur pile, de manière qu'ils envoient un courant de sens contraire.

« Il arrive souvent que les chemins de fer se bifurquent et forment des têtes de ligne qui sont justement les parties du chemin les plus exposées aux rencontres, et, par conséquent, celles pour lesquelles les appareils précédents seraient le plus utiles.

« Or les différents convois qui viennent à entrer dans cette partie du chemin ne peuvent savoir dans quel sens doit circuler le courant de leur pile pour réagir convenablement sur les moniteurs électriques des stations qu'ils vont désormais rencontrer en continuant leur route.

« Sans doute il existe en ces points de bifurcation une station et, par conséquent, un moniteur électrique dont les aiguilles pourraient indiquer, par leur position respective et leur marche, le sens du courant dans le dernier convoi qui a passé. Mais c'est un travail d'esprit qu'il est important d'éviter, et une précaution qu'on pourrait souvent négliger de prendre. J'ai donc cherché à fournir une indication plus simple, et voici comment je m'y suis pris :

« A chacune des stations qui précèdent les points de bifurcation du chemin, ou qui sont susceptibles d'expédier elles-mêmes des convois particuliers, j'adapte un petit appareil tout à fait semblable aux appareils à signaux dont il a été question précédemment, moins le rhéotome.

« Cet appareil est en rapport avec un interrupteur particulier, qui doit rencontrer les frotteurs des convois, et, par conséquent, se trouve traversé par leur courant local. Comme l'effet magnétique est persistant dans ces appareils, la bascule aimantée qui porte les signaux reste inclinée du côté où l'a fait dévier le dernier passage du courant. Elle peut donc, par le signal qu'elle transmet, indiquer le sens du courant du dernier convoi qui a passé, et le mécanicien, à l'aide d'un commutateur à renversement de pôles, dirige alors le courant de la pile locale du convoi dans le sens convenable.

« Par un mécanisme particulier qu'il est facile d'imaginer, on pourrait faire en sorte que ce redressement du courant s'effectuât automatiquement; mais il est plus simple d'avoir recours à un simple commutateur à renversement de pôles, comme nous venons de l'indiquer.

« Arrivons maintenant à la quatrième partie du problème, c'est-à-dire aux avertissements automatiques fournis par les convois entre eux, qui est la plus importante de toutes.

« *Moniteur automatique.* — Dans le cas, qui, du reste, est le plus fréquent, où les deux convois s'entre-suivent de trop près, l'avertissement est excessivement facile, puisque, par l'intermédiaire des compteurs, on possède, dans un même appareil, deux organes mécaniques en rapport avec les vitesses différentes des deux trains. Ces organes mécaniques sont les aiguilles des compteurs, qui, si elles sont suffisamment isolées, peuvent opérer entre elles un contact métallique ayant pour effet de fermer le courant de la station à travers les appareils aux signaux des convois.

« Supposons donc qu'on ait jugé que 2 kilomètres soient une distance suffisante pour qu'on ait le temps d'arrêter deux convois, il faudra que quand les aiguilles du compteur seront à 2 divisions l'une de l'autre, un contact métallique ait lieu. Pour cela, il faudra que l'une des aiguilles porte un buttoir d'argent T (fig. 326) éloigné de l'axe de l'aiguille d'un sixième de la circonférence passant par ce buttoir, et que l'autre aiguille soit armée d'une lame de ressort LV placée perpendiculairement suivant sa ligne axiale. De cette manière, les aiguilles remplissent la fonction d'un employé qui, s'étant aperçu, par l'inspection du compteur, du trop grand rapprochement des trains, tourne le commutateur de l'appareil aux signaux pour envoyer le signal d'alarme.

« Nous allons voir maintenant comment cet interrupteur peut réagir sur l'appareil aux signaux des convois.

« Supposons qu'une communication métallique soit établie entre le coussinet A, sur lequel tourne l'axe AB (fig. 326) et le bouton o (fig. 325) du commutateur de la station, et qu'un autre fil relie le coussinet de l'axe CD (fig. 326) avec le bouton i (fig. 325) de ce même commutateur. Quand le ressort LV

(fig. 326) viendra à rencontrer le buttoir *T*, le courant de la station circulera de la manière suivante : de *S*, il ira en *a* (fig. 325), puis en *l*, par le fil *al*, puis en *k*, par l'interrupteur du commutateur, puis en *c*, par la liaison *kc*, et de là en *d*, sur la ligne télégraphique (fig. 322) ; il suivra le même parcours que quand le commutateur a été tourné, et, revenant en *J* (fig. 326), il suivra le fil de jonction du bouton *j* avec l'axe *CD*, pour retourner au commutateur par le buttoir *T*, le ressort *LV*, le coussinet *A* et le bouton *o* de la figure 325 ; de là, il passera à travers l'autre partie de l'interrupteur du commutateur, pour revenir en *m*, et de là en *R* (fig. 326). C'est pour éviter le mélange des circuits, et les dérivations par les piles que l'interrupteur du commutateur a dû être introduit dans le circuit du moniteur automatique.

« Dans le cas où les convois viennent à la rencontre l'un de l'autre, ce qui ne peut guère arriver que sur les chemins à une voie, le problème est un peu plus complexe, et, pour qu'on puisse se rendre compte de sa solution, il est important qu'on se rappelle que chaque station a deux contrôleurs électriques, l'un pour les convois qui se dirigent en amont, l'autre pour ceux qui se dirigent en aval. Que le chemin ait deux voies ou une seule voie, ces deux appareils sont indispensables.

« Cela posé, concevons qu'au centre de la cloison servant de séparation aux deux contrôleurs se trouve une petite rondelle d'ivoire *NP* (fig. 326), incrustée sur sa circonférence d'autant de plaques d'argent qu'il y a de divisions tracées sur le cadran ; admettons que ces plaques soient en parfaite correspondance avec ces divisions, et soient réunies d'un cadran à l'autre par des fils métalliques disposés de façon que la plaque n° 12, je suppose, du cadran d'amont corresponde à celle n° 10 du cadran d'aval, il arrivera, si des frotteurs à piston *N* et *O* fixés sur les axes de rotation des aiguilles de chaque cadran appuient sur ces plaques, qu'un courant électrique pourra être fermé entre les deux compteurs, lorsque ces frotteurs toucheront en même temps celles des plaques qui seront en correspondance métallique, c'est-à-dire lorsque les deux convois seront à deux kilomètres l'un de l'autre. Cette fermeture du courant pourra donc réagir comme précédemment et envoyer le signal d'alarme aux convois.

« Quant à la dernière partie du problème, c'est-à-dire aux avertissements donnés aux chefs des stations, elle trouve sa solution dans l'interposition d'une sonnerie électrique dans une dérivation du courant allant aux appareils à signaux des convois. Mais cette question n'a, du reste, d'importance que pour assurer la transmission du signal, en cas d'accident survenu au fil de la ligne. »

M. du Moncel a proposé dernièrement un nouveau système d'interrupteur kilométrique, pour répondre aux objections qui ont été faites à ceux qu'il avait présentés d'abord et qui, comme la plupart des appareils de ce genre, avaient l'inconvénient d'éprouver des soubresauts qui provoquaient infailliblement plusieurs interruptions et fermetures de courant au lieu d'une, et de produire, par conséquent, un trouble considérable dans les indications fournies.

« Dès l'année 1852, dit-il, j'avais présenté à l'Institut une note sur le moyen d'empêcher les vibrations de la part des interrupteurs de certains compteurs employés dans l'horlogerie électrique ; et ce moyen consistait à faire des deux pièces appelées à se toucher un système magnétique dans lequel la partie mobile était constituée par un aimant permanent dont la partie fixe n'était autre chose qu'un morceau de fer doux. Du contact de ces deux pièces résultait une adhérence magnétique qui s'opposait aux petites vibrations accidentelles. C'est un moyen analogue que j'ai employé dans le nouveau système d'interrupteur dont il est ici question ; mais, pour qu'on puisse facilement le comprendre, il importe de rappeler en quelques mots les interrupteurs que j'emploie dans mon système. Qu'on imagine une barre de fer ou de fonte, longue de trois ou quatre mètres environ, infléchie vers ses extrémités et isolée soit au moyen de forts champignons de porcelaine au-dessus desquels elle se trouve fixée, soit au moyen de capuchons de cuir disposés d'une certaine manière. (*Voy.* p. 321 de ce volume, fig. 321.) Qu'on suppose cette barre placée au milieu de la voie, parallèlement aux rails, et disposée de telle façon, qu'elle puisse être rencontrée par un frotteur à piston vertical placé sous les tenders des différents convois, et l'on aura une idée du système d'interrupteur que j'avais adopté, système dans lequel la partie frottante se replie sur elle-même en appuyant sur les barres rigides de toute la force du ressort à boudin qui la sollicite. Or, comme nous l'avons dit, cette force, quelque considérable qu'elle puisse être, ne suffit pas pour empêcher certaines trépidations qui ont pour effet plusieurs fermetures et interruptions de courant.

« Pour éviter cet inconvénient, je termine la partie mobile de mes frotteurs à piston par un électro-aimant tubulaire puissant, muni, tant au pôle central qu'au pôle circulaire formé par la chemise de fer doux, de deux fortes semelles de fer. Cet électro-aimant est toujours animé par le courant d'un élément Bunsen placé sur le tender même qui porte le frotteur, et c'est lui qui sert à la fois de frotteur, de conducteur et d'organe propre à empêcher les trépidations. On conçoit, en effet, que si par son élasticité un ressort, quelque fort qu'il soit, peut permettre de petites trépidations (inappréciables, il est vrai, à la vue, mais suffisantes pour réagir électriquement), une adhérence magnétique de 100 ou 200 kilogr. ne pourra se prêter facilement à un pareil mouvement ; et quand bien même il s'y prêterait un peu, les parcelles de limaille de fer résultant du frottement de l'électro-aimant avec la barre rigide, parcelles qui restent interposées entre ces deux organes, rétabliraient toujours la continuité métallique nécessaire à la transmission du courant. Je n'ai pas besoin d'ajouter que les deux semelles de fer qui constituent les deux extrémités polaires de l'électro-aimant, ne tenant à celui-ci que par des vis, peuvent aisément être remplacées quand elles sont usées, ce qui permet d'entretenir toujours le système dans un état satisfaisant.

« Pour éviter les inconvénients de l'encrassement ou de l'oxydation des barres de la voie, je fais précéder mes frotteurs d'une râpe d'acier et d'un pinceau métallique ; seulement ces nouveaux organes ne doivent avoir aucune communication avec le circuit électrique.

« Ce système d'interrupteur peut, du reste, être employé dans beaucoup d'autres applications de l'électricité que celle à laquelle je l'ai spécialement affecté, et sa forme doit nécessairement être modifiée suivant ces applications. »

SYSTÈME DE M. LAFOLLYE.

(1857.)

Ce système, d'une date plus récente que celle de la publication de notre ouvrage en Espagne, n'a pu être classé que dans cette nouvelle édition. M. du Moncel considère cette invention, et avec raison, ce semble, comme une simple modification de celle de l'illustre physicien ; mais, quoi qu'il en dise, c'est un perfectionnement, malgré le grand inconvénient qu'il y a de placer à côté de la voie, hors des stations, des appareils qui exigent un certain soin. Voici en quoi il consiste :

« Tout le long de la voie, à des distances alternativement de 5 et de 1 kilomètre, se trouvent échelonnés des systèmes de conjoncteurs composés de quatre bandes métalliques, dont deux, L et M (fig. 328), sont isolées au moyen de champignons de porcelaine, comme dans le système Bonelli ; les deux autres, Q et O, communiquent avec le sol ; elles sont d'ailleurs toutes infléchies vers leurs extrémités de manière à former des rampes, comme dans le système de M. du Moncel. En face de chacun de ces systèmes de conjoncteurs se trouve placé sur un poteau, à côté de la voie, un système électro-magnétique que nous décrirons, qui se trouve relié soit directement, soit indirectement, avec le sol, le circuit de la ligne et l'un des conjoncteurs L. Les liaisons de ces appareils avec le circuit de la ligne sont établies d'une manière particulière ; au lieu de se correspondre directement de l'un à l'autre, le fil de ligne joint ensemble successivement tous les appareils pairs et tous les appareils impairs, de telle sorte que si un courant est envoyé à travers le système e, ce même courant réagit sur l'appareil e'' sans pénétrer à travers l'appareil e'. Nous verrons plus tard les motifs de cette disjonction.

« Les appareils mobiles portés par les trains se composent

1° d'une pile à sable X, d'une sonnerie électrique à mouvement d'horlogerie Z et d'un inverseur Y, qui est relié aux appareils précédents, et qui porte en même temps les frotteurs qui doivent mettre les trains en rapport avec le circuit de la ligne.

« Cet inverseur consiste dans une espèce d'auge en bois renversée, revêtue à l'extérieur de zinc ou de tôle peinte. Cette auge est placée au-dessous des waggons transversalement par rapport à la voie, de manière que ses extrémités dépassent les

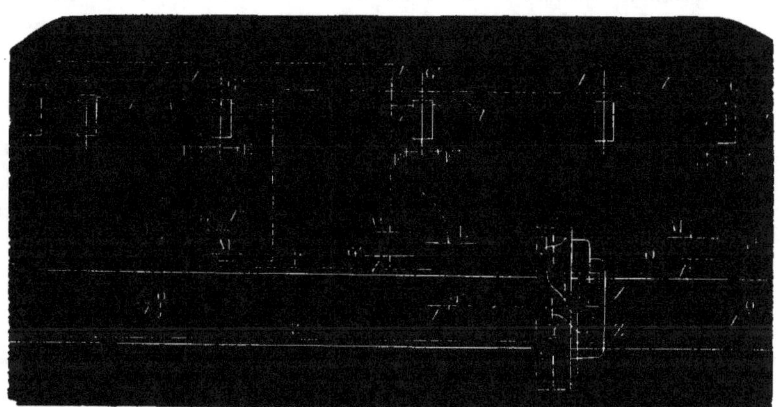

Fig. 528.

barres métalliques de la voie formant conjoncteurs. Au fond de l'auge, et dans le plan des conjoncteurs, sont suspendues par des charnières des lames de ressort garnies d'une touche pesante de cuivre à leur extrémité libre. Enfin, de chaque côté de ces lames de ressort sont fixées également au fond de l'auge deux tiges terminées par des touches de platine et communiquant chacune avec un pôle de la pile placée sur le même véhicule, et avec la sonnerie.

« Il résulte de cette disposition que, quand le train vient à passer au-dessus des conjoncteurs échelonnés sur la voie, les lames de ressort de l'inverseur se trouvent repliées et appuient, suivant le sens du mouvement du convoi, soit sur l'une, soit sur l'autre tige de platine, et, si les liaisons électriques avec ces tiges sont établies, comme l'indique en Y la figure 328, les effets électriques se passeront de la manière suivante : 1° quand le train passera au-dessus des conjoncteurs L et O, les frotteurs de l'inverseur ff' qui les rencontreront mettront la sonnerie Z en rapport momentané avec un circuit correspondant à l'appareil électro-magnétique e. Si ce circuit est complété par cet appareil et le sol, comme le frotteur f est en rapport avec le pôle + de la pile, et le frotteur f' avec le pôle — par l'intermédiaire de la sonnerie, celle-ci se mettra à sonner. Si, au contraire, ce circuit n'est pas complété, la sonnerie se taira. 2° Quand le train passera au-dessus des conjoncteurs M et Q, les frotteurs $f''f'''$ seront mis en rapport, le premier avec le pôle + de la pile, le second avec le pôle —, et un courant pourra être envoyé de M dans les appareils électro-magnétiques ee'' par le fil de ligne; car ce courant sera complété par le sol, avec lequel les appareils précédents sont en communication, et par le conjoncteur Q mis en rapport avec le frotteur f'''. Sous l'influence de ce courant, une action pourra être produite sur les appareils indicateurs électro-magnétiques, et ceux-ci, en réagissant à leur tour sur le circuit en rapport avec les premiers conjoncteurs L et $OL''O''$, pourront exercer, comme nous l'avons vu, une action sur la sonnerie électrique du prochain convoi qui passera, soit que ce convoi vienne de gauche à droite, soit qu'il vienne de droite à gauche, car on peut remarquer qu'à la station e'' les conjoncteurs L'' et O'', au lieu de précéder les conjoncteurs Q'' et M'', comme à la station e, les suivent au contraire. Voici maintenant en quoi consistent les appareils électro-magnétiques $ee'e''$, etc. :

« Ce sont de simples relais conjoncteurs adaptés à un système électro-magnétique combiné par M. de Lafollye (mais qui a un grand rapport avec celui du Père Cecchi). Ce système électro-magnétique n'est rien autre chose qu'un électro-aimant, dont les branches de fer, au lieu d'être fixes à l'intérieur des bobines, sont mobiles et articulées sur la culasse de fer qui les réunit. Ces branches oscillent entre les pôles de deux aimants permanents placés en face l'un de l'autre, et, se trouvant polarisées par le passage du courant à travers les bobines, jouent le rôle d'une armature aimantée placée entre les pôles de deux électro-aimants. Elles peuvent donc être inclinées soit d'un côté, soit de l'autre, suivant le sens du courant qui agit sur elles, et rester dans la dernière position qu'elles ont prise, tant à cause du magnétisme rémanent qui maintient l'action exercée qu'en raison de la réaction du magnétisme des aimants sur le fer doux qui les constitue. Ces palettes oscillantes, d'ailleurs reliées ensemble par une traverse de cuivre et mises en communication avec la terre, ont leur course limitée par deux vis de cuivre, dont l'une forme le contact du relais et doit être mise en rapport avec les conjoncteurs de la voie $LL'L''$, etc. Enfin, dans leur jeu, ces palettes réagissent sur une fourchette, montée sur un axe horizontal qui porte une aiguille. Cette aiguille se meut sur un cadran, et, suivant qu'elle est inclinée à droite ou à gauche, elle indique que la voie est *libre* ou *fermée.*

« Les liaisons de cet appareil avec le circuit de la ligne, les conjoncteurs de la voie et le sol, sont très-simples. Une des extrémités du fil des bobines est reliée avec le fil de ligne et le conjoncteur M; et l'autre extrémité communique avec le sol et la vis, mise en rapport avec le conjoncteur L. Nous remarquerons seulement que la disposition des conjoncteurs de la voie est renversée aux deux extrémités de chaque liaison télégraphique, c'est-à-dire d'une station paire à une station paire et d'une station impaire à une station impaire ; nous en verrons à l'instant les motifs.

« Si on a bien saisi la description précédente, on pourra facilement comprendre que toutes les fois qu'un convoi passe devant un des appareils télégraphiques échelonnés sur la voie il fait fonctionner en même temps deux de ces appareils, celui devant lequel il passe et celui avec lequel ce dernier est relié, qui est situé à cinq kilomètres. Ces deux appareils indiquent, par la situation de leur aiguille, le signal de la voie fermée. Par conséquent, tout le temps qu'un convoi circulera entre ces deux appareils, il sera certain qu'un signal d'alarme le protégera ; mais, avant d'arriver au second appareil, il aura rencontré un appareil intermédiaire qui, en réagissant de la même manière que précédemment, couvrira sa marche pendant quatre nouveaux kilomètres, et, lorsqu'il arrivera à l'appareil primitivement affecté par le courant, il pourra réagir de nouveau sur lui, mais cette fois pour envoyer le signal de la voie libre. Il suffira, pour cela, que l'émission du courant soit faite en sens inverse de ce qu'elle avait été primitivement ; et c'est pour cela que les conjoncteurs Q'' et M'' sont placés en sens inverse des conjoncteurs Q et M. De cette réaction, il résultera donc que les deux premiers appareils mis en mouvement fourniront le signal de la voie libre, et le convoi ne sera plus dès lors protégé que par les deux derniers, qui changeront de signe après un nouveau parcours de quatre kilomètres, et après avoir été remplacés eux-mêmes par les indications de deux autres appareils, etc. Ainsi, au moyen de ce système, un convoi, par les signaux qu'il fournit, couvre perpétuellement sa marche sur un espace de quatre kilomètres.

« Voyons maintenant ce qui arriverait si le mécanicien d'un convoi, ne tenant pas compte des indications des appareils électro-magnétiques, continuait sa marche sur la section de la voie couverte par ces appareils. Supposons d'abord que le train aille de gauche à droite : au moment où il passerait sur les conjoncteurs L et O (fig. 528), le circuit à travers la sonnerie électrique serait fermé. En effet, les palettes de l'appareil électro-magnétique e seraient alors mises en contact avec la vis du relais qui communique avec le conjoncteur L, et le courant irait de f en L, de L en F, de F à la terre par les palettes de l'électro-aimant e, puis reviendrait par le conjoncteur O en f. La sonnerie électrique serait donc mise en mouvement, et le mécanicien serait prévenu qu'un train circule à moins de cinq kilomètres en avant de lui ; il ralentirait donc sa vitesse en conséquence.

« Si le train dont nous venons d'analyser la marche, au lieu de se diriger de gauche à droite, se dirigeait de droite à gauche, c'est-à-dire en sens contraire de celui qui a fourni les indications, un effet analogue à celui que nous venons de décrire se manifesterait. Supposons, en effet, que ce train passant devant l'appareil e'' ne tienne pas compte de l'avertissement donné par l'aiguille : au moment où il passera sur les conjoncteurs L'' et O'', le circuit à travers la sonnerie sera complété, et le courant suivra la direction suivante : $fL''F''tO''f'$. La sonnerie tintera donc comme dans le premier cas, et l'on sera prévenu. D'un autre côté, le train qui vient en sens contraire sera également prévenu au moment de son passage devant l'appareil e', de sorte que les deux convois auront un kilomètre pour s'arrêter.

« Il est facile de comprendre, d'après l'inspection de la figure, que si au lieu d'avancer les trains reculaient, les effets précédents ne seraient pas changés, car les communications entre les appareils électro-magnétiques et les pôles de la pile se trouveraient renversées par suite du changement d'inclinaison des frotteurs. On obtiendrait donc dans ce cas, comme dans celui d'une marche normale, des indications correspondantes. Il en serait de même si l'inverseur était retourné bout pour bout, ou si le train était retourné sur lui-même.

« Si les trains, en passant sur les conjoncteurs L et O peuvent réagir sur les appareils électro-magnétiques $ee'e''$, de manière à leur faire fournir des signes automatiques, à plus forte raison les employés des gares peuvent-ils obtenir les mêmes effets au moyen de transmetteurs qu'ils ont à leur portée. On remplacerait alors de cette manière les disques-signaux destinés à indiquer si la voie est libre ou encombrée aux stations. »

SYSTÈME DE M. BERGEYS.
(1857.)

Ce système, présenté à l'Académie de Bruxelles le 7 mars 1857, a donné lieu à un rapport de M. Mauss, dont voici un extrait :

« Au lieu d'une lame conductrice fixée entre les rails près du sol, M. Bergeys propose d'établir, le long de la voie, un fil conducteur traversant une série d'appareils sur lesquels les convois agissent en passant, de manière à interrompre le courant électro-magnétique vis-à-vis de la place qu'ils occupent successivement dans leur marche; ces convois divisent ainsi le conducteur en autant de sections ou de tronçons qu'il y a d'intervalles entre les locomotives qui se suivent et entre les locomotives extrêmes et la station d'arrivée et de départ. Les pièces métalliques, fixées au convoi, qui agissent sur les appareils du fil conducteur, complètent le circuit entre les appareils de deux convois qui se suivent ou d'un convoi et d'une station extrême, et permettent une correspondance entre chacun de ces bureaux télégraphiques mobiles et celui qui précède et celui qui suit, quel que soit le nombre des convois engagés sur la même voie.

« Au lieu d'une correspondance par dépêche, M. Bergeys place sous les yeux du mécanicien-conducteur de la locomotive un cadran pourvu de deux aiguilles, appareil qu'il a nommé *stadiomètre différentiel*. Cet instrument indique à chaque instant l'intervalle qui sépare sa locomotive de la précédente. A cet effet, le cadran porte, à sa circonférence, des divisions égales qui correspondent chacune à un parcours connu, tel que 50 mètres, par exemple. La première aiguille, commandée par l'appareil de la locomotive qui précède, indique le nombre de divisions qui correspond à l'espace parcouru par cette locomotive depuis la station de départ. Cette aiguille avance d'une division chaque fois que cet espace parcouru s'accroît de 50 mètres. La seconde aiguille, commandée par l'appareil de la locomotive qui porte le stadiomètre que nous considérons, marque, sur le même cadran, la distance parcourue par cette locomotive, à partir de la même station. Cette seconde aiguille avance, comme la première, d'une division pour chaque longueur de 50 mètres parcourue. L'intervalle compris entre ces deux locomotives est égal à la différence entre les deux distances parcourues à un instant donné et mesurées à partir d'une même station. Cette différence est indiquée par le nombre de divisions compris entre la première et la seconde aiguille du stadiomètre.

« La station de départ est aussi munie d'un stadiomètre à une seule aiguille, qui indique la distance parcourue par la dernière locomotive engagée sur la voie. Lorsqu'une nouvelle locomotive part de cette station, le mécanicien qui la dirige place la première aiguille de son stadiomètre sur la même division que l'aiguille du stadiomètre de la station, et la seconde aiguille sur le zéro. Le convoi de cette locomotive divise le fil conducteur, et reçoit de la locomotive qui le précède le courant qui fait marcher

la première aiguille de son stadiomètre. Le courant de la pile
qu'elle porte fait avancer la seconde, et, de plus, l'aiguille unique
du stadiomètre de la station, aiguille que l'on a eu soin de ramener au zéro du cadran au moment où la dernière locomotive a
quitté la station.

« Les mêmes dispositions, prises au départ successif de toutes
les locomotives, font connaître à tous les mécaniciens l'intervalle
qui les sépare de la locomotive qui les précède ; ils peuvent donc
ralentir leur vitesse à un moment convenable, pour éviter une
collision si le convoi précédent était retardé dans sa marche.

« Pour donner une idée des moyens que M. Bergeys emploie
pour réaliser le système de communication télégraphique qui
vient d'être décrit, nous indiquerons comment chaque convoi
peut interrompre le courant, dans le fil de la ligne, pour le faire
passer dans les appareils moteurs des aiguilles des stadiomètres,
et comment les deux aiguilles d'un même stadiomètre sont mues,
la première par le courant de la pile du convoi qui précède, et la
seconde par le courant de la pile de son convoi.

« L'interruption du courant dans le fil conducteur est produite, par M. Bergeys, à l'aide d'une série d'appareils contenus
dans un égal nombre de petites boîtes de bois posées dans la
terre, isolées et disposées sur une ligne parallèle à la voie, en
dehors et près des rails. L'appareil contenu dans une boîte se
compose essentiellement de deux tiges verticales en fer, qui traversent la paroi supérieure et horizontale de la boîte, et la dépassent de la moitié environ de leur longueur. La partie inférieure
de ces tiges, contenues dans la boîte, est entourée d'un ressort
hélicoïdal qui soulève ces tiges mobiles dans des coulisses, et munie d'un talon que le ressort maintient en contact avec une petite
pièce en fer horizontale fixe, laquelle établit la communication
entre elles [1]. Les deux tiges d'une même boîte sont situées dans
un plan perpendiculaire à l'axe de la voie, de sorte que les ex-

---

[1] « En réalité, la communication s'établit d'une manière un peu différente, mais
moins facile à exposer et qui a pour objet de n'avoir de contact qu'entre l'une des tiges
et la pièce fixe. Cette disposition, préférable au point de vue pratique, ne l'est point
sous le rapport théorique. »

trémités saillantes de ces tiges sont disposées sur deux lignes parallèles à la voie et distantes de l'intervalle qui existe entre deux tiges d'une même boîte.

« Un fil conducteur isolé s'étend d'une boîte à l'autre; il est fixé, par ses extrémités, à deux tiges contenues dans deux boîtes voisines; mais ces tiges appartiennent, l'une, celle du côté de la station d'arrivée, à la ligne des tiges les plus rapprochées de l'axe de la voie, l'autre à la ligne parallèle des tiges plus éloignées, de sorte que la communication, entre deux de ces fils conducteurs qui se suivent, a lieu par le contact des talons des deux tiges d'une même boîte contre la pièce métallique intermédiaire qu'elle renferme.

« La même disposition étant prise pour toutes les boîtes, le courant passe d'un fil à l'autre et parcourt toute l'étendue qui sépare les stations d'arrivée et de départ; mais il est interrompu aussitôt qu'en abaissant l'une des tiges on fait cesser le contact entre le talon qu'elle porte et la pièce métallique qui établit la communication entre les deux tiges d'une même boîte.

« Pour produire mécaniquement cette interruption pendant le passage du convoi, les voitures qui le composent portent deux tringles métalliques, fixées sur le côté, à une distance de l'axe de la voie et à une élévation convenable pour comprimer successivement, en passant, toutes les tiges disposées sur les deux lignes parallèles à la voie. Pour faciliter l'action de ces tringles sur les tiges qu'elles doivent abaisser, celles-ci se terminent à leurs parties supérieures en forme de T ou de champignon, ce qui permet aux tringles de s'éloigner un peu de la ligne des tiges qu'elles doivent comprimer sans cesser d'agir sur elles. Chacune de ces tringles est composée d'autant de pièces qu'il y a de voitures, et, pour maintenir le contact entre toutes ces pièces, malgré les variations que subit l'écartement des voitures pendant le mouvement, les deux tringles de chaque voiture se terminent, d'un côté en fourche, et de l'autre en lame simple. Les voitures sont disposées de manière que les fourches de l'une embrassent les lames de la suivante. Les extrémités des fourches et des lames sont arrondies inférieurement, pour ne point présenter de sail-

lie qui pourrait heurter les champignons des tiges. Les extrémités de ces deux séries de tringles sont relevées, afin de comprimer graduellement et sans choc les champignons des tiges qu'elles
doivent abaisser.

« La longueur des convois, et, par conséquent, des deux séries de tringles dépassant constamment 50 mètres, il s'ensuit
que les tiges d'une boîte et quelquefois de deux seront comprimées à la fois, de sorte que le convoi produira toujours l'interruption du courant, au moins dans une boîte, et que cette interruption aura successivement lieu entre les tiges contenues dans
les boîtes vis-à-vis desquelles le convoi passe.

« Les tringles étant métalliques et en contact avec les champignons également métalliques, des tiges qu'elles compriment
en glissant établissent la communication entre l'appareil du stadiomètre du convoi ou la pile qu'il porte et la tige comprimée, et,
par suite, avec la partie du conducteur de la ligne qui est fixée à
cette tige.

« Rappelons que les tiges contenues dans les boîtes sont disposées sur deux lignes parallèles à l'axe de la voie, et que le fil
conducteur entre deux boîtes relie les tiges appartenant à ces
deux lignes, en suivant toujours le même ordre, c'est-à-dire que
l'extrémité du fil du côté du départ sera toujours fixée à la tige
la plus éloignée de la voie, et l'autre à la tige de la boîte suivante
qui en est la moins éloignée ; d'où il résulte que la tringle qui
abaisse la tige la plus voisine de la voie divise le conducteur en
deux sections, et communique avec la portion qui s'étend vers la
station de départ, tandis que la tringle qui comprime les tiges
les moins rapprochées communique, par l'autre section du conducteur, avec la locomotive qui précède ou avec la station d'arrivée.

« L'on conçoit qu'à l'aide de ces dispositions, et en installant
une pile sur tous les convois, le courant fourni par la pile d'une
locomotive passe dans l'appareil de la suivante ou de la station
de départ, et que le stadiomètre de cette même locomotive reçoit le courant de la locomotive qui précède ou de la station
d'arrivée.

« Les aiguilles des stadiomètres sont mises en mouvement par un appareil connu, composé d'un électro-aimant et d'un ressort qui agissent alternativement sur une petite masse de fer, laquelle remplit les fonctions d'un balancier d'horloge, et fait avancer une aiguille d'une division à chaque oscillation complète. Le balancier est attiré par l'électro-aimant, lorsque le courant traverse l'appareil, et par le ressort lorsque ce courant est interrompu. Il suffit donc d'interrompre ce courant chaque fois que le convoi a parcouru un intervalle de 50 mètres, pour faire avancer l'aiguille d'une division.

« Cette interruption est produite à l'aide d'un petit levier ou pédale qui est soulevé ou dévié par un obstacle, convenablement disposé sur la voie, à chaque intervalle de 50 mètres, et qui peut être la boîte elle-même contre laquelle le levier s'appuiera en passant.

« Le levier, en déviant, écarte deux pièces métalliques, dont le contact est nécessaire pour la communication entre les appareils, et interrompt le courant, qui se rétablit aussitôt que le levier a dépassé l'obstacle, et repris, sous l'action d'un ressort, la position convenable pour établir le contact et la continuité dans le conducteur. »

CHAPITRE XIV

SYSTÈMES PROPOSÉS POUR ÉVITER LES ACCIDENTS SUR LES CHEMINS DE FER AU MOYEN DE L'ÉLECTRICITÉ.

SUITE.

Le grand nombre de systèmes que nous avions à faire connaître nous a obligé à réunir dans ce chapitre une partie d'entre eux, ceux qui, pour produire les signaux, se servent d'un conducteur isolé, soit continu, soit interrompu, placé tout le long de la voie et dans toute son étendue ; dans le chapitre précédent, comme on l'a vu, se trouvent ceux qui produisent les signaux au moyen d'interrupteurs fixes sur la voie, ou ceux dont le fonctionnement n'a qu'un but restreint, comme le mouvement des disques ou la communication entre le mécanicien et le garde-train qui se tient dans la dernière voiture.

HUITIÈME GROUPE

SYSTÈMES DE SIGNAUX ÉLECTRIQUES NON AUTOMATIQUES, MAIS QUI SE PRODUISENT SUR UN POINT QUELCONQUE DE LA VOIE, SOIT ENTRE LES TRAINS ET LES STATIONS, SOIT ENTRE LES DIFFÉRENTS TRAINS PARCOURANT LA MÊME VOIE.

SYSTÈME DE M. COGHLAND.
(17 octobre 1854.)

M. John Coghland prit un brevet en Angleterre pour un système consistant seulement à établir un fil ou une corde métallique suspendue avec isolement au-dessus ou à côté de la voie, et à la

mettre en communication avec les appareils électriques portés
par les trains, au moyen d'une tige ou d'un cylindre qui la frotte-
rait en marchant ; ces appareils seraient aussi en rapport avec la
terre, de manière que si ceux établis dans les stations commu-
niquaient par un pôle avec le fil isolé, et, par l'autre, avec la terre,
on pourrait transmettre des signaux des trains aux stations, et,
vice-versâ, entre les trains en marche ou arrêtés sur la voie, et
entre le garde-train et le mécanicien ; en un mot, c'est l'idée
et le principe du système présenté quelque temps après par
M. Bonelli.

SYSTÈME DE M. BONELLI.
(9 janvier 1855.)

M. Gaetano Bonelli, directeur des télégraphes en Sardaigne,
prit un brevet en France, le 9 janvier 1855, pour un système
télégraphique auquel il donna le nom de *télégraphe des locomotives*. Le 25 et le 29 du même mois, il présenta son invention en
Angleterre et en Belgique ; et plus tard il y apporta quelques
modifications que nous ferons aussi connaître, ainsi que ses
expériences en France et en Piémont.

L'invention, d'après le contenu de ces brevets, consiste à faire
qu'avec son système télégraphique les trains qui marchent ou sont
stationnés sur la même voie d'un chemin de fer puissent communiquer entre eux, et qu'il leur soit possible aussi de communiquer avec les stations et même avec les gardiens de la voie.

Le principe du système se réduit à établir, dans toute la longueur de la voie, un conducteur électrique isolé, que l'auteur
préfère placer entre les deux lignes des rails. Sur ce conducteur il
fait glisser ou frotter une pièce métallique, portée par l'un des
waggons du train et en communication avec un appareil télégraphique installé aussi sur ce waggon. Cet appareil communique
à son tour avec la terre au moyen des roues de la locomotive et
par les rails, de manière que le courant électrique, produit par
une pile que porte le train, peut parcourir un circuit formé par
ledit conducteur isolé, le frotteur, les appareils télégraphiques,
les parties conductrices de la voiture et la terre.

Comme on le voit, ce système est essentiellement différent de tous ceux que nous avons décrits dans les onzième, douzième et treizième chapitres ; car, bien qu'à la vérité il se serve d'un conducteur isolé en contact permanent avec les frottoirs des trains, comme le nôtre, il en diffère en ce que ce conducteur est continu et non pas interrompu ; par conséquent, la communication entre les trains et avec les stations a lieu à une distance aussi longue que le conducteur lui-même, circonstance que nous avons soigneusement évitée, et qui rend tout à fait différent le principe des deux systèmes ; en effet, comme nous le verrons en les comparant, ils donnent des résultats entièrement distincts. Le système dont nous nous occupons n'a pas non plus le moindre point de ressemblance avec ceux de MM. Tyer et du Moncel, comme le prétend ce dernier dans son *Exposé des applications de l'électricité*, car M. Bonelli, avec son système, fait en sorte que les trains puissent se communiquer entre eux, quel que soit le point du chemin où ils se trouvent, tandis que les autres n'établissent la communication que quand les trains passent par les interrupteurs fixes dans des endroits déterminés, à des intervalles d'un kilomètre, d'un ou d'un demi-mille, etc. Il n'est donc pas juste, sous ce rapport du moins, d'enlever à l'ingénieur sarde le mérite de l'originalité que M. Coghland seul lui dispute avec raison. Son système est peut-être le moins avantageux et le moins praticable de tous ceux qui ont été présentés par des personnes compétentes : en cela nous sommes d'accord avec M. du Moncel ; mais non quand il prétend que c'est le même système que celui de M. Tyer, et qu'il n'en diffère que par la longueur des interrupteurs. Il a plus de ressemblance peut-être avec le nôtre, et pourtant nous ne dirons pas qu'il en est une modification ; car il en diffère, et dans le principe et dans les effets, malgré une certaine analogie dans quelques-uns des moyens employés.

Les appareils télégraphiques, dit M. Bonelli, peuvent être l'un quelconque de ceux déjà connus : dans ses expériences à Paris et à Turin, il s'est servi de ceux de Wheatstone, les seuls qui, à notre avis, pouvaient lui donner les résultats qu'il a obtenus.

Dans le mémoire descriptif qui accompagne les brevets pris au mois de janvier, il est dit simplement que la disposition du conducteur isolé peut varier, et dans une addition au brevet belge, datée du 5 mars, nous lisons ces mots : « Quoique la grande section de la barre conductrice isolée soit très-avantageuse, parce que le fluide électrique n'étant pas forcé de parcourir successivement toutes les hélices des postes télégraphiques, dont les résistances s'ajoutent, elle rend la résistance presque nulle et permet en outre d'employer seulement la dérivation des courants, et, par là, de réduire considérablement la force nécessaire de batteries, cependant on peut lui donner la même épaisseur que celle des fils télégraphiques actuellement employés, c'est-à-dire, substituer un de ces fils à la barre sans que le système cesse de produire son effet. »

De la lecture de ce paragraphe on peut conclure que M. Bonelli ne fondait pas tout d'abord la bonté de son système sur la section de la barre, comme il paraît l'avoir fait à la suite de ses essais, d'après ce que donnent à entendre toutes les descriptions publiées dernièrement.

Une de ces descriptions, publiée par M. Adam Dunin Jundzill, au moment où les expériences faites sur le chemin de fer de l'Ouest causaient le plus de sensation, et qui, si elle n'a pas été écrite par M. Bonelli lui-même, a dû passer sous ses yeux avant l'impression, fait connaître le système de la manière suivante :

« *Description de l'appareil.* — Le système télégraphique de M. G. Bonelli se compose, 1° d'une barre de fer plat, fixée de champ entre les deux rails, à quelques centimètres au-dessus du sol, au moyen de supports en terre cuite (fig. 329): 2° d'un glissoir ou assemblage de ressorts, fixé en dessous d'un waggon (fig. 330), isolé au moyen de bois goudronné et de gutta-percha, et qui, glissant sur la barre dont nous avons parlé plus haut, établit pendant le trajet du convoi une communication permanente entre cette *barre de ligne* et l'appareil télégraphique disposé dans l'intérieur du waggon. La barre joignant les deux extrémités de la ligne et n'offrant aucune solution de continuité

aboutit à ses deux extrémités à des appareils télégraphiques, et
est reliée, par des conducteurs métalliques et isolés, aux différents appareils placés dans les stations intermédiaires.

« La section de cette barre est calculée de telle sorte que *sa résistance* ait un rapport convenable avec celle des appareils télégraphiques distribués sur la ligne, et telle, que tous ces appareils
puissent fonctionner régulièrement.

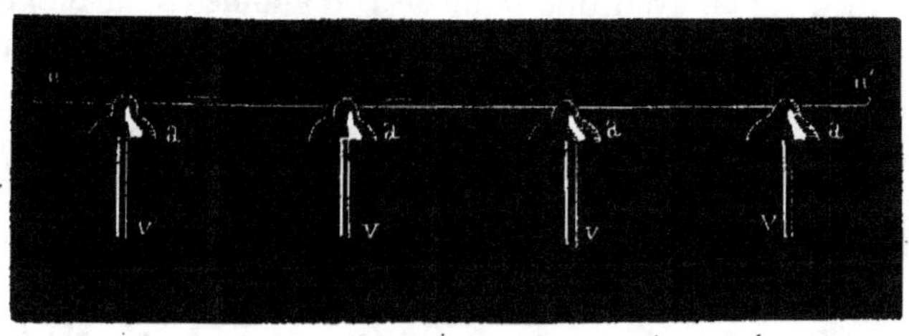

Fig. 329.

« On conçoit en effet que, si à une station quelconque on interpose une batterie entre la barre et la terre, sans autre résistance intermédiaire, l'électricité mise en circulation se partagera
en autant de courants d'intensité variable qu'il y aura de stations
et d'appareils, celui de la station qui en est la source étant le
plus fort, puisqu'il n'aura à vaincre que la résistance de l'appareil placé à cette station.

« On voit aussi aisément que, quels que soient la distribution
et le nombre des appareils, toute différence entre les intensités
de ces courants disparaîtrait, si la résistance de la barre devenait
très-petite par rapport à celle que présente un des appareils télégraphiques, et que, en tout cas particulier, on pourra toujours
donner à la barre une section telle, que le plus faible des courants
dérivés de celle-ci soit encore assez fort pour faire fonctionner
l'appareil où il circule.

« Supposons, par exemple, que ce soit à la station placée à une
des extrémités de la barre que les courants soient excités, et
qu'un certain nombre de stations se trouvent également espacées
sur la ligne : il est évident que, à chaque point de jonction du fil
qui va à l'appareil d'une station avec la barre, le courant princi-

pal qui longe celle-ci se bifurquera en deux autres, dont l'un descendra par l'appareil à la terre, tandis que l'autre, poursuivant sa course dans la barre, ira se distribuer, d'après les lois de dérivation connues, dans les appareils des stations suivantes, conservant une intensité qui sera à celle du courant dérivé comme la résistance calculée qui lui reste à vaincre est à celle du fil de dérivation joint au multiplicateur de l'appareil.

« Ainsi, si l'on avait une ligne de 100 kilomètres de longueur, et de telle section que le rapport entre la résistance d'un appareil et celle de la portion de barre comprise entre deux stations voisines soit de 0,05, ce serait une barre de 6 millimètres d'épaisseur sur 25 millimètres de largeur, savoir, de 150 millimètres carrés de section, qu'il faudrait dans ce cas employer, en supposant qu'on fît usage d'appareils de Cooke et Wheatstone. En effet, la résistance d'un de ces appareils est censée être égale à celle d'un fil en fer de 16,16 kilomètres de longueur et 4 millimètres de diamètre, d'où il suit que sa résistance

$$\frac{16,66}{\pi\, r^2} = \frac{16,66}{12,56} = \frac{100}{75,3} = \frac{200}{150,6}$$

serait à celle de la barre dans le rapport de

$$\frac{200}{150,6} : \frac{106}{150}$$

savoir, de 1 : 0,50 ; et, par conséquent, la résistance de l'appareil serait à celle de la dixième partie de la barre comme 1 : 0,5.

« En calculant dans ce cas le rapport entre le premier courant, qui est le plus fort, et le dernier, qui est le plus faible, on le trouve de 1 : 0,22 ; ce qui démontre que, si on suppose une batterie n'ayant que la force nécessaire pour faire fonctionner un seul appareil en vainquant la seule résistance de celui-ci, il faudra augmenter, dans le rapport de 0,22 : 1, la force de la batterie, savoir le nombre de ses couples, si l'on veut faire fonctionner tous les appareils.

« Il est bon enfin d'observer que la résistance totale du système étant nécessairement moindre que celle d'un seul appareil, l'électricité mise en jeu se trouve proportionnellement plus grande que celle qui circuleraît lorsqu'un tel appareil serait lui seul mis en relation avec la batterie. Ainsi, dans l'exemple précédent, le rapport entre les deux électricités serait de 5,92 : 1; en sorte que (5,92) i serait l'électricité totale qui représente la somme des onze courants dans lesquels elle se partage, i représentant celui de la première station.

Quant à la position variable des stations volantes par rapport aux stations fixes, on voit aisément qu'elle ne joue aucun rôle dans la manière dont l'électricité se distribue dans notre système télégraphique, d'où résulte la possibilité de faire varier ces positions à volonté, sans changer les conditions du problème, c'est-à-dire de faire circuler les convois sur la ligne dans un sens ou dans un autre, sans que pour cela les communications télégraphiques soient interrompues. On conçoit également que ce que nous venons de dire, en supposant la dépêche partant du point A, pourrait se dire aussi d'une quelconque des dix stations fixes ou mobiles que nous avons supposées sur notre ligne. Il suffira pour cela que ces divers appareils soient mis chacun en rapport avec une pile semblable à celle placée en A.

« L'admirable simplicité des appareils de Wheatstone et Cooke permet d'en faire varier la résistance à volonté, de telle sorte que l'on peut toujours établir la barre de ligne dans les conditions constantes, nonobstant sa longueur, et ne changer que la résistance du télégraphe. »

La figure 330 représente la disposition du système Bonelli tel qu'il fut essayé sur le chemin de fer de Paris à Saint-Cloud, disposition où le frottoir diffère par sa forme de ceux décrits dans les brevets pris par l'inventeur ; mais, en réalité, ils sont tous à peu près les mêmes, et nous croyons inutile de parler des autres du moment que nous faisons connaître le dernier qu'il a employé.

E est une pièce de bois goudronné fixée au waggon où se trouve l'appareil télégraphique par les pièces X et Y ; G est une autre pièce en bois également goudronné, retenue à la pièce E par les petites bielles bb et pouvant monter et descendre au moyen de la manivelle à vis m, ce qui permet de mettre ainsi en contact les ressorts armés de patins *rrr* avec la barre de ligne *nn*.

Le télégraphe *T*, qui est à aiguilles, est mis en relation d'une part avec la pièce isolée *E*, et, d'autre part, avec le ressort *P*, qui

Fig. 550.

s'appuie sur l'essieu du waggon et communique avec la terre par les roues et les rails.

M. Bonelli proposait, pour rendre plus parfait l'isolement,

que tous les côtés de la barre de ligne, excepté celui qui doit
être mis en contact avec le glissoir, fussent recouverts d'une
substance bitumineuse, et qu'elle-même fût en outre placée sous
les rails dans les croisements et passages à niveau, afin de la préserver des voitures.

La figure 331 représente une disposition dans laquelle les supports en porcelaine sont fixés sur des pièces transversales en
bois *h*. J'observerai ici, dit M. Bonelli, que cette disposition du

Fig. 331.

conducteur peut être employée pour les télégraphes ordinaires
au lieu des fils dont on se sert maintenant ; elle aurait sur ces
derniers, ajoute-t-il, l'avantage de l'économie et de la sécurité.
Dans ce cas, la barre devrait être entièrement recouverte de
goudron, et pourrait être protégée par une espèce de couche
très-forte, comme l'indiquent les lignes ponctuées de la figure.

Quelque application que l'on fasse de la *barre isolée*, les tronçons qui la constituent doivent être en contact métallique parfait ; il serait bon, par conséquent, de les relier au moyen de vis
et d'introduire dans les jointures de petits morceaux de fer-blanc.

Dans les endroits où la ligne s'écarte d'une autre, ou lorsqu'il
s'y trouve une gare d'évitement, on emploie, comme dans les
passages à niveau, la disposition que représente la figure 332.

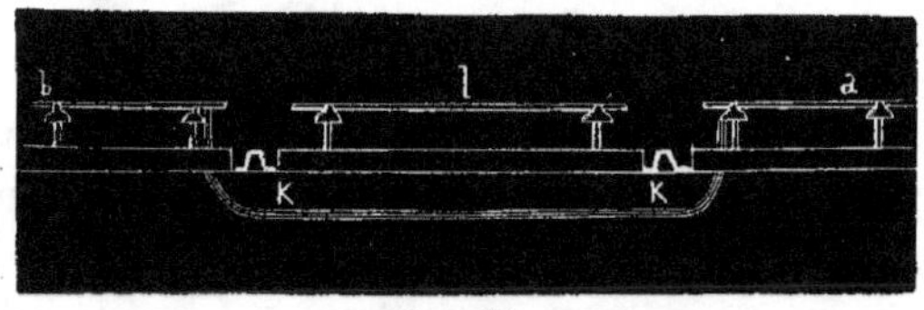

Fig. 332.

La barre *ab* est interrompue, et la communication entre les deux
bouts a lieu au moyen de la tige *k*, recouverte d'une épaisse cou-

che de goudron et souterrée. En passant par ce point, le communicateur à glissoir rencontre la barre *l*, destinée seulement à le recevoir et à le maintenir dans la même position, car elle est indépendante des conducteurs *ab* : avec cette disposition le courant électrique cesse de passer dans les appareils télégraphiques pendant tout le temps que le glissoir est sur la barre *l;* mais cette interruption est si courte, dit M. Bonelli, qu'elle ne doit avoir aucun inconvénient.

Pour les chemins de fer à deux voies, M. Bonelli propose de se servir d'un seul conducteur placé entre les deux voies, au lieu d'une barre pour chacune; alors les télégraphes des stations n'ont pas besoin de deux aiguilles comme dans l'autre cas. Dans celui qui nous occupe, le glissoir doit être fixé sur un côté de la locomotive et peut frotter contre un côté du conducteur au moyen d'un ressort ou d'un contre-poids; mais il faut avoir soin, pour éviter les effets de la rencontre de deux communicateurs portés par des trains marchant sur deux voies différentes, qu'ils glissent aussi contre la barre de ligne sur deux côtés différents. A notre avis, il est bien difficile, pour ne pas dire impossible, que cet arrangement puisse se faire sans danger, et, à part l'économie, qui ne serait pas non plus très-grande, le but que se propose l'inventeur n'est rien moins qu'utile, car il se borne à faire communiquer entre eux des trains marchant sur des voies différentes.

Quant à la communication avec la terre, bien qu'elle soit effectuée aisément en appuyant une pièce métallique quelconque contre l'essieu d'une paire de roues, M. Bonelli dit dans son brevet anglais qu'il préfère une roue conductrice qui parcoure les rails, sans faire passer le courant par les roues de la voiture.

Service du système télégraphique de M. Bonelli[1]. — Supposons la locomotive *B* sur le point de partir de la station *A ;* le mécanicien commence par faire tourner la manivelle du manipulateur, et, dans ce cas, s'il n'y a pas d'autre locomotive sur la voie en avant ou en arrière, aucune déviation n'a lieu dans les aiguilles, et il

---

[1] Extrait du brevet belge.

est assuré de pouvoir marcher en toute sûreté. Mais le plus souvent il se trouve d'autres trains sur quelques points de la ligne, et alors l'aiguille s'inclinera ; mais le mécanicien de la locomotive *C*, qui s'aperçoit aussi d'une déviation dans l'aiguille de son appareil, répond immédiatement en faisant connaître le point de la ligne où il se trouve ; le premier sait ainsi positivement s'il peut ou non marcher sans danger.

Les deux mécaniciens des locomotives *B* et *C* peuvent communiquer avec une troisième, soient qu'elles marchent, soient qu'elles se trouvent arrêtées, et les signaux qu'ils se transmettront seront compris par tous les trains qui se trouvent sur la même ligne.

Si la barre de ligne est interrompue devant la station *A*, et si ses deux bouts, mis en communication avec les fils de l'appareil de cette station, permettent au courant d'y circuler, on pourra transmettre des signaux entre les stations et les trains, et demander des instructions ou tout renseignement qui serait nécessaire. Sur les chemins de fer à deux voies, si chacune d'elles a son conducteur, il est indispensable d'employer dans les stations un appareil à deux aiguilles, une pour chaque conducteur.

S'il fallait abandonner un waggon ou un train sur la voie, ou s'il s'y présentait quelque obstacle, on pourrait éviter les dangers de l'approche d'un train en plaçant une barre de fer de telle manière qu'elle touchât en même temps la barre de ligne et l'un des rails ; c'est-à-dire qu'elle mettrait en communication le conducteur avec la terre [1] ; le mécanicien d'un train qui s'approcherait, voyant ses aiguilles dévier et ne recevant pas de réponse à ses signaux, soupçonnera l'existence d'un obstacle et marchera avec précaution ; mais, pour qu'il en fût ainsi, il serait nécessaire que les bouts de la barre conductrice fussent isolés, au lieu d'être enfoncés dans la terre ; le degré de déviation de l'aiguille servirait au mécanicien pour calculer la proximité du danger.

Si on voulait que deux trains marchant sur des voies différentes pussent communiquer entre eux, il suffirait de mettre les deux extrémités des barres en communication l'une avec l'autre,

---

[1] C'est le moyen de communication entre les gardes-lignes et le mécanicien que nous avions proposé quinze mois auparavant, le 6 octobre 1855.

sans rien changer au reste du système ; on peut aussi placer un appareil d'alarme dans les locomotives de la même manière que dans les télégraphes ordinaires.

M. Bonelli prétend que son système est non-seulement applicable aux télégraphes portatifs, c'est-à-dire à ceux portés par les locomotives, mais encore qu'il présente, pour les télégraphes ordinaires, les avantages suivants :

1° Le peu d'élévation de la barre au-dessus du sol, et la simplicité des supports.

2° La section de la barre conductrice étant plus grande que celle des fils télégraphiques ordinairement employés, la résistance qu'ils offrent au passage de l'électricité est beaucoup moindre.

3° La disposition générale donnée aux stations télégraphiques, dans lesquelles chaque appareil communique avec la terre et se met en action par un courant dérivé spécial, au lieu d'un courant direct.

4° La facilité avec laquelle on peut soigner et entretenir le système.

5° L'économie dans les batteries électriques, puisqu'elles n'exigent pas plus de force pour transmettre les dépêches à de grandes distances.

6° La facilité avec laquelle, au moyen de ce système de courants dérivés, on peut effectuer les communications entre un nombre quelconque de stations.

7° L'indépendance, pour ainsi dire, de chaque appareil, qui n'exige pas, comme dans le système actuel, l'interruption des communications quand d'autres stations interviennent. (Nous ne nous rendons pas bien compte de cet avantage ; au contraire, nous croyons qu'avec le système Bonelli deux stations ne peuvent pas se parler en même temps dans toute l'étendue de la ligne. Du reste, la plupart de ces avantages sont très-contestables.)

8° La possibilité de diminuer le nombre des stations télégraphiques fixes sur les chemins de fer, car il ne serait besoin d'en placer que dans les points très-importants.

Tel est le système fameux de M. Bonelli, tel qu'il le décrit lui-

même dans ses brevets et dans la brochure publiée à l'occasion
de ses expériences en France. Nous l'examinerons dans le prochain chapitre.

SYSTÈME DE M. GAY.

Ce système, que nous n'avons pas eu l'occasion d'étudier, est,
d'après M. du Moncel, une copie compliquée de celui de M. Bonelli; voici en quels termes le décrit la sous-commission d'enquête :

« Dans le système de M. Gay, la correspondance entre les trains
ne s'établit plus par dépêches, au moyen du télégraphe ordinaire,
mais par signes conventionnels et phrases prévues à l'avance,
qu'on n'a qu'à lire sur le limbe d'un appareil spécial à cadran.
Il a enfin un système particulier de conducteurs métalliques consistant en deux fils de fer tendus, latéralement à la voie, dans un
même plan horizontal, à une distance d'environ $0^m,25$ l'un de
l'autre, et supportant un petit chariot métallique à quatre roues
creusées en gorge de poulie, lié aux appareils télégraphiques du
train et servant de conducteur mobile.

« Un des deux fils conducteurs sert à envoyer les signaux et est
en relation avec les appareils manipulateurs du train ; l'autre fil
sert à les recevoir et est en communication avec les appareils récepteurs. Pour leur assurer cet emploi, le chariot (conducteur
mobile), porté sur ces fils, est partagé longitudinalement par un
plan vertical en deux parties symétriques séparées par un isola-
teur, et chacune de ces moitiés est mise en communication par
un fil spécial avec les appareils du train. Comme surcroît de précaution et pour éviter toute interruption de courant qui pourrait
résulter des mouvements du chariot sur ses fils dans la marche
rapide du train, une brosse métallique liée au chariot, et placée
entre les deux roues correspondantes à un même fil, est sans cesse
en contact avec ce fil.

« L'appareil placé sur le tender pour transmettre les indications
sur la marche du train et recevoir celles qui peuvent émaner soit
des stations de la ligne, soit d'autres trains en mouvement, soit
enfin d'agents préposés à la surveillance de la voie, est désigné
par l'auteur sous le nom d'*électro-télégraphe* et *micromètre loco-*

mobile, et présente une grande complication par là variété et le nombre des indications de détail qu'on y a accumulées et qu'on a cherché à lui faire marquer.

« C'est un appareil à cadran partagé en deux grands segments, l'un pour le service des trains montants, l'autre pour les trains descendants, et subdivisé en compartiments annulaires et en secteurs renfermant les signes conventionnels et les phrases toutes faites au moyen desquels les conducteurs de trains peuvent converser ensemble ou avec les stations, par le simple jeu d'aiguilles indicatrices.

« Les aiguilles de ces cadrans sont au nombre de trois. Les deux premières, en relation avec deux conducteurs continus, placés latéralement à la voie, servent, l'une à transmettre les signes conventionnels, l'autre à les recevoir. La troisième aiguille sert à indiquer, à chaque instant, sur un limbe annulaire du cadran, la position précise du train sur la ligne ; elle est mise en mouvement par un mécanisme compliqué que l'auteur a désigné sous le nom de *compteur*, et dont il a cherché à faire dépendre directement et avec le plus de précision possible le mouvement de celui même du train qu'il est chargé de représenter. Cette troisième aiguille est spéciale aux appareils des trains ; le limbe sur lequel se lisent les indications fait connaître non-seulement la situation kilométrique du train, mais sa position relativement aux stations, aux ouvrages d'art, tranchées, courbes, etc. Ce limbe, en raison de sa destination, n'a qu'une durée très-limitée de service dans chaque voyage, et doit être enlevé et remplacé par un autre tous les 25 kilomètres.

« L'auteur a placé cet appareil dans un *cabinet d'observation*, situé à l'arrière du tender, avec une sonnerie d'alarme.

« Le même appareil (sauf l'aiguille du compteur, spéciale à chaque train) est placé à toutes les stations et à tous les postes qui doivent entrer en correspondance avec les trains.

« Le compteur dont nous venons de parler devait d'abord recevoir son mouvement mécanique de celui de l'essieu du tender. L'auteur avait cru pouvoir supposer que les roues de ce tender se développeraient régulièrement sur les rails, sans patinages, sans glissement et sans déplacements brusques, et il avait basé sur cette régularité toute fictive celle du mouvement de sa troisième aiguille, qui n'en devait être qu'une réduction très-exacte. Forcé bientôt d'abandonner cette supposition, il prend maintenant sur la ligne même que parcourt le train le principe du mouvement de son compteur, au moyen de taquets placés en des points fixés à des distances égales de 50 mètres, et qui agissent par percussion sur la roue à échappement de l'appareil, auquel il donne désormais le nom de *compteur à percussion*.

« Il place ces taquets sur les isolateurs de ses fils conducteurs, et il est bientôt amené encore à transformer ces fils eux-mêmes en deux petites lignes de rails, pour permettre d'introduire plus de solidité dans le système, et par suite plus de régularité dans le jeu des taquets. »

Il n'y a réellement de neuf dans le système de M. Gay que la substitution du livre de voie aux tachomètres ou vélocimètres, déjà proposés par d'autres inventeurs, et, en vérité, cette substitution n'a rien de très-heureux.

SYSTÈME DE M. DE MAT.

(24 janvier 1856.)

Partant du fait qu'un fil télégraphique placé sur un côté de la voie se trouve toujours chargé d'électricité, et que les signaux ne se transmettent que par l'interruption instantanée du courant, on conçoit que l'on peut donner et recevoir toute espèce de signaux par le même fil, simultanément, si l'on place une série d'appareils télégraphiques les uns à la suite des autres, en ayant soin que le pôle positif de l'un communique avec le pôle négatif de celui qui le suit.

L'inventeur propose la disposition suivante pour obtenir un circuit électrique constant :

1° Sur les lignes de peu d'importance, on peut employer les fils télégraphiques qui existent déjà pour la transmission des signaux du service odinaire.

2° Pour les lignes d'une certaine importance, il faut placer un fil spécial qui s'appelle *service de la voie.*

3° A ce fil on fixe perpendiculairement à la voie, à la hauteur des poteaux télégraphiques, d'autres fils assujettis avec isolement sur les poteaux du côté opposé de la voie, et conservant entre eux une distance réglée par la longueur ordinaire d'un train, c'est-à-dire de 40 à 50 mètres.

4° Sur chacun de ces fils perpendiculaires on en assujettit un autre librement suspendu par ses deux extrémités, et contre lequel frotte une tringle portée par le train à la hauteur de la cheminée ; cette tringle le parcourt d'un bout à l'autre, de sorte que quand une extrémité de la tringle cesse de toucher l'un des fils suspendus, l'autre extrémité se met en contact avec le fil suivant, qui pend à 40 ou 50 mètres en avant. De cette manière la communication entre les trains et les stations est permanente.

Ce système, qui ressemble beaucoup par sa disposition à celui de M. Erckmann, est réellement une copie imparfaite de celui de M. Bonelli, dont il a tous les inconvénients, joints à plusieurs autres que ce dernier avait su éviter.

NEUVIÈME GROUPE

SYSTÈMES DE SIGNAUX ÉLECTRO-AUTOMATIQUES QUI SE PRODUISENT DANS LES TRAINS SUR UN POINT QUELCONQUE DE LA VOIE, PAR LE FAIT MÊME QU'ILS SE TROUVENT A UNE DISTANCE MINIME DÉTERMINÉE D'AVANCE [1].

SYSTÈME DE M. GUYARD.

(30 juin 1854.)

En rendant compte de ce système dans son *Exposé des Applications de l'électricité*, M. du Moncel commence par ces mots : « Le système du capitaine Guyard, imaginé en juillet 1854, par conséquent, huit mois après celui de M. de Castro, est *identiquement* semblable à ce dernier. » Et, en effet, la ressemblance ne peut pas être plus complète dans la partie que l'on connaît de son système ; aussi pourrions-nous nous dispenser d'en faire une

---

[1] Le système qui porte notre nom, décrit dans le douzième chapitre, correspond à ce groupe et en est le plus ancien.

nouvelle description, si précisément cette identité ne nous obligeait à insérer, mot pour mot, les deux mémoires descriptifs qu'il a publiés, l'un pour demander son brevet, l'autre pour y apporter des modifications : de cette manière nos lecteurs pourront juger de cette *simultanéité* d'idées qu'on prétend trouver entre des travaux présentés à presque un an d'intervalle l'un de l'autre.

« Notre invention a pour objet la communication télégraphique, automate et permanente, pendant la marche des convois, soit pour éviter les rencontres de deux trains s'avançant dans le même sens ou en sens contraire sur la même voie, soit pour éviter les négligences des cantonniers pour la fermeture des barrières aux chemins de niveau, etc. Ainsi ce sont les locomotives elles-mêmes qui, à une distance déterminée, se préviennent réciproquement (ou plutôt indiquent à leurs conducteurs, par une communication télégraphique indépendante de la surveillance de ces employés) de leur position respective sur la voie et du danger de continuer leur parcours; c'est également par une communication télégraphique qu'un convoi en marche prévient à distance de leur négligence les cantonniers qui, aux passages à niveau, auraient oublié de fermer à l'avance les barrières.

« Notre système, continue-t-il, repose sur les caractères distinctifs suivants :

« 1° Sur la voie et superposées l'une à l'autre, sont disposées deux séries de fils métalliques, interrompus de façon à ce que les milieux des fils de la rangée supérieure correspondent aux extrémités des fils de la rangée inférieure ; ces fils ont chacun une longueur égale au moins du double de la longueur nécessaire pour permettre d'arrêter deux convois lancés à toute vitesse l'un contre l'autre.

« 2° Les convois sont munis de piles et de timbres et fournissent, par l'intermédiaire d'un pinceau métallique, le courant donné par la pile aux fils posés sur la voie, de sorte que deux convois ne peuvent point se trouver à une demi-longueur de fil sans être mis en communication et fermer le courant, ce qui fait mouvoir respectivement sur chaque locomotive, tender ou waggon, un timbre indicateur qui avertit spontanément les conducteurs de s'arrêter.

« 3° Un timbre, placé à chaque barrière des passages à niveau et avec communication télégraphique des deux séries de fils ci-dessus désignées, avertit le cantonnier à la longueur d'un fil, depuis le convoi en marche, de fermer la barrière, au cas où ce dernier l'aurait oublié.

« Le timbre ainsi disposé remplit à la distance déterminée la même fonction qu'un convoi en opposition avec le premier.

« Il est bien entendu que, dans le cas normal où tout est parfaitement en règle, le courant est interrompu, et tout le système télégraphique reste en repos.

« Ayant ainsi exposé la nature de notre système, nous allons en décrire l'application, en nous aidant du dessin joint à cette demande. Comme principe, la figure 333 représente les deux

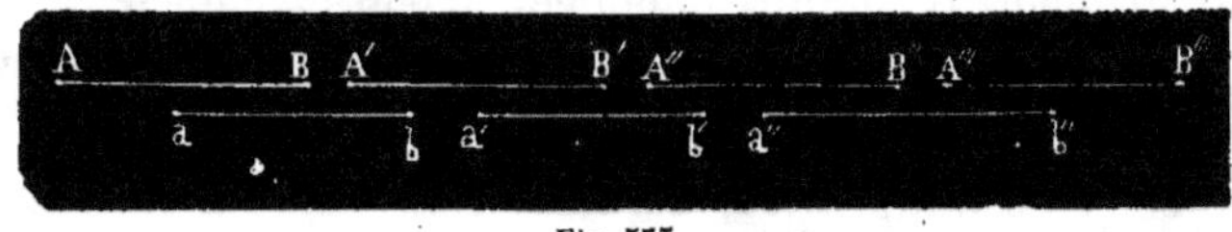

Fig. 333.

séries de fils, c'est-à-dire la rangée supérieure, composée de fils interrompus AB, $A'B'$, $A''B''$, etc., et la rangée inférieure, composée également de fils interrompus, mais, dont les extrémités correspondent aux milieux des longueurs de la rangée supérieure. La longueur de chaque fil peut être d'environ 2,500 mètres, espace suffisant pour arrêter deux convois lancés à toute vitesse en sens contraire ; cette longueur pourra d'ailleurs varier suivant la pente et suivant les circonstances.

« Ces séries de fils sont supportées de distance en distance par des montants C en porcelaine ou autre matière isolante, se fixant sur les traverses de la voie ; il nous paraît préférable de les disposer près de la ligne des rails. (Voir les figures 334 et 335.)

« La locomotive ou son tender, ou enfin un waggon spécial, est muni d'une pile, dont l'un des pôles est mis en communication avec la terre et l'autre avec les fils, au moyen d'un pinceau métallique composé de deux brosses circulaires D (fig. 335 et 336).

« Ainsi, par cette disposition, le pinceau métallique de chaque convoi peut, soit introduire sur les fils conducteurs le courant

d'une pile placé sur ce convoi, soit recueillir un courant conduit
par ces fils d'un autre côté. Tout convoi étant muni d'une pile et
d'un télégraphe électrique, il arrive que l'un des pôles de la pile
étant mis en communication avec les conducteurs, en passant sur
le télégraphe, tandis que l'autre pôle est en communication avec

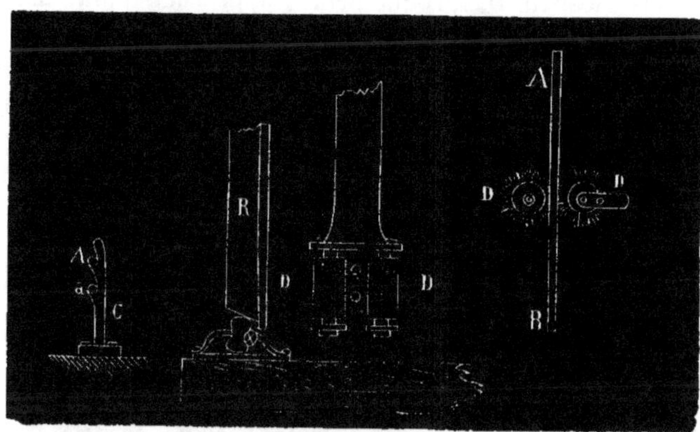

Fig. 334, 335 et 336.

la terre au moyen des roues et des rails, il ne se produira aucun
effet tant que le circuit n'est pas fermé. Un second convoi arrivant
sur les fils, le circuit sera fermé, et la communication aura lieu
immédiatement, pourvu que les deux courants ne se contrarient
pas, c'est-à-dire que les piles des deux convois doivent être en
contact avec les fils par des pôles différents, de manière à se prolonger mutuellement et à ne former qu'une seule pile dont deux
éléments seront unis par ces fils eux-mêmes. Ce résultat, qui ne se
produira pas toujours de lui-même, est facile à obtenir au moyen
d'un distributeur, soit, par exemple, celui dessiné figure 339,
qui changera le sens du courant à des intervalles assez courts. De
cette manière, les deux courants ne pourront se détruire pendant
un temps plus long que la période du distributeur, et, si tous les
deux sont en contact avec les fils par des pôles semblables, l'un
d'eux ne tardera pas à changer de sens, et la communication télégraphique sera établie.

    « Tout ceci étant posé, toute rencontre entre deux convois devient impossible. En effet, l'une des séries empêchera deux convois de se trouver à la fois entre A et B (fig. 555), l'autre série les empêchera de se trouver entre a et b, c'est-à-dire entre C et C'. Le plus grand rapprochement aura lieu lorsqu'un convoi arrivant en C, un second convoi arrivera en B; deux convois ne pourraient donc, sans s'avertir réciproquement, s'approcher d'une distance moindre qu'une demi-longueur de fil.

« La même disposition télégraphique est applicable aux passages à niveau ou à l'ouverture d'un pont tournant. Il suffit, comme l'indique l'exemple d'une barrière (fig. 557 et 558),

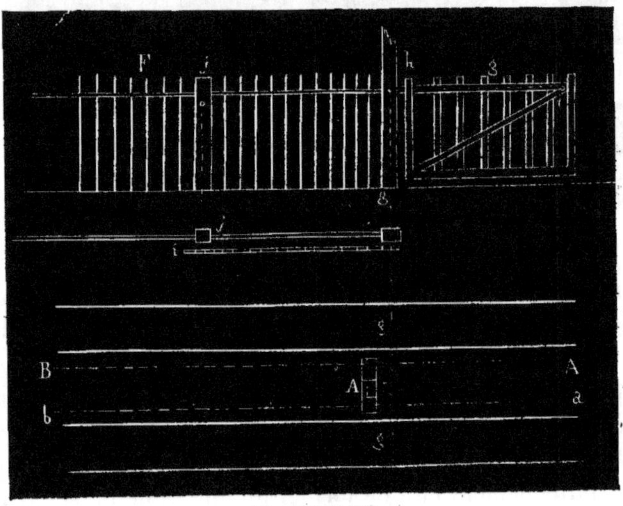

Fig. 557 et 558.

d'établir la communication des fils électriques AB et ab avec le sol lorsque la barrière F excentrée est ouverte.

« Pour cela, cette barrière ne peut occuper que deux positions, l'une ouverte, l'autre fermée. Lorsqu'elle est ouverte, le fil qui communique avec les séries AB et ab vient longer le poteau fixe h et reste flottant contre la porte. Lorsqu'elle est fermée, ce fil g vient rencontrer un crochet i qui le met en communication avec le sol et avec un carillon j. Or, si, par la négligence du cantonnier, cette barrière est restée ouverte au moment où un convoi doit passer, le train, rencontrant le fil qui est mis en communication avec le sol par la barrière ouverte, ferme à distance convenable le circuit, le carillon du cantonnier agit et lui indique l'oubli qu'il a commis. Réciproquement le timbre de la locomotive fonctionne et met en garde le mécanicien.

« On comprend que par le même système un cantonnier qui viendrait à reconnaître un accident survenu à la voie peut immédiatement, en ouvrant la porte, ou en mettant les fils en communication avec le sol, prevenir à distance un convoi de ne pas avancer. De même, un aiguilleur qui a donné ou laissé prendre à un convoi une fausse direction peut, d'après le même système, fermer le circuit et arrêter par son signal la marche du train.

« Le distributeur qui paraît remplir les conditions convenables pour changer les courants est indiqué figure 339. Il se compose

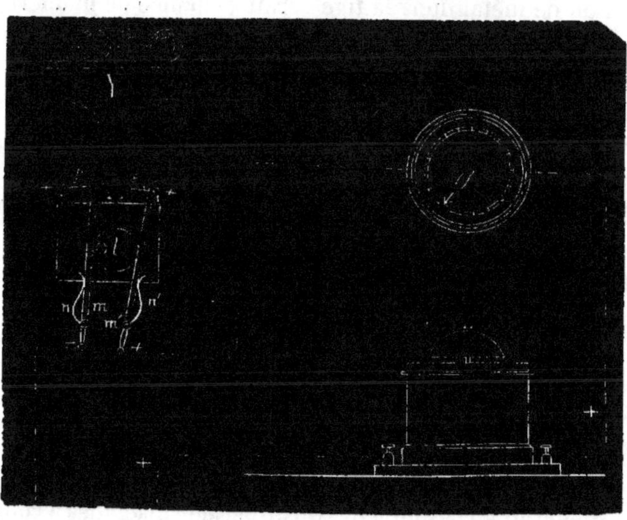

Fig. 339.

d'un excentrique *l* qui, mû par un mouvement d'horlogerie, fait mouvoir deux tiges *mm'*, appuyées contre lui par des ressorts *nn'*.

« L'une de ces tiges *m* est en communication avec le rail, et l'autre *m'* avec le pinceau métallique. Ces tiges se meuvent en appuyant chacune sur une traverse *p* formée de deux parties métalliques, séparées par un mince diaphragme d'ivoire. Les parties 1 1 de ces traverses communiquent avec le pôle positif de la pile, les parties 2 2 avec le pôle négatif ; il suit de là que, à certains intervalles déterminés par le mouvement d'horlogerie, le courant change de nom. La tige *m* communique avec le timbre et aussi avec le télégraphe, s'il y en a un.

« *Détails d'exécution.* — Les fils conducteurs peuvent facultativement se supposer, comme l'indique le support isolant *c* (fig. 334). ou se disposer horizontalement sur des supports convenablement distancés.

« Le pinceau métallique, qui ne doit jamais quitter les fils pendant la marche du convoi, peut avoir la forme oblongue d'un balai de crin ou de métal dont la tige serait articulée de manière à se mouvoir dans un plan vertical passant par le conducteur ; mais il nous paraît préférable de le composer (voir les figures 335 et 336) de deux brosses circulaires *DD*, à brins métalliques d'un grand degré de finesse et d'élasticité tournant sur leurs axes avec ou sans commande particulière.

« Dans les passages à niveau, les fils seront induits de gutta-percha, et enterrés dans le sol ; ils s'infléchiront suivant un plan incliné assez doux pour que le pinceau puisse les reprendre sans un choc trop sensible. L'interruption qui en résultera n'aura d'autre inconvénient que de retarder d'une courte durée l'avertissement. Dans les petites stations, les fils seront également enterrés.

« Les piles devront être appropriées dans toutes les conditions de solidité, sans sacrifier leur énergie.

« On pourrait au besoin leur substituer des machines à courants d'induction dont le mouvement résulterait du mouvement même du convoi. Enfin, le nombre d'éléments est indéterminé.

« En résumé, le système proposé fonctionne spontanément pour prévenir les collisions entre deux convois, les accidents des passages à niveau et des ponts tournants ; il n'exige jamais le concours de l'homme et prévient de lui-même les résultats des

erreurs, ou de la négligence; il peut en outre, sur un point quelconque de la voie, permettre à un employé de se mettre en
communication avec un convoi toutes les fois que cela peut être
utile.

« Une modification pourrait être apportée à notre système dans
le but de simplifier l'application et au point de vue d'économie.
Les compagnies de chemins de fer ont obtenu l'autorisation de
poser un fil télégraphique pour les besoins de leur service ; on
pourrait supprimer ce fil et établir les communications de station
à station au moyen des fils destinés aux communications avec le
convoi lui-même. Dans ce cas, le fil ne serait pas interrompu et la
distance à laquelle seraient donnés les avertissements se trouverait réglée non plus par la longueur des fils, mais bien par l'intensité du courant.

« La précision serait subordonnée à l'intensité plus ou moins
constante des piles.

« Telle est la description du système de communication télégraphique à action automate et permanente pour éviter les rencontres et les accidents sur les chemins de fer.

« Nous en revendiquons en conséquence l'exploitation exclusive
avec toutes facultés d'entourer son exploitation de toutes les conditions de garantie et de précision qu'exige le télégraphe électrique. »

Comme complément du brevet que nous venons de transcrire,
le capitaine Guyard en prit un autre le 15 janvier 1855, dont le
contenu nous confirme de plus en plus dans l'idée que son auteur
non-seulement ignorait l'importance du principe sur lequel est
fondé le système *qu'il imagina en même temps que nous*, mais
encore qu'en voulant lui donner une autre forme il oublia les lois
de la science, comme on peut s'en convaincre en lisant ce que
nous continuons à transcrire. Voici le texte de son second brevet:

« En étudiant avec attention le système télégraphique automate que j'ai défini dans mon brevet principal, j'ai reconnu qu'il
était possible d'adapter une combinaison plus simple remplissant le même but et permettant, au point de vue économique,
d'utiliser en partie le matériel déjà existant pour la transmission

des dépêches électriques. C'est cette modification qui fait l'objet de mon perfectionnement et que je vais décrire.

« Je transporte entre les deux voies les fils servant actuellement aux communications télégraphiques ordinaires, mais j'ai soin, en faisant ce transport, de déposer les fils sur des potences doubles s'étendant sur chacune des voies.

« Je prends deux fils pour chaque voie, et je puis, avec ces deux fils seulement, suffire à tout le service ordinaire.

« En effet, si l'on a soin, pour le service, d'introduire le courant par les pôles de même nom, sur chacun des conducteurs télégraphiques, on pourra sans inconvénient dériver ces fils les uns sur les autres, puisque tous les conducteurs ayant reçu des courants de même nom, il n'en pourra résulter aucune neutralisation de fluide ; chaque courant suivra son conducteur et les dépêches se transmettront comme si l'isolement était absolu.

« Je pourrai donc, sans nuire en rien à la transmission des dépêches, mettre un convoi en communication avec deux des fils conducteurs télégraphiques, au moyen d'un troisième conducteur solidaire avec le convoi et servant à relier les deux premiers.

« Avec cette modification la pile placée sur un convoi aura ses pôles mis en communication non plus avec un conducteur et la terre, mais bien avec les deux fils conducteurs, et l'un de ces fils recevra le courant ordinaire et le courant spécial par les pôles de même nom, tandis que l'autre le recevra par les pôles de nom contraire.

« Le courant spécial pourrait bien être neutralisé sur celui des conducteurs qui conduit un courant contraire ; mais, les trois circuits étant complets, la nécessité de neutralisation du fluide assurera la coexistence des trois courants. Du reste, si cette prévision ne se réalisait pas, le système spécial ne pourrait jamais intercepter les dépêches ordinaires, si l'on a soin d'employer pour ces dépêches un courant un peu plus que suffisant.

« *Quant au système spécial, il aura pour lui tout au moins le temps d'arrêt entre la transmission de deux lettres ou signaux.*

« Dans les passages à niveau la dérivation sera établie entre les deux conducteurs de manière à fermer le circuit du système de sûreté.

« Le distributeur devra, non plus comme dans mon projet primitif, changer le sens du courant, mais le supprimer. L'emploi d'un fil continu suppose un courant d'intensité constante : ce résultat pourra être obtenu en disposant l'appareil de Ruhmkorff de telle manière que l'on puisse, par le déplacement de la bobine d'induction, faire varier l'intensité du courant induit.

« L'employé chargé de la surveillance du système pourra vérifier à des périodes déterminées réglementairement l'intensité de son courant, par un effet connu, tel que l'inflammation d'une petite charge de poudre en faisant passer le courant successivement sur deux bobines, portant des longueurs de fil différentes entre elles, et représentant les limites entre lesquelles devra être maintenu le courant.

« Enfin, comme complément administratif de cet ensemble, je dispose un marqueur qui indique, par le parcours d'une aiguille sur un cadran, le nombre d'avertissements donnés automatiquement à la locomotive pendant le parcours.

« Cet appareil permet une surveillance facile des employés et constatera d'une manière fort simple toutes les négligences et tous les oublis.

« En résumé (dit M. Guyard, après avoir expliqué plusieurs dessins déjà mentionnés dans ce qui vient d'être transcrit), je viens, comme annexe à mon brevet principal, revendiquer l'exploitation exclusive de la nouvelle disposition plus haut indiquée, permettant simultanément et sur les mêmes fils conducteurs la transmission des dépêches et l'avertissement automate des locomotives en danger de heurter un autre train ou tout autre obstacle.

« Ce système repose sur l'emploi de deux fils pouvant servir à la fois au service spécial de sûreté, par le fait seul d'une disposition réglementaire qui prescrit au service ordinaire de transmettre les dépêches sur tous les conducteurs par les pôles du même nom.

« Je revendique également le moyen ci-dessus indiqué de régler l'intensité du courant au moyen de l'appareil de Ruhmkorff modifié.

Si la transmission simultanée des dépêches ordinaires et des signaux de sûreté offrait quelques inconvénients, on emploierait sur chaque voie un fil spécial, tout en conservant les dispositions indiquées ci-dessus. »

Nous reconnaissons les droits de M. Guyard, relativement aux deux inventions qu'il revendique dans ce second brevet, et nous croyons ne pas nous tromper en affirmant que personne ne lui disputera jamais le mérite d'avoir trouvé ses transmissions simultanées et appliqué l'appareil de Ruhmkorff à régler l'intensité des courants électriques.

MODIFICATIONS DE M. GUILLOT.

M. Guyard s'étant présenté au chemin de fer d'Orléans pour essayer son système de signaux électriques, non pas avec les bizarres modifications qu'il y avait faites, mais tel qu'il l'avait décrit dans son premier brevet, c'est-à-dire identique au nôtre dans son ensemble et ses parties essentielles, M. Guillot, chef du télégraphe de cette ligne, trouva que les appareils de ce système ne remplissaient pas leur but, et proposa de les modifier de la manière que nous allons faire connaître d'après une note qu'il nous communiqua lui-même.

« *Inverseur.* — Soit A l'axe de l'appareil monté entre la platine et le support B (fig. 340). Cet axe reçoit un mouvement rapide de rotation donné directement par l'essieu du waggon à l'aide d'une courroie qui embrasse une poulie rapportée sur l'essieu et la poulie K de l'appareil.

« Cet axe A fait tourner la roue C, qui porte une rainure excentrique R, dans laquelle roule le galet G, qui donne un mouvement d'oscillation au levier L (mobile autour de l'axe E ; il suffit d'examiner la figure pour comprendre le système d'inversion. »

« L'appareil de M. Guyard me paraît avoir cet inconvénient, dit M. Guillot, que le contact par frottement n'offre pas une sécurité régulière ; qu'en outre ce frottement (relativement considérable) est une cause d'usure et de prompte détérioration. Dans l'inverseur que je propose, le contact donnera un résultat parfait (c'est

le moyen employé dans nos manipulateurs) sous tous rapports : sécurité complète pour le passage du courant, pas d'usure, très-

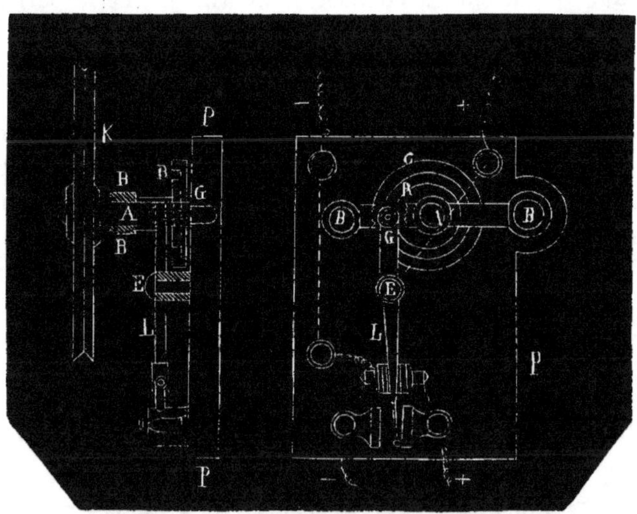

Fig. 510.

doux à manœuvrer, la seule résistance au mouvement n'étant produite que par la flexion de deux petits ressorts très-faibles. Il me
paraît aussi avantageux de supprimer le mouvement d'horlogerie
en faisant mouvoir l'instrument par le train lui-même.

« *Barrières*. — Soit *A* (fig. 341 et 342) une cheville solidement encastrée dans le montant de la barrière, et servant d'axe
au barillet *B*, qui contient un ressort spécial tendant à se débander
(par son extrémité extérieure attachée au barillet) dans le sens
de l'ouverture de la barrière. Ce barillet est arrêté (dans le mouvement que lui imprimerait le ressort) par le buttoir *D*, qui s'oppose au passage de l'appendice rigide *E*, faisant corps avec le
barillet.

« Un deuxième appendice flexible *e* est fixé au barillet et vient
rencontrer dans le mouvement d'ouverture de la barrière un ressort de contact fixe (qui communique à la barre de ligne), soudé
à une cloche de suspension ordinaire qui l'isole.

« On voit aisément que tant que le contact n'a pas eu lieu entre l'appendice *e* et le ressort fixe la cheville *A*, le barillet *B* et le buttoir *D* suivent exactement le mouvement de la barrière, mais qu'au moment où ces deux pièces se rencontrent le barillet reste fixe et laisse la barrière continuer son mouvement en ouvrant davantage le ressort intérieur.

« La barrière étant fermée, la distance de l'appendice *e* au ressort fixe peut être modifiée par le déplacement du buttoir, ou simplement par la vis de rappel *V*, et cette distance détermine précisément le déplacement angulaire qui produit la communication à la terre d'où l'on peut régler avec la plus grande précision

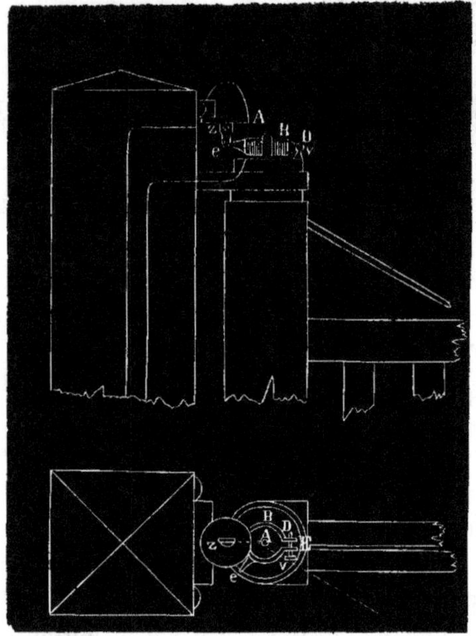

Fig. 541 et 542.

pour chaque barrière le moment où la sonnerie préviendra le train et le garde.

« Dans le système de M. Guyard, les barrières ne sonnent l'avertissement que dans leur position extrême d'ouverture, et seulement à cette condition absolue qu'on mette le crochet; elles sont sans efficacité dans toutes les positions intermédiaires qui peuvent être un danger pour la circulation. Dans le croquis ci-joint, on peut, au contraire, avertir le train et le garde dans toutes les positions et sans se préoccuper d'aucune manœuvre.

« *Compteur-enregistreur*. — Soit M un mouvement d'horlogerie réglé par un échappement libre battant au moins 1,800 vibrations par heure (fig. 343), l'axe A de la roue grande moyenne fait un tour toutes les douze heures et porte sur son prolongement extérieur un disque métallique (fig. 344) dans lequel se posent les cadrans en papier divisés comme la figure. Ce disque est ajusté sur l'axe A à frottement analogue à celui d'aiguilles ordinaires, ce qui permet de mettre facilement l'heure de départ en face la pointe du style S (fig. 345).

« Le pointage du cadran se fait par le style, qui glisse entre les deux guides A et reçoit son mouvement par la bielle b, articulée sur le bouton excentrique de la roue R d'une sonnerie ordinaire. Il y a donc un point pour chaque tour de cette roue.

« (En pratique rien de plus simple que cette disposition; nos sonneries de poste présentent précisément à l'extérieur de leur platine la roue R, qui fait un *seul tour* pour chaque batterie. La disposition du dessin n'est donc qu'une addition très-simple à l'appareil déjà en fonction.)

« M. Guyard faisait de son enregistreur un appareil spécial[1] armé d'un électro-aimant qui pointait directement par l'aimantation. Ce procédé me paraît tout d'abord fragile, le courant ne pouvant donner qu'un effort très-limité. Le circuit général contenait quatre bobines qui augmentaient considérablement la résistance et nécessitaient un plus fort courant ; en outre, il n'y avait pas de relation forcée entre l'indication du compteur et les appels de la sonnerie.

« Dans la disposition que je présente, le pointage est fait par une force considérable qui ne laisse aucun doute sur la sécurité de

---

[1] Non pas dans son brevet, car il ne faisait que le mentionner, comme on a pu le voir dans la description (page 571).

son effet ; quatre bobines sont supprimées, d'où l'on peut diminuer
le nombre des éléments ; en outre, le coup de style étant donné

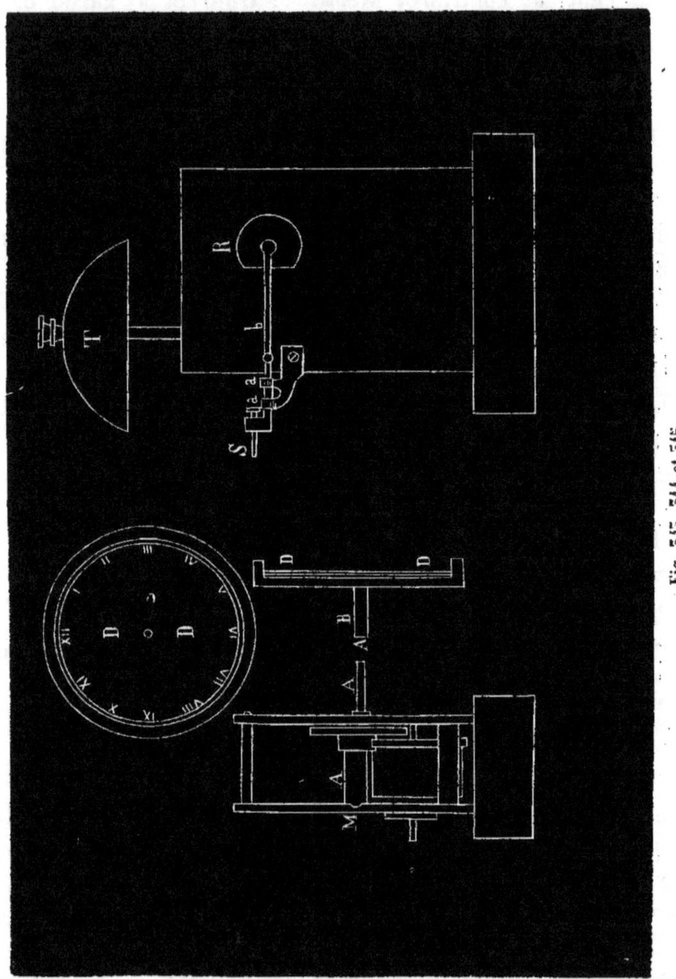

Fig. 543, 544 et 545.

par l'instrument qui fait l'avertissement, on est matériellement
certain que tout point marqué sur le cadran est une preuve irré-
fragable que la sonnerie a fonctionné et donné son appel. »

SYSTÈME DE M. CHENEUSAC.

Ce système, dont nous n'avions pas connaissance lors de l'impression de ce livre en Espagne, est regardé par la sous-commission d'enquête établie pour l'examen des moyens proposés pour la sécurité des chemins de fer comme complétement identique en principe à celui de M. Guyard, c'est-à-dire au nôtre.

« M. Cheneusac établit également sur toute la ligne deux séries de conducteurs métalliques, parallèles aux rails, divisés en tronçons isolés, dont la longueur est provisoirement fixée à 4 kilomètres et dont les interruptions sont symétriquement imbriquées.

« Il adopte pour conducteurs des tringles en fer laminé en forme de *T* renversé, attachées aux traverses de la voie, en dehors des rails, par l'intermédiaire de blocs de bois et de supports en porcelaine en forme de coussinets, simulant en quelque sorte de seconds, mais beaucoup plus petits rails, juxtaposés aux premiers.

« La communication entre les trains en marche et le système des conducteurs s'effectue, pour chaque train, à l'aide d'un galet en cuivre à rainure, pressé sur la tringle par une tige à ressort, qui le met en communication avec le waggon spécial ou le compartiment du waggon portant les appareils électriques destinés à émettre et à recevoir les courants.

« Les appareils établis sur la voie pour la transmission des courants électriques sont ceux dont l'auteur (dit la sous-commission) s'est le plus attaché à développer l'étude ; il n'a fait qu'indiquer sommairement le principe des appareils télégraphiques qui seraient placés sur les trains et qui serviraient à recevoir, soit un signal d'alarme, par l'avertissement d'un sifflet à vapeur ou le déclenchement d'une sonnerie, soit une dépêche, au moyen d'un télégraphe alphabétique.

« M. Cheneusac a également eu l'idée d'établir des dérivations de ses conducteurs pour mettre, au besoin, en communication avec les trains les gardes-barrières, les gardes-lignes et les aiguilleurs ; il a enfin complété son système par l'établissement de disques-signaux, placés à l'extrémité de chaque tronçon de ligne de conducteurs, pour indiquer aux trains la voie ouverte ou fermée, et, par une disposition analogue à d'autres déjà expliquées, il a adapté à ces disques un appareil qui se retourne sur la voie et complète l'avertissement en agissant mécaniquement sur le sifflet de la machine au passage du train. »

La commission d'enquête, à laquelle ce système paraît ingénieux dans son ensemble, trouve les détails incomplets et le condamne principalement à cause des pertes d'électricité auxquelles ce genre de conducteurs donnerait lieu. Nous dirons notre opinion en répondant aux objections qu'on a faites à notre système.

SYSTÈME DE M. CRÉSTIN.
(20 octobre 1854.)

Ce système, dont nous n'avions pu prendre connaissance lors de la publication de notre édition espagnole, et que nous avions seulement mentionné (page 279), d'après le *Recueil des brevets d'inventions belges*, paraît avoir été breveté le 20 octobre 1854, une année après le nôtre, mais bien avant celui de M. Bonelli. Voici la description qu'en donne l'ouvrage de M. du Moncel :

« L'objet de mon brevet, dit M. Crestin, était l'invention d'un appareil électro-magnétique mis en mouvement par la locomotive sur laquelle il devait être placé et pouvant servir 1° à décomposer une certaine quantité d'eau et à fournir du gaz donnant un combustible ; 2° à établir un courant pouvant *être appliqué à la télégraphie de sûreté*.

« Pour obtenir ce dernier résultat, je plaçais sur un waggon de chaque train mon appareil magnéto-électrique ou tout autre générateur d'électricité. Cet appareil fournissait un courant qui était conduit par une lame flexible, latéralement en dehors de la voie. Une autre lame, également flexible, et placée parallèlement à côté de la première, servait à recueillir un courant d'origine différente. Enfin un fil ou *tringle* de fer était placé à hauteur convenable sur un des côtés de la voie, de manière à se trouver à portée des lames flexibles précédentes.

« Chacune des lames appuyait alternativement sur le fil, et, par conséquent, un courant était envoyé et un autre reçu par chaque train ; mais, comme on n'aurait pu distinguer si le courant venait d'arrière ou d'avant, je plaçais de distance en distance des tourniquets dont deux bras étaient en bois et deux autres en métal. Dans l'état normal, les deux bras en métal reliaient deux bouts du fil conducteur : mais, quand un train venait à passer, la première lame placée sur le waggon frappait le bras du tourniquet faisant saillie et lui faisait décrire un quart de cercle ; le fil étant alors interrompu, le courant venant d'arrière pouvait seul parvenir à la seconde lame, qui alors donnait un avertissement si un train s'avançait *venant d'arrière*.

« Tel était mon premier système pour mettre les trains en relation entre eux, et j'ajoutais à ce mécanisme le dispositif suivant, destiné à mettre les trains en communication avec les stations :

« Un second fil placé sur le côté opposé à celui où est établi le fil à tourniquets est continu d'une station à l'autre. Il correspond à des générateurs d'électricité établis aux stations qui fournissent un courant continu. Deux branches de fer doux qui sortent d'un waggon et s'avancent latéralement sur la voie reposent sur ce fil (comme dans le premier appareil) et font communiquer le courant avec une sonnerie ou tout autre appareil d'avertissement qui, lorsqu'elle parle, donne la certitude qu'aucun train n'est sur la voie. En effet, supposons deux trains s'avançant l'un contre l'autre sur la même voie : si le train n° 1 vient à passer devant une station alors que le train n° 2 n'a pas encore dépassé la station prochaine, le courant envoyé par la première station se bifurque et se trouve presque entièrement absorbé par le train n° 1. La sonnerie du train n° 2 se tait donc forcément, et l'on est prévenu par là qu'il y a danger. »

« Quelque temps après la prise de son brevet, dit M. du Moncel, M. Crestin imagina de remplacer la bande continue par un système particulier de frotteurs échelonnés sur la voie les uns à la suite des autres, et reliés métalliquement par un fil de ligne télégraphique. Ces frotteurs, qui pouvaient consister dans de simples lames d'acier verticales ou dans des frotteurs à piston, devaient être distants tout au plus les uns des autres d'une longueur de waggon ; car une traverse métallique placée au-dessous du marchepied de l'un de ces véhicules devait alternativement passer au-dessus d'eux et ne jamais abandonner l'un sans que l'autre fût déjà touché. Il résultait de cette disposition que le circuit pouvait se trouver toujours complété à travers les convois sans que ceux-ci, pour cela, fussent en communication directe avec la ligne, et, par conséquent, la correspondance télégraphique pouvait être établie comme dans le système Bonelli, non-seulement entre les trains et les stations, mais encore entre les trains en mouvement [1]. »

Ce moyen de communication, qui a été aussi proposé par nous pour des cas très-spéciaux, nous semble, contrairement à l'opinion de M. Crestin et de M. du Moncel, moins bon que celui qui consiste à faire communiquer le conducteur isolé avec les générateurs portés par les trains, au moyen d'une tringle munie de son communicateur ; mais nous n'avons pas à discuter ici ce mode de liaison ; nous terminerons cette description en disant en peu de mots comment M. Crestin établit son système le long de la voie.

« Deux fils de ligne, aboutissant à deux séries de frotteurs disposés ainsi que nous l'avons dit, relient les stations entre elles et suivent la voie l'un à droite, l'autre à gauche : chaque convoi est muni de trois systèmes d'appareils, de deux récepteurs télégraphiques, soit à sonnerie, soit à aiguille, et d'un générateur d'électricité, et ces appareils sont mis en rapport avec les fils de ligne par des conducteurs qui aboutissent aux lames de cuivre (placées sous les deux marchepieds), lesquelles doivent rencontrer les frotteurs. »

SYSTÈME DE M. ACHARD.
(1855).

M. Auguste Achard, ingénieur civil, adonné depuis longtemps à l'étude des procédés les plus convenables pour travailler la soie, imagina d'employer l'électricité comme moyen de transmettre

---

[1] Notre système, présenté en octobre 1853, obtient aussi ce résultat, sans les inconvénients qu'on rencontre dans le système de M. Bonelli.

une force motrice quelconque, et appliqua son idée à une machine destinée à filer la soie des cocons : cette machine fut admise à l'Exposition universelle de 1855.

En examinant attentivement le principe de son système de transmission, M. Achard observa qu'on pourrait aussi s'en servir avec avantage pour faire agir automatiquement les freins des voitures de chemins de fer, et l'appareil qu'il construisit à cet effet est l'un des plus ingénieux qui aient été proposés. Pour compléter les effets de son *frein électrique* et arriver à une sécurité absolue sur les chemins de fer, en faisant intervenir la science dans les cas où la vigilance la plus active a toujours échoué ; en un mot, pour rendre ses freins réellement automatiques, M. Achard a imaginé, en 1855, un système qui se rapproche tellement du nôtre, que nous n'en ferons connaître que les parties qui, tout en en donnant une idée, démontrent en quoi ils diffèrent. Cette différence fait voir comment la même idée peut se présenter à deux personnes qui n'ont pas eu le moindre rapport entre elles ; et le lecteur, en voyant la nouvelle forme donnée à notre système par M. Achard, et considérant la multiplicité de celles qu'il pouvait adopter sans s'écarter du principe qui en fait la base, ne s'étonnera plus du sévère jugement que nous portons sur M. Guyard ; car il comprendra combien il y a loin de la *ressemblance* naturelle du système de M. Achard avec le nôtre, à l'*identité* extraordinaire de celui qu'à présenté M. Guyard dans son premier brevet et qu'il mutila si maladroitement par ses modifications ultérieures.

Le *frein électrique* de M. Achard étant une chose vraiment nouvelle, nous le ferons connaître avec beaucoup plus de détails que le reste de son invention, décrite dans une brochure que l'auteur lui-même nous a communiquée [1]. En voici un extrait :

« L'embrayeur électrique, qui parait résumer au plus haut point un écart intégral de la voie ordinaire suivie par les inventeurs, et une attribution toute nouvelle des phénomènes électriques dans la mécanique, repose sur deux moyens généraux :

« 1° Il utilise la vitesse même du convoi pour serrer les freins,

---

[1] *Embrayeur électrique de M. Achard*. — Extrait du journal l'*Ingénieur*, novembre 1855.

et les freins se serrent d'autant plus rapidement que la vitesse est plus grande. La vitesse réagit sur elle-même et s'annihile par des efforts qui diminuent avec elle et finissent quand l'arrêt est obtenu.

« 2° Il emploie l'adhérence électro-magnétique développée au contact, c'est-à-dire au maximum de puissance, uniquement comme communication de mouvement. C'est là un principe nouveau et qui aura des applications bien variées.

« Puis, enfin, dans l'économie pour ainsi dire morale de l'exploitation, l'embrayeur introduit une simplification qui fait nécessairement disparaître de nombreuses causes d'accident.

« Le mécanicien est maître de tous les freins d'un convoi; seul, au besoin, il peut les faire serrer sans le concours de personne. Plus de signal à donner, plus d'exécution multiple d'une manœuvre qui doit être *une* et *simultanée*, plus d'intermédiaires entre le signal et son exécution. Le mécanicien, seul responsable, voit la nécessité d'arrêter, et seul, au moyen de l'embrayeur électrique, il peut imprimer sa volonté à tous les freins.

« La figure 546 est le plan horizontal de l'appareil vu à vol d'oiseau.

« Le principe essentiel du mécanisme consiste à utiliser la force développée par la rotation des roues du waggon armé de freins.

« On retourne pour ainsi dire cette puissance mécanique contre elle-même, en dirigeant son action sur la vis que les gardes-freins font tourner à l'aide d'une manivelle, lorsqu'ils reçoivent le signal de serrer les freins.

« Pour cela, on adapte sur l'essieu *N* de l'arrière du waggon un excentrique *D*, destiné à convertir le mouvement *circulaire* de cet essieu en un mouvement *rectiligne* alternatif.

« La tige ou bielle *F* de cet excentrique s'étend horizontalement au-dessous de la caisse du waggon, jusque vers la vis des freins. Là elle s'articule avec le bras *M*, adapté solidement sur un arbre vertical *E*, parallèle à celui de la vis *A*, et à proximité de ce dernier.

« Ce même arbre *E* se prolonge verticalement depuis le bas de la caisse du waggon jusqu'à la hauteur de la manivelle *B*, adaptée sur la vis des freins.

« C'est à l'extrémité supérieure de l'arbre *E* qu'on a adapté deux nouveaux bras : l'un, *K*, solidement lié à l'arbre et muni d'un morceau de fer doux *L* en forme d'armature ; l'autre, *G*, adapté sur le même arbre simplement comme une poulie folle,

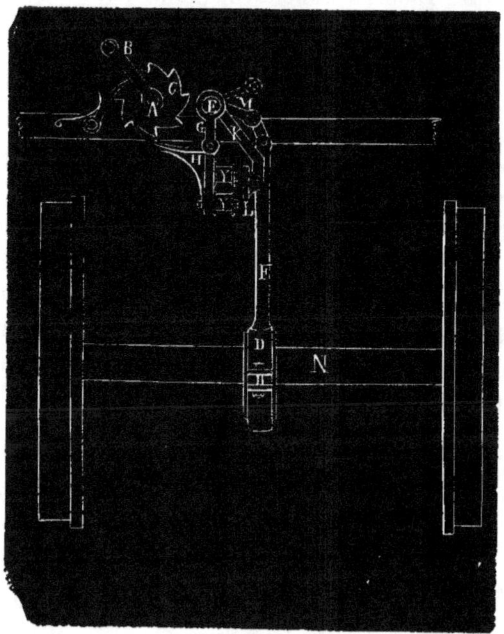

Fig. 346.

de manière que l'arbre *E* puisse tourner sans lui transmettre son mouvement.

« A ce dernier bras *G* se trouve fixé solidement un électro-aimant *YY* et un cliquet *H*.

« A la hauteur du cliquet *H*, au-dessous de la manivelle *B*, sur l'arbre *A* de la vis, est emmanchée solidement une roue à rochet *C*.

« Supposons que le train se mette en marche. Les roues du waggon porteur des freins prennent un mouvement de rotation, l'essieu *N* tourne aussi ; par suite, la tige de l'excentrique *F* prend un mouvement rectiligne alternatif qui communique au bras *M* et à l'arbre *E* un mouvement circulaire alternatif.

« Le bras supérieur *K*, porteur de l'armature, participe au mouvement circulaire alternatif; mais le bras *G* de l'électro-aimant *YY* et du cliquet *H* n'y participe pas, puisqu'il n'est emmanché sur l'arbre *E* que comme une poulie folle.

« L'armature *L* décrit donc à chaque instant un arc de cercle, dont l'une des extrémités aboutit à l'électro-aimant *YY*, l'autre vers la deuxième position figurée en pointillé.

« Aussi, à chaque tour des roues ou de l'essieu, l'armature *L* va butter contre l'électro-aimant, qu'elle touche légèrement sans lui imprimer un mouvement notable, et cet effet se produit constamment pendant tout le temps de la marche.

« Admettons maintenant que, par un moyen quelconque, on fasse circuler un courant électrique à travers l'électro-aimant *YY*; au moment où l'armature *L* ira de nouveau butter contre les deux tourillons, il y aura attraction magnétique. L'armature adhérera instantanément avec force contre l'électro-aimant. En recommençant son oscillation de droite à gauche, elle l'entraînera avec elle, puisqu'il peut tourner autour du même axe comme une poulie folle, ainsi que nous l'avons indiqué.

« L'électro-aimant opposera bien une certaine résistance à ce mouvement ; elle se compose de la résistance due au frottement du cliquet *R*, qui glisse en arrière de la dent de la roue à rochet; mais cette résistance est très-minime, comparativement à la force d'adhérence développée par le courant entre l'armature et l'électro-aimant. Ce dernier sera donc inévitablement entraîné jusqu'à la position extrême de l'armature, et le cliquet *H* se sera placé en avant d'une nouvelle dent.

« Arrivée à cette position extrême, l'armature recommencera une nouvelle oscillation de gauche à droite. Dès lors elle ne *tire* plus l'électro-aimant, mais elle le *pousse* devant elle avec toute la force qui lui est communiquée par la rotation de l'essieu (*c'est là qu'est toute l'invention de l'embrayeur électrique*). Par le même mouvement, elle pousse le cliquet, qui force à son tour la roue à rochet à tourner de l'intervalle d'une dent.

« Le courant continuant à circuler, l'armature et l'électro-aimant restent toujours solidaires, et à chaque tour de l'essieu le cliquet fait tourner d'un cran la roue à rochet. Comme les dents sont au nombre de 8, au bout de 8 tours des roues du waggon, la roue à rochet, et par suite la vis qui serre les freins, aura fait un tour entier; et, s'il faut 4 tours de manivelle pour serrer à fond, il faudra 4×8 ou 32 tours de roues pour que le mécanisme ait serré à fond. A ce moment, les roues, complétement enrayées, cesseront de tourner, ainsi que l'essieu, par conséquent le mécanisme cessera d'agir juste à l'instant où l'effet utile se produit.

« Répétons-le, toute l'invention réside dans l'appréciation exacte de ce qui se passe dans les deux oscillations de sens inverse qu'effectue à chaque instant l'armature.

« Lorsqu'elle parcourt l'arc de cercle de droite à gauche, entraînant avec elle l'électro-aimant, il est nécessaire que la force magnétique d'adhérence soit suffisante pour vaincre la résistance due au frottement du cliquet qui glisse sur la dent de la roue à rochet.

« Mais cette résistance de frottement n'est rien, comparée à la force d'attraction.

« On sait qu'avec un électro-aimant ordinaire de 5 ou 6 centimètres de diamètre et une pile de 3 ou 4 éléments, on peut, au contact, enlever plus de 30 à 40 kilogrammes.

« On est donc parfaitement sûr de ce premier mouvement.

« Quant au second, celui de gauche à droite, qui produit réellement l'effet utile, il est inévitable. L'action magnétique n'y est plus nécessaire, l'armature pousse devant elle l'électro-aimant, et par suite le cliquet et la roue à rochet avec une force plus que suffisante pour produire la rotation de la vis, puisqu'elle est animée de toute la puissance mécanique développée par la rotation des roues sous une charge considérable.

« Par les combinaisons que nous venons de décrire, on a donc sous la main, ou plutôt à la disposition du fluide voltaïque, un moteur puissant constamment en action, et dont on peut, au moment opportun, diriger toute la force sur la vis des freins pour opérer infailliblement le serrage le plus énergique.

« Ce mécanisme peut parfaitement être assimilé à une courroie imprimant un mouvement de rotation à une poulie folle, qu'il suffit de faire glisser sur la véritable poulie de la machine pour mettre cette dernière en mouvement effectif.

« Dans l'un et l'autre cas, c'est l'embrayage ; c'est pour cela qu'on a donné à l'appareil de M. Achard le nom d'*embrayeur électrique*.

« Avant d'aller plus loin, faisons remarquer que la roue à rochet peut n'avoir que 6 dents au lieu de 8 ; qu'on peut, par l'application du même principe, mettre en jeu deux cliquets agissant alternativement, et qu'on arrivera ainsi facilement à opérer le serrage deux fois plus rapidement ; qu'en un mot, par des dispositions faciles à comprendre, on peut augmenter ou diminuer à volonté cette vitesse du serrage suivant les exigences du service.

« Ajoutons encore que, bien que l'embrayeur électrique puisse mettre en jeu les forces les plus considérables, il n'exige pourtant ni un courant très-intense ni de gros électro-aimants, puisqu'il ne demande à l'électricité que des effets mécaniques comparativement très-minimes, et que, pour les produire, on la fait agir au maximum de la puissance, au contact et non à distance.

« *Application de l'embrayeur électrique.* — Qu'on se représente maintenant tous les freins armés d'embrayeurs, une pile installée sur le tender, le fil partant du pôle positif, se dirigeant vers le premier frein, enroulant l'électro-aimant de l'embrayeur qui s'y trouve, se rendant sans interruption vers le deuxième frein, parcourant aussi l'électro-aimant du deuxième embrayeur, passant de même du deuxième frein au troisième, et ainsi de suite jusqu'au dernier, d'où il revient toujours sans interruption jusqu'à un commutateur à proximité de la pile sur le tender, et on aura mis à la disposition du mécanicien tous les freins du convoi.

« D'un seul coup de main sur le commutateur, il pourra seul, sans le concours de personne, faire serrer instantanément tous les freins à la fois.

« La figure 347 indique les parties essentielles ɑe cette transmission. Le fil conducteur consiste en un petit cordon métallique composé d'une dizaine de fils de cuivre ; son diamètre n'excède pas 3 millimètres. Il est enveloppé d'un tissu de coton. Deux cordons ainsi enveloppés séparément sont recouverts d'une enveloppe commune aussi en coton goudronné sur toute sa longueur. L'ensemble forme un petit câble C dont les deux fils conducteurs sont l'âme.

« Aux deux extrémités du petit câble ressortent les deux fils *a*

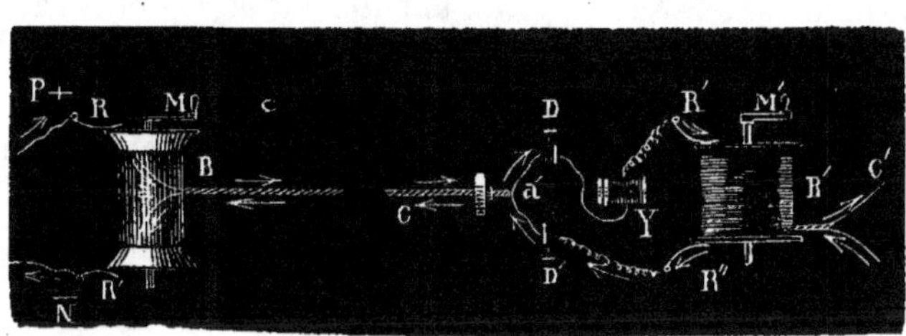

Fig. 347.

pour se souder chacun à l'une des bases métalliques du tambour en bois B, destiné à enrouler le câble dans toute sa longueur.

« Les deux autres extrémités *a'* s'engagent séparément sous la vis de pression de deux contacts D et D'.

« Le contact D est en communication métallique avec l'électro-aimant du premier embrayeur adapté au premier frein. De l'électro-aimant, ce même fil se rend contre la base métallique supérieure R' du deuxième tambour, exactement semblable au premier, et communique ainsi métalliquement avec l'extrémité de l'un des fils du câble C' qu'on a figuré enroulé sur le tambour.

« Le contact D' est immédiatement en communication métallique avec la base R" du deuxième tambour B'.

« Le passage du deuxième frein au troisième s'effectue par des dispositions entièrement semblables, et ainsi de suite jusqu'au dernier frein. Là les deux extrémités des fils du dernier câble sont soudées ensemble.

« Voici comment la circulation du courant s'effectue. Le fil partant du pôle positif P aboutit au ressort R, qui appuie fortement sur la base métallique supérieure du tambour B. Le courant traverse le ressort, la base métallique du tambour et le fil a qui lui est soudé, suit ce même fil dans le câble C, dont il sort pour pénétrer dans le contact D, se dirige de là vers l'électro-aimant I, qu'il entoure de ses hélices, se rend dans le ressort R', le traverse ainsi que la base métallique du tambour, pour se rendre dans le fil du deuxième câble, et ainsi de suite. Du dernier frein, le courant revient successivement par tous les câbles, les ressorts et les contacts, tels que R'' et D', aboutissant en définitive au ressort R' et de là au pôle négatif N.

« C'est entre le ressort R' et le pôle négatif N que doit être établi le commutateur qui permet au mécanicien de disposer instantanément des freins.

« Voici la simple manœuvre que nécessite l'adoption des embrayeurs électriques :

« Le train étant composé, toutes les voitures ou waggons étant à leur place, le premier garde-frein prend l'extrémité du premier câble C (qu'on suppose enroulé sur le tambour B), le déroule jusqu'au premier frein en le faisant passer par-dessus les impériales des voitures intermédiaires, puis il enfile les deux extrémités dans les deux contacts D et D' et serre les deux vis de pression (pour éviter toute chance d'erreur, l'extrémité de l'un des fils ne peut s'appliquer qu'à un seul des contacts).

« Le deuxième garde-frein fait la même opération par rapport au deuxième câble C', et ainsi de suite. On voit que les gardes-freins peuvent opérer leur manœuvre tous simultanément sans être obligés de s'attendre.

« Cette opération terminée, le train peut se mettre en marche.

« Lorsque le convoi est arrivé à sa destination, chaque garde-frein desserre les vis de pression D et D' et enroule le câble qui aboutit à son frein autour du tambour, et aussitôt après on peut procéder, s'il y a lieu, au désassemblage des voitures.

« Ce système de transmission ne nécessite aucune construction sur les waggons intermédiaires.

« Comme les voitures armées de freins ne forment à peu près

que le dixième du nombre total des voitures, les frais d'installation se réduisent à une somme insignifiante, comparativement à la valeur du matériel qui compose un train.

« Par ces premières dispositions, tout en conservant une entière liberté pour exécuter les manœuvres des freins telles qu'elles sont actuellement organisées (les gardes-freins pouvant serrer et desserrer eux-mêmes les freins, malgré la présence des embrayeurs), le mécanicien devient le maître absolu de tous ses mouvements ; il peut sans efforts, sans le secours de personne, enrayer promptement tout son train au moment où il le juge convenable. Se sentant seul responsable, il redoublera d'attention et d'activité, sachant bien que s'il survient un accident, il ne pourra plus alléguer l'inattention ou la négligence des gardes-freins. »

M. Achard a voulu rendre automatique l'action des freins que nous venons de décrire, en adoptant une disposition propre à prévenir les rencontres dans les passages dangereux, tels que tunnels, courbes, ponts tournants, passages à niveau et gares d'évitement, et chaque fois que deux trains marchent l'un vers l'autre ou se rapprochent assez, quand ils marchent dans le même sens, pour que l'on puisse considérer comme insuffisante la distance qui les sépare.

La disposition adoptée par M. Achard est tout simplement celle que nous avions proposée pour notre système, deux ans auparavant, et dont il n'avait pas eu connaissance, nous a-t-il affirmé lui-même ; car, exclusivement occupé de l'idée de transmettre électriquement une force motrice, et ayant résolu le problème d'une manière aussi satisfaisante dans son application aux freins des chemins de fer, sans examiner, dit-il, aucun des systèmes déjà proposés pour faire des signaux automatiques, il chercha par lui-même le moyen de rendre automatique aussi l'action de ses freins, et sur un point quelconque de la voie à une distance convenable. Dans de semblables conditions, nous l'avons déjà dit au douzième chapitre, nous croyons qu'il est impossible de ne pas se rapprocher de notre système, qui seul peut les réunir toutes, abstraction faite de la perfection ou de l'imperfection des moyens et accessoires mis en œuvre dans la pratique.

Quant à ces moyens, M. du Moncel croit que M. Achard a été moins heureux que nous, et nous ferons en sorte de le démontrer dans le chapitre suivant, nous bornant pour l'instant à exposer son système en passant légèrement sur ce que nous en connaissons déjà.

La figure 348 et les suivantes représentent la disposition au moyen de laquelle M. Achard se propose de faire agir les freins automatiquement, quand deux trains marchant sur la même voie ne sont plus séparés que par une distance de 2 à 4 kilomètres. On établira sur la voie elle-même et dans toute sa longueur deux conducteurs métalliques interrompus tous les quatre kilomètres. « Ils consistent en une bande de fer plat, ainsi que le représentent les figures 348 et 349, en P et P'. On en voit l'épaisseur et la lar-

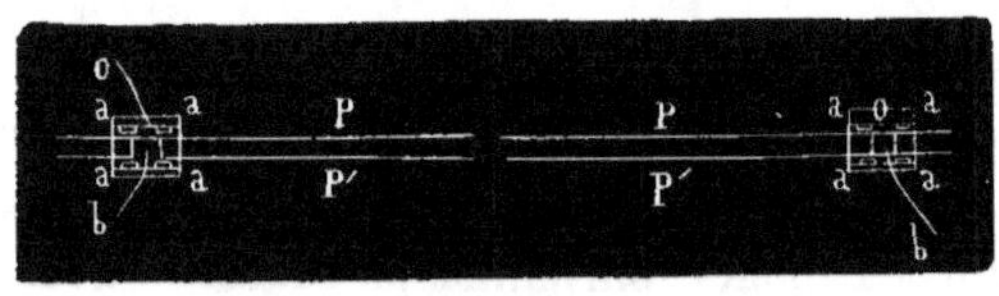

Fig. 348.

geur ; ils sont parallèles et reposent sur les mêmes tasseaux en bois *o* (fig. 349) fixés sur les traverses qui supportent les rails. Il est indispensable que ces deux bandes conductrices chevauchent, c'est-à-dire, que les extrémités de l'une correspondent au mi-

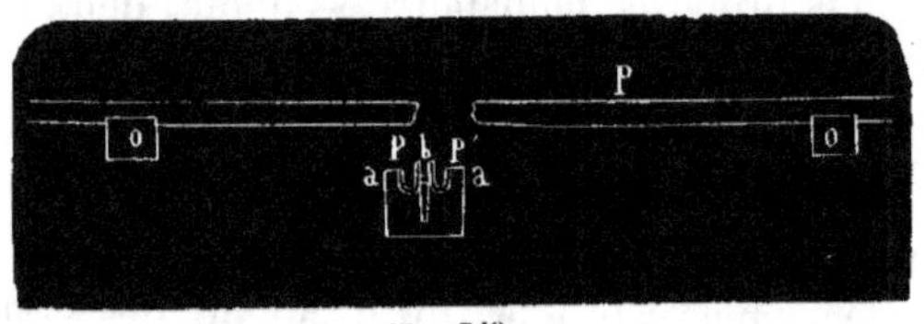

Fig. 349.

lieu de l'autre. C'est ce qu'indique la figure 348, en les montrant ainsi que les tasseaux vus à vol d'oiseau.

« Deux coins *b* tiennent les deux conducteurs à distance l'un de l'autre et les pressent contre deux plaques en porcelaine *a* adaptées contre les parois intérieures du tasseau, de manière à les isoler de ce même tasseau.

« La figure 349 représente ces mêmes conducteurs et les tasseaux qui les supportent vus en élévation, les mêmes lettres indiquent les mêmes pièces que dans la figure 348.

« Sur le tender qui est porteur de la pile, on adapte deux frottoirs Q fixés sur des tiges articulées dRS (fig. 350), de manière à pouvoir placer exactement l'un sur les deux conducteurs P et P' à la fois, l'autre sur l'un des deux rails.

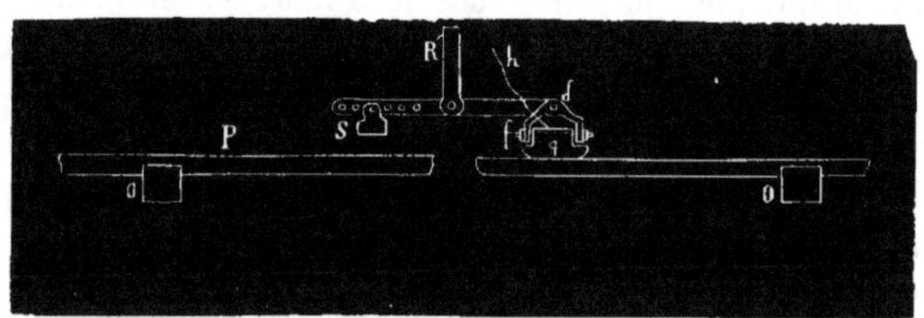

Fig. 350.

« Qu'on imagine maintenant qu'au lieu de diriger le fil conducteur qui ramène le courant vers le pôle négatif, ainsi que nous l'avons montré en décrivant les dispositions de la figure 347 ; qu'au lieu de diriger ce fil, disons-nous, vers le pôle négatif, on le dirige vers le frottoir Q, qui appuie sur les deux conducteurs P et P', de manière à le mettre en communication métallique avec ce même frottoir ; que de même on mette en communication métallique le pôle négatif avec le frottoir qui appuie sur les rails, on rentrera dans la disposition du télégraphe à un seul fil conducteur, le fil en retour étant remplacé par le sol.

« Si, enfin, on a eu soin de disposer, sur tous les trains, les piles de la même manière : que le pôle positif, par exemple, soit toujours à droite, dans le sens de la marche, on obtiendra les résultats remarquables suivants :

« 1° Lorsque deux trains, sur la même voie, marchant l'un contre l'autre, arriveront tous les deux à la fois sur le même conducteur P ou P', le circuit électrique sera fermé par rapport aux deux piles à la fois, et comme elles sont nécessairement inversement placées par rapport à leurs pôles, les deux courants qui s'établiront agiront dans le même sens et s'ajouteront ; par suite, tous les embrayeurs se mettront en activité, et, des deux côtés, les freins se serreront à la distance minimum de 2 kilomètres. L'arrêt sera donc produit avant que la rencontre ait pu avoir lieu.

« 2° Si un obstacle imprévu se trouve en travers de la voie et s'il est de nature à mettre les conducteurs électriques établis aux passages dangereux en communication avec le sol, cet obstacle lui-même déterminera l'arrêt à distance de tous les trains se dirigeant sur lui, quel que soit le sens de sa marche. Un éboulement considérable survenu dans un tunnel, sur une courbe, etc., produira évidemment cet effet.

« La submersion d'une partie de la voie, par suite d'inondation sur l'un des points où se trouvent installés les conducteurs métalliques produira encore le même effet.

« 3° Si, aux passages à niveau, on s'arrange de manière qu'en ouvrant la barrière les deux conducteurs se trouvent en communication avec le sol et restent isolés, lorsque la barrière est fermée on obtiendra la certitude que tous les trains se dirigeant sur ce passage à niveau, dont la barrière est ouverte, seront arrêtés à distance suffisante, par le seul fait qu'il y a danger à franchir le passage.

« La même observation s'applique aux ponts tournants.

« 4° Toutes les fois qu'un train, un convoi de marchandises se trouvera, par suite d'accident survenu soit à la locomotive, soit aux voitures, arrêté sur la voie, il suffira de mettre les conducteurs en communication avec le sol, pour produire l'arrêt à distance de tous les trains se dirigeant sur lui.

« 5° Enfin, toutes les fois qu'une cause de danger sera signalée sur un point de la voie, les cantonniers, les gardes-barrières, les employés des stations, pourront produire l'arrêt de tous les trains aux endroits où se trouvent des conducteurs électriques. Il leur suffira encore de mettre ces conducteurs en communication avec le sol.

« Il nous reste à montrer comment le mécanicien peut disposer des freins sans empêcher l'action préservatrice des conducteurs électriques sur ces mêmes freins.

« Pendant la marche du train, le pôle positif de la pile est en communication permanente avec le frottoir qui appuie sur les conducteurs électriques, ainsi que nous l'avons indiqué. Le fil partant du pôle positif se dirige vers les freins et les parcourt successivement et revient s'attacher au frottoir. Le pôle négatif, au contraire, est immédiatement en communication avec le frottoir qui appuie sur les rails.

« Dès que le mécanicien veut se servir lui-même des freins, il tourne son commutateur, et, par le même mouvement, il interrompt : 1° la communication du fil avec le frottoir des conducteurs électriques établis sur la voie ; 2° la communication du pôle négatif avec le frottoir des rails ; 3° il rétablit la communication du fil en retour des embrayeurs avec le pôle négatif, et ferme ainsi le circuit par rapport aux freins. Les conducteurs de la voie, n'ayant plus aucune communication métallique avec la pile, n'agissent plus.

« Lorsque le mécanicien ne juge plus à propos de se servir de freins, il rétablit son commutateur dans sa position ordinaire, et l'arrêt automatique peut désormais se produire au besoin. »

Nous avons déjà démontré que l'appareil électrique adapté aux freins n'empêche pas que les employés puissent, comme d'habitude, les serrer et les desserrer à la main ; il suffit, en effet, de séparer les deux cliquets que l'on voit dans la figure 346, opération qui peut se faire au moyen d'un simple mouvement de levier.

Le système sera d'autant plus parfait et sûr qu'on prendra plus de soin de transmettre le fluide électrique et d'établir le conducteur. A cet effet, M. Achard propose la disposition suivante, dont l'efficacité résulte, 1° de la propriété que, selon lui, mais contrairement à l'opinion de M. du Moncel, ont presque tous les corps gras d'être mauvais conducteurs de l'électricité quant ils sont à l'état solide, et de devenir bons conducteurs quand ils se liquéfient ; 2° du fait consacré par l'expérience, que deux corps métalliques isolés par une couche solide de graisse couvrant toute leur surface peuvent cependant se transmettre le fluide électrique quand on les met en contact en les frottant d'une manière énergique.

Nous avons dit que le contact continu entre la pile et les conducteurs pendant la marche des trains s'effectue au moyen d'un frottoir q (fig. 350), placé à l'extrémité d'une tige articulée R, fixée solidement à la partie antérieure ou postérieure du waggon.

Derrière le frottoir, et disposée, comme ce dernier, à l'extrémité d'une tige articulée, se trouve une boîte à graisse qui appuie constamment aussi contre les deux conducteurs PP'. Le fond de cette boîte est une plaque de cuivre très-forte avec des trous qui laissent sortir la graisse lorsqu'elle se liquéfie sous l'influence de la chaleur développée par le frottement de la boîte contre les conducteurs pendant la marche du train. La graisse alors s'infiltre et se répand tout le long des deux conducteurs PP'; elle se solidifie quand le métal se refroidit, et devient une couche isolante. Si l'on emploie cette boîte quand on croit nécessaire de renouveler la couche de graisse, le fluide électrique trouvera toujours les conducteurs parfaitement isolés. Nous avons déjà dit qu'en augmentant la pression du frottoir le frottement contre les conducteurs serait assez énergique pour que, malgré la graisse, ils pussent transmettre le fluide développé dans la pile portée par le train.

Nous ajouterons sur le frottoir quelques détails qui compléteront la description des moyens employés par M. Achard pour rendre pratique son idée de faire que ses freins fussent automatiques. On voit dans la figure 350 que l'articulation d force le frottoir à s'appuyer exactement dans le sens de la longueur, et l'articulation f dans le sens de la largeur, de manière que le contact doit être continu. Le bras R', qui n'est représenté qu'en partie dans la figure, est celui qu'on fixe sur la voiture; le fil h est directement soudé au frottoir, afin d'éviter les solutions de continuité. S est un contre-poids destiné à régler la pression du frottoir, et celui-ci a les coins arrondis, comme l'indique la figure, pour qu'il puisse glisser facilement sur le conducteur sans danger de s'accrocher.

« L'arrêt produit par les freins de M. Achard peut être *successif*, et nous allons expliquer cette conséquence nouvelle de son système. L'enrayage successif au moyen d'un grand nombre de freins est le système qui peut produire l'arrêt complet d'un train dans le laps de temps le plus court.

« Ce même système entraîne l'avantage de ne pas produire plus de secousses que celles qu'on obtient par le procédé actuel.

« Admettons, par exemple, qu'un train lancé à la vitesse ordinaire mette deux minutes pour s'arrêter complétement à partir du moment où tous les freins sont serrés à fond.

« Pendant ces deux minutes, le train se meut en vertu de la vitesse acquise, contre-balancée : 1° par les résistances ordinaires; 2° par la résistance nouvelle qu'opposent les roues des 4 waggons à freins qui ne roulent plus, mais glissent sur les rails.

« Si, deux secondes après le serrage à fond des 4 freins, on en serre aussi à fond 4 autres, on opposera aux mouvements des trains une nouvelle résistance égale à celle des 4 premiers freins.

« Comme la vitesse acquise a déjà sensiblement diminué d'intensité, le deuxième serrage à fond produira une secousse plus faible que la première.

« Si, deux secondes après le deuxième serrage à fond, on produit un troisième serrage à fond sur 4 nouveaux freins, on opposera encore une nouvelle résistance égale aux deux premiers; laquelle résistance, agissant sur une vitesse acquise déjà notablement amoindrie, produira une secousse encore moindre que la seconde, et par conséquent beaucoup moindre que la première.

« Enfin, si toutes les voitures ou waggons sont armés de freins, qu'on produise le serrage des freins successivement à des intervalles de deux secondes, on atteindra l'arrêt définitif 3 ou 4 fois plus rapidement, sans produire des secousses plus considérables que celles qui se font sentir par les procédés actuels.

« Enfin, si après avoir opéré ainsi le serrage successif de tous les freins, on retourne la vapeur, on opposera encore au glissement des trains une résistance nouvelle considérable, dans un cas beaucoup plus favorable à la conservation du mécanisme de la locomotive, puisque la vitesse acquise du train se trouve considérablement diminuée.

« L'embrayeur électrique se prête avec facilité au serrage successif, et c'est là, disons-le, une solution d'autant plus admirable de l'arrêt à petite distance, que le personnel n'est pas augmenté, puisque c'est le mécanicien qui seul fait agir ces trois classes de freins. »

M. Achard n'a pas cessé de faire des expériences dans le but de perfectionner ses appareils d'embrayage, et il est arrivé à des combinaisons plus ingénieuses les unes que les autres. Comme nous nous sommes très-longuement étendu sur sa première idée, nous passerons plus sommairement sur celles qui suivirent, et nous nous arrêterons à la dernière, qui est aussi la plus parfaite. Voici, du reste, la description succincte que faisait M. du Moncel, en 1856, de l'*embrayeur hélicoïdal*, que M. Achard avait substitué, dans ses freins, au mécanisme oscillant que nous avons décrit.

« Dans cet électro-transmetteur, le moteur est une vis sans fin sur laquelle peut courir un écrou dont le pas de vis est remplacé par une petite cheville portée par l'armature d'un électro-aimant. Cet électro-aimant est fixé sur l'écrou, et, par conséquent, peut réagir pendant toute la durée du mouvement de celui-ci. Pour que le mouvement qui met en action l'embrayeur puisse réagir sur lui dans les deux sens opposés, M. Achard a construit la vis sans fin de l'appareil de manière à présenter deux filets croisés, dont la fonction a du être assurée par une disposition particulière. Cette disposition consiste dans une petite rainure droite pratiquée sur le cylindre de la vis, normalement à son axe, au point de départ des deux filets. C'est à cette petite rainure, qui occupe la moitié de la circonférence de la vis, qu'aboutissent d'un côté et de l'autre les deux filets. Il en résulte qu'un mouvement accompli de gauche à droite ou de droite à gauche peut engager la cheville de l'écrou d'embrayage dans l'un ou l'autre des deux pas de vis.

« Quand il ne s'agit que de faibles forces à transmettre, l'armature portant la cheville d'embrayage pourrait soulever celle-ci au-dessus des filets de la vis, sous l'influence d'un ressort antagoniste ; et le courant électrique, étant fermé à travers l'électro-aimant, aurait pour effet de faire engager cette cheville dans la rainure qui donne naissance aux deux filets, effet qui serait d'ailleurs effectué en temps opportun par l'intermédiaire d'un rhéotome ; mais, quand la force à transmettre est plus puissante, ce moyen pourrait ne pas être suffisant, et M. Achard a préféré avoir recours aux effets d'attraction au contact. Pour cela il a adapté à l'axe de la vis sans fin une petite came qui a pour fonction de soulever et d'abaisser alternativement, en temps opportun, la cheville d'embrayage dans la rainure des filets. Quand l'électro-aimant est inerte, l'oscillation de la cheville et de l'armature s'effectue librement ; mais quand il devient actif, la cheville reste engagée dans la rainure, et, en suivant le pas de vis qui correspond au mouvement dont est animé l'arbre moteur, elle entraîne l'écrou jusqu'à ce que la course ait été entièrement accomplie. Alors l'armature de l'électro-aimant se trouve ou forcément arrachée par le moteur par suite de la terminaison du pas de vis qui remonte, ou éloignée librement par la disjonction de deux ressorts en rapport avec le courant. »

La vis sans fin de l'embrayeur est mise en mouvement de rotation par un rochet sur lequel réagit l'un des essieux du waggon par l'intermédiaire d'un excentrique et d'un second embrayeur analogue à l'embrayeur oscillant susmentionné. En fermant le courant à travers cet embrayeur secondaire, on met donc en marche la vis sans fin de l'embrayeur effectif, et on l'arrête par l'interruption de ce même courant.

La disposition du nouveau frein de M. Achard, dont nous empruntons la description au volume des *Applications de l'électricité*, que vient de publier M. du Moncel, bien que fondée sur le même principe, diffère en ce que l'inventeur a substitué aux embrayeurs oscillant et hélicoïdal l'embrayeur à adhérence magnétique, substitution qu'il fit, entre autres motifs, dans le but d'éviter l'inconvénient du bruit perpétuel produit par les allées et venues de la pièce mobile de l'embrayeur et les chocs qui en résultaient. Ce nouveau système d'embrayeur, fondé sur la ré-

sistance au frottement exercée au contact des pièces magnéti-
tisées, « se compose essentiellement de deux ou plusieurs électro-aimants droits, réunis ensemble sur un même plan passant
par leurs différents axes et fixés soit d'une manière rigide, soit
sur la pièce appelée à réagir mécaniquement d'après l'influence
électrique. Ces électro-aimants sont disposés de manière à présenter d'un même côté des pôles de même nom, et devant ces
pôles *glissent au contact* deux tiges de fer reliées ensemble par
une traverse commune également en fer et par une seconde traverse de cuivre. Le moteur qui doit mettre en action l'appareil
est relié d'une manière quelconque à l'une de ces deux traverses,
mais toujours de façon à faire exécuter au parallélogramme
qui résulte de la réunion de ces tiges et traverses un mouvement de va-et-vient, comme nous l'avons vu pour les autres systèmes d'embrayeurs.

« D'après cet exposé, il est facile de comprendre le jeu de
l'appareil. Tant que l'action de l'embrayeur ne doit pas se manifester, le parallélogramme accomplit son mouvement de va-et-
vient sans rencontrer aucune résistance; mais aussitôt que cette
action doit commencer, le courant passe à travers les électro-
aimants, et immédiatement ceux-ci se collent contre les traverses;
alors l'effet mécanique produit par le mouvement de ces traverses se trouve arrêté si les électro-aimants sont fixes et si le
mouvement de recul des traverses résulte de l'action d'un ressort antagoniste, ou bien les électro-aimants eux-mêmes sont
mis en mouvement avec leur support dans le cas contraire, et
réalisent l'effet mécanique demandé.

« L'un des plus grands avantages de ce genre d'embrayeurs
est de pouvoir obtenir une action mécanique variable d'amplitude à volonté. On conçoit, en effet, que la prise des électro-aimants avec les armatures pouvant se faire sur toute l'étendue
du trajet accompli par elles, il suffit de fermer le courant au
tiers, au quart, à la moitié de ce trajet pour obtenir un effet
mécanique d'une amplitude égale à ce tiers, à ce quart ou à cette
moitié.

« Comme il l'avait fait pour ses autres embrayeurs, M. Achard a voulu appliquer le principe de son nouvel appareil aux mouvements circulaires, et cela lui était d'autant plus facile qu'il pouvait emprunter cette nouvelle disposition à celle des poulies folles, comme on le comprend aisément par l'inspection d'une partie de la figure 551. En effet, pour obtenir l'action mécanique qu'il cherchait, il lui suffisait de placer entre deux disques de fer *MM* (fig. 551), mobiles sur l'axe de rotation *II*, un sys-

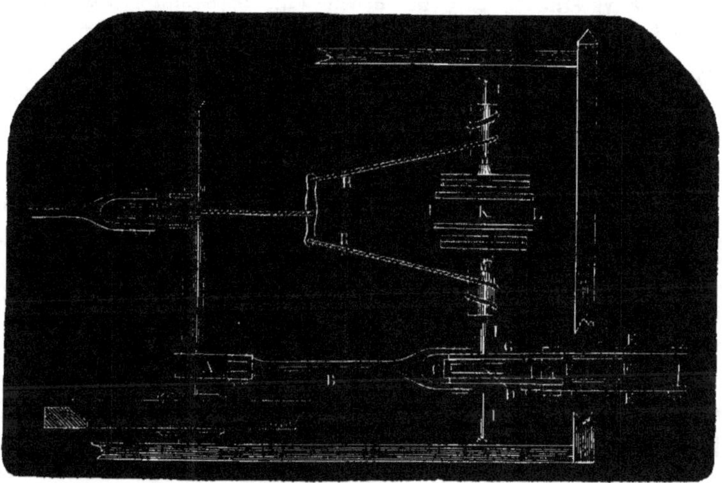

Fig. 551.

tème électro-magnétique fixé sur cet axe lui-même, de relier les deux disques *MM* par des traverses de fer, et de faire réagir ce double disque par l'intermédiaire des cylindres *M* et *M* sur les mécanismes appelés à recevoir l'effet de l'embrayeur.

« Pour fixer le système électro-magnétique, M. Achard adapte sur l'axe moteur *II* deux disques de cuivre, à travers lesquels passent les trois ou quatre électro-aimants droits *LKL* qui composent ce système. Ces électro-aimants ont leurs rondelles assez épaisses pour pouvoir être solidement goupillées sur les disques, et sont disposées de manière à présenter d'un même côté des pôles semblables en contact avec les disques de fer *MM*, qui leur servent d'armatures. Comme l'action polaire de ces électro-aimants se trouve renforcée de part et d'autre par l'adjonction de masses de fer représentées par les disques *MM*, elle se trouve dans d'excellentes conditions pour produire de la force et réaliser d'une manière avantageuse-les effets mécaniques qu'on demande à ces sortes d'appareils. »

Voici maintenant comment se trouve disposé le frein avec l'électro-transmetteur qui vient d'être décrit :

« L'axe *II* (fig. 351) est un arbre horizontal qui joue dans ce nouveau système le rôle de la vis dans le système hélicoïdal; il porte, comme on le voit, l'embrayeur magnétique à mouvement circulaire composé de ses deux disques de fer doux *MM*, montés sur des axes creux, et de son système d'électro-aimants droits *LL*, disposé en regard de ces disques sur une cage circulaire de cuivre fixée sur l'arbre *II*.

« L'embrayeur auxiliaire, destiné à réagir sur le mécanisme à roue à rochet qui doit communiquer le mouvement à l'arbre *II*, sous l'influence de l'essieu du waggon, est adapté en *EF*. Il se compose essentiellement d'un système électro-magnétique composé de deux ou quatre électro-aimants droits dont les pôles peuvent glisser entre deux tringles de fer doux *EE*. Ces tringles sont reliées à la bielle *B*, sur laquelle réagit l'excentrique de l'essieu du waggon[1] par deux barres de cuivre *GG* qui portent le cliquet d'impulsion *D* destiné à réagir sur le rochet moteur *C*, et tout ce système fonctionne en dehors de l'action de l'excentrique sous l'influence d'un fort ressort de rappel relié à la bielle *B*.

« Le jeu de cet appareil est facile à comprendre : à l'état normal, le courant circule dans les électro-aimants *FF* et maintient les tringles *EE* au point extrême de leur course, alors qu'elles ne sont plus sollicitées au mouvement que par le ressort de rappel. Dès lors l'arbre *II* ne bouge pas ; mais, aussitôt qu'on interrompt le courant dans l'embrayeur, ce ressort de rappel repousse le système oscillant, et quand l'excentrique se présente il provoque l'action du cliquet *D*, qui met en mouvement le rochet *C*, et par suite l'arbre *II*. Toutefois aucune action n'est encore produite sur le serre-frein, car les disques de fer

---

[1] « Dans la figure, la pièce sur laquelle réagit cet excentrique ne se voit que par le bout, car elle est verticale et articulée à la bielle *B*. »

doux *MM*, sur l'axe desquels sont enroulées les cordes ou les chaînes agissant sur ce serre-frein, ne sont pas encore mis en mouvement, et ce n'est que quand le courant circule dans les électro-aimants *LL* que ces disques se trouvent pour ainsi dire engrenés et partagent le mouvement de l'arbre *II*. Alors les chaînes ou les cordes *RR* réagissent par l'intermédiaire de poulies sur le levier du serre-frein et produisent un serrage qui peut être gradué, maintenu ou supprimé spontanément comme précédemment, et de plus un desserrage gradué ; car, en rétablissant le courant à travers l'embrayeur auxiliaire, on peut suspendre à volonté le mouvement de l'arbre *II*, et, en l'interrompant à travers l'embrayeur effectif, on met les disques *MM* à l'état de poulies folles sur l'arbre *II*.

« Nous ferons toutefois observer que l'action de l'embrayeur auxiliaire ne pouvant être complète qu'autant que les tringles *EE* sont arrivées à la limite extrême de leur course, il est important que l'action électrique ne surprenne pas celles-ci dans une position autre que cette position extrême. Pour obtenir ce résultat, il suffit d'un rhéotome adapté à l'axe *II*, et ce rhéotome peut consister dans un manchon de matière isolante, ne présentant de parties conductrices devant un frotteur placé *ad hoc* que quand les tringles *EE* se trouvent dans la position voulue.

« Ce système, outre qu'il évite le bruit produit par les autres embrayeurs, présente encore l'avantage d'être utilisé pour le serrage à la main, en embrayant la force développée par la rotation des roues. Il suffit pour cela d'un levier à main qui réagisse sur la bielle *B*, aux lieu et place de l'excentrique, et de substituer à l'action de l'embrayeur celle d'une boîte d'engrenage placée sur l'axe *II* et s'emboîtant à volonté avec les manchons *MM*.

« Pour éviter la rupture des chaînes, qui pourrait avoir lieu si, par l'usure trop grande des sabots des freins, ces chaînes se trouvaient tout à fait enroulées sans que ces sabots aient rencontré les roues, M. Achard adapte au système un levier à main disposé de manière à maintenir la bielle *B* écartée de l'excentrique ; de cette manière le jeu de l'embrayeur se trouve tout à fait suspendu. »

Malgré tous ces perfectionnements, qui ont fait des freins de M. Achard des appareils aussi exacts dans la pratique que rationnels en théorie, les compagnies des chemins de fer se montrent encore hostiles. Il est vrai qu'on ne conçoit véritablement l'utilité de ces freins que comme complément d'un bon système de signaux électriques, et M. Achard en avait en effet proposé un qui se trouva être le même que le nôtre et auquel il renonça quand il vit qu'il avait été devancé sur ce point, comme nous-même nous avons abandonné nos freins automatiques dès l'apparition d'un système qui nous semblait préférable.

SYSTÈME DE M. SCIAS.
(Février 1856.)

Parmi les divers systèmes postérieurement présentés pour éviter les accidents sur les chemins de fer au moyen de l'électricité, se trouve celui de M. Scias, qui avoue s'être seulement proposé de modifier celui qui porte notre nom, et que plus tard M. Guyard présenta avec le sien. La modification de M. Scias est insignifiante, et nous nous bornerons à la mentionner. Elle consiste tout simplement à se servir d'un commutateur de son invention, dont nous n'avons pu apprécier les avantages, et auquel nous n'hésitons pas à préférer celui de M. Ruhmkorff modifié, que nous avons proposé et décrit dans le douzième chapitre, ou bien celui de M. Breguet modifié par M. Guillot pour être rendu applicable à notre système.

M. Scias a pris aussi un brevet en Belgique le 25 février 1856, peu de temps après celui de France.

SYSTÈME DE M. PEUDEFER.
(Juillet 1856.)

Le journal la *Science pour tous* a inséré dans son numéro du 5 juillet 1856 la note que nous transcrivons, et qui lui avait été envoyée par l'auteur lui-même, au sujet d'un système télégraphique pour éviter les accidents sur les chemins de fer.

Voici en quoi consistent les moyens proposés par M. Peudefer :

« Sur toute la ligne, entre les deux rails, nous établissons deux fils conducteurs parallèles et très-peu distants. Ces conducteurs sont soutenus par des supports en porcelaine; ils sont interrompus tous les 4 kilomètres, et tous les 4 kilomètres communiquent avec le sol.

« Une solution de continuité de l'un se trouve au milieu de la distance de deux solutions de continuité consécutives de l'autre.

« Toutes les locomotives de la ligne possèdent une pile en activité, et un frotteur glissant constamment sur les conducteurs établit une communication entre eux et la pile. — L'un des électrodes de cette pile est en contact avec le frotteur; l'autre communique avec le sol. Les fils conducteurs étant aussi en communication avec le sol tous les 4 kilomètres, un courant passera dans une longueur de 4 kilomètres.

« Une sonnerie persistante est placée sur chaque locomotive.

« Cette sonnerie ne peut être mise en mouvement que sous l'action d'un courant d'une intensité égale à 2, ou tout au moins supérieure à 1. Un deuxième frotteur la met en communication avec les conducteurs de la voie, et un fil métallique, en contact avec elle et avec le sol, ferme le courant dérivé.

« D'après la disposition même des conducteurs, il est évident que deux trains parcourant la même voie ne pourront s'approcher, à une distance au moins égale à 2 kilomètres, sans qu'il se produise un courant d'une intensité égale à 2, ou seulement, à cause de lois connues supérieures, à 1, sans que, par conséquent, la sonnerie persistante de chaque locomotive ne soit mise en mouvement.

« Les mécaniciens seront prévenus et les trains pourront épuiser leur vitesse acquise sans qu'il y ait rencontre.

« Faisons remarquer de suite qu'on pourrait arriver au même résultat d'une manière un peu différente et peut-être préférable dans l'application.

« Supprimant le deuxième frotteur et donnant une direction convenable au courant dérivé, qui dès lors remonterait dans la locomotive par le premier frotteur, on parviendrait facilement à neutraliser son action constante sur la détente de la sonnerie;

tout autre courant, issu d'une locomotive qui surviendrait, agirait donc absolument comme s'il fût le seul à parcourir les conducteurs de la voie. »

Voici maintenant les systèmes que nous n'avons pu placer dans aucun des groupes ci-dessus et qui ne méritaient pas d'en augmenter le nombre, par les raisons que nous avons exposées au commencement du treizième chapitre.

M. James-Godfrey Wilson demanda un brevet en Angleterre le 24 décembre 1852 ; sans donner aucune explication sur les moyens de mettre à exécution les modifications qu'il se proposait d'introduire dans les voitures destinées aux routes ordinaires, dans celles destinées aux chemins de fer et dans les locomotives, il énonçait, entre autres, les deux suivantes :

1° Construire les freins de manière qu'au lieu de s'appliquer au cercle ou jante de la roue, ils agissent sur l'exergue, soit intérieurement, soit extérieurement.

2° Faire en sorte que la surface du frein qui s'applique contre les roues soit en fer doux, de manière à pouvoir le convertir en un aimant puissant par les moyens ordinaires, en même temps qu'on détermine le contact avec la jante ou l'exergue de la roue, laquelle, dit-il, restera immobile par l'action magnétique.

Le docteur Watson a fait, en novembre 1852, devant une réunion de savants et d'employés de chemins de fer, des expériences où il se servait de la lumière électrique dans des sémaphores de son invention, qui semblent plus efficaces que ceux que l'on emploie actuellement.

La nuit de l'expérience était sombre et agitée, et convenait parfaitement pour une pareille épreuve. L'appareil, également utile pour la nuit et pour les jours de grand brouillard, est très-simple : il consiste en une boîte circulaire placée de champ sur un poteau, et dont le fond et le couvercle sont percés d'un certain nombre de trous, formant un cercle coupé par un diamètre vertical : des écrans, mus par un système de cordes et de leviers, permettent de fermer à volonté ces trous. On place une des lampes électriques du docteur Watson dans la boîte, dont l'intérieur est revêtu d'une feuille métallique brillante ou d'un miroir de verre argenté. Les trous sont pratiqués à une distance de 5 centimètres les uns des autres, et, au moyen des écrans, peuvent représenter un anneau, un demi-anneau, une ligne droite ou d'autres figures, dont la combinaison et la répétition fournissent un répertoire de signaux varié et assez complet. Ces signaux, en temps de brouillard, peuvent s'apercevoir distinctement à 2,400 mètres, et à une distance triple quand le temps est beau ; on voit donc combien il serait avantageux de substituer la forme de l'objet lumineux à la couleur de la lumière, que souvent, à une distance de 600 mètres, on ne peut plus apprécier d'une manière certaine.

L'appareil peut être disposé de façon à desservir à la fois plusieurs chemins de fer dans les croisements, et M. le docteur Watson a calculé que la dépense de son éclairage ne dépasserait pas celle des lampes dont on se sert actuellement.

Disques lumineux de M. Breguet. — Voici ce qu'en dit M. du Moncel dans le troisième volume de ses *Applications*, publié en 1857 : « Quand les chemins de fer présentent dans les abords des stations des courbes de petit rayon se développant en contrebas des terres, il devient impossible aux trains, la nuit, d'apercevoir d'assez loin les disques-signaux que l'on manœuvre des stations pour exécuter à temps les ordres transmis. M. Breguet a donc cherché à remplaeer ces disques-signaux par de petits appareils électriques lumineux, répétés en plusieurs points de la courbe et susceptibles d'être manœuvrés à une distance beaucoup plus grande que les appareils ordinaires.

« La cage de l'instrument est une boîte de chêne hermétiquement fermée et ne présentant extérieurement qu'une ouverture d'un décimètre environ de diamètre. A l'intérieur de cette boîte est placée une petite lampe à réflecteur, dont la lumière se trouve projetée, au moment où la voie est fermée, par l'ouverture circulaire de la boîte ; quand le mécanisme électro-magnétique n'est pas mis en action, cette lumière est voilée par un écran qui est placé à cet effet devant cette ouverture. Cet écran est porté par un levier qui fait bascule autour d'un axe horizontal portant un petit pignon. Ce pignon engrène avec un arc de cercle denté très-finement et porté par un second levier-bascule auquel est adaptée une armature aimantée, laquelle peut osciller entre deux électro-aimants. De cette manière la petite course de cette armature se trouve amplifiée suffisamment pour déplacer l'écran de la quantité nécessaire pour découvrir l'ouverture circulaire.

« Le manipulateur de cet appareil est un simple commutateur à renversement des pôles. Quand on veut indiquer que la voie est libre, on envoie le courant de manière à faire incliner l'écran sur l'ouverture circulaire de la boîte; quand, au contraire, la voie n'est pas libre, on dirige le courant en sens inverse, et cette ouverture est débouchée. »

AVERTISSEUR ÉLECTRIQUE DE LA MANŒUVRE DES DISQUES-SIGNAUX DE MM. JULES DUFAU, ALLARD ET HARDY. — A la demande de MM. Dufau et Allard, le premier attaché au chemin de fer d'Orléans, un jeune constructeur, M. Hardy, élève de M. Froment, vient de remédier, par l'électricité, aux inconvénients que présente la manœuvre des disques-signaux dont nous avons parlé dans le neuvième chapitre [1].

Pour cela, « il a établi entre la station et les disques une relation électrique telle, que le mouvement de ceux-ci pour atteindre les positions voulues en rapport avec les signaux de la voie libre et de la voie fermée eût pour effet secondaire l'apparition de ces mêmes signaux à la station, sur un appareil électrique établi en conséquence. De plus, un système électro-thermométrique très-ingénieux se trouve ajouté au mécanisme précédent, et avertit quand la lumière de la lanterne des disques est allumée ou éteinte. Au moyen de ce système, l'employé qui est chargé de la manœuvre des disques est donc toujours prévenu si le si-

---

[1] La description suivante est extraite de celles que donnent M. du Moncel, dans ses *Applications de l'électricité*, et M. Moigno dans le *Cosmos*.

gnal qu'il a envoyé est dans les conditions voulues pour qu'il soit constaté par les convois.

« La disposition de ce système est excessivement simple : qu'on imagine, placés des deux côtés du mât qui supporte chaque disque, deux ressorts métalliques mis chacun en rapport télégraphique avec un électro-aimant spécial placé à la station. Admettons que ce mât porte une goupille métallique isolée, placée à la hauteur des ressorts et mise elle-même en rapport avec le fil de la station, soit par un fil, soit par le sol; on comprendra facilement que le mât, étant tourné dans un sens ou dans l'autre, pourra fermer le courant à travers l'un des deux électro-aimants de l'appareil de la station; chacun de ces électro-aimants pourra amener devant un guichet une plaque de papier sur laquelle seront écrits ces mots : *Voie libre, voie fermée*, et l'apparition de l'une ou de l'autre de ces plaques indiquera à l'employé que le disque a bien accompli le mouvement nécessaire pour exprimer le signal envoyé.

« Comme les disques-signaux doivent toujours représenter un signal, l'un ou l'autre des deux électro-aimants dont nous avons parlé aura toujours son armature attirée, et celle-ci ne pourra être repoussée que dans le cas où le circuit serait interrompu, ou dans le cas d'une manœuvre incomplète du disque-signal. Mais, par une addition bien simple faite au système dont nous venons de parler, une sonnerie avertit alors l'employé de la solution de continuité du circuit qui est survenue. Pour obtenir ce résultat, il suffit de faire passer le courant qui doit animer la sonnerie par les armatures des électro-aimants indicateurs et leurs buttoirs d'arrêt; il arrive alors que c'est seulement dans les cas où les armatures se trouvent repoussées simultanément que la sonnerie fonctionne. Ce dernier système, qui n'est qu'accessoire dans la manœuvre des disques-signaux eux-mêmes pendant le jour, devient d'une grande importance pour le signalement de l'extinction des lampes dont les disques-signaux sont pourvus pendant la nuit, car c'est par lui que le dispositif adapté à ces lampes pour réaliser cet effet exerce son action indicatrice. »(Du Moncel.)

« La nuit, lorsqu'on a hissé la lanterne au sommet du mât, le

circuit se trouve rompu, mais il se complète par un thermomètre
métallique installé au-dessus de la cheminée de la lampe. Si la
lampe est allumée, le thermomètre métallique se courbe et vient
toucher une vis de contact qui ferme le circuit. Les indications
du récepteur de la station sont alors les mêmes que de jour. Mais,
si la lanterne vient à s'éteindre, le thermomètre, refroidi, se
redresse et quitte la vis de contact : le circuit est rompu, le récepteur ne donne plus ses indications, la sonnerie d'alarme retentit. Pour que les accidents fussent impossibles, il fallait que
le thermomètre rompît le circuit quelques secondes au plus après
l'extinction de la lanterne; et parce que la flamme de la
lampe varie considérablement de température du soir au matin,
que l'atmosphère ambiante est tantôt froide, tantôt chaude, il
fallait, pour assurer un service régulier, que le thermomètre restât à une température sensiblement constante; or voici par quel
artifice M. Hardy obtient ces conditions essentielles. Le thermomètre est fixé à une tige d'acier qui pivote autour d'un point ou
centre : lorsque la lampe est allumée, il se courbe ; son extrémité,
terminée par un ressort, vient toucher une vis dont la position
est déterminée par le minimum de chaleur de la flamme de la
lampe : le circuit alors est fermé, et le courant arrive au récepteur de la station. Si le thermomètre continue à chauffer, il se
courbe davantage, le ressort qui le termine cède, il vient toucher
une seconde vis : le courant se dédouble, une partie passe dans
un électro-aimant local qui devient actif; l'armature de cet électro-aimant, qui fait partie du thermomètre, est attirée et entraîne
le thermomètre en faisant tourner la tige d'acier qui le porte autour de son centre de rotation. Ainsi amené en dehors de l'action
de la flamme, le thermomètre se refroidit et se redresse, il
cesse de toucher la seconde vis, l'électro-aimant local redevient
inactif, l'armature revient à sa position première, ramenant le
thermomètre au-dessus de la flamme : l'action première recom-
mence. Le thermomètre exécute ainsi une série d'oscillations
plus ou moins rapides, suivant l'intensité de la flamme; et si, en
revenant de l'une de ses excursions, il ne trouve plus la lampe
allumée, il signale son extinction, ainsi qu'on l'a dit, sans qu'on

ait à craindre qu'il s'écoule plus de quinze à vingt secondes entre l'instant où la lampe a cessé d'être allumée et l'instant où la sonnette d'alarme retentit. » (Moigno.)

M. Vergand s'est proposé de prévenir les rencontres de trains qui pourraient avoir lieu aux divers points d'intersection des lignes ferrées. Nous savons seulement, d'après le rapport officiel de la commission d'enquête, que son moyen consisterait à établir dans le voisinage de ces points d'intersection une communication électrique entre les trains susceptibles de se rencontrer, et à donner à chacun d'eux l'avertissement de la présence de l'autre train quelques kilomètres à l'avance, à l'aide d'appareils de télégraphie électrique placés dans un waggon spécial de chaque train, en relation au moyen d'un appendice métallique avec un fil conducteur disposé latéralement à la voie. L'auteur ne présente d'ailleurs aucune étude de détail.

Le désir seul de rendre aussi complète que possible cette récapitulation nous fait mentionner ici sans essayer de la décrire l'invention de M. Beaudemoulin, ingénieur en chef des ponts et chaussées en retraite, l'une des plus singulières qui aient été présentées à la sous-commission d'enquête ; l'électricité n'y jouant véritablement aucun rôle, bien que M. Beaudemoulin prétende régler ses indications *par des communications électriques et régulières*, nous renvoyons le lecteur au Rapport officiel de la commission d'enquête sur les moyens d'assurer la régularité et la sûreté de l'exploitation sur les chemins de fer.

M. Van Wormhoudt a proposé, pour éviter les accidents sur les chemins de fer, un système breveté en Belgique le 5 juillet 1855. L'inventeur veut, par des moyens purement mécaniques, prévenir les déraillements occasionnés par la présence d'un corps quelconque sur la voie ; mais il se sert de l'électricité pour éviter la rencontre des trains. Nous n'avons pas eu occasion d'examiner ce système, dont nous ne savons rien. sinon que chaque train porte son appareil télégraphique.

Nous ne prétendons pas que les systèmes décrits dans les onzième, douzième, treizième et quatorzième chapitres forment la totalité de ceux qui ont été proposés pour éviter les accidents sur les chemins de fer au moyen de l'électricité ; il est fort possible qu'en Allemagne et aux États-Unis d'Amérique on en ait présenté quelques-uns qui ne soient pas parvenus jusqu'à nous ; mais nous pouvons assurer que nous avons tenu compte de tous ceux pour lesquels ont été pris des brevets d'invention en Angleterre, en France, en Belgique et en Espagne jusqu'au moment où nous avons livré ce travail à l'impression. Si nous y avons omis la description de quelques-uns d'entre eux, en très-petit nombre, du reste, c'est parce que nous les avons trouvés entièrement semblables à d'autres antérieurs, plus complets, et figurant déjà dans notre recensement. L'intérêt qu'a excité ce genre d'inventions et l'habitude déjà ancienne de faire connaître en France et en Angleterre tous les travaux importants des autres pays, nous font espérer qu'aucun système remarquable, du moins parmi ceux connus en Europe, n'aura été omis dans notre livre. On verra dans le prochain chapitre que si l'on peut nous reprocher quelque chose dans la manière dont nous avons traité cette matière, c'est plutôt la prolixité : en effet, nous avons pris en considération beaucoup de systèmes qui ne le méritaient pas ; mais nous préférions encourir ce reproche que de nous voir accuser d'être trop passionné ou trop exclusif.

CHAPITRE XV

**EXAMEN DES DIVERS SYSTÈMES
PROPOSÉS POUR ÉVITER LES ACCIDENTS SUR LES CHEMINS DE FER
AU MOYEN DE L'ÉLECTRICITÉ.**

Nous arrivons enfin à la partie la plus pénible de la tâche que nous nous sommes imposée, et, nous l'avouons, c'est avec une crainte d'autant plus naturelle, que nous avons à nous prononcer sur une matière très-importante, et où les opinions sont en grand désaccord. De plus, nous sommes inévitablement exposé à mécontenter la majorité des inventeurs, car la vérité est une, les inventions sont innombrables, et deux choses destinées au même objet et qui diffèrent essentiellement entre elles ne peuvent être également bonnes. Qu'on réfléchisse, en outre, que nous sommes en même temps juge et partie dans la question, comme inventeur d'un système qui n'est pas parfait peut-être, mais qui, à notre avis, est moins incomplet que la plupart de ceux qui ont été décrits, et on comprendra facilement la répugnance avec laquelle nous abordons ce chapitre, que nous aurions certainement supprimé, sans la conscience que nous avons de notre impartialité.

Pour en convaincre le lecteur et le mettre à même de juger par lui-même la question et la manière dont nous l'envisageons, nous nous sommes efforcé depuis le commencement de cet ouvrage de l'initier à la connaissance de la matière.

Il a pu voir dans les premiers chapitres la science électrique à l'état abstrait, il a pu la suivre dans ses développements, soit par l'exposé que nous avons donné des principales découvertes, soit par le compte rendu que nous avons fait des principaux phénomènes et des théories fondamentales. Nous avons ensuite, quoique brièvement, énuméré les différentes applications qu'elle a reçues et qu'elle peut recevoir, présentant en première ligne, comme il était naturel, la télégraphie électrique, mère de toutes les applications mécaniques de l'électricité.

En donnant une courte description des chemins de fer et de leurs accidents en général, nous avons voulu, toujours dans le même but, que le lecteur, déjà initié aux principes de la science, pût se faire une idée des besoins du système de locomotion qui nous occupe et des moyens dont il dispose pour les satisfaire, et fût ainsi apte à juger du mérite et de l'utilité de chacune des inventions proposées pour perfectionner cette grande conquête de l'homme. Mais, comme nous l'avons vu, la description, même succincte, de ces inventions, remplit un grand nombre de pages ; les systèmes sont nombreux et l'objet que se proposent leurs auteurs est très-varié ; il fallait donc nécessairement présenter un résumé des faits, les classer et les comparer entre eux.

En examinant attentivement les systèmes électriques proposés et employés pour faciliter le service et augmenter la sécurité sur les chemins de fer, nous voyons qu'on peut les diviser en plusieurs groupes, selon le but poursuivi par les inventeurs. Voici la classification qui nous semble la plus logique :

1° Systèmes électriques destinés à signaler, d'une station à une autre, la sortie et l'arrivée des trains, et où la transmission a lieu par la main de l'homme comme dans les télégraphes ordinaires.

2° Systèmes électriques destinés à prévenir les effets de la séparation d'une partie du train, ou à établir des communications entre le mécanicien et les employés qui se tiennent dans la dernière voiture.

3° Systèmes de signaux électriques non automatiques transmis aux stations par un garde-ligne, ou tout autre employé, et *vice versâ*.

4° Systèmes de signaux électro-automatiques transmis aux stations au moyen d'appareils fixes sur la voie mis en action par les trains eux-mêmes à leur passage.

5° Systèmes de signaux électro-automatiques que les trains font produire aux disques et autres appareils fixes qui se trouvent sur la voie, et que le mécanicien ou le conducteur du train peut apercevoir au passage.

6° Systèmes de signaux électriques pour faire communiquer les trains avec les stations et réciproquement, et qui sont produits automatiquement par le passage des trains sur certaines parties de la voie.

7° Systèmes de signaux électro-automatiques entre deux trains parcourant la même voie, au passage de certains endroits.

8° Systèmes de signaux électriques non automatiques, mais qui se produisent sur un point quelconque de la voie, soit entre les trains et les stations, soit entre les différents trains parcourant la même voie.

9° Systèmes de signaux électro-automatiques qui se produisent dans les trains, sur un point quelconque de la voie, par le fait même qu'ils se trouvent à une distance minime déterminée d'avance.

On voit, par cette classification, combien est encore vaste la tâche que nous nous sommes imposée de faire un examen raisonné des différents systèmes décrits dans les chapitres précédents ; mais nous nous efforcerons de réduire autant que possible les limites dans lesquelles ce travail peut être renfermé, sans tomber cependant dans la même faute que MM. Figuier, Victor Bois et autres, qui, faisant la critique de plusieurs systèmes ensemble, les ont condamnés tous sans exception, en leur attribuant les mêmes avantages et inconvénients ; il est même arrivé à un de ces messieurs de se prononcer en faveur d'un autre système, qui n'était que l'exacte reproduction d'un de ceux auparavant condamnés.

Les systèmes une fois divisés ainsi en neuf groupes, en ayant soin de placer dans chacun d'eux toutes les inventions qui se proposent le même but, on pourra examiner celles-ci l'une après l'autre et déterminer sans peine à qui reviennent la priorité de l'idée et le mérite de l'avoir présentée sous une forme plus parfaite ou plus facilement réalisable.

De cette manière, on arrivera à n'avoir que neuf systèmes, qui représenteront, pour ainsi dire, les neuf groupes ; et même on pourra éliminer sans inconvénient les systèmes que leur but par trop restreint permettra de comprendre dans un autre groupe plus complet ; il n'en restera donc plus qu'un petit nombre à mettre en parallèle, et nous pourrons ainsi nous prononcer en connaissance de cause en faveur du système qui nous semblera le mieux répondre aux besoins de l'exploitation d'un chemin de fer.

Systèmes électriques destinés à signaler, d'une station à une autre, le départ et l'arrivée des trains, et où la transmission a lieu par la main de l'homme. — C'est de cette classe que fait partie le système qui fonctionne sur presque toutes les lignes des chemins de fer, et c'est à son emploi qu'on doit, comme nous l'avons déjà dit, l'immense développement qu'a pris depuis quelques années ce genre de locomotion ; en effet, sans un auxiliaire aussi puissant que l'électricité, les chemins de fer auraient peut-être succombé devant les difficultés et les complications du service, toujours croissantes avec les exigences inévitables du public.

Nous connaissons déjà le système proposé par M. Cooke peu après l'établissement des premiers télégraphes anglais. Dans ce système, toutes les stations de chacune des sections principales qui divisaient la ligne étaient reliées entre elles, et mettaient celles-ci à leur tour en communication : un train ne pouvait quitter une station pour une autre sans que toutes celles de la section en fussent averties, ainsi que les têtes des autres sections.

Quoique excellente, l'idée de M. Cooke présentait quelques inconvénients, entre autres celui d'appareils fort compliqués qui exigeaient un grand nombre de fils conducteurs, et celui de communiquer inutilement à toutes les stations d'une section l'avertissement du départ et de l'arrivée des trains à chaque endroit ; aussi, tout en adoptant d'une manière générale le système d'appliquer la télégraphie électrique à la marche des trains, on a simplifié de beaucoup le problème, sans cesser pour cela d'obtenir le même résultat que s'était proposé M. Cooke.

Aujourd'hui, comme nous l'avons vu, on se contente d'établir dans chaque station un appareil télégraphique communiquant avec les deux les plus voisines ; et un second fil met en communication les deux stations extrêmes de chaque section. Quand un train part de Madrid, par exemple, on en donne avis à Getafe, qui est la station voisine, et à Aranjuez, qui est la dernière de la section : à l'arrivée du train à Getafe, le télégraphe de cet endroit donne avis à Madrid de son arrivée et à Pinto de son départ ; celui de Pinto avertit de la même manière Getafe et Valdemoro, sans que les autres stations reçoivent aucun avis, sauf dans le cas d'un train extraordinaire, où alors l'avertissement leur serait envoyé au moment du départ de Madrid, pour prévenir les employés et recommander toutes les mesures nécessaires pour le passage d'un train en dehors des heures habituelles.

Plusieurs personnes croient qu'avec le système de M. Cooke, comme avec celui que l'on emploie maintenant, le télégraphe électrique, par la raison qu'il donne avis aux stations, fait rentrer un train spécial dans la catégorie des trains ordinaires ; mais c'est une erreur, car ces derniers passent à des heures fixes et les gardes-lignes se trouvent à leurs postes, ils viennent de parcourir la voie, et peuvent faire avec certitude au convoi le signal de libre passage ; tandis qu'un train extraordinaire, quoique annoncé par le télégraphe, ne trouve préparés que les employés des stations, mais non les gardiens de la ligne, des barrières et autres endroits, qui, n'ayant pas reçu d'avis, peuvent rarement se placer à leur poste, au passage d'un train extraordinaire, avec la même exactitude et la même certitude de sécurité dont ils peuvent faire preuve aux heures accoutumées.

On voit donc que le système télégraphique ordinaire présente cet immense avantage de garantir les trains des dangers qui les menaçaient lorsqu'un retard ou toute autre cause apportait du changement dans les heures ; le manque de ponctualité, cas qui peut se reproduire si facilement, pouvait avoir des conséquences terribles ; aujourd'hui il n'aurait aucune suite funeste, et, si l'on observait les règlements, nous pourrions affirmer l'impossibilité absolue d'une collision. Mais le télégraphe électrique est impuissant dans l'intervalle qui sépare deux stations voisines ; les dangers y subsistent comme auparavant, et c'est pour cela qu'il serait bon d'étendre l'influence protectrice de l'électricité là où restent sans valeur et le système de M. Cooke, et le système ordinaire, et celui de M. Tabourin. Nous n'analyserons pas ce dernier système : il suffit de lire la description que nous en avons donnée pour se convaincre qu'il ne fait pas faire un seul pas à la question de sécurité ; sa méthode de n'ouvrir la voie qu'après avoir reçu l'avis qu'elle est libre, c'est-à-dire de tenir les disques et autres signaux dans la position d'alarme, jusqu'à ce qu'il soit arrivé une dépêche télégraphique, n'est pas une idée neuve ; et nous ne voyons aucun avantage à ce que les employés au télégraphe soient informés, par un système automécanique, de l'arrivée du train, au lieu de le voir ou de l'entendre eux-mêmes directement.

Systèmes électriques destinés à prévenir les effets de la séparation d'une partie du train, ou à établir des communications entre le mécanicien et les employés qui se tiennent dans le dernier waggon. — Nous décrivons cinq systèmes ayant pour but la solution de ce problème, simple en apparence, mais assez difficile dans la pratique. Comme cela devait être, ils sont tous fondés sur l'interruption d'un circuit électrique au moment où il y a solution de continuité dans le train, interruption qui doit faire partir un appareil d'alarme, soit que le courant cesse par la rupture accidentelle du conducteur électrique qui a lieu en même temps que celle des attaches, soit par un interrupteur disjonctif qu'on ouvre volontairement pour donner des avis.

Le premier qui tenta de mettre cette idée en pratique fut M. Breguet, et, lorsqu'il voulut la réaliser sur le chemin de fer d'Orléans, il dut être fort surpris de la trouver impraticable, car rien ne semble, en effet, offrir moins de difficultés. L'insuccès cependant ne venait pas de ce que le système fût mauvais en principe ; l'ingénieur, sous-directeur du chemin, M. Herman, répéta les expériences l'année suivante, et on donna son nom à ce système, qu'il n'avait fait que modifier sans plus de réussite, car il eut le même résultat. L'union du conducteur électrique d'une voiture à celui d'une autre n'était pas suffisamment bien établie pour qu'ils pussent rester tous en communication électrique quand on formait le train précipitamment, ce qui est le cas le plus habituel.

Ces essais malheureux firent abandonner tous les travaux entrepris pour appliquer l'électricité aux chemins de fer : s'appuyant sur les résultats négatifs de ces tentatives, les directeurs des principales compagnies de Londres déclarèrent *que l'électricité était un fluide trop subtil pour qu'on pût l'employer comme moyen d'obtenir la sécurité sur les chemins de fer*, et cette idée absurde s'est tellement enracinée dans l'esprit de ceux qui dirigent et administrent les chemins de fer, qu'il est impossible à tout inventeur qui se présente avec un système électrique quelconque de vaincre l'opposition qu'il trouve en eux, comme si ce n'était pas l'application d'un système électrique qui leur a permis de multiplier la circulation sur leurs lignes et de se livrer tranquillement au sommeil après avoir vu le train partir de la station !

MM. Fuchs et Gluckman, en Angleterre, ne furent pas plus heureux que MM. Breguet et Herman en France ; nous n'entendons même parler que de M. Gluckman, car M. Fuchs s'est borné à prendre, en 1852, presque à la même époque où M. Breguet se livrait à ses essais, un brevet pour un appareil d'alarme mis en action par l'ouverture d'une porte, et généralement par la séparation de deux surfaces mises en contact. Quoique l'inventeur prétendît son appareil facilement applicable aux chemins de fer, il n'entrait dans aucun des détails d'application qui constituent précisément la véritable difficulté du problème ; il mérite donc à peine de figurer parmi ceux qui ont tenté de le résoudre, car l'idée première, nous l'avons dit, appartient à M. Breguet, et aucun de ceux qui ont continué ses travaux n'a fait autre chose que chercher à perfectionner les moyens d'application de cette idée. M. Bouteiller, en France, se trouve presque dans le même cas que M. Fuchs, et nous n'avons que faire de nous occuper de son système, justement condamné par la commission officielle d'enquête.

M. Léon Gluckman, dont le brevet date du mois de novembre

1854, ne s'est pas borné à proposer différents moyens d'attache électrique des voitures, et il paraît qu'il en a fait dernièrement l'essai sur le chemin de fer de Birmingham ; il n'a pas mieux réussi que ses prédécesseurs.

S'il faut en croire M. du Moncel, M. Jules Mirand, dont le brevet ne date que du mois d'avril 1855, aurait été plus heureux : tout en maintenant le principe de M. Breguet, il a changé le système d'attache adopté par les autres inventeurs, et s'est servi de carillons électriques, beaucoup plus propres à l'objet qu'on se propose. Bien que le système de M. Mirand n'ait pas été adopté, que nous sachions, dans un seul chemin de fer, quoiqu'il semblât devoir être favorablement accueilli par ceux qui, deux ans auparavant, émirent le projet assez singulier de faire sonner, au moyen d'une corde allant aboutir au dernier waggon, une cloche fixée au tender ; bien que, disons-nous, ce système ne soit pas appliqué, nous ne doutons pas de son efficacité, et nous attribuons sa non-adoption plutôt à l'indifférence, et, nous ne craignons pas de le dire, au mépris avec lequel on accueille ces idées, qu'à la difficulté de l'établir sur les trains.

Il résulte donc de tout ce que nous venons de dire que l'idée d'obtenir un signal d'alarme ou d'établir une communication électrique entre les employés et le mécanicien d'un train appartient sans conteste à M. Breguet ; mais le mérite d'avoir rendu cette idée praticable revient à M. Mirand. Disons maintenant quelques mots de l'importance et de l'avenir du système de ce dernier.

On ne peut nier que la communication entre les surveillants d'un train et le mécanicien soit d'un grand intérêt, et, pour s'en convaincre, il suffit de parcourir le tableau synoptique des causes qui produisent ou peuvent produire des accidents sur les chemins de fer ; on y trouvera plusieurs cas où l'on pourrait éviter de grands malheurs s'il existait toujours, pour le conducteur qui se tient à la dernière voiture du train, un moyen facile et prompt d'avertir le mécanicien. Sous ce rapport, le système de M. Mirand est donc recommandable ; mais, si l'on remarque combien son objet est restreint, si l'on considère que les inconvénients qu'il évite dans le système actuel de locomotion ne forment qu'une très-petite fraction de ceux qu'il faut s'attacher à prévenir, et que ce ne sont même ni les plus graves ni les plus fréquents, on se demande naturellement s'il ne serait pas possible d'obtenir les mêmes résultats, mais avec un autre système qui s'étendrait à un plus grand nombre de cas. Heureusement la réponse peut être affirmative à notre avis, et c'est pourquoi nous croyons que le système de M. Mirand, dont l'application immédiate serait déjà avantageuse, ne tarderait pas à être abandonné pour un plus complet, car la prévention défavorable qui poursuit tous les systèmes de signaux électriques pour la sécurité des voyageurs sur les chemins de fer ne peut pas durer éternellement, et il s'en trouve parmi eux qui à une foule d'autres avantages joignent celui d'établir une communication facile entre les conducteurs qui se tiennent dans le dernier waggon et le mécanicien qui dirige le train. (*Voyez* p. 242.)

Systèmes de signaux électriques non automatiques transmis aux stations par un garde-ligne ou tout autre employé, et vice versâ. — Nous donnons la description de quatre systèmes correspondant à cette catégorie : le système de M. Steinheil, presque contemporain de celui de M. Cooke, c'est-à-dire l'un des premiers proposés et essayés ; le système de M. Regnault, inventé en 1847, et qui a reçu cet honneur d'être déclaré, par une commission de la Société d'encouragement, présidée par M. Combes, le meilleur de tous ceux qui ont été proposés ; le télégraphe portatif de M. Breguet, que son inventeur fit connaître en 1848, et un autre système anglais imaginé par M. Walker en 1854.

Le système de M. Steinheil est déjà, comme on a pu le voir dans la description que nous en avons faite dans le treizième chapitre, beaucoup plus complet que celui de M. Cooke, car il ne sert pas seulement pour la correspondance ordinaire, pour signaler d'une station à une autre le départ et l'arrivée du train, mais, en outre, sur un appareil spécial placé en tête de chaque section, se trouvent indiqués les endroits par où le train passe successivement, le temps qu'il met pour aller de l'un à l'autre, le temps d'arrêt à chaque station, et cet appareil fait même connaître, dit l'inventeur, si un gardien était ou non à son poste au passage du train.

Nous ne savons pas si ce système subsiste encore quelque part ; mais nous pouvons assurer qu'il a dû être employé pendant un an au moins, et que quelques-unes des objections qu'on lui a opposées ne sont vraiment pas de celles qui pouvaient le faire abandonner, comme le croit M. du Moncel.

Examinons les principales : M. Moigno signale en premier lieu l'inconvénient du soin extraordinaire qu'exigeraient le grand nombre d'interrupteurs interposés dans le conducteur ; il est vrai qu'il indique immédiatement le remède à y porter, comme on pouvait l'attendre de sa pénétration et de son excellent jugement ; la solution de la difficulté était vraiment simple, et M. l'abbé Moigno ne pouvait pas ignorer que la télégraphie possède aujourd'hui les moyens de s'assurer à tout moment si le courant traverse ou non le conducteur de la ligne, par la simple interposition d'une boussole galvanométrique à côté de chaque interrupteur, dont le dérangement serait immédiatement constaté, car chaque gardien n'a à s'occuper que d'un seul ; en tout cas, il serait on ne peut plus facile d'y apporter remède, et la simplicité de ces appareils permet de les construire aujourd'hui avec une perfection telle, qu'il n'y a pas lieu de craindre qu'ils se dérangent fréquemment, à moins qu'on n'y mette de la mauvaise volonté.

Voici maintenant la seconde objection faite par M. l'abbé Moigno au système de M. Steinheil, et c'est celle que M. du Moncel signale aussi comme la plus grave. Les employés de ce télégraphe, disent-ils, étant soumis à un contrôle sévère quand il fonctionne régulièrement, il n'est pas de leur intérêt qu'il en soit ainsi, et ils seront les premiers à le déranger. Mais, demanderons-nous, est-ce là un vice du système ? Rien peut-il résister à la mauvaise foi de l'homme quand elle n'est point combattue par le devoir ou l'intérêt ? Si de pareils arguments étaient admissibles, rien ne pourrait exister au monde : l'employé du télégraphe briserait ses appareils pour se procurer du loisir pendant qu'on les réparerait ; le mécanicien n'hésiterait pas à risquer de mettre en pièces une locomotive pour éviter les conséquences d'une négligence ayant occasionné un retard.

Nous convenons que la malice humaine existe et peut opposer des entraves à une idée bonne ; mais il y a des moyens de la combattre, et M. Moigno lui-même en propose : si malheureusement il n'y en avait pas, il faudrait renoncer à voyager en chemin de fer. On dit, en effet, que des accidents peuvent avoir lieu par suite de la négligence volontaire ou accidentelle d'un gardien qui ne se trouve point à son poste et ne peut pas, par conséquent, protéger la marche du train ; on cherche le moyen de s'assurer si les employés ont exécuté ou non les ordres qu'ils ont reçus ; M. Steinheil trouve ce moyen, et l'inconvénient qu'on lui reproche, c'est de soumettre l'employé à une surveillance très-sévère et de pousser ce dernier à s'y soustraire ! Mais il en sera toujours ainsi, et si un pareil motif était suffisant pour faire condamner un système, on n'en trouverait pas un seul d'acceptable, parce qu'il n'y en a pas un seul qui n'ait pour ennemis la malice et la négligence, et dont l'objet ne soit de combattre ou d'accuser l'incurie des employés, cause principale de la plus grande partie des accidents sur les chemins de fer, car on a pu voir que ces accidents seraient évités par une stricte obéissance aux règlements.

Ce qu'il y a de vraiment imparfait dans le système de M. Steinheil, ce qui a dû contribuer à le faire abandonner (et ce n'est pas la faute de l'inventeur, car il a rempli les conditions du programme qu'on lui avait présenté), c'est qu'il ne sert qu'à signaler aux stations les trains ordinaires, qui sont précisément ceux qui nécessitent le moins cette précaution. On peut exiger d'un gardien de ligne qu'à une certaine heure fixe il se tienne au pied de l'interrupteur pour signaler le passage du train ; et, en cas de retard, ce gardien attendra jusqu'à ce qu'enfin le convoi arrive et qu'il puisse le signaler ; mais un train extraordinaire n'a pas d'heure fixe, et, pour que le gardien fût toujours prêt à manœuvrer le manipulateur au moment même de son passage, il faudrait qu'il restât jour et nuit à la même place, et alors il se verrait forcé de négliger sa tâche principale, qui consiste à inspecter la voie.

En outre, si les gardes-lignes ne se trouvaient pas à leur poste au moment du passage d'un train ordinaire, ils n'en sauraient pas moins qu'il vient de passer et feraient le signal un peu plus tard qu'ils ne l'auraient dû, produisant ainsi de fausses indications sur le chronographe placé en tête de la section ; et il n'est pas aussi facile de remédier à cet inconvénient qu'à celui dont parlent MM. Moigno et du Moncel.

Ces deux inconvénients seront toujours inévitables dans tout système non automatique dépendant de la volonté de l'employé, lequel peut faillir non-seulement par négligence ou mauvaise foi, mais aussi parce qu'il se trouvera retenu par l'accomplissement d'un devoir sur un autre point de la ligne confié à sa surveillance. Mais, nous l'avons déjà dit, ce vice dans le système de M. Steinheil ne doit point être imputé à l'auteur, mais à ceux qui lui posèrent le problème dans ces conditions ; il fit tout ce que, de son côté, il était possible de faire.

M. du Moncel signale un autre inconvénient ; mais l'injustice est criante, et semblerait indiquer qu'il ne s'est pas bien rendu compte du système du physicien allemand, ou qu'il en a oublié l'un des détails les plus remarquables et les plus ingénieux. Il prétend que les appareils télégraphiques où le circuit se trouve constamment fermé et dans lesquels le signal provient d'une interruption entraînent des frais considérables et sont très-sujets à se déranger à cause de l'oxydation des points de contact des interrupteurs. D'abord le générateur électrique dont se sert M. Steinheil est constitué par les plaques terminales du conducteur, enterrées dans les stations de tête de ligne ; le courant électrique qui fait marcher ses appareils est, pour ainsi dire, le plus économique que l'on puisse employer : c'est un courant tellurique, dont bien certainement le prix de revient ne ruinera pas une compagnie de chemin de fer. Quant à l'oxydation des points de contact, tout le monde sait qu'elle n'a lieu que quand le circuit se trouve interrompu par l'effet de l'étincelle électrique ; celle-ci se produira toujours, soit dans un circuit permanent et seulement interrompu quand on veut faire fonctionner l'appareil indicateur, soit qu'on adopte le moyen de n'établir le courant qu'à un moment donné; de toute manière, il faudra l'interrompre, et c'est alors qu'a lieu l'oxydation; la différence entre les deux cas ne tient qu'à ce que la dépense de la pile est plus grande dans le premier; mais cela n'a pas lieu dans le système de M. Steinheil, car, comme nous l'avons vu, il emploie un générateur électrique très-économique et le moins propre à produire les inconvénients que redoute le savant critique français.

D'après nous, le système de M. Steinheil a beaucoup plus de valeur qu'on n'a voulu le supposer; mais il est incomplet, comme tous ceux de son espèce, et c'est pour cela qu'il n'est pas appelé à remplacer ou, pour mieux dire, à seconder celui qui est généralement employé sur les lignes de chemins de fer; car on ne doit pas, à notre avis, confondre les deux nécessités d'une voie ferrée : celle de procurer la sécurité aux trains qui sont en marche, et celle d'avoir des moyens de communication d'une station à une autre, de sorte qu'une ligne d'une grande étendue soit comme un vaste bureau, où les employés, à cent lieues de distance, se trouvent sous les ordres immédiats des chefs, quel que soit l'endroit où se tiennent ces derniers.

Nous nous sommes arrêté un peu longuement au système de M. Steinheil; il est temps de passer à l'examen de celui de M. Regnault, jugé avec la même sévérité par M. du Moncel, et peut-être avec trop de bienveillance et de précipitation par M. Combes et les autres membres de la commission que la Société d'Encouragement a nommée pour l'examiner.

Le système de M. Regnault, adopté sur la ligne du Midi de la France, n'est pas, comme nous l'avons vu au onzième chapitre, une amélioration du système ordinaire, et ne pourra jamais le remplacer; c'est tout au plus un auxiliaire qui remplira quelques vides, mais seulement quelques-uns; son objet est on ne peut plus borné, et, les dépenses d'installation étant assez considérables, nous ne croyons pas qu'il sera adopté dans beaucoup d'autres chemins de fer, à moins que les compagnies, fermant l'oreille à la raison, persistent à n'accepter d'autres idées que celles sanctionnées par la routine, bien que leur insuffisance soit aussi évidente que la possibilité de les remplacer par d'autres plus complètes, non moins sûres, et plus économiques si l'on tient compte de leurs effets.

Nous avons fait une description très-détaillée du système de M. Regnault; il est donc inutile d'indiquer le principe sur lequel il est fondé et son mode de fonctionner; nous rappellerons seulement ce qu'on attend de son usage, afin de démontrer combien il doit être peu efficace.

Ce que se propose d'abord M. Regnault, c'est de signaler, d'une station à une autre, la sortie des trains, d'une .manière simple, avec des appareils faciles à manœuvrer, et de faire surtout que le signal soit permanent jusqu'à l'arrivée du train à la station; de manière que la même personne qui a donné l'avis ne peut pas faire disparaître le signal, soin qui regarde l'employé de la station vers laquelle se dirige le train, et dont il ne s'acquitte qu'à l'arrivée de celui-ci.

M. Regnault a voulu aussi que dans le cas où le train serait forcé de s'arrêter entre deux stations, le chef n'eût à parcourir qu'une distance de 2 kilomètres tout au plus pour demander du secours à la station ou dépôt qui doit le lui envoyer.

Il faut avouer que M. Regnault a parfaitement réussi, et il n'y a rien à objecter quant à la régularité de ses appareils et à la simplicité de leur manœuvre; mais en est-il de même quant à la complication et à la cherté du système comparées aux effets si restreints qu'il produit?

Quels sont-ils en réalité? Absolument les mêmes que ceux qu'on obtient avec le télégraphe ordinaire et le télégraphe portatif de M. Breguet.

Ce dernier est bien préférable pour demander du secours dans l'intervalle de deux stations; et, si l'appareil de M. Regnault a sur le système télégraphique ordinaire l'avantage de produire un signal permanent, cette différence compense-t-elle les frais d'installation, qui ne laissent pas d'être considérables? Nous sommes convaincu qu'avec le télégraphe ordinaire on peut signaler avec la même promptitude qu'avec le système Regnault le départ d'un train; et, ce départ une fois notifié dans une direction, est-il possible de supposer que les chefs en laisseront un autre s'engager en sens

ópposé ? On nous objectera que cela arrive cependant quelquefois :
nous ne l'ignorons pas ; mais alors ce sera certainement par la
faute des employés, qui pourront commettre la même négligence
avec le nouveau système, car, dans l'un et l'autre cas, l'avis qui
paraît sur le récepteur du télégraphe doit être transmis au mécanicien, soit verbalement, soit au moyen d'un autre signal plus
visible à distance ; et, s'il en est ainsi, pourquoi un signal permanent sur un récepteur spécial? Craint-on que l'on oublie ou que
l'on ne remarque pas un avis comme celui du départ d'un train ?

   Il est inutile de trop s'appesantir sur l'examen de ce système, et
de présenter des objections relativement à sa cherté, au grand
nombre de fils et d'appareils spéciaux qu'il exige, et à l'emploi des
courants permanents, qui entraînent des frais plus considérables
dans les piles : ce ne sont là que des inconvénients secondaires. Sa
véritable imperfection consiste dans sa complète inutilité, car il se
borne à signaler le départ et l'arrivée des trains, comme le fait
aujourd'hui le télégraphe ordinaire, lequel a en outre l'avantage
de servir à plusieurs autres choses. Dans les intervalles qui séparent une station d'une autre, il ne protége pas non plus la marche
des trains, qui sont exposés aux dangers indiqués dans le tableau
synoptique (page 128), en marchant soit dans le même sens, soit
en sens différent ; et, bien qu'on n'admette pas ce dernier cas
comme possible, le premier l'est toujours sur une ligne où il y a
un peu de mouvement ; et alors, nous l'avons déjà dit, il faut un
nombre de fils conducteurs double de celui des trains qui doivent
parcourir l'intervalle en même temps. La seule chose qu'on ob-
tienne, c'est de réduire à deux kilomètres la distance à parcourir
pour demander secours en cas d'accident ; et, pour cela, il faut
un fil et plusieurs appareils spéciaux, tandis qu'avec le télégraphe
portatif de M. Breguet on peut demander aussi du secours
de l'endroit même où est arrivé l'accident, sans employer d'autre
conducteur que celui même du télégraphe ordinaire de la ligne.

   Nous avons déjà dit, en décrivant le système de M. Regnault,
que son auteur était chef de station au chemin de fer de Saint-
Germain, et chargé des appareils télégraphiques.

   Ce serait peut-être le moment de parler du télégraphe portatif de M. Breguet, imaginé en 1848 ; mais nous n'avons rien à ajouter à ce que nous avons dit, soit dans la description que nous en avons faite au onzième chapitre, soit en parlant d'autres systèmes, à propos desquels nous l'avons mentionné comme un appareil extraordinairement utile, qui doit sans doute à l'opposition systématique qui accueille toutes les inventions de ce genre de n'être pas adopté sur toutes les lignes de chemins de fer, mais dont l'avenir est immense, non comme système de sécurité, car son objet n'est ni ne peut être tel, mais comme complément de tout système de signaux automatiques, et surtout comme auxiliaire puissant pour le service des chemins de fer.

Le système imaginé par M. Walker en 1854 se borne à établir une communication entre les employés de la ligne ou du train et les stations ; en un mot, c'est la deuxième partie du système de M. Regnault, ou plutôt c'est le télégraphe portatif de M. Breguet simplifié quant à l'instrument, mais beaucoup plus compliqué quant à la manière de faire les transmissions, car pour cela deux fils conducteurs et deux piles voltaïques sont nécessaires. Quant au *téléphone électrique* de M. Dujardin, il est bien inférieur au moyen proposé par M. Walker.

Systèmes de signaux électro-automatiques transmis aux stations au moyen d'appareils fixes sur la voie, mis en action par les trains eux-mêmes à leur passage. — Nous ne nous rendons pas bien compte du premier des systèmes que nous plaçons dans ce groupe, celui de M. Mauss, ingénieur belge, et nous ne sommes pas bien sûr non plus de le classer à sa véritable place. Son objet, comme on a pu le voir dans les quelques lignes que nous lui avons consacrées dans le treizième chapitre, est de faire connaître exactement le temps que mettent les trains dans leur parcours d'une station à une autre, et cela en passant devant chacune et sans s'y arrêter, comme semble l'indiquer la notice insérée par M. du Moncel dans ses *Applications de l'électricité*. S'il en est ainsi en effet, si l'avertissement ne se fait pas dans les trains, mais bien dans les stations, il n'y a pas alors le moindre doute que le mérite d'avoir été le premier à proposer un signal électro-automatique sur les chemins de fer appartient à M. Mauss, dont l'idée fut mentionnée à l'Académie des sciences le 11 août 1845.

Le système proposé par M. Breguet en 1847 perdrait beaucoup de son importance si les suppositions que nous venons de faire sur le système de M. Mauss étaient fondées ; car, comme nous l'avons indiqué en le décrivant dans le onzième chapitre, le système Breguet n'est qu'une modification de celui de M. Steinheil, modification au moyen de laquelle les interruptions sont faites par le train lui-même à son passage sur certains points de la voie, au lieu d'être exécutées à la main par chacun des gardiens.

L'idée de rendre automatique le signal qui devait marquer sur le chronographe de la station le passage des trains sur certains points de la voie faisait disparaître la plupart des inconvénients qu'on reprochait au système de M. Steinheil, et M. Breguet méritait qu'on le considérât comme l'un de ceux qui avaient le plus contribué à enrichir le catalogue de ce genre d'inventions ; mais on ne peut en aucune manière considérer son système comme l'origine de la plupart de ceux qui ont été proposés plus tard, ainsi que le prétend M. du Moncel, car celui de M. Steinheil lui enlèverait précisément cette gloire, si M. Mauss ne pouvait lui disputer celle d'avoir été le premier à proposer l'emploi de signaux automatiques pour indiquer aux stations la marche des trains. Et il ne suffirait pas de dire que M. Breguet ignorait complétement l'idée de M. Mauss, car alors tous ceux qui sont venus après pourraient alléguer de même qu'ils n'avaient point connaissance de l'idée de M. Breguet ; ce qui, dans la plupart des cas, est vrai : car, outre que l'électricité est une science à peine connue de nom par la multitude, l'histoire de ses applications est restée complétement ignorée jusqu'au moment où M. du Moncel publia la première édition de son intéressant ouvrage en 1853 et 1854.

Après le système de M. Breguet, dont l'objet, nous le répétons, est seulement de signaler aux stations le passage des trains par certains points de la voie, vient, par ordre chronologique, parmi ceux du groupe dont nous nous occupons, celui de M. David Lloyd Price, qui obtint un brevet en Angleterre le 4 février 1855 ;

brevet que l'inventeur abandonna immédiatement, sans doute parce qu'il apprit qu'antérieurement à son système existait celui de M. Edward Tyer, qui est sans contredit beaucoup plus complet et que nous examinerons bientôt.

Le système de M. Price se borne, en effet, à fermer un circuit électrique au moyen d'un interrupteur conjonctif, à l'approche des stations, de manière à faire partir un appareil d'alarme qui prévienne celles-ci de l'arrivée du train. M. Price voulait aussi établir une communication électrique entre les voyageurs, les gardiens du train et le mécanicien; mais ce problème avait déjà été proposé par MM. Breguet, Herman et Fuchs.

Avec aussi peu d'opportunité et moins de chance de succès, M. Bordon présenta son système en France le 26 novembre 1853. Il renfermait l'idée d'avertir non-seulement les stations, mais les aiguilleurs aussi.

Le 13 décembre 1853, M. Bianchi prit un brevet pour un nouveau système de son invention, et, malgré les additions qu'il y fit au mois de juillet 1854, nous n'y découvrons rien qui ne se trouve déjà dans celui de M. Regnault et dans ceux de MM. Tyer ou Maigrot, que nous examinerons plus tard ; et, comme ils ont tous la priorité sur le sien, il nous semble inutile de formuler ici le jugement que nous émettrons à propos de ceux qui sont antérieurs. Le système de M. Allouis étant beaucoup plus incomplet encore que celui de M. Bianchi, nous n'en parlerons pas davantage.

Vers la fin de 1855, M. Bellemare proposa son système. Patronné par le maréchal Vaillant, ministre de la guerre en France, cet inventeur eut le bonheur d'occuper l'attention de l'Académie des sciences dans quelques-unes de ses séances, où l'on fit un compte rendu de son invention et de ses essais. Le système de M. Bellemare, l'un des derniers mis au jour, n'offre rien de nouveau, si ce n'est son *interrupteur kilométrique*, comme le nomme l'auteur, et qui, d'après ce que nous voyons, n'est autre chose qu'un accessoire des systèmes qui ont pour objet de fermer un circuit électrique en passant sur certains points de la voie. La célébrité qui s'est attachée à cette invention, les éloges exagérés qu'on lui a prodigués dans certains journaux et au sein même de l'Académie des sciences, où tant d'autres moins favorisés restent ensevelis et oubliés, nous obligent à faire quelques observations au sujet de ses prétendus avantages ; et, sans cette circonstance, nous l'avouons, nous l'aurions considéré comme un simple détail à peine digne d'obtenir une mention dans l'histoire des applications de l'électricité.

D'abord, la manière dont fonctionne l'interrupteur kilométrique est, quoi qu'on en dise, beaucoup moins avantageuse que celle proposée par d'autres inventeurs, notamment M. Dumoulin; car, s'il est vrai que l'interruption des deux surfaces métalliques qui doivent ouvrir et fermer le circuit en temps opportun se trouve enfermée dans une boîte et par là à l'abri des influences atmosphériques, la manière violente dont la locomotive établit le contact ne peut que détruire très-promptement le mécanisme, qui ressemble à celui des balanciers dont on se servait pour frapper la monnaie avant que fussent connues les presses de M. Thonnelier.

Enfin le *Cosmos*, journal d'une grande autorité scientifique, en rendant compte de l'interrupteur kilométrique, dit qu'un train, forcé par une circonstance quelconque de marcher en arrière quelques moments, ne pourrait produire une interruption du courant, et, par conséquent, ne ferait pas de fausse indication sur l'appareil fixe des stations où il marque son passage. Mais cet avantage est illusoire, et l'inconvénient que présentent tous les systèmes où l'on signale dans les stations le passage des trains au moyen d'interrupteurs placés de distance en distance sur la voie ne cesse pas d'exister dans celui de M. Bellemare ; car la locomotive, en avançant de nouveau, repasse par l'interrupteur et ferme une seconde fois le circuit sur ce point : l'aiguille du récepteur des stations avancera donc d'un degré, comme si le train venait de passer par l'interrupteur suivant, et donnera ainsi une fausse idée de la situation du train; la seule différence entre l'interrupteur de M. Bellemare et ceux des autres systèmes consiste en ce que ces derniers ferment aussi le circuit en reculant et le referment de nouveau en avançant, ce qui rend l'erreur double; mais l'indication n'est pas moins fausse dans un cas que dans l'autre.

Nous pourrions faire encore quelques objections; mais nous pensons qu'elles seraient superflues, car l'inconvénient que nous signalons suffit pour faire repousser tous les systèmes de ce groupe, même quand ils pourraient procurer la sécurité désirable dans les cas de marche régulière, ce que bien certainement ils ne font pas.

Systèmes de signaux électro-automatiques que les trains font produire aux disques et aux autres appareils fixes qui se trouvent sur la voie, et que le mécanicien ou le conducteur du train peut apercevoir au passage. — La première idée d'employer l'électricité pour laisser sur un point du chemin un signal qui pût faire connaître à un train en marche si la voie est libre ou non devant lui se trouve dans un brevet pris par M. J. G. Wilson le 29 octobre 1852. Dans le système de cet inventeur, le train, en passant près d'un appareil fixe sur un des côtés de la voie, donne le mouvement à une roue avec une aiguille indicatrice qui met à faire une révolution complète le temps qui doit s'écouler entre le passage de deux trains, et qui devient immobile après l'avoir faite. Or, si, en arrivant devant l'appareil, le mécanicien remarque que l'aiguille n'a pas terminé sa révolution, il en conclut que le train qui est devant lui est trop rapproché et qu'il y aurait danger à continuer la marche; il s'arrête donc et ne repart que lorsque l'aiguille a terminé sa course, c'est-à-dire quand s'est écoulé le temps minimum qui doit séparer deux départs.

Quoique le système de Wilson offre plus de garanties de sécurité que la plupart de ceux que nous avons examinés précédemment, il a plusieurs inconvénients qui ont dû s'opposer et s'opposeront à son emploi : d'abord celui de séparer les trains par un intervalle de temps et non d'espace, circonstance qui lui donne un caractère d'incertitude très-nuisible : en effet, l'inégalité de vitesse de deux trains peut être telle, et les accidents susceptibles d'occasionner un retard au premier train après qu'il a passé à côté d'un appareil de signaux sont si nombreux, que les trains seraient continuellement exposés à se heurter, quoique l'aiguille indicatrice eût accompli son entière révolution ; en second lieu, comme c'est la fixité de cette aiguille qui indique au mécanicien que la voie est libre, il pourrait fort bien arriver qu'elle ne bougeât pas au passage du premier train, par suite d'un dérangement dans l'appareil ; et alors on prendrait comme un signal rassurant ce qui, tout au contraire, serait plutôt un motif de redouter quelque danger.

Il nous semble aussi assez difficile que les employés puissent bien se rendre compte de la position de l'aiguille quand le train marche à toute vitesse ; mais il serait aisé de remédier à cela.

Peu de jours après M. Wilson, presque en même temps, un de ses compatriotes, M. J. S. Crowley, prit à son tour un brevet. Son système consiste à établir des interrupteurs disjonctifs sur la voie, en face des disques, de manière que le passage du train détermine, au moyen d'un électro-aimant, l'apparition d'un signal de danger qui subsiste jusqu'à ce que le même train établisse de nouveau le circuit. L'inventeur ne dit ni quand ni comment ; on ne peut donc pas juger du mérite de l'invention, qui, bien que de la même nature que celle de M. Wilson, diffère assez dans ses effets. MM. Fragneau et Dumoulin ont fait voir postérieurement que ce système devait être beaucoup plus efficace.

Le premier, M. Fragneau, employé supérieur du chemin de fer du Midi, dans la station de Bordeaux, prit un brevet le 28 octobre 1855. Son procédé est entièrement pareil à celui de M. Crowley, mais il est plus détaillé, moins toutefois que celui de M. Dumoulin, dont nous nous occuperons immédiatement après ; nous dirons auparavant que l'interruption du courant produit un mouvement du disque, semblable à celui qui se fait aujourd'hui à la main, au moyen d'un levier à contre-poids communiquant avec le disque par une chaine mince ou un gros fil métallique.

M. Reville n'a rien trouvé de très-important, et, quoique ses disques puissent servir la nuit comme ceux de M. Dumoulin, qui sont préférables, nous ne craignons pas d'avancer que son système est même inférieur à celui de M. Wilson, qui traita le premier la question.

Si le mérite d'avoir cherché, le premier, à appliquer l'idée fondamentale des systèmes de ce groupe n'appartient pas à M. Fragneau, puisqu'il revient d'abord à M. Crowley, on peut moins encore l'attribuer à M. Dumoulin, qui ne l'a appliquée qu'en 1856 ; mais cependant il a droit à de grands éloges, pour avoir perfectionné les moyens de rendre réalisable cette idée, ou plutôt pour avoir imaginé de nouveaux appareils d'une simplicité et d'une efficacité admirables. Nous avons déjà décrit son système dans le treizième chapitre, et nous n'avons rien à ajouter à son sujet, sinon qu'il est bon, presque parfait, en comparaison de ceux du même genre, et que si, dans quelque temps, il n'est pas généralement adopté sur tous les chemins de fer, c'est qu'on aura trouvé un autre système plus complet, c'est-à-dire embrassant un plus grand nombre de cas où il pourrait garantir un train du danger. Le système de M. Dumoulin a été sur le point d'être établi sur le chemin de fer de l'Ouest, et il aurait eu certainement le succès qu'il mérite et dont nous avons été témoin dans les essais fréquemment répétés de son inventeur, sans des motifs de la nature de ceux que nous avons déjà condamnés d'une manière plus générale dans un autre endroit de ce livre.

Il y a à peine quinze jours[1] M. Marqfoy a fait connaître son système, qui, d'après ce que nous avons pu voir, ne diffère pas beaucoup de ceux de M. Regnault et de M. Dumoulin ; celui de ce dernier cependant nous semble plus ingénieux et peut-être plus efficace, à en juger par l'idée sommaire que nous a donnée du système Marqfoy l'article du *Cosmos* inséré page 300, car la prétendue sécurité que ce système doit procurer au moyen de l'intervention nécessaire d'un employé dans l'opération est tout à fait illusoire, puisqu'elle dépend de cette circonstance que l'employé soit présent à son poste, ce qui est difficile dans le cas des trains extraordinaires ; il exige, en outre, une augmentation considérable de personnel, les gardes-lignes ne pouvant être affectés à cette manœuvre sans être obligés de négliger le service des disques ou l'inspection de la voie, et même peut-être les deux. M. Marqfoy a appliqué son système à quelques cas de plus que M. Du-

----

[1] L'auteur écrivait ces lignes au mois de décembre 1857.

moulin ; mais il est loin d'être aussi général que celui de quelques-
uns de ses devanciers. Quant à celui de M. Lenoir, il ne peut
être considéré comme une amélioration de ceux qui l'ont précédé.

*Systèmes de signaux électro-automatiques pour faire communi-
quer les trains avec les stations et réciproquement, et qui sont produits par le passage des trains sur certaines parties de la voie.* —
C'est là un des problèmes qui ont le plus attiré l'attention des
inventeurs, et, comme il arrive assez souvent, le premier qui
s'en est occupé a aussi le mérite d'avoir présenté la solution la
plus susceptible d'application.

M. Edward Tyer prit son premier brevet en Angleterre le
22 janvier 1852, et, d'après les quelques mots parus à ce sujet
dans un journal semi-officiel, on peut aisément y entrevoir,
même sans avoir connaissance des détails publiés plus tard, non-
seulement l'idée de transmettre un signal aux stations, comme
l'avaient déjà imaginé MM. Mauss et Breguet, mais celle de faire
parvenir en même temps au train un ordre ou avertissement,
idée tout à fait neuve, qu'il fut le premier à concevoir et à exécuter, car son système est du petit nombre de ceux qui ont été
essayés sur une grande échelle.

D'après les journaux qui en ont rendu compte, les expériences
plusieurs fois répétées, et dans différents endroits, ont toujours
donné d'excellents résultats ; mais, quoique nous ayons confiance
dans le principe sur lequel est fondé le système, car on ne peut
pas douter de la possibilité de produire un signal quelconque en
fermant un circuit électrique, nous n'avons pas la même confiance à l'égard des résultats qui ont paru si satisfaisants aux
personnes compétentes appelées à en juger, surtout à Londres,
où l'*Ainsworth's Magazine* assurait qu'on l'avait essayé pendant
huit mois consécutifs sur le chemin de fer du South-Eastern.

Si les essais de ce système avaient eu un si grand succès, il
est peu probable qu'on eût cessé d'en faire usage sur cette ligne,
et c'est ainsi que dut le croire la compagnie formée à Paris pour
exploiter l'idée, quand elle fit annoncer dans les journaux que le
système était établi en Angleterre dans le South-Eastern railway,

fait dont nous avons pu constater par nous-même l'entière inexactitude [1].

Or, si le but que s'était proposé l'inventeur dans ses expériences avait été parfaitement rempli sur le South-Eastern railway, sur le chemin de fer de Saint-Germain et sur celui de l'Est, ne devait-on point s'attendre à voir son système adopté par l'une de ces compagnies? Et si, pour le repousser, il n'y avait eu d'autre raison que cette répugnance générale des compagnies pour les idées neuves et les dépenses extraordinaires, répugnance que cependant pouvait espérer de vaincre une société qui comptait sur un million et demi de francs; s'il n'y avait eu que cette raison, disons-nous, n'aurait-il pas été plus naturel de la combattre avec des armes moins suspectes que ces annonces proclamant que le système était établi depuis trois ans sur le South-Eastern railway, quand le fait était entièrement controuvé? Nous avouons que cette circonstance nous a indisposé contre le système, et, ne pouvant révoquer en doute le principe sur lequel il est fondé, nous nous retranchons dans l'idée que nous avions conçue dès le premier moment, à savoir que le système de M. Tyer n'est pas complet, que ses avantages ne compensent ni les frais d'installation ni le travail d'organisation toute spéciale qu'il exigerait. Au surplus, qu'on consulte à cet égard les documents publiés par la *Compagnie de signaux électriques* elle-même, et entre autres le programme des expériences qui devaient se faire les 18, 19, 20 et 21 mars 1856.

D'après ces documents, le système de M. Tyer (qui a déjà été modifié plusieurs fois, au point qu'il n'y a plus la moindre ressemblance entre les expériences faites sur le South-Eastern railway et celles du chemin de l'Est) n'est automatique que d'une manière très-restreinte : il produit seulement un signal à la station au passage du train par les interrupteurs de la voie; mais les signaux reçus sur le train et qui doivent lui indiquer si la voie est libre ou s'il y a du danger, bien qu'aujourd'hui le mouvement

---

[1] Postérieurement au dépôt de notre travail au ministère des travaux publics d'Espagne, nous avons appris par les journaux anglais que le système Tyer était établi sur le North-Kent railway, lors de l'accident du mois de juillet 1857.

du disque, l'ouverture du sifflet d'alarme et même la fermeture
du régulateur soient automatiques, ces signaux, disons-nous,
dans le système de M. Tyer, sont soumis à la volonté ou au soin
des employés qu'il est indispensable d'établir aux stations à cet
effet. La question de sécurité consiste principalement en ce que
les signaux sont positifs au lieu d'être négatifs, c'est-à-dire que le
mécanicien doit positivement recevoir l'ordre de marcher, sans
quoi il doit arrêter le train et attendre.

Alors nous demandons : Où doit-il attendre ce signal? Comment le recevra-t-il, si les interrupteurs ne sont que des barres
de six mètres placées de kilomètre en kilomètre? Faudra-t-il faire
reculer le train jusqu'à ce qu'il soit exactement sur un de ces
interrupteurs? En vérité, la manœuvre ne nous semble ni facile
ni expéditive, surtout pendant la nuit.

Il y a une autre objection grave à opposer à ce système, c'est
que, dans les chemins où il y a un grand mouvement, où les
trains se suivent à intervalles de temps très-courts, on est con-
traint de multiplier les stations de signaux intermédiaires entre
deux stations principales, et d'y maintenir un certain nombre
d'employés, car le principe du système Tyer consiste en ce qu'un
train n'entre jamais dans une section où il s'en trouve encore
un autre, et l'avertissement destiné aux trains doit précisément
être transmis par un employé attaché aux stations de signaux.
Ce système est donc, à notre avis, aussi dispendieux que peu
efficace.

M. Tyer y a fait récemment deux additions, mais elles n'ont
rien de nouveau, et ne sont en réalité que des modifications
d'autres idées déjà mises en pratique avant les siennes. La première a pour objet de faire des signaux d'une station à une autre,
et la seconde de demander du secours aux dépôts en cas d'accident et quand le train se trouve arrêté sur la voie : l'une et l'autre
ressemblent fort à ce qui constitue le système de M. Regnault, que
nous avons déjà examiné, et bien antérieur à celui de M. Tyer.

En décrivant dans le treizième chapitre le système de M. Maigrot, nous avons dit qu'il était une modification très-perfection-
née de celui de M. Breguet, et que, par son entremise, on pour-

rait savoir aux stations, avec un seul appareil, la direction suivie par les trains, d'où l'on conclut, quoique ce ne soit pas bien prouvé, qu'il doit avoir deux séries d'interrupteurs, chacune desquelles sert seulement pour une direction du train, ou que le problème se rapporte aux chemins à deux voies. Que ce soit l'un ou l'autre, l'indication faite par deux aiguilles de différente couleur, tournant l'une à droite et l'autre à gauche sur un cadran, sert non-seulement pour connaître la direction dans laquelle s'avancent les trains, mais encore le point de la voie où ils se trouvent; pour obtenir d'une manière précise ce dernier résultat, il faudrait, par les mêmes raisons que nous avons exposées en examinant l'interrupteur kilométrique de M. Bellemare, qu'un employé prît note des indications des deux aiguilles en additionnant les degrés parcourus par l'une, et en soustrayant de ce total les degrés parcourus par l'autre, car, sans cela, on ne pourrait savoir si le circuit a été fermé deux fois sur le même interrupteur, faisant ainsi avancer de deux degrés l'aiguille, quand, eu égard à la distance parcourue par le train, elle n'aurait dû avancer que d'un degré. Sans cette précaution, ou dans le cas où les deux aiguilles de l'appareil de Maigrot correspondraient à deux voies, et où chacune indiquerait, par conséquent, la marche d'un train différent, il serait impossible de reconnaître si la locomotive a rétrogradé et si, par suite, l'aiguille donne une fausse indication.

Un autre inconvénient très-grave du système Maigrot et de tous ceux de ce genre consiste en ce que deux trains ne peuvent se suivre dans l'intervalle compris entre deux stations sans faire marcher tous deux la même aiguille, et, par conséquent, il est impossible de savoir de combien avance chacun d'eux; l'indicateur marquerait tout au plus, et même pas toujours exactement, la somme des distances parcourues par les deux trains, de sorte qu'ils pourraient se rencontrer et se détruire mutuellement sans qu'aux stations on eût lieu même de soupçonner qu'ils s'approchaient de trop près. C'est pour cette raison que, dans le système de M. Tyer, plus ancien et préférable, malgré ses inconvénients, la condition première est de n'admettre en aucun cas deux trains sur la même voie dans l'intervalle compris entre deux stations ; c'est ainsi seulement que l'on peut transmettre un avis de la station au train.

Le système de M. Farrington, breveté en Angleterre, le 21 décembre 1853, pas plus que celui de M. Vérité, proposé à Paris en janvier 1854, ne méritent que nous nous arrêtions à les examiner : car le premier est beaucoup plus incomplet que la plupart de ceux du même genre qui l'ont précédé, et celui de M. Vérité n'est qu'une copie imparfaite du système de M. Maigrot ; nous ne prétendons pas dire qu'il l'ait faite sciemment.

Le système de M. Erkman, que son auteur abandonna quand il en vit d'autres plus complets et antérieurs au sien, ne diffère de ceux qui ont pour objet de fermer un circuit entre les stations et les trains que par la disposition donnée aux interrupteurs, comme on peut le voir dans la description abrégée que nous en avons faite dans le treizième chapitre.

Systèmes de signaux électro-automatiques entre deux trains parcourant la même voie, au passage de certains endroits. — Nous n'avons à nous occuper que de deux inventions de ce genre ; la première est due à M. l'abbé Magnat, la seconde à M. le vicomte du Moncel. Le système de M. Magnat serait sans doute un de ceux qui se sont le plus rapprochés de la vraie solution du problème de la sécurité des voyageurs sur les chemins de fer, et occuperait une place importante dans l'histoire de cette sorte d'applications de l'électricité, s'il n'était venu après d'autres qui, suivant nous, lui sont préférables.

M. du Moncel, dans son *Traité des Applications de l'électricité*, ne rend pas à ce système toute la justice qui lui est due, car il ne tient compte que de l'action électro-mécanique qui ferme le régulateur de la locomotive ; effet qui, bien qu'imaginé avant celui que propose M. Achard pour ses freins, lui est inférieur ; mais ce n'est point là ce qui constitue le système de M. l'abbé Magnat : c'est la disposition de ses interrupteurs, au moyen de laquelle est produit un effet analogue à celui obtenu par M. du Moncel lui-même, d'après son brevet d'avril 1854. M. Magnat prit son brevet le 14 février de la même année, et, quoique M. du Moncel eût déjà publié quelques idées sur l'application de l'électricité aux chemins de fer, son système n'avait point alors le développement qu'il lui a donné depuis, et dont il pourrait s'autoriser pour disputer à M. Magnat l'idée d'avoir mis en relation entre eux deux trains en marche, si nous ne l'avions point émise nous-même bien avant ces deux inventeurs en octobre 1853.

Il reste donc bien établi que M. l'abbé Magnat eut avant M. du Moncel, mais après nous, l'idée de mettre en rapport électrique deux trains en marche ; mais comme, outre la priorité qui lui fait défaut, le système de l'abbé Magnat, quoique à peu près le même que celui de M. du Moncel, est bien moins complet, c'est à ce dernier système que nous nous reporterons pour discuter les avantages et les inconvénients qu'il peut y avoir à établir cette communication seulement quand les trains passent sur certains points de la ligne, comme le fait M. du Moncel, ou sur n'importe quel point quand ils s'approchent de trop près, comme nous nous l'étions proposé et comme nous avons réussi à l'obtenir avec notre système.

Passons donc à l'examen du système imaginé par M. le vicomte du Moncel, examen auquel, pour plusieurs raisons, nous nous arrêterons assez longuement.

M. du Moncel étant un des savants les plus compétents en fait d'électricité, consacré depuis longues années à l'étude de cette science, doué d'un grand esprit et d'une pénétration peu ordinaire, possédant en outre les moyens de joindre l'expérimentation à ses études et de recueillir et examiner toutes les données dont il pouvait avoir besoin, il était tout naturel que son système ne fût pas un de ces enfantements absurdes d'une imagination égarée, ou une idée vulgaire connue de tout le monde et que l'ignorance seule de ce qui se passe dans le monde scientifique et industriel eût pu faire adopter comme applicable.

Le système de M. du Moncel est, en effet, l'un des plus complets, le meilleur peut-être parmi ceux qui ont été proposés, et le seul qui nous ferait douter de la supériorité du nôtre, si le principe sur lequel il est basé ne le rendait incomplet et de telle nature, que tout le talent de son auteur ne suffira pas à le compléter ; ce qu'il est déjà arrivé à faire est un véritable tour de force ; mais, nous le répétons, tout doit se briser contre le principe qui lui sert de base, c'est-à-dire contre l'inconvénient de ne pouvoir fermer le circuit qu'au moyen d'interrupteurs fixés sur certains points de la voie. Avant de le démontrer, nous dirons quelques mots sur la question de priorité.

D'après M. du Moncel, M. Cooke, l'associé de Wheatstone, fut le premier qui combina un système télégraphique pour la sécurité des chemins de fer ; en effet, rien n'est plus vrai, malgré les prétentions de Wheatstone lui-même, si, comme cela doit être, on s'en rapporte aux documents pour décider ces sortes de questions.

Le premier, continue M. du Moncel, qui inventa les compteurs électro-automatiques est M. Breguet ; nous en convenons aussi, ne connaissant pas dans ses détails l'idée de M. Mauss ; mais il serait injuste de ne pas ajouter que l'idée de M. Breguet a dû être inspirée par celle de M. Steinheil, dont le système est identique, avec cette différence que, dans ce dernier, la main de l'homme faisait ce que les trains eux-mêmes font dans celui de M. Breguet. On pourrait établir un parallèle entre le mérite respectif des travaux de MM. Steinheil et Breguet, en se rappelant la machine à vapeur au temps où le cylindre avait un robinet que gouvernait un homme pour faire sortir la vapeur qui se trouvait sous le piston, ou pour introduire l'eau froide qui devait opérer la condensation : si grand qu'il soit, le mérite de celui qui serait parvenu à faire ouvrir et fermer le robinet par l'action même du piston pourrait-il jamais faire oublier celui de l'inventeur du cylindre et du robinet manœuvré à la main ? Nous ne considérons pas autrement la différence qui existe entre la partie principale des systèmes de MM. Breguet et Steinheil.

Nous convenons aussi que le premier qui établit un rapport électrique entre les stations et les trains en marche fut M. Tyer ; mais nous n'acceptons en aucune manière que M. du Moncel soit le premier qui ait présenté un système offrant des possibilités d'application pour établir une communication automatique entre deux trains en marche.

Sans nous arrêter ici à démontrer que ce mérite nous appartient, comme nous le ferons plus tard en examinant les jugements qui ont été émis sur notre système, nous dirons seulement, pour renverser la prétention de M. du Moncel, que M. Magnat lui-même, qui ne vient qu'après nous, est avant lui, et que, tout incomplète que soit son idée, elle n'en a pas moins le caractère de priorité réclamé par M. du Moncel : l'établissement d'un rapport électrique entre deux trains marchant sur la même voie et s'approchant de trop près. Le brevet de M. Magnat date du 14 février 1854 et celui de M. du Moncel n'est que du 29 avril de la même année.

Dans le chapitre treizième, en traitant cette même question, nous avons exposé les raisons qui nous faisaient croire que, bien que M. du Moncel eût publié au mois de mai 1853 quelques idées qui lui étaient propres sur l'application de l'électricité aux chemins de fer, ces idées devaient peu différer de celles de M. Breguet et autres, dont M. du Moncel lui-même rendait compte dans la première édition de son livre déjà cité. Nous regrettions alors de n'avoir pu nous procurer le *Journal de Valognes*, où il publia ces idées ; mais aujourd'hui, grâce à l'amabilité de M. du Moncel lui-même, nous avons cette feuille sous les yeux, et, après avoir lu les lignes qu'il y a insérées et celles qu'il ajoute dans sa lettre d'envoi, nous ne pouvons que répéter ce que nous avons déjà dit : c'est que, sans rabaisser en rien le mérite de ses travaux ni la gloire qu'ils lui ont justement procurée, il ne peut prétendre à celle d'avoir le premier proposé les moyens de mettre en rapport électrique deux trains en marche sur la même voie quand ils sont à une distance trop rapprochée l'un de l'autre [1].

Quand M. du Moncel publia son article, le 20 mai 1853, d'après sa lettre d'envoi, il n'avait pas encore imaginé le système de signaux électriques faits par les trains eux-mêmes ; mais il faisait agir les compteurs des stations sur de grands disques électriques comme ceux que l'on emploie maintenant à l'entrée des gares et dont il a donné le détail dans le *Moniteur industriel* du 15 janvier 1854. Les inconvénients de cette transmission, ajoute-

---

[1] Voyez dans les Appendices le n° III.

t-il, l'engagèrent à chercher les moyens de la faire directement aux trains, comme il est dit dans son brevet du 29 avril 1854, avec la remarque que c'était le complément de son système primitif, dans lequel, il est vrai, l'avait précédé M. Tyer, dont cependant, assure-t-il, il ignorait complétement les travaux. « *Le* « 20 *mai* 1853, *par conséquent* » (ajoute-t-il avec ce noble accent de vérité naturel à l'homme distingué qui compte déjà assez de titres pour assurer sa renommée), « *mon système ne consistait qu'à indiquer sur des compteurs électriques le passage des trains par certains endroits, et à faire transmettre le signal, par les aiguilles de ces compteurs, aux disques placés sur différents points de la voie.* »

Voici les faits dans toute leur vérité; nous allons examiner maintenant chacune des quatre parties principales qui constituent le système tel que M. du Moncel l'a publié dans la dernière édition de son livre, et pour lequel il prit un brevet le 29 avril 1854.

La première a pour objet d'établir entre les stations et les trains en mouvement un rapport télégraphique qui permet de signaler à ces derniers les obstacles survenus sur la voie, et au moyen duquel, en outre, si cela est nécessaire, les stations peuvent communiquer des ordres aux conducteurs des trains, et ceux-ci demander du secours en cas d'accident. C'est exactement le problème qu'avait déjà résolu M. Tyer dans la première partie de son système, et à peine l'un et l'autre diffèrent-ils dans quelques détails d'application, tels que la forme et la disposition des interrupteurs, la manière d'exécuter le signal, qui, dans celui de M. Tyer, se fait au moyen d'une aiguille indiquant sur un cadran les mots : *voie libre*, ou : *train*, et, dans celui de M. du Moncel, se compose d'un disque rouge et d'un autre blanc, se présentant, suivant le cas, devant une ouverture circulaire. Ces deux systèmes ont plus d'analogie qu'il ne semble de prime abord : tous deux, en effet, consistent à faire pencher à gauche ou à droite une barre aimantée selon le sens du courant.

M. Tyer avait aussi résolu avant M. du Moncel la deuxième partie du problème, qui consistait à faire que le train répondît automatiquement à celui qui lui avait transmis le signal, afin que celui-ci sût que son avertissement avait été reçu et que la ligne se trouvait, par conséquent, en bon état; mais, pour cela, il faut que l'employé reste à côté de l'appareil.

La différence dans cette partie des deux systèmes vient de ce que M. Tyer ne souffre pas la circulation simultanée de deux trains dans l'intervalle compris entre deux stations, tandis que M. du Moncel la croit possible, sans qu'il soit besoin d'augmenter le nombre des fils conducteurs ni des interrupteurs, mais en modifiant seulement la forme de l'appareil indicateur des stations et en faisant en sorte que les piles portatives dont sont pourvus les trains transmettent le courant en sens inverse, selon qu'ils portent un nombre pair ou impair : par ce moyen, dit-il, chaque train ne fera marcher que l'aiguille de l'appareil indicateur qui se rapporte à lui.

A l'objection qui lui a été faite à propos de la possibilité que l'appareil cessât de fonctionner dans le cas où les deux trains se trouveraient chacun sur un interrupteur, parce qu'alors deux courants contraires circuleraient à travers les conducteurs, M. du Moncel a répondu par le calcul des probabilités existant pour que cela n'arrivât pas. Sans nier l'exactitude de ce calcul, nous croyons que dans un système de sécurité pour les chemins de fer on doit fuir tout ce qui est éventuel et éviter de laisser à la main de l'homme le soin de certaines précautions ayant besoin de se répéter souvent et dont la non-exécution ferait manquer tout le système, qui n'offre plus ainsi l'avantage d'être automatique. Voilà le cas où se trouve le moyen proposé par M. du Moncel pour que, dans les embranchements, dans les stations à l'extrémité des sections, et autres où un train peut être expédié ou arrêté, le mécanicien reçoive un signal qui lui indique la direction du courant dans le train précédent, afin qu'il puisse diriger le sien en sens contraire.

On sait combien il est fréquent que deux trains se rapprochent, parce que la vitesse des trains de voyageurs est très-différente de celle des convois de marchandises, et que ces derniers s'arrêtent dans presque toutes les stations; on a pu observer aussi que dans les gares où il y a une remise de locomotives, celles-ci font des sorties continuelles pour revenir un moment après ; on connaît enfin la rapidité avec laquelle certains trains passent par toutes les stations sans s'arrêter, et combien il est facile de se tromper en tournant une clef ou manipulateur à droite ou à gauche quand sa position antérieure n'indique pas exactement qu'on doit la changer; d'après tout cela on comprendra donc facilement combien le système de M. du Moncel offre peu de sécurité et pourquoi nous avons proposé dans le nôtre l'adoption d'un inverseur permanent, ou de piles différentielles quand on n'emploie pas les appareils électro-magnétiques.

Malgré la complication et l'incertitude introduite par M. du Moncel dans la partie électro-mécanique et réglementaire de son système, il n'est arrivé à faire marcher que deux trains consécutifs sur l'intervalle qui sépare deux stations, tandis qu'avec le nôtre on peut y engager autant de trains que l'on voudra, et être certain qu'ils s'avertiront s'ils s'approchent de trop près, et cela sans qu'il soit nécessaire de rien changer au système et sans que le mécanicien ait à se préoccuper si le courant marche dans un sens ou dans l'autre.

La troisième partie du système de M. du Moncel consiste à faire enregistrer à chaque station sur un compteur électro-chronométrique à double aiguille, et visible à une certaine distance, les différents kilomètres parcourus par deux trains consécutifs.

Il n'y a entre les moyens employés par M. du Moncel pour atteindre ce but et ceux proposés par MM. Steinheil, Breguet ou Magnat, d'autre différence que celle d'avoir fait double l'appareil indicateur, avec deux aiguilles parfaitement isolées, tournant dans le même sens, et dont la vitesse ou la séparation doit indiquer celle des deux trains respectivement. Rien de plus ingénieux sans doute que cet appareil; mais il a, comme tous ceux de ce genre, le grave inconvénient de ne pas faire très-exacte l'indication qu'on lui demande, parce que les aiguilles avancent toujours dans un même sens, quel que soit celui de la marche des trains ; par conséquent, un train qui, par un accident quelconque, passerait deux ou trois fois sur le même interrupteur ferait avancer l'aiguille comme s'il continuait sa marche, et la distance entre les deux trains serait réputée considérable quand, au contraire, elle serait très-rapprochée ; et il pourrait arriver, malgré qu'on s'efforce de nier l'éventualité de deux trains marchant en sens contraire sur la même ligne, dans les chemins à double voie, il pourrait arriver, disons-nous, qu'à mesure que deux trains se rapprocheraient les aiguilles du compteur indiquassent entre eux une distance de plus en plus grande. Comment alors, si ces deux cas sont possibles, surtout le premier, avoir une confiance absolue dans un système d'interrupteurs kilométriques faisant marcher un compteur dont les indications doivent précisément servir de guide pour avertir le train dès la station ?

Il ne faut que se rappeler comment M. du Moncel résout le quatrième problème faisant partie de son système, « que deux trains se préviennent mutuellement quand ils s'approchent, » pour se convaincre de l'incertitude de sa méthode.

Les deux aiguilles du compteur, qui marchent isolément, formant chacune une partie d'un circuit spécial, quand les trains respectifs passent sur les interrupteurs, peuvent se rencontrer avec un appendice métallique dont l'une d'elles est pourvue au moment où le nombre de divisions du compteur qui les sépare marque la distance qui a été jugée dangereuse sur la voie, et alors il s'établit un circuit électrique par les deux aiguilles, qui passe par les fils conducteurs aux appareils d'alarme que portent les trains.

Or, laissant de côté l'objection déjà faite à l'inventeur au sujet de la grande longueur du circuit que le courant doit traverser, objection réellement de peu de valeur et qui ne mérite pas d'être prise en considération, nous en ferons une autre plus grave : c'est que les signaux ne se transmettent pas directement d'un train à un autre, mais de la station aux trains au moyen du compteur.

M. du Moncel dit que l'appareil est très-simple, qu'il n'exige que le passage ou déclenchement d'une dent toutes les deux minutes, et que les probabilités de dérangement sont très-peu nombreuses ; que, d'un autre côté, un mécanisme pourrait faire que le train à son passage devant la station plaçât automatiquement l'aiguille à 0 sur la division du cadran, donnant ainsi un moyen de vérification constante ; et enfin que, comme le contact métallique qui provoque l'apparition automatique du signal d'alarme dans les trains se fait sous l'influence d'un mouvement d'horlogerie, il n'y a pas à craindre, ainsi que dans les autres systèmes, que le circuit ne s'établisse pas bien.

Parmi ces raisons de M. du Moncel, il y en a quelques-unes qui prouveraient plutôt le contraire de ce qu'il veut ; mais il est inutile de nous arrêter à les signaler, car, même en les acceptant toutes comme bonnes, le système n'en serait pas meilleur, puisque, nous l'avons déjà dit, c'est par la base qu'il pèche. Le signal d'alarme se produit sur les trains, ou plutôt l'inventeur voudrait qu'il se produisît quand les deux aiguilles se rapprochent de la distance regardée comme dangereuse, car la position des aiguilles sur le cadran du compteur doit être la reproduction fidèle de la situation des trains sur la voie ; mais, comme nous avons démontré que le contraire peut arriver, qu'il y a même de grandes chances que le contraire arrive, quoique l'appareil fonctionne avec toute la perfection désirable, qu'importe, si les aiguilles doivent marquer nécessairement une chose toute différente de ce qui existe réellement, qu'importe, disons-nous, qu'elles établissent un circuit et donnent un signal d'alarme quand le compteur indique un danger qui n'existe pas sur la voie ? Si le train de devant a besoin de s'arrêter et de faire quelques pas en arrière, pour avancer après, et s'il passe plusieurs fois sur le même interrupteur, l'aiguille correspondante du compteur s'éloignera de plus en plus de l'autre, malgré que le second train se soit constamment rapproché du premier, et, s'ils viennent à se heurter l'un l'autre, les deux aiguilles seront à une distance qui ne permettra aucunement de prévoir leur contact : la rencontre, par conséquent, aura lieu sans qu'il y ait eu de signal pour la prévenir. Si, au contraire, c'est le train de derrière qui s'arrête et passe plusieurs fois sur le même interrupteur, l'aiguille qui s'y rapporte avancera vers l'autre et se rapprochera au point de fermer le circuit et de produire un signal d'alarme sur le premier train, quand tous deux cependant seront à 4 ou

5 kilomètres l'un de l'autre, et que, par conséquent, il n'y aura aucun danger à redouter.

Les mêmes effets se produiraient si un frottoir momentanément dérangé cessait d'établir le contact avec un ou plusieurs des interrupteurs fixés de distance en distance sur la voie.

Ayant exposé les inconvénients qui s'opposent à l'efficacité du système dans le cas le plus simple, celui de deux trains marchant dans le même sens, il est inutile de recommencer la même démonstration pour le cas plus compliqué de deux trains marchant en sens contraire, pour lequel M. du Moncel propose l'intervention de l'appareil indicateur de l'autre section ou intervalle entre la station centrale et celle qui la précède. Dans notre système les deux cas sont tout à fait semblables, et il n'y a d'autre différence que la distance plus ou moins grande à laquelle s'arrêteraient les trains par ce fait qu'ils marchent dans le même sens ou dans un sens différent.

Quoique nous devions reparler encore de quelques-uns des inconvénients de ce système lorsque nous le mettrons en parallèle avec le nôtre, nous ne pouvons pas terminer son examen sans faire remarquer combien est illusoire le soi-disant avantage signalé par M. du Moncel de n'avoir besoin d'employer d'autres piles que celles des stations et du télégraphe portatif ; il prétend aussi qu'on n'a pas à s'occuper de la dépense d'un générateur électrique spécial, et qu'il suffit d'un seul fil conducteur, puisqu'on emploie un de ceux de la ligne télégraphique ordinaire. Mais n'a-t-il pas besoin de deux fils pour faire fonctionner ses appareils de sûreté ? Les inconvénients d'interrompre et d'embrouiller les communications du service ordinaire ne sont-ils pas de beaucoup plus grands que ceux de la dépense de deux fils spéciaux ? Il en est de même quant aux piles des stations et du télégraphe portatif. Dans notre système, ces dernières font face à une multitude de cas, tandis que dans celui de M. du Moncel on n'éviterait (en supposant qu'il soit efficace) que la rencontre de deux trains.

Le système de M. Lafollye rentre dans le même cas, et c'est parce qu'il a plusieurs des inconvénients du système de M. du

Moncel que nous omettons d'en faire un examen spécial. Cepen
dant il nous faut expliquer pourquoi, au commencement de la
description insérée au chapitre treizième, nous avons dit que,
malgré l'inconvénient qu'offre ce système d'avoir à côté de la voie
des appareils fixes exigeant le soin d'autres employés que ceux
des stations, nous le considérions comme un perfectionnement de
l'invention de M. du Moncel ; c'est parce qu'en même temps qu'il
a cet inconvénient, il en évite un autre plus grave, celui de donner
une fausse indication de la position du train dans la voie sur les
appareils fixes qui doivent influencer l'appareil d'alarme des
trains. Dans le système de M. Lafollye le train, en passant la seconde fois sur les conjoncteurs, détruit l'effet de son premier passage sur les appareils fixes, grâce à la disposition de son inverseur.

M. Bergeys retombe avec son *stadiomètre différentiel* dans le
même inconvénient que M. Lafollye a évité, et, son système étant
beaucoup moins complet que celui de M. du Moncel, il est inutile de l'analyser. En séparant peu ses interrupteurs, M. Bergeys
s'est rapproché du système de MM. Gay et Bonelli, dont il paraît avoir voulu perfectionner l'idée en rendant les signaux automatiques.

*Systèmes de signaux électriques non automatiques, mais qui se
produisent sur un point quelconque de la voie, soit entre les trains
et les stations, soit entre les différents trains parcourant la même
voie.* — Si l'espace que nous consacrons à un système devait
être en proportion de sa valeur, c'est-à-dire de ses chances de
devenir un jour le vrai moyen d'obtenir la sécurité sur les chemins de fer, une seule page suffirait pour l'examen de ceux qui
constituent ce groupe.

Nous y trouvons cependant l'un de ceux qui ont le plus excité
l'attention publique, soit à cause de l'opportunité avec laquelle
l'inventeur, M. Bonelli, en fit les essais, soit à cause de l'impression produite par les effets du télégraphe électrique, à peine
connus alors de la multitude ; ce qu'il y a de certain, c'est que
non-seulement la foule, mais plusieurs personnes distinguées
furent séduites par ses résultats plus surprenants qu'utiles, sans

se rendre bien compte de tout ce qui serait nécessaire pour obtenir la sécurité sur les chemins de fer.

M. du Moncel, dans la seconde édition de son *Exposé des applications de l'électricité*, a traité peut-être avec trop de sévérité cette invention, et il déplore que M. Bonelli, arrivant l'un des derniers avec la solution du problème, et celle-ci étant bien loin d'être la meilleure, ait cependant la plus belle part de gloire.

Nous n'attacherons point autant d'importance à ce triomphe éphémère, et nous démontrerons que non-seulement le système Bonelli est inférieur à plusieurs autres présentés avec plus de modestie, mais qu'il n'a pas même le mérite de la nouveauté, car, outre ce qu'a déjà dit M. du Moncel relativement à l'établissement d'une barre continue le long de la voie, on peut voir par la description que nous avons donnée du système de Coghland dans le chapitre précédent que déjà, en octobre 1854, on avait émis l'idée de placer un conducteur isolé continu le long de la voie pour établir une communication entre les trains en marche et les stations au moyen d'un frottoir ou communicateur : et c'est là tout ce qui constitue le système de M. Bonelli.

Ici nous ouvrirons une parenthèse pour remercier M. du Moncel de la supposition favorable qu'il a faite à notre égard en disant que probablement nous avions pensé avant M. Bonelli à l'installation d'une barre métallique *continue* pour mettre les trains en communication les uns avec les autres. Non, nous n'avons jamais pensé à cela comme moyen de réaliser notre système, parce que ce serait le fausser par la base : avec un conducteur continu, les signaux, s'ils étaient automatiques, se produiraient à une distance plus grande que celle qui est nécessaire ; les trains s'avertiraient mutuellement au départ des stations, et nous aurions comme résultat un effet peu différent de celui qu'on obtient aujourd'hui avec le télégraphe ordinaire. Du moment que, comme dans le système de M. Bonelli, les signaux ne sont pas automatiques, tous les avantages qu'on espère retirer d'un système de sécurité disparaissent, parce que tout dépend de la volonté des préposés au télégraphe qui sont sur le train. Mais n'anticipons pas, et, avant de faire connaître notre opinion, exa-

m inons le jugement porté par d'autres personnes, dont quelques-
unes doivent être compétentes en cette matière, comme, par
exemple, M. Couche, professeur de construction et des chemins
de fer à l'École des Mines de Paris.

Cet ingénieur, dans un long mémoire sur le *Télégraphe des
locomotives*, examine l'une après l'autre les objections que l'on
pourrait faire au système ; il en parle séparément avec tout l'à-
propos désirable, et cependant, en terminant son travail, il émet
sous forme de note une de ces phrases catégoriques qui suffisent
pour faire accuser de légèreté la personne qui les a tracées. Le
dernier paragraphe du mémoire de M. Couche est si absurde, il
contredit d'une manière si évidente ce qui avait été posé en principe quelques pages plus haut, qu'il ne mériterait même pas les
honneurs de la réfutation ; car on voit sans peine qu'en émettant
une opinion générale sur tous les autres systèmes, qui, comme
celui de M. Bonelli, sont fondés sur l'emploi des courants électriques, M. Couche l'a fait sans les connaître et sans avoir pris
la peine de se rendre compte de leur objet. Autrement, comment
aurait-il pu condamner d'un seul trait de sa plume ce qu'il venait de considérer comme le *desideratum* des chemins de fer ?
Comment aurait-il qualifié de trop compliqués des procédés dont
la simplicité est la même que celle du procédé qu'il a loué ? car
c'est exactement le même principe, appliqué de la même manière,
mais exempt des défauts que lui-même vient de signaler. Comment aurait-il confondu l'objet du frein électrique de M. Achard
avec celui du système de M. Bonelli ?

M. Couche admet que l'isolement du conducteur est suffisant,
au moins pour de petites longueurs (8 kilomètres), comme dans
les expériences de Batignolles à Surênes, *circonstance*, dit-il
(celle de la petite longueur). *qu'il ne considère pas comme un inconvénient, même si elle était une condition* sine qua non *de la
transmission assurée des signaux,* parce qu'il n'est pas d'un grand
intérêt, ajoute-t-il avec raison, que les trains puissent correspondre entre eux et avec les stations toujours et de tous les
points de la voie, mais seulement dans certains cas, quand il y a
réellement du danger.

Comme M. Bonelli, il reconnaît l'innocuité de l'eau et de la neige; en effet, celle-ci n'est pas conductrice quand elle est sèche, et pour qu'elle parvînt à empêcher la marche de l'appareil de sûreté, il faudrait que la voie fût impraticable; quant à la pluie, la perte de fluide qu'elle occasionnerait par les supports serait facilement remplacée, dit-il, en augmentant les éléments du générateur électrique.

La disposition du conducteur isolé sur la voie même, fixé sur les traverses à peu de distance du sol, ne lui semble pas embarrassante, car elle permet, dit-il, de soulever les traverses, lorsqu'il est nécessaire de changer les coussinets, les rails et les traverses elles-mêmes; enfin, d'après lui, les soins qu'exige ce conducteur n'ont rien de minutieux et peuvent être confiés aux gardiens de la ligne sans augmentation du personnel ordinaire.

Quant aux dégradations que la malveillance pourrait faire éprouver au conducteur, M. Couche ne les considère pas non plus comme une objection sérieuse; car, comme il le dit très-bien, on ne fait pas généralement le mal pour lui-même, par pur instinct de dépravation, mais plutôt par intérêt; on doit donc se reposer sur la vigilance des employés, indispensable ici comme pour le télégraphe et les autres parties de la voie, toutes sujettes à être détruites par malveillance ou par hasard, sans que pour cela personne veuille prétendre que l'on doit supprimer les fils télégraphiques.

On a fait aussi cette objection au système de M. Bonelli, que la situation du conducteur le rend peu propre à demander du secours aux stations en cas d'accident, parce que le moindre choc ou déraillement doit l'endommager. M. Couche répond à cela qu'il est peu important que l'on ne puisse pas demander du secours après l'accident, si on a le moyen d'éviter les accidents; et ajoute avec plus de raison que l'établissement du système Bonelli ne justifierait en aucune manière la suppression des fils conducteurs du télégraphe ordinaire.

A voir la manière dont M. Couche envisage toutes les questions de détail, et quelques-unes entre autres avec beaucoup de raison; à l'entendre proclamer que personne n'a résolu la question comme M. Bonelli, on s'attend à ce qu'il accepte le système avec toutes ses conséquences ; cependant il lui donne ensuite un coup mortel ; il en démontre clairement les vices, bien qu'il prétende qu'en cela il ne fait que limiter l'échelle où il doit être appliqué. Nous copierons un paragraphe de son mémoire ou plutôt de son apologie, dans lequel, malgré son désir, il démontre que nous ne nous sommes pas trompé dans l'opinion que nous avons formulée sur le système de M. Bonelli.

« Dans les idées de M. Bonelli, son télégraphe devrait être établi sur toute l'étendue de la voie ; il l'envisage non-seulement au point de vue de la correspondance des trains, soit entre eux, soit avec les stations, mais comme pouvant aussi suppléer le télégraphe ordinaire...... Voici comme je concevrais cette application : d'abord l'établissement du télégraphe de M. Bonelli, même dans toute la longueur d'un chemin de fer, ne justifierait nullement la suppression des fils de la voie. Ceux-ci conviennent parfaitement pour la correspondance ordinaire et pour les demandes de secours des trains en détresse, tandis que le premier échapperait difficilement, en cas d'accidents, à des avaries plus ou moins graves.

« *D'un autre côté*, ajoute-t-il, *on ne voit pas d'intérêt bien réel à ce que les trains puissent, partout et toujours, échanger des correspondances soit entre eux, soit avec les stations. Cette faculté établie, quel usage en fera-t-on ? Quand les trains devront-ils se parler, et que se diront-ils ?* Si deux ou trois trains cheminent sur la même voie entre deux stations, tous, trains et stations, seront dans la confidence de chaque dépêche, qui cependant n'intéresse que deux d'entre eux. Comment préviendra-t-on à coup sûr la confusion à peu près inséparable de cette communauté, les dangers qu'elle peut faire naître ? Ajoutons que l'envoi (ou la réception) d'une dépêche est nécessairement interrompu à l'instant où le waggon qui porte l'appareil franchit un passage à niveau ou un croisement : de là encore une cause de confusion et d'erreur.

« Mais la faculté pour deux trains qui se suivent à un faible intervalle d'échanger à coup sûr des communications entre eux acquerrait au contraire une incontestable valeur dans un cas parfaitement caractérisé : celui où le second ne peut voir le premier, puisqu'elle leur donnerait un moyen infaillible de *constater mutuellement leur présence.*

« La condition rigoureuse de la sécurité sur les chemins de fer EST QU'UN TRAIN LAISSE DERRIÈRE LUI UN SIGNE ÉVIDENT DE SON PASSAGE, SIGNE QUI DOIT LE SUIVRE A UNE CERTAINE DISTANCE, ASSEZ GRANDE POUR PRÉVENIR TOUT DANGER DE COLLISION, ASSEZ LIMITÉE POUR NE PAS DÉRÉGLER INUTILEMENT LE SERVICE.

« *L'accomplissement de cette condition est aujourd'hui le principal* DESIDERATUM *de l'exploitation. . . . .*

« Le télégraphe Bonelli, dont l'utilité n'a été formulée, à ma connaissance, qu'en termes très-vagues, renferme une solution au moins très-digne d'examen de ce grand problème : — la sécurité des parcours en courbe. C'est donc aux sections dangereuses seulement qu'il me paraît susceptible d'être appliqué, mais alors avec un caractère frappant d'utilité.

« Chaque courbe serait munie de la barre conductrice, qui se prolongerait de part et d'autre, suivant les tangentes, à une distance égale à l'*horizon de sécurité*, c'est-à-dire à 800, 1,000 ou 1,200 mètres, suivant les éléments propres à chaque cas.

« Deux ou plusieurs courbes rapprochées seraient naturellement, dès lors, réunies par un conducteur continu, et formeraient ainsi un seul et même système *sur lequel deux trains ne devraient jamais être engagés en même temps sans que le second le sût immédiatement et agît en conséquence, c'est-à-dire ralentît ou arrêtât en se couvrant.*

« Le train, se trouvant, dès l'instant où il cesserait de voir devant lui à la distance réglementaire, en contact avec le conducteur, et par suite en communication avec tout autre train entré avant lui et encore engagé dans la section dangereuse, serait alors à même de constater à coup sûr sa présence. Il suffirait pour cela que tout chef de train ou son suppléant (et tout mécanicien de machine isolée) *se conformât rigoureusement à cette simple obligation : faire parler presque constamment son appareil pendant toute la durée du parcours de la section, dont les limites seraient indiquées par des signaux permanents rappelant cette obligation.* Tout train suivant serait ainsi infailliblement averti sans que le signal pût passer inaperçu, *l'observation permanente de l'appareil étant la condition fondamentale.* — Un train ayant parcouru quelques centaines de mètres du conducteur sans recevoir de réponse n'en continuerait pas moins à *parler* en vue non de ce qui le précède, mais de ce qui peut le suivre.

« Ce mode d'application suppose qu'*aucune dépêche émanée des stations ne peut se mêler à la correspondance des trains.* IL FAUT DONC QUE LA BARRE CONDUCTRICE SOIT COMPLÈTEMENT ISOLÉE.

« *Cet isolement serait d'ailleurs par lui-même une garantie.*

« LA PRÉSENCE SIMULTANÉE DE DEUX TRAINS SUR LE MÊME TRONÇON CONDUCTEUR SERAIT EN EFFET ALORS LA CONDITION *sine qua non* DE LA FERMETURE DU CIRCUIT, POURVU QUE L'APPAREIL A SIGNAUX FUT CONVENABLEMENT ISOLÉ, DE SORTE QUE, EN L'ABSENCE MÊME DE TOUTE RÉPONSE, LE SEUL FAIT DU PASSAGE DU COURANT SERAIT, POUR LE TRAIN QUI LE CONSTATERAIT, LA PREUVE CERTAINE DE LA PRÉSENCE D'UN AUTRE TRAIN. »

Telle est la forme sous laquelle doit être étudiée, d'après M. Couche, l'ingénieuse idée de M. Bonelli, forme qu'il n'ose pas trouver exempte d'objections ; mais il suppose que celles qui se présenteraient dans la pratique seraient faciles à détruire. En un mot, il croit que, telle qu'elle est, elle offre des chances d'augmenter la sécurité des trains ; et, tout en disant que, grâce à la position qu'occupe M. Bonelli comme directeur des télégraphes en Sardaigne, on annonce l'établissement de son système sur toute l'étendue des chemins sardes. il semble manifester des doutes sur l'*utilité de cette mesure générale qui nuit au système même, car elle l'expose à devenir confus,* et il ajoute :

« *Il est vrai que l'application à toute la longueur d'un chemin serait justifiée au point de vue du brouillard, car toutes les sections deviennent alors également dangereuses, indépendamment du tracé.* »

Nous avons donné trop d'extension peut-être à ces citations ; mais, d'un côté, nous présentons ainsi la critique complète et raisonnée qu'a faite du système Bonelli l'un des hommes les plus compétents pour traiter ce sujet, et, d'un autre côté, en signalant ses vices et les avantages qu'il procurerait s'il était modifié, M. Couche nous fait voir quel doit être le principe d'un système qui remplirait le *desideratum* pour la sécurité des chemins de fer.

D'après lui, et la pratique l'a démontré, il n'y a pas de difficulté à maintenir le conducteur suffisamment isolé, et le moyen de mettre en communication ce conducteur avec les appareils télégraphiques et les générateurs électriques portés par les trains est efficace *pour établir une correspondance ordinaire entre deux convois en marche.* Ce résultat, M. Bonelli l'obtint avec un succès incontestable; mais, malgré cela, le système n'est pas seulement défectueux, mais irréalisable, et M. Couche en convient, parce que les trains se parlent à des distances où les précautions sont inutiles, et parce que, en se parlant, plusieurs trains se trouvant sur le même conducteur amèneraient nécessairement de la confusion.

D'accord avec MM. du Moncel et Victor Meunier, dont nous insérons les jugements complets dans les appendices qui terminent ce livre, nous n'hésitons pas à dire, nous fondant sur les principes de la science, qu'il n'y aurait pas moyen de s'entendre quand plusieurs trains voudraient parler à la fois, et cela arriverait constamment si le système était rigoureusement suivi par tous les employés de la ligne. Et quelle est la vraie cause de cette confusion? *C'est l'existence d'un conducteur isolé continu.* Et quel moyen propose M. Couche pour obvier à cet inconvénient? *De placer ce conducteur par morceaux dans les endroits dangereux;* mais il ajoute ensuite qu'en temps de brouillard la ligne est dangereuse dans toute sa longueur, et que cette circonstance pourrait justifier l'installation du système dans toute l'étendue de la voie si ce danger n'était pas temporel : oubliant, d'un côté, que la confusion rend irréalisable l'adoption de ce système, et, de l'autre, qu'un danger temporel qui peut se présenter à tout moment quand on s'y attend le moins constitue un danger permanent.

Ces conclusions de M. Couche peuvent paraître, et sont en effet extraordinaires; mais ce qui l'est davantage, c'est qu'il ait condamné d'une manière absolue des systèmes dont les moyens d'application sont identiques à ceux qu'il trouve acceptables dans celui de M. Bonelli, et qui n'en diffèrent que parce qu'ils n'en ont pas les inconvénients, qu'ils réunissent au contraire les conditions reconnues par lui-même comme indispensables à la sécurité des trains.

On pardonnerait à M. Couche de n'avoir pas fait mention de ces systèmes s'il n'en avait point eu connaissance, quoique cependant l'homme qui a déjà une certaine renommée sur une matière spéciale doive, en écrivant sur cette matière, étudier à fond le sujet, surtout quand il peut léser des droits sacrés. Mais condamner d'un trait de plume des œuvres qu'il ne connait pas, c'est un des reproches les plus graves que l'on puisse faire à un critique. Et nous disons que M. Couche ne les connait pas, bien qu'il mentionne le titre et la page du système qu'il regarde comme le plus ingénieux ; autrement on ne pourrait pas s'expliquer les mots suivants : « On a proposé dans ce but (celui de faire communiquer entre eux les trains en marche) diverses dispositions fondées, comme le système Bonelli, sur l'emploi des courants électriques ; mais leur moindre inconvénient est une extrême complication, et toutes sont restées à l'état de projet, » etc.

M. Couche aurait-il pu, après avoir formulé son jugement sur le système de M. Bonelli, avancer pareille chose du nôtre, dont ceux de MM. Guyard et Achard [1], qu'il mentionne, ne sont qu'une copie, s'il en avait eu la moindre idée ? Comment aurait-il pu l'accuser de complication, puisqu'il n'exige ni un plus grand nombre d'appareils, ni même d'aussi délicats que ceux employés par M. Bonelli pour éviter une collision ? Comment aurait-il pu condamner dans notre système la réalisation de ce qu'il appelle le *desideratum*, et, qui plus est, les moyens d'appliquer le principe, moyens qu'il approuve et dont l'efficacité a été reconnue dans les expériences de M. Bonelli (même en ne voulant pas tenir compte des nôtres), moyens qui, comme tout le reste du système, étaient déjà connus deux ans avant que M. Bonelli les eût présentés comme nouveaux ? Non, nous ne voulons pas croire,

___
[1] Nous n'entendons point parler du frein électrique de ce dernier.

nous le répétons, que M. Couche ait lu la description des systèmes auxquels il fait allusion, pas même celui de M. Achard, qu'il mentionne, car alors sa conduite pourrait être taxée d'autre chose que de légèreté.

Le principe du système de M. Bonelli une fois condamné, étant bien reconnu qu'il n'a pas même le mérite de la nouveauté, et insérant à la fin de l'ouvrage les jugements de MM. du Moncel et Victor Meunier, ainsi que les raisonnements frivoles à l'aide desquels on a voulu combattre les arguments de ce dernier, nous ne devrions pas nous arrêter davantage à démontrer les inconvénients de ce système ; il en est pourtant deux très-graves que nous ne pouvons passer sous silence : 1° le circuit électrique ne s'établissant que lorsque le préposé au télégraphe qui est sur le train veut bien s'acquitter de ce devoir, la sécurité du voyageur se trouve non-seulement à la merci des appareils, comme dans un système automatique, mais aussi à celle de l'employé, qui peut ou non les faire fonctionner ; elle dépend de son plus ou moins d'intelligence dans la manœuvre et des erreurs fréquemment commises dans la transmission d'un numéro. 2° Les signaux des télégraphes de Wheatstone étant précisément les plus difficiles à interpréter, car celui qui les manœuvre a besoin d'une instruction préliminaire, il serait urgent d'établir sur chaque train un véritable poste télégraphique, et les frais de personnel seraient considérables.

Les systèmes de MM. Gay et de Mat, postérieurs à celui de M. Bonelli, sont encore moins acceptables, et, en les décrivant, nous avons dit tout ce qu'il était possible d'en dire. M. Gay a cherché à éviter l'emploi d'un personnel spécial pour traduire les signaux du télégraphe de Wheatstone, et il propose l'usage d'une espèce de livre de voie contenant l'indication de toutes les stations, guérites, disques, etc., qui s'y trouvent, et qui sont signalés par une aiguille à mesure que le train avance. M. de Mat se sert aussi d'un conducteur continu ; mais, craignant sans doute que l'isolement adopté par M. Bonelli ne fût pas suffisant, il a recours à un moyen semblable à celui que nous avons fait connaître dans le système de M. Erckmann ; du reste, M. de

Mat n'a évité aucun des inconvénients propres aux conducteurs continus.

Systèmes de signaux électro-automatiques qui se produisent dans les trains sur un point quelconque de la voie par le fait même qu'ils se trouvent à une distance minime déterminée d'avance. — Le premier entre les systèmes qui ont été proposés pour cet objet, le premier aussi qui a résolu le problème de faire communiquer entre eux deux trains en marche, et l'un des plus anciens parmi ceux que nous avons examinés, est celui qui porte notre nom.

Il semble difficile, presque impossible, que nous portions nous-même un jugement sur ce système, et, en effet, nous y renon-çons, mais non par crainte de manquer d'impartialité, car nous croyons en avoir donné des preuves plus d'une fois, entre autres lorsque nous avons déclaré que le moyen par nous pro-posé pour serrer les freins était inférieur à celui de M. Achard ; nous avons même négligé de le décrire dans ce livre, quoique longtemps après la publication de notre travail on ait très-bien accueilli les inventions de quelques autres qui avaient adopté certaines idées déjà émises par nous sur la manœuvre des freins. Nous aurions condamné avec la même impartialité notre système, si nous en avions rencontré un autre remplissant mieux toutes les conditions nécessaires pour obtenir la sécurité sur les chemins de fer ; mais, à vrai dire, nous n'en avons pas trouvé, et nous voyons que ceux qui, après nous, se sont occupés de résoudre le problème tombent dans les mêmes idées, ou sont critiqués pour s'en être séparés. Heureusement pour l'objet de ce livre, le vide que nous aurions laissé a été rempli par les ex-périences en grand que nous avons faites sur le chemin de fer de la Méditerranée, entre Madrid et Albacete, dont le succès est constaté par les documents insérés à la fin de ce volume. (*Voyez* les Appendices.) Les jugements de diverses personnes sur notre œuvre ont aussi suppléé à notre abstention à cet égard ; mais, comme ces jugements n'ont pas été tous favorables, on nous permettra de répondre aux objections, c'est-à-dire à celles seule-ment qui ont rapport au système en lui-même, car celles qui sont relatives à la fausse et dangereuse sécurité que l'on donne aux employés, à la rareté des accidents, et plusieurs autres de même espèce, communes à tous les systèmes, ont été combattues dans le dixième chapitre de ce livre.

Dans le onzième volume (p. 173) du *Génie industriel*, en rendant compte du système de M. Bonelli, l'auteur de l'article trace ces lignes, dont le lecteur comprendra facilement le sens maintenant qu'il sait en quoi consiste l'invention de M. Bonelli ; elles se rapportent à la section de la barre isolée servant de conducteur :

« On comprendra dès lors qu'entre deux stations fixes l'on puisse établir un fil de ligne sur toute la longueur duquel l'intensité du courant sera la même, ayant subi les lois que nous avons indiquées ; mais aussi, ces conditions étant données, le courant aura, toutes choses égales d'ailleurs, une intensité constante, et il sera dès lors possible d'employer son action à la production régulière des phénomènes électro-magnétiques, qui, comme nous l'avons dit, servent de signaux télégraphiques. On voit par là *que le fil de ligne ordinaire* ne pourrait plus être employé efficacement dans le cas où, mettant un appareil télégraphique sur un convoi en marche, on établirait une communication permanente entre cet appareil et le fil de ligne, *par la raison que la dérivation occasionnée dans le courant électrique par la présence d'un appareil télégraphique*, dérivation dont la résistance est inversement proportionnelle à la somme des résistances du fil de ligne et de l'appareil, varierait constamment avec la position du convoi sur le chemin qu'il parcourt, et que, par conséquent, il ne serait pas possible d'établir une transmission régulière de dépêches entre les convois en marche et les stations, et à plus forte raison entre plusieurs convois situés à une distance les uns des autres constamment variable. C'est principalement contre cette difficulté que sont venus échouer les projets de MM. du Moncel, Tyer, Guyard, de Castro, Achard, etc.

« Mais, si nous remplaçons le fil de ligne ordinaire par une barre à grande section, comme cela a lieu dans le télégraphe des locomotives..... » etc.

Nous ne comprenons pas qu'un homme qui ne semble pas

étranger à la matière ait pu écrire de bonne foi les lignes qu'on vient de lire ; il faudrait supposer à son égard ce que nous disions de M. Couche ; c'est-à-dire qu'il n'a pas lu les systèmes dont il parle, ou que, s'il les a lus, il ne s'en est pas bien rendu compte.

Comment, sans cela, confondre des systèmes qui ne se ressemblent en rien, comme ceux de MM. Tyer, du Moncel et le nôtre ? Comment supposer à ce dernier, pour le condamner, des conditions qu'il n'a jamais présentées ? Où le journaliste a-t-il vu que notre système se soit brisé contre des difficultés qui n'existent que dans son imagination ? Nous avons souligné avec intention les phrases où il expose ses objections pour rendre plus évidente sa bizarrerie de vouloir nous les appliquer.

Notre système n'a aucune espèce de dérivation ; dans chaque morceau du conducteur isolé ne peuvent se trouver que deux appareils télégraphiques tout au plus, qui s'avertissent mutuellement du danger, car le circuit est nécessairement fermé du moment où les deux trains touchent le conducteur. La longueur de ce circuit ne dépasse jamais 2 kilomètres ; il n'est donc pas nécessaire d'employer un conducteur de grande section (quoique rien ne nous empêcherait de lui donner celle qui serait nécessaire ; nous avons seulement indiqué les fils télégraphiques ordinaires comme plus économiques) ; s'il suffit à transmettre le courant d'un train à l'autre sans difficulté, ces deux trains étant placés aux deux extrémités de la section, il ne le fera pas moins quand en s'approchant ils raccourciront la distance ; l'effet dans l'appareil d'alarme sera toujours le même, car il ne peut pas varier par suite de ce que le courant, trouvant un peu moins de résistance dans le conducteur, marque quelques degrés de plus dans le galvanomètre.

Loin donc de nous être brisé contre cette difficulté, nous n'avons pas eu et nous n'aurons jamais à lutter contre elle ; la simplicité du principe sur lequel repose notre système le met à couvert des difficultés rêvées par le *Génie industriel*, et toute son argumentation se réduit à rien, tout exacte qu'elle soit, du moment qu'il n'y a pas lieu de l'appliquer.

Le même désagrément d'avoir été jugé sans connaissance de cause nous est échu dans un petit ouvrage sur la *Télégraphie électrique*, publié par M. l'ingénieur Victor Bois, qui, d'après le système généralement adopté, à ce qu'il paraît, par ses compatriotes, car M. Louis Figuier agit ainsi dans ses *Nouvelles Applications de la science à l'industrie*, s'est proposé d'émettre une opinion *en gros* sur tous les systèmes de sûreté qui ont pour base la transmission électrique, comme s'ils étaient tous les mêmes. Mais M. Victor Bois fait plus encore : il ne se contente pas de dire que les système de MM. de Castro, du Moncel, Bonelli et Guyard ont une grande analogie entre eux ; et, comme preuve d'impartialité, il entreprend la description du dernier pour les faire connaître tous ; mais, plus tard, en rendant compte du système de M. Regnault, il dit : « Au lieu d'abandonner, comme ont fait les inventeurs dont nous venons de parler, à l'exception de M. Guyard, la sécurité de la marche des trains au jeu d'appareils presque toujours compliqués, il propose (M. Regnault) de mettre entre les mains des agents qui dirigent le mouvement des trains un appareil électro-magnétique tellement simple, qu'il n'y ait pas d'erreur possible dans la transmission et l'interprétation des signaux ni de causes nouvelles de danger à craindre par suite de ses dérangements. »

Ceux qui ont lu la description des systèmes cités et se rappellent ce qu'est celui de M. Guyard, comparé aux autres et surtout au nôtre, peuvent se faire une idée exacte de la valeur de ce jugement, qui ne mérite même pas d'être réfuté. Et c'est ainsi qu'on rend compte des progrès accomplis dans les applications scientifiques !

M. du Moncel, en décrivant notre système, dit qu'il ne comprend pas ce qui nous a décidé à nous servir de piles différentielles ou de commutateurs, dont la sécurité est plus que problématique, et que nous aurions pu obtenir le même résultat d'une manière plus simple et plus naturelle en employant seulement la pile portée par l'un des trains, et laissant inactive celle de l'autre ; il ajoute que pour qu'un train sût s'il devait mettre ou non la pile en communication avec le circuit, il aurait suffi d'un simple indicateur électro-magnétique, placé dans les stations, et qui pût agir sur chacun des trains à son passage devant elles.

Si nous avions fait ce que nous conseille M. du Moncel, et c'est exactement ce qu'il propose lui-même pour indiquer le sens dans lequel doit marcher le courant dans son système, le nôtre aurait perdu ce caractère de généralité qui le distingue de tous les autres, et il aurait cessé d'être efficace; car, comme nous l'avons indiqué plus d'une fois dans le courant de ce livre et démontré au dixième chapitre, les accidents, qui peuvent arriver de mille manières différentes sur les chemins de fer, sont presque toujours dus à des circonstances imprévues; et pourtant, à notre avis, il faut qu'un système de sécurité soit tel, qu'il embrasse le plus grand nombre de cas possible, et qu'il prévienne les dangers sans que ni la voie ni les appareils du train soient disposés d'une manière différente dans chaque cas; car il suffirait que l'un se présentât quand on attendait l'autre pour que, ayant les moyens de les éviter tous deux séparément, on fût exposé à être victime de l'un et de l'autre.

Si parmi les trains qui parcourent une voie il n'y avait que la pile des trains pairs, par exemple, qui fût en activité, comment les trains impairs recevraient-ils le signal de danger que doivent leur envoyer les gardes-lignes s'il survient un obstacle sur la voie? Comment le recevraient-ils des barrières, des aiguilles et des autres pièces mobiles qui, mal placées, peuvent occasionner un déraillement? Les trains de marchandises qui s'arrêtent à chaque station et les trains de matériaux pour les travaux de la voie, qui restent quelquefois dans les gares d'évitement ou dans de petits embranchements, produiraient une altération continuelle et très-fréquente dans le numéro d'ordre de chaque convoi, et il se trouverait des trains extraordinaires qui sur une ligne un peu longue seraient trois ou quatre fois pairs et autant de fois impairs, et, pour mettre ou ne pas mettre la pile en activité, il faudrait l'une ou l'autre de ces deux choses : ou que le mécanicien le fît par lui-même, et nous avons dit combien il est exposé à se tromper; ou obtenir automatiquement l'introduction et la séparation de la pile, comme le propose M. du Moncel pour son système; mais, dans ce cas, non-seulement il serait nécessaire d'établir sur chaque train un autre commutateur plus problématique encore que celui qu'on veut remplacer, puisqu'il fonctionnerait d'une manière irrégulière ; mais encore de monter à chaque station, à chaque embranchement, un système spécial, sur lequel agiraient les trains d'une manière différente, selon qu'ils porteraient ou non la pile en activité, et que cet appareil, à son tour, ferait fonctionner le rhéotrope du train pour mettre la pile en activité, ou *vice versa*. Que l'on compare tout cela au simple appareil d'épreuve que nous avons proposé dans le cas où l'on se sert des piles différentielles, pour savoir automatiquement si elles sont convenablement disposées ; appareil qu'on établit seulement dans les têtes de sections d'où part la locomotive pour la première fois. Et cependant avec les piles différentielles. on peut prévenir tous les cas d'accidents qu'on est impuissant à prévenir par la suppression de la pile sur les trains pairs ou impairs.

Nous ne comprenons pas non plus comment M. du Moncel trouve étrange et difficultueux l'emploi de l'inverseur que nous proposons pour le cas où l'on ne ferait point usage des piles différentielles ; car c'est un appareil indispensable pour son système, et il emploie comme nous celui de Ruhmkorff modifié. Il objectera peut-être que son inverseur est dans les stations tandis que le nôtre est sur les trains ; que le sien ne fonctionne que quand un employé le fait tourner de temps en temps, tandis que le nôtre doit fonctionner tout le temps que le train est en marche ; mais ce n'est pas là non plus une objection sérieuse, car elle est mise à néant par les résultats obtenus dans l'expérimentation, par la manière dont nous proposons que le commutateur fonctionne, et par son mode de construction. Sa simplicité, en effet, et cette circonstance qu'il reçoit son mouvement d'une des roues de la voiture, ne permettent pas de craindre qu'il interrompe sa rotation tant que la roue sera en mouvement ni que les ressorts cessent d'appuyer convenablement contre le cylindre ; mais, si cela avait lieu, si cette espèce de commutateur, qui, d'après

M. Becquerel, est la plus sûre, n'établissait pas le contact après une marche de quelques heures consécutives, n'avons-nous pas l'interrupteur de M. Breguet, qui fonctionne depuis bien des années sans se déranger, 'et qui, au moyen de la modification de M. Guillot, décrite au quatorzième chapitre, devient un excellent commutateur?

Nous ne redoutons donc aucunement de voir manquer notre système par suite de l'introduction d'un inverseur dans le circuit. Nous croyons aussi que personne ne conservera le moindre doute sur l'avantage qu'il y aurait à employer les piles différentielles plutôt que de supprimer les piles dans les trains pairs ou impairs, si l'on ne voulait pas adopter le commutateur ni faire usage des appareils magnéto-électriques.

Dans le résumé fait par M. du Moncel de tous les systèmes proposés pour appliquer l'électricité aux chemins de fer, cet auteur, afin de prouver la supériorité de ceux dans lesquels on établit le circuit au moyen d'interrupteurs conjonctifs, fixés sur la voie de distance en distance, écrit les lignes suivantes : « D'après cela, on voit que les systèmes à bandes continues ou interrompues qui occupent toute la longueur du chemin et sur lesquelles appuie d'une manière permanente un frotteur ne réalisent pas les conditions voulues, car ces bandes sont très-difficiles à isoler et sont un obstacle ou un embarras pour le service du chemin de fer. De plus, ces systèmes exigent : soit des relais à déclenchement, qu'il est bien difficile de régler convenablement à cause des trépidations du convoi; soit des télégraphes à aiguilles, qui nécessitent des employés spéciaux; soit des compteurs plus ou moins compliqués, qui sont susceptibles de dérangement. »

Deux de ces objections atteignent notre système, et nous allons y répondre, en commençant par celle qui semble la plus importante : la difficulté d'isoler le conducteur général.

Si M. du Moncel nous avait fait cette objection il y a quelques années, quand nous avons proposé notre système pour la première fois, l'opinion d'une personne aussi compétente nous aurait fait douter de la possibilité d'obtenir cet isolement, bien qu'on eût manifesté les mêmes craintes pour les lignes télégraphiques ordinaires, et que l'expérience eût démontré plus tard qu'elles n'étaient pas fondées; mais cette fois encore l'expérience est venue détruire les scrupules de M. du Moncel, avec cette différence toutefois qu'aujourd'hui, et c'est ce qui nous semble extraordinaire, l'objection a été faite par lui quand pourtant il n'ignorait pas qu'on obtient un isolement aussi parfait qu'on peut le désirer.

Il ne nous était pas permis d'exiger de M. du Moncel qu'il connût les essais faits par nous dans un coin du monde : c'eût été trop demander que de vouloir qu'il eût une entière confiance dans des résultats obtenus dans un pays malheureusement aussi peu connu que le nôtre des hommes de science; mais, quelques mois avant la publication de son ouvrage, il aurait pu assister aux expériences de M. Bonelli, dans lesquelles un conducteur de 8 kilomètres est resté pendant deux mois, malgré ses mauvaises conditions, parfaitement isolé et en état de transmettre, non pas seulement un signal rapide, instantané, pouvant être entrecoupé sans inconvénient, mais une conversation suivie, pour laquelle le courant ne cesserait pas sans danger de confusion. Doit-on craindre après cela qu'on ne puisse obtenir un isolement suffisant sur un conducteur de 2 kilomètres n'exigeant pas une continuité rigoureuse dans le courant, nécessitant moins de poteaux et présentant par conséquent un moins grand nombre de sorties au fluide qui s'échappe?

Si dans les mois de novembre et de décembre on a pu conserver suffisamment isolée une barre métallique de 8 kilomètres de longueur appuyée sur 4,000 isoloirs, éloignés du sol seulement de 10 centimètres et soutenus par des broches métalliques clouées dans les traverses, avons-nous à craindre que notre conducteur ne soit pas suffisamment isolé pour transmettre un courant électrique à 2 kilomètres tout au plus, n'étant appuyé que sur 100 isoloirs, à 1 mètre de distance du sol, avec lequel il ne communique que par un poteau en bois? Que M. du Moncel invoque toutes les raisons qu'il voudra; mais nous n'appréhendons pas le moins du monde que notre système vienne à manquer faute d'isolement du conducteur, non plus que par faute de contact, comme quelques-uns l'ont supposé. En effet, ainsi que l'a prouvé l'expérience dans la même occasion, le conducteur ainsi disposé permet une communication suivie, capable de transmettre une dépêche sans confusion, et nous n'avons besoin que d'établir le circuit instantanément, pendant de courts intervalles, qui peuvent même sans aucun inconvénient n'être que de quelques secondes.

L'objection faite par M. du Moncel à propos des relais à déclenchement n'est pas plus fondée que celle à laquelle nous venons de répondre ; nous avons proposé les relais pour fermer un circuit local dans lequel se trouverait l'appareil d'alarme, non pas que cela fût absolument indispensable pour le système, mais parce que nous croyons que c'est un moyen plus sûr de faire marcher l'appareil à signaux quel qu'il soit, même avec un courant très-faible ; et nous avons grande confiance en ce moyen, parce qu'avant de le proposer nous l'avons essayé plusieurs fois, sans que le mouvement de trépidation de la voiture ait jamais été assez fort pour fermer le circuit local, et sans que l'armature de l'électro-aimant du relais ait cessé de fonctionner une seule fois au moment même où l'on fermait le circuit de la ligne. Mais, si nos propres expériences ne suffisaient pas, n'aurions-nous pas l'exemple du système Mirand, où il y a une armature d'électro-aimant qui pourrait se mettre en mouvement par la trépidation de la voiture ? L'appareil à signaux lui-même proposé par M. du Moncel pour son système pourrait-il fonctionner si les oscillations étaient capables de vaincre la force d'attraction de l'électro-aimant, celle du ressort, ou l'inertie de l'armature quand elle n'est pas attirée ? Si l'argument de M. du Moncel était sérieux, il faudrait, pour ainsi dire, renoncer à l'idée d'employer un appareil électro-magnétique sur les trains en marche ; heureusement on voit que l'expérience a prouvé le contraire. D'un autre côté, comment M. du Moncel évite-t-il l'emploi d'un relais dans son système ? En envoyant directement un courant à l'appareil de signaux, courant qui doit traverser un circuit de trois ou quatre lieues, ce qui est peu de chose, dit-il, pour des appareils à aiguilles aimantées. Eh bien, si dans son système il est possible de transmettre un courant qui fasse fonctionner directement un appareil à signaux à 12 ou 16 kilomètres, pourquoi ne pourrions-nous pas obtenir dans un circuit six ou huit fois plus petit un résultat semblable, comme, par exemple, faire changer la position d'un barreau aimanté? Il n'en faut pas davantage, en effet, pour avoir un relais aussi bon que tout autre, si le courant ne suffisait pas à produire directement le signal.

Il nous reste à combattre le troisième argument opposé à notre système, argument fondé sur l'embarras que le conducteur isolé pourrait occasionner dans le service du chemin. Cette objection a été repoussée par plusieurs ingénieurs spéciaux de chemins de fer, et surtout par M. Couche, à la sixième page de son mémoire sur le télégraphe Bonelli ; cependant, comme nous croyons que, bien qu'assez explicite, il est peut-être un peu trop absolu dans ses conclusions et ne donne pas des raisons suffisantes pour les justifier, nous dirons quelques mots à ce sujet.

L'embarras occasionné par le conducteur sur la voie, s'il était réellement un obstacle pour l'exploitation, ne pourrait se faire sentir que par l'une de ces trois causes : 1° parce qu'il empêcherait la circulation des trains ; 2° parce qu'il ne permettrait pas ou rendrait difficile celle des personnes qui veulent traverser la voie ; 3° parce qu'il rendrait pénible l'entretien du chemin lors du renouvellement des traverses, la rectification des pentes, etc.

Nous avons beau chercher par laquelle de ces trois causes notre conducteur pourrait devenir un embarras ; il ne nous est pas facile de trouver celle qui a pu inspirer son objection à M. du Moncel. Ce n'est pas la première, parce que les trains qui circulent le long de la voie n'ont besoin que d'une chose, c'est de trouver toujours la voie libre devant eux dans une section de la forme et des dimensions représentées par le gabarit qu'on place ordinairement à la sortie des gares de marchandises ; notre conducteur se trouve en dehors de cette section, soit qu'on le place dans l'entre-voie, soit sur le côté extérieur ; il ne peut donc entraver en rien la marche des trains ni justifier l'objection faite à M. Bonelli, qu'une chaîne détachée peut occasionner des avaries dans le conducteur lui-même, arracher les traverses, etc. Il n'oblige pas davantage les compagnies, comme on l'a prétendu, à cesser d'employer les locomotives à dépôt d'eau ou à cendrier très-bas.

Ce ne peut être non plus la seconde des causes ci-dessus mentionnées, puisque le conducteur général se trouve sous terre dans les passages à niveau et autres où il est inévitable de laisser circuler le public, et cette solution de continuité apparente, on le sait, n'a pas pour notre système les inconvénients qu'elle présenterait pour celui de M. Bonelli. Dans tout le reste de la voie il ne peut être rencontré que par le garde-ligne ou les ouvriers de la voie, qui le franchiront sans difficulté, s'il est nécessaire, puisqu'il y a une distance de 1 mètre entre le conducteur et le sol. Loin d'être un obstacle nuisible, c'est plutôt un obstacle utile, car, bien qu'il n'offre pas la résistance matérielle d'un mur ou d'une barrière en fer, c'est néanmoins un empêchement qui se présente à l'imprudent qui voudrait traverser la voie à l'approche d'un train, et qui, en l'arrêtant, peut quelquefois l'arracher au danger.

En établissant le conducteur général dans l'entre-voie ou au côté extérieur de la voie, comme nous l'avons proposé, il n'y a pas à craindre qu'il gêne en rien l'entretien de la voie, car les poteaux, étant enfoncés dans le sol à 60 ou 80 centimètres de profondeur, s'il est nécessaire, sont tout à fait indépendants des traverses ; il sera donc facile de lever celles-ci, de les renouveler, en un mot de faire tout ce qui sera nécessaire sans qu'il soit besoin de toucher au conducteur ; les ouvriers de la voie, à l'approche d'un train, pourraient se ranger sur un côté, avec la même promptitude et la même sécurité qu'aujourd'hui ; ils n'auraient besoin d'un peu plus de précautions que sur les chemins à trois voies, qui ne sont pas très-fréquents ni d'une grande étendue, et pour lesquels, du reste, on pourrait prendre des mesures appropriées à la localité : il suffirait, par exemple, d'élever le conducteur général de l'une des voies extérieures de plus de 2 mètres, comme nous l'avons fait dans nos expériences ; et cela en reviendrait au même que s'il n'y avait que deux voies.

Nous croyons avoir répondu à toutes les objections opposées à notre système par M. du Moncel ; mais, dans le cas même où nous n'aurions pas réussi à les détruire, elles sont loin d'être aussi sérieuses que celles que nous avons faites nous-même à d'autres systèmes réellement inapplicables ou du moins très-incomplets.

Nous avons longtemps hésité avant d'entreprendre l'examen du système auquel a donné son nom le capitaine Guyard, parce qu'étant jusqu'à un certain point *identique* au nôtre quant au principe fondamental et aux principaux moyens d'application, il nous semblait inutile de répéter les considérations auxquelles nous nous étions déjà livré ; nous craignions aussi d'être trop sévère en émettant notre jugement, et que l'on nous accusât de passion et de présomption ; cependant nous sommes décidé à en parler sans détours, parce que tous ceux qui écrivent sur ce sujet en France ne tiennent compte que de M. Guyard, ou font ce nom inséparable du nôtre, comme s'il y avait eu réellement *simultanéité* et *identité* dans nos idées, ou comme si tous les deux nous eussions travaillé conjointement à la réalisation de la même œuvre.

En outre, le capitaine Guyard, méconnaissant la véritable position où l'a placé peut-être le hasard, doit sans doute espérer pour lui seul la gloire de donner son nom au système qui porte aujourd'hui le nôtre, car nous ne pouvons nous expliquer autrement l'insistance avec laquelle, après avoir voulu travailler avec nous, il est parvenu à faire déclarer l'échéance de notre brevet en France, par suite d'omission de notre part d'une des nombreuses formalités exigées par la loi des brevets, et qui enlèvent à l'inventeur, surtout quand il est étranger, toute possibilité de conserver ses droits dans leur intégrité. Heureusement nous n'avons jamais songé à retirer des avantages pécuniaires de ce brevet, car nous savions à quoi nous en tenir sur l'empressement des compagnies de chemins de fer à adopter les idées nouvelles : ce brevet a rempli et continue de remplir l'office que nous réclamions de lui, celui de constater notre priorité, qui est reconnue par tous les hommes sérieux et compétents, malgré les efforts de M. Guyard.

Ce dernier a cru sans doute qu'une fois périmé notre brevet (le sien l'est de fait), n'espérant plus rien en retirer, nous irions nous enfouir dans un coin de l'Espagne d'où il nous serait difficile de suivre la marche de cette affaire, et que nous le laisserions se parer tranquillement et à lui seul du titre d'inventeur de notre système, qu'il est parvenu à se faire donner.

Nous n'ignorons pas que la plupart de ceux qui liront ces lignes nous accuseront de témérité et d'immodestie, sous prétexte qu'il ne serait pas impossible que M. Guyard ait eu la même idée, et qu'une fois conçue, il l'ait développée de la même manière. Nous ne nions pas cette possibilité, et nous accorderons même davantage : c'est que plusieurs autres l'auront eue en même temps que M. Guyard ; mais personne n'a agi comme lui, personne n'a voulu se l'approprier.

D'après la loi des brevets en France, que presque tout le monde connaît dans ce pays, et que certainement n'ignorent pas ceux qui vont se mettre sous leur protection, les mémoires et dessins de tous les brevets sont à la disposition du public, afin que personne ne puisse alléguer son ignorance, et que toute la rigueur de la loi puisse atteindre le contrefacteur qui fabrique ou construit, d'après un système breveté, sans respecter les droits antérieurs. Il semble naturel que celui qui veut prendre un brevet s'informe d'abord s'il y existe quelque idée pareille et antérieure à la sienne, non-seulement afin de ne pas passer pour un plagiaire, mais pour éviter les dépenses inutiles qu'entraînerait son ignorance. C'est ainsi que nous avons fait nous-même, malgré que pour cela il nous ait fallu entreprendre un long voyage, et c'est seulement après nous être assuré qu'il n'y avait rien de semblable à ce que nous proposions que nous prîmes notre brevet ; nous devons dire ici que c'est seulement alors que nous eûmes connaissance des travaux de M. Breguet et des autres inventeurs qui nous ont précédé dans l'étude de cette sorte d'applications de l'électricité, car malheureusement, en Espagne, l'étude de cette branche des connaissances humaines n'était pas très-répandue, et la solitude dans laquelle nos occupations nous obligeaient à vivre n'était pas de nature à nous tenir au courant de ses progrès.

Mais revenons au capitaine Guyard : comment se fait-il qu'étant Français et ayant toutes les facilités désirables, il n'ait point pensé à aller examiner au ministère de l'agriculture les inventions déjà brevetées? Comment n'a-t-il pas même lu la partie du catalogue imprimé de l'année précédente qui concerne les chemins de fer, et dans laquelle, parmi plus de cinquante systèmes de freins, tampons et autres moyens d'augmenter la sécurité sur les chemins de fer, il n'y en a pas six qui emploient l'électricité comme agent, et pas un seul dont le titre soit aussi explicite que le nôtre ?

Admettons cependant qu'une pareille indifférence n'ait rien que de très-naturel. En est-il de même aussi du soin avec lequel M. Guyard, tout en adoptant notre principe et les *détails indispensables*, semble éviter de faire mention des cas que nous indiquons comme exemples d'application, et signale ce que, non pas par oubli, mais parce qu'il était inutile d'entrer dans tous les détails du système, nous avons négligé d'énumérer? Nous disions : « Sur les ponts-levis *et aux autres endroits où la position de la voie n'est pas stable*, il peut arriver que son déplacement occasionne des accidents. Il suffira, pour les éviter, de faire en sorte que ce déplacement ne puisse avoir lieu sans mettre en communication le conducteur avec la terre ; » et, comme exemple, nous indiquions la disposition que l'on pourrait adopter pour un pont-levis. Eh bien, M. Guyard expose dans son mémoire le cas d'un pont tournant et d'une barrière, affirmant que nous ne pouvons avoir la prétention de protéger des barrières ni des ponts tournants avec notre système.

M. Guyard n'est pas moins bizarre quand il vient dire que nous ne pouvons pas nous servir de rhéotomes ou de rhéotropes pour interrompre ou changer le sens du courant, par ce seul fait qu'il a donné la description d'un de ces appareils, comme si ce genre d'appareils n'était pas d'un emploi général en télégraphie ; comme si tout le monde ne savait pas que quand deux générateurs électriques de même intensité se trouvent sur le même conducteur il faut interrompre ou changer le courant de l'un d'eux (quand ils vont en sens contraire) pour produire un

effet physique ou mécanique; et, enfin, comme si cela n'était
pas tacitement compris dans la phrase où nous disons : « On placera sur chaque train *un générateur électrique ou électro-magnétique...* » Ce dernier produit le courant interrompu et en sens
alterné, tandis que le premier le donne continu et toujours dans
le même sens; par conséquent, pour produire avec tous deux le
même effet il fallait nécessairement avoir recours à des appareils
auxiliaires dont M. Guyard réclame l'usage exclusif, soit pour
renverser les courants de la pile, soit pour rendre continus ceux
des appareils électro-magnétiques. Que dirait donc M. Guyard si,
dans le cas où il serait le premier auteur du système, on venait
lui contester le droit d'employer une frange métallique parce
qu'il aurait proposé un *pinceau;* et le droit de placer ses fils conducteurs l'un à côté de l'autre, parce que dans ses dessins il les
aurait figurés l'un au-dessus de l'autre? C'est pourtant là ce qu'il
prétend, lui qui termine le mémoire descriptif de son brevet
principal par ces mots : « Nous réclamons en conséquence son
usage exclusif (du système) avec la faculté d'adopter en l'établissant toutes les conditions de sécurité et d'exactitude qu'exige
la télégraphie électrique. »

Nous n'aurions peut-être pas écrit les lignes qu'on vient de
lire si M. Guyard seul avait soutenu ses prétentions; mais nous
avons vu que M. du Moncel semble révoquer en doute notre droit
à résoudre ces *cas accessoires,* comme il les appelle, sans en céder la priorité à M. Guyard; et nous avons voulu faire voir que
tous ils étaient prévus et sous-entendus dans notre premier mémoire; mais l'objet auquel il était destiné ne nous permettait
pas de développer le problème dans tous ses détails, comme nous
l'avons fait au douzième chapitre de ce livre : et même aujourd'hui
nous ne présentons plusieurs solutions de chaque cas que pour
démontrer qu'elles peuvent varier à l'infini et qu'il serait absurde
de supposer que dans un brevet on dût les énumérer toutes. Que
l'on cite un seul cas qui ne soit pas l'application rigoureuse et
nécessaire du principe exposé très-nettement dans nos premiers
travaux; et qu'on dise si nous n'avons pas dû les connaître tous,
pour créer un système général qui les embrasse tous.

Une des raisons qui nous ont fait douter de la simultanéité de l'idée de M. Guyard avec la nôtre, et surtout de sa compétence pour la mettre à exécution, c'est la *modification* qu'il propose à la fin de son premier mémoire, afin, dit-il, de simplifier l'application du système et en vue de réaliser une économie.

Cette modification ne consiste en rien de moins *qu'à substituer un fil continu aux deux séries de fils interrompus*, et à faire en sorte que les trains reçoivent le signal d'alarme à la distance voulue, *réglée non plus par la longueur des fils, mais bien par l'intensité du courant*.

Est-il possible que les deux idées soient sorties du même cerveau et que celui qui a étudié la question propose la seconde comme modification de la première? Où M. Guyard a-t-il vu que l'action d'un courant puisse être réglée au point de faire ou non fonctionner les appareils télégraphiques par la seule différence de quelques mètres dans la longueur du circuit? De quels appareils se sert-il pour obtenir cette régularité, qui est à peine possible dans les expériences délicates faites dans un cabinet? Serait-ce de l'appareil de Ruhmkorff, dont il parle dans son second brevet, pris sept mois après le premier, le 13 janvier 1855? On pourrait le croire, car il termine son mémoire descriptif en réclamant le droit exclusif d'employer l'appareil de Ruhmkorff modifié pour régler l'intensité du courant; nous cependant, qui, à cette époque, avions déjà commandé à Paris la construction d'appareils de Ruhmkorff pour les essais que nous voulions faire, non dans le but de régler des courants, car une pareille idée n'aurait jamais pu nous venir à l'esprit, mais dans le but d'obtenir des courants d'une grande tension, nous qui n'avons connu l'existence du système Guyard que par M. Ruhmkorff lui-même, qui construisait les appareils, nous ne voyons dans la seconde demande de brevet que la même tendance à suivre nos pas; car on ne peut expliquer autrement cette nouvelle *identité* et *simultanéité*, à un intervalle de quelques mois; mais, malheureusement pour l'ingénieur français, l'objet que nous avions en vue lui échappa, et il se trompa sur l'application que l'on pouvait faire de l'appareil Ruhmkorff au système.

Ce ne sont pas là les seules raisons qui nous ont fait douter
que M. Guyard eût l'aptitude nécessaire pour être l'auteur du
système, tel qu'il le présenta dans son premier brevet. Outre la
bizarre modification qu'il lui fit subir à cette époque, outre l'idée
émise par lui plus tard d'employer l'appareil de Ruhmkorff à
régler le courant, il en exposa une autre non moins absurde :
celle d'employer les fils télégraphiques ordinaires placés sur la
voie pour la communication spéciale dont ont besoin deux trains
qui se rapprochent l'un de l'autre, se figurant qu'il obtiendrait
les deux effets à la fois avec deux fils, soit *en complétant avec
eux trois circuits*, dit-il, *soit en profitant, pour le signal entre les
deux trains, de l'intervalle entre la transmission de deux lettres ou
signaux de la correspondance ordinaire.*

Il est impossible de réunir plus d'absurdités en si peu de mots;
et nous n'hésitons pas à dire que celui qui les propose comme
autant de modifications d'un système rationnel n'est pas l'auteur
de ce système, qu'il n'aurait jamais pu concevoir. Les explications données par l'auteur pour appuyer ses modifications sont
dignes de celles-ci, et nous renonçons à les réfuter, car il suffit
de les parcourir dans la description exacte de ses travaux que
nous avons transcrite littéralement au chapitre quatorzième. Les
lecteurs pourront voir par eux-mêmes si l'on peut reprocher au
jugement que nous en avons porté un excès de sévérité. En le
formulant nous avons obéi à la nécessité où nous nous trouvions
de défendre notre réputation, car nous pouvions être accusé de
plagiat, surtout en France, où notre qualité d'étranger ne parle
pas beaucoup en notre faveur dans la question. C'est par suite de
cela sans doute que nombre de personnes ont parlé de notre
invention en l'attribuant à M. Guyard et sans même mentionner
notre nom.

Postérieurement à la résolution que nous prîmes d'éditer ce
livre en français, a été publiée l'*Enquête sur les moyens d'assurer
la régularité et la sûreté de l'exploitation sur les chemins de fer*,
par ordre de Son Excellence le ministre de l'agriculture, du commerce et des travaux publics. En la parcourant, nous y avons vu
avec plaisir et douleur en même temps que les seuls systèmes

recommandés par la commission aux compagnies sont ceux de MM. Guyard et Achard. Nous voyons en cela le triomphe de nos idées et l'injustice faite à notre personnalité, car nous avons été le premier peut-être, en 1855, qui ayons été trouver M. Magne pour lui proposer notre système; la réponse écrite qu'il nous adressa était de nature à nous faire espérer que la commission instituée par lui s'en occuperait; et cependant on nous a totalement oublié, tandis que M. Guyard, qui n'a fait que nous copier imparfaitement, a reçu une mention honorable [1].

Les modifications proposées par M. Guillot ne changent en rien le système et se réduisent à varier la forme de quelques-uns des organes électriques et mécaniques; il est donc inutile que nous nous arrêtions à les examiner; nous dirons cependant qu'elles nous semblent excellentes, et qu'elles pourraient donner d'aussi bons et peut-être de meilleurs résultats que quelques-uns des moyens par nous employés : nous n'hésiterions pas à les adopter si elles offraient réellement quelques avantages dans la pratique.

Nous n'avons pas eu entre les mains une description assez détaillée pour nous rendre bien compte de la différence entre les effets du système de M. Crestin et ceux du système de M. Bonelli ou du nôtre, car il paraît participer de tous les deux. Tout en ayant la bande continue comme celui de M. Bonelli, qui est venu après lui, il interrompt de temps en temps le courant de manière à ne pas communiquer avec tous les trains qui sont sur la voie, et en cela il se rapproche de notre système, qui l'a précédé. Cette interruption semble permettre d'obtenir des signaux automatiques à l'approche des trains, et c'est pour cette raison que nous lui avons donné une place dans le neuvième groupe, quoique ce résultat ne se déduise pas très-clairement de la description que nous avons eue sous les yeux. De toute manière il nous semble bien loin d'offrir les avantages des systèmes à conducteurs franchement interrompus, comme le nôtre. Quant au système de

[1] Voyez dans les Appendices le n° I.

M. Cheneusac, il est inutile de l'examiner, puisque nous avons longuement parlé du nôtre, dont il ne diffère pas essentiellement.

Nous avons peu de chose à dire du système de M. Achard, dont nous avons minutieusement décrit le frein électrique dans le chapitre précédent, ainsi que les moyens de transmission dont il se sert pour obtenir l'effet automatique par le fait même que deux trains s'approchent à une certaine distance l'un de l'autre.

Comme nous l'avons vu, le système de M. Achard comprend deux parties distinctes : la première, destinée à serrer simultanément ou successivement tous les freins d'un convoi quand le mécanicien ou le chauffeur ferme le circuit d'un générateur électrique porté sur le train ; la seconde, imaginée par l'auteur pour rendre ses freins automatiques, ressemble tellement à notre système, que dès qu'il en a eu connaissance, M. Achard n'a plus revendiqué pour lui que la priorité de la première partie de son brevet, relative au frein électrique.

L'idée de faire agir les freins au moyen de l'électricité n'est pas nouvelle, ni même celle d'obtenir cet effet simultanément dans toutes les voitures au moyen d'un seul circuit électrique. On a tenté plusieurs fois, avant M. Achard, d'arriver à ce résultat, et nous-même, dans notre système, nous avions décrit le moyen d'obtenir automatiquement, non-seulement un signal d'alarme, mais aussi la fermeture du régulateur de la vapeur et le serrement des freins, soit ceux que l'on emploie aujourd'hui, soit des freins d'une autre forme que nous indiquions. Mais, sans croire l'idée tout à fait mauvaise, nous l'avons abandonnée, tant parce que nous considérons comme beaucoup plus importante la question des signaux automatiques que parce que le frein électrique de M. Achard remplit mieux les conditions de cette partie du problème de la sécurité.

En rendant compte du système de ce dernier, nous avons fait voir en quoi consiste le mérite de son invention ; nous ne croyons donc pas nécessaire d'insister sur ce qu'a de fécond l'idée de combiner l'effet mécanique continu et puissant de la marche du train avec celui d'un électro-aimant, dont l'application directe eût été impossible aujourd'hui, comme l'ont prouvé les difficultés que rencontra M. Nicklès, et dont nous avons parlé à la fin de notre neuvième chapitre.

Le résultat que M. Achard se propose d'obtenir avec son ingénieux mécanisme est certain ; personne ne peut nier qu'on ne parvienne à serrer les freins avec toute la régularité et toute l'efficacité désirables; la seule difficulté consiste à établir le courant à travers toutes les voitures du train, de manière que le conducteur n'empêche pas la prompte réunion et séparation qui se fait de quelques-unes de ces voitures dans les stations. Nous ne doutons pas qu'on arrive à ce résultat, mais nous ne trouvons pas dans la description du système de M. Achard l'explication des moyens dont il compte se servir à cet effet ; moyens on ne peut plus intéressants, parce que c'est là seulement qu'on pourra rencontrer des difficultés en faisant les expériences sur une grande échelle. Le système d'attaches proposé par M. Mirand ne suffirait pas, mais pourrait être modifié avec succès.

Les inventions de MM. Scias et Peudefer, par la description desquelles nous avons terminé le chapitre précédent, et plusieurs autres systèmes dont nous n'avons pu nous procurer les copies, fondés sur le même principe, sont si incomplets, malgré qu'ils aient été présentés après le nôtre, que nous nous abstenons d'en faire l'examen.

D'un autre côté, il est temps de terminer ce travail, trop long déjà peut-être, et nous ne pouvons le faire sans mettre en parallèle dans un résumé les avantages et les inconvénients les plus saillants que présentent les principaux systèmes que nous venons d'examiner, afin de déduire par ce moyen les conséquences qui doivent nous guider dans le choix de celui qui offre le plus de sécurité et les moyens d'application les plus faciles sur les chemins de fer actuels.

En considérant les neuf groupes dans lesquels nous avons compris les systèmes employés ou qui ont été proposés pour la sécurité des chemins de fer, on peut voir qu'il y a dans chacun d'eux quelque système beaucoup plus complet relativement et qui, avec de légères modifications, pourrait réunir tout ce que les autres renferment de bon. Il y a aussi plusieurs de ces groupes qu'on peut complétement éliminer, parce que l'objet de tous les systèmes qu'ils contiennent est si restreint, que, quand même leurs auteurs atteindraient parfaitement le but qu'ils s'étaient proposé, ces systèmes pourraient servir tout au plus d'auxiliaires ou de compléments à d'autres d'une portée plus générale ; on peut regarder comme se trouvant dans ce cas le télégraphe portatif de M. Breguet, le système électrique de M. Achard et même celui de M. Mirand, quoique, comme nous avons pu le constater, on puisse établir la communication entre le mécanicien et le conducteur d'un train par des moyens plus simples, d'après le système général que nous proposons.

Nous avons déjà dit, d'accord en cela avec M. Couche, et nous persistons dans notre dire, que, quel que soit le système de sécurité que l'on adopte, il sera bon de ne pas supprimer le télégraphe ordinaire établi entre les stations pour transmettre les ordres et les avertissements toujours indispensables dans l'exploitation d'un chemin de fer ; et de n'y point introduire d'autres modifications que celles qui contribueraient à son perfectionnement, soit dans le cas où l'on parviendrait à rendre réalisable dans la pratique la transmission simultanée de deux dépêches en sens contraire par le même fil ; soit dans le cas où l'on pourrait aux appareils de M. Breguet ou de M. Siemens en substituer d'autres plus simples et dont les signaux seraient aussi faciles à interpréter.

Comme le télégraphe ordinaire sert très-bien pour signaler d'une station à une autre la sortie et l'arrivée d'un train, nous croyons qu'il n'y a pas lieu d'accepter la première partie du système de M. Regnault ou tout autre système dont l'objet *exclusif* serait de produire ce même signal. La seconde partie du système de M. Regnault, où l'on se borne à rendre possible, de certains points de la voie, la demande de secours aux dépôts, n'est pas plus utile que la première, car avec le télégraphe portatif de M. Breguet on obtient le même résultat, mais beaucoup plus complet, puisqu'il permet de communiquer avec les stations, d'un point quelconque de la voie, sans augmenter le nombre des conducteurs. Notre avis est donc que ce télégraphe est supérieur à tous les systèmes qui ont seulement pour but d'établir une communication non automatique des trains aux stations. Ces communications seraient-elles plus utiles si on les rendait automatiques? Nous ne le pensons pas, car elles auraient l'inconvénient d'être obscures, peut-être irréalisables, quand il se trouverait plus de deux trains dans l'intervalle compris entre deux stations, à moins qu'on n'établît autant de fils conducteurs que de trains; et encore, malgré ce moyen coûteux d'arriver à la solution du problème, il resterait toujours à vaincre la difficulté que nous avons signalée dans tous les systèmes qui se servent d'interrupteurs distribués le long de la voie pour faire marcher l'aiguille d'un compteur, c'est-à-dire que l'employé de la station n'y voit pas toujours la position exacte des trains, parce que le numéro du poteau kilométrique où se trouve le train n'est pas toujours fidèlement reproduit dans le compteur.

Or, si cette manière de signaler peut induire en erreur, si l'appareil, quoique fonctionnant bien, ne marque pas toujours la vraie situation des trains, à quoi sert de faire une pareille indication? Qu'importe que son objet soit seulement de tranquilliser ou d'alarmer les chefs des stations, qui ne peuvent rien faire, comme dans le système de M. Breguet? A quoi sert qu'un employé des stations puisse transmettre un signal d'alarme ou un ordre d'avancer, comme dans l'invention de M. Tyer, ou bien que l'appareil produise par lui-même l'alarme dans les deux trains, comme M. du Moncel croit l'avoir obtenu? Les avertissements arriveraient trop tard, ou quand on n'en aurait nul besoin, comme nous l'avons démontré dans ce même chapitre, en parlant des systèmes de M. Bellemare et de M. du Moncel.

De tous ceux que nous avons fait connaître dans ce livre, il n'y en a que cinq qui semblent se disputer la préférence comme systèmes généraux de sécurité. Nous les avons tous décrits et examinés dans les quatre derniers chapitres d'une manière assez étendue pour qu'à la simple lecture on puisse porter sur eux un jugement comparatif; mais nous résumerons en peu de mots les résultats qu'il est possible d'obtenir avec chacun de ces cinq systèmes et les principaux inconvénients qui s'opposeraient à leur adoption.

Celui de M. Regnault, qui est le premier en date, et qui a eu la bonne fortune d'être accepté dans quelques chemins de fer, a seulement pour objet de signaler d'une station à l'autre le départ des trains, et de faciliter aux gardes de la ligne les moyens de demander du secours en cas d'accident, avec des appareils fixes sur des poteaux, de 4 en 4 kilomètres. Ces deux résultats, nous l'avons déjà dit, s'obtiennent avec le télégraphe ordinaire et le télégraphe portatif de M. Breguet, avec cette différence toutefois que ce dernier est plus efficace, à notre avis. M. Regnault ne s'est proposé que de simplifier les moyens de faire la transmission; se défiant de l'intelligence et du zèle des employés, il a fait d'eux de vraies machines qui, en tournant seulement une manivelle, signalent le départ et l'arrivée des trains ou demandent du secours en cas d'accident. Nous ne dirons rien à l'encontre de cette transformation de l'homme en machine; mais nous ne serons sans doute pas le seul à croire que ce n'est pas là le meilleur parti qu'on puisse tirer d'un être raisonnable, et nous dirons sans hésiter que, machine pour machine, nous ne choisirons jamais la machine humaine comme la plus infaillible : la supériorité de l'homme est toute dans son intelligence.

Mais laissons ces réflexions de côté. La sécurité que procure le système de M. Regnault est basée seulement sur la permanence d'un signal aux stations jusqu'à ce que le train soit arrivé à destination, signal que l'employé de la station qui l'a reçu peut seul faire disparaître; et, en supposant que cela soit un grand avantage, ce dont nous ne sommes pas persuadé, car si le signal peut cesser par suite de la négligence ou de la mauvaise volonté des employés, il n'y a pas de raison pour supposer que les employés de la station de départ soient plus sujets à commettre la faute que ceux de la station d'arrivée; mais en supposant, disons-nous, que ce soit là un grand avantage, comment M. Regnault parvient-il à l'obtenir? En ne permettant pas la circulation de plus d'un train entre deux stations, car s'il y en avait plus d'un, non-seulement ils exigeraient chacun leur conducteur, mais ils seraient exposés tous deux à tous les dangers qui les menacent sur les chemins de fer où l'on ne connaît pas son système.

Peut-on, après cela, prétendre qu'il remplit les conditions voulues ?

Le système de M. Tyer ne diffère dans ses effets de celui de M. Regnault que parce que, outre qu'il signale le départ et l'arrivée des trains, il ferme, en passant sur certains points de la voie, un circuit électrique dans lequel se trouvent les appareils portés par la locomotive et ceux qui sont à la station ; de la sorte, le mécanicien peut savoir, quand on le sait d'avance à la station, que la voie est libre ; mais s'il ne reçoit pas le signal positif qui lui permette de marcher, il faut qu'il l'attende, et nous avons déjà exposé (p. 455) les inconvénients que nous trouvons sous ce rapport.

Ce système, comme celui de M. Regnault, a le grave inconvénient d'exiger qu'il n'y ait pas plus d'un train entre deux stations ; il est vrai qu'il multiplie les stations ; mais si, par hasard, deux trains se trouvaient dans le même intervalle, ils seraient exposés à toute espèce de dangers.

Bien que postérieur en date à la plupart des autres systèmes, nous allons nous occuper dès à présent de celui de M. Bonelli, et quelques lignes nous suffiront pour démontrer qu'il n'est pas plus acceptable que ceux qui l'ont précédé ; il ne faut en effet pour cela qu'indiquer l'objet que s'est proposé son auteur : mettre en communication *tous les trains* parcourant une voie ferrée, entre eux et avec les stations, *quelle que soit la distance* où ils se trouvent, et quand l'employé spécial qui est sur le train *veut* bien l'établir.

Abstraction faite de la difficulté ou plutôt de l'impossibilité d'obtenir ce résultat, point que nous avons déjà examiné, quels avantages peut-il y avoir à faire communiquer deux trains éloignés de 20 ou de 100 kilomètres ? Fera-t-on fonctionner sans interruption tous les télégraphes de tous les trains ? et alors lequel se fera entendre ? ou doivent-ils fonctionner les uns après les autres à des intervalles réguliers ? et, dans ce cas, qui peut assurer à M. Bonelli que ceux qui restent inactifs ne sont pas précisé-

ment ceux qui auraient besoin de donner ou de recevoir un avertissement ?

Nous croyons inutile de répéter tout ce que nous avons dit
dans ce chapitre même pour prouver combien est absurde le système de M. Bonelli ; il suffit pour s'en convaincre de se rendre
bien compte de l'objet que se propose l'auteur, et de ce dont a
réellement besoin un chemin de fer.

Il nous reste à mettre en parallèle notre système et celui de
M. du Moncel. Ce savant physicien s'est basé, pour condamner
notre invention, sur quelques objections qu'il lui a opposées et que
nous avons mises à néant dans les pages précédentes. Il allègue
d'abord la difficulté d'isoler le conducteur général, et ensuite les
entraves qu'il apporterait à la circulation : c'est sur cela qu'il se
fonde pour conclure à la supériorité des systèmes à interrupteurs
sur la voie, et principalement du sien, qu'il considère avec raison comme le plus complet d'entre eux. Nous avons démontré
que la circonstance de se servir d'interrupteurs sur la voie pour
faire marcher un compteur à la station est précisément ce qui
rend inefficace l'invention de M. du Moncel. Nous rappellerons
en peu de mots ce que nous avons déjà dit à cet égard, et nous
ferons voir ensuite que, lors même que cette difficulté n'existerait
pas, son système est bien loin d'être aussi complet que le nôtre.

Le signal entre deux trains qui vont se rencontrer provient,
dans le système du physicien français, du rapprochement de deux
aiguilles qui marchent sur un cadran ou compteur, sous l'influence du courant électrique qui traverse l'appareil chaque fois
que le train, en passant sur les interrupteurs fixés de distance
en distance tout le long de la voie, ferme un circuit électrique.
Or tout le monde sait que les trains sont souvent obligés de faire
quelques pas en arrière : il peut donc arriver qu'un train passe
deux et même trois fois sur le même interrupteur ; et comme, à
chaque fois qu'il passe, l'aiguille avance d'un degré, il en résulte
qu'il est impossible au compteur d'indiquer la vraie situation
des trains : en effet, les aiguilles tantôt se rapprocheront et produiront un signal d'alarme quand cela n'est pas nécessaire, tantôt elles produiront ce signal trop tard ou même ne le produi-

ront pas du tout, lorsqu'il serait indispensable. D'aussi tristes résultats peuvent-ils se comparer à la manière simple dont nous établissons le circuit et dont nous obtenons par conséquent le signal? Non certainement. Dans notre système, dès que le télégraphe ordinaire a averti l'autre station du départ du train, celui-ci devient tout à fait indépendant de cette station, comme cela arrive aujourd'hui, et n'établit de communication avec elle, au moyen du télégraphe portatif de M. Breguet, que lorsque cela est absolument indispensable; mais, en revanche, le train pourra recevoir à une distance convenable l'avis de l'approche d'un danger : soit un autre train marchant dans le même sens ou en sens contraire, soit une barrière, un pont, une aiguille ou une plaque tournante mal placés, soit enfin un de ces obstacles qu'on peut appeler extraordinaires, qu'un garde-ligne entrevoit tout à coup, mais qu'il n'aurait pas le temps ou le moyen de signaler autrement, s'il l'apercevait trop tard pour se placer dans un endroit convenable, ou si le cas se présentait en temps de brouillard, circonstance qui, d'après M. Couche, doit faire considérer toute la voie comme dangereuse, et exigerait, par conséquent, l'adoption d'un système comme le nôtre.

Et à quels moyens avons-nous recours pour obtenir ce résultat? Sont-ils plus compliqués que ceux proposés par M. du Moncel? En aucune façon. Notre système est fondé sur l'un des principes les plus connus de l'électricité; c'est un des cas les plus simples et qu'on peut le moins révoquer en doute : deux générateurs électriques établis sur le même circuit, avec les pôles opposés sur le même conducteur ou avec des courants d'inégale intensité, dont la différence suffit à produire un signal. Ce signal est certain et suffit pour avertir du danger le mécanicien. Un conducteur isolé, un générateur électrique avec ou sans commutateur, sur chaque train, et un appareil d'alarme devant le mécanicien, il n'en faut pas davantage pour obtenir ce résultat. Ceux qui accusent notre système d'être compliqué ne le comprennent pas et confondent le cas général, celui d'un train se heurtant avec un autre (seul cas pris en considération par les autres inventeurs), le principe, en un mot, avec la multitude des cas particuliers, que ces inventeurs ont négligés et que nous résolvons avec les mêmes appareils et la même disposition, sans autres modifications que celles qui sont indispensables dans le mécanisme de certaines parties de la voie, pour que dans chaque cas le circuit se ferme automatiquement par le fait seul que les pièces mobiles ne sont pas placées dans leur position normale.

Le système de M. du Moncel, lors même qu'il ne pécherait pas par le principe sur lequel il est fondé, n'évite que le cas d'une rencontre; nous, nous l'évitons aussi, que les trains marchent dans le même sens ou en sens contraire; mais, de plus, nous prévenons tous les dangers qu'occasionneraient une barrière indûment ouverte ou fermée, la mauvaise position des plaques tournantes, ponts-levis ou ponts tournants, et enfin les divers dangers que peuvent présenter les aiguilles dans un changement de voie.

Les gardiens de la ligne, avec des moyens plus simples et plus efficaces que tous ceux que l'on emploie et qui ont été proposés jusqu'à ce jour, peuvent, s'il survient un obstacle sur la voie, en avertir le mécanicien du point même où se trouve cet obstacle et sans négliger pour cela l'inspection du reste de la ligne. Le mécanicien communique sans difficulté avec l'employé qui se tient dans le dernier waggon du train, et cet employé lui répond au moyen de l'appareil d'alarme, sans qu'il soit besoin de conducteurs spéciaux, comme dans le système de M. Mirand. En un mot, la majeure partie des nombreux accidents qui ont jeté le deuil sur des milliers de familles, depuis la création des chemins de fer, disparaîtraient avec notre système ou du moins deviendraient fort rares.

L'espoir d'arriver à un pareil résultat, qui nous a soutenu dès l'instant où nous avons entrepris nos travaux, est devenu de plus en plus ardent à mesure que nous avancions; il a grandi devant les objections sensées qu'on nous opposait et que nous combattions victorieusement chaque jour, et aussi devant les plus absurdes que la saine raison repoussait d'elle-même; enfin notre rêve se réalisa quand nous fîmes les expériences dont les résultats sont constatés dans les documents insérés à la fin de cet ouvrage;

et, s'il nous était encore resté une ombre de doute sur l'utilité de ces résultats, elle se serait tout à fait dissipée à la vue des essais d'autres systèmes moins bons (nous n'hésitons pas à le dire, parce que ce ne serait pas de la modestie, mais un manque de bonne foi) et des jugements qu'ont émis sur ces systèmes et le nôtre les mêmes personnes qui ont voulu le combattre, quelquefois sans l'examiner.

Nous n'avons pas la prétention d'avoir fait une œuvre parfaite; non, nous sommes le premier à reconnaître que les moyens d'application pourront être perfectionnés et que cette gloire est réservée à d'autres plus habiles; mais nous croyons que notre travail est utile, qu'il est nouveau, et que, comme tel, il mérite l'attention et l'indulgence de ceux qui l'examineront. Dans le cours de ce livre nous avons fait connaître les causes qui, à notre avis, se sont opposées et s'opposeront longtemps encore à son adoption; mais ces causes ne peuvent être éternelles, et nous avons l'espoir que tôt ou tard, avec quelques modifications plus ou moins nombreuses, il contribuera à améliorer ce genre de locomotion qui s'est heurté dès sa naissance contre des inconvénients non moins graves, mais qui est arrivé enfin à occuper le rang qu'il mérite. Heureux mille fois, s'il nous était donné de voir notre idée adoptée, bien que sous une autre forme, lors même qu'à celui-là seul qui aura le bonheur de la présenter dans des temps plus propices et plus opportuns devrait en revenir toute la gloire !

FIN

APPENDICES

I

(Chapitres X et XV.)

Rapport de la commission d'enquête sur les moyens d'assurer la régularité et la sûreté de l'exploitation sur les chemins de fer [1].

A la suite des graves accidents qui signalèrent les derniers mois de l'année 1853, et qui ont ému à un si haut point l'opinion publique, Son Excellence M. Magne, préoccupé du désir de donner aux chemins de fer les garanties de sécurité qui paraissaient leur manquer, et *persuadé que, dans l'état actuel de la science, ces garanties devaient se trouver principalement dans les règlements des compagnies,* institua une Commission spéciale à laquelle il confia la mission d'examiner, dans tous ses détails, l'exploitation des chemins de fer, d'étudier les règlements adoptés, et de lui proposer les modifications ou les additions dont cette enquête ferait reconnaître la nécessité.

Cette Commission, qui tint sa première séance le 30 novembre 1853, sous la présidence de M. Magne, se composait des membres suivants, nommés le 19 novembre 1853 :

MM. ROUHER, vice-président du Conseil d'État ;
    THAYER, conseiller d'État, directeur général des postes ;
    VUITRY, conseiller d'État ;
    Comte DUBOIS, conseiller d'État, directeur général des chemins de fer ;
    Le général PIOBERT, membre de l'Institut ;
    FRISSARD, inspecteur général des ponts et chaussées ;
    COMBES, inspecteur général des mines ;
    Vicomte DE VOUGY, directeur des télégraphes ;
    DE BOUREUILLE, inspecteur général, directeur des mines ;
    BUSCHE, inspecteur divisionnaire des ponts et chaussées.

M. ROUHER devait présider la Commission en l'absence du ministre ; et

---

[1] Nous nous sommes efforcé, dans cet extrait, de nous en tenir à la lettre même du document officiel.

quand il devint ministre lui-même, il fut remplacé à la présidence par M. DE PARIEU, nommé membre et vice-président de la Commission, par arrêté du 18 avril 1855.

M. TOURNEUX (Prosper), chef du service de l'exploitation des chemins de fer, a rempli les fonctions de secrétaire.

M. MOREAU, auditeur de 2ᵉ classe au conseil d'État, fut nommé secrétaire adjoint.

Le 6 décembre 1854, M. JULLIEN fut nommé membre de la Commission en remplacement de M. FRISSARD, décédé.

Le 12 juillet 1855, M. DE FRANQUEVILLE, directeur général des ponts et chaussées et des chemins de fer, a été appelé à faire partie de la Commission.

Enfin, le 29 mars 1854, M. ERNEST CHOURI fut nommé aussi secrétaire adjoint.

Afin d'éclairer la Commission, l'administration demanda à chaque compagnie les documents suivants :

1° Le relevé de tous les accidents arrivés sur la ligne depuis le commencement de son exploitation, accompagné d'un aperçu sur leurs causes et leurs conséquences;

2° Un état de la voie, indiquant les endroits difficiles, tels que pentes, courbes, ouvrages d'art nécessitant l'emploi de mesures exceptionnelles de précaution;

3° Un état du matériel moteur et roulant;

4° Un état explicatif et détaillé des signaux employés dans les diverses circonstances de l'exploitation ;

5° Un état du personnel, énonçant le nombre des agents, la quotité de leurs traitements; leur répartition dans les divers services, etc.;

6° Un recueil des ordres de service.

A ces documents écrits la Commission devait joindre, d'après l'ordre du ministre, les éléments complets d'une enquête orale, en appelant dans son sein les administrateurs et les directeurs des compagnies, les chefs de service, les ingénieurs en chef du contrôle et les inspecteurs de l'exploitation commerciale.

Les documents dont l'envoi avait été demandé aux compagnies furent rapidement réunis et remis aux membres de la Commission. Ils figurent dans le Rapport publié par ordre du ministre de l'agriculture, sous forme d'annexes, qui n'occupent pas moins de cent quatre-vingts pages, depuis la page 143 jusqu'à la page 313. Voici, du reste, quels sont ces documents :

N° 1. — Opinion de M. Arnoux sur l'altération du fer des essieux.

N° 2. — Tableaux indiquant la situation comparative du matériel moteur et roulant des chemins de fer français, aux 1ᵉʳ janvier 1854, 1855 et 1856.

N° 3. — Extrait du registre des délibérations de la Commission centrale des chemins de fer, relativement au nombre de conducteurs gardes-freins devant accompagner chaque convoi de voyageurs.

N° 4. — Note de M. Félix Mathias sur le télégraphe électrique en Allemagne.

N° 5. — Décret portant règlement d'administration publique, relatif à l'organisation du service télégraphique des chemins de fer de l'Ouest et d'Orléans.

N° 6. — Instructions pour la circulation des trains sur une seule voie. Ordre de service du chemin de fer de Paris à Strasbourg.

N° 7. — Règlement pour le transport des poudres et munitions de guerre sur les chemins de fer.

N° 8. — Règlement pour l'emploi des signaux détonants ou pétards.

N° 9. — Tableaux récapitulatifs du nombre total des employés, et du nombre des employés anciens militaires sur les chemins de fer en exploitation au 31 décembre 1854.

N° 10. — Règlements des caisses de secours et de retraite des compagnies d'Orléans, de Paris à Lyon, du Nord, de l'Ouest, de la Méditerranée, de l'Est et du Midi.

N° 11. — Renseignements statistiques sur les résultats de l'exploitation du chemin de fer atmosphérique.

N° 12. — Tableaux des accidents survenus dans l'exploitation des principaux chemins de fer français.

En même temps que l'on s'occupait d'obtenir ces documents, la Commission choisissait dans son sein trois membres : MM. Dubois, Vuitry et Busche, auxquels elle confiait le soin de réunir sous forme de *questionnaire* l'ensemble des interrogations qui devaient être faites aux représentants des compagnies.

Le programme de ces questions à poser aux compagnies fut discuté et adopté par la Commission le 9 décembre 1853, dans une seule séance, malgré qu'il ne contienne pas moins de cent quatre-vingt-sept questions, qui, avec l'analyse des réponses faites par les compagnies, occupent cent quarante pages à peu près du rapport officiel.

Ce questionnaire, divisé en cinq sections, embrasse tous les points sur lesquels l'administration supérieure a intérêt à être renseignée.

La première est consacrée *à la voie* et comprend quarante-sept questions; dont sept relatives au personnel et à l'organisation du service de l'entretien et de la surveillance; six aux rails et supports des rails; trois aux contre-rails, passages dangereux et routes côtoyant les chemins de fer; six aux pentes et courbes; deux aux changements et croisements de voie; une au ballast; la vingt-sixième aux éboulements; la vingt-septième aux souterrains; la vingt-huitième à la largeur des chemins de fer et des viaducs; quatorze, qui embrassent de la vingt-neuvième à la quarante-deuxième, relatives aux passages à niveau; et les cinq restantes jusqu'à la quarante-septième se rapportant aux clôtures.

Dans la deuxième section, relative *au matériel et à la traction*, quinze questions sont consacrées à obtenir les renseignements sur l'organisation du personnel de ce service important, sur le nombre et le traitement des mécaniciens et chauffeurs, sur le temps de travail qui est exigé d'eux ; trente à la construction des locomotives et tenders, ainsi qu'à l'examen des différents accidents qui peuvent les atteindre ; six autres, de la quatre-vingt-douzième à la quatre-vingt-dix-huitième, à examiner les mêmes questions à propos des waggons ; la quatre-vingt-dix-neuvième est spécialement consacrée aux waggons du système Arnoux ; la centième aux freins ; et la dernière de cette section à la vérification du matériel : en tout cinquante-quatre questions.

La troisième section embrasse cinquante-six questions, toutes se rattachant à l'*exploitation proprement dite* ; parmi lesquelles trois sont relatives au personnel et à l'organisation du service ; treize à la composition et organisation des trains ; vingt et une à la marche des trains ; la cent trente-neuvième se rapporte aux trains spéciaux et extraordinaires ; les deux suivantes aux signaux ; cinq autres, de la cent quarante-deuxième à la cent quarante-sixième, sont consacrées aux télégraphes électriques ; dix à l'exploitation sur une seule voie, et la dernière de cette section, la cent cinquante-septième, au transport des matières inflammables. Celles qui ont trait à l'exploitation des chemins à une voie et au télégraphe électrique ont été spécialement recommandées par M. Magne à l'examen de la Commission.

La quatrième section ne contient que neuf questions relatives à *l'organisation générale des compagnies*, à leurs réglements de discipline intérieure et à la fondation des caisses de secours et de retraites.

La cinquième section a eu pour but de demander aux compagnies des *renseignements détaillés sur les accidents* survenus dans le cours de l'exploitation, sur leurs causes, leur nature et leurs résultats. Cette section ne comprend que cinq questions.

Outre ces cent soixante-dix questions, dont le programme fut distribué aux compagnies immédiatement après son adoption le 9 décembre 1853, la Commission en posa dix-sept autres qui se rapportaient à une ligne spéciale, celle du chemin de fer de Paris à Orsay, dont trois consacrées à obtenir la description du système du matériel articulé, ainsi qu'une idée générale des avantages et des inconvénients qu'il peut présenter ; cinq pour avoir des renseignements sur la voie de ce chemin, et neuf pour les détails relatifs au matériel et à la traction.

Pour compléter l'analyse de ce questionnaire, nous dirons que le rapport y fait figurer en dernière ligne une note sur l'exploitation du chemin de fer atmosphérique de Saint-Germain.

Le 19 décembre 1853, c'est-à-dire dix jours après l'adoption du programme des questions à faire, commençait l'enquête orale, à laquelle les principales compagnies devaient concourir, et l'audition dura trente et une séances ; la Commission, s'étant ensuite transportée dans quelques-unes des grandes gares de Paris, compléta son enquête sur les lieux.

Enfin, l'imagination surexcitée des inventeurs (dit le rapport officiel) ayant, comme après toutes les grandes catastrophes, donné naissance à une quantité considérable de systèmes théoriques destinés à prévenir les accidents, et adressés à l'administration, une Sous-Commission fut nommée pour examiner ces systèmes et entendre leurs auteurs. Cette Sous-Commission était composée de MM. Piobert, membre de l'Institut, général de division de l'artillerie, et Combes, membre de l'Institut, inspecteur général des mines, sous la présidence du regrettable M. Frissard, qu'une mort prématurée a enlevé aux travaux de la Commission. Le secrétaire de la Sous-Commission, dite *des inventions*, était M. Guillebot de Nerville, ingénieur des mines.

Nous n'entreprendrons pas de donner l'analyse du rapport complet que la Commission d'enquête a fait rédiger d'après les documents que nous venons de mentionner : ce serait un travail trop long, et nous lui avons réservé les pages d'un autre livre. Du reste, ce rapport, que nous avons eu sous les yeux pour corriger quelques chapitres, entre autres le dixième, de l'édition française de cet ouvrage, a pour but de compléter les réponses faites par les compagnies aux questions sus-mentionnées, réponses qui constituent, d'après le rapporteur, une histoire succincte quoique complète de l'exploitation des chemins de fer ; il ne suffirait donc pas de parler séparément du rapport sans faire l'examen des documents qui l'accompagnent, examen qui, nous le répétons, devrait avoir une grande étendue pour être utile à quelque chose. Nous pouvons cependant faire connaître le *résumé* par lequel termine la Commission d'enquête en le faisant suivre de quelques passages qui se rapportent à la télégraphie électrique et aux inventions nouvelles dont nous nous sommes occupé.

Voici ce résumé :

« La Commission d'enquête, monsieur le ministre, est arrivée au terme de ses travaux. En jetant un rapide coup d'œil sur les procès-verbaux des nombreuses séances qui ont eu lieu depuis le jour de son installation, nous constatons qu'elle a consacré trente et une séances, sous la présidence de Votre Excellence, à l'audition des compagnies ; huit séances à la discussion des inventions, sur le rapport de la Sous-Commission spéciale ; quatre séances à l'examen du règlement relatif à l'emploi du télégraphe électrique, et quatre séances à la révision du règlement d'administration publique sur la police, la sûreté et l'exploitation des chemins de fer ; enfin elle a visité les gares importantes de Paris, afin de recueillir sur place les renseignements qui lui étaient nécessaires pour répondre à la confiance de l'administration, et de se rendre compte de la manœuvre et du jeu des appareils de sûreté mis en expérimentation, et principalement du télégraphe électrique ; et ce n'est qu'après toutes ces études préparatoires qu'elle a cru pouvoir arriver à des conclusions qui, elle l'espère, seront acceptées par l'administration, par le public et par les compagnies elles-mêmes.

« Ces conclusions, formulées dans le cours de ce rapport, ont trouvé leur expression définitive dans l'exposé des motifs qui ont guidé la Commission dans la révision du règlement d'administration publique. Cependant nous croyons utile de formuler ici de nouveau les plus importantes d'entre elles, et nous suivrons pour les résumer l'ordre des divisions que nous avons adoptées pour présenter à Votre Excellence l'analyse de nos travaux.

« En ce qui concerne le *personnel* de l'exploitation, nous avons constaté le droit pour l'administration supérieure d'intervenir dans la fixation de la durée du travail imposé aux agents sur lesquels repose en partie la sécurité de l'exploitation ; nous avons appelé son attention sur la question de l'alternance des aiguilleurs et sur la surveillance à exercer sur les agents des trains en marche.

« Passant à l'examen des mesures qui peuvent être de nature à améliorer le sort des agents, nous avons émis le vœu qu'une loi les assimilât aux employés civils, quant à la quotité saisissable de leurs traitements ; qu'on rédigeât sur tous les chemins des règlements de caisses de secours, et qu'on organisât des magasins de comestibles : enfin nous avons demandé la rédaction de statistiques médicales, dans lesquelles on pourra puiser d'utiles enseignements pour l'hygiène spéciale des employés de chemins de fer.

« La voie et le matériel n'ont donné lieu qu'à un petit nombre d'observations, parmi lesquelles nous signalerons : 1° l'étude de la question du retournement des rails ; 2° celle de l'obstruction des voies par les amoncellements de neige ; 3° celle de l'altération du fer des essieux ; 4° enfin celle du lestage des waggons-freins.

« Il nous a paru en outre qu'il y avait lieu de recommander aux compagnies la consolidation des joints des rails au moyen d'éclisses et de leur imposer, partout où cela serait jugé nécessaire, l'installation de disques conjugués avec les aiguilles des changements et croisements de voie, de manière à pouvoir indiquer à distance au mécanicien la voie qui lui est ouverte.

« Quant aux *signaux*, après avoir fait ressortir les avantages qui résulteraient, pour la sécurité, de leur uniformité sur tous les chemins de fer, nous avons appelé l'attention de l'administration et des compagnies sur la nécessité d'adopter d'une manière générale les combinaisons imaginées pour assurer les manœuvres des disques à distance, et d'intercaler entre les disques et les stations, partout où la configuration du sol l'exigerait, des disques répétiteurs. Enfin, nous avons émis le vœu qu'on continuât l'étude des signaux pyrotechniques et celle des moyens de mettre en communication les conducteurs et les mécaniciens.

« La *télégraphie électrique*, malgré les services qu'elle rend déjà à l'exploitation des chemins de fer, a paru à la Commission une science encore incomplète, dont des expériences nombreuses et répétées peuvent seules hâter les progrès, et nous avons exprimé le vœu que l'État, tout en conservant un contrôle indispensable, donnât aux compagnies une grande latitude, pour se livrer aux études et aux recherches que comporte la matière.

« Telles sont, monsieur le ministre, en y comprenant la révision du règlement général, les principales conclusions qui ressortent de notre enquête.

« On reconnaîtra d'ailleurs, en parcourant ce rapport et les annexes qui figurent à la fin du volume, que l'administration supérieure et les compagnies n'ont pas attendu l'expression des vœux émis par la Commission, pour améliorer l'exploitation des chemins de fer, et si la Commission a le droit de penser que ses travaux n'ont pas été étrangers à l'amélioration qui s'est manifestée dans la sécurité publique, elle doit constater, et elle l'a fait dans ce rapport, qu'un grand nombre de mesures, sur lesquelles elle voulait appeler l'attention de l'administration, sont aujourd'hui en cours d'exécution, et ont contribué aux résultats qu'elle a été heureuse de signaler pour l'année 1856.

« Si nous résumons les enseignements qui ressortent de cette longue enquête, nous pouvons dire que la sécurité de l'exploitation des chemins de fer repose sur trois conditions principales, auxquelles les compagnies doivent constamment s'efforcer de satisfaire.

« Ces conditions sont :

« 1° Un bon choix du personnel dans toutes les branches du service ;

« 2° Le perfectionnement du matériel moteur et de tous les appareils répartis sur la voie pour donner mécaniquement les indications aux trains en marche ;

« 3° Un bon système de règlements d'exploitation, clairs, simples et qui ne surchargent pas la mémoire des agents.

« Nous n'avons plus rien à dire des deux premières conditions : nous avons exprimé dans le cours de ce rapport et nous venons de résumer les vœux que l'étude de la question nous a inspirés.

« Quant aux règlements, nous rappellerons de nouveau que nous en avons demandé l'uniformité sur toutes les lignes de chemin de fer. Mais ce que nous désirons faire comprendre aux compagnies, ce que nous devons proclamer bien haut, c'est que les règlements que nous réclamons ne sont point une entrave pour l'exploitation, mais un acheminement vers le progrès. D'ailleurs, la réglementation qui a sa source dans le respect de la vie humaine ne peut avoir que des partisans ; car l'on peut dire avec vérité que le degré auquel s'élève ce sentiment du respect de la vie humaine marque le degré de civilisation d'un pays. C'est par ces considérations, monsieur le ministre, que nous croyons devoir insister sur le vœu que nous avons émis, en ce qui concerne les règlements d'exploitation.

« Nous ne devons pas terminer ce rapport et cette enquête, monsieur le ministre, sans rendre aux compagnies la justice qui leur est due. La Commission a trouvé chez les administrateurs et les chefs de service des compagnies le concours le plus complet. Tous les renseignements nécessaires ont été mis à notre disposition, avec la plus grande loyauté et la plus entière franchise ; les compagnies ont compris que l'administration, en ordonnant cette enquête, n'avait eu en vue que des intérêts d'un ordre supérieur, et elles ont cherché de bonne foi, avec nous, comme nous, les moyens d'améliorer leur service; elles ont répondu aux préoccupations de l'opinion publique en se montrant aussi préoccupées qu'elle de faire cesser les inquiétudes légitimes des voyageurs.

« Aussi, tout en constatant les imperfections de l'exploitation, nous croyons pouvoir exprimer l'espoir que ces imperfections disparaîtront peu à peu, et la certitude que les compagnies se montrent aussi empressées que l'administration elle-même à adopter toutes les mesures destinées à atteindre ce but.

« Veuillez agréer, etc.

« Le vice-président de la Commission d'enquête, E. DE PARIEU.

« Le secrétaire rapporteur, P. TOURNEUX.

« Paris, 1er décembre 1857. »

Après ce résumé des conclusions formulées par la Commission d'enquête dans son rapport, nous nous bornons à copier un paragraphe de la troisième section, en passant légèrement sur quelques autres de la partie consacrée à la télégraphie électrique.

La Commission dit d'abord que les signaux destinés à frapper, soit la vue, soit l'oreille du mécanicien, et à garantir la sécurité des trains en marche, seraient bien insuffisants, surtout sur les chemins à simple voie, si la télégraphie électrique n'était venue donner les moyens de faire connaître, pour ainsi dire, instantanément, aux différentes stations d'une ligne les différentes phases de l'exploitation, les besoins d'un train, les incidents d'un voyage; la Commission avoue que les compagnies ont été unanimes à déclarer que l'emploi du télégraphe électrique est le complément obligé d'une bonne exploitation, et que, pour les chemins à une voie, l'usage en est indispensable. Elle se livre ensuite à des considérations historiques sur le télégraphe électrique comme moyen d'exploitation d'un chemin de fer : toléré seulement jusqu'au mois de décembre 1855, ce fut à cette époque qu'on autorisa les compagnies à établir à leurs frais les fils et appareils destinés à transmettre les signaux nécessaires pour la sûreté et la régularité de leur exploitation, en soumettant ce service au contrôle des agents de l'État : au besoin les compagnies seraient requises par le ministre de l'agriculture et du commerce et des travaux publics, de concert avec le ministre de l'intérieur, pour l'établissement de ces fils.

Tout en reconnaissant que les services que la télégraphie électrique rend à l'exploitation des chemins de fer sont incontestables, et que depuis l'introduction de cet agent nouveau sur les voies la sécurité s'est accrue dans des proportions remarquables, la Commission, voulant sans doute expliquer la contradiction qui existe entre cette déclaration et les arguments par lesquels on condamne en général tout moyen télégraphique nouvellement proposé pour continuer l'œuvre bienfaisante du télégraphe, ajoute ces mots : « Cepen-

dant, tout le monde le comprend, la science est loin d'avoir dit son dernier
mot à ce sujet; on reconnaît, dans bien des cas, l'imperfection ou l'insuffisance des appareils télégraphiques ; quelquefois on peut, à bon droit, suspecter
leurs indications ou craindre des perturbations dues aux phénomènes atmosphériques. Beaucoup de questions restent encore à étudier au point de vue
économique, et beaucoup à résoudre au point de vue des relations faciles et
promptes à établir, non-seulement entre les stations, mais encore entre les
trains en marche, si cela était reconnu nécessaire, ou entre les trains en
marche et les stations pour indiquer à chaque instant le point de la voie qu'ils
occupent.

« La télégraphie électrique, dans ses rapports avec les chemins de fer (dit
enfin la Commission, et c'est le paragraphe que nous voulions transcrire), ne
pouvait manquer d'exciter l'imagination des inventeurs, qui, pour la plupart,
dépassant le but, comme cela arrive trop souvent, ont voulu confier à la pile
le soin exclusif de la sécurité[1], et la faire agir, de près comme de loin, sur les
stations, sur la voie, sur les signaux et sur la locomotive.

« Quelques-unes de ces communications, la Commission le reconnaît, ne
sont pas sans valeur et paraissent même contenir le germe de perfectionnements futurs ; mais, si elles peuvent constituer les pièces d'un dossier que la
science consultera peut-être un jour avec fruit, elles ne sauraient, en ce moment, être acceptées dans la pratique et concourir utilement à la sécurité des
trains.

« Nous citerons spécialement parmi les inventeurs dont les idées nous ont
paru dignes d'un intérêt particulier, MM. Guyard et Achard. La Commission
a émis le vœu que les systèmes proposés par ces deux ingénieurs fussent expérimentés par les compagnies, et elle pense que l'administration doit suivre
avec attention ces expériences.

« Pour le reste de ces communications, nous ne pouvons mieux faire que
de renvoyer aux intéressants développements que la Sous-Commission a donnés
à cette partie de son rapport, dont les conclusions ont d'ailleurs été adoptées
par nous. »

La Commission ne fait d'autre exception que pour le système proposé par
M. Bonelli, qu'elle examine après avoir assisté aux expériences du directeur
général des télégraphes des États sardes, et après avoir entendu M. Bonelli
dans ses explications ; du reste, la Commission ne se prononce pas catégori-
quement sur l'utilité et la possibilité d'établir ce système. « Tout en reconnaissant, dit-elle, qu'il y a un grand intérêt à ce que les convois en marche
soient mis en communication avec les stations, elle pense qu'il ne saurait y
avoir le même degré d'utilité à établir une communication directe entre les

---

[1] Nous tenons à rappeler ici que nous avons toujours commencé les descriptions de
notre système en disant, au contraire, qu'il fallait combiner l'intelligence de l'homme
avec la précision des machines, et que nos moyens devaient être ajoutés, et non pas
substitués à ceux qu'on emploie aujourd'hui.

trains en marche sur une même ligne. Mais, avant tout, elle croit qu'on doit
éviter les complications et n'avoir recours qu'à des moyens simples et d'une
facile installation. Elle a reconnu, d'ailleurs, que, dans le problème dont M. Bonelli poursuit la solution, il y a encore des inconnues à dégager, et, en expri-
mant à cet inventeur tout l'intérêt qu'elle avait pris à ses expériences et à ses
explications, elle l'a prié de vouloir bien tenir l'administration au courant des
développements et des perfectionnements que son système pourrait recevoir.»

Il nous semble que ces conclusions sont au moins timides, et que les données dont disposait la Commission, ainsi que la compétence des membres qui
la composaient, permettaient de résoudre la question d'une manière plus posi-
tive ; mais, ne voulant pas faire ici la critique du rapport, nous passons outre.

La Sous-Commission, chargée d'examiner les inventions et moyens de sécurité proposés pour les chemins de fer, composée, comme nous l'avons déjà dit,
de quatre membres, eut bientôt à en examiner plus d'une centaine que nous
ne mentionnerons même pas et parmi lesquels se trouvent ceux de MM. du
Moncel, Bonelli, Regnault, et plusieurs autres systèmes électriques décrits
dans les derniers chapitres de ce livre. Nous dirons seulement que la Sous-
Commission, en concluant sur les appareils de M. Regnault, se croit fondée à
exprimer l'avis que ces appareils doivent augmenter les garanties de sécurité
que l'exploitation des chemins de fer peut emprunter à l'usage du télégraphe
électrique ordinaire, et elle juge utile d'en recommander l'emploi.

En parlant de l'invention de M. Bonelli et d'autres auteurs, la sous-commission dit que la réalisation complète et sûre de leurs projets serait un véritable tour de force ; et, après avoir donné une légère idée du système de
l'ingénieur sarde et des expériences qui ont eu lieu, elle ajoute : « L'expérience du 24 mai a été considérée comme décisive ; cependant, malgré les
précautions prises sur toute la ligne pour en assurer le succès, *il y a eu une
interruption de quelques secondes* dans l'échange des signaux. Ces interruptions, dues à des dérivations de courant, sont l'inconvénient capital inhérent
au système, et la disposition que M. le chevalier Bonelli a adoptée en plaçant
son conducteur métallique à fleur de terre, et à portée, par conséquent, d'un
grand nombre de causes qui peuvent en détruire l'isolement, semblerait de
nature à les multiplier. Les accidents de ce genre ne peuvent manquer de se
renouveler assez fréquemment, et, tant qu'on n'y aura pas obvié, ils limiteront beaucoup l'utilité pratique de ce télégraphe. La sous-commission ne
peut d'ailleurs qu'enregistrer, à titre de renseignements, ces résultats tels
qu'ils sont parvenus à sa connaissance, et attendre les développements que ce
système de communication pourra recevoir. »

A propos de celui de M. du Moncel, elle dit, après en avoir fait la description : « On voit qu'ici encore M. du Moncel parle aux stations pour faire
transmettre de là, par un long circuit, les avertissements aux trains, et que
son système est loin d'être exempt de complications.»

Les moyens proposés par le capitaine Guyard sont évidemment (d'après la

Sous-Commission) plus compliqués et *probablement* moins efficaces et moins admissibles dans la pratique que ceux présentés dans les projets de M. Bonelli et de M. du Moncel. « Au reste. dit-elle en terminant, l'objection capitale à faire à ce système et à tous ceux du même genre est plutôt dans les perturbations qu'éprouverait bien plus fréquemment le système électrique, et dont le moindre inconvénient serait de donner à un train des signaux d'alarme par le fait seul de déperditions accidentelles de courants et d'arrêter sa marche sans motif plausible. »

Il est difficile de concilier ces conclusions avec celles de la Commission, qui prétendait avoir adopté les mêmes; mais c'est avec elle-même que la Sous-Commission se met en contradiction, quand elle émet son jugement à propos des systèmes de MM. Cheneusac et Achard; car, tout en commençant par dire qu'ils sont complétement identiques, en principe, à celui de M. Guyard, et qu'ils n'en diffèrent que par les détails d'application, elle finit par ces mots, au sujet de M. Cheneusac : « Ce système est *ingénieux* dans son ensemble; mais l'étude des détails, qui en serait la partie la plus intéressante, est loin encore d'être complète. Il serait à craindre, enfin, dans la pratique, que le système de conducteurs employé par l'auteur ne donnàt lieu, notamment dans les temps de pluie, à des déperditions de courants plus fréquentes que dans les systèmes précédents, déperditions qui ont ici, comme on voit, le plus grave inconvénient. »

La Sous-Commission dit, en parlant de l'invention de M. Achard, « qu'elle ne verrait pas d'avantage à produire ainsi mécaniquement, et en dehors de toute action des agents du train, l'enrayage subit de ce train; elle n'y verrait que des inconvénients, pénétrée qu'elle est de la conviction qu'il est toujours indispensable de laisser au mécanicien le soin de juger de l'opportunité de faire agir les freins du train qu'il dirige, et même de régler la rapidité d'action de ces freins. *Il lui paraîtrait préférable d'utiliser simplement le courant électrique qu'aurait fait naître la présence simultanée de deux trains sur les mêmes conducteurs à produire des signaux d'alarme sur ces trains,* quitte à se servir, pour enrayer le train, soit des freins ordinaires, qui pourraient être suffisants, soit de l'ingénieux appareil imaginé par M. Achard, et qui serait mis alors en jeu par une pile spéciale placée sur le train. » Or c'est précisément ce qui constitue la base du système que nous avons décrit dans le douzième chapitre, système que M. Guyard a copié et que la Sous-Commission a jugé si défavorablement un peu plus haut.

« Dans ces conditions, continue-t-elle, la Sous-Commission estimerait que des expériences en grand sur un de nos chemins de fer seraient utiles à tenter, pour éclairer une question qui touche de si près à la sûreté de la circulation, et qui a déjà occupé un État voisin. »

Peut-être nous trompons-nous en rapportant ces derniers mots aux expériences publiques faites par nous en Espagne à peu près à l'époque où la Sous-Commission s'exprimait ainsi : il est possible qu'elle fasse allusion à celles de

M. Bonelli en Piémont, ou de M. Tyer en Angleterre; mais n'importe : la ré--
clamation ou plutôt le reproche que nous formulerons en terminant cet article a sa raison d'être dans l'un ou l'autre cas : nous nous plaignons de l'oubli
complet dans lequel nous a laissé la Sous-Commission d'inventions, et partant
la Commission d'enquête.

Votre système, dira-t-on, ne méritait pas des conclusions particulières, et
on l'aura confondu parmi ceux que la Sous-Commission a condamnés en masse;
mais alors, pourquoi mentionner ceux de MM. Guyard, Cheneusac et Achard,
qui ne sont eux-mêmes que la répétition du nôtre, plus ou moins modifié?
Pourquoi émettre l'opinion qu'il serait utile de faire sur un des chemins de
fer français des expériences en grand de la partie du système de M. Achard
qui est précisément semblable au nôtre? Pourquoi la Commission dit-elle, et
avec raison, cette fois, que, quand bien même ce système serait exposé à différentes perturbations, « *il est possible qu'il soit susceptible d'améliorations
telles, qu'il puisse devenir un auxiliaire puissant à ajouter aux moyens de
sûreté déjà en usage, et dont il ne devrait, en tout cas, jamais dispenser.* » Et
pourquoi enfin a-t-elle ajouté : « *La pratique seule peut indiquer ces améliorations et en faire connaître les résultats précis?* »

C'est, à notre avis, tout ce qu'on peut dire de mieux en faveur d'un système
qu'on ne connaît que théoriquement.

Il se pourrait, objectera-t-on au reproche que nous faisons à la Commission
d'enquête, que votre système ne soit point parvenu à la connaissance de la
Sous-Commission, et que, par conséquent, elle n'ait pu vous rendre justice;
mais nous avons une contre-réponse : c'est que la Sous-Commission a dû avoir
connaissance de notre système, à moins que pour cela il n'eût été nécessaire
de faire des démarches extraordinaires, ce qui s'accorderait difficilement
avec le zèle reconnu de la Commission d'enquête et surtout du ministre qui
l'institua.

Au mois de novembre 1853, peu de temps après les graves accidents qui
eurent lieu sur la ligne de Paris à Bordeaux, et dont faillit être victime
M. Magne lui-même, nous lui adressâmes une lettre pour lui demander une
audience afin de lui exposer le principe de notre système, et obtenir les
moyens de l'expérimenter en France. M. le ministre eut la bonté de nous répondre que, venant d'instituer une Commission pour aviser aux moyens de
rendre sûre la locomotion par les chemins de fer, l'audience que nous de-
mandions ne serait utile qu'après l'examen qu'aurait fait de notre projet la
susdite Commission, et qu'en conséquence nous pouvions lui envoyer par écrit
la description de notre projet. Par une seconde lettre, nous fîmes savoir à
M. Magne que la description de notre système venait d'être déposée à son
ministère, en le priant de le faire examiner par la Commission dont il nous
avait parlé. Deux jours après nous partions pour l'Espagne, où nous appelaient
les devoirs de notre emploi.

Plus tard nous déposâmes au secrétariat de l'Académie des sciences une nouvelle copie de notre description, qui fut renvoyée à une Commission prise dans son sein, composée, entre autres membres, de MM. Combes et Piobert, qui, avec MM. Frissard et Guillebot de Nerville, faisaient aussi partie de la Sous-Commission d'inventions de l'enquête officielle; il nous semble donc que, même dans le cas où cette Sous-Commission n'aurait pas pris le soin d'examiner les brevets français se rapportant à ce sujet, ce qui était cependant naturel, nous avions plusieurs raisons d'espérer que notre travail ne serait pas exclu de l'examen auquel ont été admis les autres.

Nous sommes loin de voir en cela autre chose qu'un peu du malheur qui s'acharne après nous dans cette affaire; mais, comme cette exclusion s'est répétée trop souvent dans les comptes rendus des livres et des journaux publiés en France, nous saisissons l'occasion qui s'offre à nous ici de protester pour la dernière fois, et nous déclarons dans ce livre, où se trouvent réunis tous les documents nécessaires pour juger notre prétention, que *le seul système électrique de sûreté qui a été jugé digne d'un intérêt particulier par la Commission d'enquête est le nôtre*, car celui de M. Guyard n'en est qu'une copie, et M. Achard ne peut et ne veut revendiquer que l'idée d'appliquer au serrage des freins son embrayeur électrique.

II

(Chapitre XI.)

Sur le télégraphe électrique en Allemagne.

M. Félix Mathias, ingénieur sous-chef de l'exploitation du chemin de fer du Nord, a communiqué à la Commission d'enquête une note qu'il a lue à la Société des ingénieurs civils concernant les chemins de fer d'Allemagne exploités à simple voie.

Cette note a pour but de répondre, en ce qui concerne l'Allemagne, aux numéros 148 à 156 du programme des questions posées par la Commission d'enquête, et de démontrer qu'une exploitation assez importante peut être faite avec sécurité sur les chemins à simple voie, à la condition de les doter de signaux spéciaux capables d'assurer la régularité et le développement de la circulation.

L'Allemagne peut, à juste titre, servir aux investigations concernant le service à une voie, car, sur les 8,235 kilomètres dont se composait le réseau germanique en 1853, 6,600 kilomètres, c'est-à-dire 80 pour 100, sont exploités à simple voie dans des conditions de circulation et de vitesse tout à fait normales, et cependant ce n'est qu'exceptionnellement que quelques-uns des rares accidents qui s'y sont produits ont pu être attribués au système de service à simple voie.

M. Mathias attribue en grande partie la sécurité de l'exploitation des chemins de fer à simple voie en Allemagne à une organisation rationnelle du service télégraphique, installé sur une large échelle, en vue non-seulement de servir à transmettre des ordres ou des avis, mais encore de signaler les trains de garde en garde et d'appeler, au besoin, les locomotives de réserve. Il insiste sur ce fait, que les administrations allemandes, pénétrées de cette vérité que la responsabilité du chef de l'exploitation ne peut être sérieusement engagée vis-à-vis de l'autorité supérieure qu'à la condition que le personnel reçoive une seule et même impulsion, ont laissé aux compagnies la libre nomination des stationnaires de télégraphe, ont évité les tiraillements qui résultent des postes mixtes, et ne leur ont imposé d'autres restrictions pour l'installation et l'emploi du télégraphe électrique que celle d'informer l'État du choix des systèmes, de ne l'affecter qu'aux besoins du service et de se soumettre à son contrôle.

Sur presque toutes les lignes, la correspondance se fait à la fois à l'aide de signaux aériens et de courants électriques.

Les fils, posés en nombre suffisant, servent, les uns à la communication des stations entre elles par l'intermédiaire d'appareils alphabétiques à courant intermittent ou continu, d'autres à la transmission des dépêches faite par des appareils portatifs à courant continu pour demander les machines de réserve; d'autres enfin à mouvoir de grosses sonneries adaptées extérieurement à la partie supérieure des guérites des gardes et destinées à annoncer, de proche en proche, le départ et le sens de la marche des trains.

Les règlements sont à peu près uniformes sur toutes les lignes en ce qui concerne les précautions à prendre pour expédier un train, modifier son garage, demander une machine de réserve, expédier un train spécial.

M. Mathias entre, à leur égard, dans de grands détails. On peut résumer ainsi qu'il suit les indications qu'il a données en ce qui touche l'emploi de la télégraphie.

Tout train qui part aux heures déterminées est précédé dans sa marche, de 10 kilomètres en 10 kilomètres, par des coups de cloche électriques qui tiennent les gardes en éveil et les fixent sur la marche des trains d'une manière fort simple : 12 coups de cloche, par exemple, indiquent le parcours dans la direction du nord au sud; 24 coups dans la direction opposée. La différence de durée dans le tintement est tellement grande, que les gardes reconnaissent toujours, sans compter, à quel train s'appliquent les signaux transmis.

Les modifications à introduire dans les garages par suite de retard dans la marche des trains sont subordonnées à de très-grandes précautions. Ainsi, lorsque les itinéraires ont prévu des garages qui, par suite de perturbations dans le service, ne se réalisent pas, l'expédition du train arrivé le premier ne peut avoir lieu qu'autant que la station vers laquelle le train doit avancer a donné son consentement formel à la modification apportée au croisement. Le chef de station doit, à cet effet, transmettre, au préalable, une dépêche ainsi conçue :

Le train n°   peut-il partir?

et attendre pour prendre un parti qu'il ait reçu une réponse disant :

Oui, le train n°   peut partir.

Non, le train n°   ne peut pas partir.

Ces dépêches, comme toutes celles pouvant, par un malentendu, occasionner un accident, sont données en toutes lettres, sans aucune abréviation, et la réponse doit être, pour ainsi dire, la paraphrase de la demande.

Quel que soit le retard qu'éprouve un train, la machine de secours de la station où il est attendu ne peut se déplacer que sur un ordre formel émanant du chef du train en détresse; les demandes se font à l'aide d'un appareil télégraphique portatif à courant continu, qui, dans toutes les maisons de garde, trouve une installation propre à le recevoir pour entrer dans le courant. Ces appareils portatifs sont d'un maniement plus facile et plus sûr que ceux des chemins français, qui sont à courant intermittent au lieu d'être à courant continu. De là l'obligation de transporter une pile spéciale, dont la dissolution se congèle en hiver et reste improductive[1]. C'est là un de leurs inconvénients les plus saillants, mais ce n'est pas le seul.

Les prescriptions les plus essentielles concernant les machines de secours sur les chemins à simple voie sont : 1° que les dépêches doivent être faites en toutes lettres et sans observations; 2° que le conducteur qui a demandé la machine de réserve doit l'attendre, lors même que la cause qui la lui avait fait réclamer aurait disparu; 3° de couvrir le train arrêté par des signaux faits à 900 mètres en arrière et 750 mètres en avant; 4° que le départ de la locomotive de secours doit être annoncé comme celui d'un train.

Les trains spéciaux ou extraordinaires ne peuvent circuler sans avoir été préalablement signalés dans tout leur parcours, soit par les trains, soit par le télégraphe. Autant que possible, ils le sont par les deux moyens à la fois. Les trains peuvent signaler non-seulement un convoi qui suivrait la même direction, mais ils peuvent même signaler un train spécial attendu dans la direction opposée à celle qu'ils suivent.

M. Mathias indique les diverses causes de perturbation qui peuvent paralyser les transmissions télégraphiques et les moyens employés pour y parer. Il

---

[1] Cette objection pourrait être sérieuse, si la pile devait être portée par une diligence ou toute autre voiture ordinaire; mais, sur un train de chemin de fer, n'a-t-on pas la locomotive, dans certains endroits de laquelle il y a assez de rayonnement de chaleur pour empêcher la congélation? Ne peut-on se dispenser facilement de poser le télégraphe portatif immédiatement sur la pile et même placer celle-ci dans la boîte à fumée si le froid était assez intense pour empêcher les effets du rayonnement? Cela n'altérerait en rien le fonctionnement du télégraphe portatif de M. Breguet.

résulte de ces informations que, dans l'état actuel des choses, les fils souterrains, loin de présenter des avantages sur les fils aériens, leur sont de beaucoup inférieurs.

Outre ces indications sur l'emploi du télégraphe électrique dans les chemins de fer d'Allemagne, qui forment le quatrième annexe du Rapport de la Commission d'enquête, nous transcrirons ici plusieurs autres extraits du Rapport de la Sous-Commission d'inventions, qui peuvent servir de complément au onzième chapitre de ce livre.

M. Mathias a donné également dans sa notice des détails circonstanciés sur les *grosses sonneries électriques* à l'aide desquelles, sur les chemins de fer allemands, les chefs de station signalent de proche en proche à tous les gardes-lignes le départ des divers trains. Ces sonneries sont adaptées extérieurement à la partie supérieure des guérites des gardes ; elles font retentir un nombre déterminé de coups lorsqu'un train marche dans une direction, et un nombre de coups double quand il se dirige dans un sens opposé : sur le chemin de Cologne à Minden, par exemple, elles font entendre douze coups quand un train s'avance de Cologne sur Minden, et vingt-quatre coups quand il se dirige de Minden sur Cologne, en laissant un court intervalle entre la première et la seconde série de douze coups. Il en résulte, dit l'auteur, une telle différence de temps dans la durée du tintement, que les gardes n'ont pas besoin de compter le nombre de coups de cloche pour en reconnaître la signification. Néanmoins on ne peut se dissimuler que l'interprétation d'un avertissement donné par un tintement de cloche plus ou moins prolongé exige une attention préalable des gardes, et peut, en certains cas, devenir une cause d'erreur. Il semblerait donc préférable de n'employer ces sonneries que comme moyen d'éveil et non pour signifier un signal.

La construction de ces sonneries est très-simple : deux timbres concentriques sont suspendus l'un au-dessus de l'autre au sommet de la guérite du garde, et abrités par un petit toit. Ils sonnent sous l'action de deux marteaux mis en mouvement par un mécanisme identique à celui du *tournebroche* ordinaire à poids, dont l'échappement est déclenché par l'armature d'un électro-aimant en communication avec un des fils électriques de la ligne. L'emploi des deux timbres a pour but la production de coups doubles très-rapprochés, qui s'entendent de fort loin ; on peut néanmoins sans inconvénient simplifier l'appareil et le rendre moins coûteux, en supprimant un des deux timbres et l'un des marteaux.

Pendant longtemps ces sonneries ont été montées sur le fil à courant intermittent, établi pour desservir la correspondance alphabétique entre les petites stations. Ce résultat économique s'obtenait en réglant la force du ressort de l'armature de l'électro-aimant de chaque sonnerie de telle sorte que le courant qui suffisait pour mettre en jeu l'aiguille du récepteur de la correspondance alphabétique fût trop faible pour produire le déclenchement du mécanisme des sonneries. Quand, au contraire, celles-ci devaient être mises en mouvement, on renforçait ce courant par l'addition d'une pile supplémentaire, et le courant ne devait pas passer dans les appareils de correspondance. Il y avait donc dans cette disposition une cause incessante d'erreur, en raison des soins spéciaux et quelquefois délicats qu'elle exigeait des employés de la télégraphie. Aussi a-t-on récemment modifié ce système, en adoptant un fil spécial pour chaque série d'appareils.

Ces sonneries électriques, réduites, comme il vient d'être dit, à de simples carillons d'éveil, destinés à attirer l'attention des gardes-lignes et à les rappeler à leurs guérites pour y prendre connaissance d'un signal transmis par l'indicateur de l'appareil Regnault, qui y serait installé comme il a été dit (chap. xi, page 179), deviendraient le complément indispensable de cet appareil, et à ce titre la Sous-Commission ne peut qu'en recommander l'usage.

Ces sonneries ont encore, en Allemagne, une autre destination qui permet de leur donner la faible distance qui les sépare, placées comme elles le sont régulièrement à des intervalles de 900 mètres : elles servent aux gardes entre eux de *signal d'alarme*, lorsque la voie présente un danger subit à la circulation, ou quand de prompts secours sont nécessaires. Dans ces cas exceptionnels, les gardes ont ordre de faire marcher à la main les marteaux des timbres, de manière à frapper trois coups dans l'intervalle de quinze secondes : le signal se répète de proche en proche jusqu'à la station voisine.

M. Mathias a aussi décrit l'appareil au moyen duquel, sur les chemins de fer allemands, un train en détresse demande la machine de secours.

C'est un appareil télégraphique électrique portatif, composé d'un *manipulateur* et d'un *récepteur* pouvant fonctionner sans pile spéciale, à l'aide d'un fil à courant continu établissant une communication entre les stations de dépôt.

Ce fil traverse toutes les guérites de garde échelonnées sur la ligne, et dans chaque guérite il est coupé par une règle en fer qui, dans l'état normal, laisse naturellement passer le courant, mais qui peut se dévisser, s'enlever, et permettre d'intercaler dans le circuit l'appareil de correspondance.

Lorsqu'un train est en détresse sur la voie, le conducteur transporte dans la guérite la plus voisine l'appareil dont il est toujours muni ; il enlève la règle en fer, installe à sa place l'appareil télégraphique, et indique par un tour de manipulateur celle des deux stations avec laquelle il veut correspondre : la station qui n'est pas interpellée reste muette en établissant la communication avec la terre ; la station attaquée répond, et sa réponse se lit sur le récepteur. Quand la dépêche a été ainsi transmise et comprise, le conducteur du train annonce par un signal convenu qu'il va rétablir la continuité du fil ; il enlève son appareil, replace la règle en fer, et rend aux stations leur libre communication.

Il serait utile de multiplier le plus possible ces points d'interruptions du fil électrique et d'en établir, sous de simples chapiteaux, à des distances plus rapprochées que ne le sont les guérites des gardes.

Ainsi devenu d'un emploi plus immédiat, cet appareil peut rendre d'utiles services à l'exploitation des chemins de fer à simple voie, et paraît au moins supérieur à l'appareil télégraphique portatif ordinaire, employé sur certains chemins français, ceux d'Orléans et du Nord, par exemple [1].

Sous certaines réserves, la Sous-Commission recommande aux compagnies le système allemand qui vient d'être décrit et celui de M. Regnault, employé sur le chemin de fer de Saint-Germain pour demander la machine de secours, et que nous avons fait connaître au chapitre onzième, page 179.

La Sous-Commission donne ensuite la copie d'une partie intéressante de la notice de M. Mathias, celle où il rend compte des précautions adoptées sur les chemins de fer allemands dans la rédaction des dépêches de la télégraphie alphabétique, pour éviter toute confusion et toute fausse interprétation dans les ordres qui doivent déterminer les changements dans les garages et les croisements, en cas de retard des trains. Cette partie n'étant que réglementaire, nous nous contenterons de dire que la Sous-Commission a cru utile d'appeler sur ce règlement très-simple et très-précis l'attention des compagnies qui ont à exploiter des chemins de fer à simple voie, et d'en recommander l'usage.

M. Mathias signale encore une disposition ingénieuse, généralement adoptée dans les postes télégraphiques allemands, pour parer autant que possible aux inconvénients qui pourraient résulter de l'absence momentanée de l'employé de service.

Un commutateur est fixé contre le pêne de la serrure de la porte du poste. Quand l'employé est présent, ce commutateur dirige le courant dans les petites sonneries du poste ; mais, quand il a besoin de s'absenter, il donne en sortant un tour de clef à la porte, et, par ce mouvement, le commutateur se place de telle sorte que le courant se dirige directement vers une grosse sonnerie de garde placée en dehors du poste, qui retentit et annonce à tous les employés de la station qu'une dépêche arrive.

<hr>

III

(Chapitres XIII et XV.)

Extrait du journal de l'arrondissement de Valognes, du 20 mai 1853.

« Les accidents qui peuvent se présenter sur les chemins de fer sont de plusieurs genres, mais ceux qui se reproduisent le plus communément pro-

---

[1] Nous ne le pensons pas.

viennent du retard de certains trains, de l'avance de certains autres, et de
la rupture des chaînes qui relient les waggons les uns aux autres. Je ne parle
pas du déraillement, car c'est un genre d'accident auquel il est malheureusement difficile d'apporter un remède complétement efficace. Pour les autres,
l'électricité a su encore fournir un secours très-précieux, et, au moyen de
certains appareils dont nous allons parler, on a pu non-seulement prévenir
aux différentes stations et leur demander les secours nécessaires en cas d'accident, mais encore les avertir continuellement des points de la ligne où se
trouve chaque convoi. Enfin on a fait en sorte qu'une partie du train se dé-
tachant, le chauffeur de la machine en fût immédiatement averti. Ce sont
ces instruments auxquels on a donné le nom de *moniteurs électriques.*

« *Moniteur électrique pour les chemins de fer.* — Cet appareil a été installé pour la première fois, en 1847, sur le chemin de fer de Saint-Germain;
il se compose principalement d'un chronographe à pointage, analogue à celui
que nous avons déjà décrit précédemment, mais combiné de manière que les
différentes indications puissent être constatées d'une station à l'autre, en
admettant dans tout le parcours un minimum de vitesse pour un tour de
cadran.

« De kilomètre en kilomètre, une dérivation du circuit électrique qui parcourt le fil de la ligne télégraphique aboutit à une plaque à charnière, montée
au-dessus des rails, et cette plaque, étant abaissée lors du passage du convoi,
ferme le circuit avec la terre, le circuit réagit alors sur un électro-aimant qui
fait imprimer à l'aiguille du chronographe une marque indiquant en quel
moment le convoi a passé devant tel ou tel poteau kilométrique. On conçoit
d'ailleurs qu'un mécanisme fort simple peut faire en sorte que toutes ces
marques soient recueillies sur une ligne en spirale, et, par conséquent, pendant un temps plus ou moins long.

« En comptant donc le nombre de ces marques et comparant la fraction de
l'intervalle en plus aux divisions dans lesquelles le chronographe a été gradué,
on peut connaître les différents points de la ligne où se trouve le convoi, à
quelques mètres près.

« Le chronographe que j'ai indiqué à la fin du chapitre précédent peut,
comme on le comprend aisément, être employé dans le même but.

« Tel qu'il vient d'être décrit, cet instrument peut parfaitement donner les
indications relatives à un seul train; mais il arrive souvent que les trains se
succèdent à une distance plus rapprochée que celle qui sépare deux stations
consécutives, ou bien qu'ils se croisent. Dans ce dernier cas, comme la voie
est différente, il suffit d'un double appareil et d'une double dérivation du
courant. Dans le premier, un mécanisme additionnel devient indispensable; il
pourrait, ce me semble, consister simplement dans un relais qui, après le
passage du premier convoi vis-à-vis de chaque poteau kilométrique, renverrait
le courant d'un chronographe dans un autre, ou plutôt d'un premier cadran
du chronographe dans un second, puis dans un troisième, suivant la distance

des différentes stations. Chaque cadran correspondrait à un train, et on pourrait ainsi suivre le mouvement de ces trains dans tout leur parcours, et au moyen d'un autre mécanisme on pourrait même leur faire fournir des signaux automatiques en cas d'un trop grand rapprochement, en faisant réagir les chronographes sur les disques à signaux. »

La lecture de cet article prouve combien étaient fondées les raisons que nous avions exposées dans le treizième chapitre, pour contester à M. du Moncel le droit qu'il avait revendiqué d'être considéré comme le premier inventeur d'un système permettant l'échange d'avertissement automatique entre deux convois, par le fait seul de leur trop grand rapprochement. (*Applications de l'électricité*, t. II, page 221, 2ᵉ édition). Le document que nous venons de transcrire, et sur lequel M. du Moncel avait fondé son droit, ne prouve qu'une chose, c'est qu'en mai 1853 il ne pensait même pas à trouver un système qui remplît ces conditions, comme il le fit plus tard en avril 1854, sept mois après nous. En mai 1853, comme il l'avoue lui-même dans la lettre qui accompagnait l'extrait du *Journal de Valognes* que nous venons de reproduire, il ne songeait qu'à mettre en rapport les disques à signaux ordinaires avec les chronographes du système Breguet, comme perfectionnement de ce système; perfectionnement dont les effets sont bien différents de ceux que M. du Moncel se propose dans son invention de 1854, et que nous avions déjà obtenu ou plutôt publié en octobre 1853.

IV

(Chapitres XIV et XV.)

Jugement émis par M. du Moncel sur le système de M. Bonelli.

Si l'importance des inventions de M. Bonelli est contestable, comme nous le verrons par la suite, il est impossible de ne pas reconnaître à leur auteur un talent tout particulier pour les faire valoir. Jamais découverte scientifique n'a fait plus de bruit que les expériences faites l'automne dernier par ce savant sur le chemin de fer de Versailles. Tous les journaux de la France et de l'étranger en étaient pleins, et elles avaient même les honneurs de leur première page. Il est vrai qu'après les tristes accidents qui étaient survenus sur plusieurs de nos chemins de fer, l'opinion publique émue réclamait à grands cris des moyens de préservation, et M. Bonelli arrivait juste en temps opportun pour faire entrevoir ces moyens, qui n'étaient pourtant pas nouveaux. Il

est vrai encore que M. Bonelli était étranger, ce qui était une grande recommandation aux yeux de certains journalistes français. Mais qu'importe?.....
M. Bonelli s'est trouvé posé en inventeur des moyens de sécurité pour les chemins de fer, et la plupart des personnes peu au courant de la question le considèrent encore comme tel, bien qu'il soit l'un des derniers inscrits sur la liste des inventeurs qui se sont occupés de ce problème.

Le principe du système de M. Bonelli est exactement le même que celui du système précédent (celui de M. Tyer)[1]. Comme dans ce dernier, le courant transmis à une barre de fer isolée au milieu de la voie se trouve reçu par le convoi en mouvement par l'intermédiaire d'un frotteur mobile. Seulement cette barre de fer, au lieu de n'avoir que 6 mètres de longueur et d'être répétée plusieurs fois entre les stations, est continue d'un bout de la voie à l'autre, ce qui permet d'établir une relation métallique continue non-seulement entre les stations et les trains en mouvement, mais encore entre les trains eux-mêmes. Cette relation métallique étant une fois établie, une correspondance complète peut en être la conséquence, et, à l'aide de cette correspondance, la position respective des trains peut toujours être constatée d'un convoi à l'autre.

L'idée de la bande continue n'est certainement pas nouvelle, et pour mon compte personnel j'y avais longtemps pensé avant d'avoir combiné mon système. Il est probable que MM. Tyer, de Castro[2], Maigrot et tant d'autres y auront également pensé; mais cette idée ne pouvait être maintenue après un examen mûri de la question, tant à cause des frais considérables que devait entraîner l'installation d'une pareille bande, que de la difficulté de son isolement et des embarras qu'elle devait créer pour la réparation de la voie. M. Bonelli, en mettant son système à exécution, était donc plus hardi que ses devanciers, et c'est là le secret de sa réussite momentanée; car, je dois le dire, ses premiers essais avaient parfaitement réussi : *Audaces fortuna juvat.*

Malheureusement l'expérience ne tarda pas à démontrer que ce système était presque impossible dans la pratique. En effet, au bout d'un mois d'essais, la bande continue établie entre Argenteuil et Saint-Cloud avait été brisée cinq fois par suite du soulèvement des traverses d'appui des rails lors de la réparation de la voie, des dérivations du courant s'étaient établies de tous côtés; enfin cette bande, étant devenue un véritable embarras pour le service du chemin de fer, a dû être mise de côté.

(M. du Moncel fait ensuite la description du système Bonelli, et, après avoir dit comment les trains peuvent s'avertir mutuellement de leur situation sur la ligne, il continue :)

---

[1] Nous avons donné (p. 349) notre opinion sur cette prétendue identité.
[2] Nous avons refusé (p. 448) l'honneur que nous fait M. du Moncel, et démontré que nous n'avons jamais pu penser à une chose qui aurait renversé le principe de notre système et que dès le premier moment nous cherchâmes à éviter.

Maintenant ce mode de transmission des courants est-il parfaitement sûr? Il est permis d'en douter, car, avec les différentes bifurcations dont nous venons de parler, il doit nécessairement arriver quelquefois qu'une demande adressée à un convoi qui sera en avant ou en arrière de celui qui transmet soit reçue par une station voisine; il suffira pour cela que celle-ci se trouve la plus rapprochée de ce dernier convoi; d'un autre côté, si le courant envoyé trouve dans les circuits dérivés qu'il rencontrera une résistance à peu près égale à vaincre, ce qui suppose deux convois et une station placés à égale distance du convoi qui transmet. ce courant se divisera et ne pourra plus faire marcher aucun appareil; enfin, si deux convois veulent parler en même temps, il arrivera que les courants se neutraliseront plus ou moins, car, en raison de la variation continuelle des résistances des circuits, les moyens nouveaux qu'on a imaginés pour transmettre simultanément des dépêches en sens contraire ne seront plus efficaces. Ainsi, en dehors des déperditions qui doivent résulter infailliblement du mauvais isolement de la ligne, il y a trois causes de perturbations dans la transmission des dépêches qui peuvent se reproduire fréquemment.

D'un autre côté, pour la manœuvre d'un télégraphe aussi difficile à interpréter que le télégraphe galvanométrique de Wheatstone, il faut nécessairement des employés spéciaux. Ce ne sont certes pas les mécaniciens qui pourraient être chargés de ce service; car, outre qu'il leur faudrait une instruction particulière, d'autres préoccupations doivent les tenir en éveil pendant le trajet du convoi. Il faudra donc autant d'employés télégraphistes que de convois et que de stations. Or, en admettant même que les compagnies pussent faire ce sacrifice, la question n'en serait pas pour cela bien résolue, car la sécurité du convoi dépendrait toujours de la vigilance de l'employé préposé à la manœuvre du télégraphe. Pour peu qu'il néglige le soin d'interroger les convois en avant et en arrière, une rencontre peut s'effectuer sans qu'aucun signal d'alarme ait été envoyé.

D'ailleurs, il faut un temps appréciable pour l'échange d'une correspondance; et pendant ce temps, si l'employé télégraphiste s'y est pris trop tard, les deux convois peuvent se trouver tellement rapprochés, qu'il devient impossible de les arrêter. Que gagnerait-on donc pour la sécurité des chemins de fer à cet correspondance? Les signaux : *Arrêtez, Continuez votre chemin,* qui, dans le système de M. Tyer et le mien, arrivent en temps opportun, n'en disent-ils pas assez? N'aura-t-on pas le temps, au moment de l'arrêt devant les stations, d'échanger un plus long entretien? En résumé, ce système nous paraît offrir peu d'avantages, mais présenter beaucoup d'inconvénients.

(Du Moncel, *Applications de l'électricité,* 1856, 2ᵉ édition, t. II, page 170).

V

Objections au système de M. Bonelli faites par M. Victor Meunier.

Nos lecteurs savent que le procédé de M. Bonelli repose sur l'emploi des appareils de la télégraphie électrique ordinaire, combiné avec un système particulier de conducteur métallique installé sur la voie et en communication constante avec les télégraphes des stations et des trains.

Au reste, l'appareil conducteur ayant été tout récemment établi sur l'une des voies de la ligne de Paris à Saint-Cloud, depuis la sortie des fortifications jusqu'à l'entrée de la gare de Surènes, c'est-à-dire sur une étendue d'environ huit kilomètres, beaucoup de personnes ont pu voir par elles-mêmes en quoi il consiste, et c'est d'après cette ligne d'essai que nous allons résumer le système.

Il consiste en une tringle de fer laminé de $0^m,020$ à $0^m,025$ de hauteur et de $0^m,004$ d'épaisseur, posée de champ dans l'axe de la voie, et supportée à $0^m,10$ environ au-dessus du niveau des rails par des isolateurs en porcelaine fixés sur les traverses de la voie, au moyen de broches en fer.

Dans les points où cette tringle rencontre un croisement de voies ou un passage à niveau, comme à Asnières, à la Sablière ou à Courbevoie, elle est interrompue sur une étendue de 50 à 60 mètres; mais ces deux parties sont mises en communication par un fil métallique recouvert du gutta-percha, enterré dans le sol.

Un conducteur métallique fixé au train établit la communication entre la tringle dont nous venons de parler et l'appareil télégraphique disposé dans un des waggons. Ce conducteur consiste en une espèce de patin à bascule qui touche cette tringle en plusieurs points, sur une étendue de près de 2 mètres, et glisse sur elle à frottement sous l'action de ressorts destinés à combattre l'effet des oscillations provenant de la marche du train.

Enfin les appareils de correspondance adoptés par M. Bonelli sont des galvanomètres de Wheatstone.

On se rappelle qu'une expérience à laquelle la qualité des personnages convoqués a donné un caractère officiel a eu lieu dernièrement. L'administration du chemin de fer de l'Ouest avait fait disposer à cet effet deux trains renfermant chacun un waggon-salon muni d'un appareil de correspondance.

Les deux trains se suivaient à une distance de 1 kilomètre quand ils ont commencé à échanger des dépêches; le premier a commandé au second de s'arrêter et de stationner sur la voie, et il s'en est éloigné à toute vapeur, sans que la régularité de la correspondance s'en soit ressentie. Bientôt, sur son ordre, le second train s'est mis en mouvement et l'a suivi avec une égale vitesse. Les deux trains se faisaient mutuellement connaître leur position respective sur la ligne ; ils étaient séparés par une distance d'environ 5 kilomètres, et ils marchaient l'un et l'autre avec une vitesse moyenne de 50 à 60 kilomètres à l'heure. Les dépêches étaient échangées sans le moindre trouble et avec la même facilité qu'elles auraient pu l'être entre les bureaux de deux stations voisines.

Il est inutile d'entrer dans le détail des demandes et des réponses ; il suffira de constater que les ordres expédiés ont été exécutés sur-le-champ ; que la vitesse respective des deux convois, leur position par rapport aux poteaux kilométriques, leur passage à telle ou telle minute sur tel ou tel point de la voie, ont été tour à tour indiqués avec précision et instantanéité. Les deux convois se sont réunis à Saint-Cloud. Là, les deux secrétaires de la commission ont comparé les questions et les réponses, qui ont présenté une concordance parfaite.

Le succès a donc été complet ; malgré cela, nous ne partageons pas l'enthousiasme des journaux qui voient dans le télégraphe des locomotives de M. Bonelli un moyen assuré de prévenir la plupart des accidents qui ont lieu sur les chemins de fer.

Les questions et objections suivantes expliqueront et peut-être justifieront notre réserve.

1° La correspondance *volontaire* est très-bien établie par le système Bonelli entre des convois dans une position régulière, parce qu'ils connaissent approximativement leurs positions respectives ; mais les rencontres ont lieu le plus généralement par suite de la présence irrégulière sur une ligne donnée d'un convoi qu'une avance ou un retard dans sa marche près d'un embranchement, une fausse manœuvre d'aiguille, ou toute autre cause accidentelle, a placé sur un point où personne ne s'attend à le trouver.

Dans ce cas, comment la correspondance volontaire pourrait-elle avoir lieu et de quelle utilité sera le système Bonelli ?

2° D'après la disposition du conducteur métallique installé sur la voie, toute dépêche transmise est reçue par toutes les stations et par tous les convois qui se trouvent sur la ligne. Si deux ou plusieurs dépêches sont transmises en même temps, chaque station ou convoi les recevra toutes avec enchevêtrement des lettres : elles seront indéchiffrables.

3° Comment préviendra-t-on les accidents des barrières et des ponts tournants ?

4° En cas de rupture de rail, éboulement, etc., le cantonnier établit la communication entre le sol et le conducteur pour le dériver. Le mécanicien demande en quoi consiste le danger, et, ne recevant pas de réponse, il comprend de quoi il s'agit. Mais à quelle distance est le danger signalé ? il n'en sait rien. Est-il en avant ou en arrière ? il l'ignore. Il faudra donc qu'il marche avec prudence, et cela quelquefois en vue d'éviter un danger qui existe en arrière; d'autres fois, pour une cause dont il sera éloigné de 50 et même de 100 kilomètres.

On ne peut nier que cette incertitude ne soit de nature à compromettre singulièrement le service.

5° Enfin, pour la transmission d'une dépêche, il faut un contact permanent. L'interruption du contact, dans les passages à niveau et dans les croisements de voie, pourra évidemment intercepter une partie de la dépêche et rendre le reste inintelligible sinon même en changer le sens.

Cet inconvénient n'existe pas dans le cas d'un signal qui reste toujours prêt à se produire et se trouve seulement retardé du temps très-court mis par le convoi à franchir l'interruption.

Tout ceci prouve combien est limité l'usage du télégraphe des locomotives et qu'il ne répond pas aux principales conditions du problème à résoudre. Malgré cela, le système Bonelli est une excellente chose. Il est excellent en ce qu'il ouvre la voie; par le sillon qu'il a tracé, des systèmes plus complets, tels que ceux de MM. de Castro et Guyard, pourront passer, et, en faisant si heureusement ses propres affaires en un pays dont les indigènes ont tant de peine à faire les leurs, M. le directeur des télégraphes sardes aura rendu un véritable service au public[1].

(Ami des Sciences du 27 janvier 1856.)

VI

(CHAPITRES XIV ET XV.)

Réponse aux objections faites par M. V. Meunier au télégraphe des locomotives de M. Bonelli.

Un de nos correspondants, dit l'*Ami des Sciences*, répond en ces termes aux objections faites par nous, dans le précédent numéro, au système de M. Bonelli :

« Je suppose d'abord (et il est assez naturel de le supposer) que les administrations de chemins de fer ou plutôt le ministre de l'intérieur ou celui des travaux publics, adopteraient une certaine réglementation pour l'usage de la télégraphie. Ainsi, chaque station, chaque poste d'aiguilleur, de cantonnier, de garde-barrière, recevrait un numéro d'ordre, une fois fixé, d'une extrémité

---

[1] Pour que les derniers mots de cet article ne puissent pas donner lieu à équivoque, voyez ce que nous avons dit dans les quatorzième et quinzième chapitres relativement à la question de priorité entre les systèmes de MM. de Castro, Guyard et Bonelli.

de la ligne à l'autre. Chacun de ces postes serait muni d'un petit appareil électrique, au moyen duquel chacun des préposés, après une courte pratique même sans aucune théorie, serait en état de transmettre, au moyen d'une vingtaine de signaux tout au plus, et son numéro d'ordre et les motifs pour lesquels les trains avertis devraient ou suspendre ou modérer leur marche. Les trains qui partiraient dans une même direction, pendant la même journée, recevraient également un numéro d'ordre ou seraient désignés par une lettre, comme *A*, *B*, *C*... *AA*... *D bis*... *L ter*..., ce qui permettrait de classer les trains irréguliers de marchandises et les trains extraordinaires. Il n'y a dans tout ceci rien d'impossible ni même de difficile : ce sont les éléments d'une organisation.

« Cela posé, supposons que le train *F* qui précède plusieurs autres trains soit, par une cause ordinaire, forcé de s'arrêter entre les stations 127 et 128 ; il n'a qu'une chose bien simple à faire, c'est d'envoyer la dépêche suivante : *F-127-128-retard*. Le train qui suit immédiatement est averti qu'il doit avancer avec précaution en approchant des stations indiquées, et quant à ceux qui suivent de plus loin, ils savent qu'ils n'ont encore rien à redouter. Si, par hasard, le train qui subirait un retard se trouvait sur un de ces embranchements appelés gares d'évitement ou bien encore sur la ligne destinée aux convois marchant en sens contraire, la dépêche, au lieu d'être communiquée par le chef de train, le serait par le chef de station. Voilà, je crois, votre première objection résolue.

« La seconde n'offre pas plus de difficulté. Donnons un exemple : que le train *C* soit arrivé presque au bout de son parcours, qu'il soit suivi par les trains *D*, *E*, *F*, *G* et *H* ou un plus grand nombre si l'on veut ; s'il arrive que les trains *D* et *G* aient à signaler quelques dépêches en même temps, elles seront certainement indéchiffrables comme vous le dites ; mais, si le préposé de la télégraphie à la gare de destination exerce un contrôle sur tous les trains qui se dirigent vers lui, il enverra un premier signal pour enjoindre à tous les trains d'interrompre leur correspondance (et ce signal pourrait être un timbre ou une sonnette que lui seul aurait le droit de mettre en mouvement) ; dès lors, il avertirait *C* de *proposer* s'il y a lieu. *C* répondant *non* ou ne répondant rien, il passerait à *D*, qui, alors, ferait connaître ce qu'il aurait à communiquer ; de *D* il passerait à *E*, puis à *F*, et ainsi de suite. Cette manœuvre, qui doit sembler longue et compliquée, s'exécuterait, après un peu de pratique, avec autant de promptitude qu'un feu de file[1].

« Passons à la troisième objection. S'il arrive qu'un ou plusieurs waggons

---

[1] Nous ne comprenons pas que cette réponse ait été donnée comme une solution sérieuse de l'objection présentée par M. Meunier, et moins encore qu'elle ait été faite avec l'approbation de M. Bonelli, auquel sa position de directeur général des télégraphes semblait ne pas devoir permettre d'autoriser de pareilles absurdités pour défendre son système. Il n'a pas lieu d'être très-reconnaissant envers son officieux admirateur.

doivent être dirigés sur un pont tournant, le préposé de la télégraphie à la station en donne avis aux trains qui cheminent vers lui, comme par exemple : *115-encombrement momentané*. Quant aux accidents des barrières, il ne s'agirait que de combiner la télégraphie avec le système de M. Julienne, dont vous avez donné la description dans votre numéro du 13 janvier. Il suffirait, en effet, de placer sur les deux voies, à distance convenable, de chaque côté d'un passage à niveau, une poupée qui heurterait un mentonnet communiquant avec l'appareil électrique du train et libre d'osciller en avant et en arrière, afin de permettre le recul. Les choses ainsi disposées, toutes les fois qu'un train toucherait la poupée, elle mettrait une petite cloche en branle dans la guérite du garde-barrières, qui, dès lors, à moins d'incurie impardonnable ou de noire méchanceté, aurait tout le temps nécessaire pour exécuter complétement la manœuvre.

« Après ce qui vient d'être dit, votre quatrième objection est résolue d'avance ; car, s'il arrivait quelque accident de la nature de ceux que vous indiquez, le cantonnier l'apprendrait immédiatement aux convois qui auraient à le redouter, comme par exemple : *95-éboulement ou rupture de rail*, etc. Il serait même inopportun de dériver le conducteur, dans le cas où il pourrait encore fonctionner, car alors tous les chefs de station, en avant et en arrière du lieu de l'événement, pourraient savoir ce qui se passe et donner des ordres en conséquence.

« Enfin, s'il arrivait que l'appareil électrique d'un train ne fût plus en contact avec le conducteur, comme dans un croisement de voies, ce ne pourrait être certainement que près d'une station ; mais alors l'aiguilleur ayant observé cette imperfection dans le service, la signalerait immédiatement au train qui aurait été mal averti ou qui ne l'aurait pas été du tout. Il y aurait encore un autre moyen. Si le préposé de la télégraphie à la gare de destination possède une certaine autorité sur tous les trains qui se dirigent vers lui, il peut exiger de chacun d'eux qu'ils répètent, à tour de rôle, la dépêche communiquée par l'un d'eux ou par l'une des stations. Or, comme ce préposé aura dû être averti du départ de tous les trains au fur et à mesure qu'ils auront été lancés, il ne pourra certainement y avoir aucune omission dans l'ordre et dans le nombre des dépêches.

« J'ai dit qu'une vingtaine de signaux suffiraient pour mettre ce système en pratique. En effet, qu'un cantonnier, garde-barrière ou aiguilleur sache lire et écrire dix chiffres et à peu près autant de signaux, dont l'un voudrait dire : *arrêtez* ; un autre : *allez doucement* ; un autre : *passez vite* ; un autre : *éboulement*, etc., et son petit vocabulaire suffirait amplement dans tous les cas qui pourraient se présenter. »

La publication de cette réponse, ajoute M. Victor Meunier, ne soumet pas notre impartialité à une bien rude épreuve ; le nombre, la complication et le peu de sécurité des moyens proposés pour mettre le système Bonelli en état de répondre aux besoins du service, démontrent assez en effet l'insuffisance de ce système, et ce qui précède peut être considéré comme le complément de notre critique. Néanmoins, si le système de M. Bonelli n'avait pas de rivaux, s'il fallait ou l'adopter ou ne rien faire, son adoption serait un véritable progrès ; mais on sait qu'il en est autrement ; d'autres systèmes existent, plus complets que celui de l'ingénieur sarde ; il est donc de l'intérêt public qu'avant de rien décider on leur accorde ce qui a été accordé au *télégraphe des locomotives,* le bénéfice d'un essai.

(*Ami des Sciences* du 5 février 1856.)

VII

(Chapitres XIV et XV.)

Expériences faites avec le télégraphe des locomotives de M. Bonelli.

La première expérience du télégraphe des locomotives de M. le chevalier Bonelli (c'est la Sous-Commission d'enquête sur l'exploitation des chemins de fer qui parle) a eu lieu, le 4 mai 1855, sur le tronçon de Turin à Moncalieri, d'une longueur de huit kilomètres, et elle paraît avoir complétement réussi, malgré la rouille qui recouvrait la tringle conductrice et la pluie qui tombait abondamment, circonstances certainement très-défavorables. Pendant tout le temps qu'a duré l'expérience, des dépêches ont été échangées entre la station de Turin et un waggon de service mis en mouvement à l'aide d'une manivelle, et qui s'avançait sur les rails avec une vitesse de vingt-quatre kilomètres à l'heure.

Une seconde expérience, plus complète et plus décisive, a eu lieu sur le même chemin de fer le 24 du même mois, et M. le duc de Gramont en a fait également connaître le résultat, dans une dépêche en date du 2 juin, à Son Excellence M. le ministre des affaires étrangères. Cette fois on s'est servi de deux waggons remorqués chacun par une locomotive, et marchant sur la même voie à une certaine distance l'un de l'autre, tantôt dans le même sens, tantôt en sens contraire. Plusieurs dépêches ont été échangées avec précision tant entre les waggons en mouvement qu'entre ceux-ci et les stations de Turin et de Moncalieri. Les signaux se transmettaient à l'aide d'un appareil Morse, de petites dimensions, semblable à ceux dont on commence à faire usage aux armées pour les communications télégraphiques entre les troupes en campagne. Une sonnerie, adaptée à l'appareil, annonçait la dépêche et tintait jusqu'à ce qu'on eût répondu. Pour les locomotives, indépendamment d'un petit cadran qui donnera les dépêches, pendant le jour, d'après le système Wheatstone, M. le chevalier Bonelli se propose d'appliquer, pour la nuit, un sifflet dont la valvule sera ouverte à volonté par le moyen de l'électricité. On pourra ainsi, de chaque station et de chaque convoi, faire siffler toutes les locomotives en mouvement sur la ligne. La valeur conventionnelle attachée à chaque coup de sifflet en déterminera la signification.

L'expérience du 24 mai a été considérée comme décisive; cependant, malgré les précautions prises sur toute la ligne pour en assurer le succès, il y a eu une interruption de quelques secondes dans l'échange des signaux. Ces interruptions, dues à des dérivations de courant, sont l'inconvénient capital inhérent au système, et la disposition que M. le chevalier Bonelli a adoptée en plaçant son conducteur métallique à fleur de terre, et à portée par conséquent d'un grand nombre de causes qui peuvent en détruire l'isolement, semblerait de nature à les multiplier. Les accidents de ce genre ne peuvent manquer de se renouveler assez fréquemment, et, tant qu'on n'y aura pas obvié, ils limiteront beaucoup l'utilité pratique de ce télégraphe.

La Sous-Commission ne peut d'ailleurs qu'enregistrer, à titre de renseignements, ces résultats tels qu'ils sont parvenus à sa connaissance, et attendre les développements que ce système de communication pourra recevoir.

Une troisième série d'expériences publiques a été faite entre Batignolles et Surènes, tous les jours, depuis le 28 novembre 1855 jusqu'au 2 janvier 1856, et il paraît qu'elles ont réussi de la manière la plus complète, malgré l'état de l'atmosphère souvent très-défavorable. Voici, du reste, l'appréciation que, entre autres journaux, en a faite le *Moniteur universel* :

« Son Excellence M. le ministre de l'agriculture, du commerce et des travaux publics, accompagné de M. le comte de Cavour, président du conseil des ministres du royaume de Sardaigne, des membres de la Commission d'enquête sur l'exploitation des chemins de fer, et de la plupart des directeurs, administrateurs et ingénieurs de nos principales lignes de chemins de fer, s'est rendu hier à la gare de la rue Saint-Lazare pour assister aux expériences du télégraphe des locomotives de M. le chevalier Bonelli, directeur général des télégraphes électriques des États sardes. Cet ingénieux système, dont il a été fait plusieurs fois mention à l'époque des expériences intéressantes qui ont eu lieu sur le chemin de fer de Turin à Gênes, a pour but, on se le rappelle, de mettre en communication permanente un train lancé à toute vitesse, soit avec les diverses stations de la ligne, soit avec les autres trains qui peuvent le précéder ou le suivre sur la même voie. Le procédé de M. le chevalier Bonelli repose sur l'emploi des appareils de la télégraphie électrique ordinaire, combiné avec un système particulier de conducteur métallique installé sur la voie, et en communication constante avec les télégraphes des stations et des trains. L'appareil conducteur vient d'être tout récemment établi sur l'une des voies de la ligne de Paris à Saint-Cloud, depuis la sortie des fortifications jusqu'à l'entrée de la gare de Surènes, c'est-à-dire sur une étendue d'environ 8 kilomètres. Il consiste en une tringle de fer laminé, de 20 à 25 millimètres de hauteur, de 4 millimètres d'épaisseur, posée de champ dans l'axe de la voie, et supportée, à 10 centimètres environ au-dessus du niveau des rails, par des isolateurs en porcelaine fixés sur les traverses de la voie au moyen de broches en fer. Dans les points où cette tringle rencontre un croisement de voies, ou un passage à niveau, elle est interrompue sur une étendue de 5 à 6 mètres; mais ses deux parties sont mises en communication par un fil métallique recouvert de gutta-percha, enterré dans le sol. Un conducteur ou frotteur métallique, fixé au train, établit la communication entre la tringle dont nous venons de parler et l'appareil télégraphique disposé dans un waggon. Le frotteur consiste en une espèce de patin à bascule qui touche cette tringle en plusieurs points, sur une étendue de près de 2 mètres, et glisse sur elle à frottement, sous l'action de ressorts destinés à combattre l'effet des oscillations de la marche du train.

« Enfin, les appareils de correspondance adoptés par M. le chevalier Bonelli sont des télégraphes à une seule aiguille de Wheatstone, les seuls qui paraissent jusqu'ici pouvoir fonctionner avec une complète régularité sur un train entraîné avec grande vitesse.

« L'administration du chemin de fer de l'Ouest avait fait disposer pour les expériences deux trains renfermant chacun un waggon-salon muni d'un appareil de correspondance. Son Excellence M. le ministre de l'agriculture, du commerce et des travaux publics, M. le comte de Cavour, M. le chevalier Bonelli et une partie des membres de la Commission ont pris place dans le salon du premier train; les autres membres de la Commission et les personnes convoquées aux expériences sont montés dans le second train. Les deux trains se suivaient à une distance d'un kilomètre quand ils ont commencé à échanger des dépêches; le premier a commandé au second de s'arrêter et de stationner sur la voie, et il s'en est éloigné à toute vapeur, sans que la régularité de la correspondance s'en soit ressentie. Bientôt, sur son ordre, le second train s'est mis en mouvement et l'a suivi avec une égale vitesse. Les deux trains se faisaient mutuellement connaître leur position respective sur la ligne. Ils étaient séparés par une distance d'environ 5 kilomètres; et ils marchaient l'un et l'autre avec une vitesse moyenne de 50 à 60 kilomètres à l'heure. Les dépêches étaient échangées sans le moindre trouble et avec la même facilité qu'elles auraient pu l'être entre les bureaux de deux stations voisines.

« Leurs Excellences MM. les ministres, ainsi que toutes les personnes présentes, ont été vivement surpris des résultats remarquables de ces expériences, dont le succès semble promettre à l'exploitation des chemins de fer un précieux élément auxiliaire de sécurité. »

VIII

Rapport de la Commission chargée d'examiner le système de M. Fernandez de Castro, après un essai préliminaire fait au mois de juillet 1855.

CORPS NATIONAL DES INGÉNIEURS DES PONTS ET CHAUSSÉES

District de Madrid.

A M. LE DIRECTEUR DES TRAVAUX PUBLICS.

Monsieur, étant sur le point de faire l'essai en grand de son système de signaux électriques pour éviter les accidents sur les chemins de fer, l'inventeur a désiré que la Commission assistât aux essais préliminaires faits avec les appareils qu'il a apportés de l'étranger; parce que, de cette manière, si les expériences venaient confirmer les résultats que faisaient espérer les démonstrations théoriques contenues dans le mémoire antérieurement présenté par lui et que la Commission avait eu occasion d'étudier, on arriverait à deux points importants :

1° Démontrer qu'avec des appareils très-simples, faciles à manœuvrer, très-peu nombreux et d'un volume insignifiant, on peut obtenir un signal perceptible sur une locomotive en marche, et que ce signal se fait sentir immédiatement ou peu de secondes après la fermeture du circuit électrique;

2° Simplifier l'étude des difficultés ou inconvénients du système; car, si l'essai en petit en avait révélé un ou plusieurs provenant du principe même sur lequel repose ce système, il eût été inutile de passer outre, à moins que l'auteur n'eût introduit des modifications capables de les faire disparaître; tandis qu'au contraire, une fois démontré pratiquement que le principe était exact, que les moyens adoptés produisaient l'effet désiré dans un essai préliminaire, si le système venait à faillir lors de son application aux trains en marche, on aurait seulement à en chercher la cause dans les diverses circonstances accompagnant le second essai; par exemple, dans le moyen d'établir la communication entre le générateur électrique et les conducteurs, dans la disposition de ces derniers, etc.

Ayant donc reconnu la nécessité et l'importance de ces essais préliminaires, nous les avons exécutés à l'École des Mines, où se trouvaient les appareils; le résultat a été pleinement satisfaisant, et il nous permet d'assurer que quand bien même les essais en grand qu'on doit faire sur la voie ferrée présenteraient quelques difficultés, celles-ci seraient tout à fait indépendantes du principe servant de base au système et de la qualité des appareils employés, puisqu'ils ont déjà parfaitement bien fonctionné; elles ne proviendraient que d'une application imparfaite et ne seraient en aucune manière insurmontables; en effet, on vient de faire en Italie des expériences analogues à celles-ci, et où, paraît-il, on a surmonté tous les obstacles que nous pourrions craindre dans les essais qu'il nous reste à exécuter. En un mot, si le système de M. Fernandez de Castro ne parvenait pas à résoudre complétement, ce qui ne semble pas probable, le problème d'éviter les accidents au moyen de l'électricité, on peut dire au moins qu'il est en voie d'obtenir ce résultat et que même il l'obtiendra très-certainement, car, d'après les expériences qui viennent d'être faites, les difficultés ne pourraient provenir, nous l'avons déjà dit, que de circonstances dont on a déjà triomphé ailleurs.

Les essais ont été faits en établissant un circuit de 100 mètres, et chaque fermeture de ce circuit a produit une explosion assez forte pour être entendue par le mécanicien sur une locomotive en marche; cette explosion a toujours eu lieu immédiatement ou quelques secondes après la fermeture du circuit, et nous avons observé que ce dernier cas ne se présentait que lorsque les piles venaient d'être chargées ou lors de la première explosion obtenue après qu'on avait changé, en la diminuant, l'intensité du courant.

Le générateur électrique était une pile de Bunsen d'un ou de deux éléments ajoutée au multiplicateur de courant d'induction de Ruhmkorff, construit d'après les modifications proposées et adoptées par M. le colonel Verdú. Cet appareil, que ce n'est point ici le lieu de décrire, se trouve enfermé dans une boîte de $0^m,416$ de long, $0^m,208$ de large et $0^m,162$ de hauteur, laissant passer à l'extérieur les vis où doivent être fixés les fils métalliques qui le mettent en communication avec la pile et les conducteurs; il a en outre une ouverture fermée par un verre, laquelle permet d'observer la lumière électrique qui se montre constamment à ce point, et de s'assurer, par conséquent, si l'appareil fonctionne.

Les éléments de la pile de Bunsen, faits exprès d'après les indications de M. de Castro, sont en gutta-percha, et présentent sur les éléments ordinaires ce double avantage qu'on peut les remplir sans avoir à craindre le mélange des liquides par suite du mouvement de lacet de la voiture, et qu'ils ne courent point le risque d'être brisés par un choc.

L'appareil avertisseur interposé dans le circuit était un pistolet de Volta de petite dimension, mais modifié aussi par l'auteur du système, quant à la disposition des pointes, afin de pouvoir varier la distance entre celles-ci et y fixer facilement et promptement les fils conducteurs. La charge d'hydrogène s'introduit aussi très-aisément dans le pistolet en tournant seulement le robinet du petit et très-simple appareil qui produit le gaz, ou bien des vessies où l'on tient renfermé du gaz produit d'avance.

CARLOS-MARIA DE CASTRO, — MANUEL DE MADRID DAVILA.

Madrid, 31 juillet 1855.

Arrêté royal.

A M. LE DIRECTEUR DES TRAVAUX PUBLICS.

Monsieur, vu le résultat satisfaisant des premiers essais du système de signaux électriques pour éviter les collisions et autres accidents sur les chemins
de fer, inventé par M. l'ingénieur des mines Manuel-Fernandez de Castro,
dont les expériences ont eu lieu à l'École des Mines devant la Commission
chargée d'y assister, Sa Majesté la reine (Q. D. G.) a daigné ordonner qu'on
informe ledit ingénieur qu'elle a vu avec le plus grand plaisir le zèle et la per-
sévérante activité qu'il déploie dans de si utiles travaux, dignes sous plusieurs
rapports de la gratitude publique. Sa Majesté ordonne aussi l'insertion de cet
arrêté dans la *Gazette de Madrid*, ainsi que celle du Rapport de la Commission susmentionnée, pour servir à qui de droit d'encouragement et de témoignage de satisfaction.

ALONSO MARTINEZ.

Madrid, 22 août 1855.

IX

**Rapport de la Commission chargée d'examiner le système de signaux élec-
triques de M. Fernandez de Castro, après l'essai général fait le 14 novembre 1855.**

A MONSIEUR LE DIRECTEUR GÉNÉRAL DES TRAVAUX PUBLICS.

Monsieur, cette Commission, chargée de faire un rapport sur le système
de signaux électriques pour éviter les accidents sur les chemins de fer, présenté au gouvernement de Sa Majesté par M. l'ingénieur du corps royal des
mines Manuel-Fernandez de Castro, eut l'honneur de vous faire part, le
31 juillet dernier, des heureux résultats obtenus par cet ingénieur dans les
expériences qu'il fit devant cette même Commission dans l'une des salles du
laboratoire de l'École des Mines. Alors, comme la première fois qu'elle eut le
plaisir d'examiner le mémoire et les plans où M. Fernandez de Castro développait son système, en écoutant les explications de l'inventeur, la Commission ne put douter de l'exactitude et de la précision du système, ni du
brillant succès qui devait couronner son application ; cependant elle fut avare
d'éloges, et voulut attendre le moment où l'événement viendrait justifier ses
croyances. Ce jour est enfin arrivé : la victoire remportée par M. l'ingénieur

de Castro a été complète, et à nous est échu l'honneur de vous en faire parvenir la nouvelle. Cependant cette victoire n'a pas été remportée sans quelques difficultés, qui, certainement, eussent découragé toute personne qui n'aurait point eu une aussi grande force de volonté, une aussi profonde conviction de l'utilité du système, ni enfin des connaissances aussi étendues que cet ingénieur.

Lors des premiers essais à l'École des Mines, M. Fernandez de Castro voulait que le grand circuit formé par un train, le conducteur isolé et la terre, et fermé par l'obstacle qui s'opposerait à la marche, fût parcouru par le courant induit du multiplicateur de Ruhmkorff, parce que ce courant ayant toutes les propriétés de l'électricité statique, sa tension rendait moins probables les inconvénients qui auraient pu résulter du manque de contact parfait du train avec le conducteur isolé et avec le sol. Toutes les expériences en petit semblaient justifier ce choix, lorsqu'un phénomène tout à fait nouveau, observé dans le premier essai en grand, vint changer la disposition adoptée; car après plusieurs essais répétés, le résultat fut toujours le même, et fit connaître un fait constant dans les multiplicateurs d'induction, fait qui, jusqu'à un certain point, rendait dangereux l'emploi du circuit induit.

L'un des plus curieux phénomènes de l'appareil de Ruhmkorff, dont il n'a été fait mention que depuis peu, et que M. de Castro avait eu aussi l'occasion d'observer dans ses expériences, est la différence de tension des deux pôles de l'appareil; différence qui devient telle, que, dans le pôle extérieur, on peut provoquer une étincelle à l'approche d'un corps isolé, tandis qu'on peut toucher le pôle intérieur sans percevoir, pour ainsi dire, la moindre sensation. Ce fait une fois connu, il suffisait, pensa-t-on, d'introduire l'appareil d'alarme dans le *rhéophore* qui unit le pôle intérieur au *conducteur général*, pour qu'il n'y eût d'étincelle qu'au moment de fermer le circuit. Cependant cette disposition n'amena pas le résultat attendu, et de nouvelles expériences démontrèrent que chaque fois que le pôle intérieur de l'appareil de Ruhmkorff se met en contact avec un corps isolé d'une grande étendue, il produit les mêmes effets que le pôle extérieur; circonstance qui, d'après M. de Castro, permet de trouver la théorie de la différence de tension des deux pôles du multiplicateur de Ruhmkorff [1].

En nous bornant aux faits, il résulte qu'avec le courant induit il se produit un signal, bien qu'il n'y ait pas de circuit fermé quand la tension est trop forte; et, quoique les pistolets de Volta et autres appareils d'alarme de M. de Castro soient disposés de manière qu'on puisse régler le saut de l'étincelle d'après la tension des appareils, l'inventeur n'a pas cru devoir exposer son système au risque d'être en défaut par suite de l'emploi d'un moyen éventuel

---

[1] Voyez ce que nous avons dit dans le cinquième chapitre en parlant de l'appareil de Ruhmkorff.

dépendant d'une condition aussi difficile à obtenir que la graduation d'un courant, dont l'intensité et la tension peuvent varier par tant de causes.

Bien que cette difficulté fût impossible à prévoir, puisqu'elle provenait d'un phénomène inconnu qu'on n'avait point eu occasion d'observer, et dont la découverte aurait été à elle seule un avantage dû à ces essais, M. de Castro était préparé pour le cas où de plus grandes encore se seraient présentées, et, comme il l'avait annoncé dans le mémoire présenté à la Commission, au moment où il se convainquit des inconvénients qu'il y avait à faire entrer le *conducteur général* et la terre dans le circuit statique ou induit, il songea à remplacer ce dernier par le circuit dynamique ou inducteur, en réservant le premier seulement pour y introduire l'appareil d'alarme. Ce moyen, une fois qu'il était prouvé qu'il y avait contact parfait entre la frange et le fil conducteur, entre les voitures et le sol, était infaillible; mais il aurait fallu des piles spéciales, capables de faire arriver le courant avec assez de force pour mettre en mouvement l'appareil de Ruhmkorff, et dont la construction et l'étude eussent entraîné une perte de temps considérable, tandis qu'une heureuse combinaison des ressources dont M. de Castro pouvait disposer l'amena à un résultat tel, que peut-être en viendra-t-on à l'appliquer non plus provisoirement, mais d'une manière définitive, en raison de l'économie et de la simplicité de manœuvre que présentent les piles de Daniell, qui font actuellement partie de l'appareil de M. de Castro.

En réservant pour l'appareil d'alarme, comme il a été dit, le circuit statique, on met les deux pôles d'une pile de Bunsen en contact avec les deux extrémités du fil inducteur de l'appareil de Ruhmkorff; mais on interrompt ce circuit, de manière qu'il ne soit fermé que quand un relais est mis en mouvement par la fermeture du circuit dont font partie le conducteur général, la terre et le relais lui-même, c'est-à-dire quand un train ou un autre obstacle viennent le compléter.

Après ces légères observations sur les perfectionnements introduits dans les appareils, sans que pour cela rien ait été changé à l'essence du système, nous allons vous rendre compte, monsieur, des essais qui ont eu lieu sur le chemin de fer de Madrid à Almansa le 15 du présent mois.

La partie de la ligne préparée à cet effet est de 4 kilomètres entre les stations de Villacañas et Quero, sur une ligne droite.

Chaque morceau de la double série de fils qui constituent le conducteur général a 2,000 mètres, longueur quatre fois plus grande, d'après les expériences faites par la Commission, que la distance parcourue par un train, après qu'on a fermé le régulateur de la locomotive et serré les freins, sur une pente de 0,0090, avec une vitesse de 60 kilomètres à l'heure et une charge de 108 tonnes distribuée en dix-huit waggons.

Le fil conducteur repose sur des isoloirs en caoutchouc vulcanisé, assujettis sur une fourche en fer fixée aux poteaux du télégraphe, et on est parvenu à maintenir les fils à la même hauteur et à la même distance du rail, sans placer une nouvelle série de poteaux, en recourbant le manche de la fourche. La flèche des fils conducteurs est de 18 à 20 centimètres sur 50 mètres de longueur, et, bien que, par suite d'une chaleur excessive, il serait possible qu'elle augmentât, il est facile d'y remédier au moyen des appareils tendeurs; mais, quand bien même on ne le pourrait pas, et que le train marcherait très-lentement, ce qui constitue les cas les plus défavorables, il ne se passe pas un intervalle de 5 à 6 secondes sans que le contact de la frange avec le fil conducteur produise un signal dans les appareils d'alarme. Il existe un passage à niveau dans la partie du chemin préparée pour l'essai, et le fil, avec la disposition adoptée, n'interrompt ni le passage des trains dans la direction de la ligne, ni celui des voitures qui la croisent; néanmoins le circuit reste interrompu si peu de temps, que la traversée de ce passage est à peine sensible dans les appareils d'alarme.

Le *communicateur* qui unit le *conducteur général* au générateur électrique est une frange métallique faite de bouts de fils de fer de 2 millimètres de diamètre, placés à l'extrémité d'une tringle, en fer aussi, qui repose isolée dans des supports sur deux montants fixés au waggon, lesquels peuvent monter et descendre à volonté pour laisser la frange à la hauteur convenable.

A la suite d'expériences répétées, M. de Castro s'est convaincu que la meilleure des franges serait en fil d'acier convenablement trempé, comme les aiguilles à tricoter; mais, dans l'impossibilité de s'en procurer aussi promptement qu'il l'aurait désiré, il s'est décidé à employer pour cet essai du fil de fer ordinaire sans qu'il en soit résulté le moindre inconvénient. La tringle du communicateur était en contact, au moyen d'un fil recouvert de soie, avec l'un des pôles d'une pile de Daniell à dix-huit éléments, chargée depuis quinze jours, et dont l'autre pôle communiquait avec un des ressorts de la voiture, au moyen d'un simple fil de cuivre rouge; le relais dont il a été fait mention plus haut était interposé dans le premier des deux fils. Sur la même platine que le relais, mais séparées de lui et isolées entre elles, se trouvent deux vis qui ne se mettent en communication que quand l'armature de l'électro-aimant est attirée au moment où le circuit de la pile de Daniell vient à être fermé. De ces deux vis partent deux fils, dont l'un va à l'un des pôles de la pile de Bunsen, et l'autre à l'une des extrémités du fil inducteur de l'appareil de Ruhmkorff; l'autre extrémité de ce fil et le second pôle de la pile de Bunsen se joignent entre eux au moyen d'un fil conducteur : ce circuit reste donc fermé au moment où l'armature du relais est attirée par l'électro-aimant; l'appareil alors se met en mouvement et l'étincelle part dans la petite interruption de l'appareil d'alarme, qui, comme il a été indiqué, se trouve interposé et ferme constamment le circuit induit.

Les appareils d'alarme employés dans le dernier essai sont les mêmes que ceux dont il a été question dans le rapport du 31 juillet, mais perfectionnés, car les nouveaux pistolets de Volta, outre l'addition qu'on leur a faite d'un compas électrique qui permet de voir l'étincelle extérieurement et de régler par conséquent la distance des pointes ou des boules, peuvent être ouverts, visités et préparés facilement avant qu'on s'en serve. On employa aussi, pour faire des signaux, des pétards de Stathan, et on pourra même faire usage d'un grand timbre semblable aux sonneries des télégraphes, d'après les indications de l'inventeur, qui compte simplifier encore ses appareils.

Les appareils d'alarme étaient disposés sur deux waggons de troisième classe ; l'un d'eux resta en place au commencement de la ligne préparée pour l'essai, sans être en contact avec le conducteur général, et l'autre, conduit par une locomotive, nous transporta à l'autre extrémité de la ligne. Les avertissements convenus ayant été donnés, et le premier waggon ayant été mis en communication avec le fil conducteur, nous revînmes sur nos pas avec le second, en marchant à grande vitesse vers l'autre ; aussitôt que le circuit fut fermé et malgré la distance de 2 kilomètres qui séparait les deux waggons, nous eûmes la satisfaction de nous convaincre que les deux signaux étaient partis simultanément ; ayant fermé le régulateur et serré le frein du tender, notre train s'arrêta complétement bien avant la limite de la distance qu'il pouvait parcourir sans craindre de se rencontrer avec le train opposé : nous avions à peine avancé de 150 mètres.

Les dangers sérieux que courent deux trains dans un cas semblable, c'est-à-dire en marchant l'un vers l'autre sur la même voie, sont supprimés dès aujourd'hui par la très-simple et peu coûteuse invention de M. l'ingénieur Fernandez de Castro. Ce fait, une fois reconnu vrai, suffirait pour nous dispenser de continuer notre compte rendu ; mais notre caractère de rapporteurs nous impose l'agréable devoir de poursuivre ce récit, où nous ferons mention des moindres détails.

Le second cas, parmi les accidents que M. de Castro se fait fort de prévenir, est celui de deux trains parcourant la même voie dans la même direction, et dont le premier, marchant moins vite que le second, peut être, par conséquent atteint par lui. La solution de ce problème est semblable à celle du cas précédent, et le résultat de l'expérience fut tout aussi heureux. On répéta les deux épreuves, en se servant tantôt des pétards, tantôt des pistolets de Volta, et nous eûmes l'occasion de remarquer que l'explosion de ces derniers était moins instantanée quand la charge était excessive que lorsqu'elle était minime ou dans des proportions convenables. M. de Castro ne l'ignorait point ; mais il ne put avoir prêts pour ce jour-là des chargeurs de son invention, avec lesquels on mesure la charge de gaz aussi exactement qu'on mesure la poudre et le plomb, pour les fusils de chasse, avec les boîtes spéciales à cet usage. Il ne fut pas non plus possible, lors de ces essais, de mettre sur les waggons les télégraphes portatifs que possède la compagnie du chemin de fer, au moyen desquels on peut se parler de train à train : ils n'étaient point disponibles à ce moment. Mais, comme ce n'est point là une partie intégrante du système, nous n'avons rien à en dire, sinon qu'il est probable qu'ils pourront être employés au jour de l'expérience publique.

Il est bon de remarquer que puisque c'est l'électricité dynamique qui parcourt le circuit fermé par les deux trains, il n'est pas indifférent que ce soit l'un ou l'autre pôle de la pile qui communique avec le conducteur général. Pour donner lieu à un signal, il faut que le communicateur ou frange de l'un des trains soit en contact avec le pôle positif de la pile, et que la frange de l'autre communique avec le pôle négatif.

Il suffirait, pour éviter la rencontre de deux trains marchant l'un vers l'autre, d'établir une règle fixe et invariable pour placer le communicateur: en décidant, par exemple, que les trains allant de Madrid vers les extrémités de la ligne auraient le pôle positif en contact avec le conducteur, tandis qu'au contraire ce serait le pôle négatif dans les trains suivant une direction opposée. Mais ce moyen, qui serait suffisant pour le premier cas que nous avons mentionné, ne servirait à rien dans le second, c'est-à-dire celui où les trains, marchant dans la même direction, auraient leurs appareils préparés de la même manière, et où, par conséquent, le signal n'aurait pas lieu. On pourrait aussi remédier à cet inconvénient au moyen du règlement; mais l'infaillibilité du système de M. de Castro ne devait point rester à la merci de l'observation d'un règlement, et il pensa que cet inconvénient disparaîtrait si l'on faisait passer par un *commutateur* les fils qui mettent en communication le conducteur et la terre avec les pôles de la pile; moyen employé aujourd'hui dans la plupart des télégraphes électriques, et qui permet d'alterner les courants positifs ou négatifs à des intervalles d'une seconde, d'une demi-seconde ou tout autre espace de temps à volonté, car il suffit pour cela de régler convenablement les diamètres des poulies de transmission de mouvement.

Le troisième cas est celui où un train en marche rencontre un obstacle sur la voie. Si cet obstacle consistait en un autre train arrêté pour un motif quelconque, les choses se passeraient comme dans l'un des cas précédents, chacun des deux trains étant muni de son générateur électrique et de son appareil d'alarme; mais, si l'obstacle était une interruption de la voie occasionnée par la rupture d'un rail, par des travaux de réparation ou par toute autre raison analogue, alors l'avertissement ou signal d'alarme devrait être donné par un garde-ligne. A cet effet, M. de Castro a disposé un fouet métallique qui se termine d'un côté par une double fourche facile à accrocher aux deux fils du conducteur général, et, de l'autre, par une pointe ou espèce de coin qui, introduite dans la jointure de deux rails, ferme le circuit aussitôt que la frange du communicateur du train se met en contact avec le même tronçon de conducteur. Ces fouets remplaceraient dans les mains de tous les gardes-lignes et cantonniers de service les drapeaux et les lanternes à signaux aujourd'hui employés; il y en aurait aussi dans les stations, aux barrières, tunnels, etc., et ils devraient fonctionner tant que la voie ne se trouve pas libre pour la circulation.

Ce mécanisme fut essayé à petites et à grandes distances, non-seulement en fermant le circuit avec les rails, mais aussi avec la terre dans les accotements de la voie qui conservaient quelque humidité, et toutes les expériences eurent un résultat aussi brillant qu'on pouvait le désirer : les explosions furent instantanées.

Enfin, le train étant sur la voie et la frange du communicateur se trouvant en contact avec le conducteur général, on ferma le circuit en appliquant un fil à ce même conducteur et à celui du télégraphe de Tembléque à Alcazar, et l'explosion fut instantanée, malgré que le circuit eût plus de 47 kilomètres.

De tout ce que nous venons de rapporter il ressort, monsieur, que le gouvernement de Sa Majesté n'a pas, cette fois, tendu en vain sa main protectrice ; les espérances que put lui faire concevoir la connaissance de l'idée de M. l'ingénieur de Castro n'ont pas été déçues; mais la Commission a lieu de croire et d'espérer que vos bontés et celles du gouvernement ne s'arrêteront pas là, et que non-seulement on tentera de réaliser les avantages que présente ce système au point de vue de l'humanité, mais encore qu'on procurera à l'inventeur les moyens d'élargir le cercle de ses connaissances sur la matière, par l'étude et la comparaison avec le sien d'autres systèmes présentés à l'étranger; il pourra ainsi être mis à même d'obtenir la réussite la plus complète de ses travaux, et ceux-ci, consignés dans un Mémoire, contribueront à l'enseignement de tous et augmenteront l'importance déjà si considérable qu'a dans notre pays l'invention d'un ingénieur aussi distingué.

Que Dieu vous accorde de nombreuses années .

CARLOS-MARIA DE CASTRO, — MANUEL DE MADRID DAVILA.

Madrid, 18 novembre 1855.

X

Compte rendu de l'essai du système de signaux de M. Fernandez de Castro, fait en public le 25 novembre 1855.

L'essai du système de signaux électriques pour éviter les accidents sur les chemins de fer, dû à M. Fernandez de Castro, qui a eu lieu hier sur la ligne d'Almansa près de Villacañas, a complétement satisfait le grand nombre de personnes qui y assistaient, parmi lesquelles se trouvaient M. le ministre de Fomento (travaux publics) et M. le ministre de la justice, le directeur des travaux publics et celui du Conservatoire des arts et métiers.

Ces signaux électriques peuvent s'obtenir chaque fois que l'on réunit les deux pôles d'une pile de Volta, c'est-à-dire quand on ferme un circuit électrique, soit en faisant fonctionner un électro-aimant, soit en produisant une étincelle capable d'enflammer les substances explosibles. Les deux méthodes ont été mises en pratique dans les expériences de M. de Castro.

Partant de ce principe, il va sans dire qu'on devra fermer un circuit et obtenir par conséquent un signal chaque fois qu'un danger se présentera. A cet effet, chaque train porte un générateur électrique communiquant par l'un de ses pôles avec la terre et par l'autre avec le *conducteur général*, c'est-à-dire une double ligne de tronçons de fil de fer isolés, alternes, et dont la longueur est calculée de manière qu'après avoir obtenu le signal et serré les freins, la distance parcourue par deux trains marchant en sens contraire avec une grande vitesse ne laisse point craindre une rencontre.

Les tronçons de fil qui forment le conducteur général étant isolés, tant qu'il n'y a qu'un train en communication avec l'un d'eux, il n'y a pas de circuit électrique, et aucun signal, par conséquent, ne se produira; mais aussitôt qu'un autre train vient le toucher avec son communicateur, le circuit s'établit, en passant par la terre, et le signal est instantané.

Si le système est efficace pour deux trains marchant en sens contraire, il doit l'être aussi pour le cas où, deux trains marchant dans le même sens, celui de devant vient à s'arrêter ou à ralentir sa marche : le signal aura lieu au moment même où le second train touche le tronçon de fil où se trouve le premier.

Au lieu des drapeaux, des lanternes et autres moyens imparfaits aujourd'hui employés pour ordonner l'arrêt à un train qui court vers un danger, il suffira de mettre en communication le conducteur général avec la terre près de l'obstacle ou endroit dangereux, au moyen d'un conducteur métallique en forme de crochet.

Les barrières et passages à niveau, les plaques tournantes, les aiguilles, les ponts-levis et toutes ces parties mobiles d'une voie de fer dont la position irrégulière peut entraîner un accident, doivent être pourvus d'une pièce ou appendice qui mette en communication le conducteur général avec la terre précisément quand leur position n'est pas la bonne, de manière qu'à l'approche d'un train le circuit se ferme et le danger se signale de lui-même sans intervention de la main de l'homme, comme il arrive dans le cas de deux trains qui sont sur le point de se rencontrer.

Les appareils qui ont servi pour les expériences sont des piles de Bunsen et de Daniell, le multiplicateur de Ruhmkorff et un relais, combinés de manière à pouvoir, malgré leur petit nombre, produire un signal instantané dans les appareils d'alarme, qui peuvent être très-variés, quoique jusqu'à présent on n'ait employé que les pistolets de Volta, modifiés par M. de Castro, et des pétards convenablement préparés.

Les essais qui ont eu lieu hier avaient pour objet de démontrer la justesse du principe sur lequel est fondé le système et l'efficacité des moyens proposés pour chacun des différents cas.

La locomotive qui partit de Madrid avec le train laissa ce dernier au milieu de la section de voie préparée pour l'essai; une autre locomotive vint d'Alcazar, et le train fut divisé en deux parties, qui allèrent se placer aux extrémités de la ligne préparée. A un moment donné, les deux trains se mirent en marche l'un vers l'autre, et le signal dut partir instantanément dans chacun d'eux à peu près à une distance de 2 kilomètres, car sur le train où se trouvait M. le ministre de Fomento il eut lieu au moment même où ce train touchait l'extrémité du fil sur lequel était l'autre train.

On procéda ensuite à plusieurs expériences; entre autres on fit marcher un train vers un autre arrêté sur la voie, et enfin on ferma le circuit avec le crochet dont doivent être munis les gardes-ligne pour avertir les trains que la voie n'est pas libre. Toutes les fois qu'on essaya cette expérience, la plus remarquable pour les spectateurs, car elle leur permettait de se rendre compte de l'instantanéité du signal, elle réussit parfaitement, soit qu'on employât les pistolets de Volta, soit qu'on fit usage des pétards.

Dans les voitures où étaient les appareils du système de M. de Castro, on avait mis aussi des télégraphes portatifs de M. Breguet, perfectionnés par l'inspecteur des télégraphes de la compagnie du chemin de fer, dans le but de communiquer d'un train à l'autre après le signal d'alarme et l'arrêt des trains. Toutes ces expériences eurent le résultat le plus satisfaisant.

(Extrait du journal la Iberia).

XI

Extrait de la séance des Cortès du 11 décembre 1855.

On fait lecture de la proposition suivante :

« Nous demandons aux Cortès qu'elles veuillent bien déclarer, comme une manifestation de gratitude nationale, qu'elles ont appris avec satisfaction l'invention du système de signaux électriques pour éviter les collisions et autres accidents sur les chemins de fer, par M. l'ingénieur des mines Manuel-Fernandez de Castro.

« Palais des Cortès, le 10 décembre 1855.

« PRAXEDES SAGASTA; — P. CALVO ASENSIO; — MANUEL
DE LA CONCHA; — MOYANO; — FRANCISCO GARCIA
LOPEZ; — M. RODA; — P. DE LA ESCOSURA. »

M. Sagasta prend la parole pour appuyer cette proposition.

M. Sagasta. — Je ne viens point ici vous parler comme homme de parti, et je ne m'adresse point non plus à des hommes de parti, messieurs les députés ; au contraire, je désire, laissant de côté, bien que pour quelques instants seulement, ces questions qui depuis longtemps nous agitent et doivent nous agiter encore, qui, même sans être toutes politiques, se rattachent plus ou moins à la politique, entrer dans un champ plus vaste, où trouveront place toutes les opinions qui séparent plus ou moins les hommes ; où, l'esprit de parti étant étouffé, ils puissent se rapprocher et s'unir, et, accomplissant leur principale mission, s'avancer dans le seul chemin qui nous conduise vers le bonheur de l'humanité : c'est précisément d'une question de ce genre qu'il s'agit dans la proposition présentée au jugement de l'Assemblée, et pour laquelle je vous demande quelques moments d'attention.

Un de nos compatriotes, un Espagnol, M. l'ingénieur des mines Manuel-Fernandez de Castro, vient de donner un jour de gloire à son pays, en inventant un système de signaux électriques pour éviter les collisions et autres accidents sur les chemins de fer. Je ne m'arrêterai pas à vous expliquer en quoi consiste la découverte objet de cette proposition : ce serait déplacé dans cette enceinte ; mais qu'il me soit permis de vous dire quelques mots sur la manière dont elle peut et doit être prise en considération.

La machine locomotive a atteint de nos jours un tel point de perfection, que son organisation et ses fonctions peuvent naturellement, sans violence comme sans effort, être comparées à l'organisation et aux fonctions du corps humain. Le charbon et l'eau, voilà les deux matières qui constituent l'aliment de cette machine ; ensuite, au moyen du feu, la vaporisation a lieu ; et la vapeur, partant d'un point et traversant divers canaux, vient donner le mouvement et la vie à la machine ; de la même manière que le sang, partant du cœur et traversant les veines et les artères du corps humain, lui donne aussi la vie et le mouvement : la vapeur, dans la locomotive, c'est le sang dans le corps humain. Comme ce dernier, la machine cherche à satisfaire ses besoins : elle demande de l'eau quand l'eau lui manque ; du feu, quand c'est du feu qu'il lui faut ; si la quantité de vapeur est surabondante, si elle éprouve un excès de vie, si elle est affectée, pour ainsi dire, d'une pléthore de sang, la machine le signale, la machine saigne, la machine laisse déborder ce trop-plein de vitalité ; si, au contraire, la quantité de vapeur est trop faible, la machine le signale aussi, elle apporte aussi un remède pour éviter que ses forces affaiblies laissent s'arrêter le mouvement.

Ainsi donc la locomotive fonctionne à peu près comme le corps humain, et jusqu'à un certain point on peut dire qu'elle connaît tous ses besoins, qu'elle prévoit tous les dangers renfermés en elle-même, et qu'elle veut satisfaire aux premiers et conjurer ou vaincre les seconds ; ou du moins appeler à son aide ceux qui sont chargés de veiller à cela.

A ce point de vue, la locomotive pourrait être comparée à l'aveugle, qui prévoit, connaît, évite tous les dangers qu'il porte en lui-même ; mais qui, ne

pouvant apercevoir les obstacles qui se présentent en dehors de lui, est exposé
à chaque moment à les rencontrer et à s'y briser. La machine en est venue à
ce point de perfectionnement; mais M. l'ingénieur Manuel-Fernandez de Castro, non content de cela, voulut encore davantage : que la machine s'aperçût
des dangers qui pourraient survenir à l'extérieur, comme elle s'apercevait de
ceux renfermés en elle-même; et il y parvint; c'est-à-dire qu'il a donné, pour
ainsi parler, des yeux à la machine locomotive, qu'il l'a dotée du sens de la
vue; en un mot, qu'il l'a perfectionnée au point de la rendre comparable non
plus à l'homme aveugle, mais à l'homme le plus clairvoyant. Tel est le résumé,
que j'ai voulu rendre compréhensible pour tous, de l'invention qui fait l'objet
de cette proposition, invention, messieurs, qui évitera beaucoup de catastrophes, fera disparaître d'innombrables dangers, rendra la confiance à ceux qui
redoutent encore de livrer leurs personnes à ces éléments grandioses de communication, et effacera jusqu'à un certain point le triste souvenir des terribles
malheurs arrivés sur les chemins de fer.

Mais le jeune auteur de cette invention a cru que ce n'était point assez encore; et, voyant que les expériences confirmaient ses calculs, que l'application
en grand est très-facile, il s'est dit : « J'ai découvert une chose importante
pour l'humanité; je l'abandonne entièrement à l'humanité; » et, au lieu d'exploiter son invention, brevetée en France, en Angleterre et en Espagne, sa
patrie, dans un respectueux exposé, ne contenant que quelques paroles peu
nombreuses, mais modestes et bien senties, il prie Sa Majesté de daigner accepter la cession de son privilége au profit du public, donnant ainsi la preuve
d'un patriotisme vraiment pur et désintéressé.

Sa Majesté, qui ne laisse échapper aucune occasion de récompenser ce qui
mérite de l'être, s'empressa de rémunérer dignement une invention qui a coûté
tant de veilles, et dont l'auteur a fait preuve d'un si grand désintéressement :
elle lui accorda de l'avancement dans sa carrière, elle le décora de la croix de
chevalier de Charles III, et le commissionna pour aller à l'étranger acquérir les
connaissances nécessaires au complet développement d'un talent déjà si distingué. Mais, si cette récompense est suffisante pour l'ingénieur, elle ne l'est
pas pour l'homme qui abandonne généreusement à l'humanité le fruit de ses
veilles et de ses travaux. Un pareil sacrifice exige que le pays lui témoigne
d'une manière solennelle toute sa gratitude. Cette gratitude est, il est vrai,
d'un prix inestimable; mais il s'en montre bien digne, l'homme honnête et
modeste qui n'a en vue que d'être sérieusement utile à ses semblables; eh
bien, cette récompense d'un si grand prix, M. l'ingénieur Fernandez de Castro
la mérite assurément par la grandeur du sacrifice qu'il vient de faire à son
pays et à l'humanité tout entière : une pareille récompense honore autant celui qui l'accorde que celui qui en est l'objet. Et vous l'avez compris ainsi hier,
messieurs les députés, quand, en demandant les signatures qu'exige le règlement pour présenter cette proposition, vous vouliez tous y mettre la vôtre.
Rien d'étonnant à cela : car de tous nos actes, le moins périssable sera sans

doute la décision que nous prendrons relativement à cette affaire. Peut-être, arrivés aux dernières années de notre existence, aurons-nous la douleur de voir s'écrouler tout ce que nous élevons ici; peut-être tout ce que nous construisons maintenant avec tant de soin ne sera-t-il plus alors qu'un monceau de ruines; mais un monument restera debout au milieu de ces décombres. Et savez-vous lequel? C'est l'adoption de cette proposition; parce que le sujet ne se rattache à aucun parti, à aucune époque donnée, à aucune localité déterminée; il est de tous les partis, de toutes les époques, de toutes les localités; il est, enfin, de l'humanité. Et quelles Cortès viendront jamais abolir notre vote de gratitude nationale pour un bienfait rendu à l'humanité? Aucunes; toutes, toutes sans exception, le respecteront et le sanctionneront.

Je m'arrête, messieurs : vous en dire davantage serait vous offenser; ce que j'ai dit déjà n'était même pas nécessaire pour vous convaincre d'une chose dont assurément vous étiez aussi convaincus que moi; mais que ces quelques mots, partis de mon cœur, bien plus qu'ils ne sont l'œuvre de ma tête, demeurent à l'éternel honneur de l'homme qui mériterait qu'on en dit bien davantage, et, quoique de bien peu de valeur dans une bouche aussi peu éloquente que la mienne, qu'ils servent aussi comme de préambule à la décision favorable que sans nul doute vous voudrez bien prendre relativement à la proposition qu'avec six autres de mes collègues j'ai eu l'honneur de soumettre à votre haute appréciation.

M. LE MINISTRE DE FOMENTO (ALONSO MARTINEZ). — Mon intention n'est pas de chercher à affaiblir l'impression favorable qu'ont dû produire dans l'esprit de messieurs les députés les paroles éloquentes et chaleureuses d'un ingénieur aussi distingué que M. Sagasta en faveur de M. l'ingénieur Fernandez de Castro; je ne prends la parole que pour engager tous les députés à s'associer à cette patriotique proposition, en remerciant au nom de la patrie un ingénieur aussi capable et qui a rendu à l'humanité un immense service avec tant de désintéressement.

Après la demande d'ordonnance, la proposition fut prise en considération à l'unanimité; et sur la question de savoir si elle devait passer aux sections un orateur prit la parole.

M. ORENSE. — Que l'on ajoute une récompense pécuniaire.

M. SANCHO. — Avant tout approuvons la proposition, et plus tard on pourra en présenter une autre relativement à une récompense pécuniaire; pour le moment, accordons ce vote de gratitude nationale.

Ce vote fut accordé aussi à l'unanimité.

XII

Communication adressée par MM. les secrétaires des Cortès à M. de Castro.

Les Cortès constituantes ont déclaré à l'unanimité dans la séance d'hier, sur la proposition de plusieurs de leurs membres, comme témoignage de gratitude nationale, qu'elles ont appris avec satisfaction l'invention du système de signaux électriques que vous avez découvert pour éviter les collisions et autres accidents sur les chemins de fer.

En exécutant l'arrêté des Cortès et en vous le transmettant, nous avons la satisfaction de vous dire aussi combien elles attendent de l'importante invention due à votre talent et à vos courageux labeurs; et que, dans l'unanimité avec laquelle elles ont accueilli la proposition qui a donné lieu à cet arrêté, elles désirent que l'Espagne et les nations étrangères puissent voir de quelle estime la Représentation nationale entoure tous les progrès dus à des citoyens espagnols.

Ce que nous vous communiquons pour que vous en ayez connaissance et pour votre satisfaction. Dieu vous accorde de longues années.

Palais des Cortès, 12 décembre 1855.

P. Calvo Asensio,
D. secrétaire.

Pedro Bayarri,
D. secrétaire.

TABLE DES MATIÈRES

DU SECOND VOLUME.

TROISIÈME PARTIE

Des chemins de fer et des accidents qui peuvent y avoir lieu.

CHAPITRE IX. — Idée générale des chemins de fer.

CHAPITRE X. — DES ACCIDENTS QUI PEUVENT ARRIVER SUR LES CHEMINS DE FER.

QUATRIÈME PARTIE

Systèmes électriques pour augmenter la sécurité sur les chemins de fer.

CHAPITRE XI. — DES MOYENS ÉLECTRIQUES DÉJA EMPLOYÉS DANS LES CHEMINS DE FER POUR FACILITER ET RENDRE PLUS SURE L'EXPLOITATION.

CHAPITRE XII. — Système de signaux électriques de M. Fernandez de Castro, pour éviter les accidents sur les chemins de fer.

CHAPITRE XIII. — Systèmes proposés pour éviter les accidents sur les chemins de fer au moyen de l'électricité.

CHAPITRE XIV. — Systèmes proposés pour éviter les accidents sur les chemins de fer au moyen de l'électricité (suite).

CHAPITRE XV. — Examen critique des divers systèmes proposés pour éviter les accidents sur les chemins de fer au moyen de l'électricité.

FIN DE LA TABLE DU SECOND ET DERNIER VOLUME.

9 782329 410548